Wechselstromtechnik

Anwendungsorientierte Simulationen in MATLAB®

von
Prof. Dr.-Ing. Josef Hoffmann
Prof. Dr.-Ing. Alfons Klönne

Oldenbourg Verlag München

Prof. Dr.-Ing. Josef Hoffmann war Professor an der Hochschule Karlsruhe-Technik und Wirtschaft und hat das Fachgebiet Messtechnik und Digitale Kommunikationstechnik vertreten. Er unterrichtet weiter mit Lehrauftrag und setzt intensiv die MATLAB Werkzeuge ein.

Prof. Dr.-Ing. Alfons Klönne ist seit 2004 Professor an der Hochschule Karlsruhe-Technik und Wirtschaft und vertritt dort das Fachgebiet der Leistungselektronik. Zuvor war er bei der Robert Bosch GmbH als Projektleiter in der Elektronikentwicklung tätig.

MATLAB and Simulink are registered trademarks of The MathWorks, Inc. See www.mathworks.com/trademarks for a list of additional trademarks. The MathWorks Publisher Logo identifies books that contain MATLAB and Simulink content. Used with permission. The MathWorks does not warrant the accuracy of the text or exercises in this book. This book's use or discussion of MATLAB and Simulink software or related products does not constitute endorsement or sponsorship by The MathWorks of a particular use of the MATLAB and Simulink software or related products.

For MATLAB® and Simulink® product information, or information on other related products, please contact:
The MathWorks, Inc.
3 Apple Hill Drive
Natick, MA, 01760-2098 USA
Tel: 508-647-7000
Fax: 508-647-7001
E-mail: info@mathworks.com
Web: www.mathworks.com

Bibliografische Information der Deutschen Nationalbibliothek

Die Deutsche Nationalbibliothek verzeichnet diese Publikation in der Deutschen Nationalbibliografie; detaillierte bibliografische Daten sind im Internet über http://dnb.d-nb.de abrufbar.

© 2012 Oldenbourg Wissenschaftsverlag GmbH
Rosenheimer Straße 145, D-81671 München
Telefon: (089) 45051-0
www.oldenbourg-verlag.de

Lektorat: Dr. Martin Preuß
Herstellung: Constanze Müller
Titelbild: iStockphoto
Einbandgestaltung: hauser lacour
Gesamtherstellung: Grafik + Druck GmbH, München

Dieses Papier ist alterungsbeständig nach DIN/ISO 9706.

ISBN   978-3-486-70935-3

Vorwort

In sieben Kapiteln werden einige grundlegende Themen der elektrischen Schaltungen im Wechselbetrieb präsentiert. Das Buch soll in der traditionellen Gliederung in Gleich- und Wechselstromtechnik dem zweiten Teil dienen. Es wird vorausgesetzt, dass der Leser Kenntnisse über Gleichstromschaltungen, deren Lösung ohne Differentialgleichungen möglich ist, besitzt. Ebenfalls sollte man einige Kenntnisse über magnetische und elektrische Felder haben, die für die Einführung der Induktivität und Kapazität notwendig sind.

Es werden sowohl analytische Lösungen angestrebt, als auch numerische Lösungen durch Integration von Differentialgleichungen eingesetzt. Die Letzteren sind besonders wichtig, wenn die analytische Lösung sehr schwierig zu bestimmen ist, wie z.B. bei Schaltungen höherer Ordnung oder wenn die Schaltungen nichtlineare Komponenten enthalten. Dafür werden Programme mit der MATLAB-Software gezeigt.

Auch ohne Kenntnisse der MATLAB-Programmiersprache können die Programme aus dem Buch verstanden werden. Diese Sprache ist eine „Hochsprache", die relativ leicht zu verstehen und zu lernen ist.

Die linearen Schaltungen werden für zwei Anregungen untersucht: konstante und sinusförmige Anregung. Die konstante Anregung ergibt eine Antwort, die durch Normierung zu der sehr wichtigen Beschreibung linearer dynamischer Systeme führt, die als Sprungantwort bekannt ist.

Der stationäre Zustand für sinusförmige Anregung ist in den praktischen Fällen wichtig, in denen dieser Zustand der normale Betriebszustand ist, wie z.B. in der Energietechnik. Das Einschwingen bei dieser Anregung nimmt in Anwendungen immer mehr an Bedeutung zu und man sollte in der Lehre das Einschwingen und den stationären Zustand nicht trennen.

Die MATLAB-Produktfamilie stellt eine große Anzahl von leistungsfähigen Funktionen zur Untersuchung linearer und nichtlinearer Schaltungen oder allgemein solcher dynamischer Systeme zur Verfügung. Die Untersuchungen im Buch werden mit Programmen und Simulationen begleitet, in denen einige dieser Funktionen und eigene programmierte Lösungen eingesetzt werden.

Die Differentialgleichungen werden numerisch mit dem Euler-Verfahren gelöst. Dieses Verfahren hat den Vorteil, dass es leicht zu verstehen und auch zu programmieren ist. Man kann sich dadurch mehr mit dem Verstehen und der Beschreibung der Aufgabe als mit der Programmierung beschäftigen.

Die gelösten Beispiele, hier Experimente genannt, und die Programme können für

Anregungen und weitere Untersuchungen dienen. Die Studierenden und die Entwickler aus der Industrie können kreativ ihre eigenen Wünsche durch Erweiterung dieser Programme verwirklichen.

Im ersten Kapitel werden die energiespeichernde Komponenten in Form von Kondensatoren und Induktoren eingeführt und das Verhalten einfacher Schaltungen, die diese Komponenten enthalten, untersucht.

Das zweite Kapitel beschreibt das Verhalten der linearen elektrischen Schaltungen im stationären Zustand bei sinusförmiger Anregung. Das ist die Thematik, die unter der Bezeichnung „Wechselstromlehre" traditionsmäßig gelehrt wird.

Im dritten Kapitel wird die Beschreibung elektrischer Schaltungen im Frequenzbereich dargestellt. Hier wird die komplexe Übertragungsfunktion und der so genannte Frequenzgang als komplette Beschreibung eines linearen Systems eingeführt.

Das vierte Kapitel beschreibt die nichtsinusförmigen Ströme und Spannungen und die entsprechenden Werkzeuge zur Untersuchung solcher Größen in Schaltungen. Es wird die Fourier-Reihe für diese Variablen eingeführt und die Annäherung der Fourier-Reihe über die Diskrete-Fourier-Transformation besprochen und mit Experimenten anschaulich erläutert.

Einige Grundlagen der nichtlinearen Schaltungen im Wechselbetrieb werden im fünften Kapitel beschrieben. Es werden nichtlineare Widerstände, nichtlineare Induktivitäten und Halbleiterdioden in Schaltungen untersucht.

Im sechsten Kapitel wird eine kurze Einführung in die Theorie der linearen Vierpolschaltungen gegeben. Die Vierpoltheorie wird in der Elektronik eingesetzt, um z. B. allgemeine Kenngrößen von Verstärkerschaltungen zu bestimmen.

Ein kurzer Einblick in die Thematik der Simulation analoger Schaltungen in der Praxis mit spezieller Software, wie z.B. LTSPICE, ist im siebten Kapitel gegeben.

Das vorliegende Buch unterscheidet sich von den Büchern mit ähnlicher Thematik durch den Einsatz der MATLAB-Programmiersprache. Sie erlaubt den behandelten Stoff mit Experimenten zu begleiten, die über die üblichen per Hand lösbaren Beispiele hinausgehen. Die Experimente stellen praktische Anwendungen dar, deren Lösungen meistens über Programme erhalten werden. Durch Ändern der Parameter und der Programme ergibt sich die Möglichkeit, kreativ zu experimentieren und so den Lernprozess effektiver und interessanter zu gestalten.

Das Buch soll dem Motto „Das Problem zu erkennen ist wichtiger, als die Lösung zu erkennen, denn die genaue Darstellung des Problems führt zur Lösung" (Einstein) gedient werden. Die richtigen Fragen zu stellen und die reale Welt mathematisch korrekt zu formulieren soll das Hauptziel der Lehre sein. Die Rechnungen sollen immer mehr die leistungsfähigen „Personal Computer" übernehmen, um dadurch die Fachkenntnisse praktischer, begrifflicher zu vermitteln und das kreativen Denken anzuregen.

Danksagung

Die Autoren möchten sich beim Kollegen Prof. Dr. Koblitz bedanken, von dessen Skript „Wechselstromlehre" einige Themen und Tabellen mit seiner Zustimmung übernommen wurden. Gleichfalls möchten wir uns beim Kollegen Prof. Dr. Kessler bedanken, der uns Zugang zu seinen unzähligen physikalischen und Computerexperimenten gewährt hat.

Dank gebührt auch der Firma MathWorks, die die Autoren von Büchern, in denen die MATLAB-Software eingesetzt wird, unterstützen.

Für Bemerkungen, Anregungen und eventuelle Fehlermeldungen bedanken wir uns im Voraus.

Josef Hoffmann (josef.hoffmann@hs-karlsruhe.de)

Alfons Klönne (alfons.kloenne@hs-karlsruhe.de)

Hinweise

In den Zahlenbeispielen werden die Größen mit den Einheiten im ISA-System angegeben und in den Formeln eingesetzt. Ein Leiter, eine Spule oder Spule mit Kern, die eine Induktivität besitzen, werden hier als „Induktoren" bezeichnet. Der Begriff „Induktor" verweist auf die Parallelität zum Kondensator. Die elektrische bestimmende Eigenschaft des „Induktors" ist die Induktivität, so wie die des Kondensators die Kapazität ist.

Es werden für Variablen folgende Bezeichnungen verwendet:

- $i(t)$, $u(t)$ Momentane Zeitwerte für Strom und Spannung

- $i'(t)$, $i''(t)$ sind zwei verschiedene Variablen und nicht ihre Ableitungen

- $\hat{u}$, $\hat{i}$ sind die Amplituden für eine sinusförmige Spannung und einen sinusförmigen Strom

- ω, f Kreisfrequenz in rad/s und Frequenz in Hz

- I, U Konstante Werte für Strom und Spannung

- $\underline{I}, \underline{U}$ oder $U(j\omega)$, $I(j\omega)$ Komplexe Darstellung des Stroms und der Spannung für Schaltungen im stationären Zustand bei sinusförmiger Anregung

- $\underline{Z}, \underline{Y}$ oder $Z(j\omega)$, $Y(j\omega)$ Komplexe Darstellung der Impedanz und der Admittanz oder Leitwert für Schaltungen im stationären Zustand bei sinusförmiger Anregung

- U_{eff}, I_{eff} Effektivwerte. Wenn klar ist, dass die Schaltung im stationären Zustand bei sinusförmiger Anregung untersucht wird, werden Effektivwerte vereinfacht auch als U, I (wie die konstanten Variablen) bezeichnet.

Die Unterschriften der Abbildungen, in denen die Ergebnisse der Simulationen dargestellt sind, enthalten in Klammern auch die Dateinamen der MATLAB-Programme, die zu diesen Darstellungen geführt haben. Dadurch kann man leicht die Programme identifizieren.

Die im Buch verwendeten Programme, als Skripte bezeichnet, können aus dem Internet heruntergeladen werden. Sie befinden sich als Zusatzmaterial auf den Seiten zu diesem Buch unter http://www.oldenbourg-verlag.de/wissenschaftsverlag.

Aus dem großen Umfang der MATLAB-Produktfamilie werden in diesem Buch hauptsächlich Funktionen aus der Grundsoftware eingesetzt, die in allen Versionen der letzten Jahre vorhanden sind. Nur in einigen Experimenten werden Simulink-Modelle und einige Funktionen der *Control System Toolbox* und *Signal Processing Toolbox* verwendet. Dadurch kann die *Student Version* dieser Software, die preisgünstig für Studenten angeboten wird (ca. 100 Euro), voll eingesetzt werden. Mit der Software wird auf der DVD eine ausführliche Dokumentation geliefert. Einzelheiten kann man über die Web-Seite (http://www.mathworks.com/academia/student_version/?BB=1) der *MathWorks*-Firma erhalten.

Zur MATLAB-Produktfamilie bietet die Firma *MathWorks* im Internet ausführliche Unterstützung. So findet man z.B. unter der Adresse http://www.mathworks.com/matlabcentral im Menü *File Exchange* eine Vielzahl von Programm- und Modellbeispielen. Weiterhin werden laufend *Webinare*[1], auch in deutscher Sprache angeboten, die man herunter laden und beliebig oft ansehen kann. Weltweit gibt es über 800 Buchtitel, die die MATLAB-Software beschreiben und einsetzen. Auf den Internetseiten von *MathWorks* findet man die Titel und kurze Resümees dieser Bücher.

---

[1]Multimediale Seminare über das Internet

Inhaltsverzeichnis

1 Energiespeichernde Komponenten

1.1 Einführung

Es werden zuerst einige grundlegende Eigenschaften linearer Schaltungen, die nur Widerstände enthalten, gezeigt. Die Anregungen können beliebige Spannungen oder Ströme als Zeitvariablen sein, die auch die Gleichspannungen oder Gleichströme als partikulärer Fall enthalten. Die Schaltungen, die nur Widerstände enthalten werden mit Hilfe von algebraischen Systemgleichungen gelöst.

Danach wird kurz der Unterschied zu diesen Schaltungen dargestellt, wenn auch Kondensatoren und Induktoren dabei sind. Die Kondensatoren und Induktoren speichern Energie und die Beziehungen Strom-Spannung für diese Komponenten werden mit Differentialgleichungen ausgedrückt [26]. Zusammen mit Widerständen kann man eine größere Vielfalt von linearen und nichtlinearen Schaltungen erzeugen.

Für lineare Systeme steht eine ausgereifte Theorie zur Verfügung, in einigen Fällen sogar mit analytischen Lösungen [21]. Obwohl diese Lösungen prinzipiell einsetzbar sind, wird der Aufwand relativ groß, wenn die Schaltung mehrere solche energiespeichernde Komponenten enthält. Dann muss man auf numerische Verfahren zurückgreifen um die Differentialgleichungen zu lösen [6], [7], [20].

Wenn nichtlineare Komponenten noch hinzukommen, ist der direkte Weg über die numerische Lösung der nichtlinearen Differentialgleichungen praktisch der einzige und der beste Weg.

Analytische Lösungen werden für zwei Anregungen in Form einer Konstante und einer sinusförmigen Anregung, die zum Zeitpunkt $t = 0$ zugeschaltet werden, ermittelt. Die numerische Lösung kann für beliebige Anregungen ohne Schwierigkeiten berechnet werden.

1.1.1 Schaltungen mit Widerständen

Die Kirchhoffschen Gesetze führen in Schaltungen, die nur Widerstände enthalten, zu einem System von algebraischen Gleichungen. Als Beispiel wird die einfache Schaltung aus Abb. 1.1a angenommen. Sie enthält zwei Maschen und einen Knoten und dadurch erhält man folgende Gleichungen für die Ströme $i_1(t)$, $i_2(t)$ und $i_3(t)$ als Unbekannte abhängig von den zwei unabhängigen Spannungsquellen $u_1(t)$, $u_2(t)$:

$$u_1(t) = i_1(t)R_1 + i_2(t)R_2$$
$$i_2(t)R_2 = i_3(t)R_3 + u_2(t) \tag{1.1}$$
$$i_1(t) = i_2(t) + i_3(t)$$

Eine Stromvariable (wie z.B. $i_2(t)$) kann man mit Hilfe der dritten Gleichung elimi-

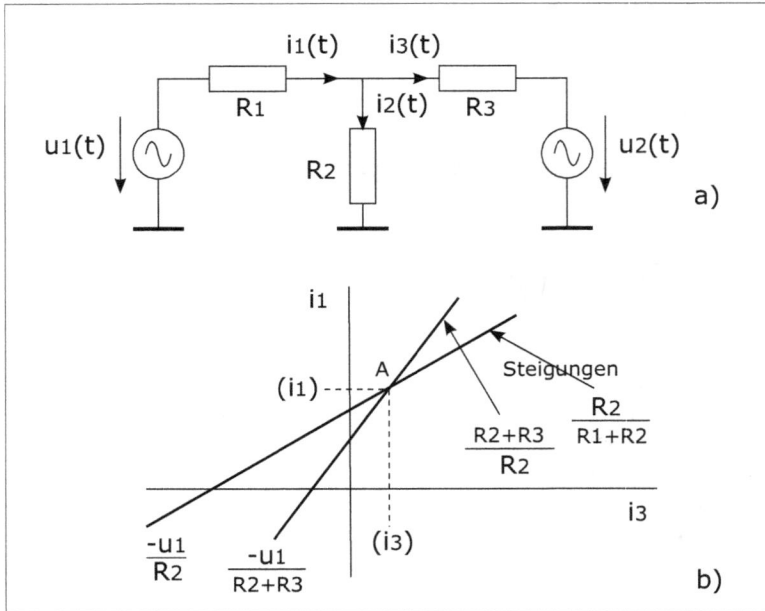

Abb. 1.1: Schaltung mit zwei Quellen und nur mit Widerständen

nieren und man erhält dann zwei lineare Gleichungen mit nur zwei Unbekannten:

$$i_1(t)(R_1 + R_2) - i_3(t)R_2 = u_1(t)$$
$$i_1(t)R_2 - i_3(t)(R_2 + R_3) = u_2(t) \tag{1.2}$$

Jede Gleichung stellt in der Ebene $i_1(t)$, $i_3(t)$ eine Gerade mit folgenden Steigungen dar:

$$\frac{di_1(t)}{di_3(t)} = \frac{R_2}{R_1 + R_2} \quad \text{und} \quad \frac{di_1(t)}{di_3(t)} = \frac{R_2 + R_3}{R_2} \tag{1.3}$$

Für Widerstände mit positiven Werten sind diese Steigungen nie gleich, und somit gibt es einen Schnittpunkt, der die Lösung für die zwei Ströme darstellt (Abb. 1.1b). Für konstante Anregungen $u_1(t)$, $u_2(t)$ sind die Ströme auch Konstanten. Wenn die Anregungen Zeitvariablen sind, wie z.B. sinusförmig, dann gibt es für jeden Zeitmoment eine Lösung und in der Ebene der Unbekannten wird eine Ortskurve der Schnittpunkte entstehen.

Allgemein für zwei Variablen x_1, x_2 und konstante Anregungen können die Fälle aus Abb. 1.2 vorkommen. Der erste aus Abb. 1.2a stellt den Fall dar, in dem die zwei linearen Gleichungen sich schneiden und eine eindeutige Lösung ergeben. Wenn die Gleichungen gleiche Steigungen ergeben, dann gibt es keinen Schnittpunkt und somit auch keine Lösung (Abb. 1.2b). Schließlich im Falle dass die Gleichungen zu gleichen Geraden in der Ebene der Unbekannten führen, gibt es unendlich viele Lösungen (Abb. 1.2c). Im letzten Fall sind die zwei Gleichungen nicht unabhängig und

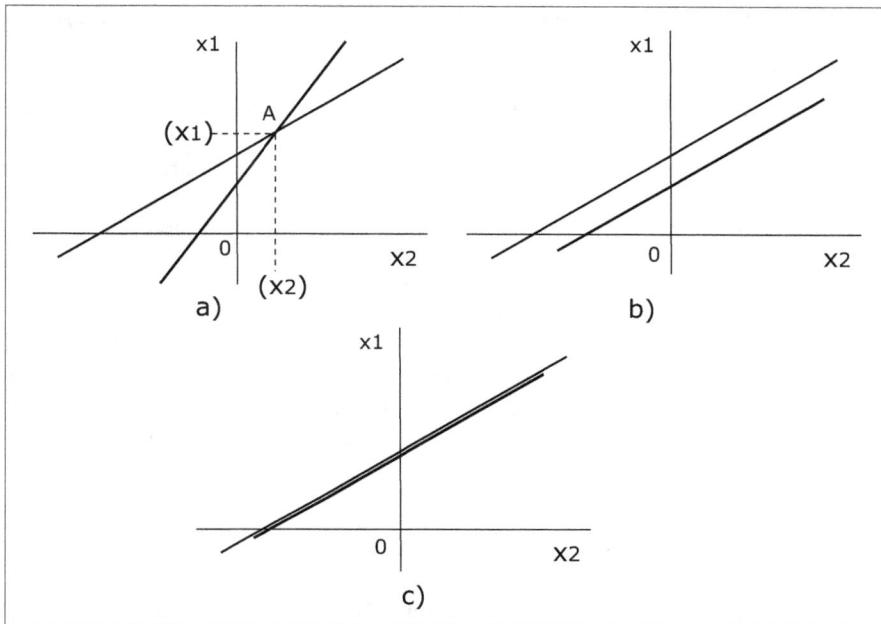

Abb. 1.2: a) Eindeutige Lösung b) keine Lösung c) Unendlich viele Lösungen

es steht nur eine Gleichung mit zwei Unbekannten zur Verfügung. Man wählt eine Variable beliebig und berechnet danach die Zweite aus der vorhandenen Gleichung.

Für n Variablen einer Schaltung muss man n unabhängige Gleichungen erhalten. Jede Gleichung stellt im Raum der Variablen eine Ebene dar. Wenn sich diese in einem Punkt schneiden, gibt es eine einzige, eindeutige Lösung.

Das Gleichungssystem (1.2) kann auch in Matrixform gebracht werden:

$$\begin{bmatrix} (R_1 + R_2) & -R_2 \\ R_2 & -(R_2 + R_3) \end{bmatrix} \begin{bmatrix} i_1(t) \\ i_2(t) \end{bmatrix} = \begin{bmatrix} 1 & 0 \\ 0 & 1 \end{bmatrix} \begin{bmatrix} u_1(t) \\ u_2(t) \end{bmatrix} \tag{1.4}$$

Die Lösung wird mit Hilfe der Inversen der ersten Matrix ermittelt. Um eine eindeutige Lösung zu erhalten, muss die Determinante dieser Matrix verschieden von null sein. Es gibt keine Lösung, wenn die Determinante null ist:

$$-(R_1 + R_2)(R_2 + R_3) + R_2^2 = 0 \tag{1.5}$$

Diese Bedingung erhält man auch, wenn man die zwei Steigungen gleichstellt, was zwei parallele Geraden in der Ebene i_1, i_3 (Abb. 1.1b) bedeutet. Mit normalen, positiven Widerständen kann diese Bedingung nie erfüllt werden.

1.1.2 Schaltungen mit Widerständen, Induktoren und Kondensatoren

Induktoren und Kondensatoren in Schaltungen führen zu Trägheiten. Ein Induktor widersetzt sich der Stromänderung und ein Kondensator widersetzt sich der Spannungsänderung. Es wird gezeigt, dass der Strom des Induktors und die Spannung des Kondensators die Zustandsvariablen der Schaltung bilden. Für diese kann man über die Kirchhoffsche-Gesetze ein System von Differentialgleichungen erster Ordnung ermitteln, dessen Lösung die Zustandsvariablen ergibt. Die anderen Variablen, vielmals als Ausgangsvariablen bekannt, können mit algebraischen Gleichungen abhängig von den Zustandsvariablen berechnet werden.

Angenommen in einer Schaltung ist auch ein Induktor und ein Kondensator vorhanden. Das System von Differentialgleichungen für den Strom $i_L(t)$ des Induktors und für die Spannung des Kondensators $u_c(t)$ wird folgende Form haben:

$$\frac{di_L(t)}{dt} = f_1(i_L(t), u_c(t), u_g(t), R_1, R_2, \ldots, L, C)$$

$$\frac{du_c(t)}{dt} = f_2(i_L(t), u_c(t), u_g(t), R_1, R_2, \ldots, L, C) \tag{1.6}$$

Mit $R_1, R_2, \ldots, L, C$ wurden die Parameter der Schaltung in Form der Widerstände, der Induktivität L und der Kapazität C bezeichnet. Die gegebene, unabhängige Anregung ist hier durch die Spannung $u_g(t)$ angenommen.

Für lineare Schaltungen kann man dieses System in einer Matrixform schreiben:

$$\begin{bmatrix} \dfrac{di_L(t)}{dt} \\ \dfrac{du_c(t)}{dt} \end{bmatrix} = \mathbf{A} \begin{bmatrix} i_L(t) \\ u_c(t) \end{bmatrix} + \mathbf{B}\, u_g(t) \tag{1.7}$$

Die Matrizen $\mathbf{A}$, $\mathbf{B}$ enthalten die Parameter der Schaltung und ergeben ihr Verhalten.

Für lineare Schaltungen gibt es eine analytische Lösung für dieses System von Differentialgleichungen erster Ordnung. Wenn die Schaltung auch nichtlineare Komponenten enthält, wie z.B. Dioden, dann kann man die Differentialgleichungen nur numerisch lösen.

Die Lösung besteht allgemein aus einem Teil, welcher das Einschwingen darstellt und einem Teil der das Verhalten im stationären Zustand beschreibt. Bei einer sinusförmigen Anregung z.B. ist der stationäre Zustand auch sinusförmig und am Anfang, wenn die Anregung angelegt wird, entsteht noch ein transienter Teil (das Einschwingen), der für stabile Systeme in Zeit zu null abklingt.

Diese kurze Einführung soll einen Überblick der Thematik zeigen, die in diesem und in den nachfolgenden Kapiteln behandelt wird. Es werden lineare und nichtlineare Schaltungen behandelt, die neben Widerstände auch Kondensatoren und Induktoren enthalten.

1.2   Kondensatoren

Zwischen der Ladung $q(t)$ und der Spannung $u_c(t)$ eines Kondensators der Kapazität C gibt es folgende Beziehung:

$$q(t) = C\, u_c(t) \tag{1.8}$$

Da die Ladung $q(t)$ durch das Integral des Stromes

$$q(t) = \int_{-\infty}^{t} i_c(\tau)d\tau \tag{1.9}$$

ausgedrückt werden kann, erhält man für die Spannung des Kondensators folgende Gleichung:

$$u_c(t) = \frac{1}{C}\int_{-\infty}^{t} i_c(\tau)d\tau = \frac{1}{C}\int_{-\infty}^{t_0} i_c(\tau)d\tau + \frac{1}{C}\int_{t_0}^{t} i_c(\tau)d\tau \;, \tag{1.10}$$

wobei man das Integral in zwei Teile aufgeteilt hat.

Das erste Integral ist die Spannung bei $t = t_0$ und stellt hier die Anfangsspannung $u_c(t_0)$ des Kondensators dar. Somit wird die Spannung des Kondensators durch folgenden Ausdruck gegeben:

$$u_c(t) = \frac{1}{C}\int_{t_0}^{t} i_c(\tau)d\tau + u_c(t_0) \tag{1.11}$$

Vielmals wird $t_0 = 0$ als Anfang des zu betrachtenden Wechselbetriebs angenommen.

In $u_c(t_0)$ ist die ganze Vorgeschichte der Spannung des Kondensators von $t = -\infty$ bis $t = t_0$ enthalten. Dadurch stellt die Spannung des Kondensators eine *Zustandsvariable* dar. Man muss weiter nur den Verlauf vom Zeitpunkt t_0 mit den neuen Gegebenheiten (z.B. Anregung) berechnen.

Die Ableitung der Spannung des Kondensators führt zu einer wichtigen Grundgleichung der Elektrotechnik, die den momentanen Strom und die momentane Spannung verbindet:

$$i_c(t) = C\frac{du_c(t)}{dt} \tag{1.12}$$

Die momentane Energie $w(t)$, die in dem Kondensator gespeichert ist, wird über die momentane Leistung $p(t)$ berechnet:

$$p(t) = u_c(t)i_c(t) = u_c(t)C\frac{du_c(t)}{dt} \tag{1.13}$$

Durch Integration wird diese Energie berechnet:

$$w(t) = \int_{-\infty}^{t} p(\tau)d\tau = C\int_{-\infty}^{t} u_c(\tau)\frac{du_c(\tau)}{d\tau}d\tau = C\int_{-\infty}^{t} u_c(\tau)du_c(\tau)$$
$$= C\frac{u_c^2(t)}{2} - C\frac{u_c^2(-\infty)}{2} \tag{1.14}$$

In der Annahme, dass in der Vergangenheit ein Moment existiert, für den $u_c(-\infty) = 0$ ist, erhält man schließlich für die gespeicherte Energie im Kondensator:

$$w(t) = \frac{1}{2}Cu_c(t)^2 \tag{1.15}$$

Die Tatsache, dass die Energie zum Zeitpunkt t nur durch den momentanen Wert der Spannung $u_c(t)$ zu diesem Zeitpunkt gegeben ist, definiert die Spannung des Kondensators ebenfalls als *Zustandsvariable*. Eine Zustandsvariable wird folglich über die momentane Energie definiert.

1.2.1   Didaktische Beispiele

Es wird angenommen, dass die Spannung des Kondensators (Abb. 1.3a) den Verlauf aus Abb. 1.3b hat, und es sollen der Strom des Kondensators und die gespeicherte Energie ermittelt werden [17], [26]. Gemäß Gl. (1.11) ist der Strom der Ableitung der Spannung proportional. Wegen des stückweise linearen Verlaufs ist die Ableitung auch stückweise leicht zu berechnen. Der resultierende Strom ist in Abb. 1.3c dargestellt. Die Energie ist gemäß Gl. (1.15) proportional zum Quadrat der Spannung und kann auch stückweise berechnet werden. Als Beispiel wird für das Intervall von $t = -1$ s bis 1 s die Energie ermittelt. Der analytische Ausdruck der Spannung für dieses Intervall ist:

$$u_c(t) = \frac{10}{2}(t-(-1))\ V \qquad \text{für} \quad -1\,s < t \leq 1\,s \tag{1.16}$$

Daraus resultiert:

$$w(t) = \frac{1}{2}Cu_c^2(t) = \frac{C}{2}\left[\frac{10}{2}(t-(-1))\right]^2 = C\frac{25}{2}(t^2+2t+1)\ W \cdot s\ (J)$$
$$\text{für} \quad -1\,s < t \leq 1\,s \tag{1.17}$$

Abb. 1.3d zeigt eine Skizze des Verlaufs der im Kondensator gespeicherten Energie.

Im zweiten Beispiel (Abb. 1.4a) wird der Strom des Kondensators als gegeben angenommen, wie in Abb. 1.4b gezeigt und es wird der Verlauf der Spannung verlangt, in der Annahme, dass die Anfangsspannung $u_c(-1) = 0$ ist [17].

Hier wird zur Lösung ein kleines MATLAB-Skript [25] `strom_kond_1.m` eingesetzt und die Verläufe danach dargestellt.

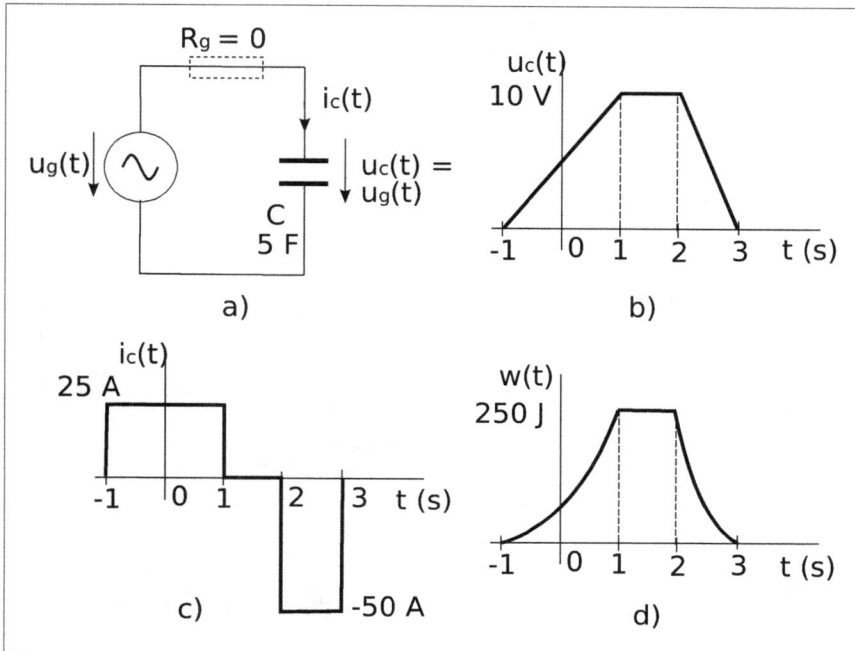

Abb. 1.3: Strom und Energie eines Kondensators bei gegebener Spannung

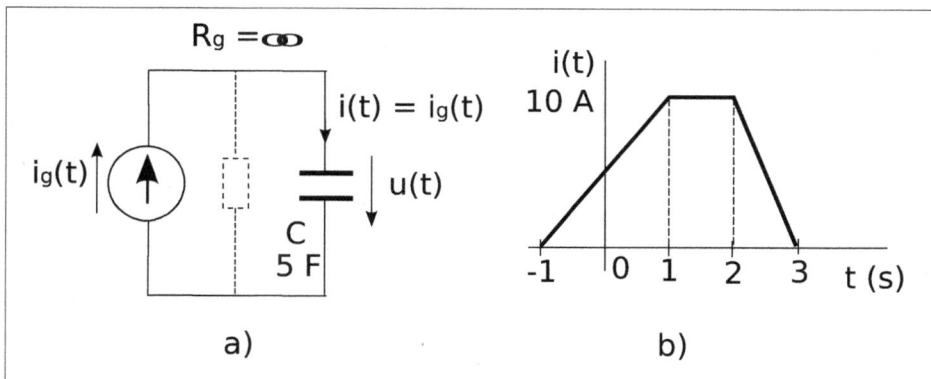

Abb. 1.4: Strom des Kondensators

```
% Skript strom_kond_1.m, in dem aus gegebenem Strom
% die Spannung eines Kondensators und die
% gespeicherte Energie berechnet werden
clear;
% ------ Parameter
```

Strom des Kondensators

Zeit in s
Spannung des Kondensators

Zeit in s
Energie des Kondensators

Zeit in s

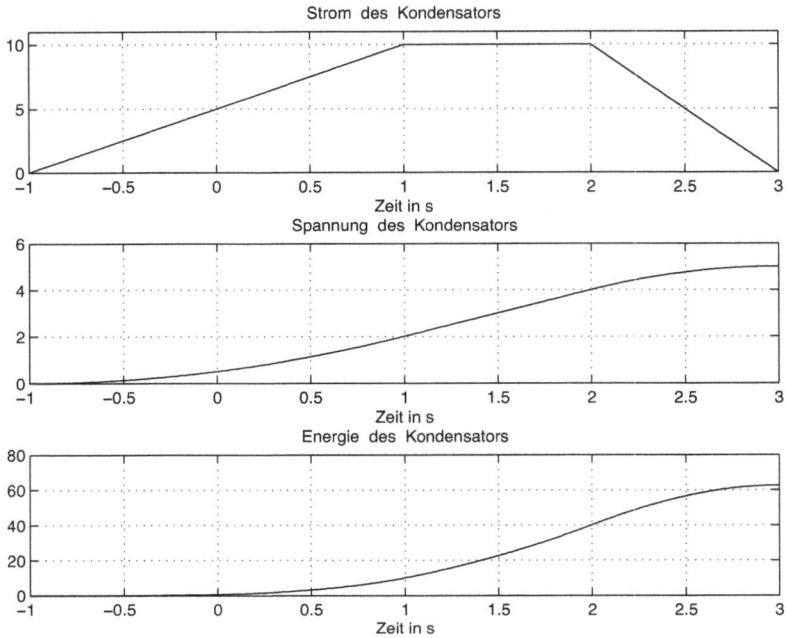

Abb. 1.5: Strom, Spannung und Energie des Kondensators (strom_kond_1.m)

```
C = 5;
% ------ Verlauf des Stroms
dt = 0.01;
t = -1:dt:3;
i = ((10/2)*(t+1)).*(t<=1) + ...
    10*(t > 1).*(t <= 2) + ...
    (10-10*(t-2)).*(t > 2).*(t <= 3);
% ------ Spannung des Kondensators
u = cumsum(i)*dt/C;
% ------ Energie des Kondensators
w = C*u.^2/2;
figure(1);    clf;
subplot(311), plot(t, i);
   title('Strom  des  Kondensators')
   xlabel('Zeit in s');    grid on;
   La = axis;    axis([La(1:3), 11])
subplot(312), plot(t, u);
   title('Spannung  des  Kondensators')
   xlabel('Zeit in s');    grid on;
subplot(313), plot(t, w);
   title('Energie  des  Kondensators')
   xlabel('Zeit in s');    grid on;
```

Im Skript wird zuerst ein Zeitvektor t zwischen -1 und 3 Sekunden mit sehr kleiner Schrittweite dt gewählt. Danach wird die Funktion des Stroms stückweise linear gebildet. Jede Zeile für i definiert ein Intervall. So z.B. ist die Stromfunktion in dem ersten Intervall (10/2)*(t+1). Sie ist gültig für (t<=1), was einen logischen Ausdruck darstellt mit Wert 1, wenn die Bedingung erfüllt ist und Wert 0, wenn die Bedingung nicht erfüllt ist. Die untere Grenze ist automatisch durch den Bereich für t definiert. Ähnlich sind auch die anderen Bereiche durch logische Bedingungen freigestellt.

Das Integral des Stroms für die Bildung der Spannung wird numerisch mit Hilfe der Funktion **cumsum**, die eine Aufsummierung der Stromwerte realisiert, ermittelt. Die Multiplikation mit dt ergibt das Integral. Die im Kondensator gespeicherte Energie wird durch elementweises Quadrieren des Stroms und der Multiplikation mit C/2 erhalten.

Abb. 1.5 zeigt ganz oben den Verlauf des Stroms, danach die Spannung des Kondensators und ganz unten die gespeicherte Energie in $W \cdot s$ (Watt . s) oder Joule.

1.2.2 Ersatzkapazität parallel geschalteter Kondensatoren

In der Anordnung aus Abb. 1.6 ist der Gesamtstrom am Eingang durch die Summe der einzelnen Ströme der Kondensatoren gegeben:

$$i_c(t) = i_{c1}(t) + i_{c1}(t) + \cdots + i_{cn}(t) \qquad \text{oder}$$

$$i_c(t) = C_1\frac{du_c(t)}{dt} + C_2\frac{du_c(t)}{dt} + \cdots + C_n\frac{du_c(t)}{dt} = \qquad (1.18)$$

$$\frac{du_c(t)}{dt}(C_1 + C_2 + \cdots + C_n)$$

Die Ströme werden gemäß Gl. (1.12) mit Hilfe der Ableitung der gleichen Spannung ausgedrückt, die ausgeklammert werden kann. Man sieht einfach, dass die Ersatzkapazität C_e gleich der Summe der einzelnen Kapazitäten ist:

$$C_e = C_1 + C_2 + \cdots + C_n \qquad (1.19)$$

1.2.3 Ersatzkapazität in Reihe geschalteter Kondensatoren

Wenn die Kondensatoren in Reihe geschaltet sind, dann fließt durch alle der gleiche Strom, und die gesamte Spannung ergibt sich aus der Summe der Spannungen der Kondensatoren (Abb. 1.7):

$$u_c(t) = u_{c1}(t) + u_{c2}(t) + \cdots + u_{cn}(t) =$$

$$\frac{1}{C_1}\int_{-\infty}^{t} i_c(\tau)d\tau + \frac{1}{C_2}\int_{-\infty}^{t} i_c(\tau)d\tau + \cdots + \frac{1}{C_n}\int_{-\infty}^{t} i_c(\tau)d\tau = \qquad (1.20)$$

$$\left(\frac{1}{C_1} + \frac{1}{C_2} + \cdots + \frac{1}{C_n}\right)\int_{-\infty}^{t} i_c(\tau)d\tau$$

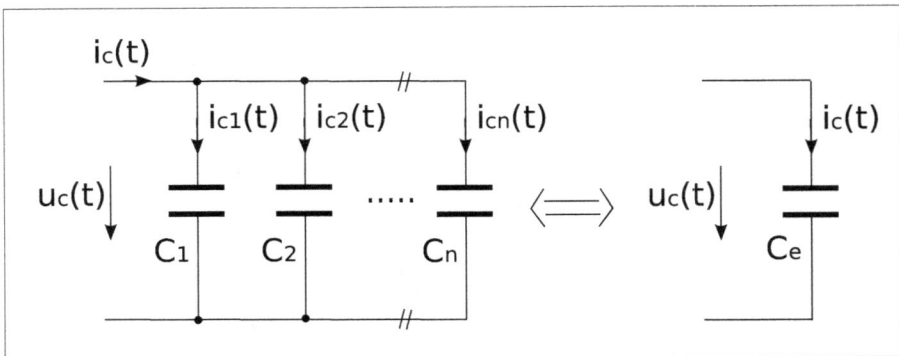

Abb. 1.6: Kapazitäten parallel geschaltet

Daraus resultiert für die Ersatzkapazität C_e folgende Beziehung:

$$\frac{1}{C_e} = \frac{1}{C_1} + \frac{1}{C_2} + \cdots + \frac{1}{C_n} \tag{1.21}$$

Bei zwei Kondensatoren ist die Ersatzkapazität durch

$$C_e = \frac{C_1 C_2}{C_1 + C_2} \tag{1.22}$$

gegeben. Wie man sieht, ist die Ersatzkapazität kleiner als die kleinste der zwei Kapazitäten.

1.3   Induktoren

Die zweite Komponente einer elektrischen Schaltung die Energie speichert ist der Induktor, der magnetische Energie speichert. Zuerst wird als Beispiel die Induktivität

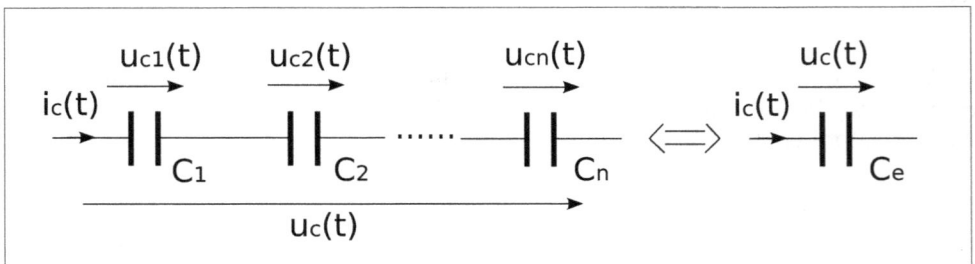

Abb. 1.7: Kondensatoren in Reihe geschaltet

einer Spule als Induktor (Abb. 1.8) abgeleitet.

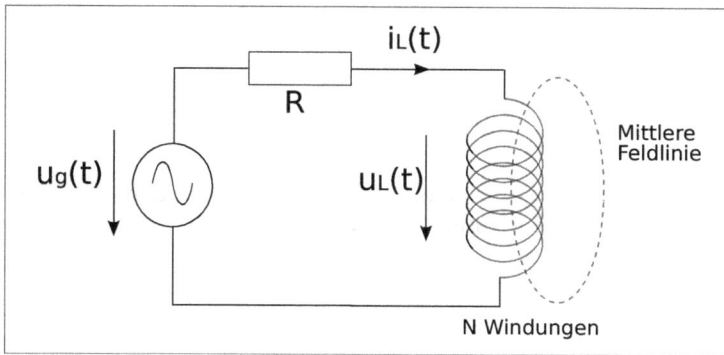

Abb. 1.8: Einfache Spule

Wegen des veränderlichen Stroms entsteht ein veränderlicher Fluss in der Spule, der wiederum zu einer induzierten Spannung $u_L(t)$ führt. Gemäß der Lenzschen Regel [9] muss die Wirkung in Form der induzierten Spannung der Ursache als veränderlicher Strom entgegenwirken. Jede zeitliche Stromänderung führt zu einer „Selbstinduktionsspannung", die der Stromänderung entgegenwirkt.

Mit den Richtungen für den Strom $i_L(t)$ und der induzierten Spannung $u_L(t)$ bzw. der Spannung der Quelle $u_g(t)$ (als Ursache für den Strom) ist der Strom durch

$$i_L(t) = \frac{u_g(t) - u_L(t)}{R} \tag{1.23}$$

gegeben. Daraus sieht man die Gegenwirkung der induzierten Spannung und man kann die induzierte Spannung $u_L(t)$ abhängig vom Gesamtfluss $\psi(t)$ durch

$$u_L(t) = \frac{d\psi(t)}{dt} = N\frac{d\phi(t)}{dt} \tag{1.24}$$

ausdrücken, ohne dass man die Ableitung mit einem Minusvorzeichen versehen muss [26]. Hier ist N die Anzahl der Windungen und $\phi(t)$ der Fluss wegen einer Windung.

Wenn angenommen wird, dass die magnetische Kennlinie, die die Induktion $B(t)$ und Feldstärke $H(t)$ verbindet, linear ist, dann gilt:

$$B(t) = \mu H(t) \tag{1.25}$$

Hier ist μ die magnetische Permeabilität des Mediums (in $V \cdot s \cdot A^{-1} \cdot m^{-1}$).

Das Durchflutungsgesetz, angewandt entlang der mittleren Feldlinie der Länge l, führt auf:

$$\oint H(t)dl = H(t)l = Ni_L(t) \tag{1.26}$$

Es wurde angenommen, dass das magnetische Feld homogen und konstant entlang der mittleren Feldlinie ist. Daraus resultiert:

$$H(t) = \frac{N i_L(t)}{l} \quad \text{oder} \quad \frac{B(t)}{\mu} = \frac{N i_L(t)}{l} \quad \text{und}$$

$$\phi(t) = A_q B(t) = \frac{\mu A_q N}{l} i_L(t) \tag{1.27}$$

Wobei durch A_q die Querschnittfläche einer Windung bezeichnet wurde. Die induzierte Spannung in dem Induktor kann jetzt durch

$$u_L(t) = N \frac{d\phi(t)}{dt} = \mu \frac{N^2 A_q}{l} \frac{d i_L(t)}{dt} \tag{1.28}$$

ausgedrückt werden, oder:

$$u_L(t) = L \frac{d i_L(t)}{dt} \tag{1.29}$$

Der Faktor L stellt die Induktivität der Spule (als Induktor) dar und hat als Einheit *Henry*=$V \cdot s / A$ oder *Weber/A*.

Umgekehrt, wenn die Spannung gegeben ist, wird der Strom durch

$$i_L(t) = \frac{1}{L} \int_{-\infty}^{t} u_L(\tau) d\tau = \frac{1}{L} \int_{-\infty}^{t_0} u_L(\tau) d\tau + \frac{1}{L} \int_{t_0}^{t} u_L(\tau) d\tau \tag{1.30}$$

oder durch

$$i_L(t) = i_L(t_0) + \frac{1}{L} \int_{t_0}^{t} u_L(\tau) d\tau \tag{1.31}$$

ermittelt. Die Vorgeschichte des Stroms des Induktors ist in dem Anfangswert $i_L(t_0)$ enthalten und zeigt dadurch, dass dieser Strom eine *Zustandsvariable* ist. Da der Strom durch ein Integral gegeben ist, folgt, dass der Strom des Induktors keine sprungartige Änderungen annehmen kann. Die Induktivität wirkt über die induzierte Spannung gegen die Stromänderung.

Um eine Vorstellung über die Größe einer Induktivität zu erhalten, wird sie für eine Spule ohne Kern mit $N = 100$ Windungen, eine mittlere Länge der Feldlinie $l = 1\,\mathrm{cm}$ und Querschnittfläche von $A_q = 2\,cm^2$ durch

$$L = 4\pi 10^{-7} \frac{n^2 A_q}{l} = \frac{4\pi 10^{-7} 100^2 2 10^{-4}}{0,01} \cong 251\,\mu H \tag{1.32}$$

berechnet. Für die Permeabilität des Vakuums wurde der Wert von $4\pi 10^{-7}\,V \cdot s \cdot A^{-1} \cdot m^{-1}$ eingesetzt.

Die magnetische Energie $w(t)$ die in einem Induktor gespeichert ist wird als Integral der momentanen Leistung $p(t)$ berechnet:

$$p(t) = i_L(t)u_L(t) = L\, i_L(t)\frac{di_L(t)}{dt}$$

$$w(t) = \int_{-\infty}^{t} p(\tau)d\tau = \frac{1}{2}L\, i_L^2(t) - \frac{1}{2}L\, i_L^2(-\infty) \qquad (1.33)$$

Wenn angenommen wird, dass in der Vergangenheit ein Moment existiert, für den $i_L^2(-\infty) = 0$ ist, erhält man für die in einem Induktor gespeicherte, magnetische Energie die Form:

$$w(t) = \frac{1}{2}L\, i_L^2(t) \qquad (1.34)$$

Die gespeicherte Energie ist nur durch den momentanen Wert des Stroms gegeben und zeigt dadurch, dass dieser Strom ebenfalls eine *Zustandsvariable* in elektrischen Schaltungen ist.

Für Induktoren mit Kern (z.B. aus Eisen oder aus feromagnetische Keramik) ist die Induktivität L keine Konstante. Sie ist über die Magnetisierungskennlinie vom Strom i_L abhängig. Wenn man diese Kennlinie annähernd linear annimmt und im linearen Bereich arbeitet, kann auch L als konstant betrachtet werden. In den gezeigten Beziehung muss μ durch $\mu = \mu_0\mu_r$ ersetzt werden, wobei $\mu_0 = 4\pi 10^{-7}\ V \cdot s/(A \cdot m)$ die Permeabilität des Vakuums ist und μ_r die relative Permeabilität des Kerns darstellt (ohne Einheit).

1.3.1 Ersatzinduktivität in Reihe geschalteter Induktoren

Es wird angenommen, dass die Induktoren nicht magnetisch gekoppelt sind. Abb. 1.9 zeigt, dass in diesem Fall durch alle Induktoren der gleiche Strom fließt und sich daher die Spannungen addieren:

$$u_L(t) = u_{L1}(t) + u_{L2}(t) + \cdots + u_{Ln}(t) =$$

$$L_1\frac{di_L(t)}{dt} + L_2\frac{di_L(t)}{dt} + \cdots + L_n\frac{di_L(t)}{dt} \qquad (1.35)$$

$$\left(L_1 + L_2 + \cdots + L_n\right)\frac{di_L(t)}{dt} = L_e\frac{di_L(t)}{dt}$$

Daraus resultiert, dass die Ersatzinduktivität L_e der in Reihe geschalteten Induktoren durch die Summe der einzelnen Induktivitäten gegeben ist:

$$L_e = L_1 + L_2 + \cdots + L_n \qquad (1.36)$$

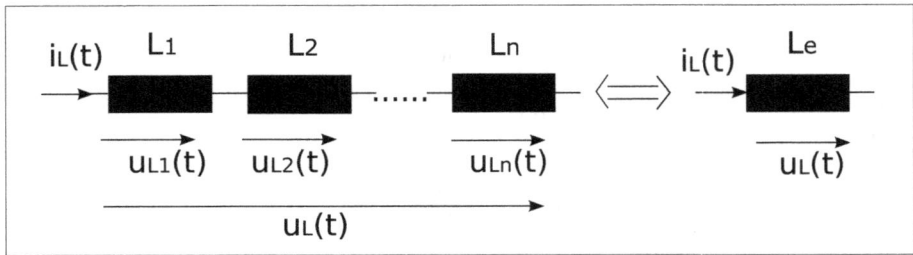

Abb. 1.9: Induktoren in Reihe geschaltet

1.3.2 Ersatzinduktivität parallel geschalteter Induktoren

In diesem Fall (Abb. 1.10) haben alle Induktoren die gleiche Spannung und der Gesamtstrom ist durch die Summe der Ströme der Induktoren gegeben:

$$i_L(t) = i_{L1}(t) + i_{L2}(t) + \cdots + i_{Ln}(t) =$$

$$\frac{1}{L_1}\int_{-\infty}^{t} u_L(\tau)d\tau + \frac{1}{L_2}\int_{-\infty}^{t} u_L(\tau)d\tau + \cdots + \frac{1}{L_n}\int_{-\infty}^{t} u_L(\tau)d\tau =$$

$$\left(\frac{1}{L_1} + \frac{1}{L_2} + \cdots + \frac{1}{L_n}\right)\int_{-\infty}^{t} u_L(\tau)d\tau = \frac{1}{L_e}\int_{-\infty}^{t} u_L(\tau)d\tau \qquad (1.37)$$

Daraus resultiert für die Ersatzinduktivität L_e folgende Beziehung:

$$\frac{1}{L_e} = \frac{1}{L_1} + \frac{1}{L_2} + \cdots + \frac{1}{L_n} \qquad (1.38)$$

Für zwei Induktoren ist die Ersatzinduktivität durch

$$L_e = \frac{L_1 L_2}{L_1 + L_2} \qquad (1.39)$$

gegeben und ist kleiner als die kleinste der zwei Induktivitäten. Auch hier wird angenommen, dass die Induktoren nicht magnetisch gekoppelt sind.

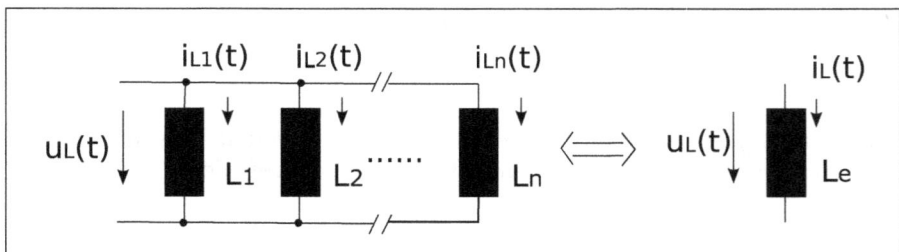

Abb. 1.10: Parallel geschaltete Induktoren

1.3.3   Didaktische Beispiele

Im ersten Beispiel, das in Abb. 1.11a dargestellt ist, wird der Strom des Induktors als gegeben betrachtet und es soll die Spannung ermittelt werden [17], [26]. Gemäß Gl. (1.29) ist die induzierte Spannung gegeben durch:

$$u_L(t) = L\frac{di_L(t)}{dt}$$

Hier wird die Spannung wegen des stückweise linearen Verlaufs des Stroms sehr einfach ermittelt (Abb. 1.11c). Die gespeicherte Energie wird mit einem kleinen MATLAB-

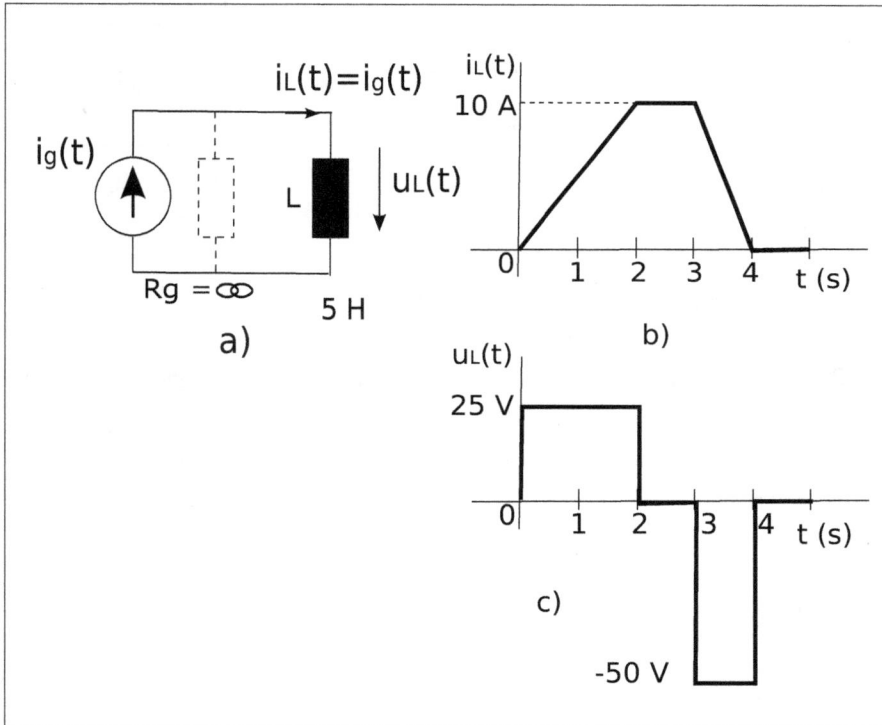

Abb. 1.11: Ermittlung der Spannung bei gegebenem Strom der Induktivität

Skript (`spannung_induk_1.m`) ermittelt:

```
% Skript spannung_induk_1.m, in dem aus gegebenem Strom
% die Spannung eines Induktors und die
% gespeicherte Energie berechnet werden

clear;
% ------ Parameter
L = 5;
```

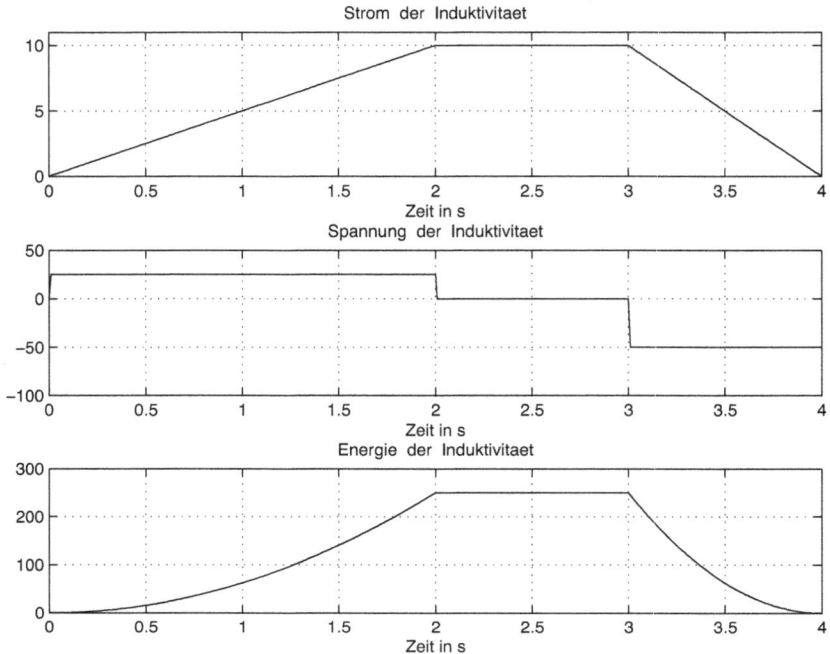

Abb. 1.12: Ermittlung der Spannung und Energie bei gegebenem Strom des Induktors (span-
nung_induk_1.m)

```
% ------ Verlauf des Stroms
dt = 0.01;
t = 0:dt:4;
i = ((10/2)*t).*(t<=2) + ...
     10*(t > 2).*(t <= 3) + ...
     (10-10*(t-3)).*(t > 3).*(t <= 4);
% ------ Spannung des Induktors
u = L*[0,diff(i)]/dt;
% ------ Energie des Induktors
w = L*i.^2/2;

figure(1);    clf;
subplot(311), plot(t, i);
title('Strom  der  Induktivitaet')
xlabel('Zeit in s');    grid on;
La = axis;    axis([La(1:3), 11])

subplot(312), plot(t, u);
title('Spannung  der  Induktivitaet')
xlabel('Zeit in s');    grid on;
```

```
subplot(313), plot(t, w);
title('Energie der Induktivitaet')
xlabel('Zeit in s');    grid on;
```

Der Verlauf des Stroms ist ähnlich wie beim Kondensator programmiert. Die Spannung als Ableitung des Stroms wird hier numerisch mit Hilfe der Funktion **diff** berechnet. Weil bei der Differenzbildung mit dieser Funktion der erste Wert fehlt, wird er hinzugefügt, so dass die Spannung dieselbe Länge wie der Strom hat. Der Rest ist relativ einfach zu verstehen. Abb. 1.12 zeigt oben den Strom, danach die Spannung und unten die Energie.

Im zweiten Beispiel (Abb. 1.13) ist die Spannung gegeben und es werden der Strom und die Energie ermittelt [17]. Auch hier wird ein kleines MATLAB-Skript eingesetzt (Strom_induk_1.m), um diese Variablen zu bestimmen.

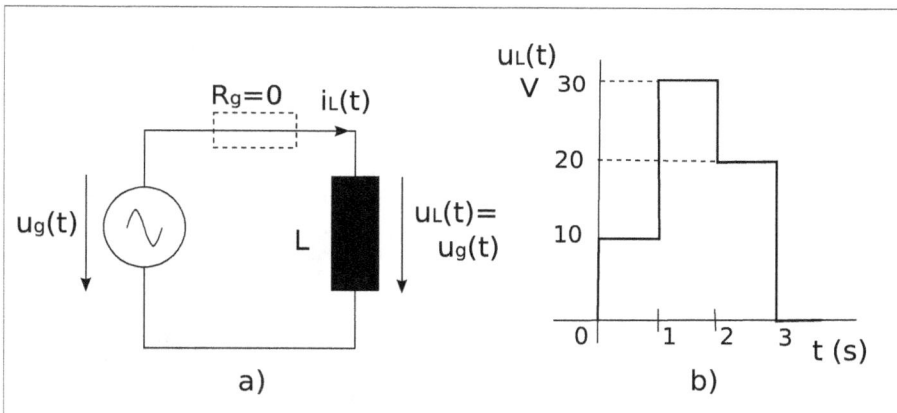

Abb. 1.13: Ermittlung des Stroms und der Energie bei gegebener Spannung des Induktors

```
% Skript strom_induk_1.m, in dem aus gegebener Spannung
% der Strom eines Induktors und die
% gespeicherte Energie berechnet werden
clear;
% ------ Parameter
L = 5;
% ------ Verlauf der Spannung
dt = 0.01;
t = 0:dt:4;
u = 10.*(t<=1) + ...
    30*(t > 1).*(t <= 2) + ...
    20*(t > 2).*(t <= 3) + ...
    0*(t > 3).*(t <= 4);
% ------ Strom des Induktors
i = cumsum(u)*dt/L;
% ------ Energie des Induktors
```

```
w = L*i.^2/2;

figure(1);    clf;
subplot(311), plot(t, u);
title('Spannung  der  Induktivitaet')
xlabel('Zeit in s');    grid on;
La = axis;    axis([La(1:2), 0, 35]);
ylabel('Volt');

subplot(312), plot(t, i);
title('Strom  der  Induktivitaet')
xlabel('Zeit in s');    grid on;
La = axis;    axis([La(1:2), 0, 15]);
ylabel('A');

subplot(313), plot(t, w);
title('Energie  der  Induktivitaet')
xlabel('Zeit in s');    grid on;
ylabel('Watt.s');
```

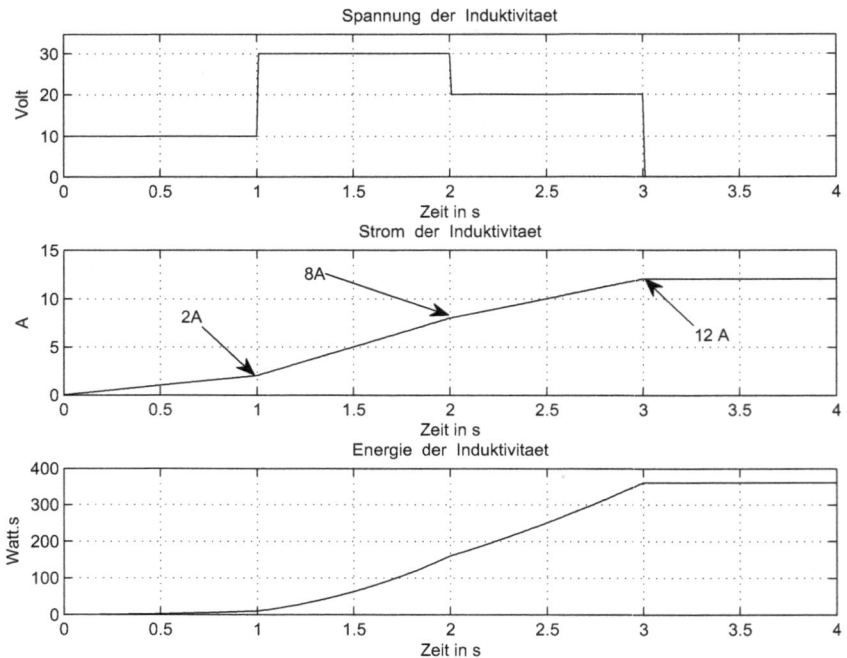

Abb. 1.14: Strom und Energie bei gegebener Spannung der Induktivität (strom_induk_1.m)

Die Spannung wird stückweise definiert und danach mit Hilfe der Funktion **cumsum** numerisch integriert. Der Strom ergibt sich nach der Multiplikation mit der

Zeitschrittweite `dt` und Teilung durch `L`. Die quadrierten Werte des Stroms werden weiter zur Berechnung der Energie eingesetzt.

Abb. 1.14 zeigt oben die gegebene Spannung des Induktors, in der Mitte den ermittelten Strom und unten die Energie. Da der Verlauf der Spannung sehr einfach ist, hätte man den Strom auch als stückweise lineare Funktion leicht ermitteln können.

1.4   Gegeninduktivität

Es wurde gezeigt, dass ein zeitveränderlicher Strom in den Windungen einer Spule einen zeitveränderlichen magnetischen Fluss erzeugt, der wiederum eine induzierte Spannung an den Anschlüssen der Spule ergibt. Wenn dieser zeitveränderliche Fluss sich durch die Windungen einer zweiten Spule schließt, dann wird in dieser auch eine Spannung induziert. Die gegenseitige Wirkung der Spulen wird mit Hilfe einer *Gegeninduktivität* beschrieben.

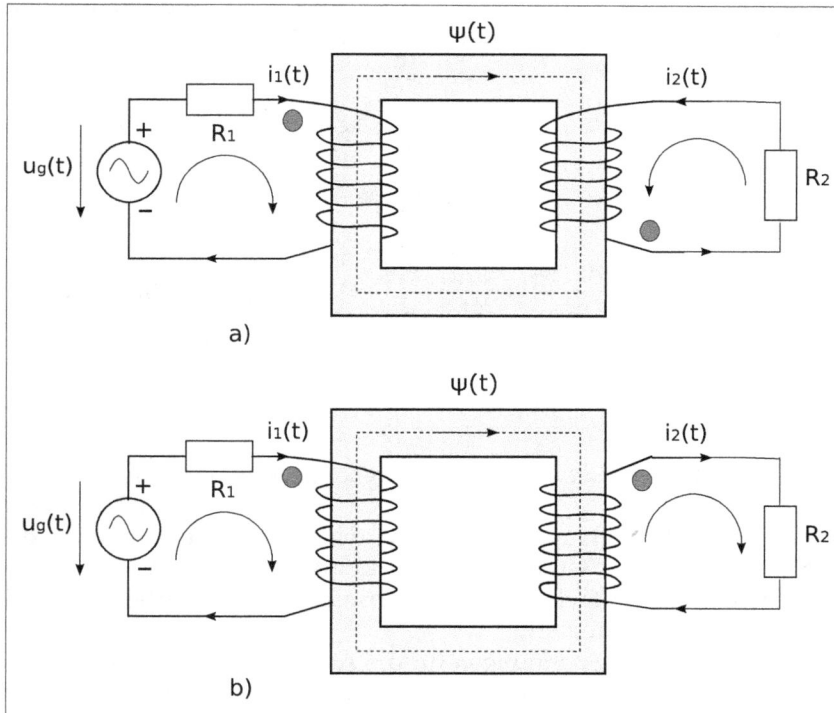

Abb. 1.15: Gegeninduktivität zwischen zwei gekoppelten Wicklungen

Zur Erläuterung wird die Anordnung aus Abb. 1.15 angenommen, die einen Transformator darstellt [9], [11] . Sie besteht aus der Primärwicklung mit N_1 Windungen und der Sekundärwicklung mit N_2 Windungen, die auf einem Kern mit der magnetischen Permeabilität $\mu = \mu_0 \mu_r$ gewickelt sind. Es wird angenommen, dass die Anordnung im linearen Bereich der Magnetisierungskennlinie arbeitet.

Die Sekundärwicklung kann wie in Abb. 1.15a oder wie in Abb. 1.15b gewickelt werden. Der schwarze Punkt bei der Primärwicklung zeigt die Richtung der Selbstinduktionsspannung dieser Wicklung, so dass bei geöffnetem Sekundärkreis ($i_2(t) = 0$) folgende Beziehung geschrieben werden kann:

$$u_g(t) = R_1 i_1(t) + L_1 \frac{di_1(t)}{dt} \tag{1.40}$$

Mit dem schwarzen Punkt bei der Sekundärwicklung wird die Richtung der induzierten Spannung wegen des Primärstroms gekennzeichnet. Bei geöffnetem Sekundärkreis ($i_2(t) = 0$) ist diese Spannung proportional zur Ableitung des Primärstroms:

$$u_2(t) = M \frac{di_1(t)}{dt} \tag{1.41}$$

Der Proportionalitätsfaktor M bildet die so genannte Gegeninduktivität und hat die Einheit einer Induktivität ($V \cdot s / A$ oder H für Henry).

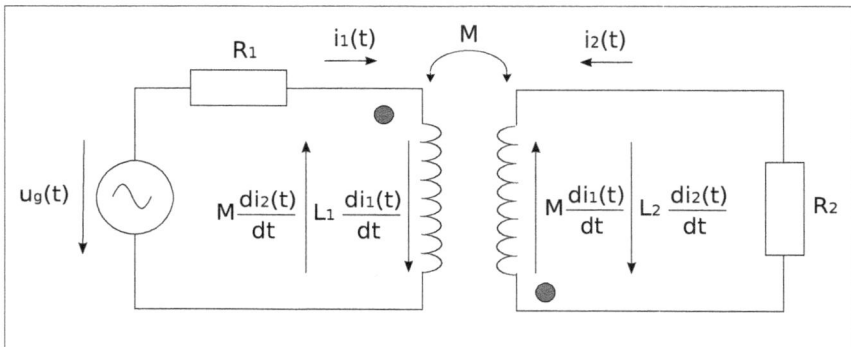

Abb. 1.16: Richtungssinn der Spannungen für die Anordnung aus Abb. 1.15a

Wenn die Sekundärwicklung mit einem Widerstand geschlossen wird, dann fließt hier der Strom $i_2(t)$, der zusätzlich zur Selbstinduktionsspannung $L_2\, di_2(t)/dt$ führt. Über die Gegeninduktivität wird auch in der Primärwicklung die Spannung $M di_2(t)/dt$ wegen des Stroms $i_2(t)$ induziert.

Die Richtungen dieser Spannungen für die Anordnung der Wicklungen aus Abb. 1.15a ist in Abb. 1.16 gezeigt. Man kann jetzt die Gleichungen für den Primär- und Sekundärkreis der Schaltung aus Abb. 1.16 schreiben:

$$u_g(t) = R_1 i_1(t) + L_1 \frac{di_1(t)}{dt} - M \frac{di_2(t)}{dt}$$
$$M \frac{di_1(t)}{dt} = R_2 i_2(t) + L_2 \frac{di_2(t)}{dt} \tag{1.42}$$

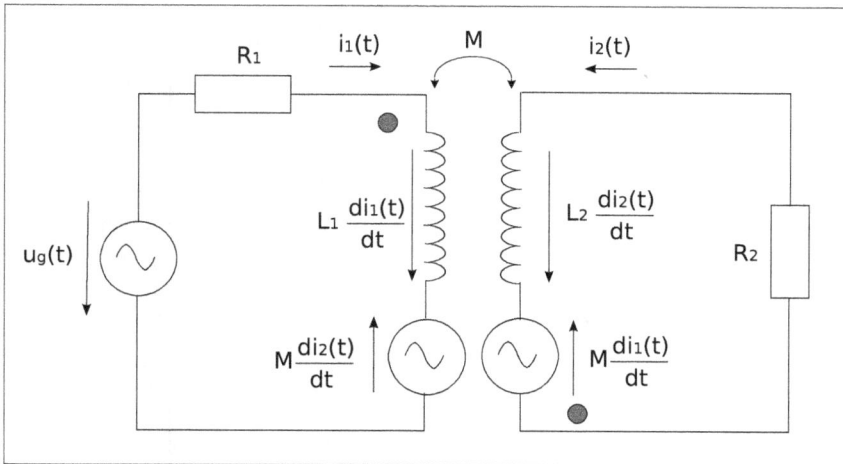

Abb. 1.17: Eine andere Darstellung der Spannungen aus Abb. 1.16

Der schwarze Punkt für die Primärwicklung zeigt die Stelle wo der Primärstrom in die Wicklung eintritt. Nach der Regel des rechten Zeigerfingers [9] wird die Richtung des Flusses, der von diesem Strom erzeugt wird, ermittelt. In Abb. 1.15a, b ist dieser Fluss mit $\psi(t)$ bezeichnet.

Die Richtung des Stroms in der Sekundärwicklung wird so gewählt, dass dieser einen Fluss der gleichen Richtung ergibt. Der schwarze Punkt wird dann so gesetzt, dass die Sekundärwicklung eine Quelle für den Sekundärstrom darstellt. Diese Regel ist leicht für die Anordnung aus Abb. 1.15a, b zu überprüfen.

Abb. 1.18 zeigt die Anordnung aus Abb. 1.15a, in der jetzt auch die Streuflüsse Ψ_{s1} und Ψ_{s2} einbezogen werden. Es sind die Flüsse die von den Strömen $i_1(t)$ bzw. $i_2(t)$ abhängig sind und die nur die entsprechenden Wicklungen umfassen.

Wenn der Sekundärkreis geöffnet ist ($i_2(t) = 0$), dann erzeugt der Primärstrom einen magnetischen Fluss $\Psi_1(t)$ der aus den Streufluss $\Psi_{s1}(t)$ und den gemeinsamen Fluss $\Psi(t)$ besteht und der auch die Sekundärwicklung umfasst. In der Annahme, dass der Kern im linearen Bereich betrieben wird, können diese Flüsse mit Hilfe von Induktivitäten bzw. Gegeninduktivität dargestellt werden:

$$\Psi_1(t) = \Psi_{s1} + \Psi(t)$$
$$\text{mit} \quad \Psi_1(t) = L_1 i_1(t), \quad \Psi_{s1}(t) = L_{s1} i_1(t), \quad \Psi(t) = M\, i_1(t) \tag{1.43}$$

oder:

$$L_1 = L_{s1} + M \tag{1.44}$$

Ein Anregungsstrom $i_2(t)$ bei geöffnetem Primärkreis ($i_1(t) = 0$) erzeugt ähnlich einen Fluss $\Psi_2(t)$ der aus dem Streufluss $\Psi_1(t)$ und gemeinsamen Fluss $\Psi(t)$ besteht:

$$\Psi_2(t) = \Psi_{s2} + \Psi(t)$$
$$\text{mit} \quad \Psi_2(t) = L_2 i_2(t), \quad \Psi_{s2}(t) = L_{s2} i_2(t), \quad \Psi(t) = M\, i_2(t) \tag{1.45}$$

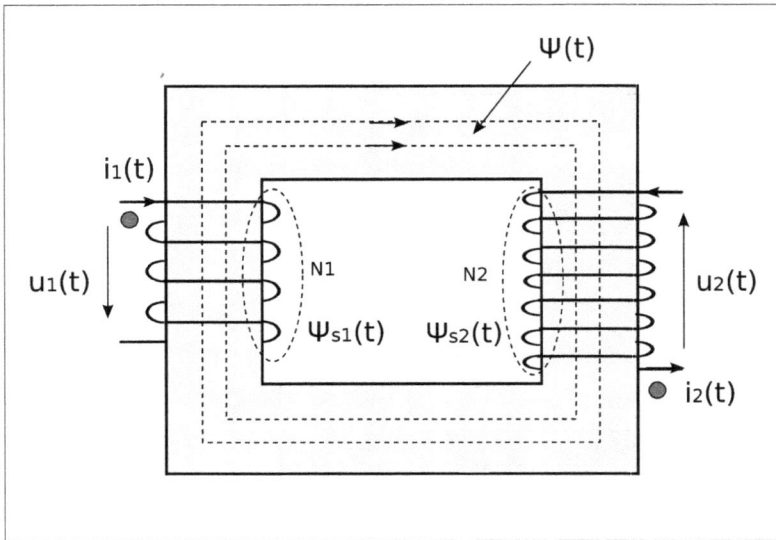

Abb. 1.18: Anordnung mit Streuflüsse der Primär- und Sekundärwicklung

oder:

$$L_2 = L_{s2} + M \tag{1.46}$$

Daraus resultiert:

$$M = L_1 - L_{s1} \quad \text{und} \quad M = L_2 - L_{s2}$$
oder

$$\frac{M}{L_1} = k_1 \leq 1 \quad \text{und} \quad \frac{M}{L_2} = k_2 \leq 1, \tag{1.47}$$

Wobei k_1 und k_2 positive Zahlen kleiner als eins sind. Durch Multiplikation dieser Verhältnisse erhält man:

$$\frac{M^2}{L_1 L_2} = k_1 k_2 = k^2 \leq 1 \tag{1.48}$$

Der Kopplungskoeffizient $k = M/\sqrt{L_1 L_2}$ ist eine Zahl zwischen 0 und 1 ($0 \leq k \leq 1$). Ein Wert null bedeutet keine Kopplung der zwei Wicklungen und ein Wert von eins zeigt, dass keine Streuflüsse bei den Wicklungen auftreten und die Kopplung sehr stark ist. Mit Kernen, die eine sehr hohe magnetische Permeabilität besitzen, ist k annähernd gleich Eins.

Man kann zeigen, dass die magnetische Energie dieser Anordnung folgende Form annimmt:

$$w(t) = \frac{1}{2}\left(L_1\, i_1^2(t) + L_2\, i_2^2(t)\right) + M\, i_1(t) i_2(t) \tag{1.49}$$

Die momentane Energie ist durch die momentanen Werte der Ströme des Primär- und Sekundärkreises gegeben und definiert somit diese Ströme als Zustandsvariablen.

1.4.1 Der Transformator mit T-Ersatzschaltung

Aus der vorherigen Ersatzschaltung kann man eine andere erhalten, die für Transformatoren leichter zu benutzen ist [17], [28]. Es wird eine Anordnung gemäß Abb. 1.18 angenommen.

Der gemeinsame Fluss für eine Windung $\phi(t)$ ist von beiden Strömen $i_1(t), i_2(t)$ abhängig. Das Durchflutungsgesetz kann benutzt werden, um einen Ausdruck für diesen Fluss zu erhalten:

$$\oint H(t)dl = i_1(t)\,N_1 + i_2(t)\,N_2 = N_1\left(i_1(t) + \frac{N_2}{N_1}i_2\right) \cong H(t)\,l_m = \frac{B(t)}{\mu}l_m \quad (1.50)$$

Hier wurde angenommen, dass das magnetische Feld der Feldstärke $H(t)$ im Kern homogen ist und die mittlere Feldlinie hat die Länge l_m. Beide Ströme fließen in dieselbe Richtung durch die Fläche die durch die mittlere Feldlinie gebildet ist. Die Induktion $B(t)$ wird:

$$B(t) = \frac{\mu N_1}{l_m}\left(i_1(t) + \frac{N_2}{N_1}i_2\right) = \frac{\mu N_1}{l_m}i_m(t)$$

$$i_m(t) = i_1(t) + \frac{N_2}{N_1}i_2(t) = i_1(t) + i_2'(t) \quad (1.51)$$

$$i_2'(t) = \frac{N_2}{N_1}i_2(t)$$

Der Strom $i_m(t)$ stellt den Magnetisierungsstrom dar und der Strom $i_2'(t)$ ist der Sekundärstrom bezogen auf den Primär. Für den gemeinsamen Fluss einer Windung $\phi(t)$ erhält man folgende Form: 42

$$\phi(t) = AB(t) = \frac{\mu N_1 A}{l_m}i_m(t) \quad (1.52)$$

Hier ist A die Querschnittfläche des Kerns. Der Gesamtfluss für die Primärwicklung $\Psi(t) = N_1\phi(t)$ wird dann:

$$\Psi(t) = N_1\phi(t) = \frac{\mu N_1^2 A}{l_m}i_m(t) = L\,i_m(t) \quad (1.53)$$

Dadurch ist jetzt die induzierte Spannung im Primär durch

$$u_1(t) = \frac{d\Psi(t)}{dt} = L\frac{di_m(t)}{dt} \quad (1.54)$$

gegeben und für die induzierte Spannung im Sekundär erhält man

$$u_2(t) = \frac{d(N_2\phi(t))}{dt} = \frac{N_2}{N_1}\frac{\mu N_1^2 A}{l_m}\frac{di_m(t)}{dt} = \frac{N_2}{N_1}L\frac{di_m(t)}{dt} \quad (1.55)$$

oder:

$$u_2(t) = \frac{N_2}{N_1} u_1(t) \tag{1.56}$$

Mit einer einfachen Umformung ergibt sich daraus die so genannte Sekundärspannung auf den Primär bezogen:

$$u_2'(t) = u_2(t)\frac{N_1}{N_2} = L\frac{di_m(t)}{dt} = u_1(t) \tag{1.57}$$

Die zwei Gleichungen (1.54), (1.57) suggerieren eine T-Ersatzschaltung, die in Abb. 1.19a gezeigt ist. Die Sekundärspannung ist nicht mehr $u_2(t)$ sondern $u_2'(t) = u_2(t)N_1/N_2$. Die Induktivität L bildet die Hauptinduktivität der T-Ersatzschaltung.

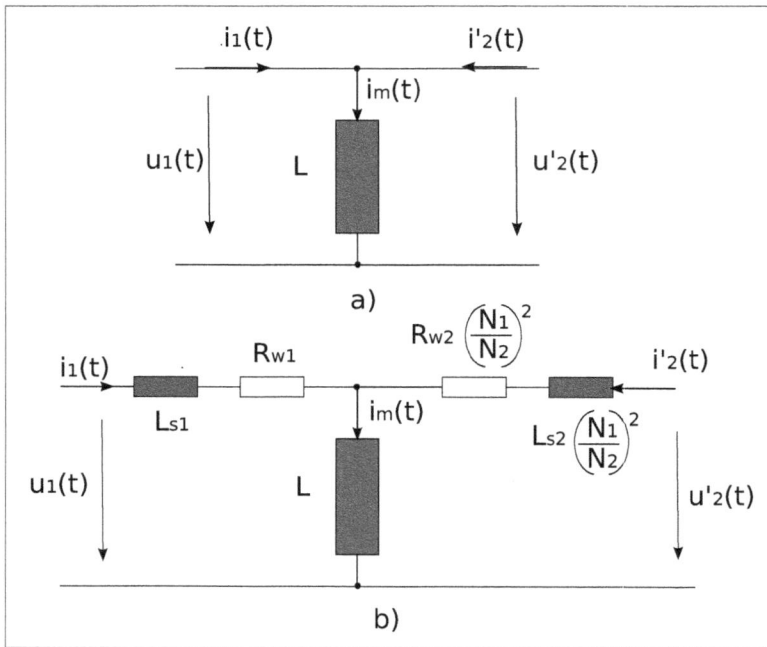

Abb. 1.19: Die T-Ersatzschaltung eines Transformators

Wenn man die Streuinduktivität L_{s1} und den Widerstand der Primärwicklung R_{w1} bzw. die Streuinduktivität L_{s2} und den Widerstand R_{w2} der Sekundärwicklung berücksichtigt, dann ändern sich die Gleichungen wie folgt. Für den Primär erhält man direkt:

$$u_1(t) = L_{s1}\frac{di_1(t)}{dt} + R_{w1}i_1(t) + L\frac{di_m(t)}{dt} \tag{1.58}$$

Die Gleichung für den Sekundär

$$u_2(t) = L_{s2}\frac{di_2(t)}{dt} + R_{w2}i_2(t) + N_2\frac{d\phi(t)}{dt} =$$
$$L_{s2}\frac{di_2(t)}{dt} + R_{w2}i_2(t) + \frac{N_2}{N_1}N_1\frac{d\phi(t)}{dt} \qquad (1.59)$$

wird mit

$$N_1\frac{d\phi(t)}{dt} = L\frac{di_m(t)}{dt}$$

$$u_2(t) = L_{s2}\frac{di_2(t)}{dt} + R_{w2}i_2(t) + \frac{N_2}{N_1}L\frac{di_m(t)}{dt} \qquad (1.60)$$

Die letzte Gleichung wird mit dem *Übersetzungsverhältnis* N_1/N_2 multipliziert und der Strom $i_2(t)$ wird mit Hilfe des Stroms $i_2'(t)$ ausgedrückt $i_2(t) = i_2'(t)N_1/N_2$. Daraus resultiert eine Gleichung mit den Variablen $i_2'(t), u_2'(t)$ des Sekundärs auf den Primär bezogenen:

$$u_2'(t) = L_{s2}\left(\frac{N_1}{N_2}\right)^2\frac{di_2'(t)}{dt} + R_{w2}\left(\frac{N_1}{N_2}\right)^2 i_2'(t) + L\frac{di_m(t)}{dt} \qquad (1.61)$$

Oder:

$$u_2'(t) = L_{s2}'\frac{di_2'(t)}{dt} + R_{w2}'i_2'(t) + L\frac{di_m(t)}{dt}\,, \qquad (1.62)$$

wobei

$$L_{s2}' = L_{s2}\left(\frac{N_1}{N_2}\right)^2 \quad \text{und} \quad R_{w2}' = R_{w2}\left(\frac{N_1}{N_2}\right)^2 \qquad (1.63)$$

die Streuinduktivität und der Wicklungswiderstand des Sekundärs auf den Primär bezogen sind.

Mit diesen Gleichungen kann man jetzt die Ersatzschaltung aus Abb. 1.19b bilden. Wenn man die parasitären Komponenten L_{s1}, R_{w1} bzw. L_{s2}', R_{w2}' vernachlässigen kann, bleibt die einfache Ersatzschaltung aus Abb. 1.19a, die dem idealen Transformator entspricht. Bei diesem ist:

$$u_1(t) = u_2'(t) = u_2(t)\frac{N_1}{N_2} \quad \text{oder} \quad \frac{u_1(t)}{u_2(t)} = \frac{N_1}{N_2} \qquad (1.64)$$

Der Magnetisierungsstrom $i_m(t)$ ist oft vernachlässigbar im Vergleich zu $i_1(t), i_2'(t)$, und dadurch erhält man aus

$$\left(i_1(t) + i_2(t)\frac{N_2}{N_1}\right) = i_m(t) \cong 0 \qquad (1.65)$$

das Verhältnis der Ströme:

$$\frac{i_1(t)}{i_2(t)} = -\frac{N_2}{N_1} \tag{1.66}$$

Das Minusvorzeichen zeigt, dass man die Richtung des Stroms $i_2(t)$ bzw. $i_2'(t)$ ändern muss. Für diese Richtung ändert sich auch Gl. (1.62) für den Sekundärkreis:

$$L\frac{di_m(t)}{dt} = L_{s2}'\frac{di_2'(t)}{dt} + R_{w2}'i_2'(t) + u_2'(t) \tag{1.67}$$

Zwischen der Ersatzschaltung mit Gegeninduktivitäten aus Abb. 1.16 oder Abb. 1.17 und der T-Ersatzschaltung aus Abb. 1.19b gibt es eine Verbindung, die man sehr leicht ermitteln kann.

Wenn der Sekundärkreis der Ersatzschaltung Abb. 1.17 und der T-Ersatzschaltung aus Abb. 1.19b im Leerlauf betrachtet wird ($i_2'(t) = 0$), dann müssen die Induktivitäten des Primärkreises gleich sein. Daraus folgt:

$$L_1 = L_{s1} + L \tag{1.68}$$

Auch umgekehrt, wenn der Primärkreis im Leerlauf betrachtet wird und der Sekundärkreis angeregt wird, dann erhält man eine ähnliche Beziehung:

$$L_2 = (L_{s2} + L)\left(\frac{N_2}{N_1}\right)^2 \tag{1.69}$$

Der Faktor $(N_2/N_1)^2$ erscheint wegen der Variablen des Sekundärs bezogen auf den Primär, die man für die Ersatzschaltung mit Gegeninduktivitäten transformieren muss.

Gemäß Gl. (1.44) ist aber

$$L_1 = L_{s1} + M \tag{1.70}$$

und somit wird

$$M = L \tag{1.71}$$

Für die Ersatzschaltung mit Gegeninduktivitäten aus Abb. 1.16 oder Abb. 1.17 ist:

$$\frac{M^2}{L_1 L_2} = k_1 k_2 = k^2 \leq 1 \tag{1.72}$$

Diese drei Gleichungen können zur Berechnung der Parameter der Ersatzschaltung mit Gegeninduktivitäten (L_1, L_2, M und k) aus den Parametern der T-Ersatzschaltung (L_{s1}, L_{s2}, L und N_1/N_2), die z.B. gemessen wurden, dienen. In der Ersatzschaltung mit Gegeninduktivitäten müssen noch die Widerstände der Wicklungen (R_{w1}, R_{w2}) hinzugefügt werden.

Bei raschen Vorgängen, wie sie z.B. bei Pulsübertragungen über Transformatoren in der Kommunikationstechnik vorkommen, muss man auch die parasitären Kapazitäten, die zwischen den Windungen auftreten, berücksichtigen. Die Ersatzschaltung aus Abb. 1.19b wird mit einer Ersatzkapazität parallel zur Induktivität L ergänzt.

1.4.2 Anwendungen für Transformatoren

Eine ohmsche Belastung des Sekundärs mit einem Widerstand R_s führt zu einem Ersatzwiderstand im Primär der Größe:

$$R_{se} = \frac{u_1(t)}{i_1(t)} = \frac{u_2(t)N_1/N_2}{-i_2(t)N_2/N_1} = \frac{u_2(t)}{-i_2(t)}\left(\frac{N_1}{N_2}\right)^2 \tag{1.73}$$

Weil $u_2(t)/(-i_2(t)) = R_s$ erhält man schließlich für den im Primär bezogenen Belastungswiderstand R_{se} folgende Form:

$$R_{se} = R_s\left(\frac{N_1}{N_2}\right)^2 \tag{1.74}$$

Dieses Ergebnis wird vielmals zur optimalen Anpassung einer ohmschen Belastung an eine Quelle benutzt. Es ist bekannt, dass ein Belastungswiderstand gleich dem internen Widerstand der Quelle die optimale Leistungsübertragung ergibt.

In Abb. 1.20 ist ein einfaches Beispiel gezeigt. Da die Quelle einen Ausgangswiderstand von 100 Ohm hat, ist die direkte Belastung mit dem Widerstand von 4 Ohm nicht optimal. Ein Transformator mit Übersetzungsverhältnis $N_1/N_2 = 5$ führt zu einem äquivalenten Widerstand im Primär von:

$$R_{es} = R_s\left(\frac{N_1}{N_2}\right)^2 = 4(5)^2 = 100\ \Omega \tag{1.75}$$

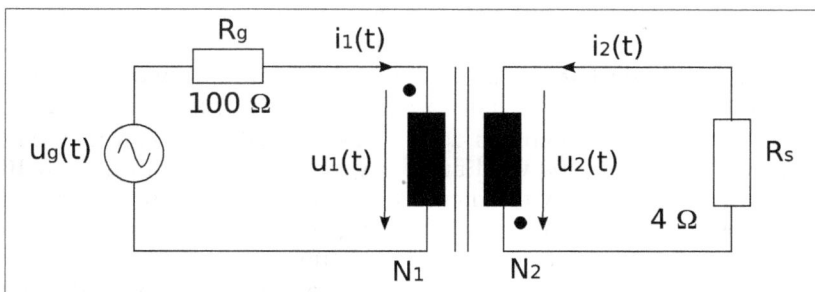

Abb. 1.20: Optimale Belastungsanpassung

Zwei wichtige Anwendungen der Transformatoren in der Messtechnik sind in Abb. 1.21 gezeigt. Ihr Einsatz bezieht sich auf Wechselstrom oder Wechselspannung. Bei der ersten handelt es sich um ein Stromabsetzer, so dass man sehr starke Ströme mit gewöhnlichen Instrumenten und normalen Messbereichen erfassen kann. Als Beispiel wird der Strom von bis zu 1000 A mit einem Übersetzungsverhältnis $N_1/N_2 = 1/100$ auf einen Bereich bis 10 A herabgesetzt.

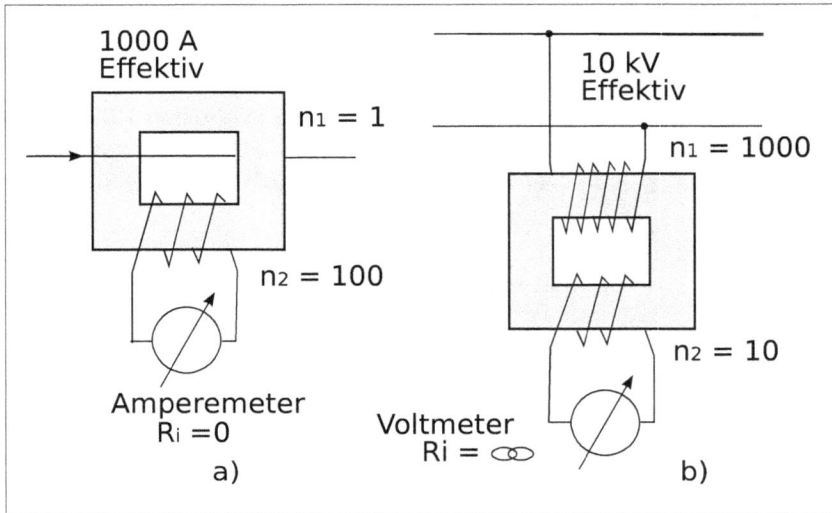

Abb. 1.21: Messtransformatoren (oder Strom- und Spannungswandler)

Bei diesem Transformator („Stromwandler") ist der Sekundär praktisch über das Amperemeter in Kurzschluss geschlossen und dadurch nähert sich diese Schaltung dem idealen Transformator. Der gemeinsame Fluss im Kern ist praktisch null, als hätte der Fluss des Sekundärstroms den Fluss des Primärstroms ausgeglichen. Sie benötigen einen relativ kleinen Kern und dürfen nicht im Leerlauf (Sekundär geöffnet) betrieben werden. Wenn das geschieht, steigt die Induktion im Kern über die Grenze des linearen Betriebs, im Kern entstehen Wirbelströme die zur Erwärmung des Kerns führen, so dass der Kern bis zur Schmelze gelangen kann.

Die zweite Schaltung (Abb. 1.21b) zeigt einen Spannungswandler, der die hohe Spannung im Primär herabsetzt. Hier ist praktisch der Sekundär im Leerlauf und dadurch nähert sich dieser ebenfalls dem idealen Transformator. Mit einem Übersetzungsverhältnis $N_1/N_2 = 100$ wird aus der gefährlichen Spannung von 10 kV eine Spannung im Bereich bis 100 V erhalten. Der Sekundär darf nicht belastet oder gar in Kurzschluss geschaltet werden, weil dann sehr große Stromwerte im Primär auftreten, die zur Zerstörung des Transformators führen können.

Eine weitere wichtige Anwendung der Transformatoren ist die galvanische Trennung. In der Kommunikationstechnik wird die Übertragungsleitung für die Information durch einen Transformator galvanisch von der Sende/Empfangseinheit getrennt. Über diese Trennung werden dann nur die modulierten Signale oder die Pulse übertragen, z.B. für die Signale im Basisband.

Die großen Energie-Transformatoren dienen der Erzeugung verschiedener Hochspannungen und auch umgekehrt werden aus diesen Hochspannungen dann die niedrigen Spannungen für den Verbraucher erzeugt. So z.B. wird die Wechselspannung von 10 kV der Leistungsgeneratoren auf 110 kV für die Übertragung auf den Hochspannungsleitungen umgesetzt.

Die angegebene Ströme und Spannungen stellen Effektivwerte bei 50 Hz dar, die später näher erläutert werden.

In den Schaltnetzteilen der PCs wird die Gleichspannung, die direkt aus der Netzspannung mit Diodenbrücke erhalten wird, mit einer hohen Frequenz (50 bis 100 kHz) in Pulse für die Primärwicklung umgewandelt. Die niedrige Versorgungsspannung wird dann im Sekundär erhalten. Über das Tastverhältnis der Pulse wird die gleichgerichtete Sekundärspannung des Hauptverbrauchers geregelt. Eine weitere wichtige

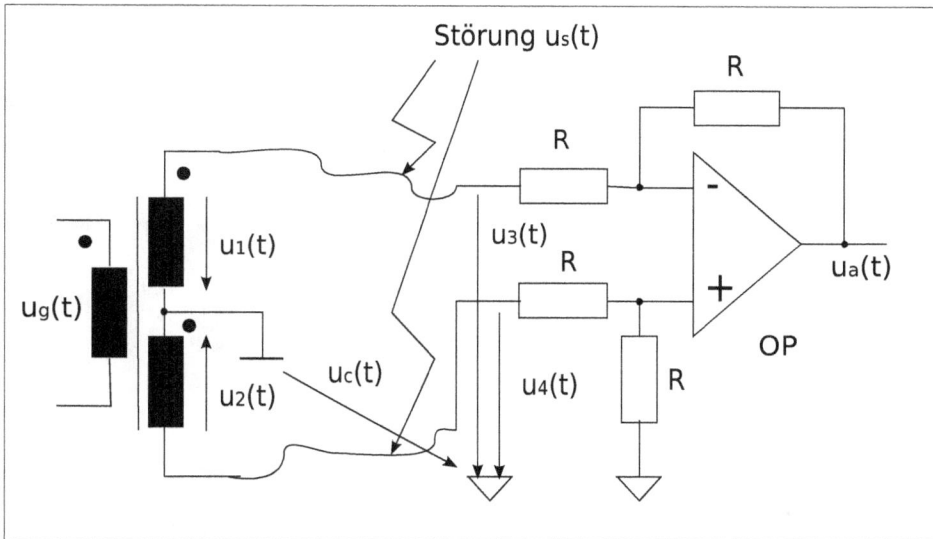

Abb. 1.22: Erzeugung symmetrischer Spannungen aus einer asymmetrischen Spannung $u_g(t)$

Funktion der Transformatoren ist die Erzeugung von symmetrischen Spannungen aus einer nicht symmetrischen Spannung. Abb. 1.22 zeigt prinzipiell diese Möglichkeit. Der Transformator besitzt drei Wicklungen mit gleicher Anzahl von Windungen, deren Anfänge durch die schwarzen Punkte gekennzeichnet sind. Dadurch ist:

$$u_1(t) = u_g(t) \qquad \text{und} \qquad u_2(t) = -u_1(t) \tag{1.76}$$

Der Operationsverstärker hat eine Ausgangsspannung $u_a(t) = u_3(t) - u_4(t)$. Eine eventuelle Störspannung $u_s(t)$, die in den zwei Leitungen gleich ist, wird durch diese Differenz entfernt:

$$\begin{aligned}
u_a(t) &= u_3(t) - u_4(t) = \\
&\quad (u_s(t) + u_1(t) + u_c(t)) - (u_s(t) + u_2(t) + u_c(t)) = \\
&\quad u_1(t) - u_2(t) = 2u_g(t)
\end{aligned} \tag{1.77}$$

Auch die gemeinsame Spannung $u_c(t)$ zwischen den zwei Massen (gekennzeichnet mit einem horizontalen Strich und einem Dreieck) hebt sich in der Differenz auf. Der Transformator sichert zusätzlich auch die galvanische Trennung.

1.5 Antwort energiespeichernder Elemente auf Gleichstromquellen

Die Gleichstromquellen im stationären Zustand, d.h. nach genügend langer Zeit ($t \to \infty$), führen dazu, dass die Kondensatoren geladen oder entladen sind und kein Strom mehr fließt. Sie verhalten sich wie geöffnete Schalter.

Die Induktoren im gleichen Zustand ergeben keine induzierte Spannungen mehr und verhalten sich wie Kurzschlüsse.

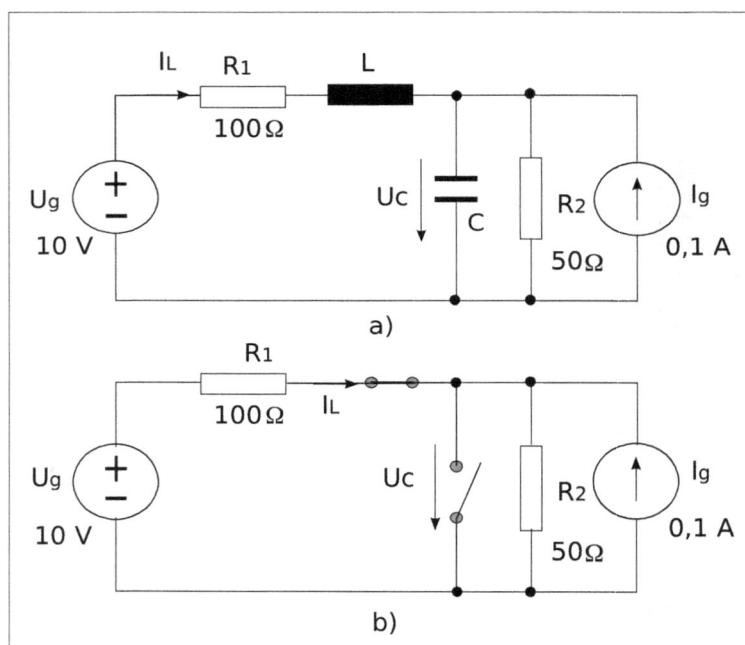

Abb. 1.23: a) Schaltung mit Kondensator und Induktor b) Ersatzschaltung für den stationären Zustand

Es ist somit leicht aus einer gegebenen Schaltung, die mit Gleichstromquellen angeregt wird, die Spannungen der Kondensatoren und Ströme der Induktoren im stationären Zustand (nach genügend langer Zeit) zu bestimmen.

Abb. 1.23a stellt eine Schaltung dar, für die die Spannung des Kondensators und der Strom des Induktors für $t \to \infty$ zu bestimmen sind. In Abb. 1.23b ist die Ersatzschaltung dargestellt, die es ermöglicht sehr einfach die verlangten Variablen $i_L(\infty), u_c(\infty)$ zu bestimmen. Durch Überlagerung der Einflüsse der zwei Quellen, erhält man folgende Werte für den Strom des Induktors und Spannung des Kondensators im stationären Zustand:

$$i_L(\infty) = I_L = \frac{U_g}{R_1 + R_2} - I_g \frac{R_1 \| R_2}{R_1}$$

$$u_c(\infty) = U_c = U_g \frac{R_2}{R_1 + R_2} + I_g (R_1 \| R_2)$$

(1.78)

Hierbei ist zu beachten, dass sich die Spannungsquelle bei der Überlagerung mit $U_g = 0$ wie ein Kurzschluss und die Stromquelle mit $I_g = 0$ wie ein Leerlauf darstellt.

Auch für komplexere Schaltungen mit mehreren energiespeichernden Komponenten kann man eine Ersatzschaltung ermitteln, aus der man dann die Spannungen der Kondensatoren und Ströme der Induktivitäten im stationären Zustand wegen Gleichstromquellen einfach berechnen kann.

Die T-Ersatzschaltung des Transformators zeigt klar, dass man keinen Gleichstrom und keine Gleichspannung mit einem Transformator übertragen kann. Für solche Anregungen stellt die Hauptinduktivität L einen Kurzschluss dar, der dann die Übertragung zum Sekundär verhindert.

1.6 Numerische Lösung der Differentialgleichungen erster Ordnung

In der numerischen Mathematik gibt es viele Verfahren zur Lösung linearer und nichtlinearer Differentialgleichungen [8]. Das einfachste davon ist das Euler-Verfahren [7], [6]. Es hat den großen Vorteil, dass es leicht zu verstehen und anzuwenden ist.

Angenommen die Differentialgleichung erster Ordnung für die Zustandsvariable $x(t)$ ist durch

$$\frac{dx(t)}{dt} = f(x(t), u(t), \dots);$$

(1.79)

gegeben, wobei $u(t)$ die gegebene Anregung darstellt (als Ursache). Die Punkte sind stellvertretend für die Parameter der Schaltung in Form von Widerständen, Kapazitäten oder Induktivitäten.

Die Annäherung der Ableitung mit finiten Differenzen führt auf:

$$\frac{dx(t)}{dt} \cong \frac{x(t + \Delta t) - x(t)}{\Delta t} = f(x(t), u(t), \dots)$$

(1.80)

Daraus erhält man eine einfache Form für die Berechnung der Zustandsvariable zum Zeitpunkt $t + \Delta t$ aus dem Wert der Zustandsvariable zum Zeitpunkt t:

$$x(t + \Delta t) = x(t) + \Delta t\, f(x(t), u(t), \dots)$$

(1.81)

Es wird vom Anfangszustand $x(0)$ bei $t = 0$ ausgegangen und dann wird immer mit einem Schritt weiter die Zustandsvariable aktualisiert. Das Verfahren konvergiert ganz gut, wenn die Schrittweite Δt sehr klein gewählt wird.

Wenn mehrere solche Differentialgleichungen erster Ordnung in den Zustandsvariablen die Schaltung beschreiben, wird ähnlich vorgegangen. Aus

$$
\begin{aligned}
\frac{dx_1(t)}{dt} &= f_1(x_1(t), x_2(t), \dots, x_n(t), u_1(t), u_2(t), \dots, u_m(t), \dots) \\
\frac{dx_2(t)}{dt} &= f_2(x_1(t), x_2(t), \dots, x_n(t), u_1(t), u_2(t), \dots, u_m(t), \dots) \\
\dots \\
\frac{dx_n(t)}{dt} &= f_n(x_1(t), x_2(t), \dots, x_n(t), u_1(t), u_2(t), \dots, u_m(t), \dots)
\end{aligned}
\tag{1.82}
$$

werden die Iterationen gebildet:

$$
\begin{aligned}
x_1(t + \Delta t) &= x_1(t) + \Delta t\, f_1(x_1(t), x_2(t), \dots, x_n(t), u_1(t), u_2(t), \dots, u_m(t), \dots) \\
x_2(t + \Delta t) &= x_2(t) + \Delta t\, f_2(x_1(t), x_2(t), \dots, x_n(t), u_1(t), u_2(t), \dots, u_m(t), \dots) \\
&\vdots \\
x_n(t + \Delta t) &= x_n(t) + \Delta t\, f_n(x_1(t), x_2(t), \dots, x_n(t), u_1(t), u_2(t), \dots, u_m(t), \dots)
\end{aligned}
\tag{1.83}
$$

Hier wurden n Zustandsvariablen $x_1(t), x_2(t), \dots, x_n(t)$ und m Anregungsvariablen $u_1(t), u_2(t), \dots, u_m(t)$ angenommen. Diese Differentialgleichungen bilden ein System von Differentialgleichungen erster Ordnung.

Für die numerische Integration solcher Differentialgleichungen erster Ordnung mit dem Euler-Verfahren spielt es keine Rolle, ob die Funktionen der Ableitungen erster Ordnung $f_i()$ linear oder nichtlinear sind.

Für lineare Systeme kann man das System von Differentialgleichungen in einer kompakten Matrixform schreiben:

$$
\begin{aligned}
\frac{d\mathbf{x}(t)}{dt} &= \mathbf{A}\mathbf{x}(t) + \mathbf{B}\mathbf{u}(t) \\
\mathbf{y}(t) &= \mathbf{C}\mathbf{x}(t) + \mathbf{C}\mathbf{u}(t)
\end{aligned}
\tag{1.84}
$$

Die vier Matrizen $\mathbf{A}$, $\mathbf{B}$, $\mathbf{C}$ und $\mathbf{D}$ bilden das so genannte *Zustandsmodell* des Systems [13], [26]. Der Vektor $\mathbf{y}(t)$ beinhaltet die Variablen einer Schaltung oder eines Systems, die nicht Zustandsvariablen sind und für die Anwendung benötigt werden. Dazu zählen z.B. die Ströme oder die Spannungen der Widerstände. Nur die Zustandsvariablen (hier in dem Vektor $\mathbf{x}(t)$ zusammengefasst), die in elektrischen Schaltungen die Spannungen der Kapazitäten und die Ströme der Induktivitäten sind, werden mit Differentialgleichungen ermittelt. Die restlichen Variablen können immer über die Zustandsvariablen mit Hilfe von algebraischen Gleichungen definiert werden.

Für die Annahme, dass man die Anregungen aus dem Vektor $\mathbf{u}(t)$ in jedem Integrationsschritt als konstant betrachten kann, gibt es eine analytische exakte Lösung des Zustandsmodells, das in MATLAB [25] in der Funktion `lsim` implementiert ist [21].

Das Euler-Verfahren kann direkt über die Matrixform programmiert werden. Aus

$$\frac{d\mathbf{x}(t)}{dt} \cong \frac{\mathbf{x}(t + \Delta t) - \mathbf{x}(t)}{\Delta t} = \mathbf{A}\mathbf{x}(t) + \mathbf{B}\mathbf{u}(t) \tag{1.85}$$

erhält man folgende Form für die Aktualisierung der Zustandsvariablen von einem zum nächsten Schritt:

$$\mathbf{x}(t + \Delta t) = \mathbf{x}(t) + \Delta t\big(\mathbf{A}\mathbf{x}(t) + \mathbf{B}\mathbf{u}(t)\big) \tag{1.86}$$

Der Algorithmus konvergiert, wenn die Schrittweite Δt sehr klein gewählt wird. Um zu vermeiden, dass sehr viele Daten dadurch anfallen, werden nur einige Schritte gespeichert, z.B. wird nur jeder zehnte Schritt beibehalten.

In nichtlinearen Systemen muss man auch Zwischenvariablen bei jedem Schritt ermitteln, wenn diese in der Beschreibung der Nichtlinearität vorkommen.

Die Konvergenz des Euler-Verfahrens verbessert sich, wenn man die schon aktualisierten Zustandsvariablen in der nächsten Aktualisierung benutzt. Als Beispiel für zwei Zustandsvariablen wird die aktualisierte erste Zustandsvariable in der Aktualisierung der zweiten benutzt:

$$\begin{aligned}
x_1(t + \Delta t) &= x_1(t) + \Delta t\, f_1(x_1(t), x_2(t), \ldots, x_n(t), u_1(t), \ldots, u_m(t), \ldots) \\
x_2(t + \Delta t) &= x_2(t) + \Delta t\, f_2(x_1(t + \Delta t), x_2(t), \ldots, x_n(t), u_1(t), \ldots, u_m(t), \ldots)
\end{aligned} \tag{1.87}$$

Man stellt sich die Frage, ob man noch die Theorie braucht, wenn die numerische Integration solcher Differentialgleichungen in den Zustandsvariablen so einfach ist. Für lineare Differentialgleichungen gibt es eine vollständige Theorie, die das Verhalten der Systeme, die über solche Gleichungen modelliert sind, beschreibt. Man kann daraus den Einfluss der Parameter auf das Verhalten aus der analytischen Lösung direkt sehen, was in der numerischen Lösung nicht möglich ist. Hier muss man viele Experimente durchführen um den Einfluss einzelner Parameter zu verstehen und zu bestimmen. Daraus ergibt sich die Schlussfolgerung, dass eine Kombination der Theorie mit der numerischen Lösung der beste Weg ist.

In der Praxis dominieren die nichtlinearen Systeme, für die keine oder nur eine annähernde Theorie vorhanden ist. So spielt die numerische Integration eine wichtige Rolle. Mit bestimmten, vereinfachenden Annahmen und Linearisierungen kann man in einigen Fällen die Theorie anwenden und Einblicke erhalten, die danach durch numerische Verfahren bestätigt, ergänzt oder verworfen werden müssen.

1.7 Zeitantwort der Schaltungen erster Ordnung

In diesem Kapitel werden lineare Schaltungen mit einem Kondensator und Widerständen bzw. mit einem Induktor und Widerständen untersucht. Diese sind durch lineare Differentialgleichungen erster Ordnung beschrieben und bilden eine gute Einführung zur Lösung linearer Differentialgleichungen aufwendigerer Schaltungen.

Da der Strom eines Induktors über ein Integral der Spannung gegeben ist

$$i_L(t) = \frac{1}{L} \int_{t_0}^{t} u_L(\tau)d\tau + i_L(t_0),$$

kann er sich nicht sprungartig ändern. Ähnlich kann sich die Spannung des Kondensators

$$u_c(t) = \frac{1}{C} \int_{t_0}^{t} i_c(\tau)d\tau + u_c(t_0)$$

ebenfalls nicht sprungartig ändern.

Diese zwei Variablen $i_L(t)$ und $u_c(t)$ bilden in den elektrischen Schaltungen Zustandsvariablen und können immer abhängig von den Ursachen (Eingangsspannung oder Eingangsstrom bzw. deren Anfangswerte) und Parameter der Schaltung mit Hilfe von Differentialgleichungen erster Ordnung ermittelt werden.

Die restlichen Variablen einer Schaltung, die keine Zustandsvariablen sind, können dann über algebraische Gleichungen abhängig von den Zustandsvariablen, Ursachen und Parametern ausgedrückt werden.

1.8 Die RC-Reihenschaltung

Es wird die sehr einfache Schaltung aus Abb. 1.24 untersucht. Viele kompliziertere Schaltungen, die aber einen einzigen Kondensator enthalten, können zu dieser sehr einfachen Form reduziert werden. Die Zustandsvariable ist die Spannung $u_c(t)$ und für diese wird jetzt eine Differentialgleichung erster Ordnung gesucht.

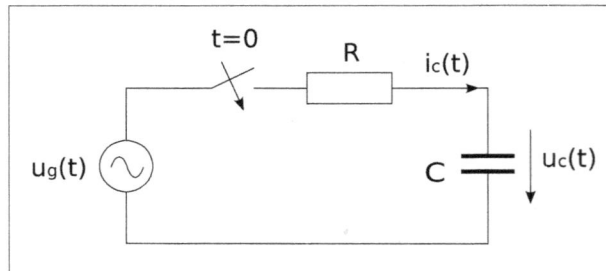

Abb. 1.24: Reihenschaltung Widerstand R Kondensator C

Aus

$$u_g(t) = i_c(t)\,R + u_c(t) \quad \text{mit} \quad i_c(t) = C\frac{du_c(t)}{dt} \tag{1.88}$$

erhält man die gesuchte Differentialgleichung:

$$RC\frac{du_c(t)}{dt} + u_c(t) = u_g(t) \tag{1.89}$$

mit der Anfangsbedingung $\quad u_c(0) = U_{c0}$

Die Ursachen sind die Eingangsspannung $u_g(t)$ und die Anfangsbedingung in Form der Anfangsspannung des Kondensators $u_c(0) = U_{c0}$, die beide als gegeben angenommen werden. Das Produkt RC hat die Einheit Sekunde und nennt sich die *Zeitkonstante* der Schaltung.

Die Lösung dieser Differentialgleichung besteht aus zwei Anteilen und zwar aus der homogenen Lösung $u_{ch}(t)$, welche die Lösung der homogenen Differentialgleichung ist und aus der partikulären Lösung $u_{cp}(t)$, die eine Lösung der inhomogenen Differentialgleichung ist [7], [20]:

$$u_c(t) = u_{ch}(t) + u_{cp}(t)$$

$$RC\frac{du_{ch}(t)}{dt} + u_{ch}(t) = 0 \qquad \text{homogene Differentialgleichung} \tag{1.90}$$

$$RC\frac{du_{cp}(t)}{dt} + u_{cp}(t) = u_g(t) \qquad \text{inhomogene Differentialgleichung}$$

Das „h" bzw. „p" in den Indizes kennzeichnen die homogene bzw. die partikuläre Lösung.

Zuerst wird die homogene Lösung ermittelt, die als Form unabhängig von der Anregung $u_g(t)$ ist. Ein Parameter dieser Lösung wird später im Zusammenhang mit der Gesamtlösung berechnet, so dass die Anfangsspannung am Kondensator die Lösung für $t = 0$ ist.

1.8.1 Homogene Lösung

Es wird der Ansatz gemacht, dass die homogene Lösung folgende Form hat:

$$u_{ch}(t) = e^{\lambda t} \tag{1.91}$$

Wegen der linearen Gleichung ist dann auch

$$u_{ch}(t) = C_h e^{\lambda t} \tag{1.92}$$

eine Lösung der homogenen Differentialgleichung, wobei C_h eine jetzt noch beliebige Konstante ist, die später über die Anfangsbedingung $u_c(0)$ ermittelt wird.

Durch Einsetzen der Lösung gemäß Gl. (1.91) in die homogene Differentialgleichung (zweite Gl. aus (1.90)) erhält man für diese Differentialgleichung die so genannte *charakteristische Gleichung* in λ:

$$\lambda RC + 1 = 0 \qquad \text{oder} \qquad \lambda = -\frac{1}{(RC)} \tag{1.93}$$

Mit λ in Gl. (1.92) eingesetzt, erhält man die allgemeine homogene Lösung:

$$u_{ch}(t) = C_h e^{\lambda t} = C_h e^{-t/(RC)} \tag{1.94}$$

Die Zeitkonstante RC ist immer positiv und dadurch ist die homogene Lösung mit der Zeit abklingend:

$$u_{ch}(t) \to 0 \qquad \text{für} \qquad t \to \infty \tag{1.95}$$

Dadurch stellt diese Schaltung ein System dar, das gemäß der *Systemtheorie* stabil ist [21], [24].

In den meisten praktischen Schaltungen und Systemen ist die homogene Lösung eine Störung, die sehr rasch verschwinden sollte, wie z.B. bei der Übertragung von binären Signalen. Alle Systeme deren Wurzeln der charakteristischen Gleichung negativ sind (oder mit negativen Realteilen sind), ergeben homogene Lösungen die mit der Zeit abklingen und werden als stabil betrachtet.

Mit einer großen Zeitkonstante RC geht die homogene Lösung langsam zu null und kann in Schaltungen z.B. zur Glättung pulsartiger Spannungen eingesetzt werden.

1.8.2   Partikuläre Lösung für eine konstante Anregung

Die partikuläre Lösung $u_{cp}(t)$ ist von der Anregung $u_g(t)$ abhängig. Für eine konstante Anregung $u_g(t) = U_g$ ist sie auch eine Konstante $u_{cp}(t) = K$. Den Wert dieser Konstante erhält man durch Einsetzen in die inhomogene Differentialgleichung (dritte Gleichung (1.90)):

$$RC\frac{du_{cp}(t)}{dt} + u_{cp}(t) = u_g(t)$$

Da die Ableitung einer Konstante null ist, erhält man für K den Wert U_g, und somit ist die partikuläre Lösung für diesen Fall:

$$u_{cp}(t) = U_g \tag{1.96}$$

1.8.3   Gesamtlösung für eine konstante Anregung

Die Gesamtlösung als Summe der homogenen und partikulären Lösung wird:

$$u_c(t) = u_{ch}(t) + u_{cp}(t) = C_h\, e^{-t/(RC)} + U_g \tag{1.97}$$

Die noch unbekannte Konstante C_h wird mit Hilfe der Anfangsbedingung, die durch die Anfangsspannung des Kondensators $u_c(0) = U_{c0}$ gegeben ist, ermittelt. Für $t = 0$ muss die Lösung gleich dieser Anfangsspannung sein:

$$u_c(t)|_{t=0} = U_{c0} = C_h + U_g \qquad \text{oder} \qquad C_h = U_{c0} - U_g \tag{1.98}$$

Die Gesamtlösung ist somit jetzt durch

$$u_c(t) = (U_{c0} - U_g)\, e^{-t/(RC)} + U_g$$

oder

$$u_c(t) = U_{c0}\, e^{-t/(RC)} + U_g(1 - e^{-t/(RC)}) \tag{1.99}$$

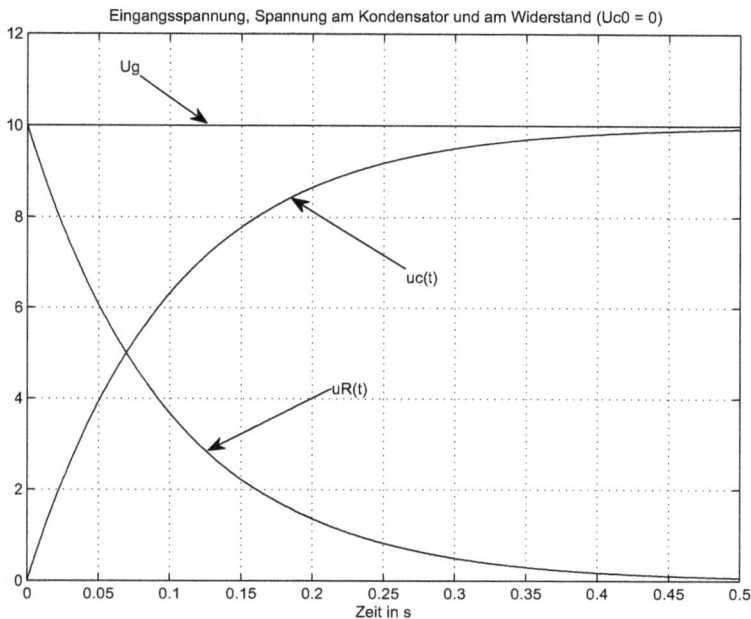

Abb. 1.25: Eingangsspannung, Spannung am Kondensator und am Widerstand für $U_{c0} = 0$
(RC_1.m)

gegeben.

Wenn die Anfangsspannung des Kondensators null ist, d.h. $U_{c0} = 0$, hat die Spannung $u_c(t)$ den folgenden Verlauf:

$$u_c(t) = U_g(1 - e^{-t/(RC)}) \qquad (1.100)$$

Die Spannung am Widerstand $u_R(t)$ ist

$$u_R(t) = u_g(t) - u_c(t) = U_g - (U_{c0} - U_g) e^{-t/(RC)} - U_g \qquad (1.101)$$

oder:

$$u_R(t) = (U_g - U_{c0}) e^{-t/(RC)} \qquad (1.102)$$

Der Strom $i_c(t) = i_R(t) = u_R(t)/R$ wird:

$$i_c(t) = \frac{U_g - U_{c0}}{R} e^{-t/(RC)} \qquad (1.103)$$

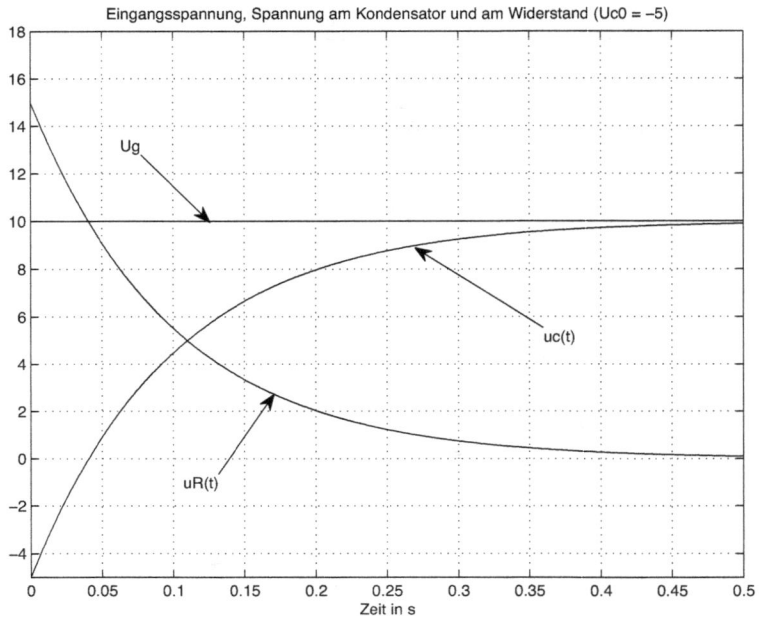

Abb. 1.26: Eingangsspannung, Spannung am Kondensator und am Widerstand für $U_{c0} = -5V$ (RC_1.m)

Bei $t = 0$ ist der Strom $i_c(0) = (U_g - U_{c0})/R$ und klingt mit der Zeit ab ($i_c(\infty) = 0$).

Mit Hilfe eines kleinen MATLAB-Skriptes können diese Verläufe einfach dargestellt werden.

```
% Skript RC_1.m, in dem die Antwort einer Reihenschaltung RC auf eine
% konstante Spannung, die bei t = 0 zugeschaltet ist, ermittelt wird
clear
% ------ Parameter der Schaltung
R = 100;                    C = 0.001;                  RC = R*C;
Ug = 10;                    UcO = 0;
% ------ Zeitverhalten
Tfinal = 5*RC;       % Darstellungszeit
dt = RC/100;         % Zeitschritt
t = 0:dt:Tfinal;
nt = length(t);
uc = UcO*exp(-t/RC) + Ug*(1-exp(-t/RC));
ug = Ug*ones(1,nt);    % Eingangsspannung
uR = (ug-uc);          % Spannung am Widerstand
iR = uR/R;             % Strom des Kondensators
figure(1);
plot(t, ug, t, uc, t, uR)
    title(['Eingangsspannung, Spannung am Kondensator und am',...
```

```
        'Widerstand (Uc0 = ',num2str(Uc0),')']);
   xlabel('Zeit in s');              grid on;
   La = axis;    axis([La(1:3), Ug*1.2]);
```

Abb. 1.25 zeigt die Eingangsspannung, die Spannung am Kondensator und die Spannung am Widerstand für $U_{c0} = 0$. Die Spannung am Kondensator plus Spannung am Widerstand ist gleich der konstanten Eingangsspannung. Die Spannung am Widerstand stellt mit einem anderen Massstab den Strom des Kondensators dar. Im ersten Moment ist der Strom sehr groß und durch

$$i_c(0) = (U_g - U_{c0})/R = U_g/R \qquad \text{für} \qquad U_{c0} = 0 \tag{1.104}$$

gegeben, um dann zu null abzuklingen.

Abb. 1.26 stellt die gleichen Variablen für $U_{c0} = -5$ V dar. Das Skript muss mit dieser Anfangsspannung aufgerufen werden, um diese neue Darstellung zu erhalten. Im ersten Moment ($t = 0$) ist die Spannung am Widerstand $u_R(0) = U_g - U_{c0} = 10 - (-5) = 15$ V.

Im Skript RC_2.m wird am Anfang die Lösung analytisch über die abgeleiteten Ausdrücke, wie im vorherigen Skript, berechnet und dargestellt.

Am Ende wird auch das gezeigte numerische Euler-Verfahren eingesetzt, um die Lösung durch numerische Annäherung zu bestimmen:

```
. . . . . . . .
% ------- Numerische Lösung (Euler Verfahren)
dt1 = RC/200;     % Sehr kleine Schrittweite
Tfinal = 5*RC;
t = 0:dt1:Tfinal;
nt = length(t);
ug = Ug*ones(1,nt);     % Initialisierungen
uc = zeros(1,nt);
uc(1) = Uc0;
% Numerische Annaeherung
for k = 1:nt-1
    uc(k+1) = uc(k) + dt1*(ug(k) - uc(k))/RC;   % Euler-Verfahren
end;
uR = ug - uc;
figure(2);
plot(t, ug, t, uc, t, uR);
   title('Spannung ug,  uc,  uR');
   xlabel('Zeit in s');     grid on;
   legend('ug', 'uc', 'uR');
```

Wie erwartet erhält man die gleichen Ergebnisse.

Die Antwort der RC-Schaltung auf eine konstante Spannung U_g in der Annahme, dass der Kondensator entladen war ($U_{c0} = 0$), die durch Gl. (1.100) gegeben ist und hier noch mal geschrieben wird

$$u_c(t) = U_g(1 - e^{-t/(RC)}),$$

besitzt einige für die Praxis interessante Eigenschaften.

Abb. 1.27a zeigt, dass die Tangente im Ursprung (bei $t = 0$) eine Zeit gleich der Zeitkonstante RC an dem Grenzwert $u_c(\infty) = U_g$ bildet. Auch die Tangente an beliebigen Punkten, wie z.B. Punkt A, bildet ebenfalls an diesem Grenzwert dieselbe Zeit gleich der Zeitkonstante RC. Diese Eigenschaft der Tangente bleibt erhalten auch wenn $U_{c0} \neq 0$ ist.

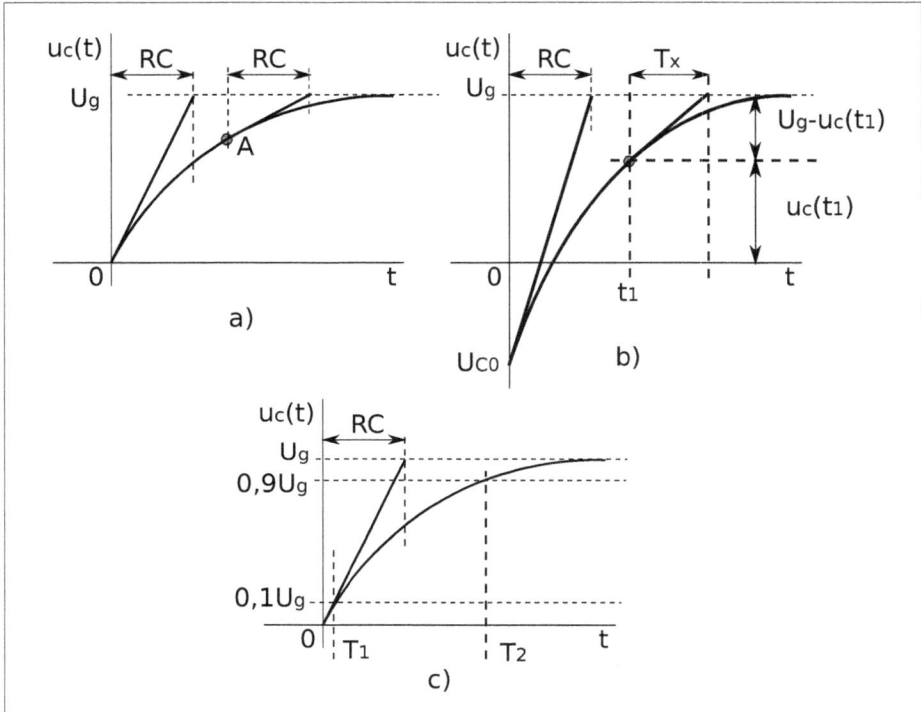

Abb. 1.27: a) Tangente im Ursprung und beliebigen Punkt A ($U_{c0} = 0$) b) Tangente an beliebiger Stelle ($U_{c0} \neq 0$) c) Definition der Anstiegszeit ($U_{c0} = 0$)

Aus

$$u_c(t) = U_{c0}\, e^{-t/(RC)} + U_g(1 - e^{-t/(RC)}) = U_g - (U_g - U_{c0})\, e^{-t/(RC)} \qquad (1.105)$$

erhält man für die Ableitung zum Zeitpunkt $t = t_1$ folgende Form:

$$\left.\frac{du_c(t)}{dt}\right|_{t=t_1} = \frac{(U_g - U_{c0})e^{-t_1/(RC)}}{RC} \qquad (1.106)$$

Der Zähler dieser Ableitung ist gemäß Gl. (1.105) gleich $U_g - u_c(t_1)$ und die Ableitung bei $t = t_1$ wird:

$$\left.\frac{du_c(t)}{dt}\right|_{t=t_1} = \frac{U_g - u_c(t_1)}{RC} \qquad (1.107)$$

Die Zeit T_x aus Abb. 1.27b muss gemäß diesem Ergebnis gleich der Zeitkonstante sein $T_x = RC$.

In Abb. 1.27c ist die Definition der so genannten *Anstiegszeit* skizziert. Sie kann einfach aus

$$0{,}1U_g = U_g(1 - e^{-T_1/(RC)}); \quad \text{und} \quad 0{,}9U_g = U_g(1 - e^{-T_2/(RC)}) \tag{1.108}$$

als Differenz $T_2 - T_1$ berechnet werden. Man erhält einen Wert $T_{anst} = T_2 - T_1 \cong 2{,}2RC$.

Die Zeit T_b bis sich die Spannung $u_c(t)$ mit $U_{c0} = 0$ dem Grenzwert U_g nähert, z.B. bis auf 95 % des Endwertes, ist wichtig und kann aus

$$0{,}95U_g = U_g(1 - e^{-T_1/(RC)}) \tag{1.109}$$

ermittelt werden. Man erhält eine *Beruhigungszeit* $T_b \cong 3RC$.

1.8.4 Partikuläre Lösung für eine sinusförmige Anregung

Es wird jetzt als Anregung eine cosinusförmige Spannung (*Wechselspannung*) angenommen:

$$u_g(t) = \hat{u}_g \cos(\omega t + \phi) \tag{1.110}$$

Hier sind $\hat{u}_g > 0$ die Amplitude, ω die Kreisfrequenz mit der Einheit *rad/s* und ϕ ist die Nullphase bei $t = 0$. Die Kreisfrequenz ω kann mit Hilfe der Frequenz f in *Hz* oder der Periode T in *s* durch

$$\omega = 2\pi f = \frac{2\pi}{T} \tag{1.111}$$

ausgedrückt werden.

Die homogene Lösung bleibt dieselbe, weil diese unabhängig von der Anregung ist.

Für die partikuläre Lösung wird der Ansatz gemacht, dass sie auch eine cosinusförmige Spannung ist, mit einer unbekannten Amplitude $\hat{u}_c$ und einer relativ zur Anregung unbekannten Phasenlage ϕ_c:

$$u_{cp}(t) = \hat{u}_c \cos(\omega t + \phi + \phi_c) \tag{1.112}$$

Durch Einsetzen in die inhomogene Differentialgleichung

$$RC\frac{du_{cp}(t)}{dt} + u_{cp}(t) = u_g(t)$$

erhält man folgende Gleichung:

$$-RC\,\omega\,\hat{u}_c \sin(\omega t + \phi + \phi_c) + \hat{u}_c \cos(\omega t + \phi + \phi_c) = \hat{u}_g \cos(\omega t + \phi) \tag{1.113}$$

Mit den Gesetzmäßigkeiten

$$-\sin(x) = \cos(x + \frac{\pi}{2})$$
$$\cos(x + y) = \cos(x)\cos(y) - \sin(x)\sin(y)$$

wird die Sinusfunktion in einer Cosinusfunktion umgewandelt und dann zusammen mit der Cosinusfunktion von der linken Seite der obigen Gleichung erweitert:

$$-\sin(\omega t + \phi + \phi_c) = \cos(\omega t + \phi + \phi_c + \pi/2) =$$
$$\cos(\omega t + \phi)\cos(\phi_c + \pi/2) - \sin(\omega t + \phi)\sin(\phi_c + \pi/2)$$

und   (1.114)

$$\cos(\omega t + \phi + \phi_c) =$$
$$\cos(\omega t + \phi)\cos(\phi_c) - \sin(\omega t + \phi)\sin(\phi_c)$$

Für Gl. (1.113) erhält man dann folgende Form:

$$RC\omega \hat{u}_c\cos(\omega t + \phi)\cos(\phi_c + \pi/2) - RC\omega \hat{u}_c\sin(\omega t + \phi)\sin(\phi_c + \pi/2)+$$
$$\hat{u}_c\cos(\omega t + \phi)\cos(\phi_c) - \hat{u}_c\sin(\omega t + \phi)\sin(\phi_c) = \hat{u}_g\cos(\omega t + \phi)$$ (1.115)

Durch Gleichstellung der Koeffizienten der $\sin(\omega t + \phi)$ und $\cos(\omega t + \phi)$ Funktionen der linken und rechten Seite dieser Gleichung werden die Unbekannten der partikulären Lösung $\hat{u}_c$ und ϕ_c ermittelt.

Der Koeffizient der Funktion $\sin(\omega t + \phi)$ auf der linken Seite der Gl. (1.115) ist gleich null, weil auf der rechten Seite diese Funktion nicht vorkommt:

$$-RC\omega \hat{u}_c\sin(\phi_c + \pi/2) - \hat{u}_c\sin(\phi_c) = -RC\omega \hat{u}_c\cos(\phi_c) - \hat{u}_c\sin(\phi_c) = 0 \quad (1.116)$$

Dagegen ist der Koeffizient der Funktion $\cos(\omega t + \phi)$ von der linken Seite gleich dem Koeffizienten der gleichen Funktion der rechten Seite $\hat{u}_g$:

$$RC\omega \hat{u}_c(\cos(\phi_c + \pi/2) + \hat{u}_c\cos(\phi_c) = \hat{u}_g$$ (1.117)

Aus Gl. (1.116) erhält man dann:

$$\frac{\sin(\phi_c)}{\cos(\phi_c)} = \tan(\phi_c) = -\omega RC$$ (1.118)

Etwas aufwendiger wird aus Gl. (1.117) die Amplitude $\hat{u}_c$ ermittelt:

$$\hat{u}_c = \frac{\hat{u}_g}{\omega RC(-\sin(\phi_c)) + \cos(\phi_c)} = \frac{\hat{u}_g}{\cos(\phi_c)[(\omega RC)^2 + 1]}$$ (1.119)

Zwischen der Cosinus- und Tangentefunktion besteht folgende Beziehung

$$\cos(\phi_c) = \pm\frac{1}{\sqrt{1 + \tan(\phi_c)^2}} \, ,$$ (1.120)

mit deren Hilfe man zum Endergebnis für die Amplitude ($\hat{u}_c > 0$) gelangt:

$$\hat{u}_c = \frac{\hat{u}_g}{\sqrt{1 + (\omega RC)^2}} \tag{1.121}$$

In der Gl. (1.120) wird das Zeichen gewählt, welches zu einem positiven Wert für die Amplitude führt.

Dieser Weg zur Bestimmung der partikulären Lösung ist auch für diese einfache Schaltung sehr aufwendig. Für Schaltungen, die etwas komplizierter sind, ist dieser Weg sehr mühsam und praktisch unmöglich.

Ein anderer Weg basiert auf den Einsatz komplexer Variablen. Den cosinusförmigen Signalen werden komplexe Variablen zugeordnet, mit deren Hilfe die partikuläre Lösung einfach zu ermitteln ist.

Zuerst wird der cosinusförmigen Anregung eine komplexe Variable zugeordnet:

$$u_g(t) = \hat{u}_g \cos(\omega t + \phi) \quad \rightarrow \quad \underline{U}_g = \hat{u}_g\, e^{j(\omega t + \phi)} \tag{1.122}$$

Das reale Signal $u_g(t)$ ist über die Euler-Formel gleich:

$$u_g(t) = \mathcal{R}_e\{\underline{U}_g\} = \mathcal{R}_e\{\hat{u}_g\, e^{(j\omega t + \phi)}\} \tag{1.123}$$

Eigentlich besteht die gezeigte komplexe Spannung $\underline{U}_g$ aus zwei Komponenten als Anregung (Real- und Imaginärteil) und weil die Differentialgleichung linear ist, gilt das Überlagerungsprinzip. Man ermittelt somit die komplexe Lösung und trennt zuletzt wieder den Realteil als Lösung. Das alles wird gemacht, weil die Lösung mit der komplexen Variable viel leichter zu ermitteln ist. Die Ableitung einer Exponentialfunktio ist auch eine Exponentialfunktion, und man vermeidet so die mühsame Erweiterung der sin(), cos() Funktionen.

Der partikulären Lösung für die Spannung des Kondensators wird ebenfalls eine komplexe Spannung zugeordnet:

$$u_{cp}(t) = \hat{u}_c \cos(\omega t + \phi + \phi_c) \quad \rightarrow \quad \underline{U}_c = \hat{u}_c\, e^{j(\omega t + \phi + \phi_c)} \tag{1.124}$$

Die komplexen Variablen in die inhomogene Differentialgleichung eingesetzt, führen auf:

$$RC\, j\omega\, \hat{u}_c\, e^{j(\omega t + \phi + \phi_c)} + \hat{u}_c\, e^{j(\omega t + \phi + \phi_c)} = \hat{u}_g\, e^{j(\omega t + \phi)}$$

oder

$$RC\, j\omega\, \hat{u}_c\, e^{j\phi_c} + \hat{u}_c\, e^{j\phi_c} = \hat{u}_g \tag{1.125}$$

Durch Ausklammern von $e^{j\phi_c}$ erhält man schließlich:

$$(RCj\omega + 1)\hat{u}_c\, e^{j\phi_c} = \hat{u}_g \tag{1.126}$$

Daraus resultieren direkt die Unbekannten der partikulären Lösung $\hat{u}_c$ und ϕ_c, wenn man den Betrag der linken Seite gleich dem Betrag der rechten Seite stellt

$$\hat{u}_c = \frac{\hat{u}_g}{|j\omega RC + 1|} = \frac{\hat{u}_g}{\sqrt{(\omega RC)^2 + 1}} \tag{1.127}$$

und ähnlich den Winkel der komplexen linken Seite gleich dem Winkel der rechten Seite (der eigentlich null ist) stellt:

$$\text{Winkel}(j\omega RC + 1) + \phi_c = 0 \tag{1.128}$$

Oder:

$$\phi_c = -\text{atan}(\omega RC) \tag{1.129}$$

Diese Ergebnisse sind, wie erwartet, gleich den Ergebnissen aus Gl. (1.118) und (1.121), die viel mühsamer ermittelt wurden.

Für die partikuläre Lösung bei cosinusförmiger Anregung, die mit Hilfe der komplexen Variablen ermittelt wird, kann man eine Ersatzschaltung für diese komplexen Variablen bilden. Zur Vereinfachung wird der Index $(\ )_p$ als Kennung der partikulären Variablen, die auch dem stationären Zustand nach genügend langer Zeit entsprechen, weggelassen.

Für einen Widerstand bei dem die reellen cosinusförmigen Variablen durch

$$u(t) = R\, i(t) \qquad \text{oder} \qquad i(t) = \frac{u(t)}{R} \tag{1.130}$$

verbunden sind, bleibt auch bei den komplexen Variablen eine ähnliche Verbindung:

$$\underline{U} = R\,\underline{I} \qquad \text{oder} \qquad \underline{I} = \frac{\underline{U}}{R} \tag{1.131}$$

Für einen Kondensator, bei dem die reellen Variablen durch

$$i_c(t) = C\frac{du_c(t)}{dt} \qquad \text{oder} \qquad u_c(t) = \frac{1}{C}\int_0^t i_c(\tau)d\tau + u_c(0) \tag{1.132}$$

verbunden sind, werden die Verbindungen der komplexen Variablen wie folgt ermittelt. Aus

$$u_c(t) = \hat{u}_c \cos(\omega t + \phi) \qquad \text{als Ursache}$$

und

$$i_c(t) = \hat{i}_c \cos(\omega t + \phi + \phi_i) \qquad \text{als Ergebnis} \tag{1.133}$$

und den entsprechenden komplexen Formen

$$\underline{U}_c = \hat{u}_c\, e^{j(\omega t + \phi)} \qquad \text{als Ursache}$$
$$\underline{I}_c = \hat{i}_c\, e^{j(\omega t + \phi + \phi_i)} \qquad \text{als Ergebnis} \tag{1.134}$$

folgt gemäß erster Gleichung aus (1.132)

$$\underline{I}_c = j\omega\, C\, \hat{u}_c\, e^{j(\omega t+\phi)} = j\omega\, C\, \underline{U}_c = \frac{\underline{U}_c}{1/(j\omega C)} \tag{1.135}$$

oder:

$$\underline{I}_c = \frac{\underline{U}_c}{1/(j\omega C)} \tag{1.136}$$

Wenn man die komplexen Variablen mit den vereinbarten Formen aus Gl. (1.134) hier einsetzt

$$\hat{i}_c\, e^{j(\omega t+\phi+\phi_i)} = \hat{u}_c\, e^{j(\omega t+\phi)}\, \frac{1}{1/(j\omega C)} \; , \tag{1.137}$$

erhält man durch Gleichstellung der Beträge und der Winkel der linken und rechten Seite die Amplitude des Stroms $\hat{i}_c$ und die zusätzliche Phasenverschiebung ϕ_i:

$$\hat{i} = \frac{\hat{u}_c}{|1/(j\omega C)|} = \hat{u}_c\, \omega C$$
$$\phi = \pi/2 \tag{1.138}$$

Der reelle Strom $i_c(t) = i_{cp}(t)$ im stationären Zustand als partikuläre Lösung wird:

$$i_c(t) = \frac{\hat{u}_c}{|1/(j\omega C)|}\cos(\omega t + \phi + \pi/2) = \hat{u}_c\, \omega C \cos(\omega t + \phi + \pi/2) \tag{1.139}$$

Der Strom des Kondensators ist mit $\pi/2$ voreilend relativ zur Spannung und hat eine Amplitude, die aus der Amplitude der Spannung geteilt durch $1/(\omega C)$ hervorgeht.

Aus der zweiten Gl. (1.132) erhält man eine Beziehung zwischen der komplexen Spannung und dem komplexen Strom des Kondensators in der Annahme, dass der Strom gegeben ist. Die Anfangsspannung $u_c(0)$ spielt im stationären Zustand, der der partikulären Lösung entspricht, keine Rolle. Das bedeutet, dass für die Spannung ein unbestimmtes Integral anzuwenden ist. Aus

$$i_c(t) = \hat{i}_c \cos(\omega t + \phi) \qquad \text{als Ursache}$$
und
$$\tag{1.140}$$
$$u_c(t) = \hat{u}_c \cos(\omega t + \phi + \phi_u) \qquad \text{als Ergebnis}$$

und den entsprechenden komplexen Formen

$$\underline{I}_c = \hat{i}_c\, e^{j(\omega t+\phi)} \qquad \text{als Ursache}$$
$$\tag{1.141}$$
$$\underline{U}_c = \hat{u}_c\, e^{j(\omega t+\phi+\phi_u)} \qquad \text{als Ergebnis}$$

folgt gemäß zweiter Gleichung aus (1.132)

$$\underline{U}_c = \frac{1}{j\omega C}\,\hat{i}_c\,e^{j(\omega t+\phi)} = \frac{1}{j\omega C}\underline{I}_c \qquad (1.142)$$

oder:

$$\underline{U}_c = \frac{1}{j\omega C}\underline{I}_c \qquad (1.143)$$

Die reelle Zeitfunktion der Spannung (im stationären Zustand) wird ähnlich ermittelt und führt auf:

$$u_c(t) = \frac{\hat{i}_c}{|j\omega C|}\cos(\omega t + \phi - \pi/2) = \frac{\hat{i}_c}{\omega C}\cos(\omega t + \phi - \pi/2) \qquad (1.144)$$

Das Minusvorzeichen von $\pi/2$ kommt vom j im Nenner, weil $1/j = e^{-j\pi/2}$ ist. Daraus folgt, dass die Spannung des Kondensators dem Strom mit $-\pi/2$ nacheilend ist.

Wie erwartet, ist die komplexe Beziehung gemäß Gl. (1.136) umkehrbar und führt auf Gl. (1.143). Das zeigt, dass zwischen den komplexen Variablen eine typische Beziehung Spannung/Strom besteht, wenn man eine *Impedanz* $\underline{Z}_c$ als komplexen Widerstand für einen Kondensator einführt:

$$\underline{Z}_c = \frac{1}{j\omega C} = \frac{\underline{U}_c}{\underline{I}_c}$$

so dass   (1.145)

$$\underline{U}_c = \underline{Z}_c\,\underline{I}_c \quad \text{und} \quad \underline{I}_c = \frac{\underline{U}_c}{\underline{Z}_c}$$

Der Kehrwert einer Impedanz ist die so genannte *Admittanz* oder komplexer Leitwert:

$$\underline{Y} = \frac{1}{\underline{Z}} \quad \text{für eine Kapazität} \quad \underline{Y} = j\omega C \qquad (1.146)$$

Abb. 1.28a zeigt nochmals die ursprüngliche Schaltung und darunter die Ersatzschaltung für die komplexen Variablen, mit deren Hilfe die partikuläre Lösung für eine cosinusförmige Anregung einfach zu berechnen ist. Mit dieser Ersatzschaltung kann die komplexe Spannung $\underline{U}_c$ leicht ermittelt werden:

$$\underline{U}_c = \frac{1}{j\omega C}\underline{I}_c = \frac{1}{j\omega C} \cdot \frac{\underline{U}_g}{R + 1/(j\omega C)} = \frac{\underline{U}_g}{j\omega RC + 1} \qquad (1.147)$$

Die entsprechende Zeitvariable $u_c(t)$ für

$$u_g(t) = \hat{u}_g\cos(\omega t + \phi),$$

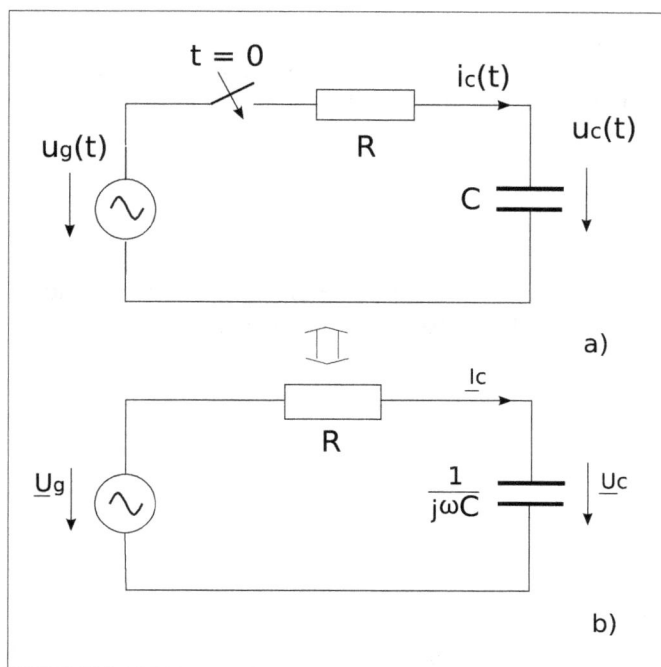

Abb. 1.28: Ursprüngliche Schaltung und die Ersatzschaltung für die komplexen Variablen, mit deren Hilfe die partikuläre Lösung berechnet wird

die der partikulären Lösung entspricht, ist aus der komplexen Gl. (1.147) einfach zu bestimmen. Man setzt die zugeordneten komplexen Variablen in dieser Gleichung ein

$$\hat{u}_c e^{j(\omega t + \phi + \phi_c)} = \hat{u}_g e^{j(\omega t + \phi)} \frac{1}{j\omega RC + 1} \tag{1.148}$$

und aus der Gleichstellung der Beträge und der Winkel der linken und rechten Seite erhält man:

$$\hat{u}_c = \hat{u}_g \frac{1}{|j\omega RC + 1|} = \hat{u}_g \frac{1}{\sqrt{(\omega RC)^2 + 1}} \tag{1.149}$$

$$\phi_c = -\text{atan}(\omega RC)$$

Daraus folgt:

$$u_{cp}(t) = \frac{\hat{u}_g}{\sqrt{(\omega RC)^2 + 1}} \cos(\omega t + \phi - \text{atan}(\omega RC)) \tag{1.150}$$

Sie entspricht der partikulären Lösung gemäß Gl. (1.118), (1.121) bzw. (1.127), (1.129).

1.8.5 Gesamtlösung für eine sinusförmige Anregung

Die Gesamtlösung, bestehend aus der homogenen Lösung gemäß Gl. (1.94) und der partikulären Lösung gemäß Gl. (1.150), ist:

$$u_c(t) = u_{ch}(t) + u_{cp}(t) =$$

$$C_h \, e^{-t/RC} + \frac{\hat{u}_g}{\sqrt{(\omega RC)^2 + 1}} \cos(\omega t + \phi + \text{atan}(-\omega RC)) \tag{1.151}$$

Jetzt kann man die noch unbekannte Konstante C_h der homogenen Lösung mit Hilfe der Anfangsbedingung $u_c(0)$ ermitteln. Aus

$$u_c(0) = C_h + \frac{\hat{u}_g}{\sqrt{(\omega RC)^2 + 1}} \cos(\phi + \text{atan}(-\omega RC)) \tag{1.152}$$

erhält man:

$$C_h = u_c(0) - \frac{\hat{u}_g}{\sqrt{(\omega RC)^2 + 1}} \cos(\phi + \text{atan}(-\omega RC)) \tag{1.153}$$

Gekürzt geschrieben wird die Gesamtlösung zu:

$$u_c(t) = (u_c(0) - u_{cp}(0)) \, e^{-t/RC} + u_{cp}(t) \tag{1.154}$$

Die Gesamtlösung wird mit Hilfe eines MATLAB-Skriptes dargestellt:

```
% Skript RC_sinus1.m, in dem die Reihenschaltung
% RC für eine sinusförmige Anregung untersucht wird.
clear;
% ------- Parameter der Schaltung
R = 50;        C = 0.0001;       uc0 = -15;
ug_ampl = 10;
f = 100;        T = 1/f;
omega = 2*pi*f;          phi = pi/3;
% ------- Lösung
RC = R*C;      % Zeitkonstante
uc_ampl = ug_ampl/(sqrt((omega*R*C)^2 + 1));
phi_c = atan2(-omega*R*C,1);
C_h = uc0 - uc_ampl*cos(phi + phi_c);
% Zeitachse
dt = T/100;
Tfinal = 5*T;
t = 0:dt:Tfinal;
uc = C_h*exp(-t/RC) + uc_ampl*cos(omega*t + phi + phi_c);
ug = ug_ampl*cos(omega*t + phi);
uR = ug - uc;
figure(1);
plot(t, ug, t, uc, t, uR);
```

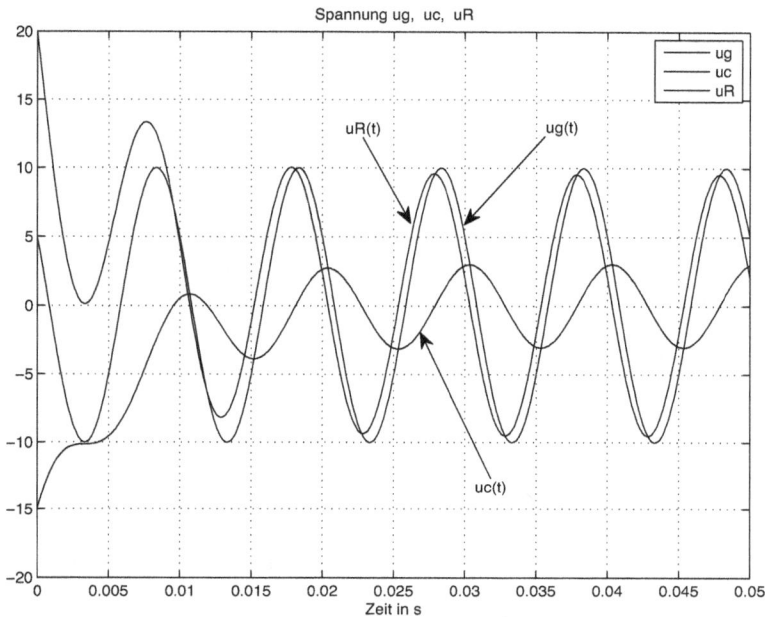

Abb. 1.29: Spannung $u_g(t)$, $u_c(t)$ und $u_R(t)$ (RC_sinus1.m)

```
title('Spannung ug,   uc,   uR');
xlabel('Zeit in s');     grid on;
legend('ug', 'uc', 'uR');
```

Abb. 1.29 zeigt die drei relevanten Spannungen dieser Schaltung $u_g(t)$, $u_c(t)$ und $u_R(t)$ für die Parameter, die im Skript initialisiert sind. Nach dem Einschwingen entsprechen die Variablen dem stationären Zustand, der über die komplexen Variablen ermittelt wurde. Man erkennt die Voreilung mit $\pi/2$ des Stroms des Kondensators relativ zu dessen Spannung, wobei der Strom hier als spannungsproportionale Größe am Widerstand dargestellt wird.

Im Skript RC_sinus2.m wird am Ende auch das numerische Euler-Verfahren eingesetzt, um die Lösung numerisch zu berechnen:

```
........
% ------- Numerische Lösung (Euler Verfahren)
dt1 = T/500;     % Sehr kleine Schrittweite
Tfinal = 5*T;
t = 0:dt1:Tfinal;
nt = length(t);
ug = ug_ampl*cos(omega*t + phi);
uc = zeros(1,nt);
uc(1) = uc0;
% Numerische Annaeherung
```

```
for k = 1:nt-1
    uc(k+1) = uc(k) + dt1*(ug(k) - uc(k))/RC;
end;
uR = ug - uc;
figure(2);
plot(t, ug, t, uc, t, uR);
    title('Spannung ug,   uc,   uR');
    xlabel('Zeit in s');     grid on;
    legend('ug', 'uc', 'uR');
```

Im Vergleich zum Skript RC_2.m hat sich hier nur die Anregung von einer konstanten Spannung U_g zu der cosinusförmigen Spannung $u_g(t)$ geändert.

Experiment 1.8.1: Glättung pulsartiger Spannungen mit RC-Glied

In diesem Experiment wird eine RC-Schaltung zur Glättung pulsartiger Spannungen untersucht. Abb. 1.30 zeigt oben die Schaltung und darunter die pulsartige Eingangsspannung $u_g(t)$ und die Spannung des Kondensators $u_c(t)$ in der Annahme, dass die Zeitkonstante RC viel größer als die Periode der Pulse ist. Nach einer Einschwingphase erreicht die Spannung des Kondensators einen stationären Zustand, in dem die Spannung vom Wert U_{c1} zum Wert U_{c2} in der aktiven Phase des Pulses steigt und danach zwischen denselben Werten im Intervall, in dem die Eingangsspannung null ist, fällt.

Zu bestimmen sind die Grenzen, zwischen denen sich die Spannung am Kondensator ändert. Im Intervall T_1 ist die Spannung des Kondensators mit dem Ursprung am Anfang dieses Intervalls gemäß Gl. (1.99) durch

$$u_c(t) = U_{c1}\, e^{-t/(RC)} + U_g(1 - e^{-t/(RC)}) \tag{1.155}$$

gegeben. Nach $t = T_1$ Sekunden erreicht sie den Wert U_{c2}:

$$U_{c2} = U_{c1}\, e^{-T_1/(RC)} + U_g(1 - e^{-T_2/(RC)}) \tag{1.156}$$

Ähnlich im Intervall T_2 mit dem Ursprung am Anfang dieses Intervalls und $U_g = 0$ erhält man:

$$u_c(t) = U_{c2}\, e^{-t/(RC)} + 0 \tag{1.157}$$

Nach $t = T_2$ Sekunden erreicht die Spannung des Kondensators den Wert U_{c1}:

$$U_{c1} = U_{c2}\, e^{-T_2/(RC)} \tag{1.158}$$

Das sind zwei Gleichungen mit den zwei Unbekannten U_{c1}, U_{c2}, die man einfach lösen kann. Die Endergebnisse sind:

$$
\begin{aligned}
U_{c1} &= U_g \frac{(1 - e^{-T_1/(RC)})}{(1 - e^{-(T_1+T_2)/(RC)})} e^{-T_2/(RC)} \\
U_{c2} &= U_g \frac{(1 - e^{-T_1/(RC)})}{(1 - e^{-(T_1+T_2)/(RC)})}
\end{aligned}
\tag{1.159}
$$

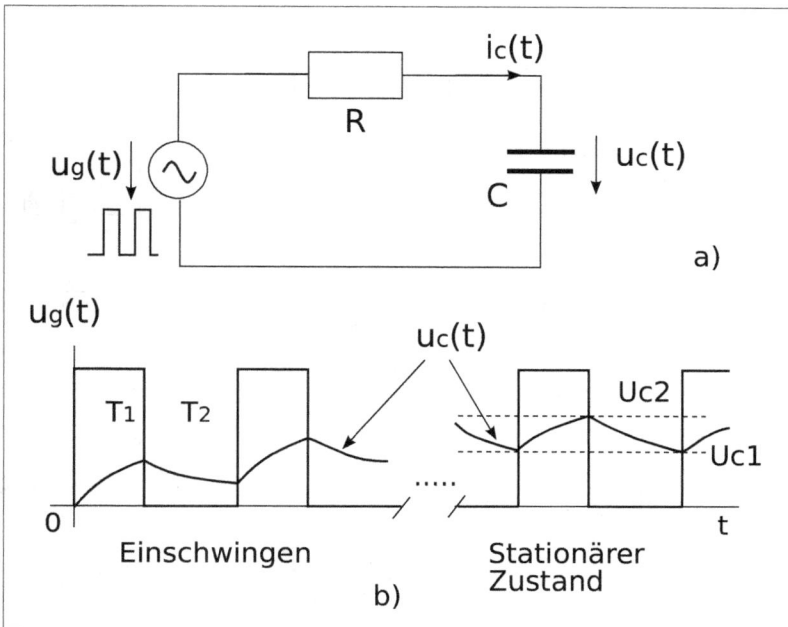

Abb. 1.30: Glättung pulsartiger Spannungen mit RC-Schaltung

Der Mittelwert der zwei Grenzwerte U_{c1}, U_{c2} wird in der Annahme berechnet, dass die Zeitkonstante RC viel größer als die Periode der Pulse ist. Dann kann die Exponentialfunktion mit dem linearen Teil der Taylor-Entwicklungsreihe angenähert werden:

$$e^x = 1 + \frac{x}{1!} + \dots \tag{1.160}$$

Der Mittelwert wird dann:

$$\frac{U_{c1} + U_{c2}}{2} = \frac{U_g}{2} \cdot \frac{\left(1 - (1 - T_1/(RC))\right)\left(1 + (1 - T_2/(RC))\right)}{\left(1 - (1 - (T_1 + T_2)/(RC))\right)} \cong$$
$$\frac{U_g}{2} \frac{(T_1/(RC))(2 - T_2/(RC))}{(T_1 + T_2)/(RC)} \cong U_g \frac{T_1}{T_1 + T_2} \tag{1.161}$$

Das Ergebnis zeigt, dass unter der gezeigten Annahme der Kondensator praktisch den Mittelwert der pulsartigen Spannung extrahiert oder, anders gesagt, glättet der Kondensator die Eingangsspannung.

Das Einschwingen von einer Periode zur anderen zu berechnen ist sehr mühsam. Durch numerische Integration kann die Differentialgleichung sehr einfach gelöst werden, um auch das Einschwingen zu erhalten. Im Skript `RC_glaett1.m` wird die numerische Integration mit dem Euler-Verfahren programmiert. Die pulsartige Eingangsspannung $u_g(t)$ wird aus einem cosinusförmigen Signal, das mit einer Schwelle verglichen wird, erzeugt.

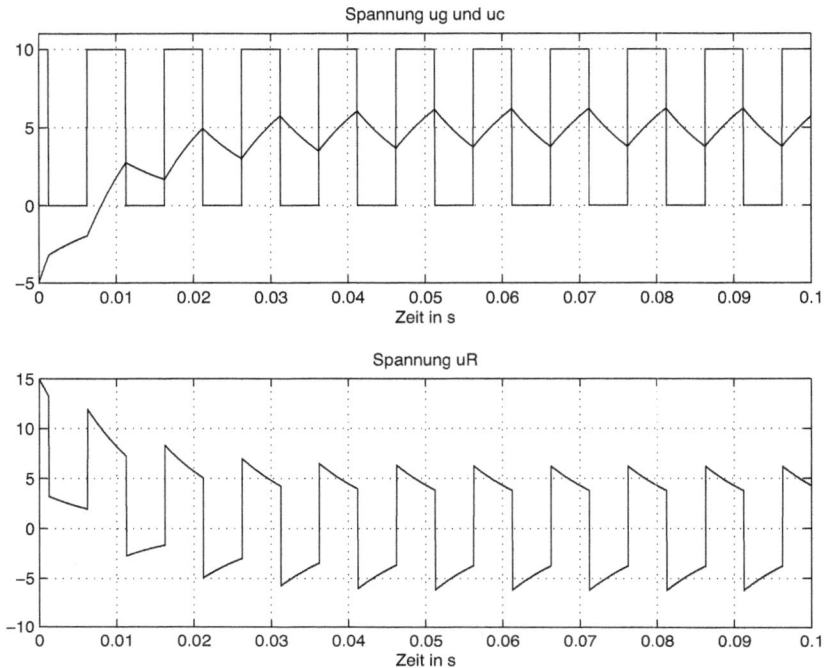

Abb. 1.31: Spannung $u_g(t), u_c(t)$ und $u_R(t)$ mit Schwelle null (RC_glaett1.m)

```
% Skript RC_glaett1.m, in dem die Reihenschaltung
% RC für die Glättung einer pulsförmigen Spannung
% eingesetzt wird
clear;
% ------- Parameter der Schaltung
R = 50;        C = 0.0002;
uc0 = -5;
ug_ampl = 10;
f = 100;        T = 1/f;
omega = 2*pi*f;            phi = pi/4;
% ------- Numerische Lösung (Euler Verfahren)
RC = R*C;
dt1 = RC/500;    % Sehr kleine Schrittweite
Tfinal = 10*RC;
t = 0:dt1:Tfinal;
nt = length(t);
ug = cos(omega*t + phi);
schwelle = 0;    % Schwelle für die Umwandlung einer
% Sinusfunktion in eine rechteckige Funktion
%schwelle = -0.8;
ug = (sign(ug - schwelle)+1)*ug_ampl/2;
```

```
uc = zeros(1,nt);
uc(1) = uc0;
% Numerische Annaeherung
for k = 1:nt-1
    uc(k+1) = uc(k) + dt1*(ug(k) - uc(k))/RC;
end;
uR = ug - uc;
figure(1);
plot(t, ug, t, uc, t, uR);
title('Spannung ug,  uc,  uR');
xlabel('Zeit in s');    grid on;
legend('ug', 'uc', 'uR');
figure(2);
subplot(211), plot(t, ug, t, uc);
   title('Spannung ug und uc');
   xlabel('Zeit in s');    grid on;
subplot(212), plot(t, uR);
   title('Spannung uR');
   xlabel('Zeit in s');    grid on;
```

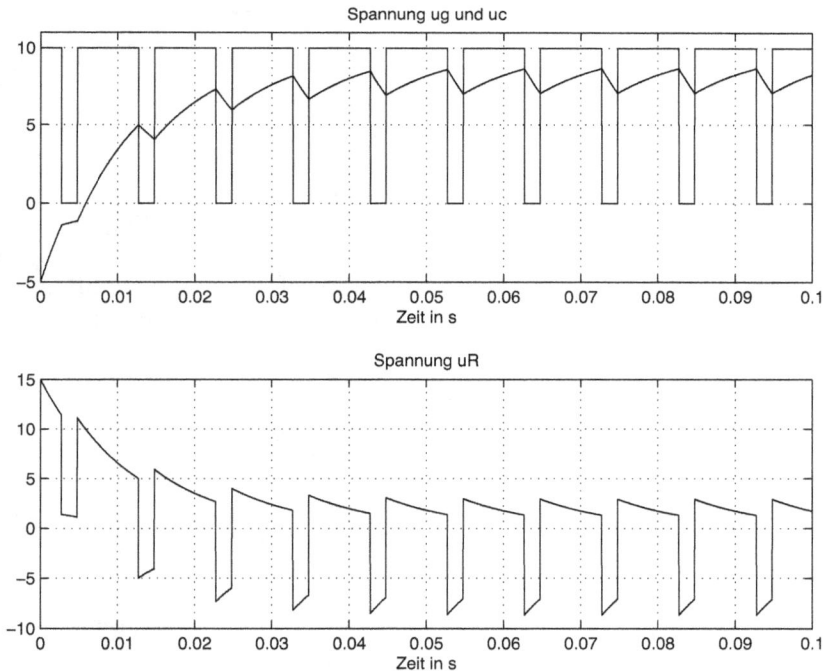

Abb. 1.32: Spannung $u_g(t)$, $u_c(t)$ und $u_R(t)$ mit Schwelle -0.8 (RC_glaett1.m)

Abb. 1.31 zeigt die Spannungen dieser Schaltung für die Parameter die im Skript initialisiert sind. Die Zeitkonstante RC ist kleiner gewählt worden, um die Schwankungen hervorzuheben. Im stationären Zustand ist der Mittelwert des Stroms durch den Kondensator null, ansonsten würde durch die Integration des Stroms ein Drift entstehen. Das bedeutet aber auch, dass der Strom durch den Widerstand, der proportional zur Spannung $u_R(t)$ ist, im Mittel null sein muss, was klar in Abb. 1.31 zu sehen ist.

Mit einer anderen Schwelle (zwischen -1 und 1) kann man das Tastverhältnis der Pulse ändern. In Abb. 1.32 sind die gleichen Spannungen für eine Schwelle gleich -0,8 dargestellt.

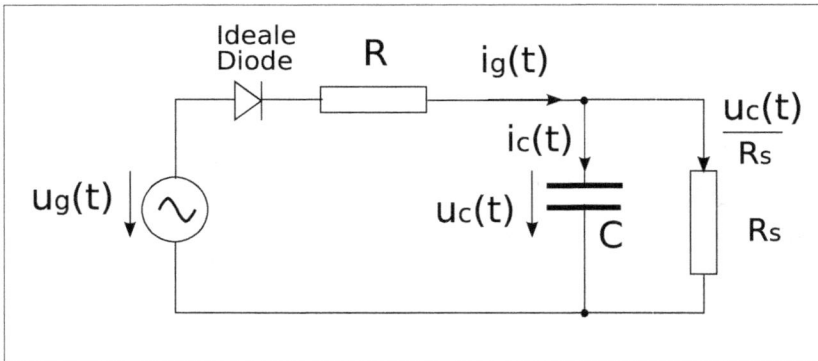

Abb. 1.33: Einweg-Gleichrichtung und Glättung mit RC-Glied

Um zu zeigen, wie einfach die numerische Integration der Differentialgleichungen ist, für die es keine analytische Lösung gibt, wird die praktische Schaltung aus Abb. 1.33 untersucht. Sie stellt einen Einweggleichrichter mit Glättung durch einen Kondensator. Es wird angenommen, dass die Diode ideal ist, d.h. keine Spannung in Vorwärtsrichtung aufweist und in Sperr-Richtung keinen Strom durchlässt.

Die Differentialgleichung mit der Spannung des Kondensators $u_c(t)$ als Zustandsvariable ergibt sich aus:

$$i_c(t) = i_g(t) - \frac{u_c(t)}{R_s} \quad \text{oder} \quad C\frac{du_c(t)}{dt} = i_g(t) - \frac{u_c(t)}{R_s}$$

und

$$i_g(t) = \frac{u_g(t) - u_c(t)}{R_g} \quad \text{, wenn die Diode leitet} \tag{1.162}$$

Bei der Lösung dieser nur stückweise linearen Differentialgleichung muss man abfragen, ob der resultierende Strom $i_g(t)$ größer oder gleich null ist. Wenn das nicht erfüllt ist, wird der Strom auf null gesetzt und dann gilt:

$$C\frac{du_c(t)}{dt} = 0 - \frac{u_c(t)}{R_s} \tag{1.163}$$

Das bedeutet eine Entladung des Kondensators. Die numerische Annäherung der Lösung wird durch

$$u_c(t + \Delta t) = u_c(t) + \Delta t \left(i_g(t) - \frac{u_c(t)}{R_s} \right) \frac{1}{C} \tag{1.164}$$

für positive Werte für $i_g(t)$ berechnet. Für negative Werte dieses Stroms, die dann auf null gesetzt werden, ist die Lösung durch

$$u_c(t + \Delta t) = u_c(t) + \Delta t \left(-\frac{u_c(t)}{CR_s} \right) = u_c(t) - \Delta t \frac{u_c(t)}{CR_s} \tag{1.165}$$

gegeben.

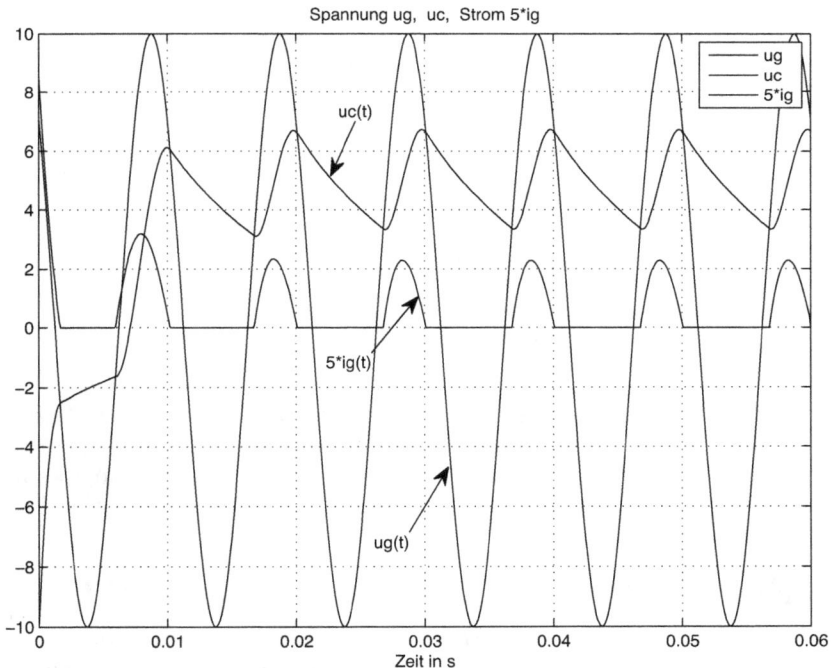

Abb. 1.34: Spannung $u_g(t)$, $u_c(t)$ und $5i_g(t)$ (RC_gleichricht1.m)

Im Skript `RC_gleichricht1` werden die Variablen dieser Schaltung durch diese einfache numerische Integration ermittelt:

```
% Skript RC_gleichricht1.m, in dem die Reihenschaltung
% RC für die Glättung einer Einweg-Gleichrichtung
% eingesetzt wird
clear;
% ------- Parameter der Schaltung
```

```
Rs = 50;          C = 0.0002;
uc0 = -10;
Rg = 10;          ug_ampl = 10;
f = 100;          T = 1/f;
omega = 2*pi*f;
phi = pi/4;
% ------- Numerische Lösung (Euler Verfahren)
dt = T/100;       % Sehr kleine Schrittweite
Tfinal = 6*T;
t = 0:dt:Tfinal;
nt = length(t);
ug = ug_ampl*cos(omega*t + phi);

uc = zeros(1,nt);       ig = zeros(1,nt);
uc(1) = uc0;
% Numerische Annaeherung
for k = 1:nt-1
    ig(k) = (ug(k)- uc(k))/Rg;
    if ig(k) < 0
        ig(k) = 0;
    end;
    uc(k+1) = uc(k) + dt*(ig(k) - uc(k)/Rs)/C;
end;
figure(1);
plot(t, ug, t, uc, t, 5*ig);
title('Spannung ug,   uc,   Strom 5*ig');
xlabel('Zeit in s');     grid on;
legend('ug', 'uc', '5*ig');
```

Abb. 1.34 zeigt die Variablen dieser Schaltung. Um den Strom $i_g(t)$ zusammen mit den Spannungen in der gleichen Graphik darzustellen, wurde der Strom mit Faktor 5 verstärkt. Er fließt nur solange, die Spannung $u_g(t) > u_c(t)$ ist. Man erkennt auch, dass anfänglich der Strom relativ groß ist, bis der Kondensator Ladung und entsprechend Spannung hat.

Experiment 1.8.2: RC-Glied angeregt mit zwei Quellen

Es wird für die Schaltung aus Abb. 1.35a die Spannung des Kondensators ermittelt. Die eine Anregung u_{g1} ist eine cosinusförmige Spannung der Frequenz ω, Amplitude $\hat{u}_g$ und Nullphase ϕ, die durch

$$u_{g1}(t) = \hat{u}_g \cos(\omega t + \phi) \tag{1.166}$$

gegeben ist. Die zweite Anregung ist eine konstante Spannung U_{g2}.

Die lineare Differentialgleichung für die Spannung $u_c(t)$ wird aus folgenden

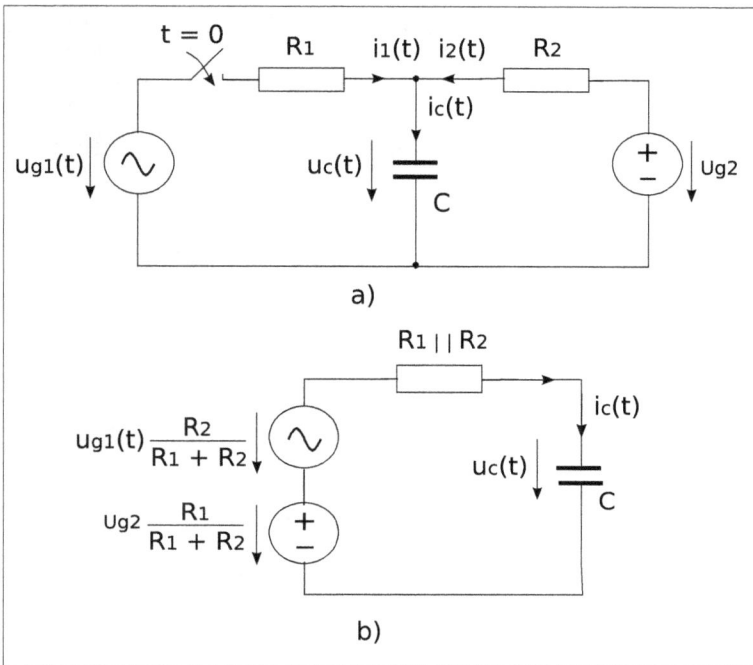

Abb. 1.35: RC-Schaltung mit zwei Quellen

Gleichungen abgeleitet:

$$i_c(t) = i_1(t) + i_2(t)$$

$$i_1(t) = \frac{u_{g1}(t) - u_c(t)}{R_1} \qquad i_2(t) = \frac{U_{g2} - u_c(t)}{R_2} \qquad i_c(t) = C\frac{du_c(t)}{dt} \qquad (1.167)$$

Wenn alle Zwischenvariablen eliminiert werden bleibt:

$$C\frac{du_c(t)}{dt} = \frac{u_{g1}(t) - u_c(t)}{R_1} + \frac{U_{g2} - u_c(t)}{R_2}$$

oder $\hspace{10cm} (1.168)$

$$C\frac{du_c(t)}{dt} + \left(\frac{1}{R_1} + \frac{1}{R_2}\right)u_c(t) = \frac{u_{g1}(t)}{R_1} + \frac{U_{g2}}{R_2}$$

Die Endform der Differentialgleichung wird schließlich:

$$(R_1||R_2)C\frac{du_c(t)}{dt} + u_c(t) = \frac{R_2}{R_1 + R_2}u_{g1}(t) + \frac{R_1}{R_1 + R_2}U_{g2} \qquad (1.169)$$

mit $\quad u_c(0) = U_{c0}\quad$ gegeben

Der Ersatzwiderstand der parallel geschalteten Widerstände wird vereinfacht mit $R_1||R_2$ bezeichnet. Die Zeitkonstante der Schaltung ist dann $(R_1||R_2)C$.

Die letzte obige Differentialgleichung suggeriert eine Ersatzschaltung, die in Abb. 1.35b gezeigt ist und die im weiteren benutzt wird.

Die Lösung wird, wie immer bei linearen Differentialgleichungen, in die homogene und partikuläre Lösung unterteilt:

$$u_c(t) = u_{ch}(t) + u_{cp}(t) = u_{ch}(t) + (u_{cp1}(t) + u_{cp2}(t)) \qquad (1.170)$$

Die homogene Lösung ist für ein RC-Glied dieser Art bekannt:

$$u_{ch}(t) = C_h\, e^{-t/((R_1||R_2)C)} \qquad (1.171)$$

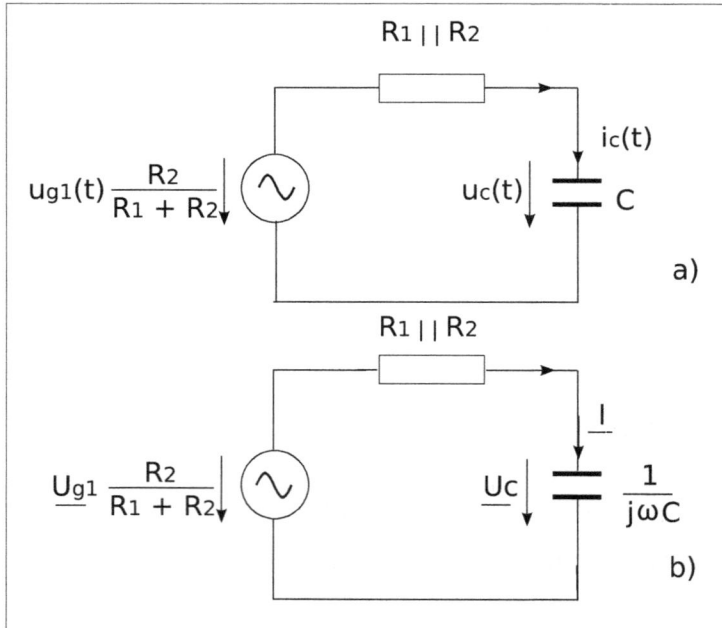

Abb. 1.36: *Ersatzschaltungen für die partikuläre Lösung mit $u_{g1}(t) \neq 0$ und $U_{g2} = 0$*

Die partikuläre Lösung wird durch Überlagerung der partikulären Lösungen wegen der zwei Quellen (als Ursachen) $u_{cp1}(t) + u_{cp2}(t)$ berechnet. Für $U_{g2} = 0$ und $u_{g1}(t) \neq 0$ gilt die Ersatzschaltung aus Abb. 1.36a, für die wiederum die komplexe Ersatzschaltung in Abb. 1.36b gebildet wird.

Die komplexe Spannung des Kondensators wird jetzt:

$$\underline{U}_{c1} = \underline{I}\,\frac{1}{j\omega C} = \frac{\underline{U}_{g1}\dfrac{R_2}{R_1 + R_2}}{R_1||R_2 + \dfrac{1}{j\omega C}}\cdot\frac{1}{j\omega C} = \underline{U}_{g1}\frac{R_2}{R_1 + R_2}\cdot\frac{1}{j\omega R_1||R_2 C + 1} \tag{1.172}$$

Mit

$$u_{g1}(t) = \hat{u}_{g1}\cos(\omega t + \phi) \qquad \text{bzw.} \qquad \underline{U}_{g1} = \hat{u}_{g1}\,e^{j(\omega t + \phi)} \tag{1.173}$$

wird die erste partikuläre Lösung durch

$$u_{cp1}(t) = \hat{u}_{c1}\cos(\omega t + \phi + \phi_c) \qquad \text{mit}$$
$$\hat{u}_{c1} = \hat{u}_{g1}\frac{R_2}{R_1 + R_2}\frac{1}{\sqrt{(\omega R_1||R_2 C)^2 + 1}} \qquad \text{und} \tag{1.174}$$
$$\phi_c = \arctan(-\omega(R_1||R_2)C) = -\arctan(\omega(R_1||R_2)C)$$

gegeben.

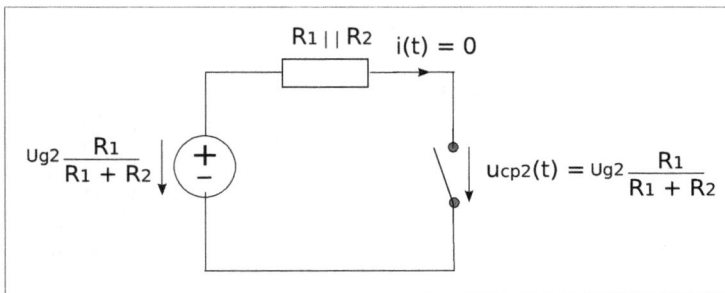

$$R_1 || R_2 \qquad i(t) = 0$$

$$U_{g2}\,\frac{R_1}{R_1 + R_2} \qquad \qquad U_{cp2}(t) = U_{g2}\,\frac{R_1}{R_1 + R_2}$$

Abb. 1.37: Ersatzschaltungen für die partikuläre Lösung mit $u_{g1}(t) = 0$ und $U_{g2} \neq 0$

Die zweite partikuläre Lösung für $u_{g1}(t) = 0$ und $U_{g2} \neq 0$ wird mit Hilfe der Ersatzschaltung aus Abb. 1.37 berechnet:

$$u_{cp2}(t) = U_{g2}\frac{R_1}{R_1 + R_2} \tag{1.175}$$

Die Gesamtlösung ist jetzt:

$$u_c(t) = C_h\,e^{-t/((R_1||R_2)C)} + \hat{u}_{c1}\cos(\omega t + \phi + \phi_c) + U_{g2}\frac{R_1}{R_1 + R_2} \tag{1.176}$$

Die noch unbekannte Konstante C_h wird mit Hilfe der Anfangsspannung des Kondensators ($u_c(0) = U_{c0}$) berechnet:

$$C_h = U_{c0} - \hat{u}_{c1}\cos(\phi + \phi_c) - U_{g2}\frac{R_1}{R_1 + R_2} \qquad (1.177)$$

Nachdem die homogene Lösung in Gl. 1.176 für $t \to \infty$ zu null abgeklungen ist, bleibt im stationären Zustand als Lösung eine Wechselspannung $\hat{u}_{c1}\cos(\omega t + \phi + \phi_c)$ die mit $U_{g2}R_1/(R_1 + R_2)$ versetzt ist.

Im folgendem Skript (`RC-zwei_quellen1.m`) ist die analytische Lösung gemäß Gl. (1.176) berechnet und dargestellt:

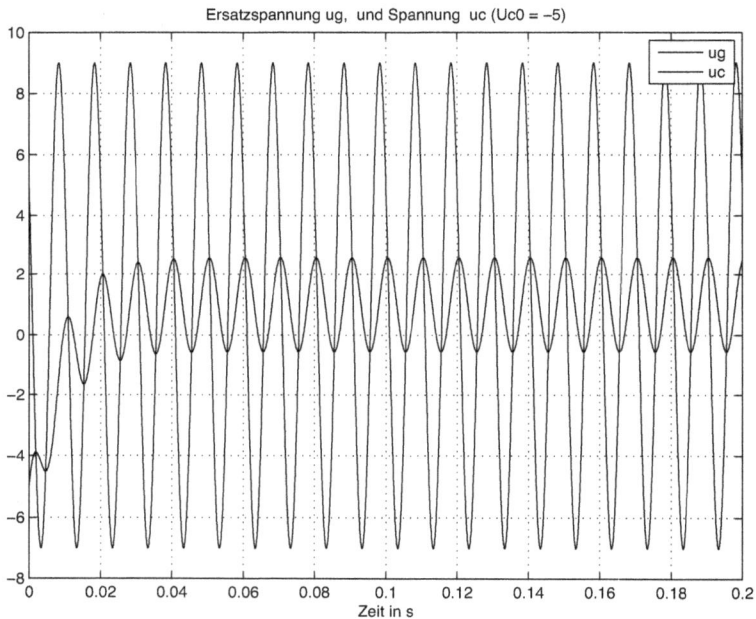

Abb. 1.38: Ersatzspannung $u_g(t)$ und $u_c(t)$ (RC_zwei_quellen1.m)

```
% Skript RC-zwei_quellen1.m, in dem eine RC-Schaltung
% mit zwei Quellen untersucht wird
clear
% ------ Parameter der Schaltung
R1 = 50;      R2 = 200;
C = 0.0002;
R12 = R1*R2/(R1 + R2);
Uc0 = -5;
ug1_ampl = 10;
f = 100;      omega = 2*pi*f;      T = 1/f;
```

```
phi = pi/3;
Ug2 = 5;
% Analytische Loesung
tau = R12*C;        % Zeitkonstante
uc1_ampl = ug1_ampl*R2/((R1+R2)*sqrt(1 + (omega*C*R12)^2));
phi_c = atan2(-omega*R12*C,1);
% ------ Zeitverhalten
Tfinal = 20*T;      % Darstellungszeit
dt = T/200;         % Zeitschritt
t = 0:dt:Tfinal;
nt = length(t);
C_h = Uc0 - uc1_ampl*cos(phi + phi_c) - Ug2*R1/(R1 + R2);
uc = C_h*exp(-t/tau) + uc1_ampl*cos(omega*t + phi + phi_c) + ...
    Ug2*R1/(R1 + R2);
ug = ug1_ampl* cos(omega*t + phi)*R2/(R1 + R2) + ...
    Ug2*ones(1,nt)*R1/(R1 + R2);   % Ersatzeingangsspannung
%####################
figure(1);
plot(t, ug, t, uc);
    title(['Ersatzspannung ug,  und Spannung  uc (Uc0 = ',...
      num2str(Uc0),')']);
    xlabel('Zeit in s');     grid on;
    legend('ug', 'uc');
% ------ Numerische Lösung (Euler Verfahren)
uc = zeros(1,nt);
uc(1) = Uc0;
% Numerische Annäherung
for k = 1:nt-1
    uc(k+1) = uc(k) + dt*(ug(k) - uc(k))/tau;
end;
figure(2);
plot(t, ug, t, uc);
    title(['Ersatzspannung ug,  und Spannung  uc (Uc0 = ',...
      num2str(Uc0),')']);
    xlabel('Zeit in s');     grid on;
legend('ug', 'uc');
```

Abb. 1.38 zeigt die Spannung des Kondensators $u_c(t)$ zusammen mit der Ersatzspannung $u_g(t) = u_{g1}(t)R_2/(R_1 + R_2) + U_{g2}R_1/(R_1 + R_2)$.

Am Ende des Skripts wird auch die Lösung für $u_c(t)$ durch numerische Integration mit dem Euler-Verfahren ermittelt und ebenfalls dargestellt. Wie erwartet sind die Ergebnisse gleich. Für die numerische Integration wurden hier dieselben Zeitschritte eingesetzt, wie für die Darstellung der analytischen Lösung.

Experiment 1.8.3: Dissipierte Leistung in einer RC-Reihenschaltung

In diesem Experiment wird die dissipierte Verlustleistung in dem Widerstand einer RC-Schaltung, die mit einer rechteckigen, periodischen Anregung betrieben wird, ermittelt. Die Ergebnisse aus diesem Experiment dienen als Vorbereitung für das nächste Experiment, in dem die dissipierte Verlustleistung in einem MOSFET-Inverter [1] untersucht wird.

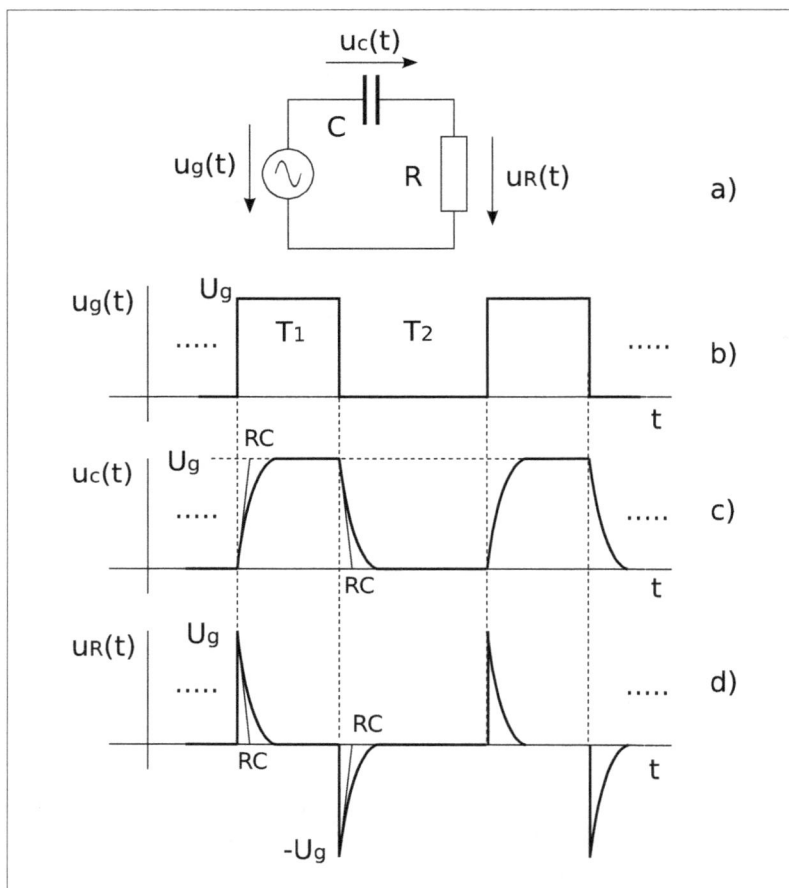

Abb. 1.39: Die Variablen der RC-Schaltung für eine Zeitkonstante $RC \ll T_1,\ T_2$

In Abb. 1.39a ist die RC-Schaltung gezeigt. Darunter sind die Spannung der Anregung, die Spannungen der Kapazität und des Widerstands im stationären Zustand dargestellt. Hier wurde angenommen, dass die Zeitkonstante RC viel kleiner als die

Zeitintervalle T_1, T_2 ist, die die Periode T der Anregung bilden:

$$RC << T_1, T_2 \qquad \text{mit} \qquad T = \frac{1}{T_1 + T_2} = 1/f \tag{1.178}$$

Der Strom der Schaltung wird mit Hilfe der Spannung des Widerstands ermittelt. Im stationären Zustand lädt sich der Kondensator im Intervall T_1 „rasch" (wegen der Annahme $RC << T_1, T_2$) von null bis zur Spannung U_g der Anregung auf:

$$u_c(t) = U_g(1 - e^{-t/(RC)}), \qquad 0 \le t < T_1 \tag{1.179}$$

Die Spannung des Widerstands als Differenz zwischen der Anregungsspannung U_g und der Spannung der Kapazität wird:

$$u_R(t) = u_g(t) - u_c(t) = U_g e^{-t/(RC)} \qquad 0 \le t < T_1 \tag{1.180}$$

Im nächsten Intervall T_2 ist die Spannung der Kapazität durch

$$u_c(t) = U_g\, e^{-t/(RC)}, \qquad 0 \le t < T_2 \tag{1.181}$$

gegeben. Weil die Anregung in diesem Intervall null ist, erhält man für die Spannung des Widerstands die Spannung der Kapazität mit Minus-Vorzeichen:

$$u_R(t) = -u_c(t) = -U_g\, e^{-t/(RC)}, \qquad 0 \le t < T_2 \tag{1.182}$$

Die mittlere, dissipierte Verlustleistung P wird aus der Summe der mittleren Verlustleistungen für jedes Intervall berechnet:

$$\begin{aligned} P = P_1 + P_2 = &\frac{R}{T} \int_0^{T_1} \left(\frac{U_g}{R} e^{-\tau/(RC)}\right)^2 d\tau + \\ &\frac{R}{T} \int_0^{T_2} \left(-\frac{U_g}{R} e^{-\tau/(RC)}\right)^2 d\tau \end{aligned} \tag{1.183}$$

Für das erste Intervall ergibt sich folgende mittlere Verlustleistung:

$$\begin{aligned} P_1 = &\frac{R}{T} \int_0^{T_1} \left(\frac{U_g}{R} e^{-\tau/(RC)}\right)^2 d\tau = \\ &\frac{1}{T}\frac{U_g^2}{R^2} R \frac{\left. \left| e^{-2\tau/(RC)} \right| \right._0^{T_1}}{-2/(RC)} = \frac{1}{T} C U_g^2 (1 - e^{-2T_1/(RC)}) \cong \frac{C U_g^2 f}{2} \\ &\text{weil} \quad e^{-2T_1/(RC)} << 1 \quad \text{für} \quad T_1 << RC \end{aligned} \tag{1.184}$$

Die Annäherung ist gültig so lange $RC \ll T_1$ ist. Für eine ähnliche Annahme $RC \ll T_2$ erhält man für die mittlere Verlustleistung im zweiten Intervall den gleichen Wert:

$$P_2 \cong \frac{C U_g^2 f}{2} \qquad\qquad (1.185)$$

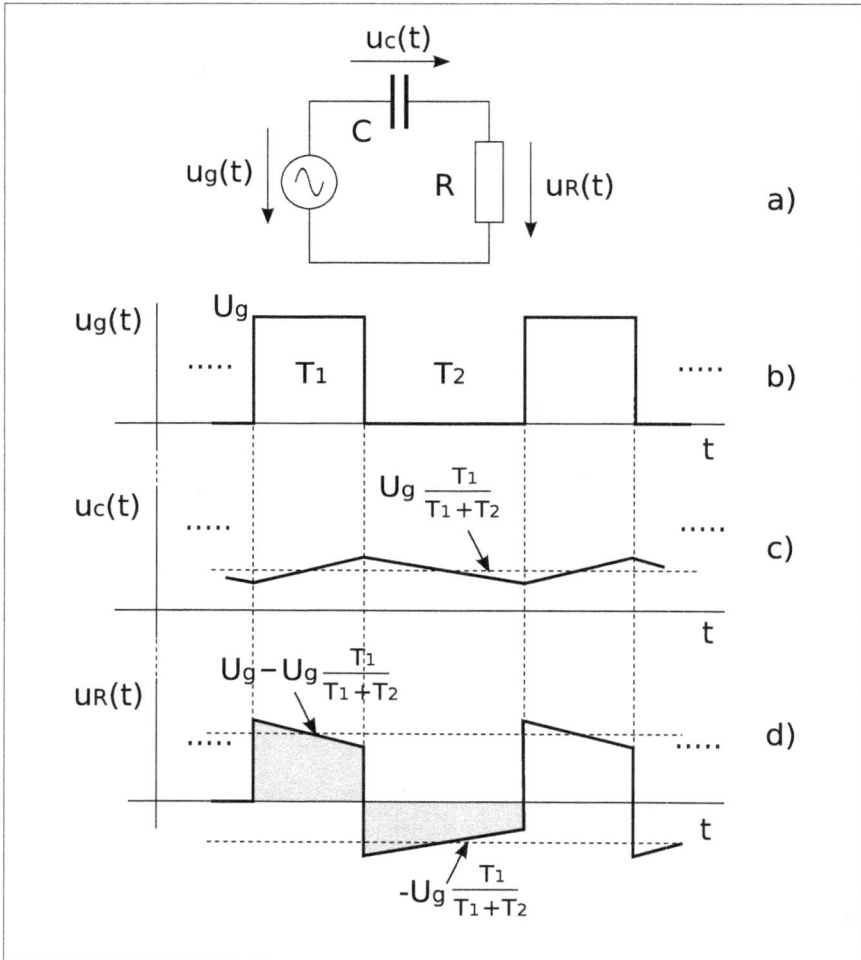

Abb. 1.40: Die Variablen der RC-Schaltung für eine Zeitkonstante $RC \gg T_1, T_2$

Somit ist die gesamte mittlere Verlustleistung durch

$$P = P_1 + P_2 \cong CU_g^2 f \qquad \text{für} \quad RC << T_1, T_2 \tag{1.186}$$

gegeben.

Unerwartet ist hier, dass diese mittlere Verlustleistung vom Widerstand R unabhängig ist. Für $U_g = 5$ V, $C = 0,1$ fF (Femto-Farad) und $f = 1$ GHz erhält man $P = 2,5$ μW. Diese relativ kleine Verlustleistung kann in einem integrierten Baustein mit 10^7 bis 10^8 solche Verbindungsschaltungen (siehe nächstes Experiment) zu einer beträchtlichen Verlustleistung führen. Als Beispiel, bei 10^7 Verbindungsschaltungen erhält man 25 W.

Diese von der Frequenz abhängige Verlustleistung kann als eine *dynamische* Verlustleistung betrachtet werden.

Im umgekehrten Fall mit $RC >> T_1$, T_2, ist die mittlere Verlustleistung von der Frequenz unabhängig und wird als statische Verlustleistung angesehen. Abb. 1.40 zeigt die Spannungen der Komponenten in diesem Fall. Mit der gezeigten Annahme lädt sich die Kapazität im Intervall T_1 auf eine Spannung, die praktisch konstant im stationären Zustand ist und folgenden Wert einnimmt:

$$u_c(t) \cong U_g \frac{T_1}{T_1 + T_2} \qquad 0 \leq t < T_1 \tag{1.187}$$

Die Differenz zwischen Anregungsspannung und dieser Spannung der Kapazität führt auf folgende Spannung des Widerstands:

$$u_R(t) \cong U_g - U_g \frac{T_1}{T_1 + T_2} = U_g \frac{T_2}{T_1 + T_2} \qquad 0 \leq t < T_1 \tag{1.188}$$

Ähnlich erhält man für das zweite Intervall T_2 aus der Differenz mit $U_g = 0$ eine Spannung der Größe:

$$u_R(t) \cong -U_g \frac{T_1}{T_1 + T_2} \qquad 0 \leq t < T_2 \tag{1.189}$$

Zu bemerken sei, dass der Mittelwert des Stroms und somit auch der Spannung des Widerstands null sein muss. Sonst würde die Spannung der Kapazität, die über ein Integral des Stroms gegeben ist, driften. Das ist in Abb. 1.40 ganz unten mit den geschwärzten Flächen suggeriert. Die Summe der oberen und der unteren Fläche muss im stationären Zustand null sein.

Die mittlere Verlustleistung im ersten Intervall P_1 ist:

$$P_1 = \frac{R}{T} \int_0^{T_1} \left(\frac{U_g T_2}{R(T_1 + T_2)} \right)^2 d\tau = \frac{1}{T} \frac{T_2^2}{(T_1 + T_2)^2} T_1 U_g^2 \frac{1}{R} \tag{1.190}$$

Ähnlich wird auch die mittlere Verlustleistung im zweiten Intervall T_2 berechnet:

$$P_2 = \frac{R}{T} \int_0^{T_2} \left(\frac{U_g\, T_1}{R(T_1 + T_2)} \right)^2 d\tau = \frac{1}{T} \frac{T_1^2}{(T_1 + T_2)^2} T_2 U_g^2 \frac{1}{R} \tag{1.191}$$

Die Summe dieser Verlustleistungen wird:

$$P = P_1 + P_2 = \frac{U_g^2}{R} \frac{T_1 T_2}{(T_1 + T_2)^2} \tag{1.192}$$

Sie ist jetzt unabhängig von der Frequenz $f = 1/T$ der Anregung. Wenn $T_1 = 0$ ist, wird keine Spannung zugeschaltet und es gilt $P = 0$. Für $T_2 = 0$ bleibt die Spannung immer zugeschaltet, die Schaltung ist an einer Gleichspannungsquelle angeschlossen, die Kapazität lädt sich bis zur Spannung der Quelle und im stationären Zustand fließt kein Strom. Somit ist auch in diesem Fall $P = 0$.

Für $T_1 = T_2$ erhält man eine gesamte Verlustleistung von:

$$P = \frac{U_g^2}{4R} \qquad \text{für} \quad T_1 = T_2 = T/2 \tag{1.193}$$

Sie ist von der Frequenz der Anregung unabhängig und bildet somit eine *statische* Verlustleistung.

Die Simulation mit dem Euler-Verfahren ist im Skript `mos_inv3_1.m` programmiert. Die Differentialgleichung der Spannung der Kapazität für das Intervall T_1 ist:

$$C\frac{du_c(t)}{dt} = \frac{u_g(t) - u_c(t)}{R} \quad \text{mit} \quad u_g(t) = U_g, \quad 0 \leq t < T_1 \tag{1.194}$$

Die Anfangsspannung der Kapazität $u_c(0)$ ist die Endspannung aus dem vorherigen Intervall T_2. Für dieses Intervall gilt:

$$C\frac{du_c(t)}{dt} = \frac{-u_c(t)}{R} \quad \text{mit} \quad 0 \leq t < T_2 \tag{1.195}$$

Auch hier ist die Anfangsspannung der Kapazität $u_c(0)$ die Endspannung aus dem vorherigen Intervall T_1.

```
% Skript mos_inv3_1.m, in dem die Verlustleistung
% einer RC-Reihenschaltung untersucht wird
clear;
% ------ Parameter der Schaltung
R = 10000;
C = 0.003e-12;    % Für RC << T1, T2
%C = 0.8e-12;     % Für RC >> T1, T2
```

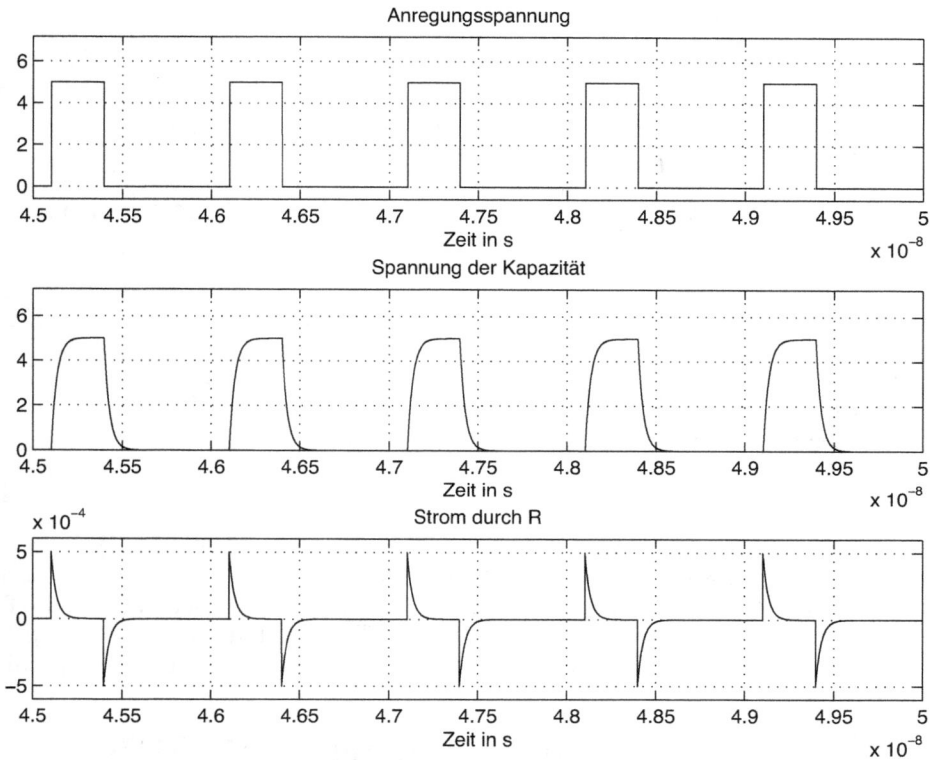

Abb. 1.41: Die Variablen der Simulation für RC $\gg T_1$, T_2 (mos_inv3_1.m)

```
Ug = 5;          % Anregungsspannung
% ------ Modell für Intervall T1
% uc(t+dt) = uc(t) + dt*(Ug-uc(t))/(R*C)
% ------ Modell für Intervall T2
% uc(t+dt) = uc(t) + dt*(- uc(t))/(R*C)
% ------ Simulation mit Euler-Verfahren
f = 1000e6;          % Frequenz der rechteckigen Pulse
%f = 2000e6;          % Frequenz der rechteckigen Pulse
T = 1/f;             dt = T/5000;
t = 0:dt:50*T;       nt = length(t);
schwelle = 0.6;% Schwelle mit der man das Tastverhältnis steuern kann
ug = Ug*(sign(sin(2*pi*f*t)-schwelle)+1)/2;
uc = zeros(1,nt);
iR = zeros(1,nt);
% ------ Euler Verfahren
for k = 1:nt-1
    uc(k+1) = (ug(k) > 0)* (uc(k) + dt*(Ug - uc(k))/(R*C)) + ...
              (ug(k) <= 0)* (uc(k) + dt*(- uc(k))/(R*C));
```

```
end;
iR = (ug - uc)/R;       % Strom im Widerstand
nd = nt(end) - 25000:nt(end);
figure(1);       clf;
   subplot(311), plot(t(nd), ug(nd));
   title('Anregungsspannung');
   xlabel('Zeit in s');       grid on;
   La = axis;    axis([La(1:2), 1.2*La(3)-0.1*La(4), 1.2*La(4)]);
subplot(312), plot(t(nd), uc(nd));
   title('Spannung der Kapazität');
   xlabel('Zeit in s');       grid on;
   La = axis;    axis([La(1:2), 0, 1.2*La(4)]);
subplot(313), plot(t(nd), iR(nd));
   title('Strom durch R');
   xlabel('Zeit in s');       grid on;
   La = axis;    axis([La(1:2), 1.2*La(3:4)]);
% ------- Dissipierte Leistungen
P = mean(iR(nd).^2)*R
```

Abb. 1.41 zeigt die Variablen der Simulation für den Fall $RC \ll T_1$, T_2. Durch Ändern des Wertes der Kapazität wird der Fall mit $RC \gg T_1$, T_2 erhalten. Am Ende des Skripts ist auch die im Widerstand dissipierte Verlustleistung geschätzt. Für die Parameter, die im Skript initialisiert sind und $RC \ll T_1$, T_2, erhält man $P = 0,75\ \mu W$ bei einer Frequenz von 1 GHz. Bei 2 GHz, wie erwartet, verdoppelt sich diese dynamische Verlustleistung.

Experiment 1.8.4: Energiebilanz für einen MOSFET-Inverter

In diesem Experiment wird die dissipierte Leistung in einem MOSFET-Inverter [1], wie in Abb. 1.42a gezeigt, untersucht. Moderne integrierte Bausteine enthalten bis zu 10^7 oder 10^8 solche Schaltungen.

Wenn die Steuerspannung am Eingang positiv ist, leitet der Transistor. Vereinfacht wird dieser Zustand mit einem Widerstand R_{on} zwischen den „D" (*Drain*) und „S" (*Source*) Elektroden dargestellt (Abb. 1.42c).

Im Gegenfall, bei Steuerspannung null, blockiert der MOSFET-Transistor und kann mit einem geöffneten Schalter angenähert werden (Abb. 1.42d). Die Kapazität C_{gs} (zwischen *Gate*- und *Source*-Elektrod) stellt die Eingangskapazität der nachfolgenden Schaltung, die ein ähnlicher Inverter sein kann. In diesem Zustand lädt sich die Kapazität mit einer Zeitkonstante $R_1 C_{gs}$ vom vorherigen Zustand bis zur Versorgungsspannung U_D.

Intervall T_1

Die Untersuchung beginnt sinnvollerweise mit dem Zustand aus Abb. 1.42c. Es wird ein stationärer Zustand angenommen, in dem die Kapazität am Anfang des Intervalls T_1 eine Spannung $u_c(0) = U_D$ hat. Die Ersatzschaltung aus Abb. 1.42c kann

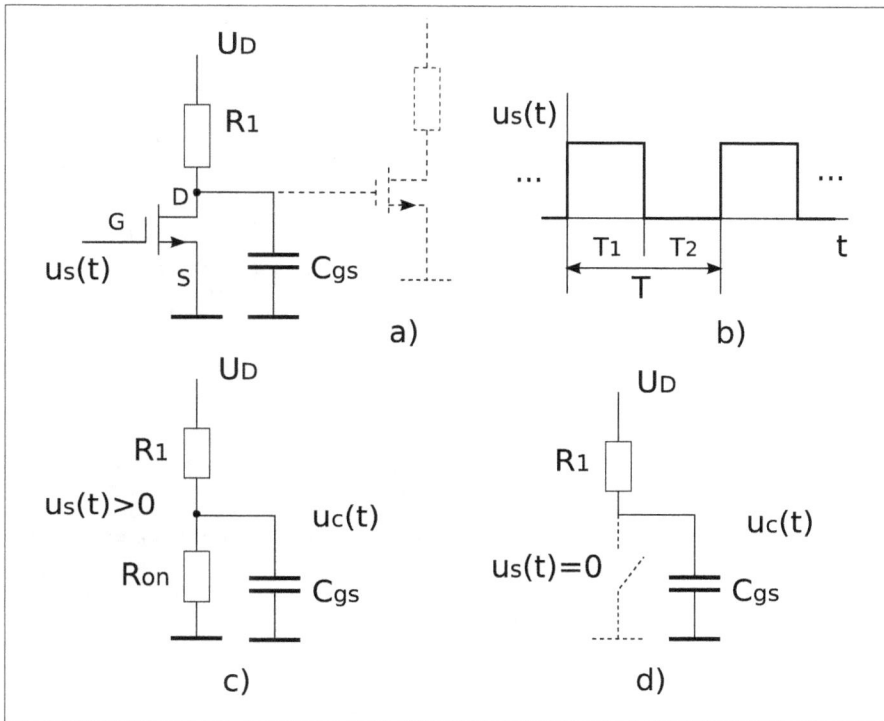

Abb. 1.42: a) MOSFET-Inverter b) Steuerspannung c) Ersatzschaltung für Zustand „on" d) Ersatzschaltung für Zustand „off"

weiter mit einer Ersatzquelle

$$U_{De} = U_D \frac{R_{on}}{R_{on} + R1} \tag{1.196}$$

und einem Ersatzwiderstand

$$R_e = R_1 || R_{on} = \frac{R_1 R_{on}}{R_{on} + R1} \tag{1.197}$$

vereinfacht werden. Im Intervall T_1 entlädt sich die Kapazität von der Anfangsspannung U_D bis zur Endspannung U_{De} mit der schon bekannten Form:

$$u_c(t) = U_D e^{-t/(R_e C_{gs})} + U_D \frac{R_{on}}{R_{on} + R1} (1 - e^{-t/(R_e C_{gs})}) \tag{1.198}$$

$$0 \leq t < T_1 \qquad u_c(0) = U_D$$

Der Strom durch R_1 geht vom Anfangswert gleich null, weil die Kapazität die Anfangsspannung U_D hat, zum Endwert über die bekannte Exponentialform:

$$i_{R1}(t) = \frac{U_D}{R_1 + R_{on}}(1 - e^{-t/(R_e C_{gs})})$$

$$0 \le t < T_1 \qquad i_{R1}(0) = 0 \qquad i_{R1}(\infty) = U_D/(R_1 + R_{on})$$

(1.199)

Der Strom $i_{Ron}(t)$ im Widerstand R_{on} für den gleichen Zustand, der der Schaltung aus Abb. 1.42c entspricht, ist am Anfang des Intervalls T_1 gleich U_D/R_{on} (weil die Kapazität anfänglich mit der Spannung U_D geladen ist) und geht zum gleichen Endwert wie $i_{R1}(t)$ ebenfalls mit der bekannten Exponentialform:

$$i_{Ron}(t) = \frac{U_D}{R_{on}}e^{-t/(R_e C_{gs})} + \frac{U_D}{R_1 + R_{on}}(1 - e^{-t/(R_e C_{gs})})$$

$$0 \le t < T_1 \qquad i_{Ron}(0) = U_D/R_{on} \qquad i_{Ron}(\infty) = U_D/(R_1 + R_{on})$$

(1.200)

Die Berechnung der mittleren, dissipierten Leistung in diesen zwei Widerständen beginnt mit dem Widerstand R_1:

$$P'_{R1} = \frac{1}{T}\int_0^{T1}\left(\frac{U_D}{R_1 + R_{on}}(1 - e^{-t/(R_e C_{gs})})\right)^2 R_1\, dt \cong$$

$$\frac{1}{T}\frac{U_D^2}{(R_1 + R_{on})^2}R_1 T_1 \cong \frac{T_1}{T}\frac{U_D^2}{R_1} = \frac{U_D^2}{2R_1}$$

(1.201)

Es wurde angenommen, dass die Zeitkonstante $R_e C_{gs} << T_1$ ist und dass zusätzlich $R_1 >> R_{on}$ bzw. $T_1 = T/2$.

Die mittlere Leistung im Widerstand R_{on} wird ähnlich berechnet:

$$P'_{Ron} = \frac{1}{T}\int_0^{T1}\left(\frac{U_D}{R_{on}}e^{-t/(R_e C_{gs})} + \frac{U_D}{R_1 + R_{on}}(1 - e^{-t/(R_e C_{gs})})\right)^2 R_{on}\, dt \cong$$

$$\frac{1}{T}\int_0^{T1}\left(\frac{U_D}{R_{on}}e^{-t/(R_e C_{gs})}\right)^2 R_{on}\, dt \cong$$

$$\frac{U_D^2}{2}C_{gs}\frac{1}{T} = \frac{U_D^2}{2}C_{gs}f$$

(1.202)

Das zweite Glied im obigem Integral wurde wegen $R_1 >> R_{on}$ vernachlässigt. Diese Vereinfachungen führen auf Ergebnisse, die leicht zu interpretieren sind. Die Simulation dieser Schaltung wird später zeigen, ob die Annahmen richtig waren.

Intervall T_2

In diesem Intervall gilt die Ersatzschaltung aus Abb. 1.42d. Die Kapazität wird vom vorherigen Zustand, die zur Spannung $U_D R_{on}/(R_1 + R_{on})$ geführt hat, bis zur

Spannung U_D aufgeladen:

$$u_c(t) = U_D \frac{R_{on}}{R1 + R_{on}} e^{-t/(R_1 C_{gs})} + U_D(1 - e^{-t/(R_1 C_{gs})})$$

$$0 \geq t < T_2 \qquad u_c(0) = U_D \frac{R_{on}}{R1 + R_{on}}$$

(1.203)

Daraus folgt für den Strom $i_{R1}(t)$ die Form:

$$i_{R1}(t) = \frac{U_D - U_D R_{on}/(R_1 + R_{on})}{R1} e^{-t/(R_1 C_{gs})} \cong \frac{U_D}{R_1} e^{-t/(R_1 C_{gs})}$$

(1.204)

Es ist auch hier $R_1 >> R_{on}$ angenommen.

Die dissipierte Leistung in dem einzigen Widerstand R_1 wird durch

$$P_{R1}'' = \frac{1}{T} \int_0^{T2} \left(\frac{U_D}{R_1} e^{-t/(R_1 C_{gs})} \right)^2 R_1 \, dt =$$

$$\frac{1}{T} U_D^2 \frac{|e^{-2t/(R_1 C_{gs})})|_0^{T_2}}{-2/C_{gs}} = \frac{1}{T} U_D^2 C_{gs} \frac{(1 - e^{-2T_2/(R_1 C_{gs})})}{2} \cong \frac{U_D^2 C_{gs} f}{2}$$

(1.205)

berechnet. Es wurde weiter angenommen, dass $T_2 >> R_1 C_{gs}$ ist.

Abb. 1.43 zeigt eine Skizze der Ströme $i_{Ron}(t)$ und $i_{R1}(t)$ für die zwei Intervalle $T_1 = T_2 = T/2$ im stationären Zustand. Die geschwärzten Zonen zeigen die Anteile der Ströme die zu dynamischen dissipierten Leistungen führen. Diese Anteile bleiben dieselben auch wenn die Frequenz oder Periode sich ändert und ergeben somit im Mittel eine von der Frequenz abhängige Größe.

Die gesamte in den Widerständen dissipierte mittlere Leistung in den zwei Intervallen wird jetzt:

$$P = P_{R1}' + P_{R1}'' + P_{Ron}' = \frac{U_D^2}{2R_1} + \frac{U_D^2}{2} C_{gs} f + \frac{U_D^2}{2} C_{gs} f =$$

$$\frac{U_D^2}{2R_1} + U_D^2 C_{gs} f$$

(1.206)

Der erste Term ist von der Frequenz unabhängig und stellt die statische dissipierte Leistung dar. Interessant ist der zweite Term, der für die gezeigten Annahmen von den Widerständen unabhängig ist. Er ist von der Frequenz abhängig und stellt somit eine dynamische Leistung dar.

Eine Abschätzung dieser Leistungen zeigt deren Wichtigkeit und die Möglichkeiten, die dissipierte Leistung, die in den integrierten Schaltungen in Wärme umgewandelt wird, zu reduzieren. Für

$$U_D = 5V, \quad C_{gs} = 0,1\,fF, \quad f = 1\,GHz \quad \text{und} \quad R_1 = 10\,k\Omega$$

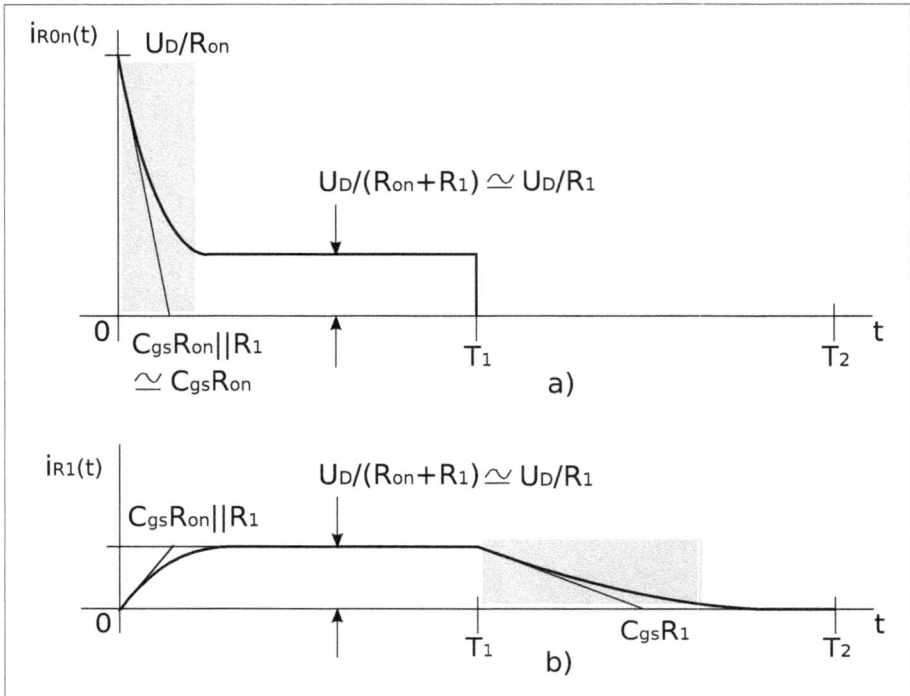

Abb. 1.43: a) Strom $i_{Ron}(t)$ b) Strom $i_{R1}(t)$

erhält man eine gesamte dissipierte Leistung für so eine *Gate*-Schaltung der Größe:

$$P = (25)(1/20000 + 0,1 \times 10^{-15}10^9)\, \text{W} = (1250 + 2,5)\, \mu\text{W}$$

Es ist eine relativ kleine Leistung, die aber in den gegenwärtigen integrierten Schaltungen sehr wichtig ist. Für eine integrierte Schaltung mit 10^8 solcher Tore (*Gates*) resultiert eine Leistung von:

$$P \cdot 10^8 = 125\text{kW} + 250\text{W}$$

Das ist schon für einen *Chip* der Größe eines Pentium-IV-Prozessors eine riesige Leistung, die in Wärme umgewandelt wird. Man kann über die Spannung diese mindern, so erhält man etwa mit einer Spannung von 1 Volt eine Leistung

$$P \cdot 10^8 = 5\text{kW} + 10\text{W}$$

Wie man sieht, bildet die statische dissipierte Leistung den größten Teil dieser Verlustleistung.

Eine Lösung um diesen Anteil zu vermeiden ist in Abb. 1.44 gezeigt. Es werden hier komplementäre CMOS-Transistoren benutzt, die gegenphasig gesteuert werden. Man

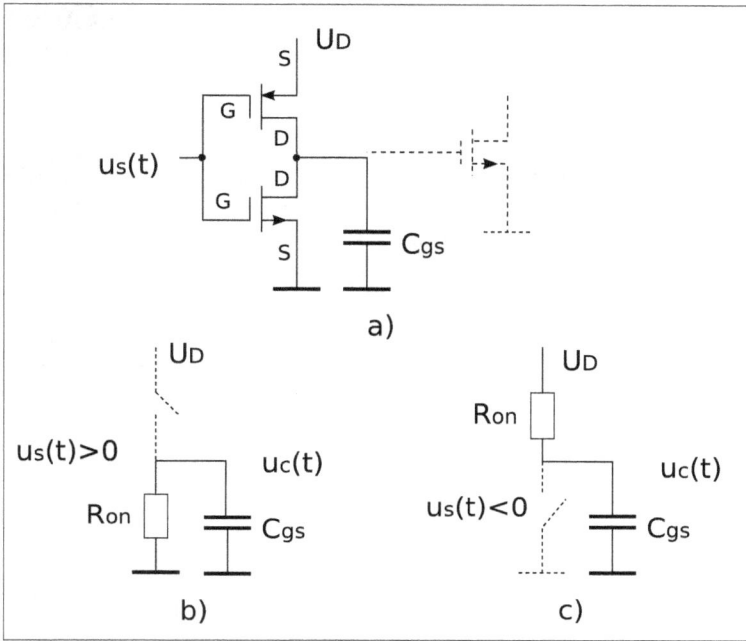

Abb. 1.44: a) CMOSFET-Inverter b) Ersatzschaltung für Zustand „on" c) Ersatzschaltung für Zustand „off"

kann zeigen, dass dann nur der dynamische Anteil der Verlustleistung vorhanden ist:

$$P = U_D^2 C_{gs} f \tag{1.207}$$

In der nachfolgenden Simulation für den Inverter gemäß Abb. 1.42a werden die Verlustleistungen, die man mit den angenäherten Formeln berechnet, mit den Verlustleistungen aus der Simulation („gemessene" Verlustleistungen) verglichen.

Für die Ersatzschaltung aus Abb. 1.42c im Intervall in dem $u_s(t) > 0$ gilt folgende Differentialgleichung:

$$U_D \frac{R_{on}}{R_1 + R_{on}} = C_{gs} \frac{du_c(t)}{dt} R_1 R_{on} / (R_1 + R_{on}) + u_c(t) \quad \text{mit } u_c(0) = U_D \tag{1.208}$$

Umgeformt, erhält man direkt die Differentialgleichung erster Ordnung in der Zustandsvariable $u_c(t)$:

$$\frac{du_c(t)}{dt} = -\frac{u_c(t)}{R_e C_{gs}} + U_D \frac{R_{on}}{R_1 + R_{on}} \frac{1}{R_e C_{gs}} \quad \text{mit } u_c(0) = U_D \tag{1.209}$$

Mit R_e wurde der Ersatzwiderstand der zwei Widerstände R_1, R_{on}, parallel geschaltet, bezeichnet.

Im nächsten Intervall mit $u_s(t) = 0$ gilt die Ersatzschaltung aus Abb. 1.42d, für die die Differentialgleichung in der gleichen Zustandsvariable $u_c(t)$ durch

$$\frac{du_c(t)}{dt} = -\frac{u_c(t)}{R_1 C_{gs}} + U_D \frac{1}{R_1 C_{gs}} \quad \text{mit } u_c(0) = U_D \frac{R_{on}}{R_1 + R_{on}} \qquad (1.210)$$

gegeben ist. Diese zwei Differentialgleichungen erster Ordnung werden im Euler-Verfahren eingesetzt. Das Umschalten von einem zum anderen Zustand wird mit Hilfe einer Steuerspannung, die Werte von ± 1 einnimmt, realisiert.

Die Ströme der zwei Widerstände werden über

$$i_{R1}(t) = \frac{U_D - u_c(t)}{R_1}$$
$$i_{Ron}(t) = i_{R1}(t) \qquad \text{MOSFET blockiert} \qquad (1.211)$$
$$i_{Ron}(t) = \frac{u_c(t)}{R_{on}} \qquad \text{MOSFET leitend}$$

ermittelt.

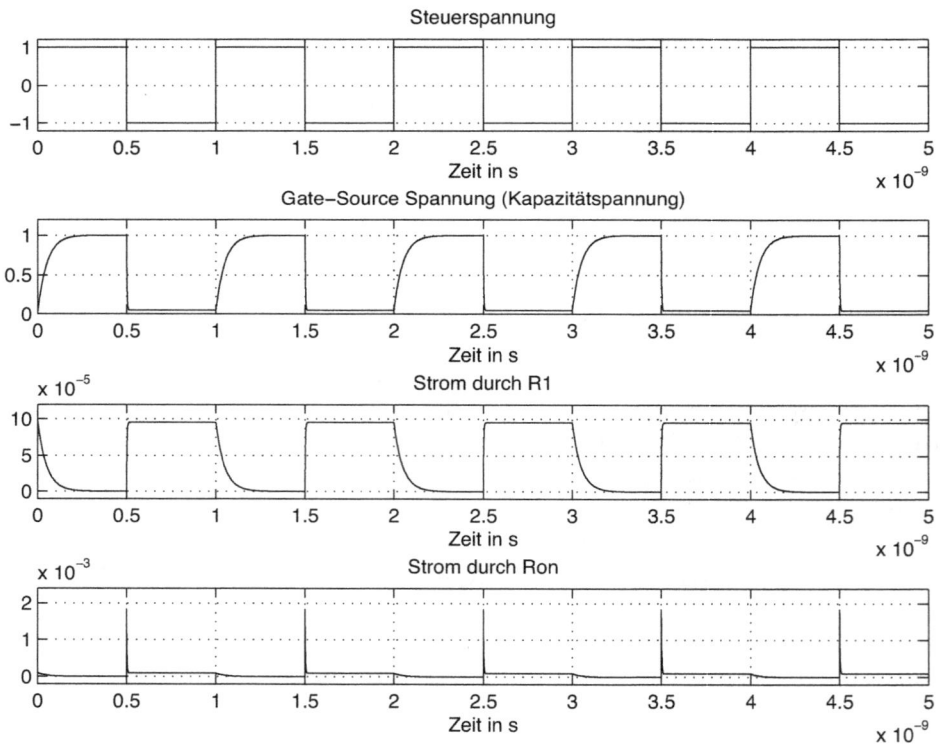

Abb. 1.45: Die Variablen der Simulation (mos_inv3.m)

Im Skript mos_inv3.m ist die Simulation mit dem Euler-Verfahren programmiert.

```
% Skript mos_inv3.m, in dem die Verbindung zw. 2 MOS-Invertern untersucht wird
clear;
% ------ Parameter der Schaltung
R1 = 10000;        Ron = 500;
Cgs = 0.005e-12;
UD = 1;
Re = R1*Ron/(R1 + Ron);
% ------ Modell für MOS blockiert
% uc(t+dt) = uc(t) + dt*(UD-uc(t))/(R1*Cgs)
% ------ Modell für Inverter leitend
% uc(t+dt) = uc(t) + dt*(UD*Ron/(R1 + Ron) - uc(t))/((R1||Ron)*Cgs)
% ------ Simulation mit Euler-Verfahren
fst = 1000e6;            % Frequenz der rechteckigen Pulse
Tst = 1/fst;
dt = Tst/5000;
t = 0:dt:5*Tst;     nt = length(t);
us = sign(sin(2*pi*fst*t));      % Steuerspannung
uc = zeros(1,nt);
iR1 = zeros(1,nt);      iRon = zeros(1,nt);
% ------ Euler Verfahren
for k = 1:nt-1
    uc(k+1) = (us(k) > 0)* (uc(k) + dt*(UD - uc(k))/(R1*Cgs)) + ...
              (us(k) <= 0)* (uc(k) + dt*(UD*Ron/(R1+Ron) - uc(k))/(Re*Cgs));
    iR1(k+1) = (UD - uc(k+1))/R1;
    iRon(k+1) = (us(k) > 0)*iR1(k+1) + (us(k) <= 0)*uc(k+1)/Ron;
end;
figure(1);    clf;
subplot(411), plot(t, us);
    title('Steuerspannung');
    xlabel('Zeit in s');     grid on;
    La = axis;     axis([La(1:2), 1.2*La(3:4)]);
subplot(412), plot(t, uc);
    title('Gate-Source Spannung (Kapazitätspannung)');
    xlabel('Zeit in s');     grid on;
    La = axis;     axis([La(1:2), 1.2*La(3:4)]);
subplot(413), plot(t, iR1);
    title('Strom durch R1');
    xlabel('Zeit in s');     grid on;
    La = axis;     axis([La(1:2), 1.2*La(3:4)]);
subplot(414), plot( t, iRon);
    title('Strom durch R2');
    xlabel('Zeit in s');     grid on;
    La = axis;     axis([La(1:2), 1.2*La(3:4)]);
% ------- Dissipierte Leistungen
nd = 2000:nt(end);
PR1 = mean(iR1(nd).^2)*R1      % Gemessene Verlustleistung in R1
PR2 = mean(iR2(nd).^2)*Ron     % Gemessene Verlustleistung in Ron
Pgesamt = PR1 + PR2            % Gesamtverlustleistung
% ------- Ideale Leistungen
```

```
Pdynamik = UD^2*Cgs*fst
Pstatik = UD^2/(2*R1)
Pideal_gesamt = Pdynamik + Pstatik
```

In Abb. 1.45 sind die Variablen der Simulation für die Parameter aus dem Skript gezeigt. Man sieht das relativ langsame Laden der Kapazität beim Übergang zur Spannung $U_D = 1$ V mit der Zeitkonstante $R_1 C_{gs}$ und das rasche Entladen mit der viel kleineren Zeitkonstante $R_{on} C_{gs}$ bis zur kleinen Spannung $U_D R_{on}/(R_1 + R_{on})$.

Der Strom durch R_1 im Intervall, in dem der MOSFET-Transistor leitend ist, bleibt konstant und führt hauptsächlich zur statischen Verlustleistung. Die hohen Werte des Stroms i_{Ron}, der exponentiell abklingt, ergeben hauptsächlich die dynamische Verlustleitung.

Der Vergleich der Verlustleistungen gemäß der abgeleiteten Formeln und die aus der Simulation gemessenen Verlustleitungen (am Ende des Skripts programmiert) zeigen eine gute Annäherung. Gemessen ergibt sich eine Verlustleistung von 55,59 μW und gemäß Formeln 55 μW.

Eine gute Übung stellt die Simulation der CMOS-Schaltung aus Abb. 1.44 dar und ebenfalls der Vergleich der Verlustleistung aus der Simulation mit der Verlustleistung, die über die Formel (1.207) berechnet wird.

1.9   Die RL-Reihenschaltung

In diesem Abschnitt wird die einfache Reihenschaltung, bestehend aus einem Widerstand R und einer Induktivität L, untersucht (Abb. 1.46).

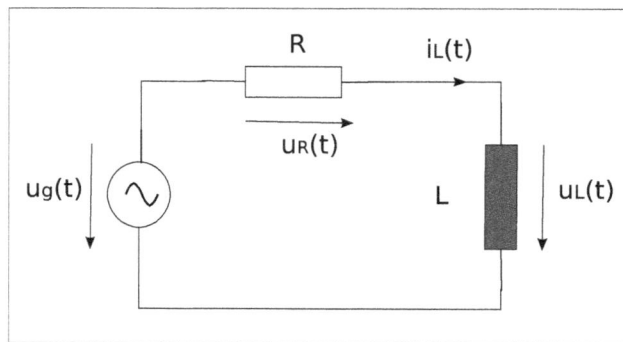

Abb. 1.46: Die RL Reihenschaltung

Der Strom des Induktors $i_L(t)$ ist hier die Zustandsvariable, für die man die Differentialgleichung erster Ordnung bestimmen muss. Aus

$$u_g(t) = i_L(t)R + L\frac{di_L(t)}{dt} \tag{1.212}$$

erhält man direkt die gesuchte Form der linearen Differentialgleichung:

$$\frac{L}{R}\frac{di_L(t)}{dt} + i_L(t) = \frac{u_g(t)}{R}$$

mit $i_L(0) = I_{L0}$ als Anfangsbedingung
$\qquad\qquad\qquad\qquad\qquad\qquad\qquad\qquad\qquad$ (1.213)

Hier bildet der Faktor L/R die Zeitkonstante dieser Schaltung.

Die Lösung wird, wie bei der RC-Reihenschaltung, in zwei Anteile zerlegt, die homogene und die partikuläre Lösung:

$$i_L(t) = i_{Lh}(t) + i_{Lp}(t)$$
$\qquad\qquad\qquad\qquad\qquad\qquad\qquad\qquad\qquad$ (1.214)

Die homogene Lösung wird mit dem Ansatz $i_{Lh}(t) = C_h e^{\lambda t}$ durch Einsetzen in die homogene Differentialgleichung ermittelt. Dieser Einsatz ergibt folgende charakteristische Gleichung

$$\lambda + \frac{R}{L} = 0$$
$\qquad\qquad\qquad\qquad\qquad\qquad\qquad\qquad\qquad$ (1.215)

und führt zu einer Lösung für den Parameter λ der Form $\lambda = -R/L$. Die homogene Lösung ist dann:

$$i_{Lh}(t) = C_h e^{-(R/L)t} = C_h e^{-t/(L/R)}$$
$\qquad\qquad\qquad\qquad\qquad\qquad\qquad\qquad\qquad$ (1.216)

Die Zeitkonstante $L/R > 0$ ist ein wichtiger Parameter dieser Schaltung. Die homogene Lösung wird, wegen der negativen Wurzel der charakteristischen Gleichung $\lambda = -R/L = -1/(L/R)$ mit der Zeit zu null abklingen. Das bedeutet ein stabiles System im Sinne der Systemtheorie.

Die Konstante C_h wird später in Verbindung mit der Gesamtlösung bestimmt, so dass der Anfangswert des Stroms $i_L(0) = I_{L0}$ von der Lösung erfüllt ist.

Die partikuläre Lösung ist von der Form der Anregung abhängig und wird anfänglich für eine konstante Anregung ermittelt.

1.9.1   Partikuläre Lösung für eine konstante Anregung

Für eine Konstante $u_g(t) = U_g$ ist die partikuläre Lösung ebenfalls eine Konstante $i_{Lp}(t) = K$, die man durch Einsetzen in die inhomogene Differentialgleichung ermittelt:

$$0 + \frac{R}{L}K = \frac{U_g}{L}   \text{oder}   K = \frac{U_g}{R}$$
$\qquad\qquad\qquad\qquad\qquad\qquad\qquad\qquad\qquad$ (1.217)

Somit ist die partikuläre Lösung für eine konstante Anregung durch

$$i_{Lp}(t) = \frac{U_g}{R}$$
$\qquad\qquad\qquad\qquad\qquad\qquad\qquad\qquad\qquad$ (1.218)

gegeben.

1.9.2   Gesamtlösung für eine konstante Anregung

Die Gesamtlösung für den Strom $i_L(t)$ als Summe der homogenen und partikulären Lösung ist:

$$i_L(t) = i_{Lh}(t) + i_{Lp}(t) = C_h\, e^{-t/(L/R)} + \frac{U_g}{R} \tag{1.219}$$

Die noch unbekannte Konstante C_h wird aus der Bedingung

$$i_L(t)|_{t=0} = i_L(0) = I_{L0} = C_h + \frac{U_g}{R} \tag{1.220}$$

ermittelt:

$$C_h = I_{L0} - \frac{U_g}{R} \tag{1.221}$$

Die Gesamtlösung ist somit durch

$$i_L(t) = \left(I_{L0} - \frac{U_g}{R}\right) e^{-t/(L/R)} + \frac{U_g}{R}$$

oder   (1.222)

$$i_L(t) = I_{L0}\, e^{-t/(L/R)} + \frac{U_g}{R}(1 - e^{-t/(L/R)})$$

gegeben.

Wenn der Anfangsstrom des Induktors gleich null ist ($i_L(0) = I_{L0} = 0$), erhält man die einfache Form:

$$i_L(t) = \frac{U_g}{R}(1 - e^{-t/(L/R)}) \tag{1.223}$$

Der Strom geht vom Anfangswert $i_L(0) = I_{L0}$ zum Endwert U_g/R mit der typischen Exponentialfunktion, deren Parameter die Zeitkonstante ist. Die Spannung am Induktor wird:

$$u_L(t) = -R\, i_L(t) + U_g = (U_g - RI_{L0})e^{-t/(L/R)} \tag{1.224}$$

Diese induzierte Spannung sichert im ersten Moment, bei $t = 0$, den Strom $i_L(0) = I_{L0}$ und widersetzt sich der Stromänderung.

Für die Darstellung wird auch hier ein kleines MATLAB-Skript eingesetzt:

```
% Skript RL_1.m, in dem die Antwort einer RL-Reihenschaltung auf eine
% konstante Spannung, die bei t = 0 zugeschaltet wird, ermittelt ist
clear;
% ------ Parameter der Schaltung
```

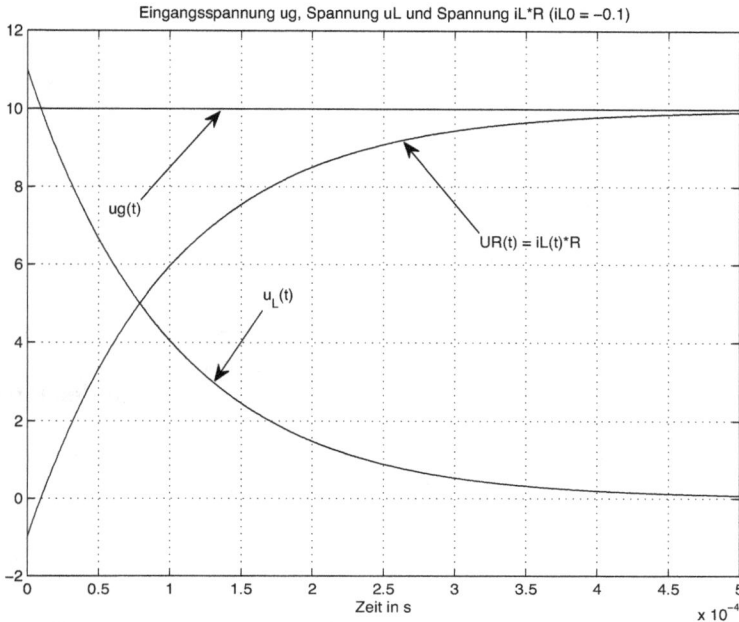

Abb. 1.47: Spannung $u_g(t), u_L(t)$ und Spannung $i_L(t)R$ (RL_1.m)

```
R = 10;      L = 0.001;
tau = L/R;   % Zeitkonstante
Ug = 10;     iL0 = -0.1;
% ------ Analytische Lösung
Tfinal = 5*tau;      % Darstellungszeit
dt = tau/100;        % Zeitschritt
t = 0:dt:Tfinal;            nt = length(t);
iL = iL0*exp(-t/tau) + Ug*(1-exp(-t/tau))/R;
ug = Ug*ones(1,nt);   % Eingangsspannung
uL = (ug-iL*R);          % Spannung am Widerstand
%####################
figure(1);
plot(t, ug, t, uL, t, iL*R)
title(['Eingangsspannung ug, Spannung uL und Spannung iL*R (iL0 = ',...
    num2str(iL0),')']);
xlabel('Zeit in s');   grid on;
La = axis;      axis([La(1), max(t), La(3:4)]);
% ------ Numerische Lösung (Euler Verfahren)
nt = length(t);
ug = Ug*ones(1,nt);
iL = zeros(1,nt);             iL(1) = iL0;
% Numerische Annäherung
```

```
for k = 1:nt-1
    iL(k+1) = iL(k) + dt*(ug(k) - iL(k)*R)/L;
end;
uL = ug - iL*R;
%#######################
figure(2);
plot(t, ug, t, uL, t, iL*R)
title(['Eingangsspannung ug, Spannung uL und Spannung iL*R (iL0 = ',...
    num2str(iL0),')']);
xlabel('Zeit in s');    grid on;
La = axis;      axis([La(1), max(t), La(3:4)]);
```

Abb. 1.47 zeigt die konstante Eingangsspannung $u_g(t) = U_g$, die Spannung des Induktors $u_L(t)$ und die Spannung am Widerstand $u_R(t) = i_L(t)R$. Wie erwartet, ist die Summe der zwei Spannungen $u_L(t)$ und $u_R(t)$ gleich der Eingangsspannung $u_g(t) = U_g$.

Am Ende des Skripts ist auch die numerische Integration programmiert, um die Lösung numerisch zu ermitteln. Wie erwartet, erhält man die gleichen Ergebnisse.

1.9.3 Partikuläre Lösung für eine sinusförmige Anregung

Es wird angenommen, dass die Anregung mit einem Schalter bei $t = 0$ angelegt wird und folgende Form hat:

$$u_g(t) = \hat{u}_g \cos(\omega t + \phi), \qquad \text{für} \qquad t \geq 0 \tag{1.225}$$

Auch für den Induktor der Induktivität L kann man eine komplexe Impedanz definieren, mit der man sehr rasch die komplexen Variablen manipulieren und ermitteln kann. Aus den realen Verbindungen Spannung/Strom

$$
\begin{aligned}
u_L(t) &= L\frac{di_L(t)}{dt} \\
i_L(t) &= \frac{1}{L}\int_{t=0}^{t} u_L(\tau)d\tau + i_L(0)
\end{aligned}
\tag{1.226}
$$

werden folgende Verbindungen für die entsprechenden komplexen Variablen berechnet. Wenn der Strom die Ursache ist, wird die erste obige Verbindung benutzt. Aus

$$
\begin{aligned}
i_L(t) &= \hat{i}_L \cos(\omega t + \phi) & \rightarrow & \quad \underline{I_L} = \hat{i}_L\, e^{j(\omega t+\phi)} \\
u_L(t) &= \hat{u}_L \cos(\omega t + \phi + \phi_u) & \rightarrow & \quad \underline{U_L} = \hat{u}_L\, e^{j(\omega t+\phi+\phi_u)}
\end{aligned}
\tag{1.227}
$$

wird die Spannung $u_L(t)$ bzw. die komplexe Form $\underline{U}_L$ berechnet:

$$
\begin{aligned}
u_L(t) &= L\frac{di_L(t)}{dt} = -\omega L\, \hat{i}_L \sin(\omega t + \phi) = \omega L\, \hat{i}_L \cos(\omega t + \phi + \pi/2) \\
\underline{U_L} &= \omega L\, \hat{i}_L\, e^{j(\omega t+\phi+\pi/2)} = j\omega L\, \hat{i}_L\, e^{j(\omega t+\phi)}
\end{aligned}
\tag{1.228}
$$

Daraus resultiert:

$$\underline{U}_L = (j\omega L)\,\underline{I}_L = \underline{Z}_L\,\underline{I}_L \quad \text{mit} \quad \underline{Z}_L = j\omega L \tag{1.229}$$

Die Spannung der Induktivität ist mit $\pi/2$ dem Strom voreilend. Die Impedanz eines Induktors der Induktivität L ist $\underline{Z}_L = j\omega L$.

Die zweite Gleichung (1.226), wird für die partikuläre Lösung (stationäre Lösung), als undefiniertes Integral benutzt und führt zur Umkehrung der gezeigten Beziehung in komplex:

$$\underline{I}_L = \frac{\underline{U}_L}{j\omega L} = \frac{\underline{U}_L}{\underline{Z}_L} = \underline{U}_L\,\underline{Y}_L \quad \text{mit} \quad \underline{Y}_L = \frac{1}{\underline{Z}_L} = \frac{1}{j\omega L} \tag{1.230}$$

Mit $\underline{Y}$ wurde die Admittanz oder der komplexer Leitwert bezeichnet.

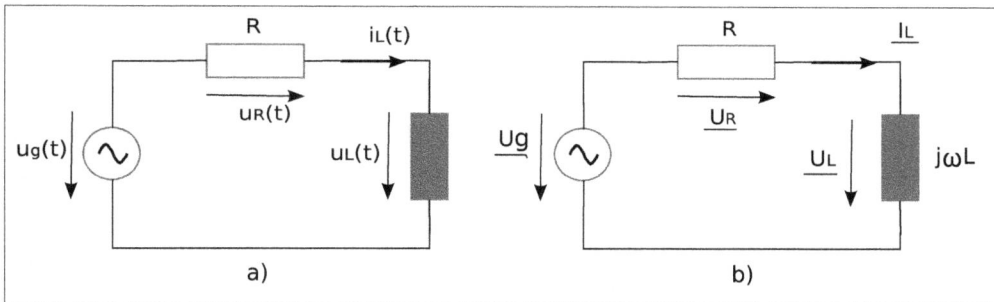

Abb. 1.48: a) RL-Reihenschaltung und b) die komplexe Ersatzschaltung

Abb. 1.48 zeigt die RL-Reihenschaltung und die entsprechende Ersatzschaltung für die komplexen Variablen.

Mit dieser Ersatzschaltung ist es jetzt leicht den komplexen Strom $\underline{I}_L$ zu berechnen:

$$\begin{aligned}
\underline{I}_L &= \underline{U}_g\,\frac{1}{R+\underline{Z}_L} = \underline{U}_g\,\frac{1}{R+j\omega L} = \\
&\quad \underline{U}_g\,\frac{1}{\sqrt{R^2+(\omega L)^2}}\,e^{-j\text{atan}(\omega L/R)}
\end{aligned} \tag{1.231}$$

Daraus wird die partikuläre Lösung, die der komplexen Rechnung entspricht, durch

$$\begin{aligned}
i_{Lp}(t) &= \hat{i}_L\,\cos(\omega t + \phi + \phi_i) = \\
&\quad \hat{u}_g\,\frac{1}{\sqrt{R^2+(\omega L)^2}}\,\cos(\omega t + \phi - \text{atan}(\omega L/R))
\end{aligned} \tag{1.232}$$

ermittelt. Wie man sieht, ist der Strom der Eingangsspannung mit einer Phasenverschiebung $-\mathrm{atan}(\omega L/R)$ nacheilend. Die Phasenverschiebungen kann man immer in Zeitverschiebungen umwandeln. Als Beispiel soll der gerade ermittelte Strom des Induktors dienen:

$$i_{Lp}(t) = \hat{u}_g \frac{1}{\sqrt{R^2+(\omega L)^2}} \cos(\omega t + \phi - \mathrm{atan}(\omega L/R)) =$$
$$\hat{u}_g \frac{1}{\sqrt{R^2+(\omega L)^2}} \cos\big(\omega(t + \phi/\omega - \mathrm{atan}(\omega L/R)/\omega)\big) \tag{1.233}$$

Die Zeit ϕ/ω ist die ursprüngliche positive Zeitverschiebung der Anregung und $-\mathrm{atan}(\omega L/R)/\omega$ ist die Zeitverspätung des Stroms relativ zur Anregung.

1.9.4 Gesamtlösung für eine sinusförmige Anregung

Die Gesamtlösung ist die Summe der homogenen $i_{Lh}(t)$ und der partikulären Lösung $i_{Lp}(t)$:

$$i_L(t) = C_h\, e^{-t/(L/R)} + \hat{u}_g \frac{1}{\sqrt{R^2+(\omega L)^2}} \cos(\omega t + \phi - \mathrm{atan}(\omega L/R)) \tag{1.234}$$

Die noch nicht bekannte Konstante C_h wird mit Hilfe des Anfangswertes des Stroms $i_L(0) = I_{L0}$ ermittelt. Aus

$$i_L(0) = I_{L0} = C_h + \hat{u}_g \frac{1}{\sqrt{R^2+(\omega L)^2}} \cos(\phi - \mathrm{atan}(\omega L/R)) \tag{1.235}$$

erhält man:

$$C_h = I_{L0} - i_{Lp}(0) = I_{L0} - \hat{u}_g \frac{1}{\sqrt{R^2+(\omega L)^2}} \cos(\phi - \mathrm{atan}(\omega L/R)) \tag{1.236}$$

Die Gesamtlösung für eine sinusförmige Anregung wird:

$$i_L(t) = (I_{L0} - i_{Lp}(0))\, e^{-t/(L/R)} + i_{Lp}(t) \tag{1.237}$$

Die Spannung des Widerstands ist dem Strom proportional und die noch verbleibende Variable dieser Schaltung in Form der Spannung des Induktors wird mit

$$u_L(t) = u_g(t) - i_L(t)\, R \tag{1.238}$$

berechnet.

Die analytische Lösung und eine Annäherung über eine numerische Integration ist im Skript RL_sinus1.m programmiert:

```
% Skript RL_sinus1.m, in dem die Reihenschaltung
% RL für eine sinusförmige Anregung untersucht wird.
```

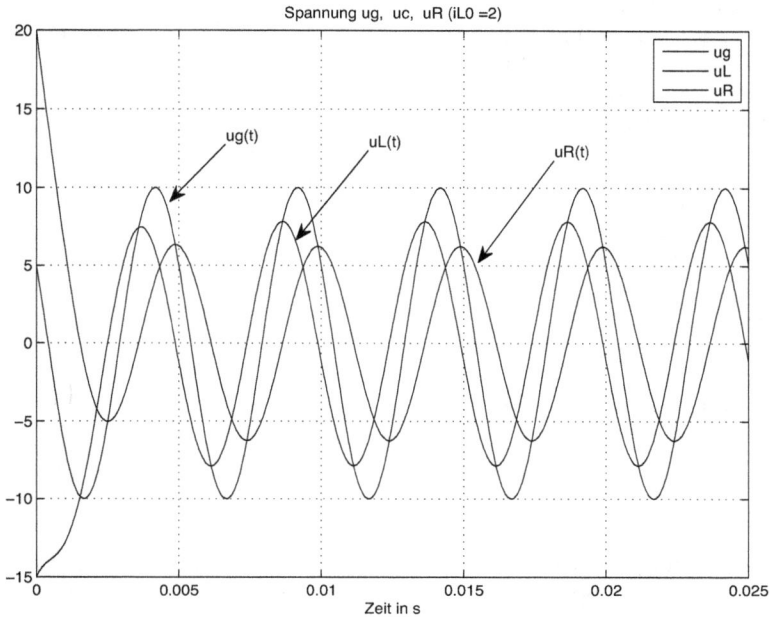

Abb. 1.49: Spannung $u_g(t), u_L(t)$ und Spannung $i_L(t)R$ (RL_sinus1.m)

```
clear;
% ------- Parameter der Schaltung
R = 10;            L = 0.01;        iL0 = 2;
ug_ampl = 10;
f = 200;           T = 1/f;         omega = 2*pi*f;
phi = pi/3;
% ------- Analytische Lösung
tau = L/R;
iL_ampl = ug_ampl/(sqrt((omega*L)^2 + R^2));
phi_i = atan2(-omega*L,R);
C_h = iL0 - iL_ampl*cos(phi + phi_i);
dt = T/100;        Tfinal = 5*T;
t = 0:dt:Tfinal;
nt = length(t);
iL = C_h*exp(-t/tau) + iL_ampl*cos(omega*t + phi + phi_i);
ug = ug_ampl*cos(omega*t + phi);
uR = iL*R;
uL = ug - uR;
%####################
figure(1);
plot(t, ug, t, uL, t, uR);
title(['Spannung ug,  uc,  uR (iL0 =',...
```

```
    num2str(iL0), ')']);
xlabel('Zeit in s');    grid on;
legend('ug', 'uL', 'uR');
% ------- Numerische Lösung (Euler Verfahren)
iL = zeros(1,nt);
iL(1) = iL0;
% Numerische Annaeherung
for k = 1:nt-1
    iL(k+1) = iL(k) + dt*(ug(k) - iL(k)*R)/L;
end;
uR = iL*R;
uL = ug - uR;
%###################
figure(2);
plot(t, ug, t, uL, t, uR);
title(['Spannung ug,  uc,  uR (iL0 =',...
    num2str(iL0), ')']);
xlabel('Zeit in s');    grid on;
legend('ug', 'uL', 'uR');
```

Abb. 1.49 zeigt die drei Spannungen dieser RL-Schaltung und zwar die Eingangsspannung $u_g(t)$, die Spannung am Induktor $u_L(t)$ und die Spannung am Widerstand
$u_R(t)$, die dem Strom $i_L(t)$ proportional ist. Im stationären Zustand ist die Spannung
$u_R(t)$ und somit auch der Strom $i_L(t)$ der Spannung $u_L(t)$ mit einer Phasendifferenz
von $-\pi/2$ nacheilend.

Am Ende des Skriptes, wie immer, ist die numerische Integration mit Euler-
Verfahren programmiert. Die Ergebnisse sind identisch mit den analytischen Lösungen.

Experiment 1.9.1: Glättung pulsartiger Spannungen mit RL-Glied

Auch mit einer RL-Reihenschaltung kann man pulsartige Spannungen glätten. Wegen der induzierten Spannung des Induktors der Induktivität L, die sich der Änderung
des Stroms widersetzt, ergibt sich diese Möglichkeit. Der Strom der Induktivität wird
eigentlich geglättet und dadurch auch die Spannung des Reihenwiderstands.

Abb. 1.50a zeigt die Schaltung und in Abb. 1.50b ist eine Skizze des Verlaufs der
Eingangsspannung und des Stroms $i_L(t)$ dargestellt. Nach dem Einschwingen, erreicht
der Strom einen stationären Zustand. In der Zeit T_1 des aktiven Pulses mit $u_g(t) = U_g$
wird der Strom vom Wert I_{L1} bis zum Wert I_{L2} steigen und danach im Intervall T_2 mit
$u_g(t) = 0$ wird der Strom vom Wert I_{L2} bis zum Wert I_{L1} fallen.

Im Intervall T_1 mit dem Zeitursprung am Anfang dieses Intervalls ist der Strom
durch

$$i_L(t) = I_{L1}e^{-t/(L/R)} + \frac{U_g}{R}(1 - e^{-t/(L/R)}) \qquad 0 \le t \le T_1 \tag{1.239}$$

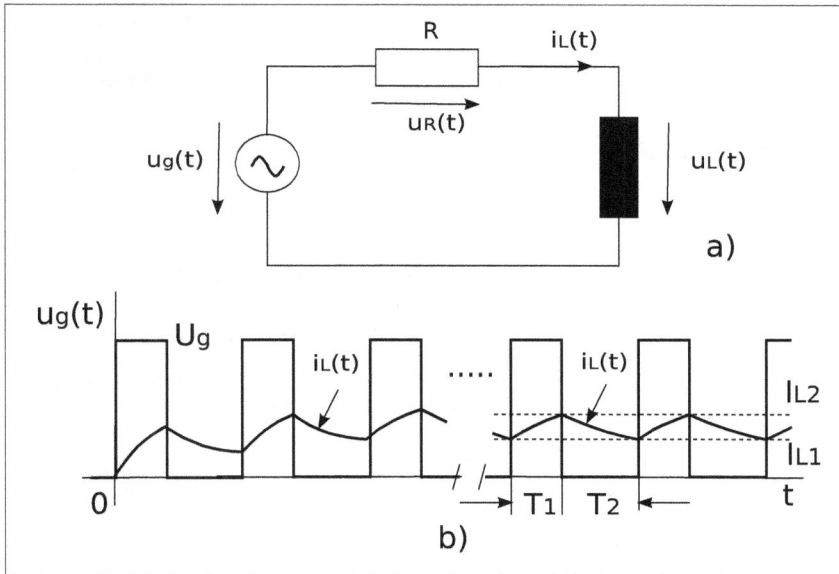

Abb. 1.50: Glättung pulsartiger Spannungen mit RL-Glied

gegeben. Bei $t = T_1$ ist der Strom gleich der oberen Grenze I_{L2}:

$$I_{L2} = I_{L1}e^{-T_1/(L/R)} + \frac{U_g}{R}(1 - e^{-T_1/(L/R)}) \tag{1.240}$$

Ähnlich im Intervall T_2 mit dem Zeitursprung am Anfang dieses Intervalls ist der Strom durch

$$i_L(t) = I_{L2}e^{-t/(L/R)} \qquad 0 \leq t \leq T_2 \tag{1.241}$$

ausgedrückt. Bei $t = T_2$ erreicht dieser Strom die untere Grenze I_{L1}:

$$I_{L1} = I_{L2}e^{-T_2/(L/R)} \tag{1.242}$$

Aus den zwei Gleichungen (1.240) und (1.242) werden die zwei Grenzwerte I_{L1}, I_{L2} berechnet:

$$I_{L1} = \frac{U_g}{R}\frac{1 - e^{-T_1/(L/R)}}{1 - e^{-(T_1+T_2)/(R/L)}}e^{-T_2/(L/R)}$$
$$I_{L2} = \frac{U_g}{R}\frac{1 - e^{-T_1/(L/R)}}{1 - e^{-(T_1+T_2)/(L/R)}} \tag{1.243}$$

Auch hier kann man in ähnlicher Art wie bei der Glättung pulsartiger Spannungen mit RC-Glied zeigen, dass für eine Zeitkonstante L/R, die viel größer als die Periode $T_1 + T_2$ der Pulse ist, der Mittelwert der Grenzen des Stroms annähernd durch

$$I_m = \frac{I_{L1} + I_{L2}}{2} \cong \frac{U_g}{R} \frac{T_1}{T_1 + T_2} \tag{1.244}$$

gegeben ist.

Im Skript `RL_glaett1.m` wird durch numerische Integration mit dem Euler-Verfahren die Lösung für den Strom $i_L(t)$ als Zustandsvariable ermittelt und danach auch die Spannung $u_L(t)$ mit einer algebraischen Gleichung berechnet:

```
% Skript RL_glaett1.m, in dem die Reihenschaltung RL für die Glättung
% einer pulsförmigen Spannung eingesetzt wird
clear;
% ------- Parameter der Schaltung
R = 10;         L = 0.005;
iL0 = -0.1;
ug_ampl = 10;
f = 5000;         omega = 2*pi*f;      T = 1/f;
phi = pi/4;
% ------- Numerische Lösung (Euler Verfahren)
tau = L/R;            % Zeitkonstante
dt = tau/100;     % Sehr kleine Schrittweite
Tfinal = 10*T;          t = 0:dt:Tfinal;
nt = length(t);
% ------- Erzeugung der rechteckförmigen Eingangsspannung
ug1 = sin(omega*t + phi);
schwelle = -0.5;      % Schwelle für die Umwandlung einer
% Sinusfunktion in eine rechteckige Funktion
% Schwelle muss zwischen -1 bis 1 sein
ug = (sign(ug1 - schwelle)+1)*ug_ampl/2;
iL = zeros(1,nt);          iL(1) = iL0;
% Numerische Annäherung
for k = 1:nt-1
    iL(k+1) = iL(k) + dt*(ug(k) - iL(k)*R)/L;
end;
uR = iL*R;
uL = ug - uR;
figure(1);
plot(t, ug, t, uR, t, uL);
    title('Spannung ug,  uR,  uL');
    xlabel('Zeit in s');      grid on;
    legend('ug', 'uR', 'uL');
```

Abb. 1.51 zeigt die drei Spannungen dieser Schaltung für die Parameter, die im Skript initialisiert sind. Das Tastverhältnis verschieden von 0,5 wurde durch eine Schwelle, mit deren Hilfe eine sinusförmige Funktion in eine rechteckige umgewandelt wird (z.B. -0,5).

Spannung ug, uL

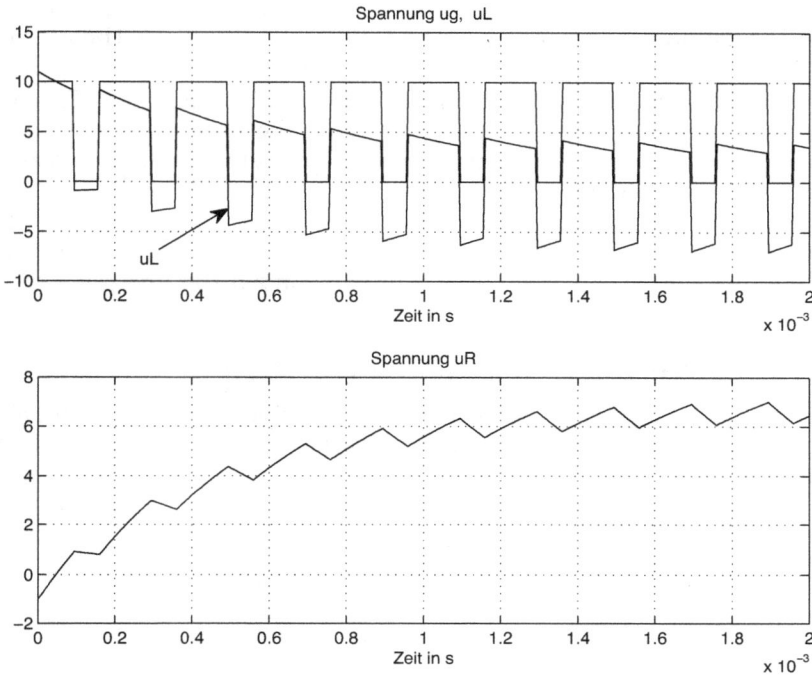

Abb. 1.51: Spannungen $u_g(t), u_L(t)$ und $u_R(t)$ (RL_glaett1.m)

Wenn der Strom $i_L(t)$ im stationären Zustand einen konstanten Mittelwert hat, dann muss die Spannung $u_L(t)$ im Mittel null sein, weil der Strom durch ein Integral dieser Spannung gegeben ist:

$$i_L(t) = \frac{1}{L} \int_{t=0}^{t} u_L(\tau)d\tau + i_L(0)$$

Wenn das nicht der Fall wäre, würde der Strom wegen des Integrals driften und keinen stationären Zustand erreichen. Das ist aus der Darstellung der Spannung $u_L(t)$ im stationären Zustand ersichtlich.

1.10 Zeitantwort der Schaltungen zweiter Ordnung

In diesem Abschnitt werden Schaltungen mit zwei energiespeichernden Komponenten untersucht. An erster Stelle sind das die RLC-Reihenschaltung und die RLC-Parallelschaltung. In diesen Schaltungen sind weiterhin die Zustandsvariablen der Strom des Induktors und die Spannung des Kondensators. Die Schaltung wird dann mit Hilfe eines Systems von zwei Differentialgleichungen erster Ordnung nach den zwei Zustandsvariablen beschrieben.

So lange das System linear mit zeitkonstanten Parametern ist, kann man eine kompakte Darstellung mit Matrizen, für welche eine ausführliche Theorie vorhanden ist, benutzen.

Hier wird aber das System von Differentialgleichungen in den Zustandsvariablen nur für die numerische Integration benutzt. Für die Theorie wird aus den zwei Differentialgleichungen erster Ordnung je eine Variable eliminiert, so dass zwei Differentialgleichungen zweiter Ordnung für jede Variable entstehen.

Mit diesem Weg kann es aber vorkommen, dass die Differentialgleichung zweiter Ordnung auch die Ableitung der Anregung enthält, was zu Schwierigkeiten in der Bestimmung der partikulären Lösung führt, wenn z.B. die Anregung ein Sprung ist.

1.11 Die RLC-Reihenschaltung

Abb. 1.52 zeigt die zu betrachtende RLC-Reihenschaltung. Die Differentialgleichungen erster Ordnung in den Zustandsvariablen $i_L(t), u_c(t)$ sind relativ einfach zu bestimmen.

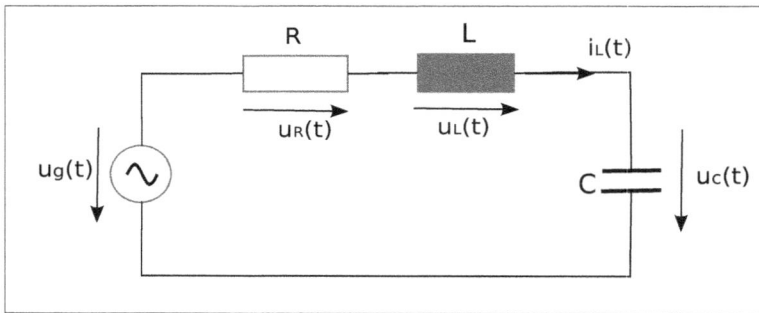

Abb. 1.52: Die RLC-Reihenschaltung

Aus

$$u_g(t) = R\, i_L(t) + L\frac{di_L(t)}{dt} + u_c(t) \qquad \text{und} \qquad i_L(t) = C\frac{du_c(t)}{dt} \qquad (1.245)$$

erhält man direkt:

$$\begin{aligned}
\frac{di_L(t)}{dt} &= -\frac{R}{L}i_L(t) - \frac{1}{L}u_c(t) + \frac{1}{L}u_g(t) \\
\frac{du_c(t)}{dt} &= \frac{1}{C}i_L(t)
\end{aligned} \qquad (1.246)$$

Die kompakte Matrixform wird dann:

$$\begin{bmatrix} \dfrac{di_L(t)}{dt} \\ \dfrac{du_c(t)}{dt} \end{bmatrix} = \begin{bmatrix} -\dfrac{R}{L} & -\dfrac{1}{L} \\ \dfrac{1}{C} & 0 \end{bmatrix} \begin{bmatrix} i_L(t) \\ u_c(t) \end{bmatrix} + \begin{bmatrix} \dfrac{1}{L} \\ 0 \end{bmatrix} u_g(t) \tag{1.247}$$

Die zwei Matrizen auf der rechten Seite sind in der Literatur oft mit **A** und **B** bezeichnet:

$$\begin{bmatrix} \dfrac{di_L(t)}{dt} \\ \dfrac{du_c(t)}{dt} \end{bmatrix} = \mathbf{A} \begin{bmatrix} i_L(t) \\ u_c(t) \end{bmatrix} + \mathbf{B}\, u_g(t) \tag{1.248}$$

Zusammen mit zwei weiteren Matrizen **C** und **D**, die die algebraische Beziehung der restlichen Variablen nach den Zustandsvariablen beschreiben, bilden sie eine komplette Beschreibung des Systems, die auch in MATLAB [25] mit vielen Funktionen begleitet ist. Nicht vergessen dürfen die Anfangswerte der Zustandsvariablen $i_L(0), u_c(0)$. Auch sie müssen bekannt sein.

Wenn z.B. zusätzlich zu den Zustandsvariablen noch die Spannung am Widerstand und die Spannung des Induktors als Ausgangsvariablen von Interesse sind, werden diese zusätzliche Variablen abhängig von den Zustandsvariablen ausgedrückt:

$$\begin{aligned} u_R(t) &= R\, i_L(t) \\ u_L(t) &= -R\, i_L(t) - u_c(t) + u_g(t) \end{aligned} \tag{1.249}$$

Die Ausgangsvariablen abhängig von den Zustandsvariablen und der Anregung in Matrixform sind durch

$$\begin{bmatrix} u_R(t) \\ u_L(t) \end{bmatrix} = \begin{bmatrix} -R & 0 \\ -R & -1 \end{bmatrix} \begin{bmatrix} i_L(t) \\ u_c(t) \end{bmatrix} + \begin{bmatrix} 0 \\ 1 \end{bmatrix} u_g(t) \tag{1.250}$$

gegeben. In kompakter Form mit $\mathbf{y}(t)$ als Vektor der zwei Ausgangsvariablen $u_R(t), u_L(t)$ erhält man:

$$\mathbf{y}(t) = \mathbf{C} \begin{bmatrix} i_L(t) \\ u_c(t) \end{bmatrix} + \mathbf{D}\, u_g(t) \tag{1.251}$$

Diese zwei weiteren Matrizen **C** und **D** zusammen mit den Matrizen **A** und **B** bilden eine komplette Beschreibung im *Zustandsraum* (englisch *State Space*) und definieren das Zustandsmodell. Die Eigenschaften des Systems sind von diesen Matrizen abhängig und es gibt eine vollständige Theorie, die auf dieser Beschreibung basiert.

Für die numerische Integration mit Euler-Verfahren sind die zwei Dieffentialgleichungen erster Ordnung aus (1.246) direkt einsetzbar:

$$\begin{aligned} i_L(t + \Delta t) &= i_L(t) + \Delta t \left[-\frac{R}{L} i_L(t) - \frac{1}{L} u_c(t) + \frac{1}{L} u_g(t) \right] \\ u_c(t + \Delta t) &= u_c(t) + \Delta t\, \frac{1}{C} i_L(t) \end{aligned} \tag{1.252}$$

Ausgehend von den Anfangswerten $i_L(0), u_c(0)$ werden die Zustandsvariablen für jeden Schritt mit diesen Gleichungen aktualisiert. Später wird in den MATLAB-Skripten auch die gezeigte Matrixform eingesetzt.

Um einen Einblick zu gewinnen, wie die Parameter der Schaltung die Lösung beeinflussen, werden jetzt Differentialgleichungen für jede Zustandsvariable, beginnend mit der Spannung $u_c(t)$ abgeleitet. Durch Einsetzen der zweiten Gleichung aus (1.246) in die erste und Umsortieren erhält man:

$$\frac{d^2 u_c(t)}{dt^2} + \frac{R}{L} \cdot \frac{du_c(t)}{dt} + \frac{1}{CL} u_c(t) = \frac{1}{CL} u_g(t) \qquad (1.253)$$

Zu dieser Differentialgleichung zweiter Ordnung müssen auch zwei Anfangsbedingungen gegeben sein. Es ist der Anfangswert der Spannung $u_c(0)$ und der Wert der ersten Ableitung dieser Spannung $du_c(t)/dt$ bei $t = 0$. Da diese Ableitung direkt mit dem Strom des Kondensators verbunden ist, der hier auch der Strom des Induktors ist, erhält man folgende Anfangsbedingungen:

$$\begin{aligned} u_c(t)\Big|_{t=0} &= u_c(0) \\ \frac{du_c(t)}{dt}\Big|_{t=0} &= \frac{1}{C} i_L(t)\Big|_{t=0} = \frac{1}{C} i_L(0) \end{aligned} \qquad (1.254)$$

Wie erwartet bestimmen die Anfangswerte der Zustandsvariablen auch die Anfangswerte dieser Differentialgleichung zweiter Ordnung.

1.11.1   Homogene Lösung der Differentialgleichung

Mit dem Ansatz, dass die homogene Lösung durch

$$u_{ch}(t) = C_h \, e^{\lambda t} \qquad (1.255)$$

gegeben ist, erhält man durch Einsetzen in die homogene Differentialgleichung folgende charakteristische Gleichung:

$$\lambda^2 + \frac{R}{L}\lambda + \frac{1}{CL} = 0 \qquad (1.256)$$

Diese algebraische Gleichung zweiten Grades hat zwei Lösungen für λ:

$$\lambda_{1,2} = -\frac{R}{2L} \pm \sqrt{\left(\frac{R}{2L}\right)^2 - \frac{1}{CL}} \qquad (1.257)$$

Fall 1

Wenn $(R/(2L))^2 > 1/(CL)$ ist, dann erhält man zwei reelle negative Werte $\lambda_1 \neq \lambda_2$. Die homogene Lösung ist dann:

$$u_{ch}(t) = C_{h1}\, e^{\lambda_1 t} + C_{h2}\, e^{\lambda_2 t} \tag{1.258}$$

Die Konstanten C_{h1}, C_{h2} werden mit Hilfe der zwei Anfangsbedingungen, die für die Gesamtlösung erfüllt sein müssen, ermittelt.

Die homogene Lösung klingt in Zeit zu null ab und zeigt, dass das System stabil ist.

Fall 2

Wenn $(R/(2L))^2 = 1/(CL)$ ist, dann erhält man zwei gleiche reelle negative Werte $\lambda_1 = \lambda_2$. Die homogene Lösung kann nicht mehr die vorherige Form haben, weil diese keine unabhängige Konstanten C_{h1}, C_{h2} ergibt. Man muss eine neue Form für die homogene Lösung wählen:

$$u_{ch}(t) = C_{h1}\, e^{\lambda_1 t} + t\, C_{h2}\, e^{\lambda_2 t} \tag{1.259}$$

Auch in diesem Fall werden die Konstanten C_{h1}, C_{h2} mit Hilfe der Anfangsbedingungen ermittelt, die für die Gesamtlösung erfüllt sein müssen.

Die homogene Lösung klingt hier ebenfalls in Zeit zu null ab, auch wenn das zweite Glied den Faktor t enthält. Der Faktor $e^{\lambda_2 t}$ klingt rascher als der steigende Faktor t ab.

Fall 3

Wenn $(R/(2L))^2 < 1/(CL)$ ist, dann erhält man zwei konjugiert komplexe Wurzeln $\lambda_1 \neq \lambda_2$, die aber negative Realteile besitzen:

$$\lambda_{1,2} = -\frac{R}{2L} \pm j\sqrt{\frac{1}{CL} - \left(\frac{R}{2L}\right)^2} = \sigma \pm j\omega_0$$

$$\text{mit} \quad \sigma = -\frac{R}{2L} \quad \text{und} \quad \omega_0 = \sqrt{\frac{1}{CL} - \left(\frac{R}{2L}\right)^2} \tag{1.260}$$

Die homogene Lösung hat weiter dieselbe Form

$$u_{ch}(t) = C_{h1}\, e^{\lambda_1 t} + C_{h2}\, e^{\lambda_2 t}, \tag{1.261}$$

nur dass die Konstanten C_{h1}, C_{h2} auch konjugiert komplex sein müssen, weil die charakteristische Gleichung reelle Koeffizienten besitzt:

$$C_{h1} = A_b\, e^{j\phi_0}, \qquad C_{h2} = A_b\, e^{-j\phi_0} \qquad A_b \geq 0 \tag{1.262}$$

Die homogene Lösung wird mit diesen Koeffizienten folgende Form einnehmen:

$$
\begin{aligned}
u_{ch}(t) =& A_b\, e^{j\phi_0}\, e^{\sigma t}\, e^{j\omega_0 t} + A_b\, e^{-j\phi_0}\, e^{\sigma t}\, e^{-j\omega_0 t} = \\
& A_b\, e^{\sigma t}\left(e^{j(\omega_0 t + \phi_0)} + e^{-j(\omega_0 t + \phi_0)}\right) = \\
& 2A_b\, e^{\sigma t}\cos(\omega_0 t + \phi_0)
\end{aligned}
\tag{1.263}
$$

Die zwei noch unbekannten Konstanten A_b und ϕ_0 werden, wie in den anderen Fällen, mit Hilfe der Anfangsbedingungen ermittelt, die für die Gesamtlösung erfüllt sein müssen.

Weil $\sigma < 0$ ist, wird die homogene Lösung auch hier mit der Zeit zu null abklingen. Das System ist stabil. Die homogene Lösung ist jetzt periodisch mit der Frequenz ω_0, die eine charakteristische Frequenz der Schaltung darstellt.

Eine ideale Schaltung mit $R = 0$ führt zu $\sigma = 0$ und zu einer Frequenz:

$$
\omega_0 = \omega_{r0} = \sqrt{\frac{1}{CL}}
\tag{1.264}
$$

Sie stellt die *Resonanzfrequenz* der RLC-Reihenschaltung dar und allgemein ist sie auch die natürliche *Eigenfrequenz* für eine charakteristische Gleichung dieser Art. Die homogene Lösung ist in diesem Fall eine Schwingung der Frequenz ω_{r0} und Amplitude $2A_b$, die von den Anfangsbedingungen abhängig ist.

Das Verhältnis $|\sigma|/\omega_{r0} = \zeta$ ist der *Dämpfungsfaktor* für diese charakteristische Gleichung, die in folgender allgemeiner Form geschrieben werden kann:

$$
\lambda^2 + 2\zeta\omega_{r0}\lambda + \omega_{r0}^2 = 0
\tag{1.265}
$$

1.11.2 Partikuläre und Gesamtlösung für eine konstante Anregung

Für eine konstante Spannung $u_g(t) = U_g$ als Anregung ist die partikuläre Lösung auch eine Konstante, die man durch Einsetzen in die inhomogene Differentialgleichung bestimmen kann. Man erhält:

$$
u_{cp}(t) = U_g
\tag{1.266}
$$

Die Gesamtlösung ist dann für jeden gezeigten Fall anders:

Fall 1

In diesem Fall ist die Gesamtlösung durch

$$
u_c(t) = C_{h1}\, e^{\lambda_1 t} + C_{h2}\, e^{\lambda_2 t} + U_g
\tag{1.267}
$$

gegeben.

Aus den zwei Anfangsbedingungen $u_c(0)$ und $du_c(t)/dt = i_L(t)/C$ für $t = 0$ werden die zwei Konstanten C_{h1}, C_{h2} ermittelt. Mit

$$u_c(0) = C_{h1} + C_{h2} + U_g$$
$$i_L(0)/C = C_{h1}\,\lambda_1 + C_{h2}\,\lambda_2 \tag{1.268}$$

erhält man gleich:

$$C_{h1} = \frac{\lambda_2(u_c(0) - U_g) - i_L(0)/C}{\lambda_2 - \lambda_1}$$
$$C_{h2} = \frac{-\lambda_1(u_c(0) - U_g) + i_L(0)/C}{\lambda_2 - \lambda_1} \tag{1.269}$$

Die Gesamtlösung besteht aus zwei Exponentialfunktionen, die für $t \to \infty$ zu null abklingen, und als Endwert bleibt die Spannung U_g. Der Strom des Induktors, der in diesem einfachen Fall auch der Strom des Kondensators ist, kann durch Ableitung des analytischen Ausdrucks der Spannung gemäß Gl. (1.267) berechnet werden:

$$i_L(t) = C\,\frac{du_c(t)}{dt}$$
$$i_L(t) = C\,(C_{h1}\,\lambda_1\,e^{\lambda_1 t} + C_{h2}\,\lambda_2\,e^{\lambda_2 t}) \tag{1.270}$$

Der Strom besteht ebenfalls aus zwei abklingenden Exponentialfunktionen, so dass im ersten Moment der Strom gleich dem Anfangswert entspricht und danach mit dem Laden des Kondensators zu null abklingt.

Im Skript RLC_konst1.m werden für jeden Fall der Wurzeln der charakteristischen Gleichung der Strom $i_L(t)$ und die Spannung $u_c(t)$ numerisch ermittelt und dargestellt. Für den ersten Fall sind folgende Parameter der Schaltung angenommen:

```
. . . . . . . .
% Fall 1:
R1 = 100;          L = 2e-3;
C = 10e-6;
iL0 = 0.1;         uc0 = -1;
Ug = 10;
a1 = [1, R1/L, 1/(C*L)]; % Koeffizienten der charakteristischen
% Gleichung
lambda1 = roots(a1)      % Wurzel der charak. Gl
. . . . . . . .
```

Die entsprechenden Wurzeln der charakteristischen Gleichung sind:

```
lambda1 =      1.0e+04 *
   -4.8979
   -0.1021
```

Die resultierenden Verläufe für den Strom $i_L(t)$ und für die Spannung $u_c(t)$ sind in Abb. 1.53 gezeigt. Der gewählte Anfangsstrom von $i_L(0) = 0,1$ A scheint in der Darstellung nicht erfüllt zu sein. Wenn man mit der Zoom-Funktion die Darstellung in

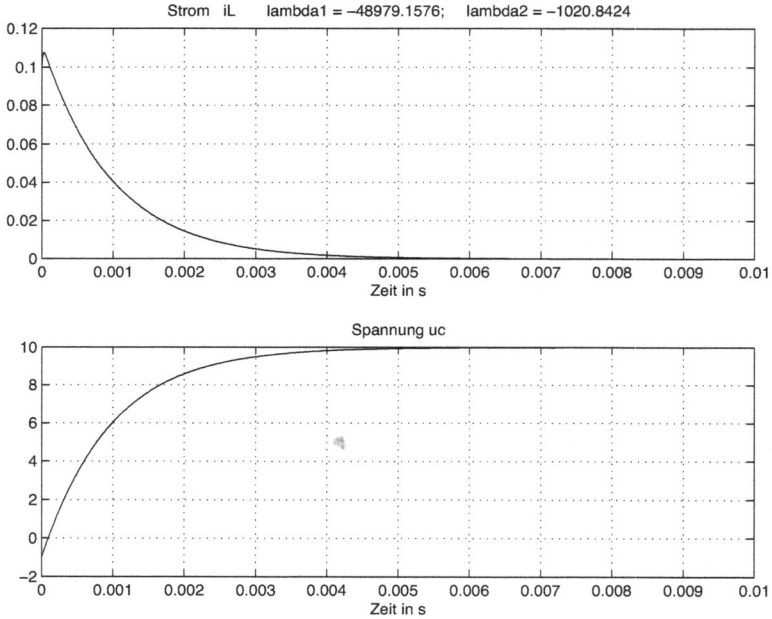

Abb. 1.53: Strom $i_L(t)$ und Spannung $u_c(t)$ (Fall 1) (RLC_konst1.m)

MATLAB vergrößert, sieht man, dass der Verlauf richtig von 0,1 A anfängt und einen kleinen Höcker hat, der aus der Zusammensetzung der zwei Exponentialfunktionen mit stark unterschiedlichen Zeitkonstanten $(1/\lambda_1, 1/\lambda_2)$ entsteht.

Fall 2

In diesem Fall ist die Gesamtlösung durch

$$u_c(t) = C_{h1}\, e^{\lambda_1 t} + t\, C_{h2}\, e^{\lambda_1 t} + U_g \qquad (1.271)$$

gegeben. Auch hier werden die zwei noch nicht bekannten Konstanten über die Anfangsbedingungen ermittelt, eine Aufgabe die dem Leser überlassen wird. Im selben Skript wird die Lösung numerisch für diesen Fall ermittelt und dargestellt. Um gleiche Wurzeln der charakteristischen Gleichung zu erhalten wurde der Widerstand geändert:

```
. . . . . .
% Fall 2:
R2 = sqrt(4*L/C);
a2 = [1, R2/L, 1/(C*L)];    % Koeffizienten
% der charakteristischen Gleichung
lambda2 = roots(a2)         % Wurzel der charak. Gl.
. . . . . .
```

Für folgende Werte dieser Wurzeln sind in Abb. 1.54 die Variablen der Lösung dargestellt.

```
lambda2 =    1.0e+03 *
 -7.0711 + 0.0000i
 -7.0711 - 0.0000i
```

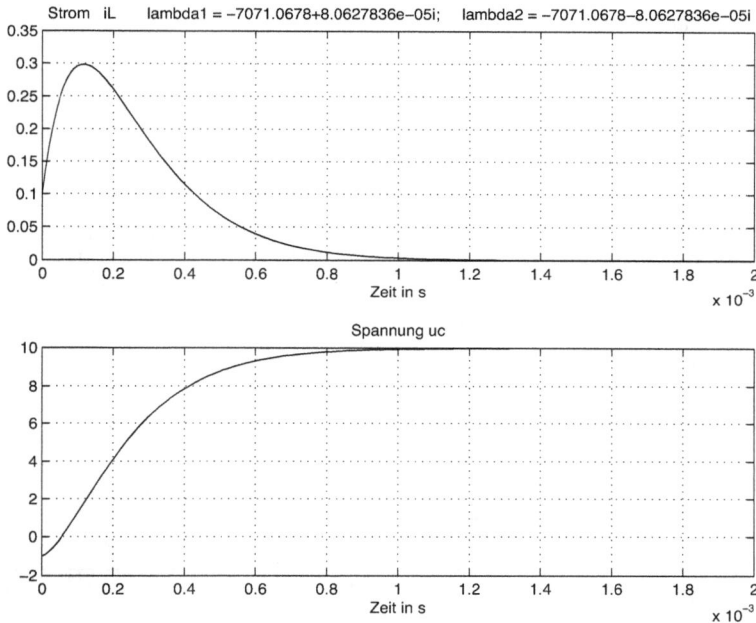

Abb. 1.54: Strom $i_L(t)$ und Spannung $u_c(t)$ (Fall 2) (RLC_konst1.m)

In der Überschrift erscheinen auch Imaginärteile der Wurzel, die aber sehr klein sind und wegen numerischer Fehler vorkommen.

Der Höcker des Stroms ist durch den zweiten Term der homogenen Lösung $t\,C_{h2}e^{\lambda_2 t}$ gegeben. Zuerst bewirkt die Multiplikation mit t eine Steigung des Stroms, die später für größere Werte von t durch die abklingende Exponentialfunktion zum Umkehren gebracht wird und zu einem Abklingen führt.

Fall 3

In diesem Fall ist die Gesamtlösung durch

$$u_c(t) = 2A_b\,e^{\sigma t}\cos(\omega_0 t + \phi_0) + U_g \tag{1.272}$$

gegeben. Mit den Anfangsbedingungen können auch hier die zwei Unbekannten A_b (oder $2A_B$) und ϕ_0 bestimmt werden. Die Gesamtlösung besteht aus einem periodischen, abklingenden Anteil wegen der homogenen Lösung und dem konstanten Endwert U_g.

Die Frequenz ω_0 die durch

$$\omega_0 = \sqrt{\frac{1}{CL} - \left(\frac{R}{2L}\right)^2} \tag{1.273}$$

gegeben ist, stellt hier, wie schon gezeigt, die Eigenfrequenz der Schaltung dar, die für $R = 0$ die Resonanzfrequenz wird:

$$\omega_{r0} = \sqrt{\frac{1}{CL}} \tag{1.274}$$

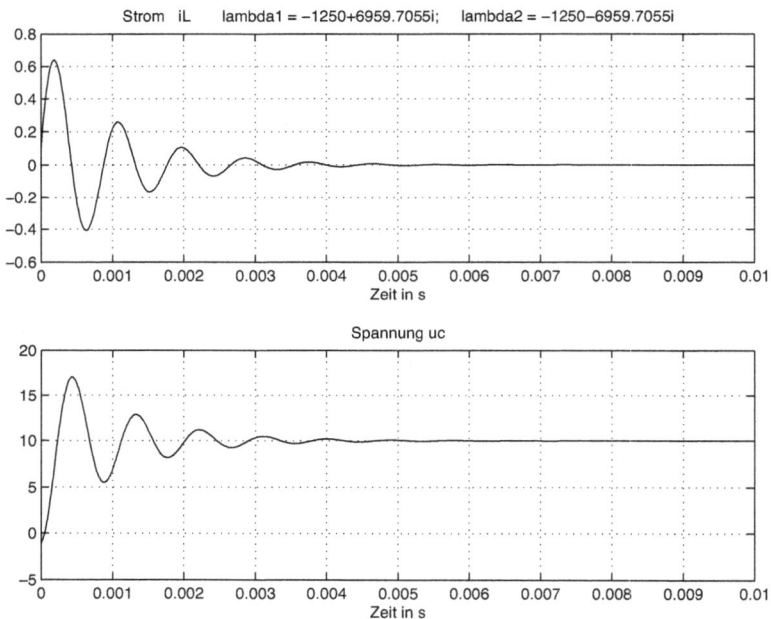

Abb. 1.55: Strom $i_L(t)$ und Spannung $u_c(t)$ (Fall3) (RLC_konst1.m)

Weil $\sigma = -R/(2L)$ ist, führt ein Wert $R = 0$ auf $e^{\sigma t} = 1$ und somit zu einer homogenen Lösung, die nicht abklingt, sondern mit der Resonanzfrequenz schwingt und eine Amplitude besitzt, die von den Anfangsbedingungen abhängt. Mit einem Wert für den Widerstand von R3 = 5 (Ohm),

```
......
% Fall 3:
R3 = 5;
a3 = [1, R3/L, 1/(C*L)];     % Koeffizienten
```

```
% der charakteristischen Gleichung
lambda3 = roots(a3)          % Wurzel der charak. Gl.
.....
```

erhält man folgende konjugiert komplexe Wurzeln der charakteristischen Gleichung:

```
lambda3 =    1.0e+03 *
   -1.2500 + 6.9597i
   -1.2500 - 6.9597i
```

Die Frequenz der Eigenschwingung ist durch den Imaginärteil gegeben:

$$\omega_0 = 6,9597 \times 10^3 \quad \text{rad/s} \quad \text{oder} \quad f_0 = \frac{\omega_0}{2\pi} = 1,1077 \times 10^3 \quad \text{Hz} \tag{1.275}$$

Abb. 1.55 zeigt für diesen Fall die Gesamtlösung für den Strom $i_L(t)$ und für die Spannung $u_c(t)$, die eigentlich durch die untersuchte Differentialgleichung (1.253) beschrieben ist. Der Strom und die Spannung wurden über numerische Integration der Differentialgleichungen erster Ordnung der Zustandsvariablen gemäß Gl. (1.246) ermittelt.

Die Eigenfrequenz kann aus der Darstellung geschätzt werden. Zwischen zwei Maximalwerten erhält man eine Periode von ca. 1 ms oder eine Frequenz von ca. 1 kHz.

Als Beispiel werden die Zeilen des Skripts gezeigt, mit denen die numerische Lösung für Fall 3 berechnet wurde:

```
.......
%Fall 3
dt = 0.00001;        Tfinal = 0.01;
t = 0:dt:Tfinal;
nt = length(t);

ug = Ug*ones(1,nt);
iL = zeros(1,nt);  uc = zeros(1,nt);
iL(1) = iL0;        uc(1) = uc0;

for k = 1:nt-1       % Numerische Integration
    iL(k+1) = iL(k) + dt*(-R3*iL(k) - uc(k) + ug(k))/L;
    uc(k+1) = uc(k) + dt*iL(k)/C;
end;
.......
```

1.11.3 Differentialgleichung des Stroms der RLC-Reihenschaltung

Wenn man in den Differentialgleichungen erster Ordnung gemäß Gl. (1.246) die Spannung $u_c(t)$ eliminiert, erhält man eine Differentialgleichung zweiter Ordnung für den Strom $i_L(t)$:

$$\frac{d^2 i_L(t)}{dt^2} + \frac{R}{L}\frac{di_L(t)}{dt} + \frac{1}{CL} i_L(t) = \frac{1}{L}\frac{du_g(t)}{dt} \tag{1.276}$$

Sie ist vollständig definiert, wenn auch zwei Anfangsbedingungen bekannt sind:

$$i_L(0) \quad \text{und} \quad \frac{di_L(t)}{dt}\bigg|_{t=0} = \frac{1}{L}\, u_L(0) = \frac{1}{L}\big(-i_L(0)R + u_g(0) - u_c(0)\big) \qquad (1.277)$$

Diese Differentialgleichung für $i_L(t)$ hat den Nachteil, dass rechts die Ableitung der Anregung auftritt, was zu Schwierigkeiten bei der Lösung z.B. für eine sprungartige Anregung führt. In den Differentialgleichungen erster Ordnung der Zustandsvariablen kommt das nicht vor, was ein großer Vorteil dieser Beschreibung ist. In den numerischen Integrationsverfahren wird immer das System von Differentialgleichungen erster Ordnung nach den Zustandsvariablen eingesetzt. Diese können in praktischen Anwendungen oft auch nichtlinear sein.

Die charakteristische Gleichung der Differentialgleichung für die Ermittlung der Parameter der homogenen Lösung ist die gleiche, wie für die Spannung des Kondensators:

$$\lambda^2 + \frac{R}{L}\lambda + \frac{1}{CL} = 0 \qquad (1.278)$$

Die Diskussionsfälle sind somit die gleichen und werden nicht mehr wiederholt.

Experiment 1.11.1: DC-DC-Wandler mit RLC-Schaltung

Mit Hilfe eines *DC-DC*-Wandlers [29] wird aus einer Gleichspannung eine kleinere, oder eine größere bzw. eine inverse Spannung mit praktisch sehr geringen Verlusten erzeugt. In diesem Experiment wird die Schaltung aus Abb. 1.56a, die zur Herabsetzung einer Gleichspannung dient, durch numerische Integration untersucht.

Die Eingangsspannung U_g wird mit Hilfe des Schalters S, der elektronisch mit einem Transistor realisiert ist, „zerhackt". Dabei wird eine Frequenz von mehr als 20 kHz eingesetzt. Über das Tastverhältnis wird die Ausgangsspannung geregelt.

Wenn der Schalter geschlossen wird, ist die Diode (als ideale Diode angenommen) blockiert und der Strom fließt über den Widerstand des Induktors R_L und der Induktivität L zum Kondensator der Kapazität C. Wenn der Schalter geöffnet wird, ändert die induzierte Spannung des Induktors ihr Vorzeichen und der Strom wird weiter über die Diode fließen. Dieser Zustand mit geöffnetem Schalter und leitender Diode entspricht einer Eingangsspannung gleich null. Daraus resultiert eine sehr einfache Ersatzschaltung für die Untersuchung der Vorgänge in diesem DC-DC-Wandler, die in Abb. 1.56b gezeigt ist.

Sie ist so lange gültig, so lange der Strom $i_L(t)$ in die korrekte Richtung über die ideale Diode fließt. Wenn der verbrauchte Strom in R_s klein wird, dann kann es in dieser äquivalenten Schaltung vorkommen, dass der Strom $i_L(t)$ negativ wird (umgekehrt fließt), was nicht korrekt ist. Dieser Zustand muss in dem numerischen Verfahren abgefangen werden und der Strom muss dann auf null gesetzt werden.

In dieser Schaltung sind der Strom des Induktors $i_L(t)$ und die Spannung des Kondensators $u_c(t)$ die Zustandsvariablen, für die man jetzt ein System von Differential-

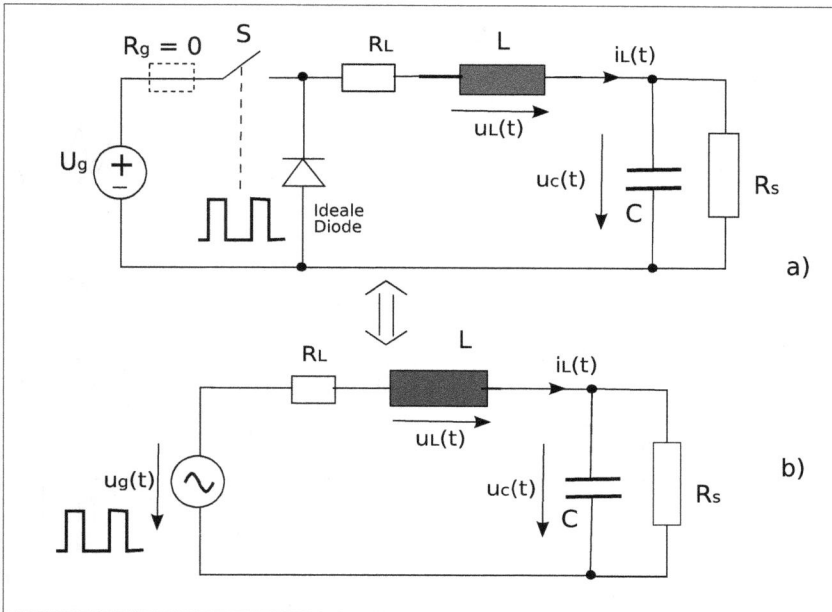

Abb. 1.56: DC-DC-Wandler mit RLC-Schaltung

gleichungen erster Ordnung ermittelt:

$$u_g(t) = R\, i_L(t) + L\frac{di_L(t)}{dt} + u_c(t)$$

oder

$$\frac{di_L(t)}{dt} = \frac{1}{L}\big(u_g(t) - R\, i_L(t) - u_c(t)\big)$$

$$\frac{du_c(t)}{dt} = \frac{1}{C}\Big(i_L(t) - \frac{u_c(t)}{R_s}\Big)$$

(1.279)

Die erste Gleichung wird nach der Ableitung des Stroms aufgelöst und danach erhält man die Annäherungen für die numerische Integration:

$$i_L(t+\Delta t) = i_L(t) + \Delta t\big[-R\, i_L(t) - u_c(t) + u_g(t)\big]/L$$

$$u_c(t+\Delta t) = u_c(t) + \Delta t\big[i_L(t) - \frac{1}{R_s}u_c(t)\big]/C$$

(1.280)

Im Skript `RLC_dc_dc1.m` ist die Simulation dieser Schaltung programmiert:

```
% Skript RLC_dc_dc1.m, in dem ein DC-DC-Wandler mit RLC-Reihenschaltung
% untersucht wird
```

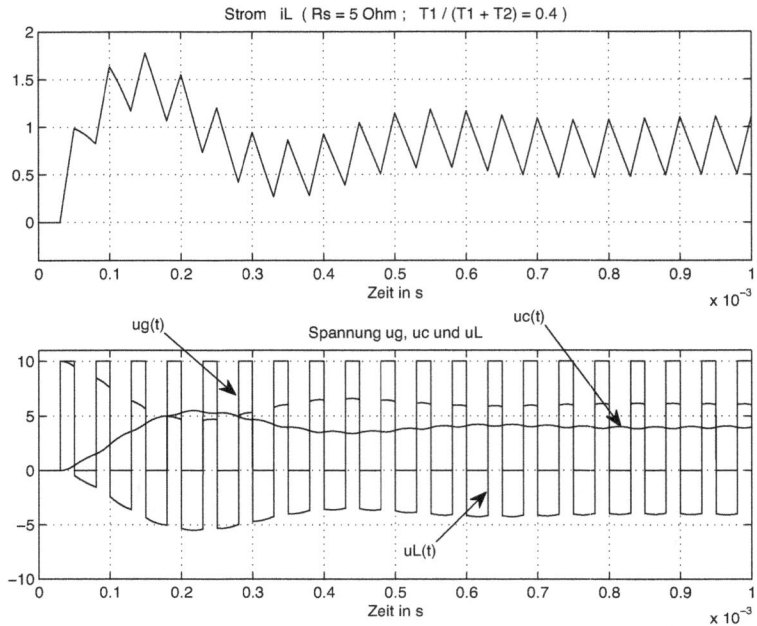

Abb. 1.57: Strom $i_L(t)$ und Spannungen $u_g(t), u_c(t)$ und $u_L(t)$ (RLC_dc_dc1.m)

```
clear
% ------- Parameter des Systems
Rs = 5;                     L = 0.2e-3;            C = 20e-6;
RL = 0.01;
iL0 = 0;                    uc0 = 0;
Ug = 10;
f = 20e3;    T = 1/f
% ------ Numerische Integration
dt = T/1000;                Tfinal = 40*T;
t = 0:dt:Tfinal;
nt = length(t);
% ------ Erzeugung der Pulse aus Sägezähnen
schwelle = 0.6;    % zwischen 0 und 1
ug = Ug*(sign((f*t - floor(f*t))-schwelle)+1)/2;

iL = zeros(1,nt);   uc = zeros(1,nt);        % Initialisierungen
iL(1) = iL0;        uc(1) = uc0;
% Numerische Integration
for k = 1:nt-1
    iL(k+1) = iL(k) + dt*(-RL*iL(k) - uc(k) + ug(k))/L;
    if iL(k+1) < 0,
        iL(k+1) = 0;   % wegen der Diode
```

```
        end;
    uc(k+1) = uc(k) + dt*(iL(k)-uc(k)/Rs)/C;
end;
% ------- Spannung des Induktors
uL = -iL*RL + ug -uc;
figure(1);
nd = 1:fix(nt/2);           % Erster Teil mit dem Einschwingen
subplot(211), plot(t(nd), iL(nd));
    title(['Strom    iL   ( Rs = ', num2str(Rs),' Ohm ;',...
        '    T1 / (T1 + T2) = ',num2str(1-schwelle),' )']);
    xlabel('Zeit in s');    grid on;
    La = axis;      axis([La(1:2), -0.2*Ug/Rs, La(4)])
subplot(212), plot(t(nd), ug(nd), t(nd), uc(nd), t(nd), uL(nd));
    title('Spannung ug, uc und uL');
    xlabel('Zeit in s');    grid on;
    La = axis;      axis([La(1:3), Ug+1])
% Stationaerer Zustand
figure(2);
nd = fix(2*nt/3):nt;        % Ausschnitt stationärer Zustand
subplot(211), plot(t(nd), iL(nd));
    title(['Strom    iL   ( Rs = ', num2str(Rs),' Ohm ;',...
        '    T1 / (T1 + T2) = ',num2str(1-schwelle),' )']);
    xlabel('Zeit in s');    grid on;
    La = axis;      axis([t(fix(2*nt/3)),La(2), -0.2*Ug/Rs, La(4)])
subplot(212), plot(t(nd), ug(nd), t(nd), uc(nd), t(nd), uL(nd));
    title('Spannung ug, uc und uL');
    xlabel('Zeit in s');    grid on;
    La = axis;      axis([t(fix(2*nt/3)), La(2:3), Ug+1])
```

Abb. 1.57 zeigt den Strom des Induktors $i_L(t)$ (der immer positiv ist) für einen Belastungswiderstand $R_s = 5$ Ohm und ein Tastverhältnis $T_1/(T_1 + T_2) = 0,4$. Darunter sieht man die Eingangspulse der Größe $U_g = 10$ V, die Spannung des Kondensators, die sich bei ca. 4 V einpendelt und die Spannung $u_L(t)$ des Induktors, die in den Pausen der Pulse ihr Vorzeichen ändert und dadurch beiträgt, dass weiter Strom $i_L(t)$ über die Diode fließt. In Abb. 1.58 ist ein Ausschnitt des stationären Zustands dargestellt.

Wenn der Belastungswiderstand relativ groß wird, so dass der benötigte Strom klein ist, kann es vorkommen, das der Strom $i_L(t)$ bis null abklingt und in der Simulation negativ würde. Wenn man aber die Diode in die Simulation einbezieht, muss man den Strom auf null begrenzen. In der numerischen Integration ist diese Maßnahme enthalten:

```
........
% Numerische Integration
for k = 1:nt-1
    iL(k+1) = iL(k) + dt*(-RL*iL(k) - uc(k) + ug(k))/L;
    if iL(k+1) < 0,
        iL(k+1) = 0;   % wegen der Diode
    end;
    uc(k+1) = uc(k) + dt*(iL(k)-uc(k)/Rs)/C;
```

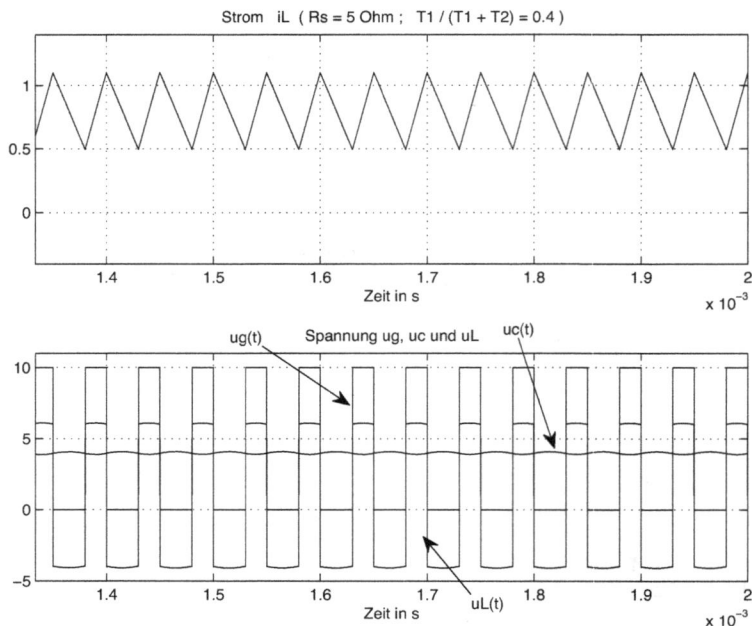

Abb. 1.58: Strom $i_L(t)$ und Spannungen $u_g(t), u_c(t)$ und $u_L(t)$ im stationären Zustand (RLC_dc_dc1.m)

```
end;
% ------- Spannung des Induktors
uL = -iL*RL + ug -uc;
.........
```

In der gezeigten Schaltung erhält man diesen Zustand mit $R_s = 50$ Ohm, der nach dem Einschwingen in Abb. 1.59 dargestellt ist. Aus dieser und der Abb. 1.58 sieht man, dass der Strom des Induktors für die sinnvollen Werte der Induktivität L und der Kapazität C praktisch lineare Verläufe zeigt.

Diese Feststellung führt zu einer Vereinfachung der Untersuchung, die einige analytische Ergebnisse ermöglicht. Wenn der Kondensator eine sehr hohe Kapazität besitzt, kann man annehmen, dass im stationären Zustand die Spannung dieses Kondensators konstant ist, z.B. $u_c(t) \cong U_0$.

Abb. 1.60a zeigt die Ersatzschaltung für diese Annahme und darunter in Abb. 1.60b ist der Verlauf des Stroms $i_L(t)$ dargestellt. Im aktiven Intervall T_1, mit dem Zeitursprung am Anfang dieses Intervalls, ist der Strom durch

$$U_g = L\frac{di_L(t)}{dt} + U_0 \quad \rightarrow \quad i_L(t) = \int_{t=0}^{t} \frac{U_g - U_0}{L}d\tau + i_L(0)$$

$$i_L(t) = \frac{U_g - U_0}{L} t + i_L(0) \tag{1.281}$$

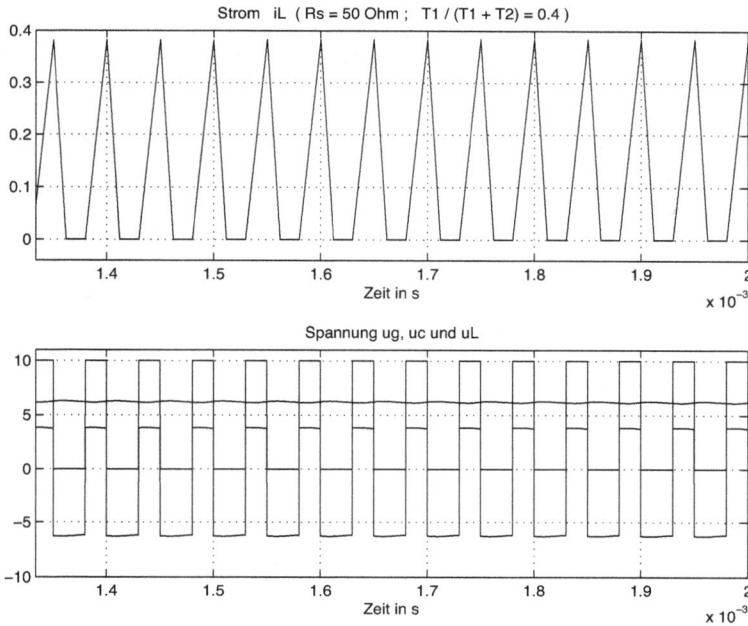

Abb. 1.59: *Strom $i_L(t)$ und Spannungen $u_g(t), u_c(t)$ und $u_L(t)$ im stationären Zustand* (RLC_dc_dc1.m)

gegeben.

Ähnlich ist der Strom im Intervall T_2 mit dem Zeitursprung am Anfang dieses Intervalls, in dem $U_g = 0$ ist, zu ermitteln:

$$i_L(t) = \frac{-U_0}{L} t + i_L(0) \tag{1.282}$$

Diese zwei Zeitfunktionen im stationären Zustand angewandt, ergeben zwei Gleichungen mit drei Unbekannten in Form der Grenzen I_{L1}, I_{L2} (Abb. 1.60b) und der Spannung U_0:

$$I_{L2} = \frac{U_g - U_0}{L} T_1 + I_{L1} \quad \text{und} \quad I_{L1} = \frac{-U_0}{L} T_2 + I_{L2} \tag{1.283}$$

Aus diesen zwei Gleichungen erhält man die konstante Spannung U_0, die sich im stationären Zustand einstellt:

$$U_0 = U_g \frac{T_1}{T_1 + T_2} \tag{1.284}$$

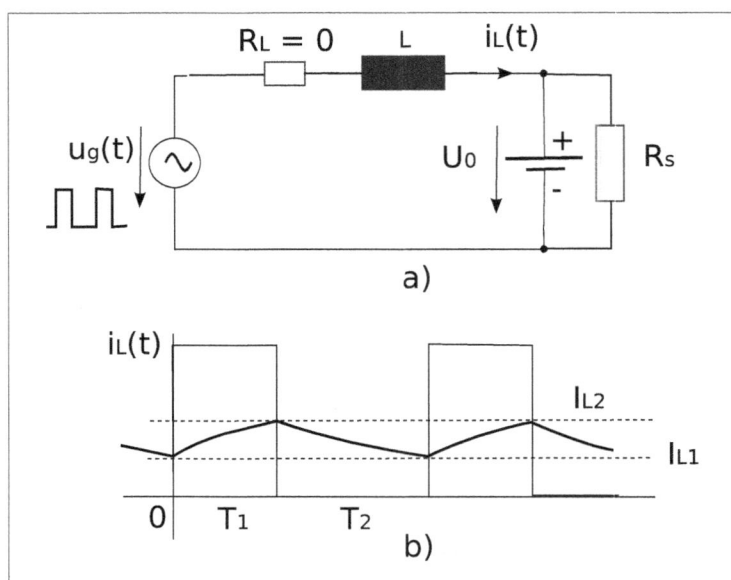

Abb. 1.60: Vereinfachte Untersuchung des DC-DC-Wandlers

Für die Berechnung der Grenzwerte I_{L1}, I_{L2} benötigt man noch eine Gleichung. Der Mittelwert dieser Stromwerte ist der konstante Strom I_m, der durch den Belastungswiderstand R_s fließt. Der Mittelwert des Stroms durch den Kondensator muss null sein, wenn man dessen Spannung U_0 konstant betrachtet:

$$I_m = \frac{U_0}{R_s} = \frac{I_{L1} + I_{L2}}{2} \tag{1.285}$$

Mit dieser und den zwei Gleichungen (1.283) erhält man schließlich:

$$I_{L1} = \frac{U_0}{R_s} - T_2\frac{U_0}{2L} \quad \text{und} \quad I_{L2} = \frac{U_0}{R_s} + T_2\frac{U_0}{2L} \tag{1.286}$$

Es wurde angenommen, dass der Strom $i_L(t)$ nicht bis null abklingt und dass sein Verlauf der Darstellung aus Abb. 1.60 entspricht, die als nicht lückender Betrieb bezeichnet wird. Für $U_0 \cong$ konstant kann man auch den lückenden Betrieb ähnlich untersuchen.

Diese Ergebnisse können mit Hilfe der Darstellung aus Abb. 1.58 überprüft werden. So ergibt z.B. das Tastverhältnis von 0,4 gemäß Gl. (1.284) eine Ausgangsspannung $U_0 = 10\,\text{V} \times 0{,}4 = 4$ V. Der Mittelwert der zwei Grenzwerte von ca. 1,1 A und 0,5 A ist 0,8 A, was wiederum dem Wert $U_0/R_s = 4/5 = 0{,}8$ A entspricht. Auch die Abweichung vom Mittelwert, die durch $T_2 U_0/(2L)$ gegeben ist, kann berechnet und aus der Abbildung zu 0,3 A geschätzt werden:

$$T_2 \frac{U_0}{2L} = \frac{(1-0,4)}{20000}s\frac{4\,V}{2\times 0,2\times 10^{-3}\,H} \cong 0,3A \tag{1.287}$$

Hier sollte man auch Experimente mit verschiedenen Werten der Parameter durchführen.

1.11.4 Partikuläre und Gesamtlösung für eine sinusförmige Anregung der RLC-Reihenschaltung

Die partikuläre Lösung für eine sinusförmige Anregung der Form

$$u_g(t) = \hat{u}_g \cos(\omega t + \phi) \tag{1.288}$$

wird mit Hilfe der Ersatzschaltung für die komplexen Variablen aus Abb. 1.61b ermittelt. Daraus erhält man für die komplexe Spannung am Kondensator folgenden Wert:

$$\underline{U}_c = \frac{\underline{U}_g}{R + j\omega L + 1/(j\omega C)} \cdot \frac{1}{j\omega C} = \underline{U}_g\frac{1}{(1 - \omega^2 LC) + j\omega RC} \tag{1.289}$$

Daraus ist die partikuläre Lösung direkt zu ermitteln:

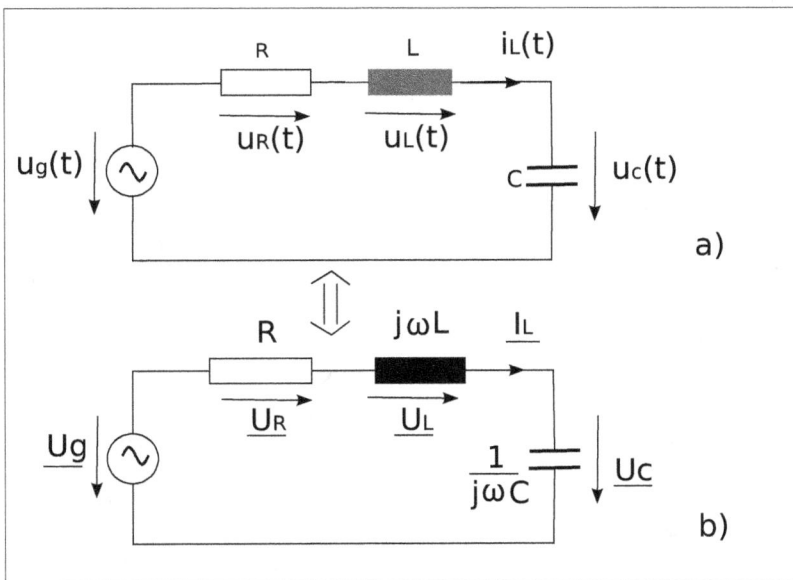

Abb. 1.61: Reelle Schaltung und die Ersatzschaltung für die komplexen Variablen

$$u_{cp}(t) = \hat{u}_g \frac{1}{\sqrt{(1 - \omega^2 LC)^2 + (\omega RC)^2}} \cos(\omega t + \phi + \phi_c)$$

$$\phi_c = -\text{atan}\left(\frac{\omega RC}{1 - \omega^2 LC}\right) = \text{atan}\left(\frac{-\omega RC}{1 - \omega^2 LC}\right) \tag{1.290}$$

Ähnlich können alle andere Variablen der Schaltung für den stationären Zustand ermittelt werden. So z.B. ist der komplexe Strom durch

$$\underline{I}_L = \frac{\underline{U}_g}{R + j\omega L + 1/(j\omega C)} = \frac{\underline{U}_g}{R + j(\omega L - 1/(\omega C))} \tag{1.291}$$

gegeben. Daraus ergibt sich für die Zeitfunktion des partikulären Stroms folgende Form:

$$i_{Lp}(t) = \hat{u}_g \frac{1}{\sqrt{R^2 + (\omega L - 1/(\omega C))^2}} \cos(\omega t + \phi + \phi_i)$$

$$\phi_i = -\text{atan}\left(\frac{\omega L - 1/(\omega C)}{R}\right) = \text{atan}\left(\frac{1 - (\omega^2 LC)}{\omega RC}\right) \tag{1.292}$$

Wie erwartet ist die Phasendifferenz zwischen dem Strom und der Spannung des Kondensators gleich $\pi/2$, oder der Strom ist mit dieser Phase voreilend:

$$\phi_i - \phi_c = \text{atan}\left(\frac{1 - (\omega^2 LC)}{\omega RC}\right) - \text{atan}\left(\frac{-\omega RC}{1 - \omega^2 LC}\right) =$$

$$\text{atan}\left(\frac{1 - (\omega^2 LC)}{\omega RC}\right) + \text{atan}\left(\frac{\omega RC}{1 - \omega^2 LC}\right) = \pi/2 \tag{1.293}$$

Das erhält man auch, wenn man den Strom über die Impedanz des Kondensators ausdrückt:

$$\underline{I}_L = \underline{I}_c = \frac{\underline{U}_c}{1/(j\omega C)} = j\omega C \underline{U}_c = \omega C \, e^{j\pi/2} \underline{U}_c \tag{1.294}$$

Die Gesamtlösung ist die Summe der homogenen und der partikulären Lösung. Die homogene Lösung kann aperiodisch oder periodisch sein, wie im vorherigen Abschnitt gezeigt wurde. Sie enthält für diese Differentialgleichung zweiter Ordnung immer zwei Konstanten, die man über die Anfangsbedingungen, die die Gesamtlösung erfüllen muss, berechnet.

Da die charakteristische Gleichung für die Differentialgleichung zweiter Ordnung des Stroms $i_L(t)$ gemäß Gl. (1.276) die gleiche wie für die Spannung $u_c(t)$ ist, sind die drei Fälle auch hier dieselben. Die partikuläre Lösung für den Strom ist durch Gl. (1.292) gegeben.

1.11.5 Resonanz der RLC-Reihenschaltung

Wenn die Frequenz der sinusförmigen Anregung die Bedingung

$$\omega L - \frac{1}{\omega C} = 0 \quad \text{oder} \quad \omega = \frac{1}{\sqrt{LC}} \tag{1.295}$$

erfüllt, dann entspricht diese Frequenz der Reihenresonanzfrequenz $\omega_{0r} = 1/\sqrt{LC}$. Die partikuläre Lösung des Stroms nimmt bei dieser Frequenz folgende Form an:

$$i_{Lp}(t) = \hat{u}_g \frac{1}{\sqrt{R^2 + (\omega L - 1/(\omega C))^2}} \cos(\omega t + \phi + \phi_i) = \frac{u_g(t)}{R}$$

$$\phi_i = -\text{atan}\left(\frac{\omega L - 1/(\omega C)}{R}\right) = \text{atan}\left(\frac{1 - (\omega^2 LC)}{\omega RC}\right) = 0 \tag{1.296}$$

Der partikuläre Strom ist nur durch den Widerstand R gegeben, so als wäre der Induktor und Kondensator kurzgeschlossen. Sicher ist das nicht der Fall, sondern die Spannung am Induktor und am Kondensator sind gleich und entgegengesetzt, so dass ihre Summe null ist. Mit den komplexen Variablen ist dies am einfachsten zu zeigen:

$$\underline{U}_c = \underline{I} \frac{1}{j\omega C} \quad \text{und} \quad \underline{U}_L = j\omega L \, \underline{I}$$

$$\underline{U}_c + \underline{U}_L = \underline{I}\left(j\omega L + \frac{1}{j\omega C}\right) = \underline{I} \, j\left(\omega L - \frac{1}{\omega C}\right) = 0 \tag{1.297}$$

Die Spannung des Kondensators ist mit $-\pi/2$ dem Strom nacheilend und die Spannung des Induktors ist mit $\pi/2$ dem gleichen Strom voreilend. Dadurch entsteht zwischen den zwei Spannungen der gleichen Amplituden bei Resonanz eine Phasenverschiebung von π und ihre Summe ist null.

Experiment 1.11.2: Prinzip eines Oszillators mit Reihenresonanzkreis

Abb. 1.62 zeigt den prinzipiellen Aufbau eines Oszillators mit Reihenresonanzkreis. Die Verstärkung A, die durch die Widerstände R_3, R_4 eingestellt wird, ist im Bereich der Schwingungen des Oszillators eine frequenzunabhängige Konstante.

Die Rückkopplung vom Ausgang des Operationsverstärkers (kurz OP) über den Reihenschwingungskreis führt dazu, dass unter bestimmten Bedingungen eine zufällige Schwingung mit der Resonanzfrequenz sich in dieser Schleife entfacht. Um diese Bedingungen zu bestimmen, wird die Schleife an den Stellen a, b geöffnet. Eine sinusförmige Spannung $u_a(t)$, die über die Schleife die Spannung $u_b(t)$ so bildet, dass für eine bestimmte Frequenz eine Verstärkung eins oder größer als eins stattfindet, führt zu einer Verstärkung der Spannung mit dieser Frequenz und es entsteht ein Oszillator.

Da hier sinusförmige Schwingungen im stationären Zustand zu erwarten sind, werden die komplexen Variablen eingesetzt zur Bestimmung der Übertragung von

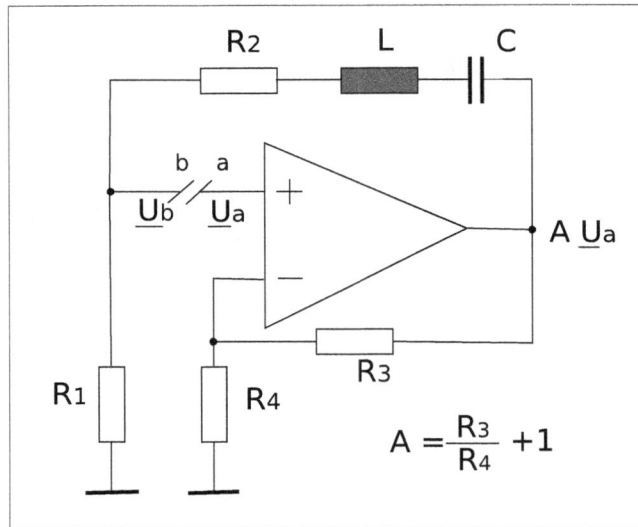

Abb. 1.62: Prinzip eines Oszillators mit Reihenresonanzkreis

$\underline{U}_a$ bis $\underline{U}_b$:

$$\underline{U}_b = \frac{\underline{U}_a A}{1/(j\omega C) + j\omega L + R_1 + R_2} R_1 \quad \text{oder}$$

$$\frac{\underline{U}_b}{\underline{U}_a} = \frac{A}{1/(j\omega C) + j\omega L + R_1 + R_2} R_1 \tag{1.298}$$

Das Verhältnis $\underline{U}_b/\underline{U}_a$ stellt die frequenzabhängige Übertragung oder die komplexe Verstärkung vom Punkt a bis zum Punkt b dar. Damit Schwingungen entstehen, muss diese Übertragung eine Konstante gleich eins bei einer bestimmten Frequenz sein. Aus der komplexen Bedingung

$$\frac{\underline{U}_b}{\underline{U}_a} = \frac{A}{1/(j\omega C) + j\omega L + R_1 + R_2} R_1 = 1 \tag{1.299}$$

erhält man zwei reelle Bedingungen:

$$\omega = \omega_{0rh} = \frac{1}{\sqrt{LC}} \quad \text{und} \quad A = \frac{R_1 + R_2}{R_1} \tag{1.300}$$

Praktisch wird die Verstärkung etwas größer gewählt, so dass sich Schwingungen mit steigender Amplitude entwickeln, bis die Sättigung des OPs erreicht wird.

Einen anderen Einblick in den Sachverhalt dieser Schaltung erhält man durch eine Beschreibung im Zeitbereich mit Differentialgleichungen. Aus

$$u_b(t) = R_1\, i_L(t)$$

$$A u_a(t) = u_c(t) + L\frac{di_L(t)}{dt} + i_L(t)\,(R_1 + R_2)$$

$$i_L(t) = C\frac{du_c(t)}{dt}$$

(1.301)

erhält man bei geöffneter Schleife (an Stelle a,b) folgende Differentialgleichungen für die Spannung $u_c(t)$ des Kondensators:

$$LC\frac{d^2u_c(t)}{dt^2} + C\,(R_1 + R_2)\frac{du_c(t)}{dt} + u_c(t) = A u_a(t)$$

$$u_b(t) = R_1 C\frac{du_c(t)}{dt}$$

(1.302)

Wenn jetzt die Schleife mit $u_a(t) = u_b(t) = (R_1 C)du_c(t)/dt$ geschlossen wird, ergibt sich folgende homogene Differentialgleichung in $u_c(t)$:

$$LC\frac{d^2u_c(t)}{dt^2} + C(R_2 + R_1(1-A))\frac{du_c(t)}{dt} + u_c(t) = 0$$

(1.303)

Die entsprechende charakteristische Gleichung ist:

$$LC\,\lambda^2 + C(R_2 + R_1(1-A))\,\lambda + 1 = 0$$

(1.304)

Sie hat zwei Wurzeln die durch

$$\lambda_{1,2} = -\frac{R_2 + R_1(1-A)}{2L} \pm \sqrt{\left(\frac{R_2 + R_1(1-A)}{2L}\right)^2 - \frac{1}{LC}}$$

(1.305)

gegeben sind. Die homogene Lösung wird

$$u_{ch}(t) = C_{h1}\,e^{\lambda_1 t} + C_{h2}\,e^{\lambda_2 t} = 2A_b\,e^{\sigma t}\cos(\omega_0 t + \phi_0),$$

(1.306)

wobei

$$\sigma = -\frac{R_2 + R_1(1-A)}{2L} \quad \text{und} \quad \omega_0 = \sqrt{\frac{1}{LC} - \left(\frac{R_2 + R_1(1-A)}{2L}\right)^2}$$

(1.307)

Es wurde angenommen, dass die Wurzeln konjugiert komplex sind, oder anders ausgedrückt $1/(LC) > ((R_2 + R_1(1-A))/2L)^2$ ist. Die homogene Lösung ist eine nicht abklingende Schwingung, wenn $\sigma = 0$ ist:

$$\sigma = -\frac{R_2 + R_1(1-A)}{2L} = 0 \quad \text{oder} \quad A = \frac{R_1 + R_2}{R_1}$$

(1.308)

Die Eigenfrequenz der homogenen Lösung ω_0 wird dann die Reihenresonanzfrequenz:

$$\omega_0 = \omega_{0rh} = \frac{1}{\sqrt{LC}} \tag{1.309}$$

Die noch unbekannten Konstanten der homogenen Lösung $2Ab > 0, \phi_0$ können mit Hilfe der Anfangsbedingungen ermittelt werden. Es entstehen Schwingungen nur, wenn man Anfangsbedingungen hat. In einer praktischen Schaltung werden beim Einschalten immer zufällige Anfangsbedingungen erzeugt.

Es gibt hier eine einfache Erklärung für die gezeigten Ergebnisse. Bei der Resonanzfrequenz im stationären Zustand ist die Spannung der Induktivität im Betrag gleich der Spannung der Kapazität und sie sind entgegengesetzt. Ihre Summe ist null und somit ergibt die Rückkopplung über R_2, R_1 bei der Resonanzfrequenz eine Dämpfung der Größe $R_1/(R_1 + R_2)$. Diese muss dann mit der Verstärkung $A = (R_1 + R_2)/R_1$ kompensiert werden, um in der Schleife bei dieser Frequenz eine Gesamtverstärkung gleich eins zu erhalten.

Im Skript `oszillat_1.m` werden durch numerische Integration die homogenen Differentialgleichungen erster Ordnung aus Gl. (1.301) für $u_a(t) = u_b(t)$ gelöst. Mit anderen Worten es wird die Schleife geschlossen und es gibt keine Anregung. Es resultiert folgendes System von Differentialgleichungen erster Ordnung:

$$\begin{aligned}
\frac{di_L(t)}{dt} &= \frac{1}{L}\left[-\left(R_2 + R_1(1 - A_{opt})\right)i_L(t) - u_c(t)\right] \\
\frac{du_c(t)}{dt} &= \frac{1}{C}i_L(t) \\
A_{opt} &= \frac{R_1 + R_2}{R_1}
\end{aligned} \tag{1.310}$$

Die numerische Integration mit dem einfachen Euler-Verfahren aktualisiert bei jedem fixen Zeitschritt die Zustandsvariablen $i_L(t), u_c(t)$ in folgender Form:

$$\begin{aligned}
i_L(t + \Delta t) &= i_L(t) + \Delta t \frac{1}{L}\left[-\left(R_2 + R_1(1 - A_{opt})\right)i_L(t) - u_c(t)\right] \\
u_c(t + \Delta t) &= u_c(t) + \Delta t \frac{1}{C}i_L(t) \quad \text{oder} \quad u_c(t + \Delta t) = u_c(t) + \Delta t \frac{1}{C}i_L(t + \Delta t)
\end{aligned} \tag{1.311}$$

```
% Skript oszillat_1.m, in dem ein Oszillator mit
% Reihenresonanzkreis untersucht wird
clear;
% ------ Parameter der Schaltung
R1 = 1000;      R2 = 1000;
C = 500e-12;    L = 200e-6;
alpha = 1.02;
%alpha = 0.99;
Aopt = alpha*(R1 + R2)/R1;   % Optimale Verstärkung
```

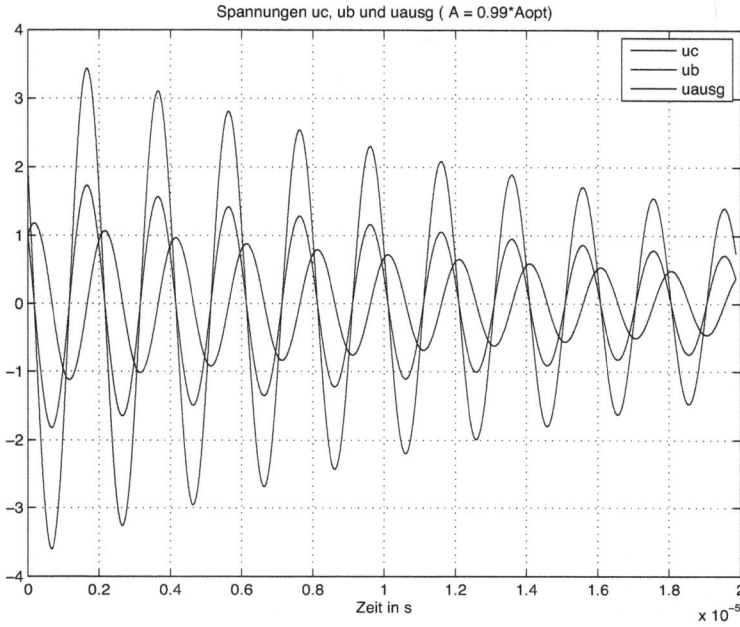

Abb. 1.63: Abklingen der Schwingungen für $A < A_{opt}$ (oszillat_1.m)

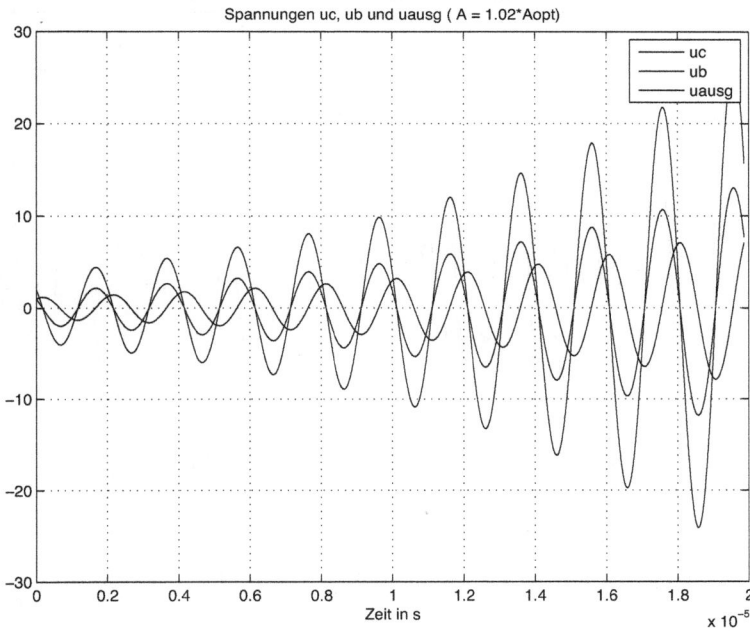

Abb. 1.64: Anfachung der Schwingungen für $A > A_{opt}$ (oszillat_1.m)

```
iL0 = 1e-3;     uc0 = 1;      % Anfangsbedingungen
f0rh = 1/(2*pi*sqrt(L*C));    % Reihenresonanzfrequenz
T0 = 1/f0rh;                  % Periode der Resonanzschwingung
% ------ Numerische Integration
dt = T0/1000;       Tfinal = 10*T0;
t = 0:dt:Tfinal;
nt = length(t);
iL = zeros(1,nt);     uc = zeros(1,nt); % Initialisierungen
iL(1) = iL0;          uc(1) = uc0;
for k = 1:nt-1
    iL(k+1) = iL(k) + dt*(-iL(k)*(R2 + R1*(1-Aopt)) - uc(k))/L;
    uc(k+1) = uc(k) + dt*(iL(k+1))/C;
end;
ub = iL*R1;           % Eingangsspannung Schaltung mit OP
uausg = ub*Aopt;      % Ausgangsspannung OP
%###########
figure(1);    clf;
plot(t, uc, t, ub, t, uausg);
    title(['Spannungen uc, ub und uausg ( A = ',...
        num2str(alpha),'*Aopt)']);
    xlabel('Zeit in s');  grid on;
    legend('uc', 'ub', 'uausg');
```

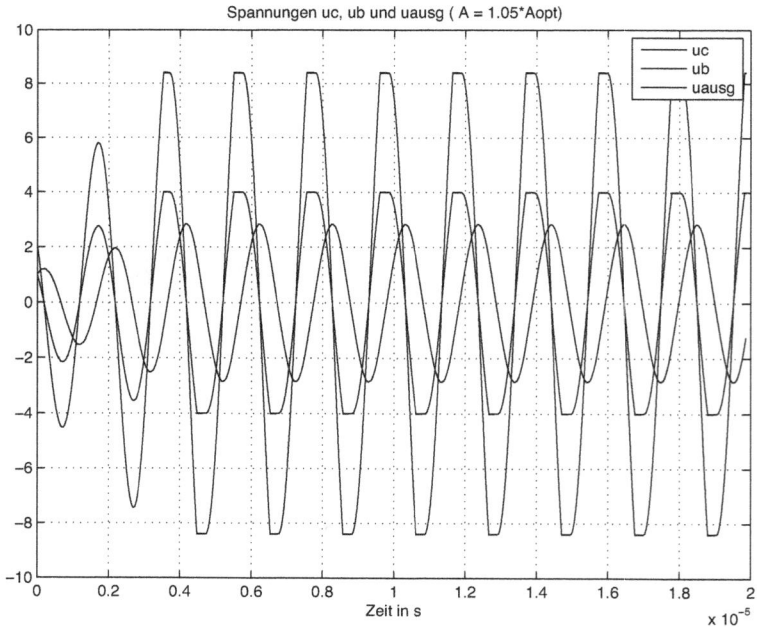

Abb. 1.65: Entwicklung der Schwingungen für $A > A_{opt}$ und Begrenzung der Ausgangs-spannung (oszillat_2.m)

Wenn die Verstärkung der Schaltung mit OP gleich A_{opt} ist, dann erhält man eine stationäre Schwingung mit konstanter Amplitude, die von den Anfangsbedingungen abhängt. Im Gegensatz dazu klingen die Schwingungen ab, wenn $A < A_{opt}$ ist (Abb. 1.63) und fachen sich an, wenn $A > A_{opt}$ ist (Abb. 1.64). Im ersten Fall ist $\sigma < 0$ und im zweiten Fall ist $\sigma > 0$. Bei $A = A_{opt}$ ist $\sigma = 0$ und man erhält Schwingungen mit konstanter Amplitude.

In der Praxis wird immer die Verstärkung größer als der optimale Wert benutzt, so dass auch bei nicht idealen Bedingungen, z.B. wegen der Streuung der Komponenten, die Schwingungen sicher entstehen. Die Amplitude steigt, bis die Spannung am Ausgang des OPs in die Sättigung der Verstärkerschaltung gelangt. Die Ausgangsspannung wird dann begrenzt und das Signal ist nicht mehr ganz sinusförmig.

Im Skript `oszillat_2.m` ist dieser Fall programmiert. Hier der Ausschnitt in dem die Verstärkung abhängig von der Eingangsspannung $u_b(t)$ gesteuert wird:

```
. . . . . . . .
iL(1) = iL0;          uc(1) = uc0;
ub_min = 4;           % Eingangsspannung die zur
%Sättigung führt
for k = 1:nt-1
    ub = iL(k)*R1;
    Aopt_temp = Aopt*(ub < ub_min & ub > -ub_min);
    iL(k+1) = iL(k) + dt*(-iL(k)*(R2 + R1*(1-Aopt_temp))) - uc(k))/L;
    uc(k+1) = uc(k) + dt*(iL(k+1))/C;
end;
ub = iL*R1;
uausg = ub*Aopt;
. . . . . . . .
```

Solange diese Spannung im Betrag kleiner als die Grenze ist, die zur Sättigung führt, wird die Verstärkung benutzt, die größer als die optimale Verstärkung ist. Bei der Überschreitung wird die Verstärkung auf null gesetzt und so die Sättigung simuliert.

Die logische Abfrage (`ub < ub_min & ub > -ub_min`) ergibt eine eins, wenn sie erfüllt ist und sonst null.

In Abb. 1.65 sind die Spannungen der Schaltung für diesen Fall gezeigt. Man sieht wie sich die Schwingungen mit steigender Amplitude entwickeln, bis sie in die Sättigung gelangen. Es wurde eine Verstärkung, die nur 5 % größer als die optimale ist, gewählt. Dadurch ist die Verzerrung der Signale nicht so groß.

Die Oszillatoren mit Quarzen benutzen in vielen Fällen die Reihenersatzschaltung dieser Quarze (siehe Kapitel 2.2.6) nach dem oben gezeigten Prinzip.

1.12   Die RLC-Parallelschaltung

Abb. 1.66 zeigt die RLC-Parallelschaltung, die in diesem Abschnitt untersucht wird. Das System von Differentialgleichungen erster Ordnung in den Zustandsvaria-

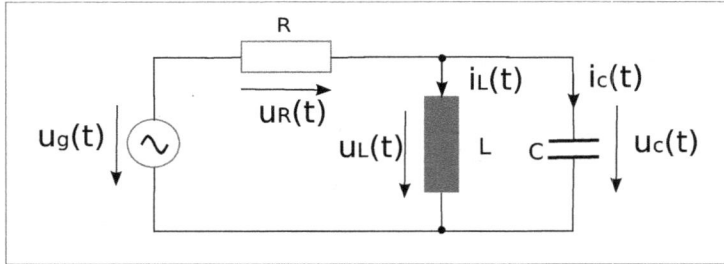

Abb. 1.66: Die RLC-Parallelschaltung

blen $i_L(t), u_c(t)$ wird wie folgt ermittelt. Aus

$$u_g(t) = \left(i_L(t) + C\frac{du_c(t)}{dt}\right)R + u_c(t)$$

$$L\frac{di_L(t)}{dt} = u_c(t)$$

(1.312)

erhält man:

$$\frac{du_c(t)}{dt} = -\frac{1}{RC}u_c(t) - \frac{1}{C}i_L(t) + \frac{1}{RC}u_g(t)$$

$$\frac{di_L(t)}{dt} = \frac{1}{L}u_c(t)$$

(1.313)

Die kompakte Matrixform wird dann:

$$\begin{bmatrix} \dfrac{di_L(t)}{dt} \\ \dfrac{du_c(t)}{dt} \end{bmatrix} = \begin{bmatrix} 0 & \dfrac{1}{L} \\ -\dfrac{1}{C} & -\dfrac{1}{RC} \end{bmatrix} \begin{bmatrix} i_L(t) \\ u_c(t) \end{bmatrix} + \begin{bmatrix} 0 \\ \dfrac{1}{RC} \end{bmatrix} u_g(t)$$

(1.314)

Wenn man als Ausgangsvariablen die Spannung $u_R(t)$ zusammen mit dem Strom des Kondensators $i_c(t)$ annimmt, dann werden noch zwei Matrizen für die Beschreibung des Systems benötigt. Aus

$$u_R(t) = u_g(t) - u_c(t)$$

$$i_c(t) = \frac{u_g(t) - u_c(t)}{R} - i_L(t)$$

(1.315)

werden die Ausgangsvariablen abhängig von den Zustandsvariablen und der Anregung durch

$$\begin{bmatrix} u_R(t) \\ i_c(t) \end{bmatrix} = \begin{bmatrix} 0 & -1 \\ -1 & -\dfrac{1}{R} \end{bmatrix} \begin{bmatrix} i_L(t) \\ u_c(t) \end{bmatrix} + \begin{bmatrix} 1 \\ 1/R \end{bmatrix} u_g(t) \tag{1.316}$$

ausgedrückt. Die vier Matrizen bilden eine komplette Beschreibung für dieses System, das in MATLAB mit sehr vielen Funktionen begleitet ist. Sie wird später auch für die numerische Integration mit Euler-Verfahren benutzt.

Eine allgemeine Form dieser Beschreibung erhält man durch Bezeichnung der Zustandsvariablen mit dem Vektor $\mathbf{x}(t)$, die Ausgangsvariablen mit dem Vektor $\mathbf{y}(t)$ und die Anregung mit $u(t)$:

$$\begin{aligned} \frac{d\mathbf{x}(t)}{dt} &= \mathbf{A}_a \mathbf{x}(t) + \mathbf{B}_a u(t) \\ \mathbf{y}(t) &= \mathbf{C}_a \mathbf{x}(t) + \mathbf{D}_a u(t) \end{aligned} \tag{1.317}$$

Die Matrizen $\mathbf{A}_a, \mathbf{B}_a, \mathbf{C}_a$ und $\mathbf{D}_a$ sind leicht aus den vorherigen Gleichungen zu bilden. Für die numerische Integration ergibt sich jetzt eine allgemeine Form:

$$\begin{aligned} \mathbf{x}(t + \Delta t) &= \mathbf{x}(t) + \Delta t \big(\mathbf{A}_a \mathbf{x}(t) + \mathbf{B}_a u(t) \big) \\ \mathbf{y}(t) &= \mathbf{C}_a \mathbf{x}(t) + \mathbf{D}_a u(t) \end{aligned} \tag{1.318}$$

Um den Einfluss der Parameter auf das Verhalten der Schaltung zu bestimmen, wird aus den Differentialgleichungen (1.313) die Spannung $u_c(t)$ eliminiert, um eine Differentialgleichung zweiter Ordnung nach $i_L(t)$ zu erhalten. Dafür wird die zweite Differentialgleichung noch mal abgeleitet und in die erste eingesetzt:

$$\frac{d^2 i_L(t)}{dt^2} = \frac{1}{L} \cdot \frac{du_c(t)}{dt} = \frac{1}{L} \Big[-\frac{1}{RC} u_c(t) - \frac{1}{C} i_L(t) + \frac{1}{RC} u_g(t) \Big]$$

mit

$$u_c(t) = L \frac{di_L(t)}{dt} \tag{1.319}$$

Daraus folgt schließlich:

$$\frac{d^2 i_L(t)}{dt^2} + \frac{1}{RC} \cdot \frac{di_L(t)}{dt} + \frac{1}{LC} i_L(t) = \frac{1}{RLC} u_g(t)$$

mit

$$i_L(0) \quad \text{und} \quad \frac{di_L(t)}{dt}\Big|_{t=0} = \frac{u_c(0)}{L} \quad \text{gegeben} \tag{1.320}$$

Wenn man hier die Differentialgleichung zweiter Ordnung für die Spannung $u_c(t)$ statt des Stroms $i_L(t)$ aus den gezeigten Differentialgleichungen erster Ordnung ableitet, dann erscheint rechts die Ableitung der Anregung, was zu Schwierigkeiten beim Lösen führt.

1.12.1   Homogene Lösung für die RLC-Parallelschaltung

Mit dem Ansatz, dass die homogene Lösung durch

$$i_{Lh}(t) = C_h\, e^{\lambda t} \tag{1.321}$$

gegeben ist, erhält man folgende charakteristische Gleichung zweiten Grades:

$$\lambda^2 + \frac{1}{RC}\lambda + \frac{1}{LC} = 0 \tag{1.322}$$

Die zwei Lösungen für λ sind dann:

$$\lambda_{1,2} = -\frac{1}{2RC} \pm \sqrt{\left(\frac{1}{2RC}\right)^2 - \frac{1}{LC}} \tag{1.323}$$

Abhängig von den Parametern der Schaltung können die Wurzeln der charakteristischen Gleichung reell oder konjugiert komplex sein, und es sind folgende Fälle möglich.

Fall 1

Die zwei Werte sind reell und nicht gleich $\lambda_1 \neq \lambda_2$, weil

$$\left(\frac{1}{2RC}\right)^2 > \frac{1}{LC} \tag{1.324}$$

ist. Die homogene Lösung hat dann folgende Form:

$$i_{Lh} = C_{h1}\, e^{\lambda_1 t} + C_{h2}\, e^{\lambda_2 t} \tag{1.325}$$

Die Wurzeln $\lambda_{1,2}$ sind negativ und das bedeutet, dass die homogene Lösung mit der Zeit zu null geht ($i_{Lh}(t) \to 0$ für $t \to \infty$). Das System ist stabil. Die zwei Konstanten C_{h1}, C_{h2} werden mit Hilfe der zwei Anfangsbedingungen aus Gl. (1.320) berechnet, die die Gesamtlösung erfüllen muss.

Fall 2

Die zwei Werte sind reell und gleich $\lambda_1 = \lambda_2$, weil

$$\left(\frac{1}{2RC}\right)^2 = \frac{1}{LC} \tag{1.326}$$

ist. Für die homogene Lösung muss man jetzt die Form

$$i_{Lh} = C_{h1}\,e^{\lambda_1 t} + t\,C_{h2}e^{\lambda_2 t} \tag{1.327}$$

wählen. Da die gleichen Wurzeln $\lambda_{1,2}$ negativ sind, ist auch in diesem Fall die homogene Lösung zu null abklingend und das System ist stabil. Die Konstanten C_{h1}, C_{h2} werden ebenfalls mit Hilfe der zwei Anfangsbedingungen aus Gl. (1.320) berechnet, die die Gesamtlösung erfüllen muss.

Fall 3

Die zwei Werte sind konjugiert komplex, weil

$$\left(\frac{1}{2RC}\right)^2 < \frac{1}{LC} \tag{1.328}$$

ist. Die Wurzeln $\lambda_{1,2}$ werden weiter in folgender Form geschrieben:

$$\lambda_1 = \sigma + j\omega_0 \quad \text{und} \quad \lambda_2 = \sigma - j\omega_0$$
mit
$$\sigma = -\frac{1}{2RC} \quad \text{und} \quad \omega_0 = \sqrt{\left(\frac{1}{LC} - \frac{1}{2RC}\right)^2} \tag{1.329}$$

Die Konstanten der homogenen Lösung C_{h1}, C_{h2} müssen auch konjugiert komplex sein, weil die charakteristische Gleichung reelle Koeffizienten besitzt:

$$C_{h1} = A_b\,e^{j\phi_0} \quad \text{und} \quad C_{h2} = A_b\,e^{-j\phi_0} \tag{1.330}$$

Statt der zwei unbekannten Konstanten C_{h1}, C_{h2} ist die homogene Lösung jetzt mit anderen zwei unbekannten Konstanten $A_b > 0$ als Betrag und ϕ_0 als Winkel beschrieben.

Die homogene Lösung wird:

$$\begin{aligned}
i_{Lh}(t) &= A_b\,e^{j\phi_0}\,e^{\sigma t}\,e^{j\omega_0 t} + A_b\,e^{-j\phi_0}\,e^{\sigma t}\,e^{-j\omega_0 t} = \\
&\quad A_b\,e^{\sigma t}\left(e^{j(\omega_0 t + \phi_0)} + e^{-j(\omega_0 t + \phi_0)}\right) = \\
&\quad 2A_b\,e^{\sigma t}\cos(\omega_0 t + \phi_0)
\end{aligned} \tag{1.331}$$

Es ist eine periodische abklingende Funktion mit den zwei unbekannten Konstanten A_b und ϕ_0, die wie in allen vorherigen Fällen mit Hilfe der Anfangsbedingungen, die die Gesamtlösung erfüllen muss, berechnet werden.

1.12.2 Partikuläre und Gesamtlösung für eine konstante Anregung

Für $u_g(t) = U_g$ als Konstante wird der Ansatz gemacht, dass die partikuläre Lösung auch eine Konstante ist, die durch Einsetzen in die inhomogene Differentialgleichung ermittelt wird:

$$i_{Lp}(t) = \frac{U_g}{R} \tag{1.332}$$

Die Gesamtlösung in der Annahme, dass z.B. der Fall 3 für die homogene Lösung stattfindet, wird:

$$i_L(t) = i_{Lh}(t) + i_{Lp}(t) = 2A_b\, e^{\sigma t} \cos(\omega_0 t + \phi_0) + \frac{U_g}{R} \tag{1.333}$$

Mit den Anfangsbedingungen $i_L(0), di_L(t)/dt|_{t=0} = u_c(0)/L$ werden die zwei Unbekannten A_b und ϕ_0 ermittelt:

$$i_L(0) = 2A_b \cos(\phi_0) + \frac{U_g}{R}$$
$$u_c(0) = L\big(2A_b\, \sigma \cos(\phi_0) - 2A_b\, \omega_0 \sin(\phi_0)\big) \tag{1.334}$$

Für $u_c(0) = 0$ kann man diese algebraische Gleichungen relativ einfach lösen:

$$\tan(\phi_0) = \frac{\sin(\phi_0)}{\cos(\phi_0)} = \frac{\sigma}{\omega_0}$$
$$2A_b = \frac{i_L(0) - U_g/R}{\cos(\phi_0)} = \frac{i_L(0) - U_g/R}{1/\sqrt{1 + (\sigma/\omega_0)^2}} \tag{1.335}$$

Im Skript `RLC_parallel1.m` ist sowohl die analytische Lösung gemäß Gl. (1.333), als auch die numerische Lösung berechnet und überlagert dargestellt:

```
% Programm RLC_parallel1.m, in dem die Antwort
% auf eine konstante Spannung für eine parallele
% R,L,C Schaltung ermittelt wird
clear;
% ------- Parameter des Systems
R = 50;        L = 0.005;      C = 0.0001;
uc0 = 0;       iL0 = 0.5;
Ug = 10;
% Koeffizienten der charakteristischen Gl.
char = [1, 1/(R*C), 1/(C*L)];
```

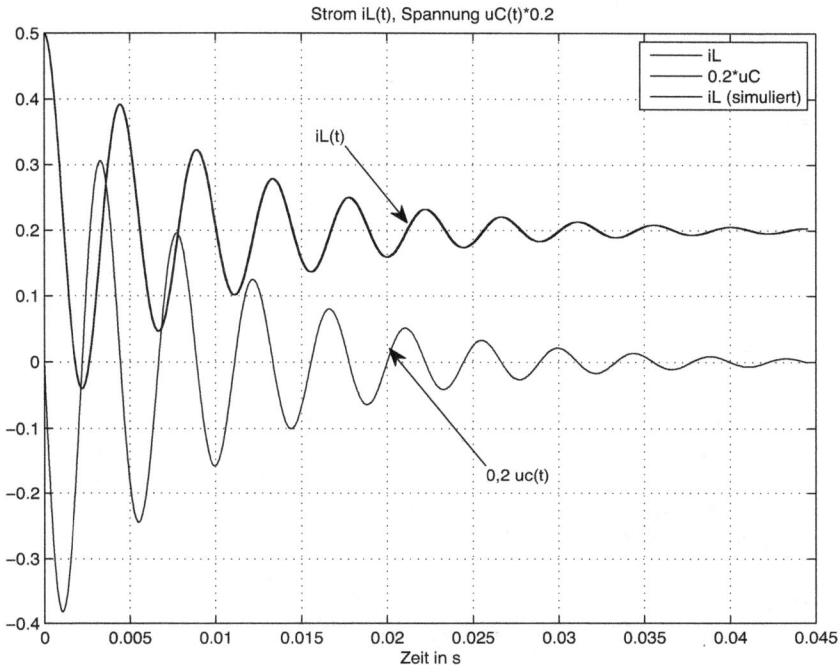

Abb. 1.67: Strom $i_L(t)$ und Spannung $u_c(t)$ der RLC-Parallelschaltung für konstante Anregung (RLC_parallel1.m)

```
% Wurzeln der charakteristischen Gl.
lambda = roots(char)
sigma = real(lambda(1));      % Dämpfung
omega_0 = imag(lambda(1));    % Eigenfrequenz
phi_0 = atan2(sigma, omega_0);
A2b = (iL0-Ug/R)/cos(phi_0);
% ------ Die Lösung
T = 2*pi/omega_0              % Periode der Eigenschwingung
dt = T/100;
Tfinal = 10*T;
t = 0:dt:Tfinal;
iL = Ug/R + A2b*exp(sigma*t).*cos(omega_0*t + phi_0);
% -------- Lösung durch Integration
% mit Euler-Verfahren und Zustandsdifferentialgleichungen
nt = length(t);
iLs = zeros(nt,1);     % mit Index s für die numerische
% Integration
ucs = zeros(nt,1);
iLs(1) = iL0;        ucs(1) = uc0;
for k = 1:nt-1
```

```
      ucs(k+1) = ucs(k) + dt*(-ucs(k)/(R*C) - iLs(k)/C + Ug/(R*C));
      iLs(k+1) = iLs(k) + dt*(ucs(k+1)/L);
end;
%#####################
figure(1);
plot(t, iL);
title('Strom  iL');
xlabel('Zeit in s');    grid on;
hold on;
plot(t, ucs*0.2, 'r');
plot(t, iLs, 'k');
hold off;
title(' Strom iL(t), Spannung uC(t)*0.2');
legend('iL', '0.2*uC', 'iL (simuliert)');
```

In einer graphischen Darstellung ist zwischen der analytischen und der numerischen Lösung kein Unterschied festzustellen, wie Abb. 1.67 zeigt. Der Endwert des Stroms $i_L(t)$ ist gleich $U_g/R = 10/50 = 0,2$ A und der Endwert der Spannung $u_c(t)$ ist gleich null. Die Ergebnisse der numerischen Integration können leicht eingesetzt werden, um die restlichen Variablen gemäß den Gleichungen (1.315) zu bestimmen.

1.12.3 Partikuläre Lösung der RLC-Parallelschaltung für sinusförmige Anregung

Abb. 1.68a zeigt die RLC-Parallelschaltung für die reellen Ströme und Spannungen und darunter die Ersatzschaltung für die komplexen Ströme und Spannungen. Die Schaltungen unterscheiden sich von der Schaltung aus Abb. 1.66 durch einen zusätzlichen Widerstand R_s. Dieser kann ein effektiver zusätzlicher Widerstand sein oder er stellt den Widerstand dar, mit dem die Verluste im Kondensator und Induktor angenähert werden.

Mit der Thevenin-Ersatzschaltung [26] kann man daraus eine einfache RLC-Parallelschaltung bilden, wie sie in den vorherigen Abschnitten untersucht wurde (Abb. 1.66).

Es wird hier nur die partikuläre Lösung untersucht, die dem stationären Zustand für $t \to \infty$ entspricht. Interessant sind hier die Ströme $i_L(t), i_c(t)$. Die Anregung hat die übliche Form:

$$u_g(t) = \hat{u}_g \cos(\omega t + \phi) \quad \to \quad \underline{U}_g = \hat{u}_g\, e^{j(\omega t + \phi)} \tag{1.336}$$

Im stationären Zustand sind alle anderen Variablen auch cosinusförmig mit bestimmten Amplituden und Phasenlagen relativ zur Anregung:

$$\begin{aligned}
i_c(t) &= \hat{i}_c \cos(\omega t + \phi + \phi_{ic}) &\to& \quad \underline{I}_c = \hat{i}_c\, e^{j(\omega t + \phi + \phi_{ic})} \\
i_L(t) &= \hat{i}_L \cos(\omega t + \phi + \phi_{iL}) &\to& \quad \underline{I}_L = \hat{i}_L\, e^{j(\omega t + \phi + \phi_{iL})} \\
u_c(t) &= \hat{u}_c \cos(\omega t + \phi + \phi_c) &\to& \quad \underline{U}_c = \hat{u}_c\, e^{j(\omega t + \phi + \phi_c)}
\end{aligned} \tag{1.337}$$

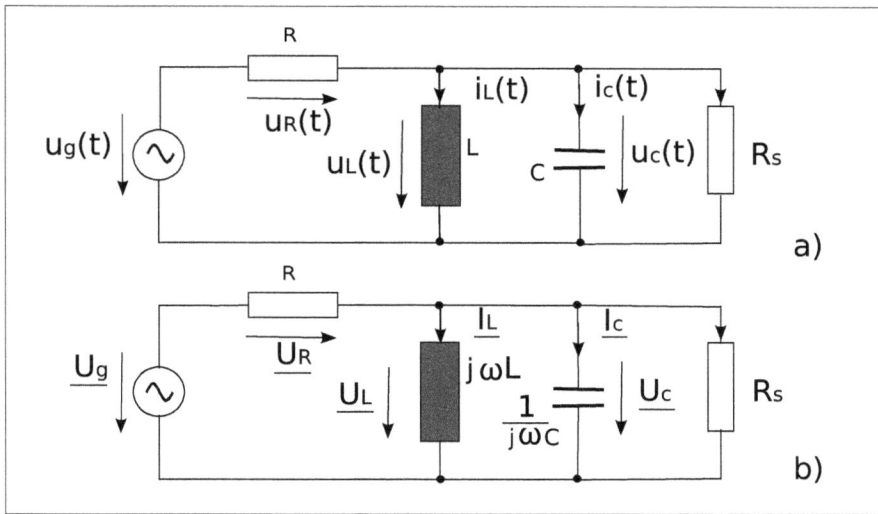

Abb. 1.68: RLC-Parallelschaltung und die Ersatzschaltung für die komplexen Variablen

Aus

$$\underline{I}_R = \frac{\underline{U}_c}{R_s} + \frac{\underline{U}_c}{1/(j\omega C)} + \frac{\underline{U}_c}{j\omega L} = \frac{\underline{U}_g - \underline{U}_c}{R} \qquad (1.338)$$

erhält man

$$\underline{U}_c = \frac{\underline{U}_g}{R} \cdot \frac{1}{1/(R||R_s) + j\omega C + 1/(j\omega L)} \qquad (1.339)$$

Mit Hilfe dieser Spannung werden die komplexen Ströme berechnet:

$$
\begin{aligned}
\underline{I}_c &= \underline{U}_g \frac{j\omega C}{R} \cdot \frac{1}{1/(R||R_s) + j\omega C + 1/(j\omega L)} \\
\underline{I}_L &= \underline{U}_g \frac{1}{j\omega RL} \cdot \frac{1}{1/(R||R_s) + j\omega C + 1/(j\omega L)} \\
\underline{I}_{Rs} &= \underline{U}_g \frac{1}{RR_s} \cdot \frac{1}{1/(R||R_s) + j\omega C + 1/(j\omega L)}
\end{aligned}
\qquad (1.340)
$$

$$\underline{I}_R = \underline{I}_L + \underline{I}_c + \underline{I}_{Rs} \qquad (1.341)$$

Daraus ergeben sich die reellen Variablen:

$$
u_c(t) = \frac{\hat{u}_g}{R} \cdot \frac{1}{\sqrt{(1/(R||R_s))^2 + (\omega C - 1/(\omega L))^2}} \cos(\omega t + \phi + \phi_c)
$$
$$
\phi_c = -\text{atan}\left(\frac{\omega C - 1/(\omega L)}{1/(R||R_s)}\right)
$$
(1.342)

$$
i_c(t) = \hat{u}_g \frac{\omega C}{R} \cdot \frac{1}{\sqrt{(1/(R||R_s))^2 + (\omega C - 1/(\omega L))^2}} \cos(\omega t + \phi + \phi_{ic})
$$
$$
\phi_{ic} = -\text{atan}\left(\frac{\omega C - 1/(\omega L)}{1/(R||R_s)}\right) + \pi/2
$$
(1.343)

$$
i_L(t) = \hat{u}_g \frac{1}{\omega RL} \cdot \frac{1}{\sqrt{(1/(R||R_s))^2 + (\omega C - 1/(\omega L))^2}} \cos(\omega t + \phi + \phi_{iL})
$$
$$
\phi_{iL} = -\text{atan}\left(\frac{\omega C - 1/(\omega L)}{1/(R||R_s)}\right) - \pi/2
$$
(1.344)

Wie man sieht und erwartet, sind die Ströme $i_c(t)$ und $i_L(t)$ gegenphasig und bei Resonanz, die für eine Frequenz der Anregung gleich

$$
\omega = \omega_{0r} = \frac{1}{\sqrt{LC}}
$$
(1.345)

stattfindet, für die

$$
\omega_{0r} C - \frac{1}{\omega_{0r} L} = 0
$$
(1.346)

gültig ist, sind die Amplituden der Ströme gleich und ihre Summe ist null. Der Strom der Quelle $i_R(t)$ ist dann gleich dem Strom $i_{Rs}(t)$ und durch

$$
i_R(t) = \frac{u_g(t)}{R + R_s} = \hat{u}_g \frac{1}{R + R_s} \cos(\omega_{or} t + \phi)
$$
(1.347)

gegeben. Die Anregung und dieser Strom sind phasengleich.

1.12.4 Gesamtlösung der RLC-Parallelschaltung für sinusförmige Anregung

Es wird die Gesamtlösung durch numerische Integration mit Euler-Verfahren gezeigt, so dass man ausführliche Experimente durchführen kann. Das System von Differentialgleichungen erster Ordnung in den Zustandsvariablen für die Schaltung aus

Abb. 1.68a wird wie folgt ermittelt. Aus

$$L\frac{di_L(t)}{dt} = u_c(t)$$

$$u_g(t) = \left[i_L(t) + \frac{u_c(t)}{R_s} + C\frac{du_c(t)}{dt}\right]R + u_c(t)$$

(1.348)

erhält man direkt die gewünschten Differentialgleichungen erster Ordnung für die Zustandsvariablen $i_L(t), u_c(t)$:

$$\frac{di_L(t)}{dt} = \frac{1}{L}u_c(t)$$

$$\frac{du_c(t)}{dt} = -\frac{1}{C}i_L(t) - \frac{1}{C}\left(\frac{1}{R} + \frac{1}{R_s}\right)u_c(t) + \frac{1}{RC}u_g(t)$$

oder

$$\frac{du_c(t)}{dt} = -\frac{1}{C}i_L(t) - \frac{1}{R_eC}u_c(t) + \frac{1}{RC}u_g(t) \quad \text{mit} \quad R_e = \frac{RR_s}{R + R_s}$$

(1.349)

Daraus folgen die zwei Annäherungsformen für die numerische Integration:

$$i_L(t + \Delta t) = i_L(t) + \Delta t\frac{1}{L}u_c(t)$$

$$u_c(t + \Delta t) = u_c(t) + \Delta t\left[-\frac{1}{C}i_L(t) - \frac{1}{R_eC}u_c(t) + \frac{1}{RC}u_g(t)\right]$$

(1.350)

Im MATLAB-Skript `RLC_parallel2.m` wird dieses Verfahren programmiert:

```
% Programm RLC_parallel2.m, in dem die Antwort auf eine sinusförmige
% Spannung für eine parallele R,L,C Schaltung ermittelt wird

clear;
% ------- Parameter des Systems
R = 50;         L = 0.005;           C = 0.0001;
Rs = 100;       Re = R*Rs/(R + Rs);
uc0 = 1;        iL0 = 0.3;
ug_ampl = 10;
%f = 225,0791;     % Resonanzfrequenz
f = 50.0;          % Anregungsfrequenz
omega = 2*pi*f;              phi = pi/3;
% Koeffizienten der charakteristischen Gl.
char = [1, 1/(R*C), 1/(C*L)];
% Wurzeln der charakteristischen Gl.
lambda = roots(char)
sigma = real(lambda(1));      % Dämpfung
omega_0 = imag(lambda(1));    % Eigenfrequenz
fr0 = 1/(2*pi*sqrt(L*C))      % Resonanzfrequenz
f0 = omega_0/(2*pi)           % Eigenfrequenz
```

```
% -------- Lösung durch Integration
% mit Euler-Verfahren und Zustandsdifferentialgleichungen
T = 2*pi/omega              % Periode der Anregung
dt = T/100;          Tfinal = 8*T;
t = 0:dt:Tfinal;
nt = length(t);
ug = ug_ampl*cos(omega*t + phi);
iLs = zeros(nt,1);          % mit Index s für die numerische Integration
ucs = zeros(nt,1);
iLs(1) = iL0;        ucs(1) = uc0;
for k = 1:nt-1
    ucs(k+1) = ucs(k) + dt*(-ucs(k)/(Re*C) - iLs(k)/C + ug(k)/(R*C));
    iLs(k+1) = iLs(k) + dt*(ucs(k+1)/L);
end;
%#####################
figure(1);
plot(t, iLs);
title('Strom  iL');      xlabel('Zeit in s');      grid on;
hold on;
plot(t, ucs*0.2, 'r');
title(' Strom iL(t), Spannung uc(t)*0.2');
legend('iL', '0.2*uC');
hold off;
```

Die Parameter sind so gewählt, dass die homogene Lösung periodisch ist, sichtbar durch die folgenden Wurzeln $\lambda_{1,2}$ der charakteristischen Gleichung:

```
lambda =    1.0e+03 *
  -0.1000 + 1.4107i
  -0.1000 - 1.4107i
```

Die Eigenfrequenz daraus ist gleich $1410,7/(2\pi) = 224.5157$ Hz und ist der Resonanzfrequenz von $f_{0r} = 1/(2\pi\sqrt{LC}) = 225.0791$ Hz sehr nahe.

Abb. 1.69 zeigt die Antwort auf eine sinusförmige Anregung der Frequenz 50 Hz. Am Anfang sieht man den Einfluss der periodischen homogenen Lösung, mit der höheren Frequenz. Im stationären Zustand ist der Strom $i_L(t)$ relativ zur Spannung $u_c(t) = u_L(t)$ mit $\pi/2$ nacheilend.

In Abb. 1.70 sind die gleichen Variablen für eine Frequenz der Anregung gezeigt, die gleich der Resonanzfrequenz ist. Die Amplitude der Spannung des Kondensators ist viel größer und weil die Ströme $i_L(t)$ und $i_c(t)$ amplitudengleich und gegenphasig sind, ist ihre Summe null. Der Strom der Quelle fließt nur durch R und R_s und ergibt eine Amplitude für die Spannung $u_c(t)$ der Größe:

$$\hat{u}_c\Big|_{\omega=\omega_{0r}} = \frac{\hat{u}_g R_s}{R + R_s} \tag{1.351}$$

Für $\hat{u}_g = 10V$, mit $R = 50\,\Omega$, $R_s = 100\,\Omega$ ist diese Amplitude $\hat{u}_c = 10V100\,\Omega/150\,\Omega = 0,666$ V. In Abb. 1.70 wurde die Spannung $0,2\,u_c(t)$ dargestellt, die somit $1,332$ V sein müsste, was leicht zu überprüfen ist.

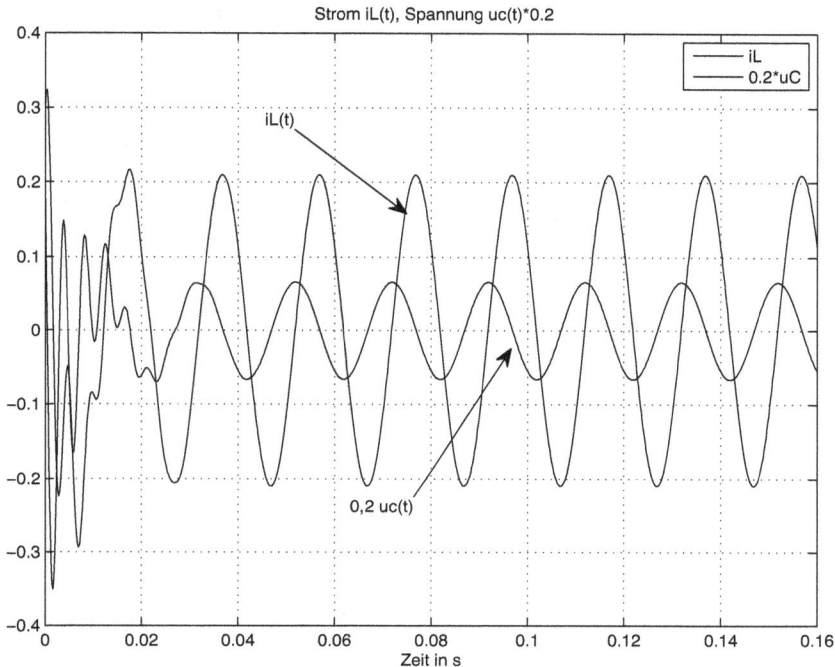

Abb. 1.69: Gesamtlösung für die RLC-Parallelschaltung bei sinusförmiger Anregung (RLC_parallel2.m)

Aus den ersten zwei Gleichungen (1.342), die hier wiederholt sind,

$$u_c(t) = \frac{\hat{u}_g}{R} \cdot \frac{1}{\sqrt{(1/(R||R_s))^2 + (\omega C - 1/(\omega L))^2}} \cos(\omega t + \phi_g + \phi_c)$$

$$\phi_c = -\text{atan}\left(\frac{\omega C - 1/(\omega L)}{1/(R||R_s)}\right)$$

kann man für jede Frequenz der Anregung das Verhältnis der Amplitude der Ausgangsspannung $\hat{u}_c$ und der Amplitude der Anregung $\hat{u}_g$, abhängig von der Frequenz der Anregung ω im stationären Zustand bestimmen. Diese Funktion wird Amplitudengang genannt und mit $A(\omega)$ bezeichnet:

$$A(\omega) = \frac{\hat{u}_c}{\hat{u}_g} = \frac{1}{R} \cdot \frac{1}{\sqrt{(1/(R||R_s))^2 + (\omega C - 1/(\omega L))^2}} \tag{1.352}$$

Für $\omega = 0$ ist $A(\omega) = 0$, weil im Nenner $1/(\omega L) = \infty$ ist. Am anderen Ende des Frequenzbereiches für $\omega = \infty$ ist $A(\omega) = 0$, weil im Nenner $\omega C = \infty$ ist. Dazwischen erreicht diese Funktion ein Maximum bei der Resonanzfrequenz. Die Schaltung verhält sich wie ein *Bandpassfilter*.

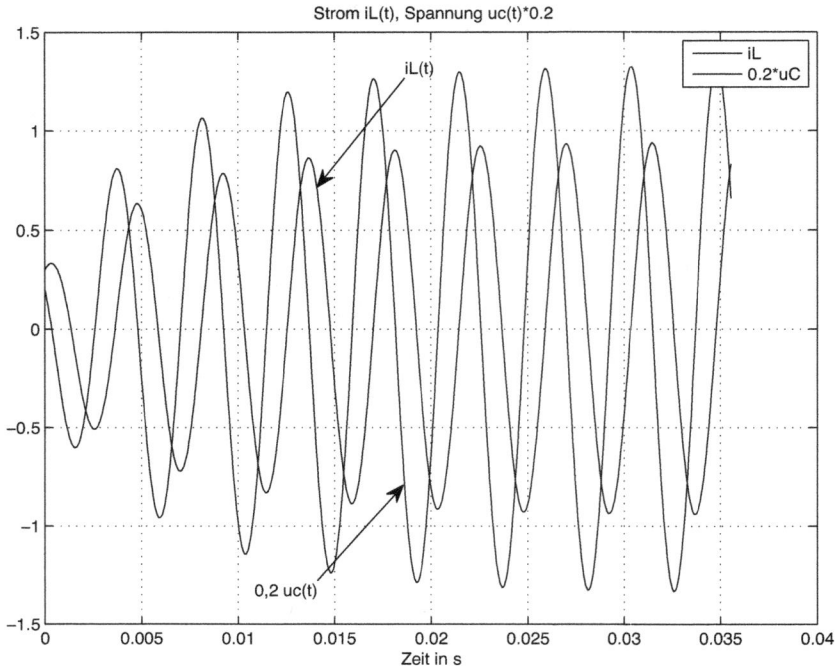

Abb. 1.70: Gesamtlösung für die RLC-Parallelschaltung bei sinusförmiger Anregung bei Resonanzfrequenz (RLC_parallel2.m)

Die Phasenverschiebung der Ausgangsspannung am Kondensator relativ zur Phase der Eingangsspannung als Funktionen von ω bildet den *Phasengang*, der mit $\phi(\omega)$ bezeichnet ist $(\phi(\omega) = \phi_c(\omega) + \phi_g(\omega) - \phi_g(\omega) = \phi_c(\omega))$ und auch eine wichtige Eigenschaft dieser Schaltung ist, wenn man sie als Filter betrachtet. Im Skript RLC_parallel3.m wird der Amplituden- und Phasengang für diese Schaltung berechnet und dargestellt:

```
% Programm RLC_parallel3.m, in dem der Amplitudengang
% und Phasengang einer R,L,C Schaltung ermittelt wird.
clear;
% ------- Parameter des Systems
R = 50;       L = 0.005;      C = 0.0001;
Rs = 100;               Re = R*Rs/(R + Rs);
% Koeffizienten der charakteristischen Gl.
char = [1, 1/(R*C), 1/(C*L)];
% Wurzeln der charakteristischen Gl.
lambda = roots(char)
sigma = real(lambda(1));      % Dämpfung
omega_0 = imag(lambda(1));    % Eigenfrequenz
% Resonanzfrequenz
```

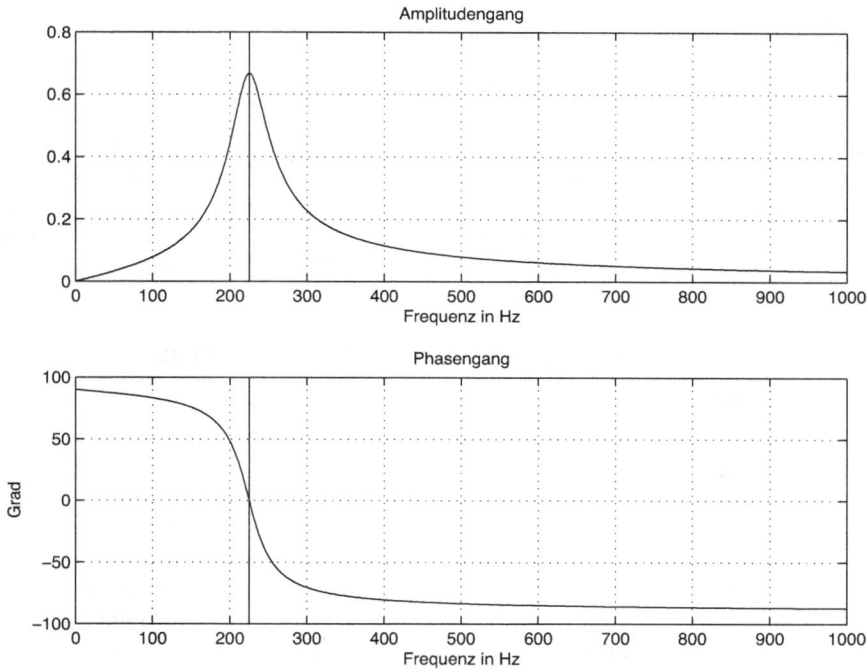

Abb. 1.71: Amplituden- und Phasengang der RLC-Parallelschaltung (RLC_parallel3.m)

```
fr0 = 1/(2*pi*sqrt(L*C))
f0 = omega_0/(2*pi)    % Eigenfrequenz
% ------- Amplitudengang
df = 1;
f = 0:df:1000;
omega = 2*pi*f;
A = (1/R)*(1./sqrt((1/Re)^2 + (omega*C-1./(omega*L)).^2));
% ------- Phasengang
phi = atan2(-(omega*C-1./(omega*L)),1/Re);
figure(1);
subplot(211), plot(f, A);
    hold on;
    La = axis;
    plot([fr0, fr0], [La(3), La(4)], 'r');
    title('Amplitudengang');
    xlabel('Frequenz in Hz');    grid on;
    hold off;
subplot(212), plot(f, phi*180/pi);
    hold on;
    La = axis;
    plot([fr0, fr0], [La(3), La(4)], 'r');
```

```
title('Phasengang');
xlabel('Frequenz in Hz');       grid on;
ylabel('Grad');
hold off;
```

Abb. 1.71 zeigt den Amplituden- und Phasengang mit der Frequenz in Hz in der
Abszisse. Die Resonanzfrequenz ist mit den zwei vertikalen Linien hervorgehoben.
Das zuvor berechnete Verhältnis der Amplituden bei der Resonanzfrequenz von $0,666$
ist in der oberen Darstellung zu sehen. Ebenfalls die Tatsache, dass bei der Resonanzfrequenz die Ausgangsspannung phasengleich mit der Eingangsspannung ist, geht
aus den Nullwert des Phasengangs hervor.

Experiment 1.12.1: Prinzip eines Oszillators mit Parallelresonanzkreis

Abb. 1.72 zeigt den prinzipiellen Aufbau eines Oszillators mit Parallelresonanzkreis. Die Verstärkung A, die durch die Widerstände R_3, R_4 eingestellt wird, ist im
Bereich der Schwingungen des Oszillators eine frequenzunabhängige Konstante. Der
Operationsverstärker geht in Sättigung, wenn die Eingangsspannung des Verstärkers
im Betrag einen bestimmten Wert überschreitet.

Die Rückkopplung vom Ausgang des Operationsverstärkers über den Widerstand
R_2 führt dazu, dass unter bestimmten Bedingungen eine zufällige Schwingung mit der
Resonanzfrequenz sich in dieser Schleife entfacht. Um diese Bedingungen zu bestimmen, wird die Schleife an den Stellen a, b geöffnet. Eine sinusförmige Spannung $u_a(t)$,
die über die Schleife die Spannung $u_b(t)$ so bildet, dass für eine bestimmte Frequenz
eine Verstärkung eins oder größer als eins stattfindet, führt zu einer Verstärkung der
Spannung mit dieser Frequenz und es entsteht ein Oszillator.

Da hier sinusförmige Schwingungen im stationären Zustand zu erwarten sind,

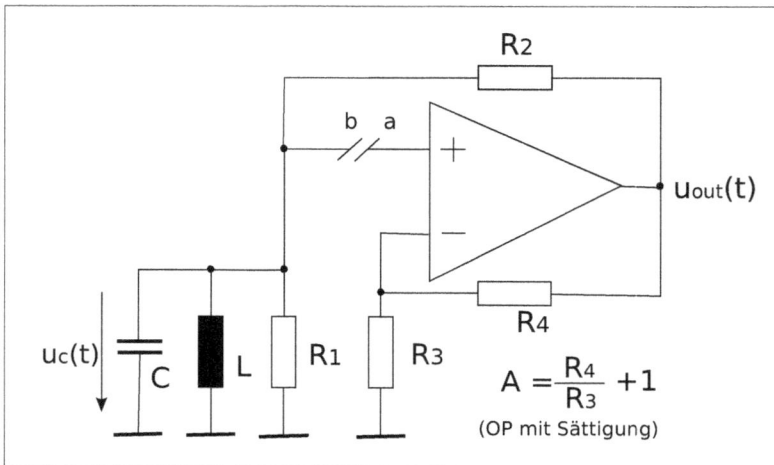

Abb. 1.72: Prinzip eines Oszillators mit Parallelresonanzkreis

werden zuerst die komplexen Variablen eingesetzt und zwar zur Bestimmung der
Übertragung von $\underline{U}_a$ bis $\underline{U}_b$. Aus

$$\frac{\underline{U}_a A - \underline{U}_b}{R_2} = \underline{U}_b \left(\frac{1}{R_1} + \frac{1}{j\omega L} + j\omega C \right) \tag{1.353}$$

erhält man:

$$\frac{\underline{U}_b}{\underline{U}_a} = \frac{A}{R_2} \frac{1}{j(\omega C - 1/(\omega L)) + \frac{1}{R_1} + \frac{1}{R_2}} \tag{1.354}$$

Das Verhältnis $\underline{U}_b / \underline{U}_a$ stellt die frequenzabhängige Übertragung oder die komplexe Verstärkung vom Punkt a bis zum Punkt b dar. Dass Schwingungen entstehen, muss
diese Übertragung eine Konstante gleich eins bei einer bestimmten Frequenz sein. Aus
der komplexen Bedingung

$$\frac{\underline{U}_b}{\underline{U}_a} = \frac{A}{R_2} \frac{1}{j(\omega C - 1/(\omega L)) + \frac{1}{R_1} + \frac{1}{R_2}} = 1 \tag{1.355}$$

erhält man zwei reelle Bedingungen:

$$\omega = \omega_{0rp} = \frac{1}{\sqrt{LC}} \quad \text{und} \quad A = \frac{R_1 + R_2}{R_1} \tag{1.356}$$

Praktisch wird die Verstärkung etwas größer gewählt, so dass sich Schwingungen
mit steigender Amplitude entwickeln, bis die Sättigung des OPs erreicht wird.

Einen anderen Einblick in den Sachverhalt dieser Schaltung erhält man durch eine
Beschreibung im Zeitbereich mit Differentialgleichungen. Aus

$$\begin{aligned}
u_b(t) &= u_c(t) \\
\frac{A u_a(t) - u_c(t)}{R_2} &= i_L(t) + \frac{u_c(t)}{R_1} + C\frac{du_c(t)}{dt} \\
L\frac{di_L(t)}{dt} &= u_c(t)
\end{aligned} \tag{1.357}$$

erhält man bei geöffneter Schleife (an Stelle a,b) folgende Differentialgleichung für die
Spannung $u_c(t)$ des Kondensators abhängig von $u_a(t)$:

$$C\frac{d^2 u_c(t)}{dt^2} + \left(\frac{1}{R_1} + \frac{1}{R_2} \right) \frac{du_c(t)}{dt} + \frac{1}{L} u_c(t) = A\frac{1}{R_2}\frac{du_a(t)}{dt} \tag{1.358}$$

Wenn jetzt die Schleife mit $u_a(t) = u_b(t) = u_c(t)$ geschlossen wird, ergibt sich folgende homogene Differentialgleichung in $u_c(t)$:

$$LC\frac{d^2 u_c(t)}{dt^2} + L\left(\frac{1}{R_1} + \frac{1}{R_2}(1-A)\right)\frac{du_c(t)}{dt} + u_c(t) = 0 \qquad (1.359)$$

Die entsprechende charakteristische Gleichung ist:

$$LC\,\lambda^2 + L\left(\frac{1}{R_1} + \frac{1}{R_2}(1-A)\right)\lambda + 1 = 0 \qquad (1.360)$$

Sie hat zwei Wurzeln die durch

$$\lambda_{1,2} = -\left(\frac{1}{R_1} + \frac{1}{R_2}(1-A)\right)\frac{1}{2C} \pm$$
$$\sqrt{\left(\left(\frac{1}{R_1} + \frac{1}{R_2}(1-A)\right)\frac{1}{2C}\right)^2 - \frac{1}{LC}} \qquad (1.361)$$

gegeben sind. Die homogene Lösung wird

$$u_{ch}(t) = C_{h1}\,e^{\lambda_1 t} + C_{h2}\,e^{\lambda_2 t} = 2A_b\,e^{\sigma t}\cos(\omega_0 t + \phi_0)$$
mit
$$\sigma = -\left(\frac{1}{R_1} + \frac{1}{R_2}(1-A)\right)/(2C) \qquad \text{und} \qquad (1.362)$$
$$\omega_0 = \sqrt{\frac{1}{LC} - \left(\left(\frac{1}{R_1} + \frac{1}{R_2}(1-A)\right)\frac{1}{2C}\right)^2}$$

Es wurde angenommen, dass die Wurzeln konjugiert komplex sind, oder anders ausgedrückt:

$$\frac{1}{LC} > \left(\left(\frac{1}{R_1} + \frac{1}{R_2}(1-A)\right)\frac{1}{2C}\right)^2$$

Die homogene Lösung ist eine nicht abklingende Schwingung, wenn $\sigma = 0$ ist:

$$\sigma = -\left(\frac{1}{R_1} + \frac{1}{R_2}(1-A)\right)\frac{1}{2C} = 0 \qquad \text{ergibt} \qquad A = \frac{R_1 + R_2}{R_1} \qquad (1.363)$$

Die Eigenfrequenz der homogenen Lösung ω_0 wird dann die Parallelresonanzfrequenz:

$$\omega_0 = \omega_{0rp} = \frac{1}{\sqrt{LC}} \qquad (1.364)$$

Die noch unbekannten Konstanten der homogenen Lösung $2Ab$, ϕ_0 können mit Hilfe der Anfangsbedingungen ermittelt werden. Es entstehen Schwingungen nur, wenn man Anfangsbedingungen hat. In einer praktischen Schaltung werden beim Einschalten immer zufällige Anfangsbedingungen erzeugt.

Im Skript `oszillat_3.m` werden durch numerische Integration die Differentialgleichungen erster Ordnung aus Gl. (1.357) für $Au_a(t) = u_{out}(t)$ als Anregung gelöst. Wenn der Verstärker noch nicht in Sättigung ist, dann ist die Anregung für die geschlossene Schleife gleich $Au_c(t)$. Im Falle dass diese Spannung die Sättigungsgrenze erreicht hat, wird die Anregung auf diese Grenze gesetzt $Au_a = U_{OPmax} * \text{sign}(u_c(t))$. Hier nochmals die Differentialgleichungen erster Ordnung, die im Euler-Verfahren benutzt werden:

$$C\frac{du_c(t)}{dt} = -(\frac{1}{R_1} + \frac{1}{R_2})u_c(t) - i_L(t) + \frac{u_{out}(t)}{R_2}$$

$$L\frac{di_L(t)}{dt} = u_c(t) \qquad\qquad (1.365)$$

$$u_{out}(t) = \begin{cases} Au_c(t) & \text{wenn}|Au_c(t)| < U_{OPmax} \\ U_{OPmax} * \text{sign}(uc(t)) & \text{sonst} \end{cases}$$

Die numerische Integration mit dem einfachen Euler-Verfahren aktualisiert bei jedem fixen Zeitschritt Δt die Zustandsvariablen $u_c(t)$, $i_L(t)$ und $u_{out}(t)$ in folgender Form:

$$u_c(t+\Delta t) = u_c(t) + \Delta t \frac{1}{C}\left(-(1/R_1 + 1/R_2)u_c(t) - i_L(t) + u_{out}(t)/R_2\right)$$

$$i_L(t+\Delta t) = i_L(t) + \Delta t \frac{1}{L}u_c(t) \qquad\qquad (1.366)$$

$$u_{out}(t) = \begin{cases} A\,u_c(t) & \text{wenn}|Au_c(t)| < U_{OPmax} \\ U_{OPmax} * \text{sign}(uc(t)) & \text{sonst} \end{cases}$$

```
% Skript oszillat_3.m, in dem ein Oszillator mit
% Parallelresonanzkreis untersucht wird
clear;
% ------ Parameter der Schaltung
R1 = 10000;    R2 = 10000;    R12 = R1*R2/(R1 + R2);
L = 200e-6;    C = 500e-12;
alpha = 1.25;
A = alpha*(R1 + R2)/R1;
iL0 = 1e-3;        uc0 = 1;    % Anfangsbedingungen
f0rp = 1/(2*pi*sqrt(L*C));
T0 = 1/f0rp;
% ------ Numerische Integration mit Euler-Verfahren
```

```
dt = T0/10000;          Tfinal = 25*T0;
t = 0:dt:Tfinal;            nt = length(t);
iL = zeros(1,nt);       uc = zeros(1,nt);
uout = zeros(1,nt);
iL(1) = iL0;            uc(1) = uc0;
u_OPmax = 12;            % Sättigungsspannung des OPs
for k = 1:nt-1
    uc(k+1) = uc(k) + dt*(-uc(k)/R12 - iL(k) + uout(k)/R2)/C;
    iL(k+1) = iL(k) + dt*(uc(k+1))/L;
    uout(k+1) = A*uc(k+1);
    if abs(uout(k+1)) >= u_OPmax    % Sättigung Abfrage
        uout(k+1) = sign(uout(k+1))*u_OPmax;
    end;
end;
figure(1);      clf;
subplot(211), plot(t, uc);
    title(['Spannung uc(t)']);
    xlabel('Zeit in s');   grid on;
subplot(212), plot(t, uout);
    title(['Spannung am Ausgang des OPs uout(t)',...
    ' für A = alpha*Aopt (alpha = ', num2str(alpha),' )']);
    xlabel('Zeit in s');   grid on;
```

Wenn die Verstärkung der Schaltung mit OP gleich A_{opt} ist, dann erhält man eine stationäre Schwingung mit konstanter Amplitude, die von den Anfangsbedingungen abhängt. Im Gegensatz dazu klingen die Schwingungen ab, wenn $A < A_{opt}$ ist, und fachen sich an, wenn $A > A_{opt}$ ist (Abb. 1.73). Im ersten Fall ist $\sigma < 0$ und im zweiten Fall ist $\sigma > 0$. Bei $A = A_{opt}$ ist $\sigma = 0$ und man erhält Schwingungen mit konstanter Amplitude.

In der Praxis wird immer die Verstärkung größer als der optimale Wert benutzt, so dass auch bei nicht idealen Bedingungen, z.B. wegen der Streuung der Komponenten, die Schwingungen sicher entstehen. Die Amplitude steigt, bis die Spannung am Ausgang des OPs in die Sättigung der Verstärkerschaltung gelangt. Die Ausgangsspannung wird dann begrenzt und das Signal ist nicht mehr ganz sinusförmig.

In Abb. 1.73 sind die Spannungen der Schaltung für diesen Fall gezeigt. Man sieht, wie sich die Schwingungen mit steigender Amplitude anfachen, bis sie in die Sättigung gelangen. Es wurde eine Verstärkung gewählt, die 25 % größer als die optimale ist. Dadurch ist die Verzerrung der Signale nicht so groß.

Auch hier gibt es eine einfache Erklärung für die abgeleiteten Bedingungen, die zu Schwingungen führen. In der Schaltung aus Abb. 1.72 bei der Resonanzfrequenz ($\omega_{0rp} = 1/\sqrt{L\,C}$) im stationären Zustand ist der Strom der Induktivität im Betrag gleich dem Strom der Kapazität und sie sind entgegengesetzt. Ihre Summe ist gleich null und bei der Resonanzfrequenz bilden die Widerstände R_1, R_2 einen Spannungsteiler vom Ausgang des OPs zum positiven Eingang. Die entstandene Abschwächung $R_1/(R_1 + R_2)$ muss man mit der Verstärkung, die über den Widerständen R_3, R_4 eingestellt wird, kompensieren. Das bedeutet eine Verstärkung der Größe $A = (R_1 + R_2)/R_1$.

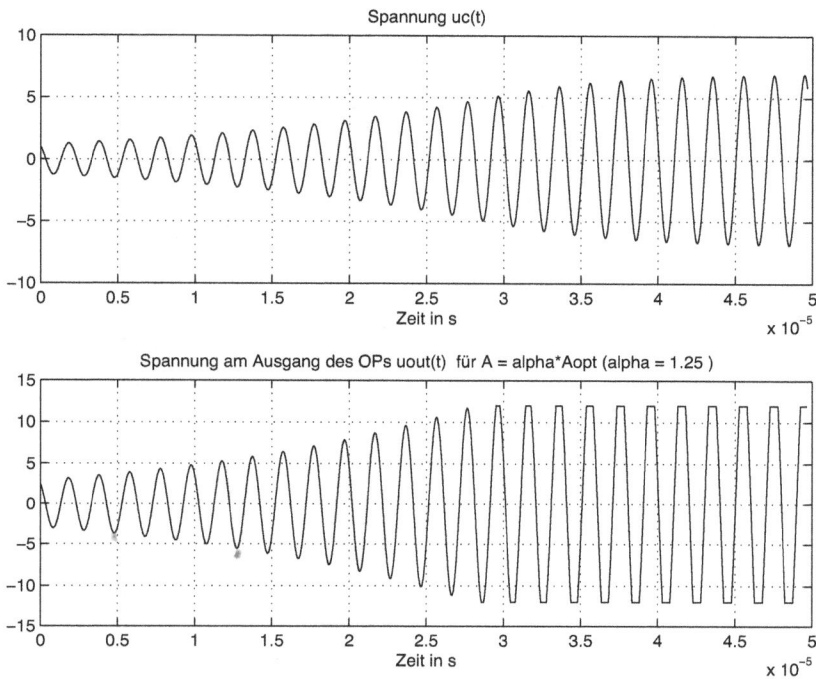

Abb. 1.73: *Anfachung der Schwingungen für $A > A_{opt}$ und Begrenzung der Ausgangsspannung* (oszillat_3.m)

1.13 Zusätzliche Experimente

Es werden hier einige Aufgaben mit Lösungen und ausführlichen Anweisungen als Experimente zu den Themen dieses Kapitels gezeigt. Sie können als Muster für weitere ähnliche Aufgaben angesehen werden. Zusätzlich können Untersuchungen mit verschiedenen anderen Parametern durchgeführt werden. Es werden hauptsächlich numerische Lösungen gezeigt, die viel einfacher als die mühsamen analytischen Lösungen sind. Die theoretischen Behandlungen für die einfachen Schaltungen dieses Kapitels sollen zum Verstehen der Ergebnisse der numerischen Simulationen herangezogen werden. Auch die analytischen Lösungen unter idealisierten Bedingungen sind wichtig, weil sie den Einfluss der Parameter der Schaltung direkt zeigen. Sie müssen aber immer mit Simulationen unter realeren Bedingungen überprüft werden.

Experiment 1.13.1: Einschwingvorgang einer RL-Schaltung mit Gleichstromquelle

In der Schaltung aus Abb. 1.74a wird der Schalter bei $t = 0$ umgeschaltet. Der vorherige Zustand hat genügend lange gedauert, so dass man annehmen kann, dass ein stationärer Zustand vorhanden war. Man soll die Spannung $u_a(t)$ auf R_3 analytisch bestimmen und in einer Skizze darstellen.

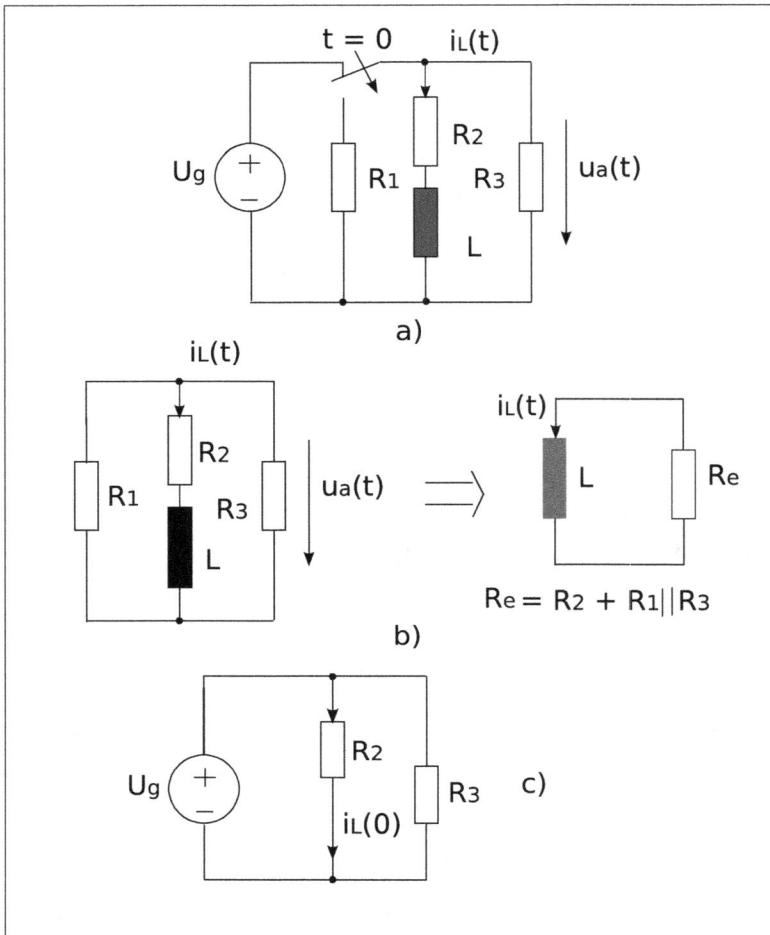

Abb. 1.74: RL-Schaltung im Wechselbetrieb

Es wird die Zustandsvariable $i_L(t)$ der Schaltung ermittelt und danach die gewünschte Spannung mit Hilfe dieser Variablen algebraisch (ohne Differentialgleichung) berechnet. Wenn der Schalter umgeschaltet wird, gilt die Ersatzschaltung aus Abb. 1.74b, und für $i_L(t)$ erhält man folgende Differentialgleichung erster Ordnung:

$$L\frac{di_L(t)}{dt} = -i_L(t)R_e \qquad \text{oder} \qquad L\frac{di_L(t)}{dt} + i_L(t)R_e = 0 \tag{1.367}$$

Dabei ist $R_e = R_2 + R_1||R_3$ ist. Diese homogene Differentialgleichung führt zu folgender charakteristischer Gleichung:

$$L\lambda + R_e = 0 \quad \text{mit der Lösung} \quad \lambda = -\frac{1}{(L/R_e)} \tag{1.368}$$

Die Lösung ist dann:

$$i_L(t) = C_h\, e^{\lambda t} = C_h\, e^{-t/(L/R_e)} \tag{1.369}$$

Die noch unbekannte Konstante C_h wird mit Hilfe der Anfangsbedingung $i_L(0) = I_{L0}$ ermittelt, und man erhält schließlich die Lösung:

$$i_L(t) = i_L(0)\, e^{-t/(L/R_e)} = I_{L0}\, e^{-t/(L/R_e)} \tag{1.370}$$

Der Anfangswert $i_L(0)$ ergibt sich aus der Schaltung gemäß Abb. 1.74c, die für die Zeit vor dem Umpolen des Schalters gilt:

$$i_L(0) = \frac{U_g}{R_2} \tag{1.371}$$

Die Spannung am Widerstand R_3 für $t > 0$ ist eigentlich die Spannung am Widerstand $R_3 \| R_1$ (siehe Abb. 1.74b) und wird:

$$u_a(t) = -i_L(t)(R_3 \| R_1) \tag{1.372}$$

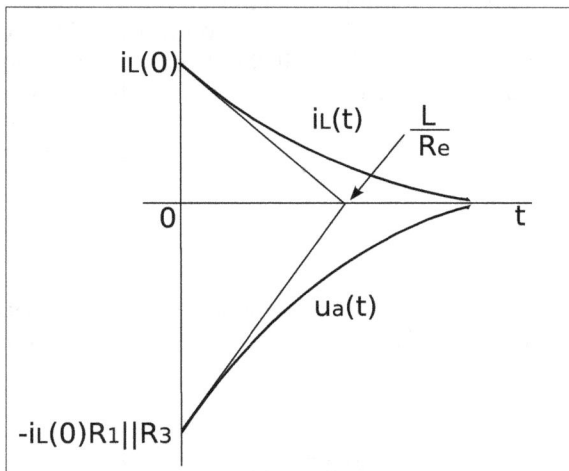

Abb. 1.75: Skizze der Verläufe des Stroms $i_L(t)$ und der Spannung $u_a(t)$

Abb. 1.75 zeigt eine Skizze des Verlaufs des Stroms $i_L(t)$ und der Spannung $u_a(t)$, beide in Form von Exponentialfunktionen mit der Zeitkonstante L/R_e.

Experiment 1.13.2: Einschwingvorgang einer RL-Schaltung mit Gleichstromquelle und nicht idealem Schalter

In dem vorherigen Experiment wurde angenommen, dass der Schalter ideal ist und keine Zwischenposition hat. In Wirklichkeit muss der Schalter eine kurze Zeit Δt zwischen den zwei Kontakten beim Umschalten verbringen. Diese Situation soll in dieser Aufgabe auch berücksichtigt werden.

Für diesen Zwischenzustand sind die zwei Widerstände R_2, R_3 in Reihe geschaltet und weiter in Reihe mit dem Induktor der Induktivität L. Der Strom wird dann durch

$$i_L(t) = i_L(0) \, e^{-t/(L/R_{e1})} \tag{1.373}$$

gegeben, wobei $i_L(0)$ der Wert des Stroms der Induktivität für den Schalter in der Anfangsposition ist. Der äquivalente Widerstand R_{e1} ist gleich der Summe der zwei Widerstände $R_{e1} = R_2 + R_3$. Am Ende des kurzen Intervalls Δt hat der Strom den Wert:

$$i_L(\Delta t) = i_L(0) \, e^{-\Delta t/(L/R_{e1})} \tag{1.374}$$

Dieser Wert stellt jetzt den Anfangswert des Stroms für den Zustand dar, in dem der Schalter umgeschaltet ist, so wie es in dem vorherigen Experiment untersucht wurde.

Experiment 1.13.3: Einschwingvorgang einer RL-Schaltung mit zwei Gleichstromquellen

Abb. 1.76a zeigt die Schaltung, die in diesem Experiment zu untersuchen ist. Bei $t = 0$ öffnet sich der erste Schalter und danach bei $t = 2$ Sekunden öffnet sich auch der zweite Schalter. Der ursprüngliche Zustand (also vor dem Schalten) hat so lange gedauert, dass sich der Strom der Induktivität stabilisiert hat. Für den Gleichstrom in der Induktivität in diesem Zustand wird statt der Induktivität ein Kurzschluss betrachtet (1.76b) und der Strom wird:

$$i_L(0) = I_{L0} = \frac{U_{g1}}{R_1} + \frac{U_{g2}}{R_3} \tag{1.375}$$

Für den geöffneten Schalter S_1 kann eine sehr einfache Ersatzschaltung benutzt werden, die in Abb. 1.76c gezeigt wird. Daraus resultiert für den Strom im Intervall $0 \leq t \leq 2\,\text{s}$ folgender Ausdruck:

$$i_L(t) = i_L(0) \, e^{-t/(L/R_{e1})} + U_{g2}\frac{R_2}{R_2 + R_3} \cdot \frac{1}{R_2||R_3}(1 - e^{-t/(L/R_{e1})}) \tag{1.376}$$

$$\text{mit} \quad R_{e1} = R_2||R_3$$

Nach zwei Sekunden ist dieser Strom ($i_L(2)$) der Anfangswert des Stroms für den letzten Zustand mit Schalter S_2 geöffnet. Dann bleibt nur die Induktivität parallel zum

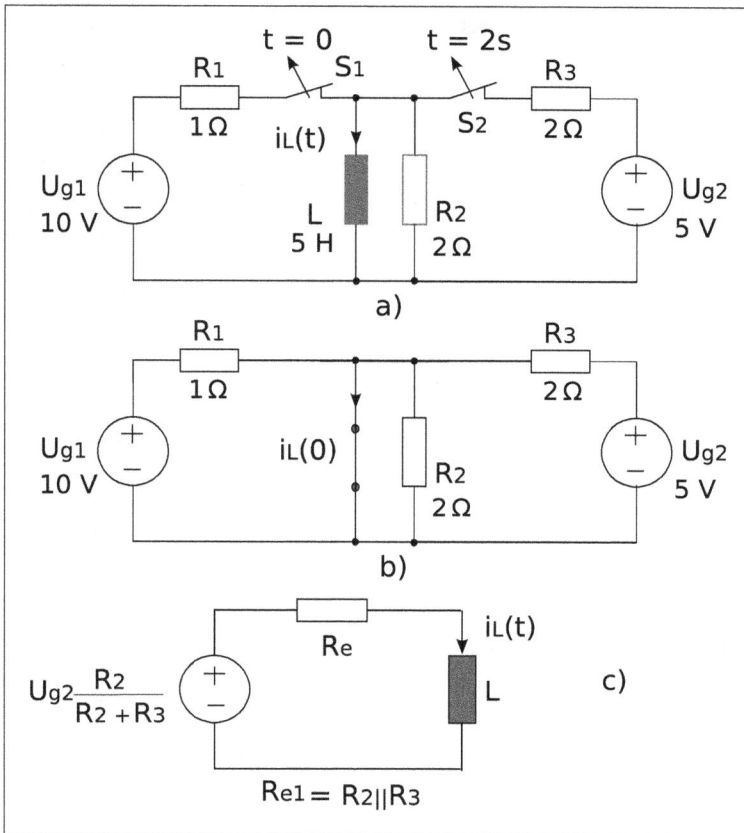

Abb. 1.76: a) Schaltung des 3. Experiments b) Ersatzschaltung für die Zeit $t < 0$ c) Ersatzschaltung für $t \geq 0$ s

Widerstand R_2, und der Strom wird:

$$i_L(t-2) = i_L(2)\, e^{-(t-2)/(L/R_2)} \quad \text{für} \quad t \geq 2 \tag{1.377}$$

Die Spannung an der Induktivität wird mit Hilfe der Ströme für jeden Intervall separat berechnet. So wird z.B. für $0 \leq t \leq 2$ die Spannung durch

$$u_L(t) = -i_L(t)\frac{R_2 R_3}{R_2 + R_3} + U_{g2}\frac{R_2}{R_2 + R_3} \tag{1.378}$$

ermittelt.

Wenn auch S_2 geöffnet wird, dann ist die Spannung der Induktivität mit Hilfe des

Stroms in diesem Intervall ermittelt:

$$u_L(t) = -i_L(t)\,R_2 \quad \text{für} \quad t \geq 2 \tag{1.379}$$

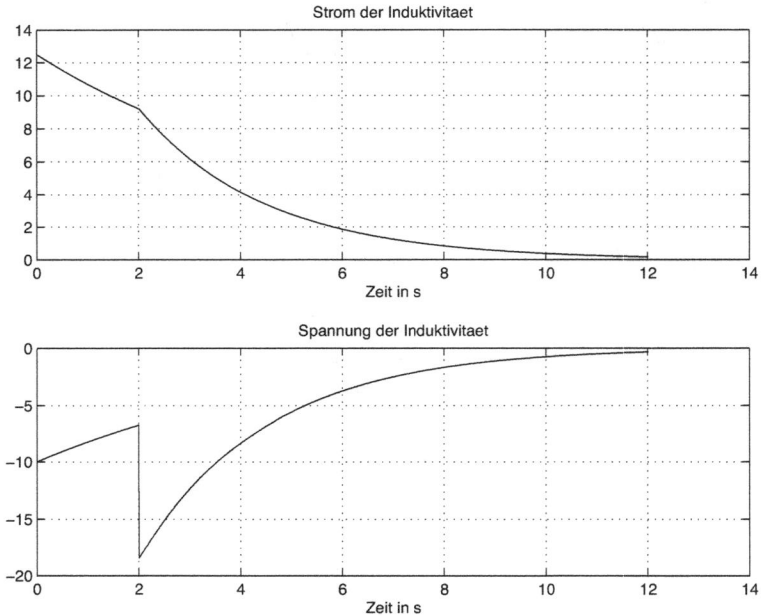

Abb. 1.77: Strom und Spannung der Induktivität (aufgabe_3.m)

Ein kleines MATLAB-Skript `aufgabe_3.m` dient der Ermittlung und Darstellung der Ergebnisse:

```
% Skript aufgabe_3.m
clear;
% ------ Parameter
R1 = 1;    R2 = 2;    R3 = 2;    L = 5;
Ug1 = 10;    Ug2 = 5;
T1 = L/(R2*R3/(R2 + R3));    % Zeitkonstanten
T2 = L/R2;
t1 = 2;            % Zeit bei der sich Schalter S2 öffnet
% ------ Strom und Spannung der Induktivität für t < 2
iL01 = Ug1/R1 + Ug2/R3;    % t<=0;
dt = 0.01;    Tfinal = t1;
t = 0:dt:Tfinal;
nt = length(t);
iL1 = iL01*exp(-t/T1) + Ug2*(R2/(R2 + R3))*(R2*R3/(R2*R3))*...
    (1-exp(-t/T1));
```

```
uL1 = -iL1*R2*R3/(R2 + R3) + Ug2*R2/(R2 + R3);
% ------ Strom und Spannung der Induktivität für t >= 2
dt = 0.01;      Tfinal = 10;
t = 0:dt:Tfinal;
iL02 = iL1(nt);
iL2 = iL02*exp(-t/T2);
uL2 = - iL2*R2;
% ------ Gesamt Strom und Spannung
iL = [iL1, iL2];
uL = [uL1, uL2];
ni = length(iL);
t = 0:dt:ni*dt-dt;
% ------ Darstellung der Ergebisse
figure(1);      clf;
subplot(211), plot(t, iL);
    title('Strom der Induktivitaet');
    xlabel('Zeit in s');      grid on;
subplot(212), plot(t, uL);
    title('Spannung der Induktivitaet');
    xlabel('Zeit in s');      grid on;
```

Der Strom und die Spannung der Induktivität sind in Abb. 1.77 gezeigt.

Experiment 1.13.4: Einschwingvorgang einer RL-Schaltung mit Wechselstromquelle

Abb. 1.78 zeigt die Schaltung dieser Aufgabe. Die erste Quelle ist ein Gleichstrom-generator, der den Anfangsstrom der Induktivität unabhängig vom Widerstand R_1 bestimmt:

$$i_L(0) = I_{L0} = 2A \qquad (1.380)$$

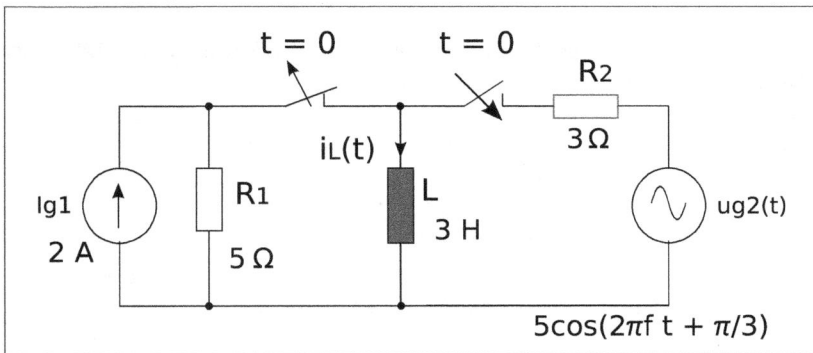

Abb. 1.78: Schaltung des 4. Experiments (aufgabe_4.m)

Die zweite Quelle ist eine Wechselspannung der Form:

$$u_{g2}(t) = \hat{u}_{g2} \cos(2\pi f t + \pi/3) \quad \text{für} \quad t \geq 0 \tag{1.381}$$

Nachdem der erste Schalter geöffnet und der zweite synchron geschlossen wird, bleibt eine einfache Reihenschaltung, für die man eine homogene Lösung für den Strom der Form

$$i_{Lh}(t) = C_h\, e^{-t/(L/R_2)} \tag{1.382}$$

erhält.

Die partikuläre Lösung wird mit Hilfe der komplexen Rechnung ermittelt. Der komplexe Strom $\underline{I}_L$ ist:

$$\underline{I}_L = \frac{\underline{U}_{g2}}{j\omega L + R_2} \tag{1.383}$$

Daraus resultiert die partikuläre Lösung für den Strom als Zeitfunktion:

$$
\begin{aligned}
i_{Lp}(t) &= \frac{\hat{u}_{g2}}{|j\omega L + R_2|} \cos(2\pi f t + \pi/3 - \text{Winkel}(j\omega L + R_2)) = \\
&\quad \frac{\hat{u}_{g2}}{\sqrt{(\omega L)^2 + R_2^2}} \cos\left(2\pi f t + \pi/3 - \text{atan}\left(\frac{\omega L}{R_2}\right)\right)
\end{aligned}
\tag{1.384}
$$

Die Gesamtlösung wird:

$$i_L(t) = C_h\, e^{-t/(L/R_2)} + \frac{\hat{u}_{g2}}{\sqrt{(\omega L)^2 + R_2^2}} \cos\left(2\pi f t + \pi/3 - \text{atan}\left(\frac{\omega L}{R_2}\right)\right) \tag{1.385}$$

Die noch unbekannte Konstante C_h der homogenen Lösung wird jetzt durch die Anfangsbedingung für den Strom berechnet. Aus

$$i_L(0) = C_h + \frac{\hat{u}_{g2}}{\sqrt{(\omega L)^2 + R_2^2}} \cos\left(\pi/3 - \text{atan}\left(\frac{\omega L}{R_2}\right)\right) \tag{1.386}$$

erhält man für C_h folgenden Wert:

$$C_h = i_L(0) - \frac{\hat{u}_{g2}}{\sqrt{(\omega L)^2 + R_2^2}} \cos\left(\pi/3 - \text{atan}\left(\frac{\omega L}{R_2}\right)\right) \tag{1.387}$$

Im folgenden Skript (`aufgabe_4.m`) sind die Variablen der Schaltung für $f = 1$ Hz ermittelt und dargestellt:

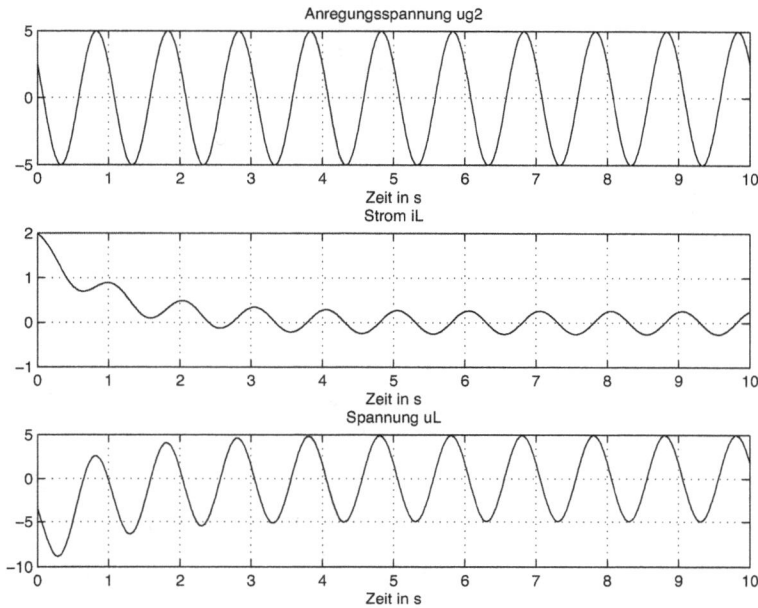

Abb. 1.79: Anregungsspannung, Strom und Spannung der Induktivität (aufgabe_4.m)

```
% Skript aufgabe_4.m, in dem ein RL-Netzwerk
% mit sinusförmiger Anregung untersucht wird
clear;
% ------- Parameter
R2 = 3;              % Widerstand
L = 3;               % Induktivität
T = L/R2;            % Zeitkonstante
ug2_ampl = 5;        % Amplitude Anregung
phi = pi/3;          % Nullphase
f = 1;           % Frequenz in Hz
omega = 2*pi*f; % Kreisfrequenz
iL0 = 2;    % Anfangsstrom
% ------- Impedanz der Reihenschaltung
Z = R2 + j*omega*L;
% ------- Spannung ug, Strom iL, Spannung uL
dt = 0.01;
Tfinal = 10;         t = 0:dt:Tfinal;
ug2 = ug2_ampl*cos(omega*t + phi);
iL = (iL0-ug2_ampl*cos(phi-atan2(omega*L, R2))/abs(Z))*exp(-t/T)+...
    ug2_ampl*cos(omega*t+phi-atan2(omega*L,R2))/abs(Z);
uL = -iL*R2 + ug2;
% ------- Darstellungen
figure(1);       clf;
```

```
subplot(311), plot(t, ug2);
    title('Anregungsspannung ug2');
    xlabel('Zeit in s');        grid on;
subplot(312), plot(t, iL');
    title('Strom iL');
    xlabel('Zeit in s');        grid on;
subplot(313), plot(t, uL');
    title('Spannung uL');
    xlabel('Zeit in s');        grid on;
```

In Abb. 1.79 sind die Ergebnisse dargestellt. Ganz oben ist die Wechselspannung der Anregung $u_{g2}(t)$ gezeigt und darunter ist der Strom bzw. die Spannung der Induktivität dargestellt.

Experiment 1.13.5: Einschwingvorgang einer RLC-Schaltung mit Wechselstromquelle

Die vorherige Schaltung wird um einen Kondensator in Reihe mit der Induktivität ergänzt (Abb. 1.80). Als Zustandsvariablen sind jetzt der Strom der Induktivität $i_L(t)$ und die Spannung des Kondensators $u_c(t)$. Für $t < 0$ im stationären Zustand hat sich der Kondensator mit der Spannung $U_c = u_c(0) = I_{g1}R_1 = 10$ V aufgeladen, die die Anfangsspannung des Kondensators darstellt. Der Strom der Induktivität, hier gleich dem Strom des Kondensators, ist wegen des geladenen Kondensators null $i_L(0) = 0$ und stellt ebenfalls den Anfangsstrom der Induktivität dar.

Wenn der erste Schalter sich öffnet und synchron der zweite schließt, bleibt eine RLC-Reihenschaltung, angeregt durch die Wechselspannung $u_{g2}(t)$, mit den gezeigten Anfangsbedingungen.

Die RLC-Reihenschaltung wurde ausführlich in diesem Kapitel behandelt. Für die homogene Lösung muss man die charakteristische Gleichung lösen und sehen, welcher Fall (reelle, gleiche oder komplexe Wurzeln) für die konkrete Schaltung vorliegt. Die partikuläre Lösung ist mit Hilfe der komplexen Rechnung relativ leicht zu bestimmen.

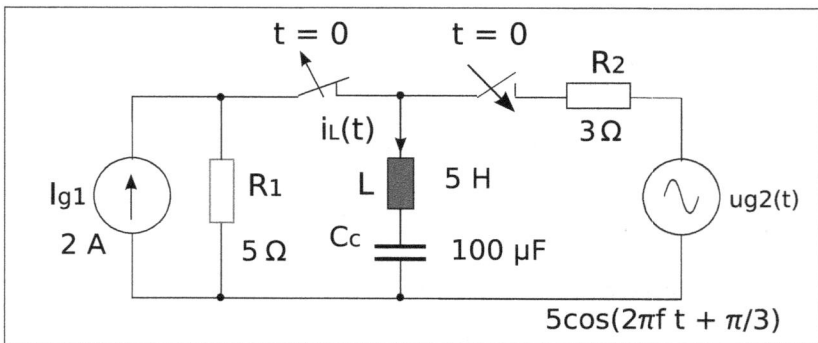

Abb. 1.80: Schaltung des 5. Experiments

Viel einfacher ist die numerische Lösung z.B. mit Euler-Verfahren oder mit der MATLAB-Funktion `lsim` zu bestimmen. Hier wird der Einsatz der Funktion `lsim` (aus der *Control System Toolbox*) gezeigt. Als Modell des Systems für $t \geq 0$ wird ein Zustandsmodell gewählt, mit den zwei Zustandsvariablen in Form des Stroms $i_L(t)$ und der Spannung $u_c(t)$. Aus

$$u_{g2}(t) = i_L(t) R_2 + L \frac{di_L(t)}{dt} + u_c(t)$$

$$\frac{du_c(t)}{dt} = \frac{1}{C_c} i_L(t)$$

(1.388)

erhält man dann das Zustandsmodell:

$$\begin{bmatrix} \dfrac{di_L(t)}{dt} \\ \dfrac{du_c(t)}{dt} \end{bmatrix} = \begin{bmatrix} -R_2/L & -1/L \\ 1/C_c & 0 \end{bmatrix} \begin{bmatrix} i_L(t) \\ u_c(t) \end{bmatrix} + \begin{bmatrix} 1/L \\ 0 \end{bmatrix}$$

(1.389)

Die Matrizen **A**, **B** sind direkt daraus zu entnehmen. Wenn man als Ausgangsvariablen die Zustandsvariablen annimmt, dann sind auch die Matrizen **C**, **D** sehr einfach. In der MATLAB-Syntax [25] sind sie durch

```
C = eye(2,2);            D = 0;
```

gegeben.

Im Skript `aufgabe_5.m` werden anfänglich die Parameter und das Modell definiert. Danach wird die sinusförmige Spannung $u_{g2}(t)$ gebildet und die Funktion `lsim` aufgerufen:

```
% Skript aufgabe_5.m, in dem ein RLC-Netzwerk
% mit sinusförmiger Anregung untersucht wird
clear;
% ------- Parameter
R2 = 3;            % Widerstand
L = 5;             % Induktivität
Cc = 100.e-6;      % Kapazität
ug2_ampl = 5;      % Amplitude Anregung
phi = pi/3;        % Nullphase
f = 1;             % Frequenz in Hz
omega = 2*pi*f;    % Kreisfrequenz
iL0 = 0;  % Anfangsstrom
Uc0 = 10; % Anfangsspannung des Kondensators
% ------- Zustandsmodell der Schaltung für t>0
A = [-R2/L, -1/L; 1/Cc, 0];       B = [1/L; 0];
C = eye(2,2);    D = 0;
x0 = [iL0; Uc0];
my_system = ss(A, B, C, D);    % Definieren des SS-Systems
% ------- Spannung ug, Strom iL, Spannung uL
```

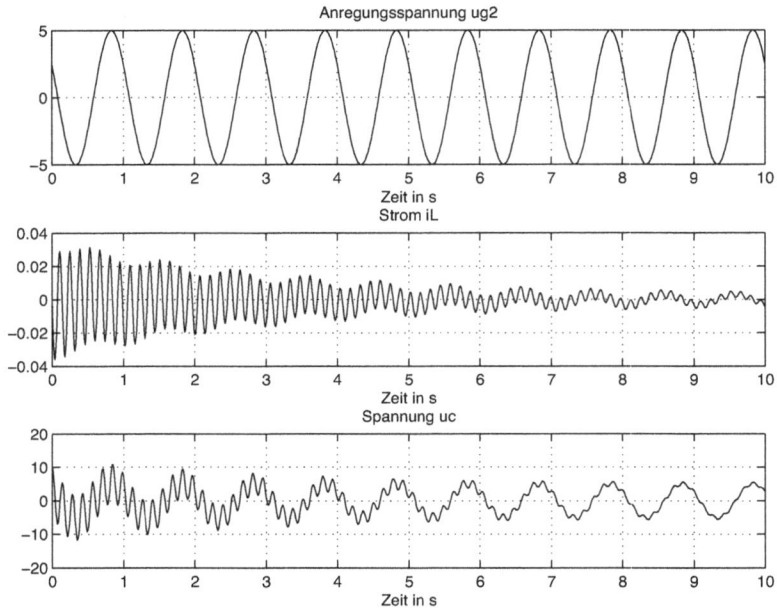

Abb. 1.81: Anregungsspannung, Strom und Spannung der Kapazität (aufgabe_5.m)

```
dt = 0.01;        Tfinal = 10;
t = 0:dt:Tfinal;
ug2 = ug2_ampl*cos(omega*t + phi);
% ------- Berechnung des Zustandsvektors mit lsim
x = lsim(my_system, ug2',t',x0);
iL = x(:,1);
uc = x(:,2);
% ------- Darstellungen
figure(1);       clf;
subplot(311), plot(t, ug2);
    title('Anregungsspannung ug2');
    xlabel('Zeit in s');      grid on;
subplot(312), plot(t, iL');
    title('Strom iL');
    xlabel('Zeit in s');      grid on;
subplot(313), plot(t, uc');
    title('Spannung uc');
    xlabel('Zeit in s');      grid on;
```

Abb. 1.81 zeigt die Anregung, den Strom und die Spannung der Kapazität für die Parameter, die im Skript eingesetzt sind. Man erkennt die höhere Frequenz der homogenen Lösung, die in Zeit abklingt, so dass zuletzt nur die partikuläre Lösung bleibt.

Die höhere Frequenz ist sehr nahe an der Resonanzfrequenz, die einfach durch

$$f_0 = \frac{1}{2\pi\sqrt{L\,C_c}} = 7,1176 \ (Hz) \tag{1.390}$$

gegeben ist. Sie ist leicht aus der Darstellung des Stroms zu schätzen. Man erhält z.B. 14 Perioden in 2 Sekunden, was einer Frequenz von 7 Hz entspricht.

Experiment 1.13.6: Simulation des Zeit- und Frequenzverhaltens eines Tastkopfes

Schaltungen zweiter Ordnung erhält man auch im Falle zweier Kondensatoren oder zweier Induktoren. In diesem Experiment wird eine praktische Schaltung mit zwei Kondensatoren untersucht. Es ist die Schaltung eines einfachen Tastkopfs für ein Oszilloskop, wie es in Abb. 1.82a gezeigt ist. Die Kapazität C_2 stellt die Ersatzkapazität der Kapazität C_k des abgeschirmten Kabels vom Tastkopf bis zum Eingang des Oszilloskops und dessen Eingangskapazität C_i dar. Der Widerstand R_2 ist der Eingangswiderstand des Oszilloskops.

Mit Hilfe des Widerstands R_1 aus dem Tastkopf wird eine Teilung, z.B. mit Faktor 10 erzeugt und mit der Kapazität C_1 wird der Effekt der Kapazität C_2 kompensiert (teilkompensiert). Der kompensierte Zustand des Teilers wird durch gleiche Zeitkonstanten $C_1 R_1 = C_2 R_2$ erhalten. Daraus folgt:

$$C_1 = \frac{C_2 R_2}{R_1} \tag{1.391}$$

Als Beispiel, mit $R_2/R_1 = 1/10$ und $C_2 = 100$ pF erhält man für C_1 einen Wert von 10 pF. Ohne diesen Tastkopf wäre die Quelle, die gemessen wird, mit der Kapazität $C_2 = 100$ pF belastet. Nach der Kompensation kann man die ursprüngliche Schaltung gemäß Abb. 1.82b in der Form darstellen, die in Abb. 1.82c gezeigt ist, weil zwischen den Punkten a und b keine Spannung abfällt und damit kein Strom fließen würde. Die Quelle ist jetzt nur mit einer Ersatzkapazität C_g belastet, die sich aus den zwei Kapazitäten in Reihe geschaltet, ergibt:

$$C_g = \frac{C_1 C_2}{C_1 + C_2} < C_1 = 10 \text{ pF} \tag{1.392}$$

Den Preis, den man für die Verringerung der kapazitiven Belastung zahlt, ist die Verringerung der Eingangsspannung um den Faktor 10. Die Schaltung ist relativ einfach und eignet sich sehr gut für eine Simulation im Zeitbereich und zur Ermittlung des Frequenzgangs.

Die Schaltung enthält zwei Zustandsvariablen in Form der zwei Spannungen der Kapazitäten. Die Differentialgleichungen erster Ordnung für diese Zustandsvariablen

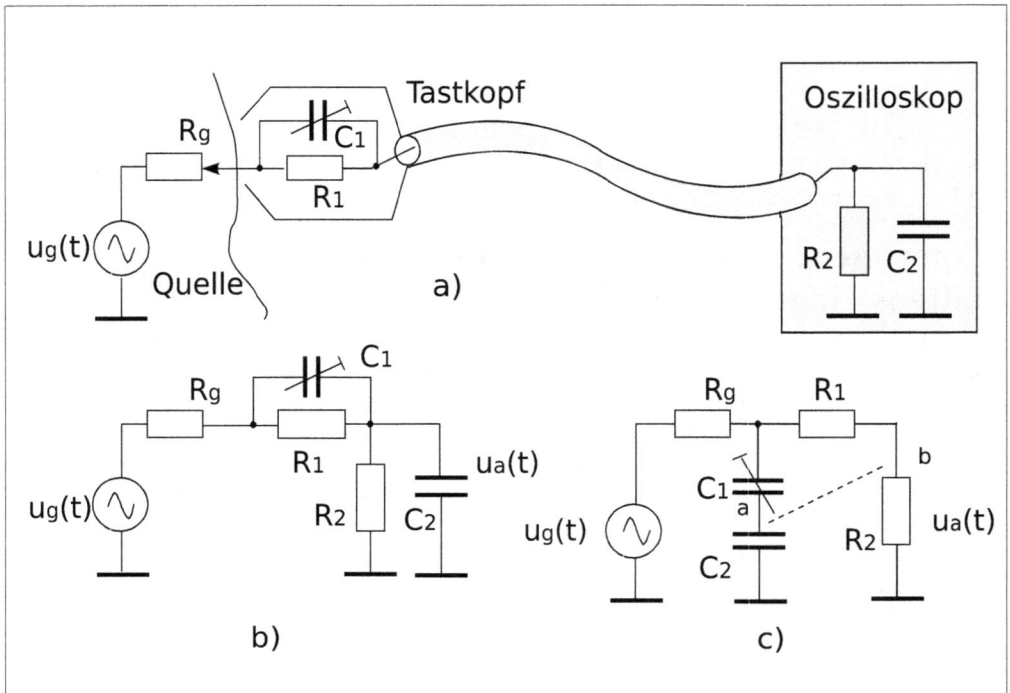

Abb. 1.82: a) Tastkopf-Schaltung b) Ersatzschaltung c) Kompensierter Zustand

werden mit Hilfe der Schaltung aus Abb. 1.82b geschrieben. Aus

$$C_1 \frac{du_{c1}(t)}{dt} + \frac{u_{c1}(t)}{R_1} = \frac{u_g(t) - (u_{c1}(t) + u_{c2}(t))}{R_g}$$

$$C_2 \frac{du_{c2}(t)}{dt} = \frac{u_g(t) - (u_{c1}(t) + u_{c2}(t))}{R_g} - \frac{u_{c2}(t)}{R_2}$$

$$(1.393)$$

erhält man die Matrixform für das System von Differentialgleichungen erster Ordnung in den Zustandsvariablen:

$$\begin{bmatrix} \frac{du_{c1}(t)}{dt} \\ \frac{du_{c2}(t)}{dt} \end{bmatrix} = \begin{bmatrix} -\left(\frac{1}{R_g} + \frac{1}{R_1}\right)\frac{1}{C_1} & -\frac{1}{R_g C_1} \\ -\frac{1}{R_g C_2} & -\left(\frac{1}{R_g} + \frac{1}{R_2}\right)\frac{1}{C_2} \end{bmatrix} \begin{bmatrix} u_{c1}(t) \\ u_{c2}(t) \end{bmatrix} +$$

$$\begin{bmatrix} \frac{1}{R_g C_1} \\ \frac{1}{R_g C_2} \end{bmatrix} u_g(t)$$

$$(1.394)$$

Die Ausgangsspannung ist die zweite Zustandsvariable und somit ist die algebraische Ausgangsgleichung in Matrixform:

$$u_a(t) = \begin{bmatrix} 0 & 1 \end{bmatrix} \begin{bmatrix} u_{c1}(t) \\ u_{c2}(t) \end{bmatrix} + 0 \, u_g(t) \tag{1.395}$$

Für die kompakte Schreibweise werden 4 Matrizen definiert:

$$\begin{bmatrix} \dfrac{du_{c1}(t)}{dt} \\ \dfrac{du_{c2}(t)}{dt} \end{bmatrix} = \mathbf{A} \begin{bmatrix} u_{c1}(t) \\ u_{c2}(t) \end{bmatrix} + \mathbf{B} u_g(t) \,, \qquad u_a(t) = \mathbf{C} \begin{bmatrix} u_{c1}(t) \\ u_{c2}(t) \end{bmatrix} + \mathbf{D} u_g(t) \tag{1.396}$$

Diese 4 Matrizen $\mathbf{A}, \mathbf{B}, \mathbf{C}$ und $\mathbf{D}$ bilden in MATLAB die komplette so genannte *State-Space*-Beschreibung. Die Zusammenfassung der zwei Zustandsvariablen in einem Vektor $\mathbf{u}_c(t)$ vereinfacht weiter die Schreibweise der oben gezeigten Zustandsgleichungen:

$$\frac{d\mathbf{u}_c(t)}{dt} = \mathbf{A}\mathbf{u}_c(t) + \mathbf{B}u_g(t) \,, \qquad u_a(t) = \mathbf{C}\mathbf{u}_c(t) + \mathbf{D}u_g(t) \tag{1.397}$$

Für solche linearen Zustandsgleichungen in der Annahme, dass die Anregung $u_g(t)$ für kleine Zeitschritte konstant ist, gibt es auch eine analytische Lösung die ausführlich in der Literatur besprochen ist [21].

In MATLAB wird die analytische Lösung in der Funktion `lsim` aus der *Control System Toolbox* implementiert. Das kontinuierliche System wird praktisch in Zeit diskretisiert und numerisch gelöst. Zwischen den Abtastwerten kann man das kontinuierliche Signal als Ausgang eines Halteglieds nullter Ordnung oder linear interpoliert erhalten.

Die Beschreibung des Systems für die `lsim`-Funktion kann auch eine andere Form haben, und zwar die Übertragungsfunktion (*Transfer Function*). Die Übertragungsfunktion als Verhältnis der komplexen Ausgangs- und Eingangsspannung definiert $U_a(j\omega)/U_g(j\omega)$, kann nach der Schaltung aus Abb. 1.82b, die man im Komplex betrachten muss, ermittelt werden. Aus

$$\frac{U_a(j\omega)}{Z_2(j\omega)}(Z_1(j\omega) + R_g) + U_a(j\omega) = U_g(j\omega)$$

$$Z_1(j\omega) = \frac{R_1}{j\omega R_1 C_1 + 1} \quad \text{und} \quad Z_2(j\omega) = \frac{R_2}{j\omega R_2 C_2 + 1} \tag{1.398}$$

erhält man die gesuchte Übertragungsfunktion:

$$\frac{U_a(j\omega)}{U_g(j\omega)} =$$

$$\alpha \frac{j\omega R_1 C_1 + 1}{(j\omega)^2 \alpha R_1 C_1 R_g C_2 + j\omega\alpha[R_1(C_1+C_2) + R_g(C_1 R_1/R_2 + C_2)] + 1} \qquad (1.399)$$

$$\text{mit} \quad \alpha = \frac{R_2}{R_g + R_1 + R_2}$$

In MATLAB werden als Parameter der Übertragungsfunktion die Koeffizienten der Polynome in $j\omega$ des Zählers und Nenners in zwei Vektoren zusammengefasst.

Die einfache numerische Integration mit dem Euler-Verfahren ist, wie schon gezeigt, leicht zu verstehen und zu programmieren. Es basiert auf die Annäherung der Ableitung erster Ordnung mit finiten Differenzen:

$$\frac{d\mathbf{u}_c(t)}{dt} \cong \frac{\mathbf{u}_c(t+\Delta t) - \mathbf{u}_c(t)}{\Delta t} = \mathbf{A}\mathbf{u}_c(t) + \mathbf{B}u_g(t) \qquad (1.400)$$

Daraus resultiert die Art in der aus einem aktuellen Zustandsvektor der nächste Zustandsvektor berechnet wird:

$$\mathbf{u}_c(t+\Delta t) = \mathbf{u}_c(t) + \Delta t\left[\mathbf{A}\mathbf{u}_c(t) + \mathbf{B}u_g(t)\right] \qquad (1.401)$$

Ausgehend von gegebenen Anfangswerten für die Zustandsvariablen werden diese gemäß dieser Form für jeden weiteren Schritt aktualisiert. Das Verfahren konvergiert, wenn die Schrittweite relativ klein ist. Im nachfolgenden Experiment wird auch dieses Verfahren implementiert und man kann mit der Schrittweite Δt experimentieren.

Im Skript `tastkopf_1.m` ist das Experiment programmiert. Das Skript wird „stückweise" erklärt, so dass die erläuterten Teile zusammengesetzt das Skript bilden. Am Anfang werden die Matrizen des Zustandsmodells $\mathbf{A}, \mathbf{B}, \mathbf{C}, \mathbf{D}$ und die Koeffizienten des Zählers und Nenners der Übertragungsfunktion initialisiert:

```
% Skript tastkopf_1.m, in dem das Zeit- und Frequenzverhalten
% eines einfachen Tastkopfs untersucht wird
clear;
% ------- Parameter der Schaltung mit Tastkopf
Rg = 1000e3;      R1 = 9e6;      R2 = 1e6;
C2 = 100e-12;
%C1 = 0.5*R2*C2/R1;    % Unterkompensiert
%C1 = R2*C2/R1;        % Kompensiert
C1 = 1.5*R2*C2/R1;     % Ueberkompensiert
% ------- Matrizen des Zustandsmodells
A = [-(1/Rg+1/R1)/C1, -1/(Rg*C1); -1/(Rg*C2), -(1/Rg+1/R2)/C2];
B = [1/(Rg*C1); 1/(Rg*C2)];       C = [0, 1];      D = 0;
% ------- Koeffizienten der Uebertragungsfunktion
alpha = R2/(Rg + R1 + R2);
```

```
zaehler = alpha*[R1*C1, 1];
nenner = [alpha*R1*C1*Rg*C2, alpha*(R1*(C1+C2)+Rg*(C1*R1/R2+C2)), 1];
```

In MATLAB werden dann aus den zwei Modellen (Zustandsmodell und Übertragungsfunktion) zwei Systeme `my_ss` und `my_tf` für dieselbe Schaltung definiert. Mit diesen MATLAB-Objekten kann man alle Funktionen, die für solche Objekte vorhanden sind, aufrufen. Als Beispiel wird hier die Sprungantwort mit der Funktion **step** gezeigt und dargestellt:

```
my_ss = ss(A, B, C, D);              % Definitionen des Systems
my_tf = tf(zaehler, nenner);
[st_s, t] = step(my_ss);      % Sprungantwort
[st_tf, t] = step(my_tf);
%#######################
figure(1);      clf;
subplot(211), plot(t, st_s);
    title('Sprungantwort aus Zustandsmodell');
    xlabel('Zeit in s');      grid on;
subplot(212), plot(t, st_tf);
    title('Sprungantwort aus Uebertragungsfunktion');
    xlabel('Zeit in s');      grid on;
```

Wie erwartet liefern beide Aufrufe das gleiche Ergebnis, das hier nicht mehr gezeigt ist. Man sollte das Skript für die drei Werte der Kompensationskapazität C_1 starten und den Unterschied der Sprungantworten sichten und interpretieren. Für den internen Widerstand der Quelle wird ein relativ großer Wert anfänglich gewählt, so dass man den Einfluss der Kapazität C_g auch im kompensierten Zustand sieht. Mit diesem Wert sollte man experimentieren und bis zu Werte von $R_g = 1k\Omega$ heruntergehen.

Es folgt im Skript die Bestimmung der Antwort auf ein rechteckiges Signal der Frequenz von 1 kHz, das gewöhnlich an der Frontseite eines Oszilloskops vorhanden ist. Es dient gerade zur Einstellung der Kompensationskapazität des Tastkopfes. In der Simulation wird das bipolare rechteckige Signal aus einem sinusförmigen Signal mit der Funktion **sign** gebildet. Danach wird die Funktion **lsim** aufgerufen, die als Argumente das Objekt hat, in dem alle Parameter des Systems enthalten sind und zusätzlich die Vektoren der Werte der Anregung $u_g(t)$ und die diskreten Zeitschritte t angegeben werden:

```
% ------- Die Antwort auf rechteckiges Signal mit lsim
f = 1e3;            T = 1/f;            dt = T/1000;
t = 0:dt:5*T-dt;
nt = length(t);
ug = sign(sin(2*pi*f*t));   % Rechteckiges Signal
ua = lsim(my_ss, ug', t');  % Antwort
% ua = lsim(my_tf, ug', t');
figure(2);      clf;
subplot(211), plot(t, ug);
    title('Rechteckige Signale der Quelle');
    xlabel('Zeit in s');      grid on;
    La = axis;    axis([La(1:2), La(3:4)*1.2])
subplot(212), plot(t, ua);
```

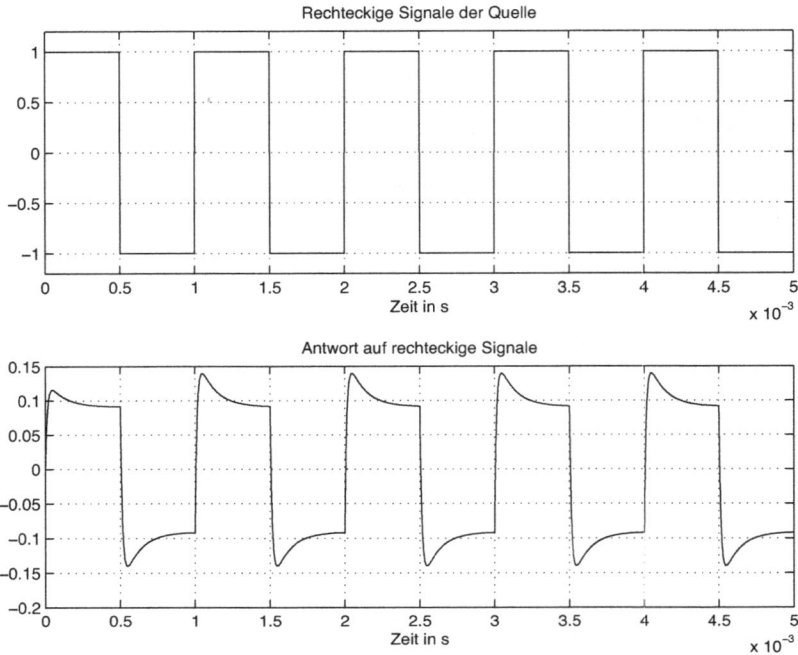

Abb. 1.83: Anregung und Antwort des Tastkopfs bei Überkompensation (tastkopf_1.m)

```
title('Antwort auf rechteckige Signale');
xlabel('Zeit in s');    grid on;
```

Abb. 1.83 zeigt die Anregung und die Antwort des Tastkopfes für den Fall einer Überkompensation ($C_1 = 1{,}5 C_2 R_2 / R_1$). Mit den anderen zwei Werten für C_1 kann man den kompensierten und unterkompensierten Fall simulieren. Im Kompensationsfall wirkt nur die Ersatzkapazität $C_g = C_1 C_2 / (C_1 + C_2) < C_1$ mit einer Zeitkonstanten $C_g(R_g||(R_1 + R_2))$. Die Funktion **lsim** basiert auf einer analytischen Lösung, die die Anregung als konstant zwischen den Zeitschritten annimmt. Dadurch ist die Konvergenz kein Thema.

Mit der numerischen Integration über das einfache Euler-Verfahren, das weiter im Skript programmiert ist, können hier wohl Konvergenzprobleme auftreten. Das ist besonders für einen kleinen Wert für R_g zu erwarten, der zu einen so genannten *stiff*-System führen kann. Man erhält so ein „steifes" System in Simulationen, wenn das System zwei oder mehrere sehr unterschiedliche dynamische Vorgänge enthält. In diesem Fall sind die unterschiedlichen Zeitkonstanten im nicht kompensierten Zustand, eine sehr kleine wegen R_g und die anderen Zeitkonstanten wegen C_1 bzw. C_2, die Ursache für ein *stiff* System.

Die numerische Integration mit dem Euler-Verfahren konvergiert, wenn die Schrittweite (hier Zeitschrittweite) sehr klein ist. Um die große Datenmenge, die bei kleinen Schrittweiten entsteht, zu vermeiden, werden einige innere Integrationsschritte nicht abgespeichert, sie dienen nur der Sicherung der Konvergenz:

```
% ------- Numerische Integration mit Euler-Verfahren
uc = zeros(2,nt);          uc(:,1) = [0,0];
n_intern = 10; % Anzahl Schritte, die nicht gespeichert werden
uc_temp = uc(:,1);
for k = 1:nt-1
    for p = 1:n_intern
        uc_temp = uc_temp + dt*(A*uc_temp + B*ug(k))/n_intern;
    end;
    uc(:,k+1) = uc_temp;      % Der gespeicherte Wert
end;
ua_n = uc(2,:);
%#######################
figure(3);      clf;
plot(t, ua_n, t, ua);
    title(['Antwort auf rechteckige Signale mit  lsim und mit ',...
            'Euler-Verfahren']);
    xlabel('Zeit in s');    grid on;
    La = axis;    axis([La(1:2), La(3:4)*1.2])
```

Die Ergebnisse, die mit der Funktion **lsim** und die mit der oben gezeigten numerischen Integration, sind praktisch identisch. Für $R_g = 1000\ \Omega$ muss man die Anzahl der inneren Schritte von 10 auf 100 erhöhen.

Der Frequenzgang von der Spannung der Anregung $u_g(t)$ bis zur Spannung am Eingang des Oszilloskops $u_{c2}(t)$ kann einfach ermittelt werden. Es wird ein Frequenzbereich zwischen f_{min} und f_{max}, die in Form von Zehnerpotenzen gewählt sind, und dann die Übertragungsfunktion $H(j\omega) = U_a(j\omega)/U_g(j\omega)$ ermittelt. Am einfachsten geht das, wenn man vom Ausgang beginnt und für die Ausgangsspannung bei allen Frequenzen den Wert eins annimmt:

```
% -------- Frequenzgang der Schaltung von ug bis ua
fmin = 1e3;          fmax = 1e8;              % Ganze Potenzen von 10
f = logspace(3,7, 1000);  % 500 Frequenzwerte logarithmisch skaliert
omega = 2*pi*f;

Z1 = R1./(j*omega*R1*C1 + 1);          Z2 = R2./(j*omega*R2*C2 + 1);
Ua = 1;
Ug = (Ua./Z2).*(Rg + Z1)+Ua;
H = Ua./Ug;
%#######################
figure(4);      clf;
subplot(211), semilogx(f, 20*log10(abs(H)));
    title('Amplitudengang');
    xlabel('Hz');    grid on;
subplot(212), semilogx(f, angle(H)*180/pi);
    title('Phasengang');
    xlabel('Hz');    grid on;
```

Abb. 1.84 zeigt den Frequenzgang für den überkompensierten Fall. Auch hier sollte

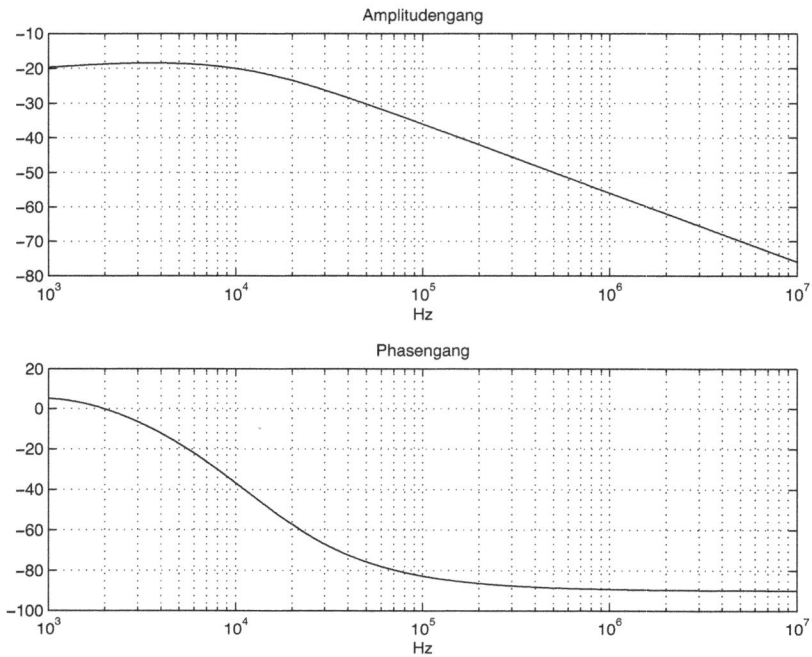

Abb. 1.84: Frequenzgang der Schaltung bei Überkompensation (tastkopf_1.m)

man mit verschiedenen Werten für die Kapazität C_1 experimentieren und den Frequenzgang sichten und interpretieren. Zuletzt im Skript wird der Frequenzgang exemplarisch auch mit der MATLAB-Funktion **freqs** ermittelt und dargestellt:

```
% -------- Frequenzgang der Schaltung von ug bis ua
% mit freqs ermittelt
Hs = freqs(zaehler, nenner, omega);
figure(5);      clf;
subplot(211), semilogx(f, 20*log10(abs(Hs)));
   title('Amplitudengang');
   xlabel('Hz');    grid on;
subplot(212), semilogx(f, angle(Hs)*180/pi);
   title('Phasengang');
   xlabel('Hz');    grid on;
```

Wie erwartet sind diese Frequenzgänge identisch. Mit einem der folgenden Aufrufe wird der Frequenzgang als Bode-Diagramm erhalten:

```
.....
bode(zaehler, nenner);
% bode(my_ss);
% bode(my_tf);
.....
```

Die Impulsantwort des Systems kann mit Hilfe der Funktion **impulse** über einen der Aufrufe

```
.....
impulse(zaehler, nenner);
% impulse(my_ss);
% impulse(my_tf);
.....
```

ermittelt und dargestellt werden. Kurze Beschreibungen der Funktionen **bode** und **impulse** erhält man mit den Aufrufen:

```
>> help bode
>> help impulse
```

Das Verhalten des Tastkopfes kann auch in Simulink [12] untersucht werden. In einem kleinem Skript `tastkopf_2.m` werden die Parameter der Schaltung initialisiert und danach wird das Simulink-Modell `tastkopf2.mdl` aus diesem Skript aufgerufen und so die Simulation gestartet. Nach der Simulation werden einige Signale, die in speziellen Senken (*To Workspace*) eingefangen wurden, im gleichen Skript bearbeitet und nach eigenen Wünschen dargestellt.

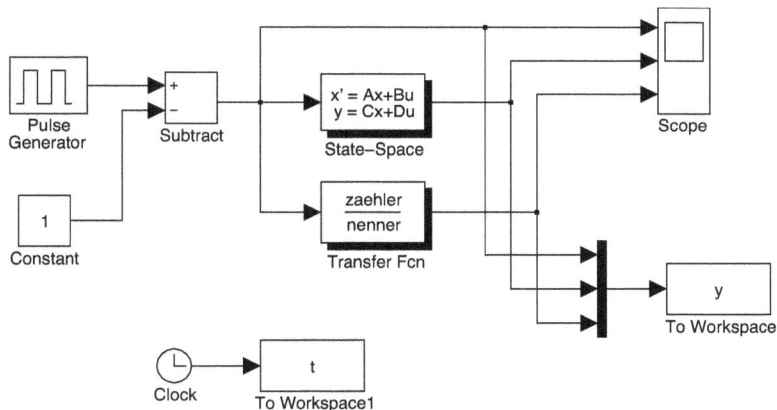

Abb. 1.85: Simulink-Modell mit den zwei Arten der Beschreibung des Tastkopfes (tastkopf_2.m, tastkopf2.mdl)

```
% Skript tastkopf_2.m, in dem das Verhalten eines einfachen Tastkopfs
% mit Simulink-Modell (tastkopf2.mdl) untersucht wird
clear;
% ------- Parameter der Schaltung mit Tastkopf
Rg = 1000e3;     R1 = 9e6;     R2 = 1e6;      C2 = 100e-12;
C1 = 0.5*R2*C2/R1;    % Unterkompensiert
%C1 = R2*C2/R1;       % Kompensiert
%C1 = 1.5*R2*C2/R1;   % Ueberkompensiert
% ------- Matrizen des Zustandsmodells
```

```
A = [-(1/Rg+1/R1)/C1,  -1/(Rg*C1); -1/(Rg*C2),  -(1/Rg+1/R2)/C2];
B = [1/(Rg*C1); 1/(Rg*C2)];       C = [0, 1];     D = 0;
% ------- Koeffizienten der Uebertragungsfunktion
alpha = R2/(Rg + R1 + R2);
zaehler = alpha*[R1*C1, 1];
nenner = [alpha*R1*C1*Rg*C2, alpha*(R1*(C1+C2)+Rg*(C1*R1/R2+C2)), 1];
% ------- Anregung
f = 1e3;    % Frequenz der Eingangspulse
ampl = 2;   % Amplitudes der unipolaren Pulse
% ------- Aufruf der Simulation
sim('tastkopf2', [0, 5e-3]);
% y(:,1) = Anregung,        y(:,2) = Antwort des State-Space Blocks
% y(:,3) = Antwort des Transfer Fcn Blocks
figure(1);    clf;
subplot(211), plot(t, y(:,1));
   title('Spannung der Quelle');
   xlabel('Zeit in s');    grid on;
   La = axis;    axis([La(1:2), La(3:4)*1.2])
subplot(212), plot(t, y(:,2));
   title('Antwort des Tastkopfs');
   xlabel('Zeit in s');    grid on;
```

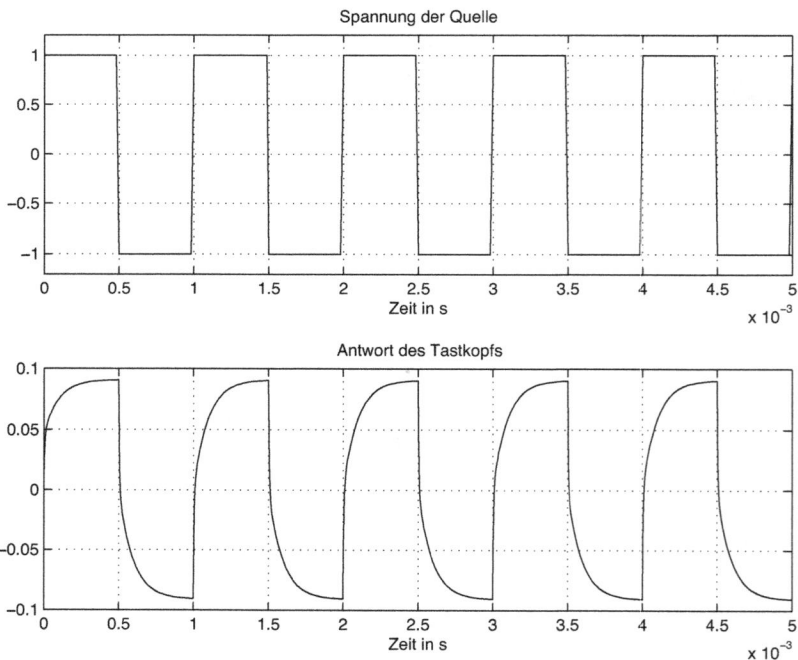

Abb. 1.86: Anregung und Antwort des Zustandsmodells für den Fall der Unterkompensation
(tastkopf_2.m, tastkopf2.mdl)

Der Aufruf der Simulation geschieht mit der Funktion **sim**, die als minimale Argumente den Namen des Modells und die Simulationszeit benötigt. Das Modell ist in Abb. 1.85 dargestellt. Für die Anregung wird hier der Block *Pulse Generator* benutzt, der unipolare Pulse der Amplitude `ampl = 2` liefert. Mit der konstanten Quelle *Constant* werden bipolare Pulse der Amplitude eins erzeugt.

Der Tastkopf wird mit zwei Beschreibungsarten im Modell dargestellt. Die Zustandsbeschreibung wird mit dem Block *State Space* simuliert und die Beschreibung mit der Übertragungsfunktion wird mit dem Block *Transfer Fcn* simuliert. Diese Blöcke werden mit den Parametern des Systems initialisiert. Diese sind für den ersten Block die Matrizen $\mathbf{A}, \mathbf{B}, \mathbf{C}, \mathbf{D}$ und für den zweiten Block die Koeffizienten der Übertragungsfunktion aus den Vektoren `zaehler` und `nenner`.

Die Anregung und die Antworten der zwei Blöcke werden mit dem Block *Scope* während der Simulation dargestellt und gleichzeitig in der Senke *To Workspace*, die für das Format *array* parametriert ist, eingefangen. Die Signale stehen danach als Spalten der Matrix y in MATLAB zur Verfügung. In einer ähnlichen Senke wird auch die Zeit (die Zeitschritte) in dem Vektor t geliefert. Mit diesen Variablen kann man dann z.B. eine Darstellung nach eigenen Wünschen gestalten. Abb. 1.86 zeigt oben die Anregung und unten die Antwort des Zustandsmodells für den Fall der Unterkompensation.

Experiment 1.13.7: Invertierender DC-DC-Wandler

Es wird ein invertierender DC-DC-Wandler [29], der in Abb. 1.87 dargestellt ist, anfänglich für $C \to \infty$, simuliert. Das führt dazu, dass man die Spannung der Kapazität als konstant annehmen kann.

Wenn der Schalter geschlossen ist, blockiert die Diode, die als ideale Diode angenommen wird und es fließt Strom durch die Induktivität. Im stationären Zustand steigt der Strom von einem Anfangswert I_{L1} auf einen größeren Wert I_{L2}.

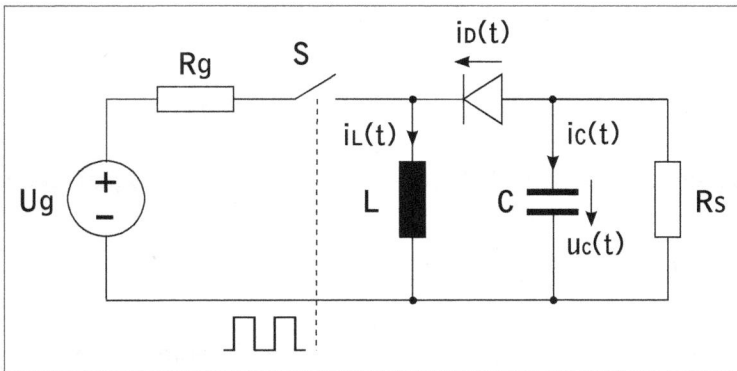

Abb. 1.87: Invertierender DC-DC-Wandler

Wenn man den Ausgangswiderstand der Quelle vernachlässigt ($R_g \cong 0$), dann steigt der Strom linear. Aus

$$L\frac{di_L(t)}{dt} = U_g \tag{1.402}$$

erhält man für das Intervall T_1:

$$i_L(t) = \frac{U_g}{L}\,t + i_L(0) \quad \text{und} \quad I_{L2} = \frac{U_g}{L}T_1 + I_{L1} \tag{1.403}$$

Im Intervall T_2 wird der Schalter geöffnet und in der Induktivität entsteht eine induzierte Spannung, die gegen die Änderung des Stroms wirkt, so dass dieser weiter in dieselbe Richtung fließt. Dadurch öffnet sich die Diode und der Strom der Induktivität klingt von I_{L2} auf I_{L1} ab. Hier kann als idealisierte Annahme, wegen einer sehr großen Kapazität, die Spannung $u_c(t) \cong U_c$ als konstant betrachtet werden. Ähnlich wie zuvor, aus

$$L\frac{di_L(t)}{dt} = U_c \tag{1.404}$$

erhält man

$$i_L(t) = \frac{U_c}{L}\,t + i_L(0) \quad \text{und} \quad I_{L1} = \frac{U_c}{L}T_2 + I_{L2} \tag{1.405}$$

Die Differenzen der Grenzwertströme aus Gl. (1.403) und zweite Gl. (1.405) werden:

$$I_{L2} - I_{L1} = \frac{U_g}{L}T_1 \quad \text{und} \quad I_{L2} - I_{L1} = -\frac{U_c}{L}T_2 \tag{1.406}$$

Durch Gleichstellung der zwei Differenzen erhält man die Ausgangsspannung U_c als:

$$U_c = -U_g\frac{T_1}{T_2} = -U_g\frac{T_1}{T - T_1} \tag{1.407}$$

Bei einer Steuerung z.B. mit $T_1 = T_2$ wird aus der Eingangsspannung eine inverse Ausgangsspannung der gleichen Größe erhalten.

In Abb. 1.88 sind die wichtigsten Variablen der idealen Schaltung mit $R_g = 0$ und $C \to \infty$ im stationären Zustand gezeigt. Ganz oben ist der Strom $i_L(t)$ der Induktivität dargestellt, der zwischen den zwei Grenzen I_{L1} und I_{L2} linear verläuft. Darunter ist der Strom der Diode $i_D(t)$ gezeigt, der gleich dem Strom $i_L(t)$ im Intervall T_2 ist, wenn der Schalter geöffnet ist. Der Mittelwert dieses Stroms I_D ist auch der konstante Strom

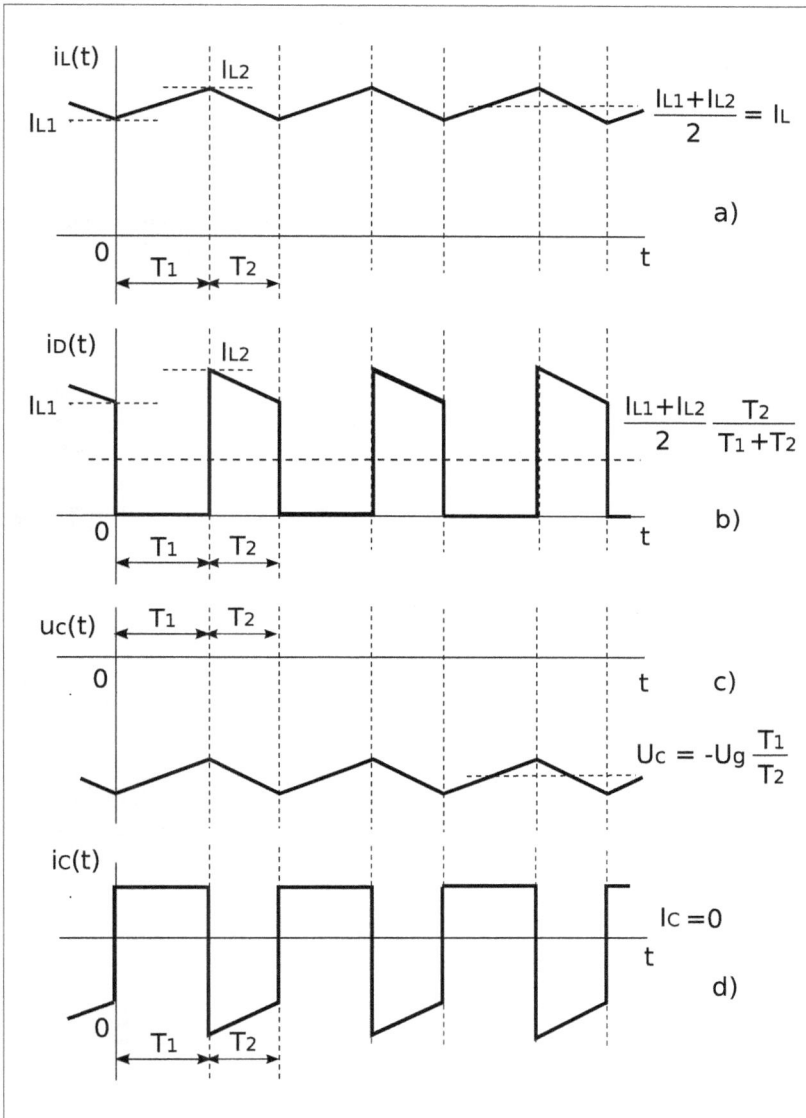

Abb. 1.88: Ströme und Spannungen beim idealen DC-DC-Wandler ($R_g = 0$; $C \to \infty$)

durch dem Widerstand R_s, der wiederum durch die konstante Spannung U_c gegeben ist:

$$I_D = -\frac{U_c}{R_s} = \frac{I_{L1} + I_{L2}}{2} \cdot \frac{T_2}{T_1 + T_2} \tag{1.408}$$

Für eine Spannung U_c, die durch das Verhältnis T_1/T_2 und Spannung U_g gemäß Gl. (1.407) gegeben ist, kann man den nötigen Mittelwertstrom durch die Induktivität I_L bestimmen:

$$I_L = \frac{I_{L1} + I_{L2}}{2} = -\frac{U_c}{R_s} \cdot \frac{T_1 + T_2}{T_2} \tag{1.409}$$

In Abb. 1.88d ist der Strom des Kondensators gezeigt, der einen Mittelwert gleich null haben muss. Er wird aus dem Strom der Diode und Strom durch R_s ermittelt:

$$i_c(t) = -i_D(t) - \frac{u_c(t)}{R_s} \cong -i_D(t) - \frac{U_c}{R_s} \quad \text{für} \quad C \to \infty \tag{1.410}$$

Ein Zahlenbeispiel soll die Sachverhalte verdeutlichen. Mit $T_1 = T_2$ und $U_g = 10\,\text{V}$ erhält man eine Ausgangsspannung $U_c = -10\,\text{V}$. Bei einem Widerstand $Rs = 2\,\text{Ohm}$ ist dessen Strom gleich 5 A. Dieser Wert stellt jetzt auch den Mittelwertstrom durch die Diode dar, weil der Mittelstrom durch die Kapazität mit konstanter Spannung U_c null sein muss. Daraus resultiert ein Mittelwert für den Strom der Induktivität der Größe:

$$I_L = -\frac{U_c}{R_s} \cdot \frac{T_1 + T_2}{T_2} = 5\frac{T_1 + T_2}{T_2} = 10A$$

Wenn die zwei Grenzwerte I_{L1}, I_{L2} sich nicht stark unterscheiden $I_{L1} \cong I_{L2}$, was bei einer großen Induktivität annehmbar ist, dann ist der Strom der Induktivität gleich dem Mittelwert I_L und in diesem Fall 10 A.

Im Skript `inv_switch1.m` wird die Schaltung simuliert, um die Variablen mit dem Euler-Verfahren zu ermitteln. Es werden folgende Differential- und algebraische Gleichungen benutzt. Im Zeitintervall T_1, in dem der Schalter geschlossen ist gilt:

$$\begin{aligned} L\frac{di_L(t)}{dt} + i_L(t)R_g &= Ug \\ C\frac{du_c(t)}{dt} &= -\frac{u_c(t)}{R_s} \\ i_D(t) = 0, \qquad i_c(t) &= -\frac{u_c(t)}{R_s} \end{aligned} \tag{1.411}$$

Mit dem geöffneten Schalter im Zeitintervall T_2 sind die Variablen durch

$$\begin{aligned} L\frac{di_L(t)}{dt} &= u_c(t) \\ C\frac{du_c(t)}{dt} &= -\frac{u_c(t)}{R_s} - i_L(t) \\ i_D(t) = i_L(t), \qquad i_c(t) &= -\frac{u_c(t)}{R_s} - i_D(t) \end{aligned} \tag{1.412}$$

gegeben. Daraus, nach den Ableitungen der Zustandsvariablen $i_L(t), u_c(t)$ aufgelöst, erhält man die Differentialgleichungen, die mit finiten Differenzen angenähert, die Integration mit Euler-Verfahren ermöglichen.

Um die Konvergenz zu sichern, werden zusätzliche Iterationsschritte in einer internen *for*-Schleife durchgeführt, aber nicht gespeichert.

```
% Skript inv_switch1.m,   in dem ein DC-DC invertierendes
% Schaltnetzteil simuliert wird

clear;
% ------- Parameter der Schaltung
fschalt = 20000;       % 20 kHz
Tschalt = 1/fschalt;
L = 20e-3;          C = 5000e-6;
Rg = 0.1;           Rs = 2;
Ug = 10;
% ------- Numerische Lösung
dt = Tschalt/10;
t = 0:dt:2000*Tschalt;
nt = length(t);
us = sign(cos(2*pi*fschalt*t));     % Steuerspannung des Schalters

iL = zeros(1,nt);
uc = zeros(1,nt);
kimax = 10;    % Interne Iterationsschritte
               % (die nicht gespeichert werden)
iL_temp = iL(1);     % Anfangsbedingungen
uc_temp = uc(1);
for k = 1:nt-1
    for ki = 1:kimax     % Interne Iterationen
        if us(k) >= 0 % Schalter geschlossen, Diode blockiert
            iL_temp = iL_temp + (dt/kimax)*(Ug-iL_temp*Rg)/L;
            uc_temp = uc_temp + (dt/kimax)*(-uc_temp/Rs)/C;
        else           % Schalter geoeffnet, Diode leitend
            iL_temp = iL_temp + (dt/kimax)*uc_temp/L;
            uc_temp = uc_temp + (dt/kimax)*(-uc_temp/Rs - iL_temp)/C;
        end;
    end;
    iL(k+1) = iL_temp;
    uc(k+1) = uc_temp;
end;
ic = (-uc/Rs) .* (us >= 0) + ...
    (-uc/Rs-iL) .* (us < 0); % Strom im Kondensator
iD = -ic - uc/Rs;

% ------- Darstellungen
figure(1);    clf;
subplot(411), plot(t, iL);
    title('Strom iL');
```

```
    xlabel('Zeit in s');      grid on;
subplot(412), plot(t, uc);
    title('Spannung uc');
    xlabel('Zeit in s');      grid on;
subplot(413), plot(t, ic);
    title('Strom ic');
    xlabel('Zeit in s');      grid on;
subplot(414), plot(t, iD);
    title('Strom iD');
    xlabel('Zeit in s');      grid on;
% ------- Ausschnitt im stationaeren Zustand
nd = nt-200:nt;
figure(2);      clf;
subplot(411), plot(t(nd), iL(nd));
    title('Strom iL (Ausschnitt im stationären Zustand)');
    xlabel('Zeit in s');      grid on;
    La = axis;      axis([La(1), t(nt), La(3:4)])
subplot(412), plot(t(nd), uc(nd));
    title('Spannung uc (Ausschnitt im stationären Zustand)');
    xlabel('Zeit in s');      grid on;
    La = axis;      axis([La(1), t(nt), La(3:4)])
subplot(413), plot(t(nd), iD(nd));
    title('Strom iD (Ausschnitt im stationären Zustand)');
    xlabel('Zeit in s');      grid on;
    La = axis;      axis([La(1), t(nt), La(3:4)])
subplot(414), plot(t(nd), ic(nd));
    title('Strom ic (Ausschnitt im stationären Zustand)');
    xlabel('Zeit in s');      grid on;
    La = axis;      axis([La(1), t(nt), La(3:4)])
```

Abb. 1.89 zeigt den Strom $i_L(t)$, die Spannung $u_c(t)$, den Strom $i_D(t)$ und den Strom $i_c(t)$ von null bis in den stationären Zustand. In Abb. 1.90 ist ein Ausschnitt aus dem stationären Zustand dargestellt. Die Zeitintervalle T_1, T_2 sind gleich, weil die Steuerspannung für den Schalter aus einer sinusförmigen Spannung erzeugt wird, die mit der Funktion Signum in eine rechteckige Spannung umgewandelt wird.

Die Ergebnisse unterscheiden sich von den oben geschätzten Werten, weil hier der Ausgangswiderstand der Quelle R_g verschieden von null ist. Die Simulation kann mit verschiedenen Werten der Parameter durchgeführt werden. Ein wichtiger Parameter ist die Größe der Induktivität, weil diese nicht so leicht zu realisieren ist. Der Gleichstrom der Induktivität kann den Arbeitspunkt auf der Magnetisierungskennlinie des Kerns in die Sättigung bringen, was dazu führt, dass die Induktivität sehr klein wird bzw. fast gegen null geht.

Eine noch bessere Annäherung der Realität erhält man in der Schaltung gemäß Abb. 1.87 wenn in Reihe mit der Kapazität ein kleiner Widerstand hinzugefügt wird. Dieser sollte die Verluste in der Kapazität mit Werten unter 0,1 Ohm darstellen. Der Strom durch die Kapazität, der in Mittel gleich null ist, führt zu Schwankungen der Spannung am Verbraucher, hier durch R_s repräsentiert. Als Beispiel für den in Abb. 1.90 dargestellten Strom der Kapazität mit Schwankungen von ca. ± 5 A erhält man

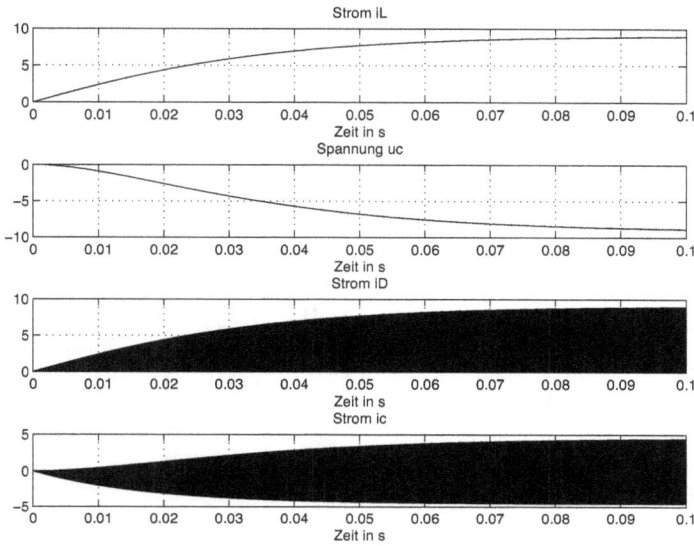

Abb. 1.89: Strom $i_L(t)$, Spannung $u_c(t)$, Strom $i_D(t)$ und Strom $i_c(t)$ (inv_switch1.m)

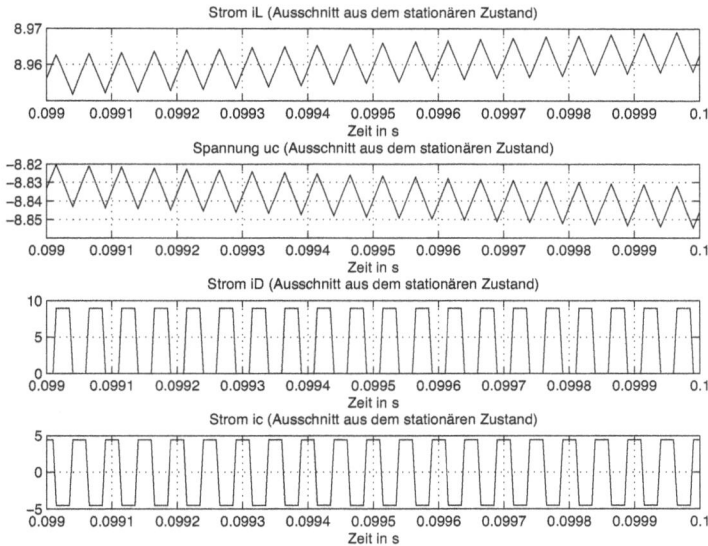

Abb. 1.90: Ausschnitt aus dem stationären Zustand (inv_switch1.m)

bei einem Widerstand von 0,1 Ohm Schwankungen der Spannung an R_s von $\pm 0,5$ V.

Experiment 1.13.8: Untersuchung eines Transformators

In diesem Experiment wird ein Transformator sowohl bei einer sinusförmigen Anregung im stationären Zustand untersucht, als auch sein Verhalten für beliebige Anregungen (wie z.B. für Pulsanregungen) ermittelt.

Abb. 1.91 zeigt die Ersatzschaltung die jetzt verwendet wird. Sie entspricht der Schaltung aus Abb. 1.19 mit einem kleinen Unterschied. Die Richtung des Sekundärstroms $i_2'(t)$ wurde umgekehrt, so dass der Widerstand R_2' einen Verbraucher mit Spannung $u_2'(t)$ darstellt.

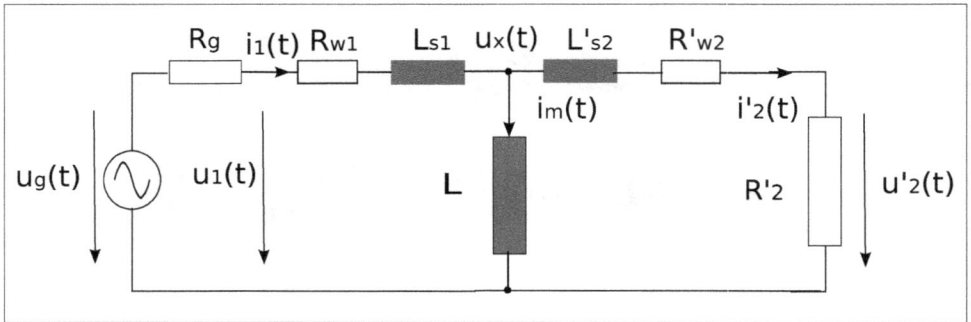

Abb. 1.91: Ersatzschaltung des Transformators

Um die Bezeichnungen im MATLAB-Programm zu vereinfachen, werden die Sekundärgrößen, die auf die Primärseite umgerechnet sind, wie folgt geändert: $R_{w2}' = R_{w21}$, $L_{s2}' = L_{s21}$, $R_2' = R_{21}$, und $u_2'(t) = u_{21}(t)$, $i_2'(t) = i_{21}(t)$.

Weil die Untersuchung im stationären Zustand bei sinusförmiger Anregung einfacher ist, wird mit dieser angefangen. Es wird der komplexe Frequenzgang über die komplexen Variablen ausgehend von der Ausgangsspannung ermittelt. Diese wird als bekannt gleich Eins angenommen, und mit Hilfe der Schaltung wird die entsprechende Eingangsspannung für jede Frequenz ω ermittelt:

$$
\begin{aligned}
U_{21}(j\omega) &= 1 \\
U_x(j\omega) &= \frac{U_{21}(j\omega)}{R_{21}}(R_{w21} + j\omega L_{s21}) + U_{21}(j\omega) \\
U_g(j\omega) &= \Big(\frac{U_1(j\omega)}{j\omega L} + \frac{U_{21}(j\omega)}{R_{21}}\Big)(R_g + R_{w1} + j\omega L_{s1}) + U_x(j\omega)
\end{aligned}
\tag{1.413}
$$

Mit der Ausgangsspannung $U_{21}(j\omega)$ und der entsprechenden Eingangsspannung $U_g(j\omega)$ wird dann der komplexe Frequenzgang berechnet:

$$
H(j\omega) = \frac{U_{21}(j\omega)}{U_g(j\omega)}
\tag{1.414}
$$

Im Skript `trafo_11.m` wird dieser Frequenzgang für bestimmte Parameter ermittelt und dargestellt:

```
% Programm trafo_11.m, in dem der Frequenzgang eines
% Trafos ermittelt wird
clear;
% ------- Parameter des Trafos
Ls1 = 0.0001;   Rw1 = 1;
Rw21 = 1;          Ls21 = 0.0001;
R21 = 100;
Rg = 10;
L = 0.05;
% ------- Frequenzbereich
fmin = 10;          fmax = 500000;
a1 = floor(log10(fmin));      a2 = ceil(log10(fmax));
f = logspace(a1,a2,1000);
omega = 2*pi*f;
% ------- Frequenzgang
U21 = 1;
Ux = (U21/R21)*(Rw21 + j*omega*Ls21) + U21;
Ug = (U1./(j*omega*L) + U21/R21).*(Rg + Rw1 + j*omega*Ls1) + Ux;
H = U21./Ug;     % Komplexer Frequenzgang
%----------------------
figure(1);    clf;
subplot(211), semilogx(f, 20*log10(abs(H)));
   title('Amplitudengang in dB');
   xlabel('Hz');       grid on;
subplot(212), semilogx(f, angle(H)*180/pi);
   title('Phasengang in Grad');
   xlabel('Hz');       grid on;
% -------- Antwort auf sinusförmige Anregung im
% stationären Zustand (gemäß Frequenzgang)
fsig = 2e5;        u_ampl = 10;
omega_sig = 2*pi*fsig;
% ------- Frequenzgang für dieses Signal
U21 = 1;
Ux = (U21/R21)*(Rw21 + j*omega_sig*Ls21) + U21;
Ug = (U1/(j*omega_sig*L) + U21/R21)*(Rg + Rw1 + j*omega_sig*Ls1) + Ux;
Hsig = U21/Ug;    % Komplexer Frequenzgang

Tsig = 1/fsig;    dt = Tsig/100;
t = 0:dt:10*Tsig-dt;

ug = u_ampl*sin(2*pi*fsig*t);    % Anregung
u21 = u_ampl*abs(Hsig)*sin(2*pi*fsig*t + angle(Hsig));   % Ausgang

figure(2);    clf;
plot(t, ug, t, u21);
title('Antwort auf sinusförmige Anregung im stationären Zustand');
```

```
xlabel('Zeit in s');    grid on;
```

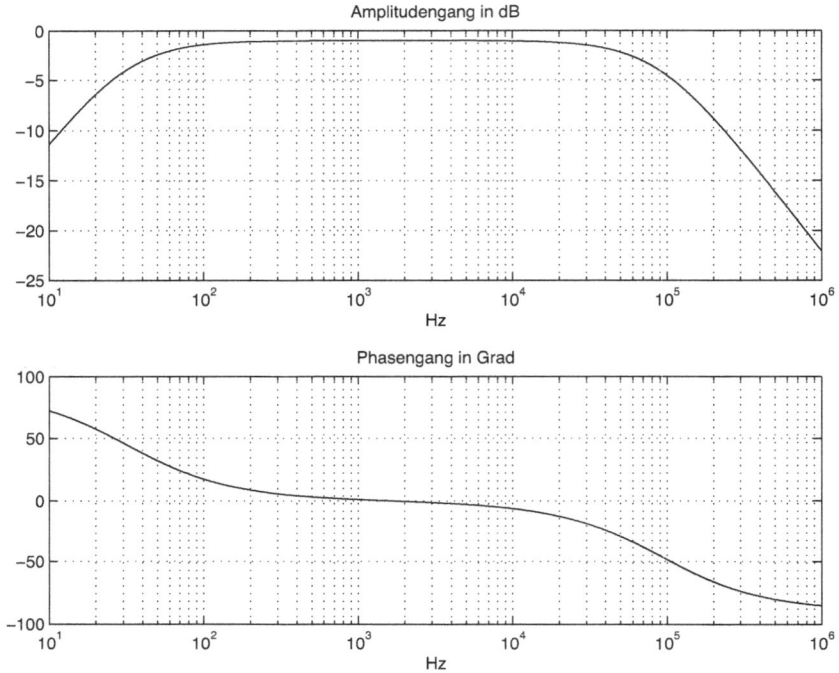

Abb. 1.92: Frequenzgang des Transformators (trafo_11.m)

Im Skript ist zuletzt auch der stationäre Zustand im Zeitbereich mit Hilfe des Frequenzgangs ermittelt und ebenfalls dargestellt. Das Eingangssignal wird mit der partikulären Frequenz f_{sig} und Amplitude u_{ampl} angenommen und das Ausgangssignal im stationären Zustand wird durch

$$
\begin{aligned}
u_g(t) &= u_{ampl} \sin(2\pi f_{sig} t) \\
u_{21}(t) &= |H(j2\pi f_s ig)|\, u_{ampl} \sin(2\pi f_{sig} t + \text{Winkel}(H(j2\pi f_{sig})))
\end{aligned}
\tag{1.415}
$$

berechnet.

Abb. 1.92 zeigt den Frequenzgang für die Parameter des Transformators, die im Skript initialisiert sind. Der Transformator verhält sich, wie ein Bandpassfilter. Wie erwartet wird die Frequenz null (Gleichspannung) nicht durchgelassen, weil die Induktivität L bei Gleichspannung kurzgeschlossen ist und verhindert so einen Transfer auf die Sekundärseite. Bei sehr hohen Frequenzen bilden die Streuinduktivitäten L_{s1}, L_{s21} einen ungünstigen Teiler für die Ausgangsspannung.

Bei einer bestimmten Frequenz (hier $f_{sig} \cong 2500$ Hz) ist die Phasenverschiebung zwischen Ausgangs- und Eingangsspannung gleich null. Darunter ist die Phasenverschiebung positiv und darüber ist sie negativ.

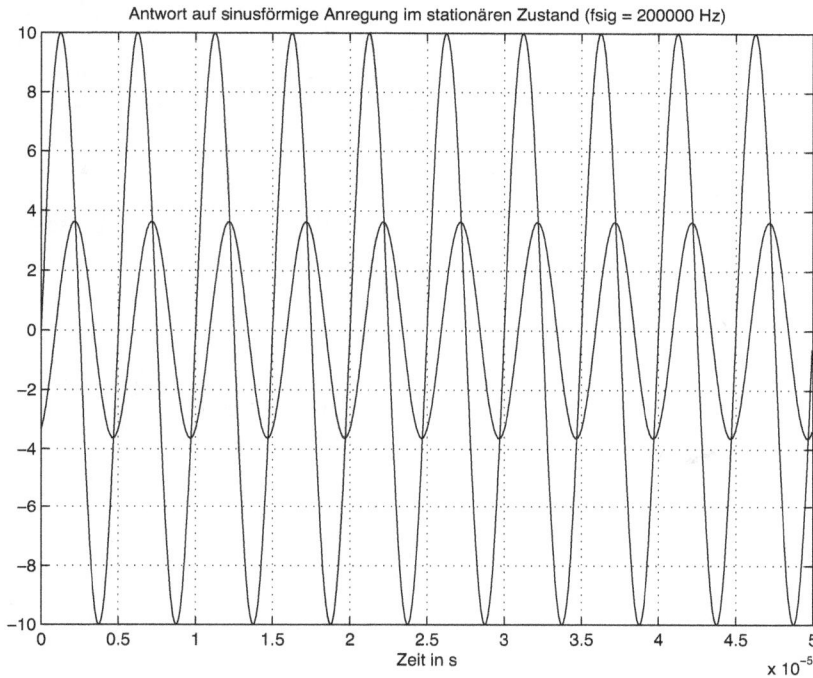

Abb. 1.93: Stationäre Eingangs- und Ausgangsspannung für eine sinusförmige Anregung (tra-fo_11.m)

Für eine gewählte Frequenz $f_{sig} = 200000$ Hz sind in Abb. 1.93 die Spannungen, die mit Hilfe der Gleichungen (1.415) berechnet wurden, dargestellt. Bei dieser Frequenz wird aus dem Amplitudengang eine Dämpfung von ca. -8 dB gelesen, die einem Faktor von $10^{-8/20} = 0.3981$ entspricht. Die Skalierung in dB (Decibel) des Amplitudengangs $A(\omega)$ ist durch

$$A^{dB} = 20 \log_{10}(A(\omega)) \tag{1.416}$$

gegeben. Es ist eine logarithmische Skalierung, die noch den Faktor 20 enthält (siehe Unterkapitel 3.2 für nähere Erläuterungen).

Die Phasenverschiebung ist bei dieser Frequenz ca. -60 Grad. Diese Werte sind auch in der Darstellung aus Abb. 1.93 zu sehen. Eine gute Übung besteht darin, das Skript so zu erweitern, dass auch die verschiedenen Ströme bei einer gewählten Frequenz f_{sig} im stationären Zustand berechnet und ähnlich wie die Spannungen dargestellt werden. Mit dem gezeigten Skript kann man den Einfluss der Parameter des Transformators auf den Frequenzgang untersuchen. Wie erwartet wird z.B. der Durchlassbereich mit steigenden Streuinduktivitäten verkleinert. Interessant ist auch, wie sich der Frequenzgang abhängig von der Hauptinduktivität L ändert.

Das Zeitverhalten für beliebige Eingangsspannungen wird über ein Zustandsmodell untersucht. Die Zustandsvariablen sind hier die Ströme $i_1(t)$, $i_{21}(t)$. Der Magnetisierungsstrom wird direkt aus diesen berechnet und ist somit nicht unabhängig und muss nicht über eine Differentialgleichung ausgedrückt werden. Aus der Ersatzschaltung gemäß Abb. 1.91 können folgende Gleichungen geschrieben werden:

$$u_g(t) = (R_g + R_{w1})i_1(t) + L_{s1}\frac{di_1(t)}{dt} + L\frac{di_m(t)}{dt}$$
$$L\frac{di_m(t)}{dt} = (R_{w21} + R_{21})i_{21} + L_{s21}\frac{di_{21}(t)}{dt} \tag{1.417}$$
$$i_m(t) = i_1(t) - i_{21}(t)$$

Hier sind schon die vorher erwähnten Bezeichnungen, die im MATLAB-Programm eingesetzt werden, benutzt. Der Strom $i_m(t)$ aus der dritten Gleichung, in die anderen zwei eingesetzt, ergibt:

$$u_g(t) = (R_g + R_{w1})i_1(t) + (L_{s1} + L)\frac{di_1(t)}{dt} - L\frac{di_{21}(t)}{dt}$$
$$L\frac{di_1(t)}{dt} = (R_{w21} + R_{21})i_{21} + (L + L_{s21})\frac{di_{21}(t)}{dt} \tag{1.418}$$

Daraus wird ein Gleichungssystem aufgebaut, mit dessen Hilfe man die Ableitungen der zwei Zustandsvariablen $di_1(t)/dt$, $di_{21}(t)/dt$ als Unbekannten berechnen kann:

$$\begin{bmatrix} L_{s1} + L & -L \\ L & -(L + L_{s21}) \end{bmatrix} \begin{bmatrix} \dfrac{di_1(t)}{dt} \\ \dfrac{di_{21}(t)}{dt} \end{bmatrix} =$$
$$\begin{bmatrix} -(R_g + R_{w1}) & 0 \\ 0 & (R_{w21} + R_{21}) \end{bmatrix} \begin{bmatrix} i_1(t) \\ i_{21}(t) \end{bmatrix} + \begin{bmatrix} 1 \\ 0 \end{bmatrix} u_g(t) \tag{1.419}$$

Die Lösung über die Inverse der ersten Matrix führt zur Zustandsgleichung in Matrixform:

$$\begin{bmatrix} \dfrac{di_1(t)}{dt} \\ \dfrac{di_{21}(t)}{dt} \end{bmatrix} = \mathbf{A} \begin{bmatrix} i_1(t) \\ i_{21}(t) \end{bmatrix} + \mathbf{B}\, u_g(t) \tag{1.420}$$

In der Annahme, dass als Ausgangsvariablen die Zustandsvariablen dienen, sind die anderen zwei Matrizen des Zustandsmodells sehr einfach:

$$\mathbf{C} = \begin{bmatrix} 1 & 0 \\ 0 & 1 \end{bmatrix} \qquad \mathbf{D} = [0\ 0]' \tag{1.421}$$

Für die numerische Lösung von linearen Systemen gibt es in MATLAB in der *Control System Toolbox* die Funktion **lsim**. Es wird angenommen, dass zwischen den Zeitschritten der Simulation, die sehr klein gewählt werden können, die Anregung konstant ist. In der jetzigen Form ist das System des Transformators linear und man kann diese Funktion einsetzen.

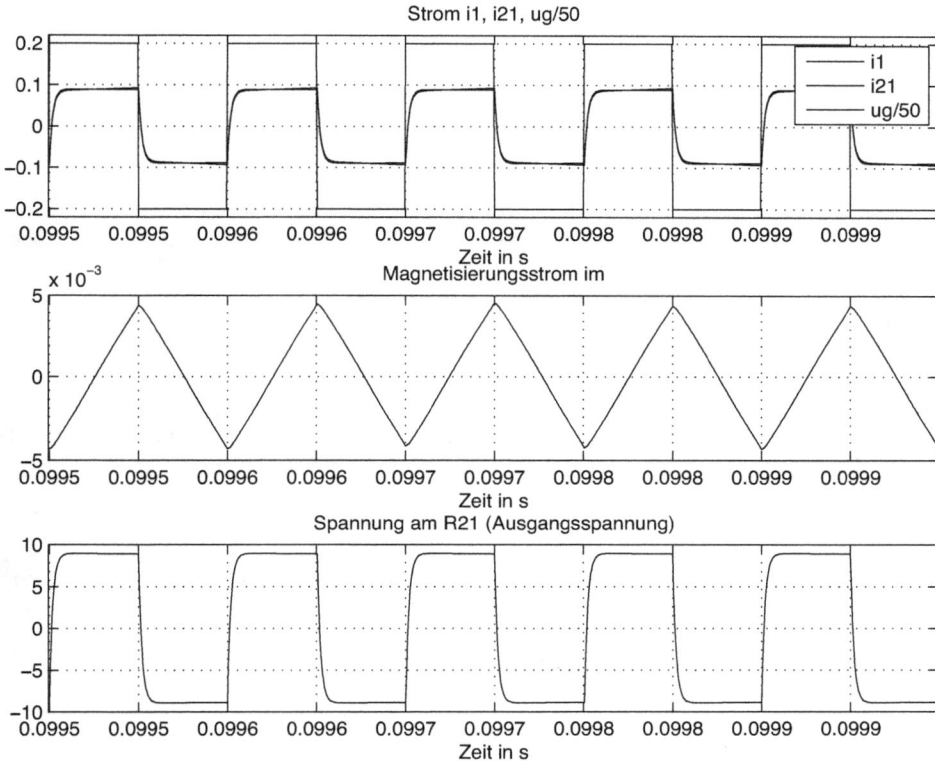

Abb. 1.94: Variablen des Transformators für bipolare rechteckige Anregung (trafo_1.m)

Im Skript trafo_1 ist die Antwort des Transformators auf beliebige Anregungen programmiert:

```
% Programm trafo_1.m, in dem ein Trafo
% im Zeitbereich simuliert wird

clear;
% ------- Parameter des Trafos
Ls1 = 0.0001;    Rw1 = 1;
Rw21 = 1;        Ls21 = 0.0001;
R21 = 100;       Rg = 10;
L = 0.05;
% ------- Matrizen des Systems
```

```
Ai = [(Ls1 + L), -L; L, -(L + Ls21)];
Bi = [-(Rw1+Rg) 0;0 (Rw21 + R21)];
Ci = [1 0]';
% ------- Zustandsmatrizen A, B, C, D
E = inv(Ai);
A = E*Bi;        B = E*Ci;
C = eye(2);      D = [0, 0]';
% ------- Simulation
fsig = 10000;
T = 1/fsig;          dt = T/200;
t = 0:dt:1000*T-dt;   nt = length(t);
u_ampl = 10;
%ug = u_ampl*(cos(2*pi*fsig*t)); % Sinusanregung
%ug = u_ampl*sign(sin(2*pi*fsig*t)); % Bipolare Rechteckpulse
 ug = u_ampl*(sign(cos(2*pi*fsig*t))+1)/2; %Unipolare Rechteckpulse
my_trafo = ss(A, B, C, D);
i = lsim(my_trafo, ug', t');      % Simulation mit lsim
im = i(:,1) - i(:,2);           % Magnetisierungsstrom
nd = nt-1000:nt; % Für die Darstellung des
       % stationären Zustands
figure(1);
subplot(311), plot(t(nd), i(nd,1), t(nd), i(nd,2), t(nd), ug(nd)/50);
title('Strom i1, i2prim, ug/50');
xlabel('Zeit in s');
grid on;
%La = axis;    axis([t(nd(1)), t(nt), La(3:4)]);
La = axis;     axis([t(nd(1)), t(nt), 1.1*min([i(nd,1);i(nd,2);ug(nd)'/50]),
    1.1*max([i(nd,1);i(nd,2);ug(nd)'/50])]);
subplot(312), plot(t(nd), im(nd));
title('Magnetisierungsstrom im');
xlabel('Zeit in s');
grid on;
La = axis;     axis([t(nd(1)), t(nt), La(3:4)]);
subplot(313), plot(t(nd), i(nd,2)*R21);
title('Spannung am R21 (Ausgangsspannung)');
xlabel('Zeit in s');
grid on;
La = axis;     axis([t(nd(1)), t(nt), La(3:4)]);
figure(2);
nd = nt-500:nt;  % Für die Darstellung des
       % stationären Zustands
plot(t(nd), i(nd,1), t(nd), i(nd,2), t(nd), ug(nd)/50);
title('Strom i1, i2prim, ug/50');
xlabel('Zeit in s');
grid on;
La = axis;     axis([t(nd(1)), t(nt), La(3:4)]);
```

Die Funktion **lsim** benötigt als Argumente das System, hier als Zustandsmodell mit der Funktion **ss** definiert, den Spaltenvektor der Anregung und den Spaltenvek-

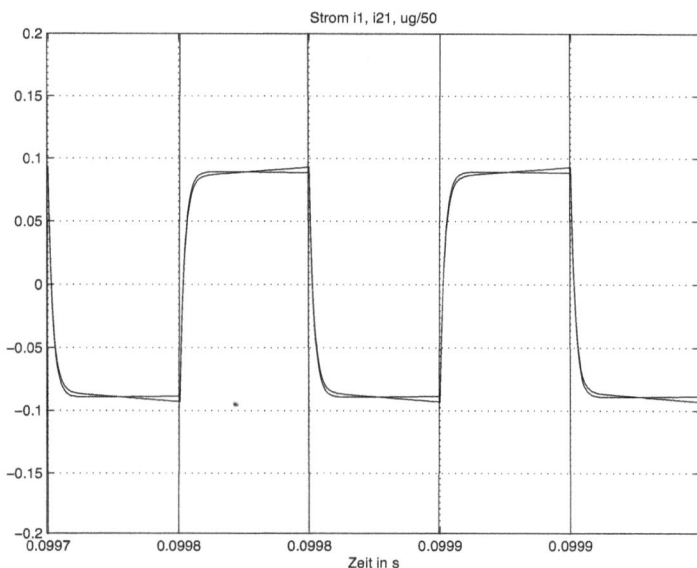

Abb. 1.95: Variablen des Transformators für bipolare rechteckige Anregung (Ausschnitt) (tra-fo_1.m)

tor der Zeitschritte. Als Ergebnis der Simulation wird die Matrixvariable i geliefert, die in zwei Spalten die Ströme $i_1(t)$ und $i_{21}(t)$ enthält. Die Differenz dieser Ströme er-gibt den Magnetisierungsstrom $i_m(t)$ und die Multiplikation des Stroms i_{21} mit dem Widerstand R_{21} führt zur Ausgangsspannung.

Abb. 1.94 zeigt die Anregungsspannung geteilt durch 50 zusammen mit den Strö-men $i_1(t)$, $i_{21}(t)$ für eine bipolare rechteckige Anregung im stationären Zustand. Dar-unter ist der Magnetisierungsstrom $i_m(t)$ dargestellt, der viel kleiner als die zwei ande-ren Ströme ist. Ganz unten ist die Ausgangsspannung gezeigt, die etwas kleiner als die Eingangsspannung wegen den Widerständen R_g, r_1, r_{21} ist, die einen Spannungsteiler mit Faktor $100/(10 + 1 + 1 + 100) = 0.8929$ bilden.

Abb. 1.95 zeigt einen vergrößerten Ausschnitt mit den zwei Strömen $i_1(t)$ und $i_{21}(t)$, deren Differenz den Magnetisierungsstrom ergibt.

Durch Freistellung einer anderen Anregung im Skript

```
.......
% Anregung
%ug = u_ampl*(cos(2*pi*fsig*t));  % Sinusförmige Anregung
ug = u_ampl*sign(sin(2*pi*fsig*t));    % Bipolare rechteckige Pulse
% ug = u_ampl*(sign(cos(2*pi*fsig*t))+1)/2;   % Unipolare rechteckige Pulse
......
```

kann man das Verhalten des Transformators auch für sinusförmige oder unipolare rechteckige Signale untersuchen. Die sinusförmige Anregung mit gleichen Parame-tern aus dem Skript trafo_11.m, führt hier zu gleichen Ergebnissen im stationären

Zustand wie die Ergebnisse, die über den Frequenzgang ermittelt wurden.

Mit diesem Skript kann man auch das Einschwingen untersuchen, in dem man den Anfang darstellt und beliebige Anfangsbedingungen wählt. Die Funktion **lsim** benötigt dafür ein zusätzliches Argument in Form der Anfangswerte für die Zustandsvariablen.

Im Skript `trafo_12.m` ist das Zeitverhalten mit dem Euler-Verfahren gelöst:

```
% Programm trafo_12.m, in dem ein Trafo
% im Zeitbereich mit Euler-Verfahren simuliert wird

clear;
% ------- Parameter des Trafos
Ls1 = 0.0001;    Rw1 = 1;
Rw21 = 1;        Ls21 = 0.0001;
R21 = 100;       Rg = 10;
L = 0.05;
% ------- Matrizen des Systems
Ai = [(Ls1 + L), -L; L, -(L + Ls21)];
Bi = [-(Rw1+Rg) 0;0 (Rw21 + R21)];
Ci = [1 0]';
% ------- Zustandsmatrizen A, B, C, D
E = inv(Ai);
A = E*Bi;        B = E*Ci;
C = eye(2);      D = [0, 0]';
% ------- Simulation
fsig = 10000;
T = 1/fsig;          dt = T/200;
t = 0:dt:1000*T-dt;  nt = length(t);
u_ampl = 10;
% ug = u_ampl*(cos(2*pi*fsig*t)); % Sinusanregung
ug = u_ampl*sign(sin(2*pi*fsig*t)); % Bipolare Rechteckpulse
% ug = u_ampl*(sign(cos(2*pi*fsig*t))+1)/2; % Unipolare Rechteckpulse
% ------- Euler-Verfahren
i = zeros(2,nt);
i_temp = i(:,1);
ni = 3;    % Interne Iterationen (nicht gespeichert)
dti = dt/ni;
for k = 1:nt-1
    for p = 1:ni
        i_temp = i_temp + dti*(A*i_temp + B*ug(k));
    end;
    i(:,k+1) = i_temp;
end;
im = i(1,:)-i(2,:);
nd = nt-1000:nt;  % Für die Darstellung des
        % stationären Zustands
figure(1);
subplot(311), plot(t(nd), i(1,nd), t(nd), i(2,nd), t(nd), ug(nd)/50);
    title('Strom i1, i2prim, ug/50');
```

```
    xlabel('Zeit in s');
    grid on;
    La = axis;    axis([t(nd(1)), t(nt), La(3:4)]);
subplot(312), plot(t(nd), im(nd));
    title('Magnetisierungsstrom im');
    xlabel('Zeit in s');
    grid on;
    La = axis;    axis([t(nd(1)), t(nt), La(3:4)]);
subplot(313), plot(t(nd), i(2,nd)*R21);
    title('Spannung am R21 (Ausgangsspannung)');
    xlabel('Zeit in s');
    grid on;
    La = axis;    axis([t(nd(1)), t(nt), La(3:4)]);
figure(2);
    nd = nt-500:nt;  % Für die Darstellung des
       % stationären Zustands
    plot(t(nd), i(1,nd), t(nd), i(2,nd), t(nd), ug(nd)/50);
    title('Strom i1, i2prim, ug/50');
    xlabel('Zeit in s');
    grid on;
    La = axis;    axis([t(nd(1)), t(nt), La(3:4)]);
```

Wegen der sehr kleinen Schrittweite, die benötigt wird, werden Iterationsschritte eingefügt, die nicht gespeichert werden. So sichert man die Konvergenz dieses sehr einfachen Integrationsverfahrens.

Eine gute Wahl der Parameter eines Transformators erkennt man über den Magnetisierungsstrom. Wenn dieser sehr klein im Vergleich zu den anderen zwei Strömen ist, dann wird praktisch die Eingangsspannung zur Ausgangspannung übertragen. Die Dämpfung die entsteht, ist hauptsächlich durch den Widerstand der Quelle und die Widerstände der Ersatzschaltung des Transformators gegeben.

Das Skript `trafo_1.m` oder `trafo_12.m` kann auch mit unipolaren rechteckigen Pulsen aufgerufen werden. Diese Anregung besteht aus einem Mittelwert (Gleichstrom) und überlagert bipolare rechteckige Pulse. Die Gleichstromkomponente kann nicht zur Sekundärseite gelangen, weil die Induktivität L für Gleichstrom einen Kurzschluss darstellt. Der Eingangsstrom $i_1(t)$ und der Magnetisierungsstrom $i_m(t)$ beinhalten einen Gleichstromanteil, der durch den Gleichspannungsanteil der Anregung U_g geteilt durch $R_g + R_{w1}$ gegeben ist. Zur Sekundärseite gelangt nur der bipolare mittelwertfreie Anteil der Anregung etwas gedämpft, wie im Falle der bipolaren Anregung.

Abb. 1.96 zeigt einen Ausschnitt der Variablen für die unipolare Anregung. Die Gleichstromkomponente für die Ströme $i_1(t)$, $i_m(t)$ ist:

$$I_1 = I_m = \frac{U_g}{R_g + r_1} = \frac{5}{11} \cong 0,45A \tag{1.422}$$

Dieser Wert ist in den Darstellungen aus 1.96 leicht zu erkennen. Der Eingangsstrom $i_1(t)$ besteht aus dem gezeigten Gleichstromanteil, dem sägezahnartige Anteil des Magnetisierungsstroms plus dem Strom der Sekundärseite. Der letztere ist praktisch ein

Strom i1, i21, ug/50

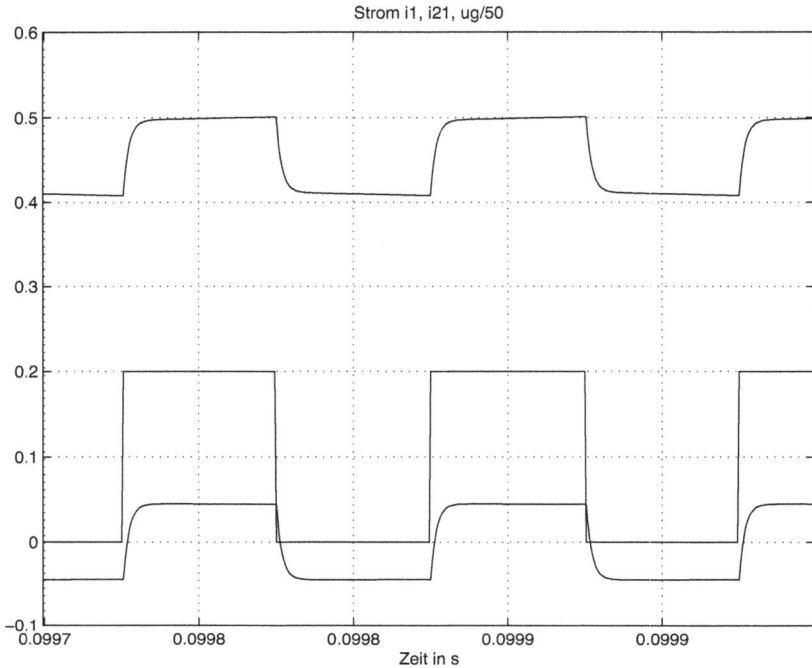

Abb. 1.96: Variablen des Transformators für unipolare rechteckige Anregung (Ausschnitt) (tra-fo_1.m)

bipolarer rechteckiger Strom, der viel größer als der sägezahnartiger Anteil des Magnetisierungsstroms ist, der somit in der Darstellung des Stroms $i_1(t)$ nicht sichtbar ist.

Der sägezahnartige Anteil des Magnetisierungstroms ergibt durch Ableitung die rechteckige Spannung an der Induktivität L, die praktisch die Spannung der Sekundärseite ist. Wegen des linearen Verlaufs dieses Stroms ist eine Schätzung der Ableitung in der halben Periode ($T/2 = 0,5 \times 10^{-4}$ s) aus der Darstellung in Abb. 1.96 in der Mitte relativ einfach:

$$\frac{di_m(t)}{dt} \cong \frac{0,457\,A - 0,4525\,A}{0,5 \times 10^{-4}\,s} = 0,009 \times 10^4 \qquad A/s \tag{1.423}$$

Die Multiplikation mit der Induktivität $L = 0,05$ H ergibt die rechteckige Spannung von $0,009 \times 10^4\,A/s \times 0,05\,Vs/A = 4,5$ V, die man in Abb. 1.96 ganz unten schätzen kann.

Dem Leser wird empfohlen mit anderen Parametern des Transformators und verschieden Frequenzen ähnliche Simulationen durchzuführen.

Experiment 1.13.9: Transformatormodell mit Gegeninduktivität

In diesem Experiment wird ein Transformator untersucht, der mit dem Modell aus Abb. 1.97 dargestellt wird. Diese Schaltung unterscheidet sich von der Schaltung aus Abb. 1.16 nur durch die Richtung des Stroms auf der Sekundärseite, die man durch Umkehrung der über die Gegeninduktivität induzierten Spannung erhält. Hier wur-

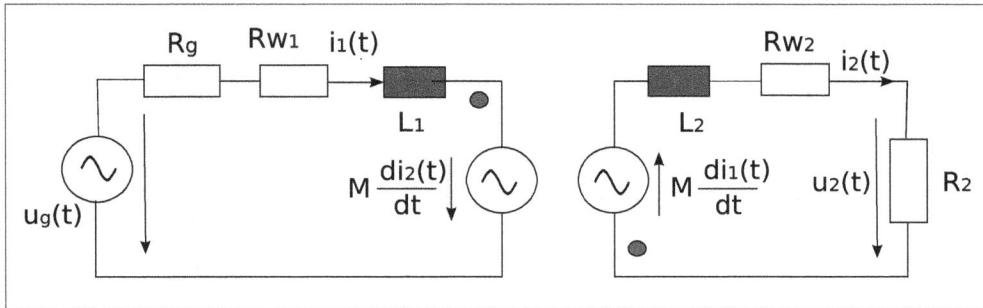

Abb. 1.97: Modell eines Transformators mit resistiver Belastung (trafo_34.m)

den auch die parasitären Widerstände R_{w1}, R_{w2} der Windungen und der interne Widerstand des Generators R_g hinzugefügt. Die Belastung des Sekundärkreises ist einfach mit dem Widerstand R_2 angenommen.

Aus den Differentialgleichungen für die zwei Kreise

$$u_g(t) = i_1(t)(R_g + R_{w1}) + L_1 \frac{di_1(t)}{dt} + M \frac{di_2(t)}{dt}$$
$$M \frac{di_1(t)}{dt} = -i_2(t)(R_2 + R_{w2}) - L_2 \frac{di_2(t)}{dt}$$

(1.424)

bildet man ein Gleichungssystem für die Ableitungen erster Ordnung der Zustandsvariablen, die hier die Ströme des Primär- und Sekundärkreises sind:

$$\begin{bmatrix} L_1 & M \\ M & L_2 \end{bmatrix} \begin{bmatrix} \dfrac{di_1(t)}{dt} \\ \dfrac{di_2(t)}{dt} \end{bmatrix} = \begin{bmatrix} -(R_g + R_{w1}) & 0 \\ 0 & -(R_2 + R_{w2}) \end{bmatrix} \begin{bmatrix} i_1(t) \\ i_2(t) \end{bmatrix} + \begin{bmatrix} 1 \\ 0 \end{bmatrix} u_g(t)$$

(1.425)

Die Lösung des Gleichungssystems ergibt die zwei Matrizen **A**, **B** des Zustandmodells:

$$\begin{bmatrix} \dfrac{di_1(t)}{dt} \\ \dfrac{di_{21}(t)}{dt} \end{bmatrix} = \mathbf{A} \begin{bmatrix} i_1(t) \\ i_2(t) \end{bmatrix} + \mathbf{B}\, u_g(t)$$

(1.426)

In der Annahme, dass als Ausgangsvariablen die Zustandsvariablen dienen, sind die anderen zwei Matrizen des Zustandsmodells sehr einfach:

$$\mathbf{C} = \begin{bmatrix} 1 & 0 \\ 0 & 1 \end{bmatrix} \qquad \mathbf{D} = [0 \ 0]' \qquad\qquad (1.427)$$

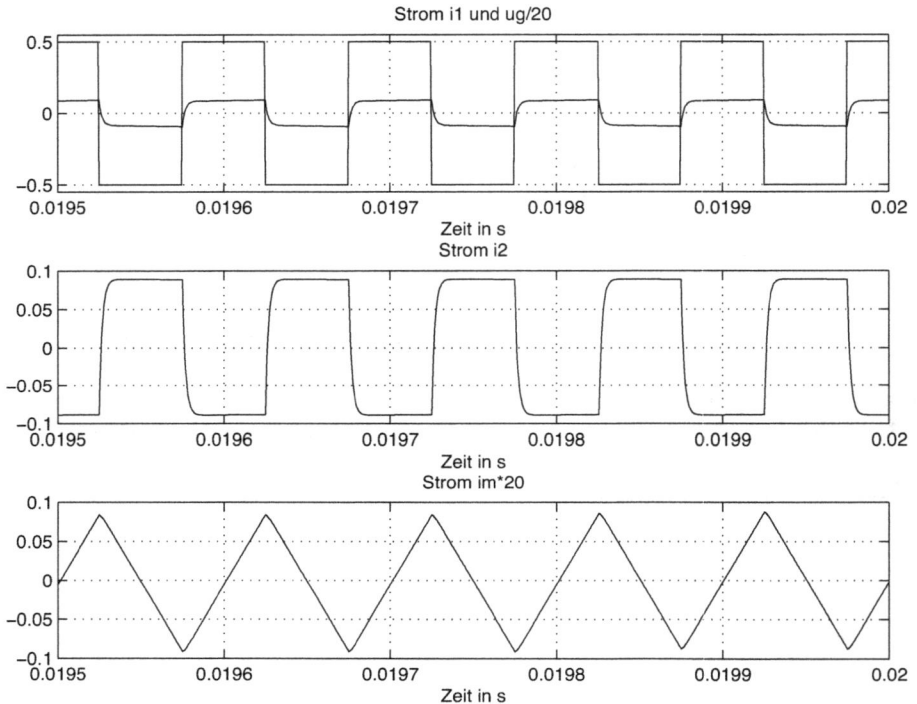

Abb. 1.98: Variablen des Transformators für bipolare, rechteckige Anregung (trafo_34.m)

Im Skript trafo_34.m ist die Untersuchung der Schaltung programmiert:

```
% Programm trafo_34.m, in dem ein Transformator
% mit resistivem Verbraucher simuliert wird
% Transformator-Modell mit Gegeninduktivität

clear;
% ------- Parameter der T-Schaltung
N1 = 40;          N2 = N1;
Ls1 = 0.0001;     Ls2 = 0.0001;
Rw1 = 1;          Rw2 = 1;
L = 0.05;
```

```
Rg = 10;          R2 = 100;
% ------ Parameter der Schaltung mit Gegeninduktivit M
M = L;
L1 = Ls1 + L;    L2 = (Ls2 + L)*(N2/N1)^2;
k = M/sqrt(L1*L2)
% ------- Matrizen des Systems
Ai = [L1, M; M, L2];
Bi = [-(Rw1+Rg), 0; 0, -(Rw2+R2)];
Ci = [1, 0]';
% ------- Zustandsmatrizen A1, B1, C1, D1
E = inv(Ai);
A1 = E*Bi;              B1 = E*Ci;
C1 = eye(2);           D1 = [0, 0]';
% ------- Simulation mit Euler-Verfahren
f = 10000;
T = 1/f;               dt = T/200;
t = 0:dt:200*T;        nt = length(t);
ampl = 10;
%ug = ampl*cos(2*pi*f*t);    % Sinus-Anregung
ug = ampl*sign(cos(2*pi*f*t)); % Bipolare rechteckige Anregung
%ug = ampl*(sign(cos(2*pi*f*t))+1)/2; % Unipolare rechteckige
% Initialisierungen
i1 = zeros(1,nt);
i2 = i1;
ni = 100;   % Innere Iterationen
dti = dt/ni;
i1_temp = i1(1);      i2_temp = i2(1);
% ------ Euler-Verfahren (ohne Matrixform)
for k = 1:nt-1
    for p = 1:ni
        i1_temp =  dti*(A1(1,1)*i1_temp + A1(1,2)*i2_temp + ...
            B1(1)*ug(k)) + i1_temp;
        i2_temp = dti*(A1(2,1)*i1_temp + A1(2,2)*i2_temp + ...
            B1(2)*ug(k)) + i2_temp;
    end;
    i1(k+1) = i1_temp;
    i2(k+1) = i2_temp;
end;
im = i1 + i2;
figure(1);
nd = nt-1000:nt;
subplot(311), plot(t(nd), i1(nd), t(nd), ug(nd)/20);
  title('Strom i1 und ug/20');
  xlabel('Zeit in s'); grid on;
  La = axis;   axis([t(nd(1)), t(nd(end)), 1.1*La(3:4)]);
subplot(312), plot(t(nd), i2(nd));
  title('Strom i2');
  xlabel('Zeit in s');      grid on;
  La = axis;   axis([t(nd(1)), t(nd(end)), La(3:4)]);
```

```
subplot(313), plot(t(nd), 20*im(nd));
  title('Strom im*20');
  xlabel('Zeit in s');    grid on;
  La = axis;    axis([t(nd(1)), t(nd(end)), La(3:4)]);
Pg = mean(i1.*ug)        % Leistung von der Quelle
Pv = mean((i2.^2)*R2)    % Leistung beim Verbraucher
```

Für die Parameter, die in dem Skript initialisiert sind, zeigt Abb. 1.98 die Variablen dieser Schaltung für eine Anregung in Form einer rechteckigen bipolaren Spannung.

Der Magnetisierungsstrom wird hier als Summe der zwei Zustandsströme berechnet und ist in der letzten Darstellung aus Abb. 1.98 zu sehen. Für $n_1/n_2 = 40/10 = 4$ wird die rechteckige Spannung auf der Sekundärseite, die durch $i_2(t)R_2$ gegeben ist, gleich $\cong (\pm 2)$ V.

In dieser Untersuchung gibt es viele Möglichkeiten zum Experimentieren. So z.B. kann man verschiedene Werte für die Induktivität L der T-Ersatzspannung wählen und deren Einfluss beobachten, am besten mit rechteckigen bipolaren oder unipolaren Anregungen. Der Einfluss der Streuinduktivitäten und des Belastungswiderstands R_2 sind ebenfalls von besonderem Interesse.

2 Sinusförmige Anregung elektrischer Schaltungen

Es gibt zwei Gründe um das Verhalten von elektrischen Schaltungen bei sinusförmiger Anregung zu untersuchen. Einerseits werden viele Systeme mit sinusförmigen Anregungen betrieben. Das sind die Energiesysteme, bei denen sowohl die Erzeugung als auch die Übertragung auf sinusförmigen Spannungen und Strömen basieren. In der Nachrichtenübertragung werden periodische Trägersignale eingesetzt, deren Modulation die Information enthält [23].

Der zweite wichtige Grund ist die Möglichkeit ein System vollständig über sein Verhalten für sinusförmige Anregung zu beschreiben [21]. Man stelle sich vor, eine Musikanlage wird im Prospekt mit Hilfe einer Differentialgleichung beschrieben. Obwohl man daraus viele Eigenschaften ableiten kann, bringt die so genannte Beschreibung im Frequenzbereich, die im nächsten Kapitel ausführlich untersucht wird, viel mehr Information, die man gleich mit der Musikanlage verbinden kann.

Im vorherigen Kapitel wurde die sinusförmige Anregung zusammen mit dem Einschwingen, das durch die homogene Lösung bedingt ist, untersucht. In diesem Kapitel ist nur die partikuläre Lösung für sinusförmige Anregung, die dem stationären Zustand entspricht, wichtig [9], [19]. Die Lösung über die komplexen Variablen vereinfacht sehr den nötigen mathematischen Aufwand. Die komplexe Impedanz des Induktors und des Kondensators erlauben einfache Ersatzschaltungen, die leicht zu lösen sind.

2.1 Kenngrößen sinusförmiger Schwingungen

Es werden hier die wichtigsten Kenngrößen sinusförmiger Schwingungen wiederholt. Eine sinusförmige Spannung wird durch folgende Funktion dargestellt:

$$u(t) = \hat{u}\sin(\omega t + \phi_u) \tag{2.1}$$

Hier sind $\hat{u}$ die Amplitude, ω die Kreisfrequenz in rad/s und ϕ_u ist die Nullphase in Radiant. Da man immer die Sinusfunktion in einer Cosinusfunktion umwandeln kann,

$$\cos(\alpha) = \sin(\alpha + \pi/2) \qquad \text{oder} \qquad \sin(\alpha) = \cos(\alpha - \pi/2) \tag{2.2}$$

wird im Weiterem von sinusförmigen Variablen gesprochen, die auch die cosinusförmigen einschließen. Die Cosinusfunktion ist bevorzugt, weil sie den Realteil der entsprechenden komplexen Variablen darstellt:

$$u(t) = \hat{u}\cos(\omega t + \phi_u) = \mathcal{R}_e\{\underline{U}\} = \mathcal{R}_e\{\hat{u}\,e^{j(\omega t + \phi_u)}\} \tag{2.3}$$

Die Kreisfrequenz ω in rad/s ist mit der Frequenz in Hz (oder 1/s) durch

$$\omega = 2\pi f = \frac{2\pi}{T} \quad \text{wobei} \quad T = \frac{1}{f} \tag{2.4}$$

verbunden. Die Periode T ist die Zeit, für die die Spannung folgende Bedingung erfüllt:

$$u(t + mT) = u(T) \quad \text{mit} \quad m \in \mathbb{Z} \tag{2.5}$$

Die Nullphase ϕ_u kann sehr leicht in eine Zeit umgewandelt werden:

$$u(t) = \hat{u}\cos(\omega t + \phi_u) = \hat{u}\cos(\omega(t + \phi_u/\omega)) = \hat{u}\cos(\omega(t + t_u)) \tag{2.6}$$

Wenn ϕ_u negativ ist, dann ist die cosinusförmige Spannung der Spannung mit Nullphase gleich null nacheilend und umgekehrt, wenn ϕ_u positiv ist, dann ist die cosinusförmige Spannung der Spannung mit Nullphase gleich null voreilend.

Alles, was für cosinus- oder sinusförmige Spannungen gezeigt wurde, gilt selbstverständlich auch für die cosinus- oder sinusförmigen Ströme.

2.1.1   Mittelwert sinusförmiger Schwingungen

Der Mittelwert einer sinusförmigen Spannung über eine Periode ist null, weil die von der positiven Halbschwingung und der Abszisse umschlossenen Fläche gleich der von der negativen Halbschwingung und der Abszisse umschlossenen Fläche gleich sind:

$$\begin{aligned} \bar{u} &= \frac{1}{T}\int_{t=t_0}^{t_0+T} u(t)dt = \frac{1}{T}\int_{t=t_0}^{t_0+T} \hat{u}\cos(\omega t + \phi_u)dt = \\ &\frac{\hat{u}}{T\omega}\sin(\omega t + \phi_u)\Big|_{t=t_0}^{t_0+T} = \frac{\hat{u}}{T\omega}\left[\sin(\omega t_0 + 2\pi + \phi_u) - \sin(\omega t_0 + \phi_u)\right] = 0 \end{aligned} \tag{2.7}$$

Hier wurde die Beziehung $\omega T = 2\pi$ angewandt.

2.1.2   Effektivwert sinusförmiger Schwingungen

Der Effektivwert wird über die Leistung in der Schaltung definiert. Die momentane Leistung $p(t)$ in einem Ohmschen Widerstand R ist:

$$p(t) = u(t)\,i(t) = \frac{u^2(t)}{R} \tag{2.8}$$

Die im Widerstand über eine Periode umgesetzte mittlere Leistung ist dann:

$$P_R = \frac{1}{T}\frac{1}{R}\int_{t_0}^{t_0+T} u^2(t)dt \tag{2.9}$$

Der Effektivwert der Wechselspannung ist die Gleichspannung, die im selben Widerstand R die gleiche mittlere Leistung erzeugt. Aus

$$
\begin{aligned}
\frac{U_{eff}^2}{R} =& \frac{1}{T} \frac{1}{R} \int_{t_0}^{t_0+T} u^2(t)dt = \frac{1}{R\,T} \int_{t_0}^{t_0+T} [\hat{u} \cos(\omega t + \phi_u)]^2 dt \\
& \frac{1}{T} \frac{1}{R} \cdot \frac{\hat{u}^2}{2} \int_{t_0}^{t_0+T} [1 + \cos(2\omega t + 2\phi_u)]dt = \frac{1}{R} \cdot \frac{\hat{u}^2}{2}
\end{aligned}
\tag{2.10}
$$

erhält man für sinusförmige Spannungen

$$
U_{eff} = \frac{\hat{u}}{\sqrt{2}},
\tag{2.11}
$$

weil das Integral über eine Periode der Cosinusfunktion mit doppelter Frequenz null ist. Ähnlich ergibt sich für den Effektivwert des Wechselstroms der Amplitude $\hat{i}$:

$$
I_{eff} = \frac{\hat{i}}{\sqrt{2}}
\tag{2.12}
$$

Als Beispiel wird die Amplitude der Niederspannung des Versorgungsnetzes aus dem bekannten Effektivwert von 230 V ermittelt: $\hat{u} = \sqrt{2}\,U_{eff} = \sqrt{2} \times 230\,V = 325\,V$.

2.1.3 Leistung in Netzwerken mit sinusförmiger Anregung

Die momentane Leistung (Augenblickleistung) ist das Produkt der momentanen Spannung und des momentanen Stroms:

$$
p(t) = u(t)\, i(t)
\tag{2.13}
$$

Die cosinusförmige Spannung und der entsprechende Strom eines „Zweipols" im stationären Zustand sind

$$
\begin{aligned}
u(t) &= \hat{u} \cos(\omega t + \phi_u) = \sqrt{2}\,U_{eff} \cos(\omega t + \phi_u) \\
i(t) &= \hat{i} \cos(\omega t + \phi_i) = \sqrt{2} I_{eff} \cos(\omega t + \phi_i),
\end{aligned}
\tag{2.14}
$$

wobei $\phi = \phi_u - \phi_i$ die Phasenverschiebung zwischen der Spannung und dem Strom des Zweipols ist, oder anders ausgedrückt die Phasenverschiebung der Spannung relativ zur Strom.
Die mittlere Leistung über eine Periode ist dann:

$$
\begin{aligned}
P =& 2\frac{1}{T} \int_{t_0}^{t_0+T} U_{eff}\, I_{eff} \cos(\omega t + \phi_u) \cos(\omega t + \phi_i)dt = \\
& \frac{1}{T} U_{eff}\, I_{eff} \int_{t_0}^{t_0+T} [\cos(2\omega t + \phi_u + \phi_i) + \cos(\phi_u - \phi_i)]dt = \\
& U_{eff}\, I_{eff} \cos(\phi_u - \phi_i) = U_{eff}\, I_{eff} \cos(\phi)
\end{aligned}
\tag{2.15}
$$

Wenn $\phi = \pm\pi/2$ ist, dann wird diese mittlere Leistung gleich null.

Hier wurde das Additionstheorem

$$\cos x \cos y = \frac{1}{2}\cos(x+y) + \cos(x-y) \qquad (2.16)$$

und die Tatsache, dass das Integral über eine Periode des Terms mit doppelter Frequenz null ist, verwendet.

Die Leistung P stellt die so genannte *Wirkleistung* dar. Ihre Einheit ist Watt (kurz W) und die entsprechenden SI-Präfixe sind mW, kW, MW etc. Die SI-Präfixe[1] sind für die Verwendung im Internationalen Einheitensystem definierte Dezimal-Präfixe; sie basieren auf Zehnerpotenzen mit ganzzahligen Exponenten.

Das Produkt der Effektivwerte U_{eff}, I_{eff} stellt die Scheinleistung dar:

$$S = U_{eff} I_{eff} \qquad (2.17)$$

Da die Effektivwerte positiv sind, ist die Scheinleistung auch immer positiv. Die Einheit für die Scheinleistung ist VA (Voltampere).

Der Quotient aus Wirkleistung und Scheinleistung wird als Leistungsfaktor λ bezeichnet:

$$\lambda = \frac{P}{S} = \cos(\phi_u - \phi_i) = \cos(\phi) \qquad (2.18)$$

Bei einem Verbraucher in Form eines Zweipols bei dem $\phi = \pm\pi/2$ ist, wird keine Wirkleistung verbraucht.

In einem elektrischen Energieversorgungsnetz wird Energie vom Erzeuger zum Verbraucher übertragen. Die zusätzliche Energie, die beim Verbraucher nicht zur Wirkleistung führt, muss auch berücksichtigt werden. Wenn zwischen der Spannung und dem Strom eine Phasenverschiebung $\phi = \phi_u - \phi_i$ vorkommt, dann ist

$$I_{eff} \cos(\phi)$$

der Anteil des Stroms, der zur Wirkleistung führt. Das ist die Projektion des Strom auf der Spannung. Der orthogonale Anteil des Stroms

$$I_{eff} \sin(\phi)$$

führt dazu, dass vom Erzeuger mehr Strom fließt als es für die Wirkleistung notwendig ist. Es ist somit begründet eine so genannte Blindleistung Q einzuführen:

$$Q = U_{eff} I_{eff} \sin(\phi_u - \phi_i) = U_{eff} I_{eff} \sin(\phi) \qquad (2.19)$$

---

[1]*International System of Units*

Zur Unterscheidung der Blindleistung von den übrigen Leistungsbegriffen verwendet man für Q die Einheit VAr (oder VAR), als Abkürzung von *Volt-Ampere-Reaktive*. Den Quotient von Q und S bezeichnet man als Blindfaktor:

$$\frac{Q}{S} = \sin(\phi) \tag{2.20}$$

Elektrische Großverbraucher in der Industrie müssen neben der bezogenen Wirkenergie auch für ihren Blindenergiebezug bezahlen. Privat- und Kleinverbraucher, die überwiegend Energie für Wärmegeräte beziehen, verursachen geringe Blindleistungsbelastung und müssen diese nicht erfassen und bezahlen.

Mit Hilfe der einfachen, didaktischen Anordnung aus Abb. 2.1 soll der Sachverhalt dargestellt werden. Der Verbraucher ist induktiv mit einer Ersatzinduktivität $L_s = 0,1\ H$ und einem Ersatzwiderstand $R_s = 10\ \Omega$.

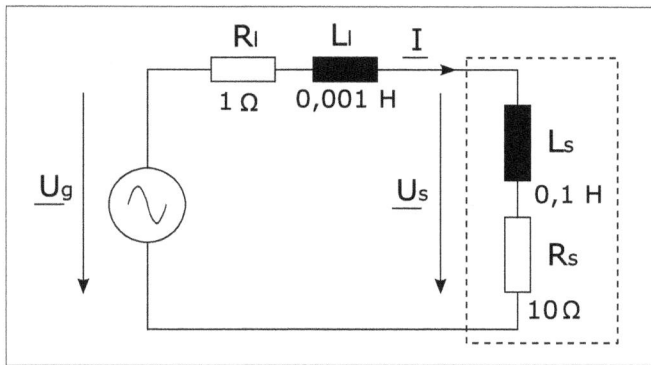

Abb. 2.1: Erzeuger und Verbraucher Anordnung

Die Verbindungsleitung ist mit einer Ersatzinduktivität $L_l = 0,001\ H$ und einem Ersatzwiderstand $R_l = 0,1\ \Omega$ angenommen. Es sollen der Strom $\underline{I}$ und die Spannung $\underline{U}_s$ bzw. die Wirk- und Blindleistung beim Verbraucher und beim Erzeuger ermittelt werden. Es wird eine Spannung des Erzeugers von $|\underline{U}_g| = 230$ V (Effektivwert) vorausgesezt.

Mit einem kleinen MATLAB-Skript werden die verlangten Größen mit Hilfe folgender Beziehungen ermittelt:

$$
\begin{aligned}
&\underline{U}_g = U_{geff}\, e^{j0} = U_{geff}, \qquad && \underline{I} = \frac{\underline{U}_g}{R_l + R_s + j\omega(L_l + L_s)} \\
&\underline{U}_s = \underline{I}(R_s + j\omega\, L_s), \qquad && I_{eff} = |\underline{I}|, \qquad U_{seff} = |\underline{U}_s| \\
&\phi = \phi_u - \phi_i = \operatorname{atan}\left(\frac{\omega L_s}{R_s}\right), \qquad && \cos(\phi) = \frac{1}{\sqrt{(\omega L_s/R_s)^2 + 1}} \\
&\sin(\phi) = \frac{\omega L_s/R_s}{\sqrt{(\omega L_s/R_s)^2 + 1}}
\end{aligned}
\tag{2.21}
$$

Hinzu kommen noch die Beziehungen für die Ermittlung der Leistungen beim Verbraucher (P_s, Q_s) und beim Erzeuger (P_g, Q_g):

$$P_s = U_{seff} I_{eff} \cos(\phi) = I_{eff}^2 R_s, \qquad Q_s = U_{seff} I_{eff} \sin(\phi) = I_{eff}^2 \omega L_s$$
$$P_g = P_s + I_{eff}^2 R_l, \qquad\qquad Q_g = Q_s + I_{eff}^2 \omega L_l \qquad (2.22)$$

```
% Skript erz_verbr_1.m, in dem eine einfache
% Erzeuger-Verbraucher Schaltung untersucht wird
clear;
% ------- Parameter der Schaltung
Rl = 0.1;     Ll = 0.001;
Rs = 10;      Ls = 0.1;
Ug = 230;
f = 50;          omega = 314;
% ------- Leistungsfaktor des Verbrauchers
phi = atan(omega*Ls/Rs);
phi_g = phi*180/pi;
lambda = cos(phi);      % Leistungsfaktor
% ------- Strom und Spannung des Verbrauchers
I = Ug/(Rl + Rs + j*omega*(Ll + Ls));
Ieff = abs(I);
Us = I*(Rs + j*omega*Ls);
Useff = abs(Us);
% ------- Leistungen beim Verbraucher
Ps = Ieff*Useff*lambda;        %(oder Ieff^2*Rs)
Qs = Ieff*Useff*sin(phi);      %(oder Ieff^2*omega*Ls)
% ------- Leistungen beim Erzeuger
Pg = Ps + Ieff^2*Rl;
Qg = Qs + Ieff^2*omega*Ll;
% ------- Ergebnisse
disp(['Ieff = ', num2str(Ieff),' A'])
disp(['Useff = ', num2str(Useff),' V'])
disp(['Ps = ', num2str(Ps),' W'])
disp(['Qs = ', num2str(Qs),' VAr'])
disp(['Pg = ', num2str(Pg),' W'])
disp(['Qg = ', num2str(Qg),' VAr'])
```

Man erhält folgende Ergebnisse:

```
Ieff = 6.9103 A          Useff = 227.7228 V
Ps = 477.5283 W          Qs = 1499.4388 VAr
Pg = 482.3036 W          Qg = 1514.4332 VAr
```

Der Winkel der Impedanz des Verbrauchers $\phi = 72{,}3$ Grad, der den Winkel $\phi = \phi_u - \phi_i$ darstellt, ist relativ groß und führt zu einem relativ kleinen Leistungsfaktor von $\lambda = \cos(\phi) = 0{,}3$.

Später wird gezeigt, wie man beim Verbraucher mit Hilfe von Kapazitäten die

Blindleistung der induktiven Verbraucher kompensiert, so dass man Leistungsfaktoren $\lambda \geq 0,8$ erreicht.

Die eingeführten Leistungen können in einer komplexen Leistung $\underline{S}$ zusammengefasst werden:

$$\underline{S} = P + jQ \qquad\qquad (2.23)$$

Der Betrag der komplexen Leistung ist die Scheinleistung und die Projektion auf die Realachse ist die Wirkleistung bzw. die Projektion auf die Imaginärachse ist die Blindleistung (Abb. 2.2).

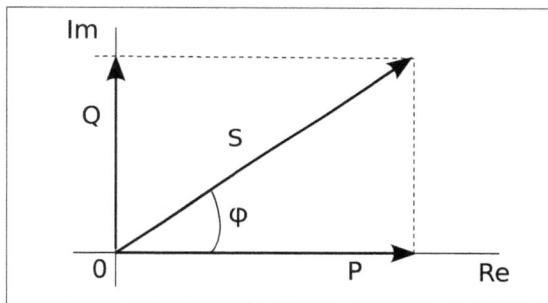

Abb. 2.2: Komplexe Leistung in der komplexen Ebene

Bei sinusförmiger Anregung im stationären Zustand spielen die Effektivwerte eine große Rolle und deshalb werden oft die komplexen Variablen Strom und Spannung mit Hilfe der Effektivwerte definiert. Hinzu kommt noch, dass bei allen der Term ωt vorkommt, den man dann weglassen kann:

$$\begin{aligned} \underline{U} &= U_{eff}\, e^{j\phi_u} \\ \underline{I} &= I_{eff}\, e^{j\phi_i} \end{aligned} \qquad\qquad (2.24)$$

Die komplexe Leistung ergibt sich jetzt aus dem Produkt dieser komplexen Spannung $\underline{U}$ und des entsprechenden konjugiert komplexen Stroms $\underline{I}^*$:

$$\underline{S} = P + jQ = \underline{U}\,\underline{I}^* = U_{eff}\, I_{eff}\, e^{j\phi_u} e^{-j\phi_i} = U_{eff}\, I_{eff}\, e^{j(\phi_u - \phi_i)} \qquad\qquad (2.25)$$

2.1.4 Die Leistung in den passiven Komponenten R, L, C

Für die idealen Komponenten R, L und C gibt es einfache Formen der eingeführten Leistungen.

Ohmscher Widerstand

Der Ohmsche Widerstand führt zu keiner Phasenverschiebung zwischen Strom und Spannung ($\phi_u = \phi_i; \phi_u - \phi_i = \phi = 0$) und hat somit keine Blindleistung. Der Leistungsfaktor $\cos(\phi) = 1$ und der Blindfaktor $\sin(\phi) = 0$ und wird dadurch:

$$P = U_{eff} \, I_{eff} = S \quad \text{und} \quad Q = 0 \tag{2.26}$$

Idealer Kondensator der Kapazität C

Bei dem idealen Kondensator gilt:

$$\phi = \phi_u - \phi_i = -\frac{\pi}{2} \tag{2.27}$$

Damit wird:

$$\begin{aligned} P &= U_{eff} \, I_{eff} \cos(\phi) = 0 \\ Q &= U_{eff} \, I_{eff} \sin(\phi) = -U_{eff} \, I_{eff} < 0 \end{aligned} \tag{2.28}$$

Wirkleistung wird im Kondensator nicht umgesetzt und die Blindleistung ist negativ.

Idealer Induktor der Induktivität L

In diesem Fall gilt:

$$\phi = \phi_u - \phi_i = \frac{\pi}{2} \tag{2.29}$$

Damit wird auch hier:

$$\begin{aligned} P &= U_{eff} \, I_{eff} \cos(\phi) = 0 \\ Q &= U_{eff} \, I_{eff} \sin(\phi) = U_{eff} \, I_{eff} > 0 \end{aligned} \tag{2.30}$$

Wirkleistung wird auch beim idealen Induktor nicht umgesetzt, die Blindleistung ist hier positiv.

2.2 Zeigerdarstellung

Die komplexen Variablen, mit deren Hilfe man sehr effizient die partikuläre Lösung für sinusförmiger Anregung in linearen Netzwerken ermittelt, sind in der komplexen

Ebene Zeiger. Für folgende Formen der komplexen Variablen

$$u(t) = \hat{u}\cos(\omega t + \phi_u) \quad \rightarrow \quad \underline{U} = \hat{u}\, e^{j(\omega t + \phi_u)}$$
$$i(t) = \hat{i}\cos(\omega t + \phi_i) \quad \rightarrow \quad \underline{I} = \hat{i}\, e^{j(\omega t + \phi_i)} \tag{2.31}$$

sind die Zeiger in Abb. 2.3a gezeigt. Die Beträge der Zeiger sind die Amplituden (immer > 0) und die Winkel sind aus den Argumenten der Exponentialfunktion zu entnehmen.

Für die Variablen Strom/Spannung im stationären Zustand bei sinusförmiger Anregung, spielt der Winkel ωt keine Rolle, weil man nur die relativen Phasenlagen dieser Variablen ermitteln muss. Diese sind, wie auch die Amplituden, von ω abhängig. Die Abhängigkeit von ω wird oft in einer anderen Bezeichnung hervorgehoben:

$$\underline{U} = U(j\omega) \quad \text{und} \quad \underline{I} = I(j\omega)$$

Der Winkel ωt führt dazu, dass in Zeit alle Zeiger gleichmäßig rotieren (gegen den Uhrzeigersinn), ohne dass sich ihre relative Phasenlage zueinander ändert.

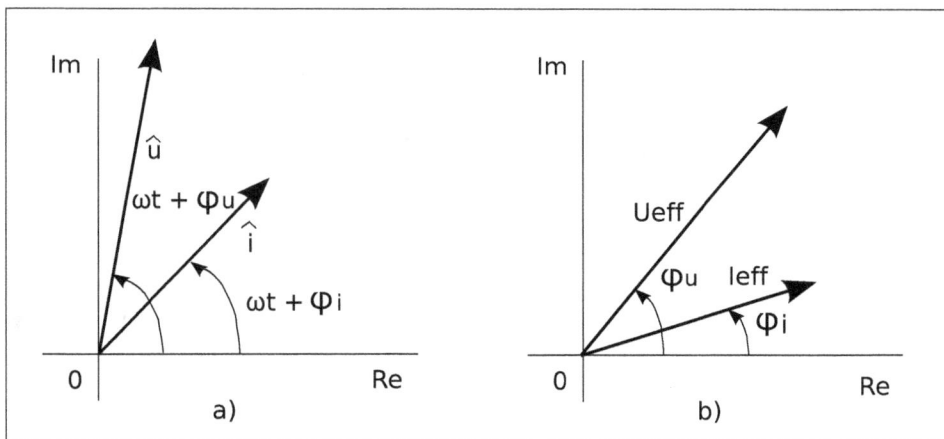

Abb. 2.3: Die komplexen Variablen als Zeiger

An Stelle der Amplituden werden besonders in der Energietechnik die Effektivwerte für die Zeiger benutzt und sie werden statisch ohne den Winkel ωt geschrieben und dargestellt:

$$u(t) = \sqrt{2}U_{eff}\cos(\omega t + \phi_u) \quad \rightarrow \quad \underline{U} = U(j\omega) = U_{eff}\, e^{j\phi_u}$$
$$i(t) = \sqrt{2}I_{eff}\cos(\omega t + \phi_i) \quad \rightarrow \quad \underline{I} = I(j\omega) = I_{eff}\, e^{j\phi_i} \tag{2.32}$$

In Abb. 2.3b ist diese Art von Zeigern dargestellt. Die relative Lage, die durch die Phasenverschiebung $\phi = \phi_u - \phi_i$ gegeben ist, bleibt die gleiche und die Beträge der Zeiger werden mit den Effektivwerten dargestellt.

Mit Hilfe der Zeiger kann man sich z.B. die Addition zweier cosinusförmiger Variablen gleicher Frequenz leicht vorstellen und die Summe auch einfach berechnen. Abb. 2.4 zeigt zwei Zeiger $\underline{U}_1, \underline{U}_2$ und deren Summe. Daraus lassen sich auch die Parameter der Summe ermitteln. Aus

$$
\begin{aligned}
u_1(t) &= \hat{u}_1 \cos(\omega t + \phi_1) &\rightarrow& \quad \underline{U}_1 = U_1(j\omega) = \hat{u}_1\, e^{j\phi_1} \\
u_2(t) &= \hat{u}_2 \cos(\omega t + \phi_2) &\rightarrow& \quad \underline{U}_2 = U_2(j\omega) = \hat{u}_2\, e^{j\phi_2}
\end{aligned}
\tag{2.33}
$$

wird die Summe wie folgt berechnet:

$$
\begin{aligned}
u(t) &= u_1(t) + u_2(t) = \hat{u} \cos(\omega t + \phi) \qquad \text{mit} \\
\hat{u}^2 &= \left[\hat{u}_1 \cos(\phi_1) + \hat{u}_2 \cos(\phi_2)\right]^2 + \left[\hat{u}_1 \sin(\phi_1) + \hat{u}_2 \sin(\phi_2)\right]^2 \\
\phi &= \mathrm{atan}\left(\frac{\hat{u}_1 \sin(\phi_1) + \hat{u}_2 \sin(\phi_2)}{\hat{u}_1 \cos(\phi_1) + \hat{u}_2 \cos(\phi_2)}\right)
\end{aligned}
\tag{2.34}
$$

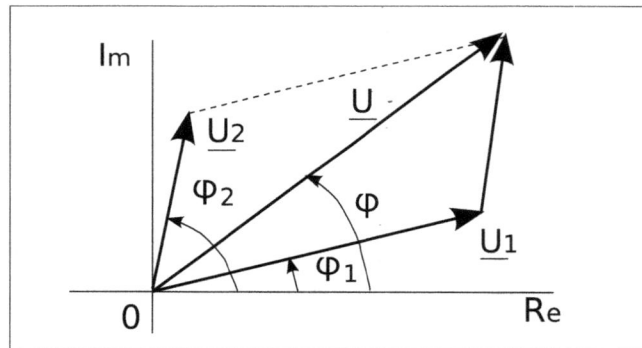

Abb. 2.4: Die Summe zweier Zeiger

Die komplexen Impedanzen oder Admittanzen können ebenfalls in der komplexen Ebene mit Zeigern dargestellt werden:

$$
\begin{aligned}
\underline{Z} &= R_e\{\underline{Z}\} + j\, I_m\{\underline{Z}\} = |\underline{Z}|\, e^{j\phi_z} \\
\underline{Y} &= R_e\{\underline{Y}\} + j\, I_m\{\underline{Y}\} = |\underline{Y}|\, e^{j\phi_y}
\end{aligned}
\tag{2.35}
$$

Alle Regeln des Umgangs mit komplexen Zahlen müssen eingehalten werden. Als Beispiel wird angenommen, dass der Strom und die Impedanz gegeben sind

$$
\begin{aligned}
i(t) &= \hat{i} \cos(\omega t + \phi_i) &\rightarrow& \quad \underline{I} = I(j\omega) = \hat{i}\, e^{j\phi_i} \\
\underline{Z} &= \mathcal{R}_e\{\underline{Z}\} + j\, \mathcal{I}_m\{\underline{Z}\} = |\underline{Z}|\, e^{j\phi_z}
\end{aligned}
\tag{2.36}
$$

Übersichtstabelle: Die linearen passiven Bauelemente R–C–L

	R (Widerstand)	C (Kondensator)	L (Spule)
Einheit	$\mathrm{Ohm}[\Omega] = \left[\dfrac{V}{A}\right]$	$\mathrm{Farad}[F] = \left[\dfrac{As}{V}\right]$	$\mathrm{Henry}[H] = \left[\dfrac{Vs}{A}\right]$
Symbol	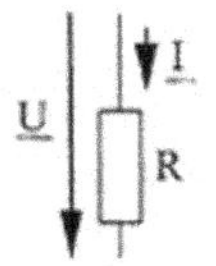	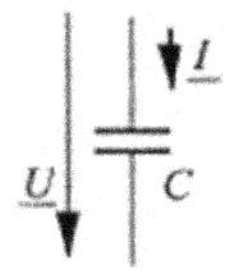	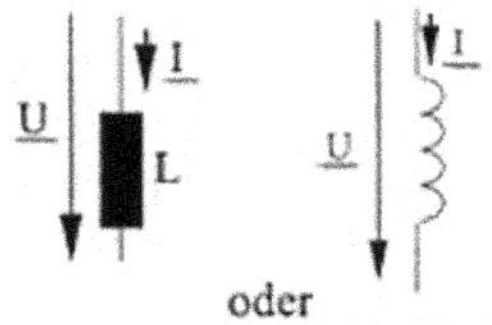 oder
Gleichung (Zeitbereich)	$u = R \cdot i$	$i = C \cdot \dfrac{du}{dt}$ $u(t) = \dfrac{1}{C} \cdot \int i(t)dt + U_0$	$u = L \cdot \dfrac{di}{dt}$ $i(t) = \dfrac{1}{L} \cdot \int u(t)dt + I_0$
Wechselstrom-widerstand	$X_R = R$	$X_C = \dfrac{1}{\omega C}$	$X_L = \omega L$
Komplexer Wider-stand (Impedanz)	$\underline{Z}_R = R$	$\underline{Z}_C = \dfrac{1}{j\omega C} = -jX_C$	$\underline{Z}_L = j\omega L = jX_L$
Gleichung (Frequenzbereich)	$\underline{U} = R \cdot \underline{I}$	$\underline{U} = \dfrac{1}{j\omega C} \cdot \underline{I}$	$\underline{U} = j\omega L \cdot \underline{I}$
Zeigerdiagramm für Strom und Spannung			

Abb. 2.5: Die linearen passiven Bauelemente R,C,L

und es muss die Spannung ermittelt werden:

$$\underline{U} = U(j\omega) = \underline{Z}\,\underline{I} = \hat{u}\,e^{j\phi_u} \qquad \text{mit}$$
$$\hat{u} = \hat{i}\,|\underline{Z}| \qquad \text{und} \qquad \phi_u = \phi_i + \phi_z \tag{2.37}$$
$$u(t) = \hat{i}\,|\underline{Z}| \cos(\omega t + \phi_i + \phi_z)$$

Umgekehrt, wenn die Spannung und die Impedanz gegeben sind und der Strom ermittelt werden muss, wird ähnlich vorgegangen:

$$u(t) = \hat{u}\cos(\omega t + \phi_u) \quad \text{mit} \quad \underline{U} = \hat{u}\, e^{j\phi_u} \quad \text{und} \quad \underline{Z} = |\underline{Z}|\, e^{j\phi_z}$$

$$\underline{I} = I(j\omega) = \frac{\underline{U}}{\underline{Z}} = \hat{i}\, e^{j\phi_i} \quad \text{mit} \quad \hat{i} = \frac{\hat{u}}{|\underline{Z}|} \quad \text{und} \quad \phi_i = \phi_u - \phi_z \tag{2.38}$$

$$i(t) = \frac{\hat{u}}{|\underline{Z}|}\cos(\omega t + \phi_u - \phi_z)$$

Abb. 2.5 zeigt eine Übersichtstabelle der linearen passiven Bauelemente R, C und L mit den wichtigsten Eigenschaften [19]. Die Wechselstromwiderstände X_c, X_L stellen die Beträge der entsprechenden Impedanzen dar. Man beachte, dass X_c als Betrag von $\underline{Z}_c = 1/(j\omega C)$ stets größer null ist.

2.2.1   Zeigerdiagramm des Reihenresonanzkreises

Der Reihenresonanzkreis (Abb. 2.6a) wurde in einem vorherigen Kapitel sowohl für das Einschwingen als auch für den stationären Zustand untersucht. Mit Hilfe eines Zeigerdiagramms erhält man eine anschauliche Vorstellung der Reihenresonanz im stationären Zustand.

Abb. 2.6b zeigt das Zeigerdiagramm für den Fall, dass $|\underline{U}_L| < |\underline{U}_c|$ ist; in Abb. 2.6c ist das Zeigerdiagramm für den Resonanzfall dargestellt. Hier erkennt man, dass der Strom phasengleich mit der Anregungsspannung ist und dass die zwei Spannungen $\underline{U}_L$ und $\underline{U}_c$ im Betrag gleich aber entgegengesetzt sind. Ihre Summe ist somit null.

Wenn die Schaltung als Resonanzkreis eingesetzt wird, dann ist die Qualität des Resonanzkreises über den Gütefaktor Q_r bei der Resonanzfrequenz definiert:

$$Q_r = \left.\frac{\omega L}{R}\right|_{\omega=\omega_{0r}} = \left.\frac{1/(\omega C)}{R}\right|_{\omega=\omega_{0r}}$$

mit

$$\omega_{0r} = \frac{1}{\sqrt{LC}} \tag{2.39}$$

Es gibt Resonanzkreise mit Gütefaktoren zwischen 10 und 100, die durch sehr kleine Widerstände erhalten werden. Bei solchen Kreisen ist der Widerstand kein physikalisch hinzugefügter Widerstand, sondern er stellt die Verluste in der Spule und in dem Kondensator dar. Leider ist so ein Ersatzwiderstand dadurch auch teilweise frequenzabhängig.

Das Verhältnis der Spannung des Induktors L oder des Kondensators C zur Spannung des Widerstands R bei Resonanz ist gleich dem Gütefaktor:

$$\frac{U_{Leff}}{U_{Reff}} = \frac{I_{Leff}\,\omega_{0r}\,L}{I_{Leff}\,R} = \frac{\omega_{0r}\,L}{R} = Q_r \tag{2.40}$$

Mit gutem $Q_r > 10$ als Beispiel, können die Spannungen U_{Leff} und U_{ceff} sehr groß relativ zur Spannung U_{Reff} sein.

Die Reihenschaltung R, L, C mit Ausgang auf C wird als Tiefpassfilter zweiter Ordnung benutzt. Allerdings wird dann die Schaltung mit einem größeren Widerstand gedämpft. Wenn als Ausgang die Spannung am Induktor betrachtet wird, dann verhält

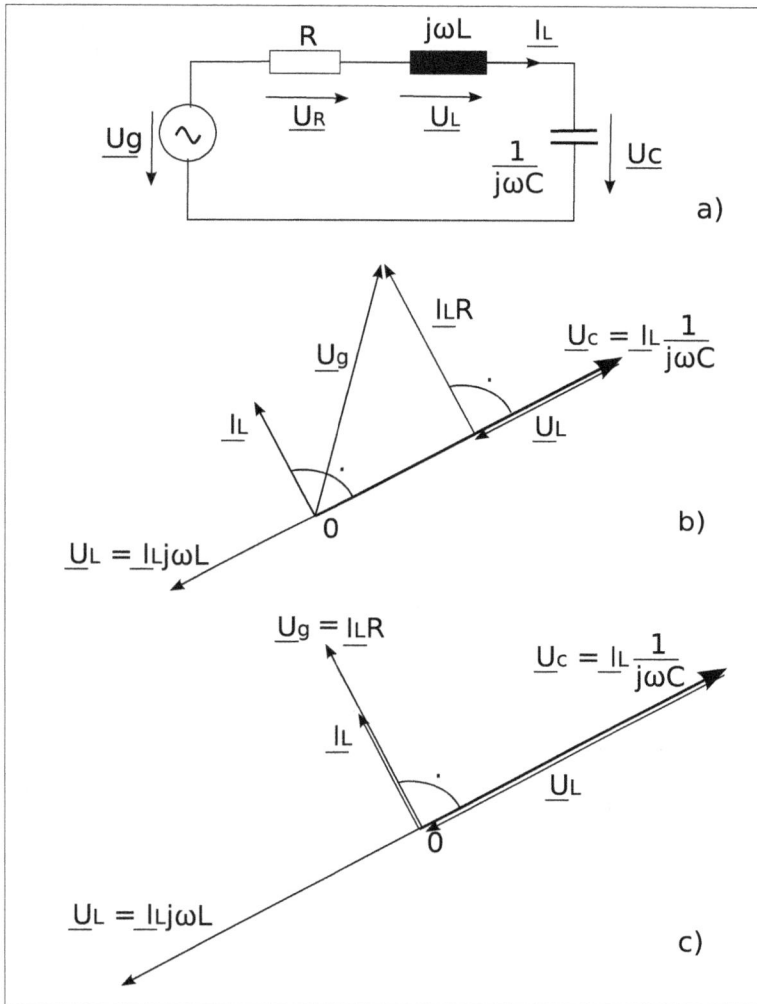

Abb. 2.6: a) Reihenresonanzkreis b) Zeigerdiagramm ohne Resonanz c) Zeigerdiagramm bei Resonanz

sich die Schaltung wie ein Hochpassfilter und mit der Ausgangsspannung am Widerstand erhält man ein Bandpassfilter.

Als Beispiel wird der Frequenzgang für den Ausgang auf C ermittelt. Aus

$$\underline{U}_c = \frac{\underline{U}_g}{R + j\omega L + 1/(j\omega C)} \cdot \frac{1}{j\omega C} = \frac{\underline{U}_g}{(1 - \omega^2 LC) + j\omega RC} \tag{2.41}$$

wird die Amplitude der Ausgangsspannung $\hat{u}_c$ relativ zur Amplitude der Anregung

$\hat{u}_g$ berechnet. Daraus wird der Amplitudengang $A(\omega)$ ermittelt und aus der Phasenverschiebung der Ausgangsspannung relativ zur Anregung wird der Phasengang $\phi(\omega)$ ermittelt:

$$\hat{u}_c = \frac{\hat{u}_g}{\sqrt{(1 - \omega^2 LC)^2 + (\omega RC)^2}}$$

$$A(\omega) = \frac{\hat{u}_c}{\hat{u}_g} = \frac{1}{\sqrt{(1 - \omega^2 LC)^2 + (\omega RC)^2}} \tag{2.42}$$

$$\phi_{uc} - \phi_{ug} = \phi(\omega) = -\mathrm{atan}\left(\frac{\omega RC}{1 - \omega^2 LC}\right)$$

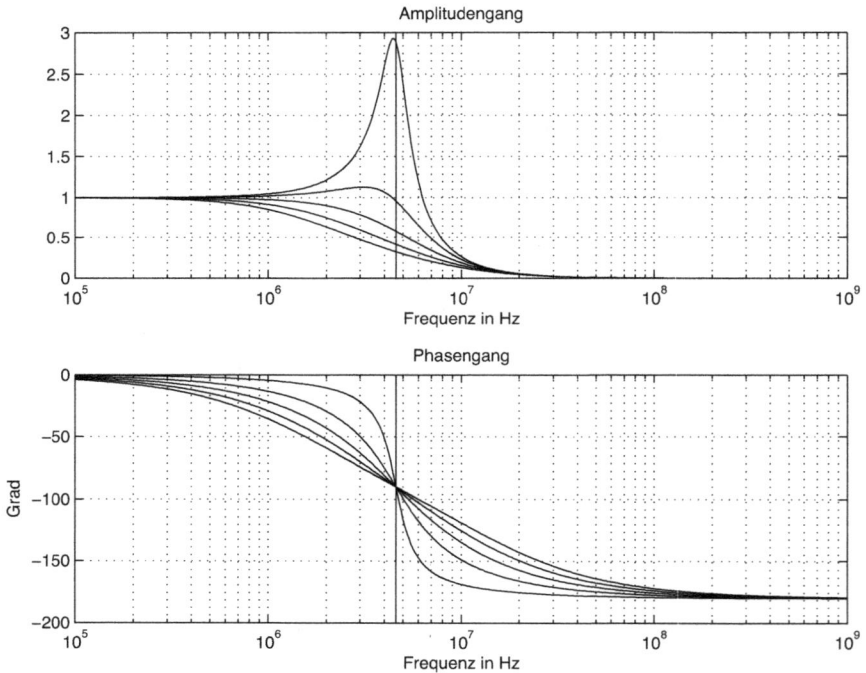

Abb. 2.7: *Frequenzgang der RLC-Reihenschaltung mit Ausgang auf C* (freqg_RLC1.m)

Zu bemerken sei, dass die komplexe Funktion $\underline{U}_c / \underline{U}_g$, die den komplexen Frequenzgang $H(j\omega)$ definiert, als Betrag den Amplitudengang hat und als Winkel den Phasengang besitzt:

$$H(j\omega) = \frac{\underline{U}_c}{\underline{U}_g} = \frac{1}{(1 - \omega^2 LC) + j\omega RC} = A(\omega)e^{j\phi(\omega)} \tag{2.43}$$

Im Skript `freqg_RLC1.m` wird der Amplitudengang und Phasengang in der Umgebung der Resonanzfrequenz für fünf Werte des Widerstands $R = 100, 300, 500, 700, 900$ Ohm ermittelt und dargestellt:

```
% Skript freqg_RLC1.m, in dem der Frequenzgang
% der RLC-Reihenschaltung mit Ausgang auf C
% ermittelt und dargestellt wird
clear;
% ------- Parameter der Schaltung
L = 10e-6;        C = 120e-12;
% R wird als Parameter später definiert
% ------- Resonanzfrequenz
f0r = 1/(2*pi*sqrt(L*C))
% ------- Frequenzbereich
a1 = round(log10(f0r/100));     a2 = round(log10(f0r*100));
f = logspace(a1, a2, 500);      % Frequenzbereich
omega = 2*pi*f;
nf = length(f);
R = 100:200:900;   % Bereich für R
nr = length(R);
H = zeros(nr,nf); % Komplexer Frequenzgang
                  % (Uc(jomega)/Ug(jomega))
for k = 1:nr
    H(k,:) = 1./((1 - omega.^2*L*C) + j*omega*R(k)*C);
end;
figure(1);
subplot(211), semilogx(f, abs(H)');
    title('Amplitudengang');
    xlabel('Frequenz in Hz');     grid on;
    hold on;
    La = axis;
    semilogx([f0r, f0r], [La(3), La(4)],'r');
    hold off;
subplot(212), semilogx(f, angle(H)'*180/pi);
    title('Phasengang');
    xlabel('Frequenz in Hz');     grid on;
    ylabel('Grad');
    hold on;
    La = axis;
    semilogx([f0r, f0r], [La(3), La(4)],'r');
    hold off;
```

Abb. 2.7 zeigt oben den Amplitudengang und darunter den Phasengang. Der größte Höcker entspricht dem kleinsten Wert von R. Man sieht, dass die tiefen Frequenzen durchgelassen werden und beginnend mit einer Frequenz in der Nähe der Resonanzfrequenz die Signale unterdrückt werden. Sicher ist hier kein großer „Höcker" für eine Filterfunktion gewünscht und ein Widerstand von 700 Ohm, der zu einem sehr kleinen Höcker führt, ist besser geeignet.

Im Skript werden in der `for`-Schleife in den Zeilen der Matrix H die Werte des komplexen Frequenzganges für je einen Widerstand berechnet.

Als Übung kann man das Skript für den Frequenzgang mit Ausgang an dem Induktor oder Widerstand ändern.

2.2.2   Zeigerdiagramm des Parallelresonanzkreises

Auch der parallele Resonanzkreis (Abb. 2.8a) wurde in einem vorherigen Kapitel, sowohl für das Einschwingen als auch für den stationären Zustand, untersucht. Ein Zeigerdiagramm für den stationären Zustand bei sinusförmiger Anregung führt auch hier zu einer anschaulichen Vorstellung der Resonanz.

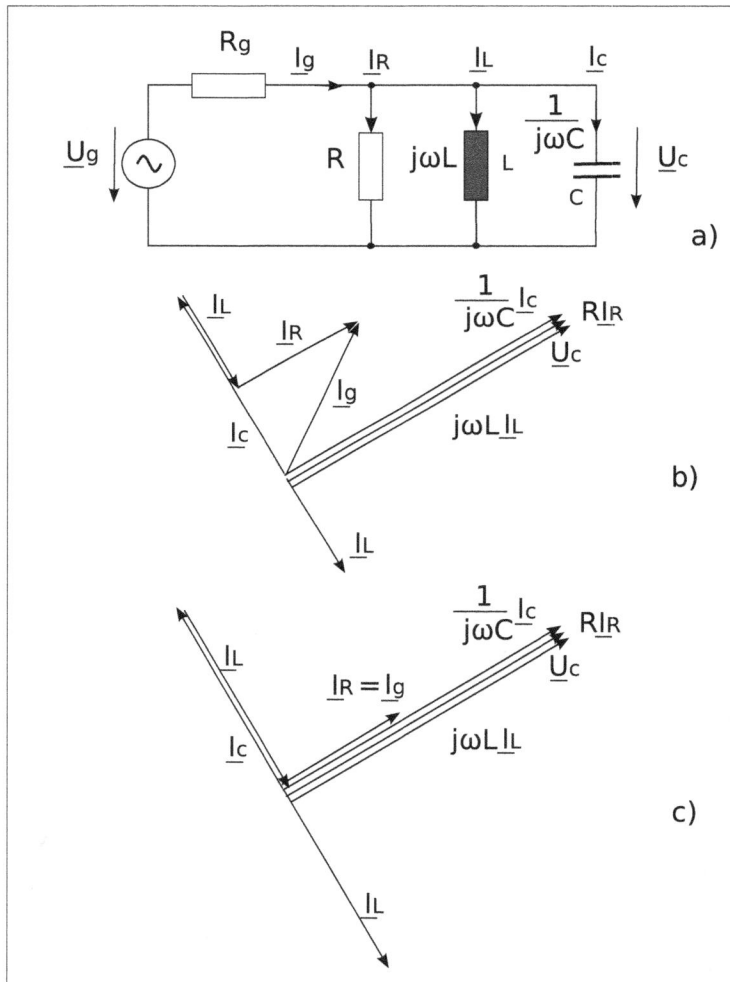

Abb. 2.8: a) Parallelresonanzkreis b) Zeigerdiagramm ohne Resonanz c) Zeigerdiagramm bei Resonanz

Abb. 2.8b zeigt das Zeigerdiagramm für den Fall mit $\underline{I}_c > \underline{I}_L$ und somit ohne Resonanz. Bei Resonanz (Abb. 2.8c) sind die Ströme $\underline{I}_c = -\underline{I}_L$, und ihre Summe ist null. Der Strom der Quelle (Anregung) bei Resonanz $\underline{I}_g$ ist gleich dem Strom $\underline{I}_R$ und durch

$$\underline{I}_g = \frac{\underline{U}_g}{R_g + R} \tag{2.44}$$

gegeben.

2.2.3 Frequenzabhängigkeit der Impedanz einer RLC-Parallelschaltung

Einen guten Einblick in das Verhalten des parallelen Schwingungskreises erhält man durch die Untersuchung der Impedanz der parallel geschalteten Komponenten R, L und C.

Zuerst wird der komplexe Leitwert $\underline{Y}$ (Admittanz) berechnet:

$$\underline{Y} = \frac{1}{R} + \frac{1}{j\omega L} + j\omega C \tag{2.45}$$

Der Kehrwert ist dann die Impedanz:

$$\underline{Z} = \frac{1}{\underline{Y}} = \frac{1}{\dfrac{1}{R} + \dfrac{1}{j\omega L} + j\omega C} = \frac{R}{1 + j(\omega C - \dfrac{1}{\omega L})R} \quad \text{oder} \tag{2.46}$$

$$\underline{Z} = \frac{R}{1 + (\omega C - \dfrac{1}{\omega L})^2 R^2} + j\frac{R^2(\dfrac{1}{\omega L} - \omega C)}{1 + (\omega C - \dfrac{1}{\omega L})^2 R^2} = R_e(\omega) + jX_e(\omega) \tag{2.47}$$

Der Ersatzwiderstand R_e, der von ω abhängig ist, bildet den Realteil der Impedanz und der Imaginärteil, der ebenfalls von ω abhängig ist, stellt die Ersatzreaktanz X_e oder den Blindwiderstand dar. Bei Resonanz, wenn $\omega C = 1/(\omega L)$ wird, ist die Impedanz gleich dem Widerstand R.

Für Frequenzen, die kleiner als die Resonanzfrequenz sind, ist $X_e > 0$ und die ganze Schaltung hat einen induktiven Charakter. Sie verhält sich wie ein Widerstand in Reihe mit einem Induktor der Induktivität gleich X_e/ω. Im Gegensatz dazu, verhält sich die Schaltung wie ein Widerstand in Reihe mit einem Kondensator der Kapazität $-1/(\omega X_e)$ für Frequenzen größer als die Resonanzfrequenz. In diesem Bereich ist $X_e < 0$.

Im Skript `rlc_parallel1` wird die Frequenzabhängigkeit der Impedanz ermittelt und dargestellt.

```
% Skript rlc_parallel1.m, in dem die Frequenzabhängigkeit
% der Impedanz einer RLC-Schaltung berechnet und dargestellt wird
```

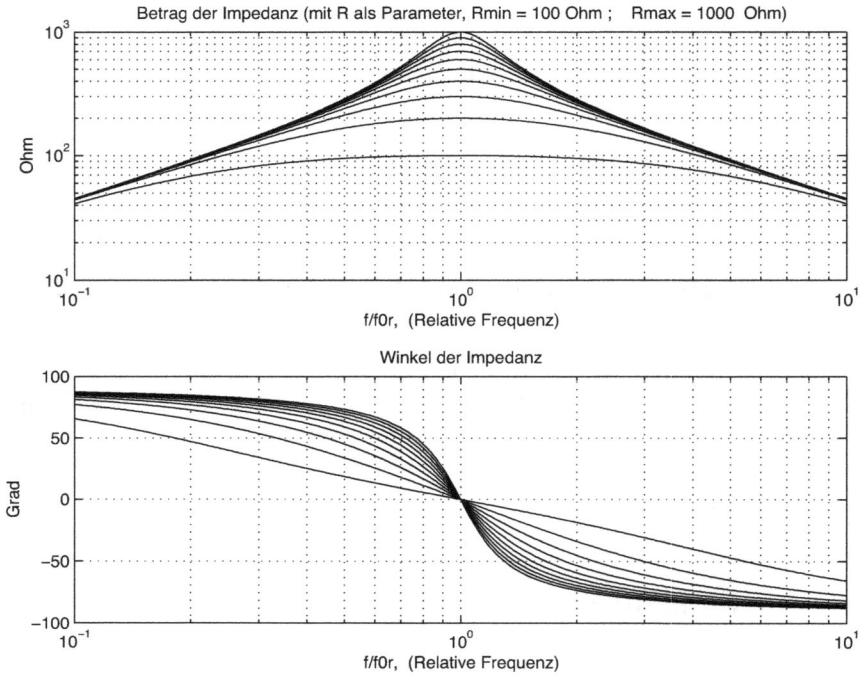

Abb. 2.9: *Betrag und Winkel der Impedanz abhängig von der Frequenz mit R als Parameter*
(rlc_parallel1.m)

```
clear;
% ------- Parameter der Impedanz
C = 100e-12;         L = 20e-6;
% R und Omega werden als Parameter gewählt
f0r = 1/(2*pi*sqrt(L*C));     % Resonanzfrequenz
f = logspace(-1, 1, 500);     % Relative Frequenz
f = sort([f,1]);% Hinzufügen der relativen Freq. 1
omega = 2*pi*f*f0r;           % Absolute Frequenz
nf = length(f);
R = 100:100:1000;             % Bereich für R
nR = length(R);
Z = zeros(nR, nf);            % Initialisierungen
Y = Z;
for k = 1:nR
    Y(k,:) = 1./R(k) + 1./(j*omega*L) + j*omega*C;
end;
Z = 1./Y;
% ------ Darstellung als Betrag und Winkel
figure(2);
subplot(211), loglog(f, abs(Z(1:nR,:)));
```

```
title([' Betrag  der  Impedanz  (mit  R  als  Parameter,  Rmin  =  ',...
  num2str(R(1)),' Ohm ;      Rmax = ', num2str(R(end)),' Ohm)']);
  xlabel('f/f0r,  (Relative Frequenz)');      grid on;
  ylabel('Ohm');
subplot(212), semilogx(f, angle(Z(1:nR,:))*180/pi);
  title('Winkel der Impedanz');
  xlabel('f/f0r,  (Relative Frequenz)');      grid on;
  ylabel('Grad');
```

In Abb. 2.9 ist die Frequenzabhängigkeit gezeigt, die im gleichen Skript erzeugt wurde. Hier wird der Betrag der Impedanz und ihr Winkel abhängig von der Frequenz dargestellt.

Für die Frequenzachsen (die Abszissen) und für den Betrag der Impedanz werden logarithmische Skalierungen benutzt. Diese erlauben, einen großen Wertebereich in der Darstellung zu zeigen. Als Beispiel ist die Funktionsachse für den Betrag von 10 bis 1000 Ohm gewählt. In einer linearen Darstellung mit 10 cm für den Maximalwert würde der kleinste Wert $100 \, mm \times 10 \, \Omega / 1000 \, \Omega = 1mm$ benötigen, relativ wenig im Vergleich zu 10 cm.

Ähnliche Überlegungen kann man auch für die Frequenzachse aufstellen, auf die ein relativer Frequenzbereich von 0,1 bis 10 dargestellt ist. Mit 10 cm für den Maximalwert würde der kleinste Wert nur 1 mm einnehmen.

2.2.4   Identifikation eines Induktors

Ein realer Induktor, der bei niedriger Frequenz als Serienschaltung mit einer Induktivität L_s und einem Serienwiderstand R_s dargestellt ist, wird mit einem Reihenwiderstand $R_1 = 560 \, \Omega$ an eine Spannungsquelle U der Frequenz 50 Hz angeschlossen (Abb. 2.10a) [19]. Mit einem Multimeter werden die Effektivspannungen U, U_R und U_s gemessen:

$$U = 230 \, V, \quad U_R = 115 \, V, \quad U_s = 135 \, V$$

Es sollen die Werte der Schaltelemente R_s und L_s berechnet werden.

Aus der gemessenen Effektivspannung U_R kann der Effektivwert des Stroms I der Reihenschaltung gleich ermittelt werden:

$$I = \frac{U_R}{R_1} \tag{2.48}$$

Das Zeigerdiagramm der Schaltung ist in Abb. 2.10b dargestellt. Aus den zwei rechtwinkligen Dreiecken erhält man folgende zwei Gleichungen in den Effektivwerten:

$$
\begin{aligned}
U_s &= \sqrt{(I \, R_s)^2 + (I \, \omega L_s)^2} = I\sqrt{R_s^2 + (\omega L_s)^2} \\
U &= \sqrt{(I \, (R_1 + R_s))^2 + (I \, \omega L_s)^2} = I\sqrt{(R_1 + R_s)^2 + (\omega L_s)^2}
\end{aligned}
\tag{2.49}
$$

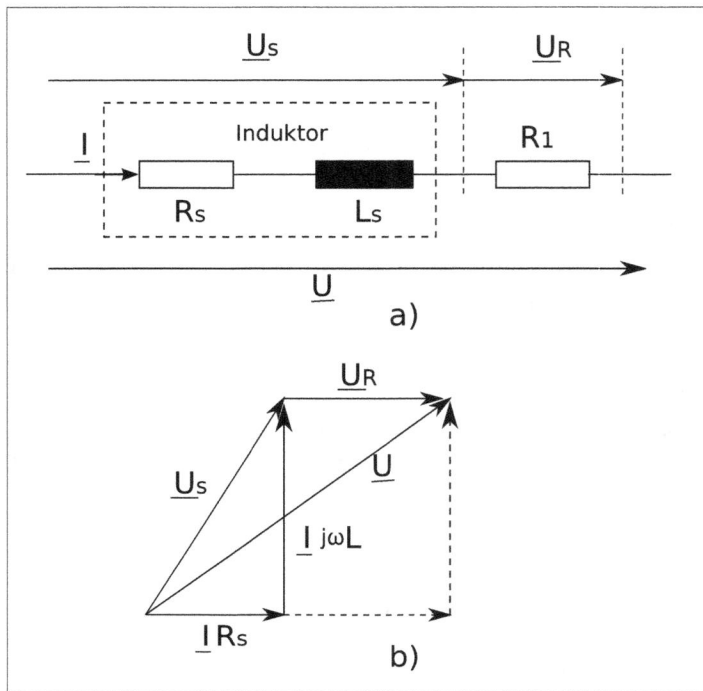

Abb. 2.10: Identifikation der Parameter eines realen Induktors

Durch Quadrierung werden daraus die Gleichungen

$$R_s^2 + (\omega L_s)^2 = \left(\frac{U_s}{I}\right)^2$$
$$(R_1 + R_s)^2 + (\omega L_s)^2 = \left(\frac{U}{I}\right)^2 \tag{2.50}$$

erhalten. Die Differenz der zwei Gleichungen wird zur Bestimmung des Widerstands R_s benutzt:

$$R_s = -\frac{\left(\frac{U_s}{I}\right)^2 - \left(\frac{U}{I}\right)^2 + R_1^2}{2R_1} = 454,14 \ \Omega \tag{2.51}$$

Mit diesem Wert kann man einfach auch die Induktivität L_s mit Hilfe der ersten Gleichung aus (2.50) berechnen:

$$L_s = \frac{1}{\omega}\sqrt{\left(\frac{U_s}{I}\right)^2 - R_s^2} = 1,523 \ H \tag{2.52}$$

2.2.5 Bestimmung der Kapazität eines Kondensators

Zur Bestimmung einer Kapazität eines Kondensators bei niedriger Frequenz wird mit ihm in Reihe ein Voltmeter mit einem Innenwiderstand $R_i = 10 \, k\Omega$ geschaltet und an die Netzspannung von U = 230 V (50 Hz) angeschlossen (Abb. 2.11a) [19]. Es zeigt $U_R = 120$ V.

Zu bestimmen sind die Kapazität C des Kondensators und die Spannung U_c, die über den Kondensator fällt. Es wird angenommen, dass der innere Widerstand des Kondensators vernachlässigbar ist.

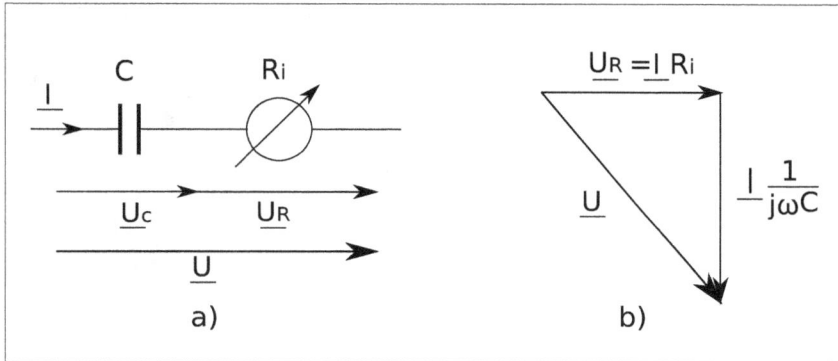

Abb. 2.11: Bestimmung der Kapazität eines Kondensators

Der Strom durch die Reihenschaltung als Effektivwert ist:

$$I = \frac{U_R}{R_i} \tag{2.53}$$

Aus dem Zeigerdiagramm (Abb. 2.11b) kann weiter folgende Beziehung geschrieben werden:

$$\left(I\frac{1}{\omega C}\right)^2 + (IR_i)^2 = U^2 \tag{2.54}$$

Daraus erhält man für C einen Wert von:

$$C = \frac{1}{\frac{\omega}{I}\sqrt{U^2 - (IR_i)^2}} = 184,5 \quad nF \tag{2.55}$$

Die Spannung am Kondensator ist:

$$U_c = \sqrt{U^2 - U_R^2} = 207,12 \quad V \tag{2.56}$$

2.2.6   Wechselstrombrücke

Abb. 2.12a zeigt die Schaltung einer Wechselstrombrücke. Man soll die Bedingung bestimmen, für die das Nullinstrument eine Spannung gleich null zeigt. Es wird angenommen, dass der interne Widerstand des Instruments sehr groß ist ($R_i = \infty$).

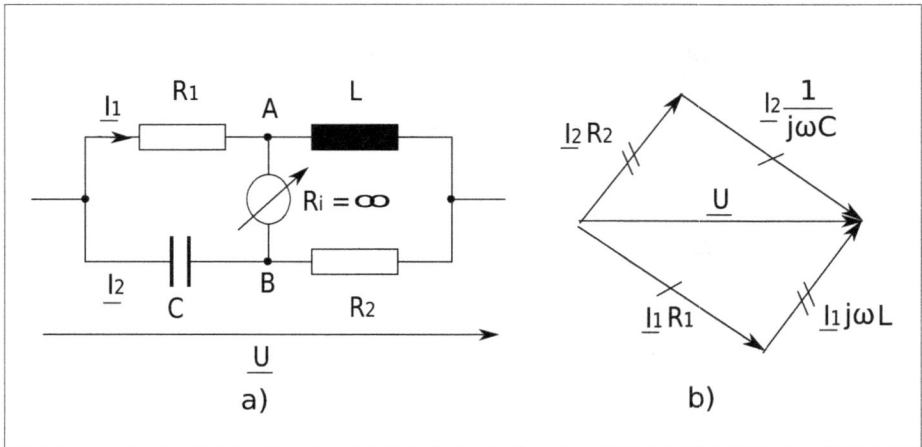

Abb. 2.12: Wechselstrombrücke

In Abb. 2.12b ist der Zustand dargestellt, der zu einer Nullspannung führt. Der Spannungsabfall auf C muss dem Spannungsabfall auf R_1, sowohl als Phase als auch betragmäßig, gleich sein. Anders ausgedrückt, die komplexen Spannungsabfälle müssen gleich sein. Sicher ist die Bedingung auch für die Spannungsabfälle an L und R_2 ähnlich. Aus

$$\underline{I}_1 R_1 = \underline{I}_2 \frac{1}{j\omega C} \quad \text{mit} \quad \underline{I}_1 = \frac{\underline{U}}{R_1 + j\omega L}, \quad \underline{I}_2 = \frac{\underline{U}}{R_2 + \dfrac{1}{j\omega C}} \tag{2.57}$$

erhält man folgende Bedingung für die Komponenten der Brücke, um in den abgeglichenen Zustand zu gelangen:

$$R_1 R_2 = \frac{L}{C} \tag{2.58}$$

Wenn man drei Komponenten kennt, kann die vierte Komponente aus dieser Beziehung berechnet werden. Der Abgleich geschieht immer mit Hilfe der Widerstände, die man leichter einstellen kann.

Das Schöne bei dieser Brücke besteht darin, dass die gezeigte Bedingung die Frequenz ω nicht enthält. Es muss Wechselspannung eingesetzt werden mit einer Frequenz die dabei Impedanzen ergibt, die nicht zu klein und auch nicht zu groß werden.

Experiment 2.2.1: Reale Induktoren

Ein realer Induktor hat eine Ersatzschaltung, in der neben der Induktivität ein Reihenwiderstand angenommen wird, mit dem man den Widerstand der Wicklung berücksichtigt. Außerdem werden durch einen parallelen Widerstand mögliche Eisenverluste nachgebildet. Abb. 2.13a zeigt die Ersatzschaltung mit den zwei Widerständen. Es entstehen somit Verluste wegen dieser Widerstände.

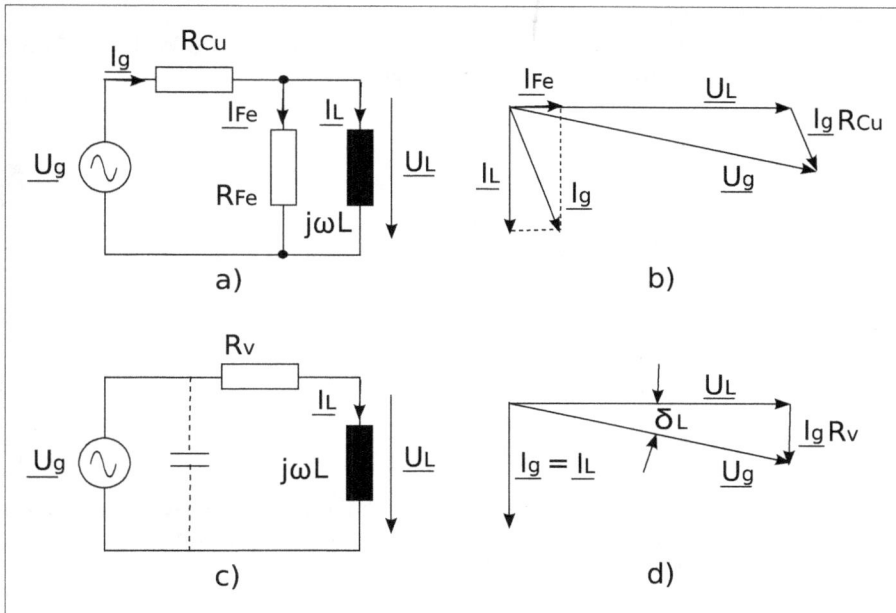

Abb. 2.13: a) Ersatzschaltung des Induktors mit Verluste b) Das entsprechende Zeigerdiagramm c) Ersatzschaltung mit Ersatzwiderstand für die Verluste d) Das zugehörige Zeigerdiagramm

Die Verluste eines Induktors sind somit einerseits die Kupferverluste, die über den Widerstand R_{Cu} dargestellt werden und anderseits die Kernverluste, die mit R_{Fe} einbezogen sind.

Der Widerstand R_{Cu} ist wegen des Skin-Effekts [28], [15] frequenzabhängig. In Leitungen bei hochfrequenten Wechselstrom ist die Stromdichte im Inneren des Leiters niedriger als an der Oberfläche. Dadurch ergibt sich ein von der Frequenz abhängiger Widerstand. In der Literatur ist für die Skin-Tiefe folgende Gleichung angegeben:

$$\delta = \sqrt{\frac{1}{\pi f \mu_0 \mu_r \sigma}} \tag{2.59}$$

Wobei f die Frequenz ist, σ die elektrische Leitfähigkeit des Materials ist (für Kupfer z.B. 60×10^6 S/m bei 27 ° C) und μ_0, μ_r die Permeabilitätskonstante des Vakuums bzw. die relative Permeabilitätszahl des Materials sind. Bei 50 Hz ist diese Tiefe ca. 9,5 mm und bei 500 kHz ist sie nur 0,095 mm. Sie stellt die Dicke eines Ersatzleiters dar, bei einem Rundleiter die Dicke des Kreisringes, der bei Gleichstrom den gleichen Widerstand besitzt wie der Volldraht infolge des Skin-Effekts. Drähte mit einem Durchmesser bis 19 mm bei 50 Hz sind vom Skin-Effekt nicht betroffen. Bei 500 kHz ist der Durchmesser ohne Skin-Efekt nur noch 0,095×2 = 0,19 mm.

Die Kernverluste in Induktoren setzen sich zusammen aus den Hystereseverlusten, die der Frequenz proportional sind, und aus den Wirbelstromverlusten, die dem Quadrat der Frequenz proportional sind.

Allgemein kann angenommen werden, dass der äquivalente Widerstand $R_{Fe} \gg \omega L$ ist. Die Ersatzimpedanz $\underline{Z}_L$ des Induktors wird:

$$\underline{Z}_L = R_{Cu} + \frac{R_{Fe}\,j\omega L}{R_{Fe} + j\omega L} =$$
$$R_{Cu} + \frac{(\omega L)^2 R_{Fe}}{R_{Fe}^2 + (\omega L)^2} + j\frac{R_{Fe}^2 \omega L}{R_{Fe}^2 + (\omega L)^2} \qquad (2.60)$$

Für die gezeigte Bedingung $R_{Fe} \gg \omega L$ erhält man schließlich:

$$\underline{Z}_L \cong R_{Cu} + \frac{(\omega L)^2}{R_{Fe}} + j\omega L = R_v + j\omega L \qquad (2.61)$$

Das vereinfachte Ersatzbild zusammen mit dem entsprechenden Zeigerdiagramm ist in Abb. 2.13c, d gezeigt. Man definiert als Verlustfaktor die Tangens des Winkels δ_L und als Güte des Induktors Q_L den Kehrwert dieses Faktors:

$$\tan\delta_L = \frac{I_g R_v}{U_L} = \frac{I_g\left(R_{Cu} + \frac{(\omega L)^2}{R_{Fe}}\right)}{I_g \omega L} = \frac{R_v}{\omega L} \qquad Q_L = \frac{1}{\tan\delta_L} \qquad (2.62)$$

Den Skin-Effekt in den Kupferleitungen bei hoher Frequenz kann man mit einer Bauart, die Litze genannt ist, mindern. Der Leiter ist aus vielen im Durchmesser kleineren, gegenseitig isolierten und geflochtenen Leitern gebildet, die nur am Anfang und am Ende zusammengeschlossen sind. Der Durchmesser der einzelnen Leiter ist so gewählt, dass er nur zwei mal größer als die Skin-Tiefe ist.

Bei hohen Frequenzen muss man auch die parasitären Kapazitäten, die sich durch den Aufbau des Induktors bilden, berücksichtigen. Für kleine Induktivitäten von Induktoren ohne Kern wird eine Ersatzkapazität parallel zu Induktivität und Reihenwiderstand geschaltet (Abb. 2.13c). Die Kapazität führt dazu, dass bei einer bestimmten Frequenz eine Parallelresonanz vorkommt. Diese Frequenz muss oberhalb des Frequenzbereichs, für den der Induktor vorgesehen ist, liegen.

Der Frequenzbereich in dem ein Induktor sich als ideal mit einer Induktivität L verhält, wird mit Hilfe der Frequenzabhängigkeit seiner Impedanz bestimmt. Diese wird

mit Hilfe von Vektor-Impedanzmessgeräten ermittelt und dargestellt [16]. Bei diesen
Messgeräten kann man eine Ersatzschaltung aus mehreren angebotenen wählen, und
das Gerät bestimmt dann die Werte der Komponenten der Ersatzschaltung.

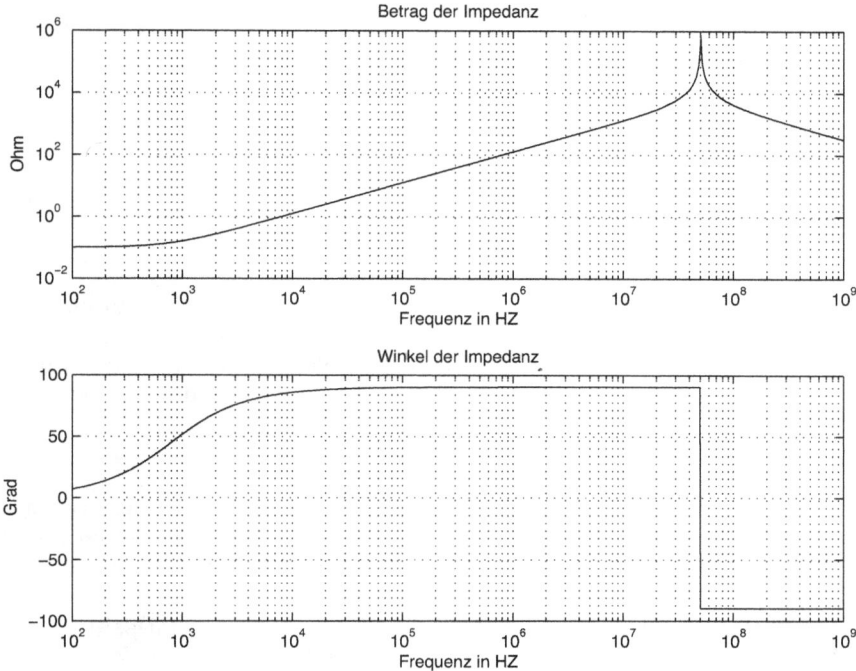

Abb. 2.14: Betrag und Winkel der Impedanz eines realen Induktors (realer_induktor_1.m)

Wie so eine Frequenzabhängigkeit aussieht, wird in einer Simulation gezeigt. Im
Skript realer_induktor_1.m wird der Betrag und Winkel der Impedanz für eine
Ersatzschaltung gemäß Abb. 2.13c mit der zusätzlichen Kapazität ermittelt und dargestellt. Es wird ein Induktor ohne Kern mit folgenden Parametern $L = 20\ \mu H$, Rv =
$0,1\Omega$ und C = $0,5 \times 10^{-12}$ F angenommen. Das Skript ist sehr einfach und wird nicht
weiter kommentiert:

```
% Skript realer_induktor_1.m, in dem die Impedanz der
% Ersatzschaltung eines realen Induktors untersucht wird
clear;
% ------- Parameter der Ersatzschaltung
Rv = 0.1;        L = 20e-6;        C = 0.5e-12;
% ------- Frequenzbereich
f0 = 1/(2*pi*sqrt(L*C));      % Resonanzfrequenz
a1 = floor(log10(f0/100000));
a2 = ceil(log10(f0*10));
f = logspace(a1, a2, 1000);   % 1000 logarithmische Frequenzwerte
omega = 2*pi*f;
```

```
% ------- Impedanz
Z1 = j*omega*L + Rv;      Z2 = 1./(j*omega*C);
ZL = (Z1.*Z2)./(Z1 + Z2);
Betrag = abs(ZL);
Winkel = angle(ZL)*180/pi;    % Grad
figure(1);      clf;
subplot(211), loglog(f, Betrag);
   title('Betrag der Impedanz');
   xlabel('Frequenz in HZ');        grid on;
   ylabel('Ohm')
subplot(212), semilogx(f, Winkel);
   title('Winkel der Impedanz');
   xlabel('Frequenz in HZ');        grid on;
   ylabel('Grad');
```

Für die Darstellung des Betrags werden beide Achsen logarithmisch skaliert und für den Winkel wird nur die Frequenzachse logarithmisch gewählt. Abb. 2.14 zeigt das Ergebnis für die oben aufgeführten Parameter. Eine ideale Impedanz einer Induktivität hat für die logarithmische Abszisse $\log f$ einen linearen Verlauf nach oben:

$$\log(\omega L) = \log \omega + \log L = \log f + \log(2\pi L) \tag{2.63}$$

Aus der Darstellung des Betrags würde man meinen, der Induktor ist ideal im Bereich von 1000 Hz bis 20 MHz. Mit der Darstellung des Winkels, der als Idealwert $\pi/2$ wäre, ändert sich die untere Grenze auf 10 kHz. Man erkennt leicht die parallele Resonanzfrequenz bei ca. 40 MHz.

Bei sehr niedriger Frequenz ist die Impedanz der Kapazität sehr groß und die der Induktivität sehr klein. Die Anordnung verhält sich wie ein Widerstand gleich $R_v = 10^{-1}\ \Omega$, ein Wert der auch aus der Darstellung des Betrags mit logarithmischen Koordinaten lesbar ist.

Experiment 2.2.2: Realer Kondensator

Abb. 2.15a zeigt die Ersatzschaltung für einen realen Kondensator [16]. Der parallele Widerstand R_{cp} soll die dielektrischen Umpolarisierungsverluste im Wechselfeld modellieren. Bei Aluminium-Elektrolytkondensatoren trägt besonders die begrenzte Leitfähigkeit flüssiger Elektrolyte zu diesen Verlusten bei. Der Reihenwiderstand R_{cs} stellt den ohmschen Widerstand der Zuleitungen und der Elektroden des Kondensators dar und schließlich stellt L die parasitäre Induktivität dar, die stark vom Typ und Aufbau des Kondensators abhängig ist. Die Impedanz dieser Anordnung ist:

$$\underline{Z}_c = R_{cs} + \frac{R_{cp}}{1 + \omega^2 R_{cp}^2 C^2} + j\frac{\omega L - \omega R_{cp}^2 C + \omega^3 R_{cp}^2 L C^2}{1 + \omega^2 R_{cp}^2 C^2} =$$
$$R_{ce} + j(-\frac{1}{\omega C_{ce}}) \tag{2.64}$$

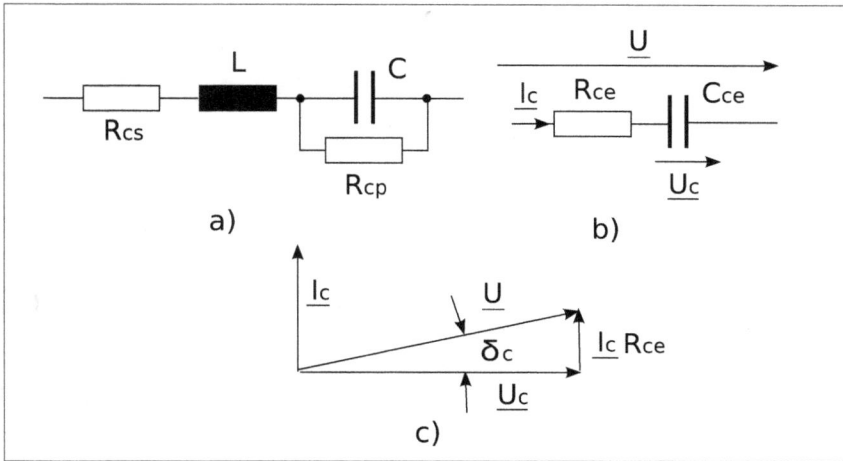

Abb. 2.15: a) Ersatzschaltung des realen Kondensators b) Die Ersatzschaltung in Form einer Kapazität und eines Reihenwiderstands c) Das zugehörige Zeigerdiagramm

Hier sind R_{ce} und C_{ce} der äquivalente Widerstand beziehungsweise die äquivalente Kapazität der Anordnung, die durch

$$C_{ce} = -\left(\frac{1 + \omega^2 R_{cp}^2 C^2}{\omega L - \omega R_{cp}^2 C + \omega^3 R_{cp}^2 LC^2} \right) / \omega = \frac{C + 1/(R_{cp}^2 \omega^2 C)}{1 - L/(R_{cp}^2 C) - \omega^2 LC} \qquad (2.65)$$

gegeben ist. Diese führen zu einer einfachen Ersatzschaltung, die in Abb. 2.15b gegeben ist und der das Zeigerdiagramm aus Abb. 2.15c entspricht. Auch hier kann ein Verlustfaktor definiert werden:

$$\tan \delta_c = R_{ce} \omega C_{ce} \qquad (2.66)$$

Die äquivalenten Parameter R_{ce}, C_{ce} sind von der Frequenz abhängig und stellen nur in einem bestimmten Frequenzbereich einen Widerstand in Reihe mit einer Kapazität dar. Im Skript `realer_kondensator_1.m` wird, ähnlich wie für den realen Induktor, der Betrag und Winkel der Impedanz der Anordnung aus 2.15a ermittelt und dargestellt:

```
% Skript realer_kondensator_1.m, in dem die Impedanz der
% Ersatzschaltung eines realen Kondensators untersucht wird
clear;
% ------- Parameter der Ersatzschaltung
Rcs = 1;        Rcp = 10e6;        L = 0.1e-6;        C = 2.4e-9;
% ------- Frequenzbereich
f0 = 1/(2*pi*sqrt(L*C));        % Resonanzfrequenz
a1 = floor(log10(f0/100000));   a2 = ceil(log10(f0*10));
```

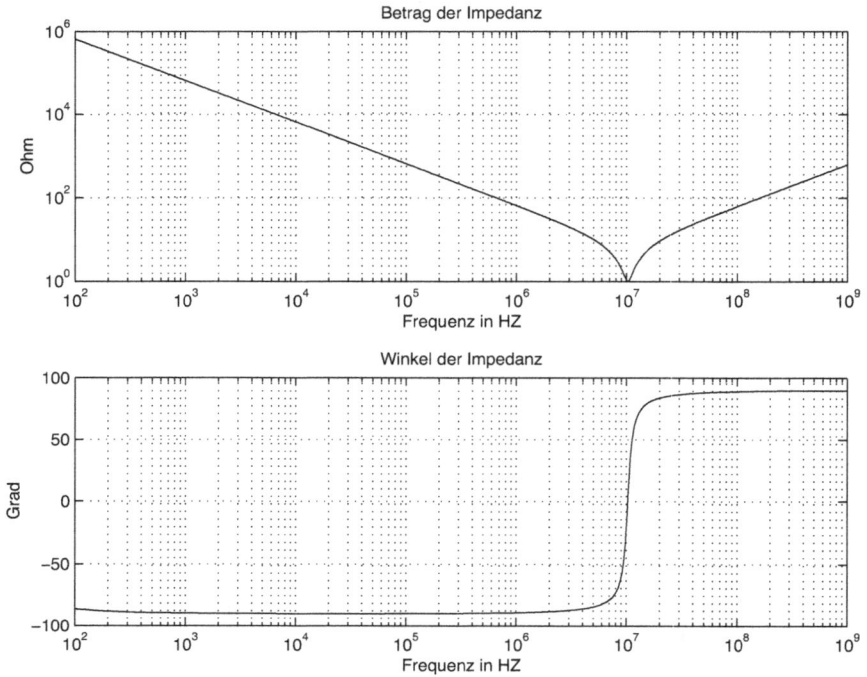

Abb. 2.16: Betrag und Winkel der Impedanz eines realen Kondensators mit parasitärem Wider-stand und parasitärer Induktivität (realer_kondensator_1.m)

```
f = logspace(a1, a2, 1000);    % 1000 logarithmische Frequenzwerte
omega = 2*pi*f;
% ------- Impedanz
Z1 = j*omega*L + Rcs;        Z2 = 1./(j*omega*C);
Z3 = Rcp;
ZC = Z1 + (Z2.*Z3)./(Z2 + Z3);
Betrag = abs(ZC);
Winkel = angle(ZC)*180/pi;   % Grad
figure(1);       clf;
subplot(211), loglog(f, Betrag);
   title('Betrag der Impedanz');
   xlabel('Frequenz in HZ');      grid on;
   ylabel('Ohm')
subplot(212), semilogx(f, Winkel);
   title('Winkel der Impedanz');
   xlabel('Frequenz in HZ');      grid on;
   ylabel('Grad');
```

Abb. 2.16 zeigt den Betrag und den Winkel der Impedanz gemäß der Anordnung aus Abb. 2.15a. Es ist leicht den Frequenzbereich zu bestimmen, in dem die Anordnung sich wie eine Kapazität verhält, wenn man den Winkel sichtet. Der ideale Winkel von $-\pi/2$ ist im Bereich von ca. 1000 Hz bis ca. 2 MHz vorhanden. Bei 10 MHz findet eine Reihenresonanz statt und die Anordnung verhält sich wie ein Widerstand der Größe R_{cs}.

Der logarithmische Betrag der idealen Impedanz eines Kondensators ist:

$$\log(1/(\omega C)) = 0 - \log(\omega C) = -\log f - \log(2\pi C) \tag{2.67}$$

In den gewählten Koordinaten, die in der Abszisse die Variable $\log f$ haben, ist dieser Betrag eine Gerade nach unten.

Die parasitären Komponenten sind von der Konstruktionsart und dadurch auch vom Wertebereich der Kapazität abhängig. Das führt dazu, dass z.B. für das Abblocken der Störungen einer Versorgungsleitung mehrere verschiedene Arten von Kondensatoren parallel geschaltet werden. Ein Elektrolytkondensator von z.B. 100 μF dient dem Ablocken von Störungen relativ niedriger Frequenzen. Da hier der parasitäre Widerstand und besonders die parasitäre Induktivität relativ groß sind, können diese Kondensatoren die Störungen mit höheren Frequenzen nicht unterdrücken. Die Lösung besteht darin, dass man parallel zum Elektrolytkondensator einen Keramik-Kondensator z.B. von 100 nF anschließt. Diese Kondenstoren mit relativ niedriger Kapazität haben aber sehr kleine parasitäre Reihenwiderstände und Reiheninduktivitäten.

Experiment 2.2.3: Realer Widerstand

Auch die Widerstände haben parasitäre zusätzliche Komponenten. Wenn ein Widerstand bei höheren Frequenzen (z.B. über 1 MHz) benutzt wird, dann sind die Effekte der parasitären Einflüsse spürbar und müssen beachtet werden [16]. Abb. 2.17 zeigt eine Ersatzschaltung für einen realen Widerstand. Der induktive und kapazitive Anteil ist stark durch die Fertigungsmaterialien und Technologien bedingt. Für hohe Frequenzen sind die Widerstände ohne Windungen gefertigt, um die parasitäre Induktivität zu verringern. Die Isolation ist aus einem Material mit kleiner dielektrischer Konstante realisiert, um den kapazitiven Anteil zu reduzieren.

Die Impedanz der Anordnung aus Abb. 2.17 kann man in folgende Form bringen:

$$\underline{Z} = \frac{R}{1 + \omega^2 R^2 C^2} + j\frac{\omega L - \omega R^2 C + \omega^3 R^2 L C^2}{1 + \omega^2 R^2 C^2} =$$
$$\frac{R}{1 + \omega^2 R^2 C^2} + j\frac{\omega L + \omega R^2 C(\omega^2 L C - 1)}{1 + \omega^2 R^2 C^2} = R_e + j X_e \tag{2.68}$$

Das Minuszeichen im Zähler zeigt, dass hier auch eine Reihenresonanz stattfinden kann, für eine Frequenz bei der der Imaginärteil null wird, die annähernd die übliche Resonanzfrequenz $\omega_{0r} = 1/\sqrt{LC}$ ist. Aus

$$\omega L + \omega R^2 C(\omega^2 L C - 1) = 0 \tag{2.69}$$

erhält man

$$\omega^2 = \frac{1 - L/(R^2 C)}{LC} \cong \frac{1}{LC} \quad \text{für} \quad R^2 C \gg L \tag{2.70}$$

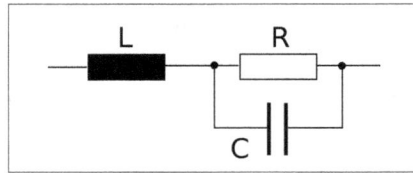

Abb. 2.17: Ersatzschaltung eines realen Widerstands

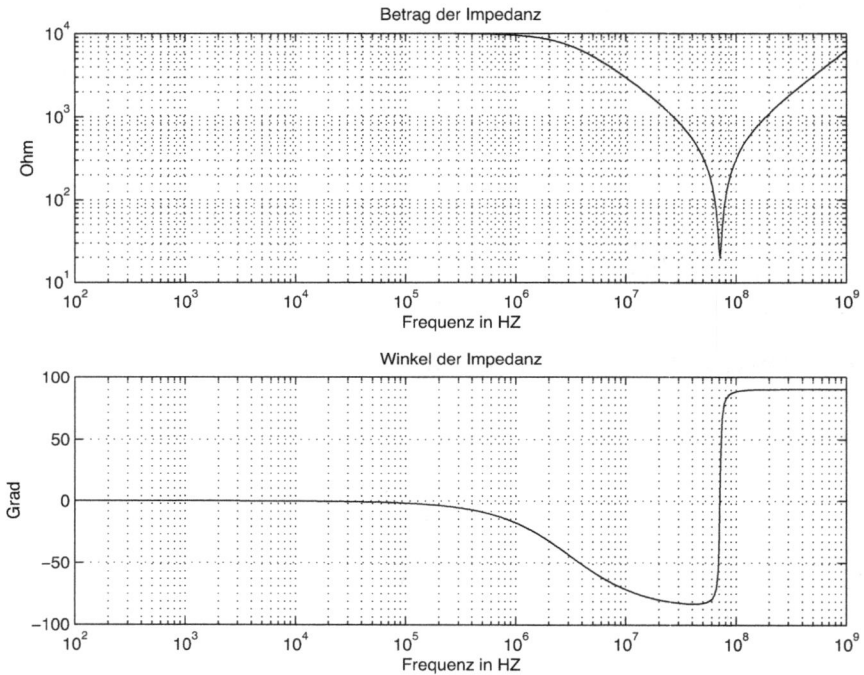

Abb. 2.18: Betrag und Winkel der Impedanz eines realen Widerstands (realer_widerstand_1.m)

Mit steigender Frequenz wird der Betrag der Impedanz, beginnend bei einer bestimmten Frequenz, kleiner, bis der Einfluss der Induktivität bemerkbar ist und dazu führt, dass der Betrag wieder steigt. Im Skript realer_widerstand_1.m ist die Impedanz ermittelt und wie üblich dargestellt. Abb. 2.18 zeigt den Betrag und den Winkel der Impedanz der Anordnung aus Abb. 2.17 für R = 10 kΩ, C = 5 pF, L = 1μH.

```
% Skript realer_widerstand_1.m, in dem die Impedanz der
% Ersatzschaltung eines realen Widerstands untersucht wird
clear;
% ------- Parameter der Ersatzschaltung
R = 10e3;          L = 1e-6;          C = 5e-12;
% ------- Frequenzbereich
```

```
f0 = 1/(2*pi*sqrt(L*C));      % Resonanzfrequenz
a1 = floor(log10(f0/100000));             a2 = ceil(log10(f0*10));
f = logspace(a1, a2, 1000);   % 1000 logarithmische Frequenzwerte
omega = 2*pi*f;
% ------- Impedanz
Z1 = j*omega*L;       Z2 = 1./(j*omega*C);
Z = Z1 + Z2*R./(Z2 + R);
Betrag = abs(Z);           Winkel = angle(Z)*180/pi;    % Grad
figure(1);      clf;
subplot(211), loglog(f, Betrag);
   title('Betrag der Impedanz');
   xlabel('Frequenz in HZ');      grid on;
   ylabel('Ohm')
subplot(212), semilogx(f, Winkel);
   title('Winkel der Impedanz');
   xlabel('Frequenz in HZ');      grid on;
   ylabel('Grad');
```

Vom Betrag her ist die Anordnung konstant resistiv gleich 10 kΩ bis zu 1 MHz. Der Winkel ist gleich null bis ca. 100 kHz. Dadurch ist die Anordnung ein idealer Widerstand bis 100 kHz. Darüber ist die Impedanz kapazitiv bis zur Reihenresonanz (bei ca. 70 MHz) und danach wird sie induktiv.

Experiment 2.2.4: Ersatzschaltung einer Piezodose ausgehend vom mechanischen Verhalten

In diesem Beispiel wird gezeigt, wie man aus dem mechanischen Verhalten einer Piezodose (oder Quarzdose) die elektrische Ersatzschaltung ableitet.

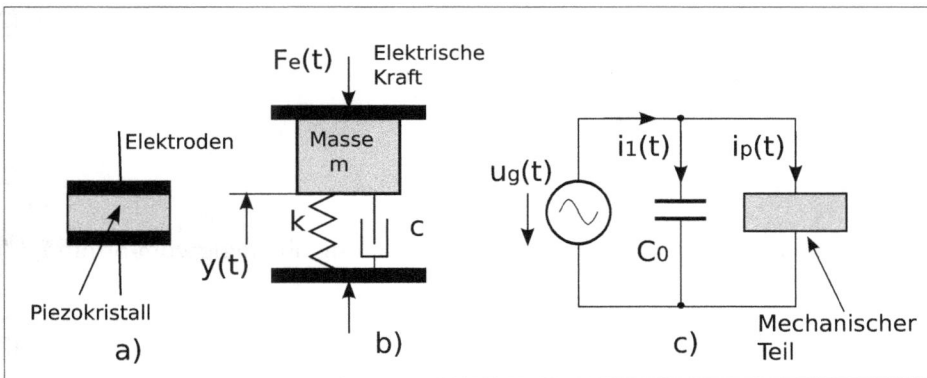

Abb. 2.19: Skizze einer Piezodose als Feder-Masse-System und die Aufteilung in einen mechanischen und einen elektrischen Teil

Abb. 2.19 zeigt die Skizze einer Piezodose als Feder-Masse-System und die Aufteilung in einen mechanischen und einen elektrischen Teil. Die Dose ist an eine Spannungsquelle $u_g(t)$ angeschlossen. Dadurch wirkt auf den Kristall eine elektrische

Kraft:

$$F_e(t) = k_e \, u_g(t) \tag{2.71}$$

Für den mechanischen Teil als Feder-Masse-System kann eine Differentialgleichung der Form

$$m\ddot{y}(t) + c\dot{y}(t) + ky(t) = F_e(t) \tag{2.72}$$

aufgestellt werden. Hier ist $y(t)$ die Verformung des Kristalls relativ zur statischen Gleichgewichtslage bei $F_e(t) = 0$. Mit c wird der Koeffizient für die viskose Dämpfung bezeichnet und k ist die Federkonstante aus dem mechanischen Modell der Piezodose gemäß Abb. 2.19b. Die Masse des Kristalls wird mit m notiert.

Die Verformung ergibt eine Ladung $q(t)$

$$q(t) = k_q y(t), \tag{2.73}$$

deren Zeitableitung den Strom $i_p(t)$ darstellt:

$$i_p(t) = \frac{dq(t)}{dt} = k_q \, \dot{y}(t) \tag{2.74}$$

Dieser ist jetzt die Eingangsgröße für den mechanischen Teil. Mit dem Energieerhaltungssatz kann gezeigt werden, dass $k_q = k_e$ ist. Die elektrische Leistung im elektrischen Teil muss der mechanischen Leistung gleich sein

$$u_g(t) \, i_p(t) = F_e(t) \, \dot{y}(t) \tag{2.75}$$

und daraus folgt die Gleichheit der zwei Faktoren.

Gl. (2.71) in Gl. (2.72) eingesetzt führt auf:

$$m \, \ddot{y}(t) + c \, \dot{y}(t) + k \, y(t) = k_e \, u_g(t) \tag{2.76}$$

Aus Gl. (2.74) durch Integration wird die Verformung abhängig vom Strom $i_p(t)$ ermittelt:

$$y(t) = \frac{1}{k_q} \int_0^t i_p(\tau) d\tau + y(0) \tag{2.77}$$

Die Verformung gemäß Gl. (2.77) in Gl. (2.76) eingesetzt führt zu folgende Differentialgleichung:

$$\frac{m}{k_q} \cdot \frac{di_p(t)}{dt} + \frac{c}{k_q} i_p(t) + \frac{k}{k_q} \int_0^t i_p(\tau) d\tau = k_g \, u_g(t) \tag{2.78}$$

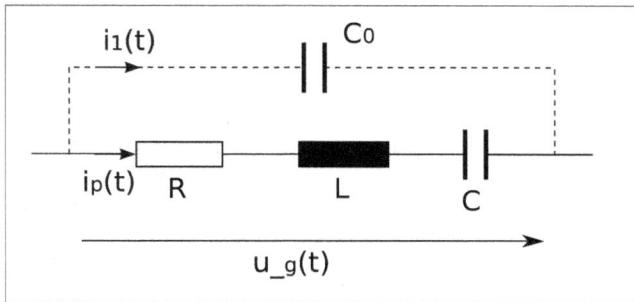

Abb. 2.20: RLC-Reihenschaltung, die auf die gleiche Differentialgleichung führt

Hier wurde angenommen, dass $y(0) = 0$ ist, weil mit $y(t)$ die Verformung relativ zur Gleichgewichtslage bezeichnet wurde.

Die Differentialgleichung einer Reihenschaltung, wie in Abb. 2.20 gezeigt ist, bestehend aus R, L und C, hat die gleiche Form, wie die Differentialgleichung (2.78):

$$u_g(t) = i_p(t)\,R + L\frac{di_p(t)}{dt} + \frac{1}{C}\int_0^t i_p(\tau)d\tau + u_c(0) \qquad \text{oder}$$

$$L\frac{di_p(t)}{dt} + i_p(t)\,R + \frac{1}{C}\int_0^t i_p(\tau)d\tau + u_c(0) = u_g(t) \qquad (2.79)$$

Für den stationären Zustand, der sich schon vor langer Zeit ($t = -\infty$) eingestellt hat, kann man $u_c(0) = 0$ annehmen. Der Vergleich der zwei Differentialgleichungen (2.78) und (2.79) zeigt, dass der mechanische Teil der Piezodose durch eine elektrische Reihenersatzschaltung mit folgenden Komponenten zu ersetzen ist:

$$L = \frac{m}{k_q k_g}, \qquad R = \frac{c}{k_q k_g}, \qquad C = \frac{k}{k_q k_g} \qquad (2.80)$$

Die gesamte Ersatzschaltung der Piezodose enthält auch die Kapazität C_0 (Abb. 2.20), die die Kapazität des Aufbaus der Dose darstellt.

Die Eigenfrequenz des ungedämpften Systems der Reihenschaltung, die in Quarzoszillatoren benutzt wird, ist durch die Masse m und durch die Federkonstante k der Quarzscheibe gegeben:

$$\omega_{0rh} = \sqrt{\frac{k}{m}} = \frac{1}{\sqrt{LC}} \qquad (2.81)$$

Quarze für tiefe Frequenzen besitzen größere Massen. Die zwei Kapazitäten in Reihe und danach parallel zur Induktivität geschaltet, ergeben auch eine Parallelresonanz, die durch

$$\omega_{0pl} = \frac{1}{\sqrt{L(CC_0/(C + C_0))}} \qquad (2.82)$$

gegeben ist (siehe Gl. (2.86)). Sie liegt etwas höher als die Reihenresonanzfrequenz. Die Frequenzabhängigkeit der Impedanz einer Quarzdose zeigt diese Resonanzfrequenzen.

In der Elektronik und Nachrichtentechnik, spielen die Quarzoszillatoren eine große Rolle. Wenn durch eine Rückkopplung die dissipierte Energie im Feder-Masse-System ersetzt wird, können stationäre Schwingungen entstehen. Die Frequenz der elektrischen Schwingungen ist von der Eigenfrequenz des mechanischen Aufbaus bestimmt und ist dadurch im Vergleich zu Oszillatoren mit Schwingungskreisen, bestehend aus Spulen und Kondensatoren, sehr stabil. Die Frequenzstabilität ($\Delta f / f_0$) liegt in der Größenordnung 10^{-6} bis 10^{-7} und kann 10^{-9} erreichen, wenn der Oszillator mit dem Kristall in einem Thermostat bei konstanter Temperatur gehalten wird.

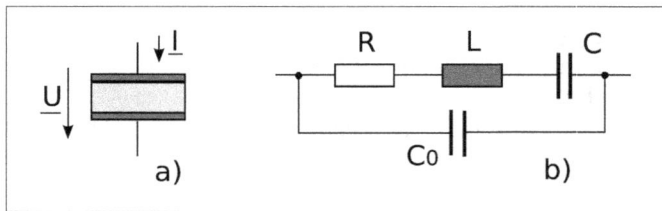

Abb. 2.21: a) Quarzdose b) Ersatzschaltung der Quarzdose

Für die Bestimmung der Frequenzabhängigkeit der Impedanz der Quarzdose wird die ermittelte Ersatzschaltung benutzt, die in Abb. 2.21b wiederholt ist.

Die Impedanz der Dose ist:

$$\underline{Z} = \frac{(1/(j\omega C_0))(R + j\omega L + 1/(j\omega C)}{1/(j\omega C_0) + R + j\omega L + 1/(j\omega C)} = \\ \frac{1}{j\omega C_0} \cdot \frac{R + j\omega L + 1/(j\omega C)}{R + j\omega L + 1/(j\omega C) + 1/(j\omega C_0)} \tag{2.83}$$

Für eine Frequenz, die durch

$$\omega^2 = \omega_{0rh}^2 = \frac{1}{LC} \tag{2.84}$$

gegeben ist und welche die Reihenresonanz des oberen Pfades darstellt, erhält man für $\underline{Z}$ folgende Form:

$$\underline{Z} = \frac{R}{1 + j\omega RC_0} \quad \text{mit} \quad \omega = \omega_{0rh} = \frac{1}{\sqrt{LC}} \tag{2.85}$$

Für die üblichen Parameter so einer Dose ist $\omega_{0rh}RC_0 << 1$ und somit ist die Impedanz bei der Reihenresonanz reell $\underline{Z} \cong R$.

Oberhalb der Reihenresonanz findet eine so genannte Parallelresonanz bei einer Frequenz statt, die durch

$$
j\omega L + \frac{1}{j\omega C_0} + \frac{1}{j\omega C} = 0 \quad \text{oder} \quad \omega^2 = \omega_{0pl}^2 = \frac{1}{LC_e}
$$

$$
\text{mit} \quad C_e = \frac{CC_0}{C + C_0}
$$

(2.86)

gegeben ist. Zu bemerken sei, dass $C_e < C$ ist und dadurch ist die Parallelresonanz immer oberhalb der Reihenresonanz.

Bei dieser Frequenz wird die Impedanz der Quarzdose:

$$
\underline{Z} = \frac{1}{j\omega_{0pl}C_0} \cdot \frac{R + j\omega_{0pl}L + 1/(j\omega_{0pl}C)}{R} \cong \frac{L}{C_0 R}\left(1 - \left(\frac{\omega_{0rh}}{\omega_{0pl}}\right)^2\right)
$$

(2.87)

Die Annäherung ergibt sich, weil $R << |1/(j\omega_{0pl}C) + j\omega_{0pl}L|$ ist.

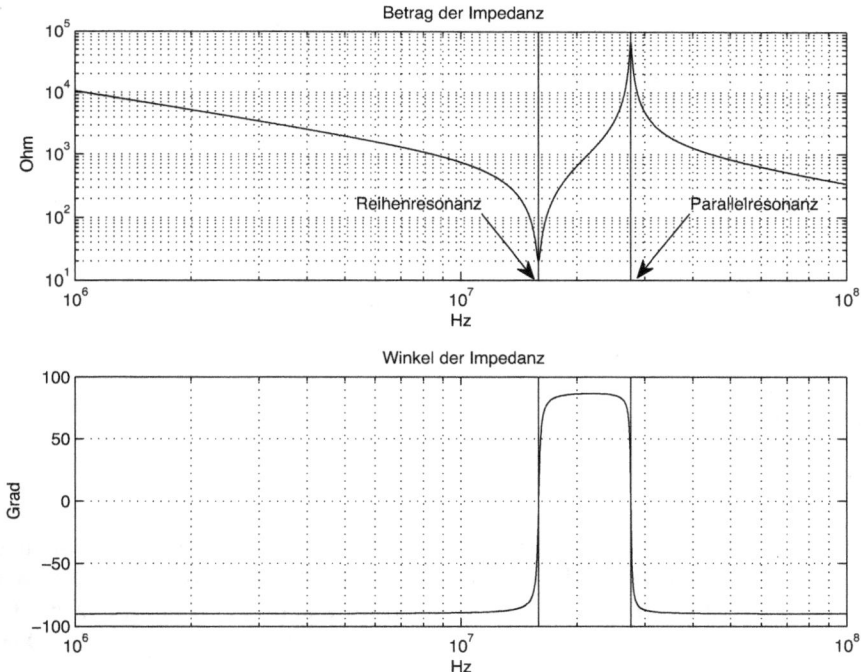

Abb. 2.22: Betrag und Winkel der Impedanz einer Quarzdose (quarz_1.m)

Im Skript `quarz_1.m` ist die Impedanz eines Quarzes als Betrag und Winkel ermittelt und dargestellt, so wie in Abb. 2.22 gezeigt ist:

```
% Skript quarz_1.m, in dem die Impedanz eines Quarzes
% untersucht wird

clear;
% ------- Parameter der Schaltung
R = 20;               C = 10e-12;            C0 = 5.e-12;
L = 10e-6;
% Reihenresonanz
f0rh = 1/(2*pi*sqrt(L*C));
Ce = C*C0/(C + C0)
f0pl = 1/(2*pi*sqrt(L*Ce));
a1 = round(log10(f0rh/10)); % Zwei Dekaden links
a2 = round(log10(f0rh*10)); % Zwei Dekaden rechts
f = logspace(a1, a2, 10000);    % Frequenzbereich
omega = 2*pi*f;
Z1 = R + j*omega*L + 1./(j*omega*C);
Z2 = 1./(j*omega*C0);
Z = (Z1.*Z2)./(Z1 + Z2);
% ------ Darstellung der Impedanz als Betrag und Winkel
betrag = abs(Z);
winkel = angle(Z);
figure(1);     clf;
    subplot(211), loglog(f, betrag);
    title(' Betrag der Impedanz');
    xlabel('Hz');     grid on;
    hold on
    La = axis;
    plot([f0rh, f0rh], [La(3:4)],'r');
    plot([f0pl, f0pl], [La(3:4)],'r');
    hold off;
subplot(212), semilogx(f, winkel*180/pi);
    title(' Winkel der Impedanz');
    xlabel('Hz');     grid on;
    hold on
    La = axis;
    plot([f0rh, f0rh], [La(3:4)],'r');
    plot([f0pl, f0pl], [La(3:4)],'r');
    hold off;
```

Auch hier wurden logarithmische Skalierungen wegen der sehr großen Bereiche für die Werte des Betrags und die Werte der Frequenz, die benötigt sind, gewählt. Der Betrag ist von 20 Ohm bis 100000 Ohm dargestellt und die Frequenz geht von 10^6 bis 10^8 Hz. Die gezeigten, geschätzten Annäherungen kann man aus der Darstellung überprüfen.

2.3   Mehrphasensysteme

Die bis jetzt behandelten Schaltungen waren Einphasensysteme, mit einem Erzeuger und einem Verbraucher in Form von Zweipolen mit einer Hin- und einer Rückleitung. In der Energie- und Starkstromtechnik werden auch Mehrphasensysteme benutzt, die dann mehrere Leitungen benötigen. Abb. 2.23a zeigt einen Generator für ein

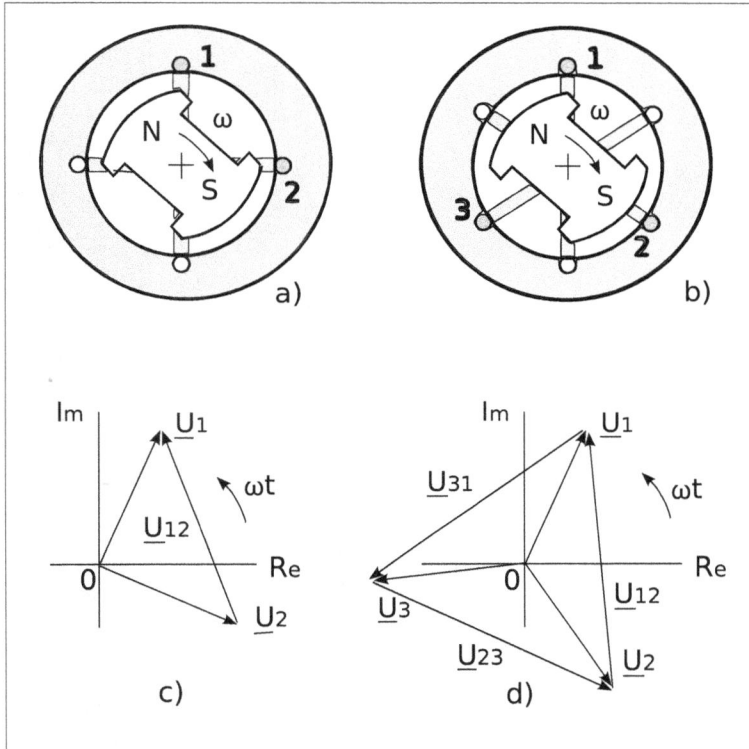

Abb. 2.23: Zweiphasen- und Dreiphasensysteme

Zweiphasensystem. Die Wicklungen sind räumlich mit $\pi/2$ versetzt und dadurch induzieren sich zwei Wechselspannungen, die mit $\pi/2$ phasenverschoben sind. In Abb. 2.23c sind die Zeiger $\underline{U}_1, \underline{U}_2$ dieser Spannungen dargestellt. Sie rotieren mit der Kreisgeschwindigkeit ω, haben aber zueinander immer eine Phasenverschiebung von $\pi/2$. Dem Verbraucher kann dieses System über drei Leitungen zur Verfügung gestellt werden: eine gemeinsame Leitung und dann noch zwei dazu, so dass beide Spannungen $\underline{U}_1, \underline{U}_2$ zur Verfügung stehen. Die einphasige Spannung $\underline{U}_{12} = \underline{U}_1 - \underline{U}_2$ spielt hier keine große Rolle.

In Abb. 2.23b ist ein zweipoliger Generator für ein Dreiphasensystem skizziert. Es werden jetzt in den drei Wicklungen, die räumlich mit 120 Grad versetzt sind, drei Spannungen $\underline{U}_1, \underline{U}_2, \underline{U}_3$ induziert, die zeitlich mit 120 Grad Phasenverschiebung sind und die in Abb. 2.23d als Zeiger gezeigt werden. Sie bilden die Sternspannungen relativ zu einem gemeinsamen Sternpunkt. Das System benötigt vier Leitungen, wobei eine davon dem Sternpunkt entspricht, die den Neutralleiter bildet. Mit nur drei Leitungen werden die Dreieckspannungen $\underline{U}_{12} = \underline{U}_1 - \underline{U}_2$, $\underline{U}_{23} = \underline{U}_2 - \underline{U}_3$, $\underline{U}_{31} = \underline{U}_3 - \underline{U}_1$ übertragen.

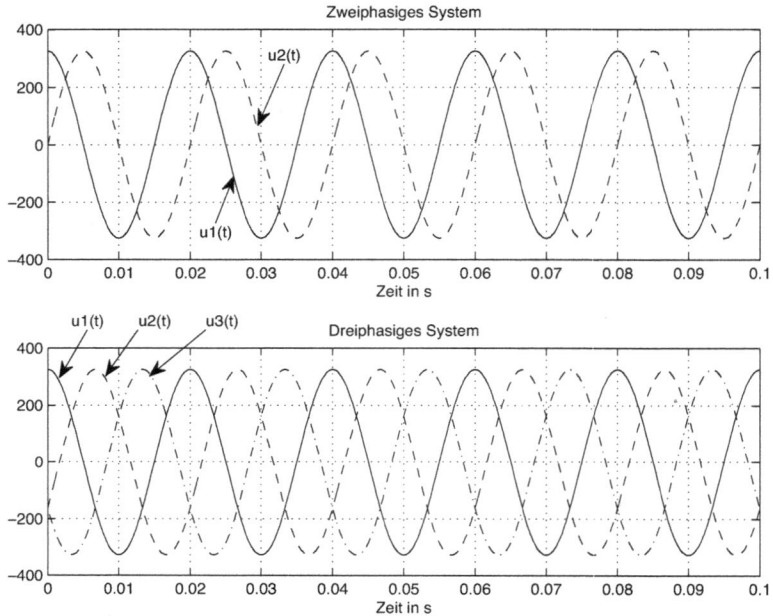

Abb. 2.24: Zweiphasen- und Dreiphasenspannungen (mehrphas_1.m)

Abb. 2.24 zeigt oben die Spannungen eines zweiphasigen Systems und unten sind die Spannungen eines dreiphasigen Systems dargestellt. Es wurden Strangspannungen mit Effektivwerten von 230 V und 50 Hz angenommen.

Für eine Frequenz von 50 Hz müssen die Generatoren gemäß Abb. 2.23a, b eine Drehzahl von $50 \times 60 = 3000$ „Umdrehungen pro Minute" haben. Für Generatoren mit mehreren Polen kann die Drehzahl reduziert werden.

Abb. 2.25a zeigt einen sechspoligen, dreiphasigen Generator. Er besitzt dreimal die drei Wicklungen der Phasen, so dass jetzt die Drehzahl für die gleiche Frequenz von 50 Hz dreimal kleiner sein kann. Die Wicklungen, die mit 1 bezeichnet sind, werden in Reihe geschaltet und bilden eine Phase. Ähnlich werden auch die Wicklungen, die mit 2 bzw. 3 bezeichnet sind, in Reihe geschaltet und bilden die restlichen zwei Phasen des Mehrphasensystems.

Abb. 2.25b zeigt eine Wicklung des Stators eines solchen Generators, die in den entsprechenden Kerben des Stators eingebracht ist. Für jede Phase gibt es drei von diesen Wicklungen.

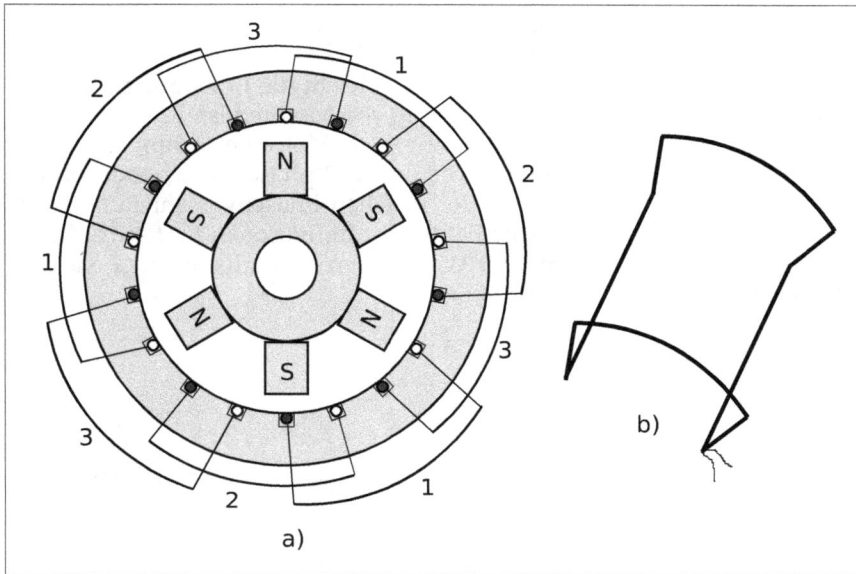

Abb. 2.25: Sechspoliger Generator

2.3.1   Zweiphasensystem

Das Zweiphasensystem hat für die Energieverteilung keine Bedeutung, kann aber leicht aus einem Einphasensystem mit Hilfe eines Kondensators oder Induktors erzeugt werden. Es ist für den Antrieb kleiner Motoren im Konsumerbereich häufig zu finden. Wie man aus der Darstellung (Abb. 2.23) sieht, ist es kein symmetrisches System.

Wenn beide Spannungen $\underline{U}_1, \underline{U}_2$ mit Verbrauchern der Impedanz $\underline{Z} = |\underline{Z}|e^{j\phi_z}$ belastet sind, fließen zwei Ströme, die zu den Spannungen Phasenverschiebungen von $-\phi_z$ besitzen und ebenfalls zueinander mit $\pi/2$ phasenverschoben sind:

$$
\begin{aligned}
&u_1(t) = \hat{u}\cos(\omega t), &&u_2(t) = \hat{u}\cos(\omega t - \pi/2) = \hat{u}\sin(\omega t)\\
&i_1(t) = \hat{i}\cos(\omega t - \phi_z), &&i_2(t) = \hat{i}\cos(\omega t - \pi/2 - \phi_z) = \hat{i}\sin(\omega t - \phi_z)
\end{aligned}
\tag{2.88}
$$

Die momentane Gesamtleistung ist:

$$
\begin{aligned}
P_{GES} &= u_1(t)\,i_1(t) + u_2(t)\,i_2(t) = \\
&\frac{\hat{u}^2}{|\underline{Z}|}\left(\cos(\omega t)\cos(\omega t - \phi_z) + \sin(\omega t)\sin(\omega t - \phi_z)\right) = \frac{\hat{u}^2}{|\underline{Z}|}cos(\phi_z)
\end{aligned}
\tag{2.89}
$$

Trotz sinusförmiger Spannungen und Ströme ist die momentane Gesamtleistung eine zeitunabhängige Konstante. Das gilt auch für das symmetrische Dreiphasensystem und ist für die Antriebstechnik von besonderer Bedeutung. Eine zeitlich konstante Leistung bedeutet auch ein zeitlich konstantes Drehmoment.

Mit Hilfe des Zweiphasensystems lässt sich leicht die Erzeugung eines Drehfeldes erläutern, das sehr wichtig für die Erzeugung von Motoren ist. Es soll jetzt die Anordnung aus Abb. 2.23a in umgekehrter Richtung als Motor betrachtet werden. Die zwei Spulen werden mit zwei Spannungen, die um $\pi/2$ phasenverschoben sind, versorgt. Die entsprechenden Ströme sind mit der gleichen Phasenverschiebung versehen. Es entstehen dadurch zwei magnetische Felder der Induktionen $B_1(t,x), B_2(t,x)$, die wegen der räumlichen Verschiebung der Wicklungen ebenfalls mit $\pi/2$, sich so zusammen setzen, dass ein Drehfeld $B(t,x)$ entsteht.

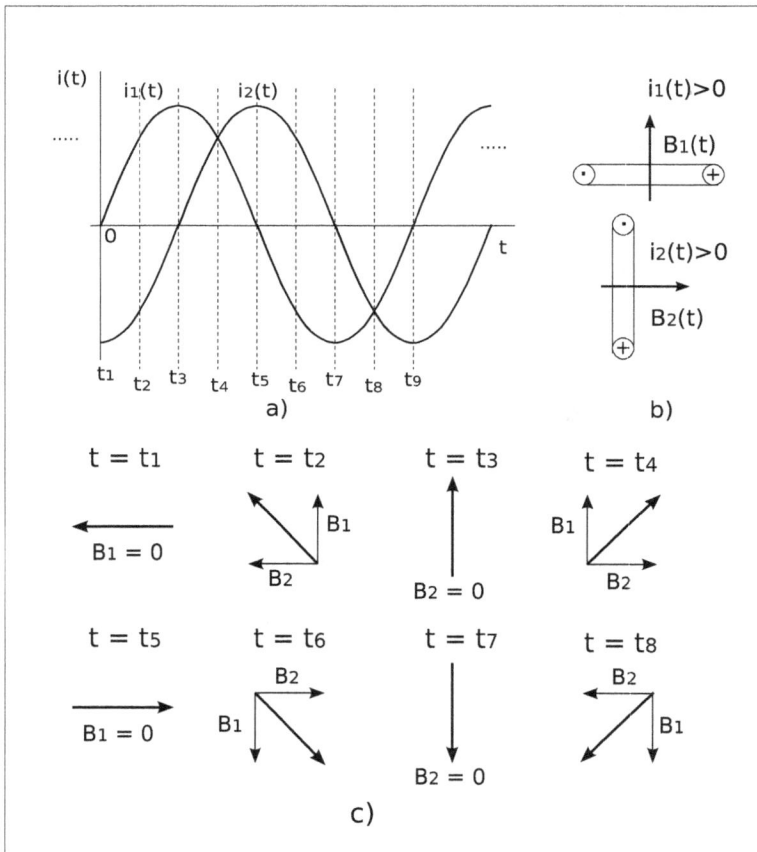

Abb. 2.26: Einfache Erläuterung des Entstehens des Drehfeldes in einem Zweiphasensystem

Abb. 2.26 zeigt in einer einfachen Art, wie in einem Zweiphasensystem ein Drehfeld entsteht. Es werden die Induktionen der zwei Ströme $i_1(t), i_2(t)$ des Systems zu den Zeitmomenten $t_1, t_2, \ldots, t_8$ vektoriell zusammengesetzt. Angenommen wird, dass ein positiver Strom $i_1(t) > 0$ in der ersten Spule eine Induktion nach oben ergibt, so wie in Abb. 2.26b gezeigt ist. Ähnlich erzeugt der Strom $i_2(t) > 0$ in der Spule, die mit $\pi/2$ räumlich versetzt ist, eine Induktion nach rechts (Abb. 2.26b).

Zum Zeitpunkt t_1 ist der Strom $i_1(t) = 0$ und der Strom $i_2(t) < 0$. Es entsteht nur eine Induktion nach links mit einem Höchstwert, weil der Strom $i_2(t)$ gleich dem negativen Scheitelwert ist (Abb. 2.26c). Weiter bei $t = t_2$ entsteht eine Induktion B_1 nach oben wegen des positiven Wertes des Stroms $i_1(t)$ der ersten Spule und eine Induktion $B_2(t)$ nach links wegen des negativen Wertes des Stroms $i_2(t)$ der zweiten Spule. Die Summe ergibt eine Induktion die im Vergleich zur Induktion zum Zeitpunkt t_1 mit $\pi/4$ gedreht erscheint.

In ähnlicher Form kann man die Induktionen der Spulen für die weiteren Momente $t_3, t_4, \ldots$ ermitteln. Sie sind in Abb. 2.26c dargestellt. Es resultiert ein Drehfeld, das in der Interaktion mit den Polen des Rotors zu einem Drehmoment führen kann. Dieses

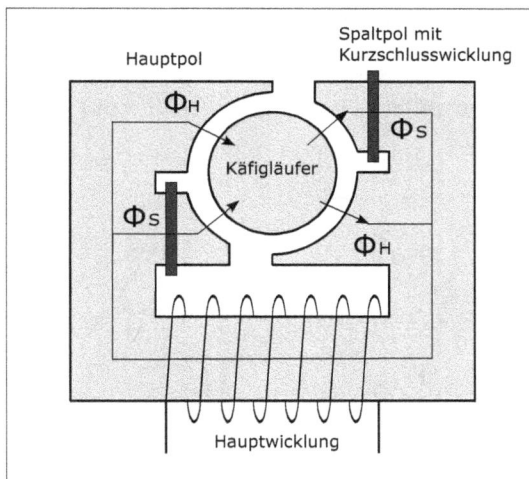

Abb. 2.27: Spaltpolmotor

Drehfeld nutzt man bei Induktionsmotoren, die am einphasigen Netz betrieben werden. Die mit $\pi/2$ versetzten Wicklungen werden mit zwei Spannungen, die zeitlich mit $\pi/2$ phasenverschoben sind, versorgt. Eine Wicklung liegt direkt am Netz, die andere wird in Reihe mit einem Kondensator ans Netz angeschlossen. Der Kondensator ist so bemessen, dass sich im Nennbetrieb zwischen den zwei Wicklungsströmen eine Phasenverschiebung von ca. $\pi/2$ einstellt. Solche Zweiphasenmotoren befinden sich in zahlreichen Anwendungen, bei denen nur eine geringe Leistung abverlangt wird, wie z.B. Waschmaschinen, kleine Pumpen, Kühlschränke, etc.

Eine andere Möglichkeit eine mit $\pi/2$ versetzte Induktion in einem Pol eines Motors zu erhalten ist in Abb. 2.27 gezeigt. Ein Teil des Flusses des Pols wird mit einer Kurzschlusswindung phasenverschoben, so dass ein Teilfluss dieses Pols ungefähr mit $\pi/2$ im Vergleich zum anderen Teil phasenverschoben ist. Diese Motoren sind als „Spaltpolmotoren" bekannt.

Diese meist als Asynchronmotoren ausgebildeten Motoren, die von besonders einfacher Bauart sind, haben einen entscheidenden Nachteil: das Drehmoment ist im Still-stand vergleichsweise gering. In symmetrischen Dreiphasensystemen entstehen durch die räumlich versetzten Wicklungsanordnungen ebenfalls Drehfelder und die Motore sind als Drehstrommotore bekannt.

2.3.2   Das symmetrische Dreiphasensystem. Stern- und Dreieckschaltung

Das Dreiphasensystem ist von großer technischer Bedeutung und wird in der Ener-gietechnik eingesetzt. Das gesamte Stromversorgungssystem weltweit, wenn auch mit von Ländern zu Ländern unterschiedlicher Spannung und Frequenz, ist ein Dreipha-sensystem oder Drehstromsystem. Das Drehstromnetz in Europa hat eine Frequenz von 50 Hz, das in den USA und teilweise in Japan hat 60 Hz.

Es gibt auch einige Starkstromanwendungen, bei denen kein Drehstrom verwendet wird. Das Energieversorgungssystem der Bahn ist ein einphasiges System, in Deutsch-land mit 15 kV und 16,7 Hz. Bei der Energieversorgung der S-Bahnen und Stadtbahnen wird oft Gleichstrom verwendet, wie z.B. in Karlsruhe mit 750 V.

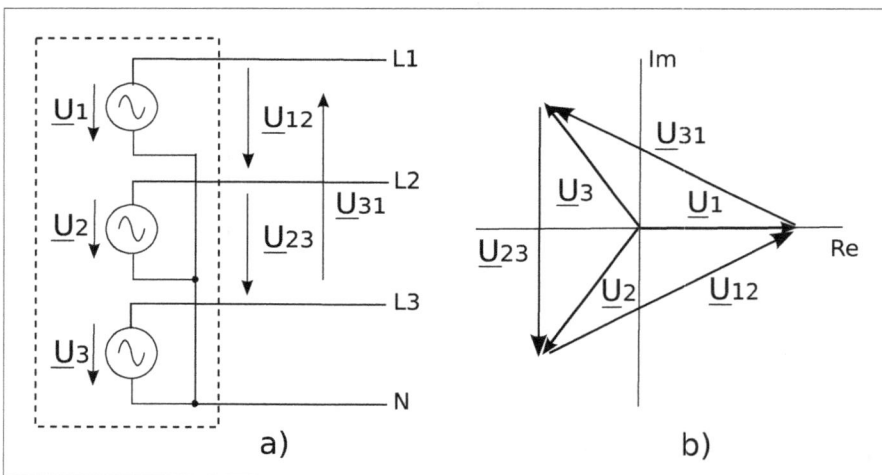

Abb. 2.28: a) Die Sternschaltung b) Zeiger der Spannungen dieses Systems

Abb. 2.28a zeigt die Spannungen eines Dreiphasensystems. Die drei Spannungen des Drehstromsystems können separat über sechs Leitungen mit den drei Strängen des Verbrauchers verbunden werden. Dies ist jedoch ein unnötiger hoher Aufwand. Eine mögliche Zusammenschaltung besteht darin, die drei „Massenpunkte" der Stränge miteinander zu verbinden und so eine *Sternschaltung* zu bilden.

Ein Leitersystem, das die drei Außenleiter und den Sternpunktleiter enthält, be-zeichnet man als Vierleitersystem. Bei den Niederspannungsversorgungen für die ein-zelnen Haushalte handelt es sich immer um ein Vierleitersystem. In der Installations-technik wird der Sternpunktleiter (Nullleiter) durch einen Leiter mit blauer Isolation gekennzeichnet.

Bei einem Dreileitersystem sind nur die Außenleiter vorhanden, der Sternpunkt-leiter fehlt und so erhält man die Dreieckschaltung, die später näher besprochen wird.

Im Weiterem werden die Effektivwerte der Spannungen und der Ströme ohne die explizite Kennzeichnung mit Index $()_{eff}$ geschrieben:

$$U_{eff} \to U \qquad \text{und} \qquad I_{eff} \to I$$

Man soll diese vereinfachende Schreibweise der Effektivwerte, wegen des Kontexts, nicht mit den Bezeichnungen für Gleichspannung bzw. Gleichstrom verwechseln.

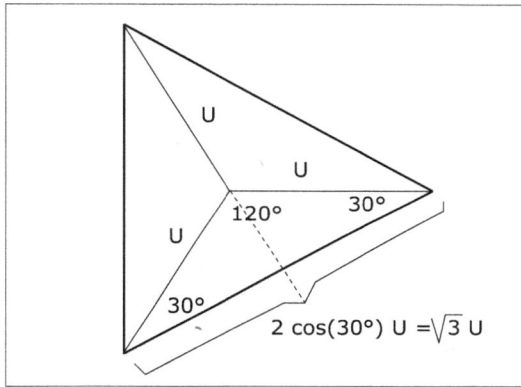

Abb. 2.29: Geometrische Gegebenheiten für die Stern- und Dreieckspannungen

Im diesen Sinne werden die Effektivwerte der Strangspannungen durch U_1, U_2, U_3 und entsprechend die Effektivwerte der Dreieck- oder Außenleiterspannung mit U_{12}, U_{23}, U_{31} bezeichnet. Dann sind die statischen Zeiger gemäß Abb. 2.24 und Abb. 2.28b durch

$$
\begin{aligned}
&\underline{U}_1 = U_1\, e^{j0} = U_1, & &\underline{U}_2 = U_2\, e^{-j2\pi/3}, & &\underline{U}_3 = U_3\, e^{j2\pi/3} \\
&\underline{U}_{12} = U_{12}\, e^{j\pi/6}, & &\underline{U}_{23} = U_{23}\, e^{-j\pi/2}, & &\underline{U}_{31} = U_{31}\, e^{j(\pi-\pi/6)}
\end{aligned}
\tag{2.90}
$$

gegeben. Für die erste Strangspannung wurde eine Nullphase gleich null angenommen. Die Effektivwerte der Strängenspannungen und Außenleiterspannungen sind im Symmetriefall gleich:

$$U_1 = U_2 = U_3 = U \qquad \text{und} \qquad U_{12} = U_{23} = U_{31} = \sqrt{3}\,U \tag{2.91}$$

Der Faktor $\sqrt{3}$ ergibt sich aus den geometrischen Gegebenheiten, die in Abb. 2.29 gezeigt sind.

Für die übliche Effektivspannung der Sternschaltung von $U = 230$ V ist die Außenleiterspannung $\sqrt{3}\,U = \sqrt{3} \times 230 \cong 400$ V.

Bei einem in Stern geschalteten Erzeuger können also bei einem symmetrischen Drehstromnetz zwei Dreiphasensysteme mit unterschiedlichen Spannungen abgegriffen werden: Sternspannungen und Außenleiterspannungen (Dreieckspannungen), die im gezeigten Verhältnis stehen.

Bei symmetrischer Belastung der Sternschaltung (Abb. 2.30a) mit gleichen Impedanzen $\underline{Z}_1 = \underline{Z}_2 = \underline{Z}_3 = \underline{Z}$ fließen drei Strangströme gleicher Effektivwerte (I),

$$\underline{I}_1 = \frac{\underline{U}_1}{\underline{Z}} = \frac{U}{|\underline{Z}|}\, e^{j(0-\phi_z)} \qquad \underline{I}_2 = \frac{\underline{U}_2}{\underline{Z}} = \frac{U}{|\underline{Z}|}\, e^{-j(2\pi/3+\phi_z)}$$

$$\underline{I}_3 = \frac{\underline{U}_3}{\underline{Z}} = \frac{U}{|\underline{Z}|}\, e^{j(2\pi/3-\phi_z)} \tag{2.92}$$

wobei ϕ_z der Winkel und $|\underline{Z}|$ der Betrag der Belastungsimpedanz sind. Die Summe dieser Ströme ist null, weil sie, wie die Spannungen, im Betrag gleich sind und mit je $2\pi/3 = 120^o$ Grad phasenverschoben sind (Abb. 2.30c).

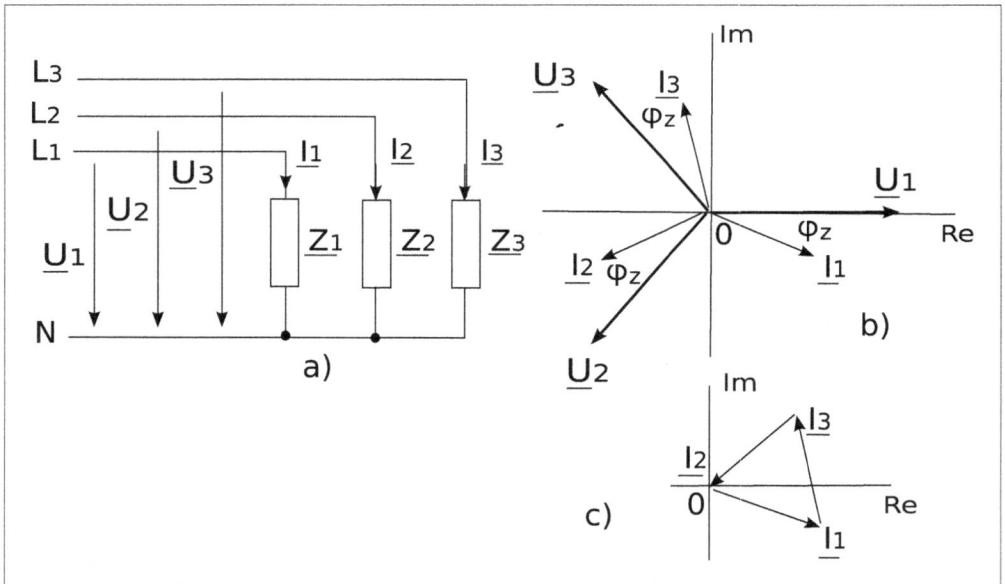

Abb. 2.30: a) Die symmetrische Belastung der Sternschaltung b) Zeiger der Spannungen und Ströme dieses Systems c) Summe der Ströme

Die momentane Leistung $p(t)$ bei symmetrischer Belastung ist:

$$\begin{aligned} p(t) =&\, \sqrt{2}U \cos(\omega t)\sqrt{2}I \cos(\omega t - \phi_z) + \\ & \sqrt{2}U \cos(\omega t - 2\pi/3)\sqrt{2}I \cos(\omega t - 2\pi/3 - \phi_z) + \\ & \sqrt{2}U \cos(\omega t + 2\pi/3)\sqrt{2}I \cos(\omega t + 2\pi/3 - \phi_z) \end{aligned} \tag{2.93}$$

Hier sind U, I Effektivwerte der Spannung und des Stroms der Stränge.

Mit dem Additionstheorem

$$\cos(x)\cos(y) = \frac{1}{2}[\cos(x-y) + \cos(x+y)] \tag{2.94}$$

wird die Gleichung für die momentane Leistung umgeformt:

$$\begin{aligned}p(t) =U\,I\big[&\cos(\phi_z) + \cos(2\omega t - \phi_z)+\\ &\cos(\phi_z) + \cos(2\omega t - 4\pi/3 - \phi_z)+\\ &\cos(\phi_z) + \cos(2\omega t + 4\pi/3 - \phi_z)\big]\end{aligned} \tag{2.95}$$

Die Glieder der doppelten Frequenz 2ω bilden einen symmetrischen Stern und das führt dazu, dass zu jedem Zeitmoment ihre Summe null ist. Dadurch ist die momentane Leistung eine zeitunabhängige Größe, die durch

$$p(t) = P = 3\,U\,I\cos(\phi_z) = 3\,U\,I\cos(\phi) \tag{2.96}$$

gegeben ist. Der Winkel der Impedanz ϕ_z ist auch die Phasenverschiebung der Ströme relativ zu den Strängenspannungen $\phi = \phi_z = \phi_u - \phi_i$.

Trotz sinusförmiger Spannungen ist die Gesamtleistung eines Drehstromsystems bei symmetrischer Belastung eine zeitlich unabhängige Größe. Für Motoren und Generatoren ist dies natürlich besonders interessant. Aus konstruktiven Gründen sind bei diesen Maschinen die drei Stränge untereinander gleich und deshalb ist die mechanische Leistung $P = 2\pi n M$ und damit das Drehmoment M zeitlich konstant. Mit n wurde die Drehzahl in Drehungen pro Sekunde bezeichnet. Größere Maschinen sind immer als Drehstrommaschinen realisiert.

Die Blindleistung Q_{ST} in einem Strang ist wie bei einem einphasigen System durch

$$Q_{ST} = U\,I\sin(\phi) \tag{2.97}$$

ausgedrückt. Die Summe der Blindleistungen der einzelnen Stränge bei symmetrischer Belastung ist:

$$Q = 3Q_{ST} = 3\,U\,I\sin(\phi) \tag{2.98}$$

Sie ist positiv oder negativ abhängig vom Vorzeichen des Winkels $\phi = \phi_z = \phi_u - \phi_i$.

Die komplexe Scheinleistung $\underline{S}$ wird jetzt:

$$\underline{S} = P + jQ = 3\,UI[\cos(\phi) + j\sin(\phi)] \tag{2.99}$$

Der Betrag der Scheinleistung ist, wie erwartet, $S = 3\,U\,I$.

Abb. 2.31a zeigt die Dreieckschaltung, bei der eine symmetrische Belastung angenommen wird. Die drei gleichen Impedanzen sind hier zwischen den Außenleiter

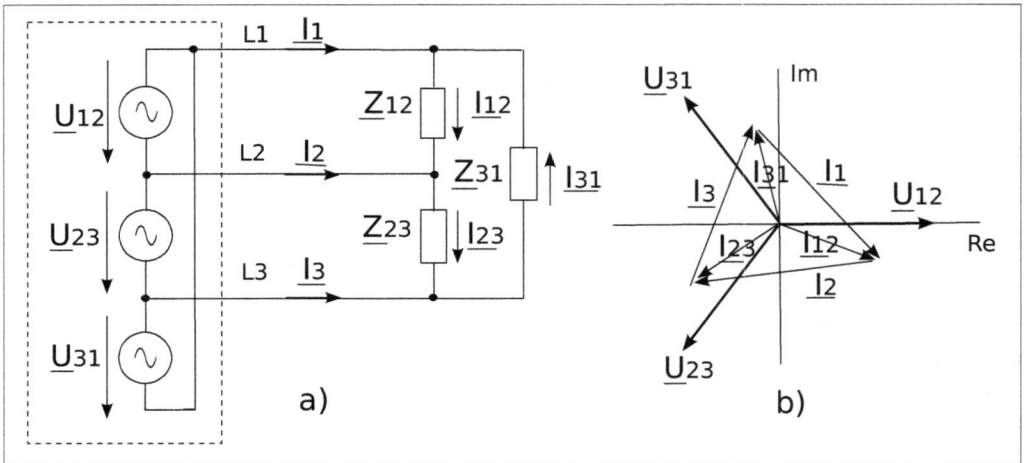

Abb. 2.31: a) Die symmetrische Belastung der Dreieckschaltung b) Zeiger der Spannungen und Ströme dieses Systems

geschaltet. Der Sternpunkt existiert nicht. Die Dreieckspannungen und Dreieckströme sind jetzt die Spannungen und Ströme dieser Impedanzen: $\underline{U}_{12}, \underline{U}_{23}, \underline{U}_{31}$ und $\underline{I}_{12}, \underline{I}_{23}, \underline{I}_{31}$. Die Ströme sind über die Impedanz $\underline{Z} = |\underline{Z}|e^{j\phi_z}$ durch

$$\underline{I}_{12} = \frac{\underline{U}_{12}}{\underline{Z}} = \frac{|\underline{U}_{12}|}{|\underline{Z}|}\, e^{j(\phi_{u12}-\phi_z)} \qquad \underline{I}_{23} = \frac{\underline{U}_{23}}{\underline{Z}} = \frac{|\underline{U}_{23}|}{|\underline{Z}|}\, e^{j(\phi_{u23}-\phi_z)}$$
$$\underline{I}_{31} = \frac{\underline{U}_{31}}{\underline{Z}} = \frac{|\underline{U}_{31}|}{|\underline{Z}|}\, e^{j(\phi_{u31}-\phi_z)} \tag{2.100}$$

gegeben. Mit $\phi_{u12} = 0, \phi_{u23} = -2\pi/3, \phi_{u31} = 2\pi/3$ wurden die Nullphasen der entsprechenden Spannungen bezeichnet.

Die Außenleiterströme sind weiter durch

$$\underline{I}_1 = \underline{I}_{12} - \underline{I}_{31}, \qquad \underline{I}_2 = \underline{I}_{23} - \underline{I}_{12}, \qquad \underline{I}_3 = \underline{I}_{31} - \underline{I}_{23}$$
$$\underline{I}_1 + \underline{I}_2 + \underline{I}_3 = 0 \tag{2.101}$$

gegeben.

Aus den Zeigerdarstellungen in Abb. 2.31b geht gleich hervor, dass das Verhältnis zwischen dem Effektivwert des Dreieckstroms $I_\triangle$ ($|\underline{I}_{12}|, |\underline{I}_{23}|, |\underline{I}_{31}|$) und Effektivwert des Außenleiterstroms I ($|\underline{I}_1|, |\underline{I}_2|, |\underline{I}_3|$) gleich

$$I = \sqrt{3}I_\triangle \tag{2.102}$$

ist. Die geometrischen Gegebenheiten für die Ströme der Stern- und Dreieckschaltung

Tabelle 2.1: **Leistungen im symmetrischen Dreiphasensystem**

Größe	Sternschaltung	Dreieckschaltung
Strangspannung U_{STR}	U_Y	U_Δ
Strangstrom I_{STR}	I_Y	I_Δ
Außenleiterspannung U	$U = \sqrt{3}U_Y$	$U = U_\Delta$
Außenleiterstrom I	$I = I_Y$	$I = \sqrt{3}I_\Delta$
Wirkleistung P	$P = 3U_Y I_Y \cos\phi = \sqrt{3}UI\cos\phi$	$P = 3U_\Delta I_\Delta \cos\phi = \sqrt{3}UI\cos\phi$
Blindleistung Q	$P = 3U_Y I_Y \sin\phi = \sqrt{3}UI\sin\phi$	$P = 3U_\Delta I_\Delta \sin\phi = \sqrt{3}UI\sin\phi$
Scheinleistung S	$S = 3U_Y I_Y = \sqrt{3}UI = 3\dfrac{U_Y^2}{\|Z\|} = \dfrac{U^2}{\|Z\|}$	$S = 3U_\Delta I_\Delta = \sqrt{3}UI = 3\dfrac{U_\Delta^2}{\|Z\|} = 3\dfrac{U^2}{\|Z\|}$
Komplexe Scheinleistung $\underline{S}$	$\underline{S} = 3\underline{U}_Y \, \underline{I}_Y^* = P + jQ$	$\underline{S} = 3\underline{U}_\Delta \, \underline{I}_\Delta^* = P + jQ$

(bei symmetrischer Belastung) sind die gleichen wie für die Spannungen, die in Abb. 2.29 gezeigt wurden. Daher der Faktor $\sqrt{3}$.

Mit U_Δ als Effektivwert der Leiter- oder Strangspannungen ($|\underline{U}_{12}|$, $|\underline{U}_{23}|$, $|\underline{U}_{31}|$) ist die gesamte Wirkleistung der drei Stränge die Summe der drei gleichen Strangleistungen:

$$P = 3I_\Delta \, U_\Delta \, \cos(\phi) \tag{2.103}$$

Dabei ist $\phi = \phi_u - \phi_i$ der Phasenverschiebungswinkel zwischen der Dreieckspannung und den jeweiligen Dreieckstrom. Ähnlich ist die Blindleistung jetzt durch

$$Q = 3I_\Delta \, U_\Delta \, \sin(\phi) \tag{2.104}$$

gegeben, und somit wird die komplexe Scheinleistung:

$$\underline{S} = P + jQ = 3I_\triangle\, U_\triangle\,[\cos(\phi) + j\sin(\phi)] \tag{2.105}$$

Zusammenfassend zeigt Tabelle 2.1 die Leistungen im symmetrischen Dreiphasen-system (nach dem Skript von Prof. Dr. -Ing. R. Koblitz und Prof. Dr. -Ing. A. Klönne). Mit U_Y, I_Y sind die Effektivwerte der Sternspannung und Sternstrom für die Stern-schaltung bezeichnet und mit $U_\triangle, I_\triangle$ sind die Effektivwerte der Dreieckpannung und Dreieckstrom für die Dreieckschaltung bezeichnet.

2.3.3   Einfacher ohmscher Dreiphasenverbraucher

Ein symmetrischer ohmscher Dreiphasenverbraucher (z.B. ein Dreiphasenofen) soll einem Netz mit der Aussenleitungspannung $U = 400$ V den Leitungstrom $I = 20$ A entnehmen [9]. Wie groß müssen die Widerstände R_Y sein (Abb. 2.32a) und wel-che Leistung wird verbraucht? Zum Vergleich sollen auch die Dreieckwiderstände $R_\triangle$ (Abb. 2.32b) ermittelt werden.

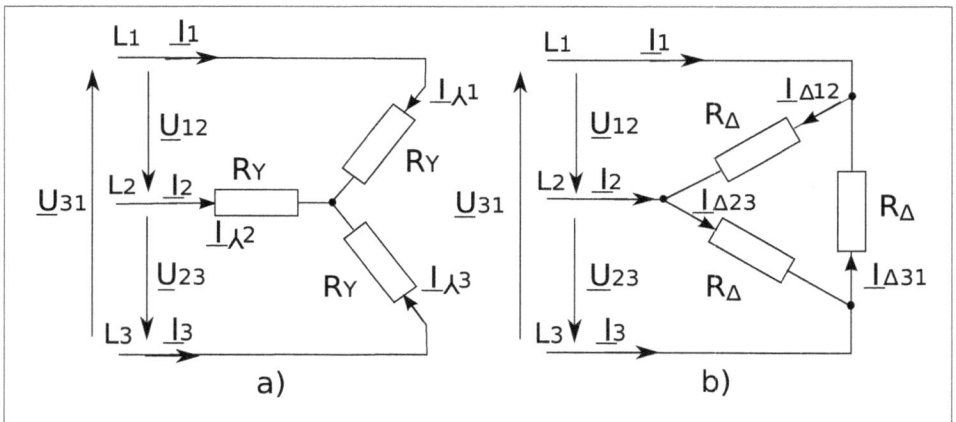

Abb. 2.32: Ohmscher Dreiphasenverbraucher

Die Sternspannung U_Y ist:

$$U_Y = U_\triangle/\sqrt{3} = U/\sqrt{3} = 230,9\ V \tag{2.106}$$

Der Strom der Widerstände R_Y ist der gewünschte Leitungstrom $I = 20$ A und somit müssen diese Widerstände den Wert

$$R_Y = \frac{U_Y}{I} = \frac{230,9\ V}{20A} = 11,55\ \Omega \tag{2.107}$$

haben.

Der Strom in den Widerständen R_Δ ist der Strom $I_\Delta = I/\sqrt{3}$ und somit erhält man für diese Widerstände den Wert:

$$R_\Delta = \frac{U}{I_\Delta} = \frac{U_Y\sqrt{3}}{I/\sqrt{3}} = 3R_Y \tag{2.108}$$

2.3.4 Einfacher ohmscher Einphasen- und Dreiphasenverbraucher

Es sind die Ströme zu vergleichen, wenn ein Durchlauferhitzer (ohmscher Verbraucher) für die Leistung $P = 20$ kW $(\cos(\varphi) = 0)$ an einem Einphasen- und Dreiphasenverbraucher in Dreieckschaltung angeschlossen wird [9].

Die Einphasenspannung ist die Sternspannung $U_Y = 230$ V, was zu einem Strom der Größe

$$I_1 = \frac{P}{U_Y} = 20000/230 = 86,95 \ A \tag{2.109}$$

führt.

Der Strom der Dreieckschaltung des Verbrauchers ist:

$$I_\Delta = \frac{P}{3U_\Delta} \tag{2.110}$$

Für den Leitungstrom im Dreiphasensystem erhält man weiter den Wert:

$$I = \sqrt{3}I_\Delta = \sqrt{3}\frac{P}{3U_\Delta} = \sqrt{3}\frac{I_1 U_Y}{3\sqrt{3}\,U_Y} = \frac{I_1}{3} \tag{2.111}$$

Der Leitungstrom im Dreiphasensystem für gleiche Wirkleistung ist 3 mal kleiner.

Experiment 2.3.1: Verschiedene Verbraucher am Dreiphasensystem mit festem Sternpunkt

In diesem Experiment wird das richtige Verstehen der Spezifikationen angestrebt. In Abb. 2.33 ist ein Dreiphasensystem in Sternschaltung mit drei verschiedenen Belastungen der Sternspannungen gezeigt [9]. Impedanz eins ist pur ohmsch ($\underline{Z}_1 = R_1$) und verbraucht eine Wirkleistung von $P_1 = 18$ kW. In der zweiten Impedanz ($\underline{Z}_2$) wird eine Blindleistung von $Q_2 = 23$ kVAR bei einem induktiven Leistungsfaktor $\cos(\varphi_2) = 0,8$ verbraucht. Die dritte Impedanz ($\underline{Z}_3$) stellt eine Parallelschaltung eines Widerstandes mit Wirkleistung $P_3 = 10$ kW und einer Kapazität von 200 μF dar.

Es wird angenommen, dass die Effektivwerte der Leitungsspannungen $U_{12} = U_{23} = U_{31} = U_\Delta = 400$ V sind und die entsprechenden Effektivwerte der Sternspannungen sind $U_1 = U_2 = U_3 = U_Y = 230$ V. Die Frequenz ist $f = 50$ Hz.

Gesucht sind die Ströme der Verbraucher, die Leitungsströme und der Strom in dem Nullleiter.

Es sollen zunächst die Leitungsströme ermittelt werden. Der erste Strom ist sehr

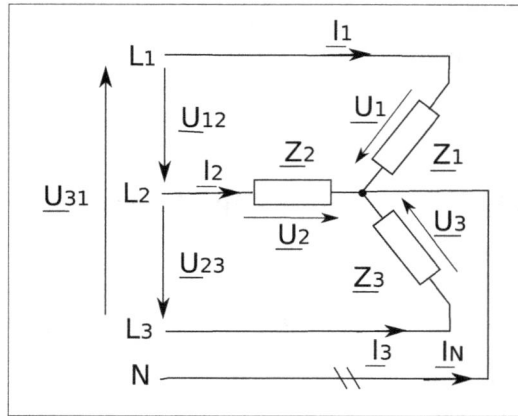

Abb. 2.33: Verschiedene Verbraucher am Dreiphasensystem

einfach zu berechnen:

$$I_1 = \frac{P_1}{U_1} = 18000 \ W \ / \ 230 \ V = 78,26 \ A$$

$$R_1 = \frac{U_1}{I_1} = 230 \ V \ / \ 78,26 \ A = 2,94 \ \Omega \tag{2.112}$$

Die zweite Impedanz, die man sich als Reihenschaltung eines Widerstands und einer Induktivität vorstellen kann, ergibt:

$$I_2 = \frac{Q_2}{U_2 \sin(\varphi)} = \frac{Q_2}{U_2 \sqrt{1 - \cos^2(\varphi)}} = 166 \ A \tag{2.113}$$

Der Ersatzwiderstand wird

$$R_2 = \frac{U_2 \cos(\varphi)}{I_2} = 1,10 \ \Omega, \tag{2.114}$$

und die Ersatzinduktivität wird:

$$L_2 = \frac{U_2 \sin(\varphi)}{\omega I_2} = 2,6 \ mH \tag{2.115}$$

Schließlich ist für die Impedanz $\underline{Z}_3$ der Strom des Widerstands direkt zu ermitteln:

$$I_{R3} = \frac{P_3}{U_3} = \frac{10000 \ W}{230 \ V} = 43,48 \ A \tag{2.116}$$

Der Strom der Kapazität ist:

$$I_{C3} = \frac{U_3}{1/(\omega \ C_3)} = U_3 \omega C_3 = 230 \ V \cdot 314 \ rad/s \ \cdot 200e^{-6} \ F = 14,44 \ A \tag{2.117}$$

Der Leitungsstrom I_3 wird jetzt:

$$I_3 = \sqrt{I_{R3}^2 + I_{C3}^2} = 45{,}81 \ A \tag{2.118}$$

Die Phasenverschiebung des Stroms relativ zur Spannung ist hier:

$$\varphi_3 = -\text{atan}(\frac{I_{C3}}{I_{R3}}) = -\text{atan}(\frac{14{,}44}{43{,}48}) = -0{,}3207 \ \text{rad} \tag{2.119}$$

Für den Widerstand R_3 erhält man einen Wert:

$$R_3 = \frac{U_3}{I_{R3}} = 230 \ V / 43{,}48 \ A = 5{,}3 \ \Omega \tag{2.120}$$

Die drei Impedanzen sind somit:

$$\underline{Z}_1 = R_1 \qquad \underline{Z}_2 = R_2 + j\omega \, L_2 \qquad \underline{Z}_3 = R_3 + 1/(j\omega \, C_3) \tag{2.121}$$

Weil die Stränge nicht gleich belastet sind, fließt auch Strom durch die Nullleitung. Um diesen Strom zu berechnen werden die komplexen Variablen benutzt:

$$\underline{I}_N = \frac{U_Y \, e^{j0}}{\underline{Z}_1} + \frac{U_Y \, e^{-j2\pi/3}}{\underline{Z}_2} + \frac{U_Y \, e^{j2\pi/3}}{\underline{Z}_3} \tag{2.122}$$

Im Skript `dreiphasen_0.m` sind diese Auswertungen mit MATLAB durchgeführt:

```
% Skript dreiphasen_0.m, in dem ein Dreiphasensystem
% mit unsymmetrischer Belastung gelöst wird
clear;
% ------- Parameter der Schaltung
f = 50;                    omega = 314;
UY = 230;
P1 = 18000;                I1 = P1/UY;                R1 = UY/I1;

S2 = 23000;
cos_phi = 0.8;             sin_phi = sqrt(1-cos_phi^2);
I2 = S2/(UY*sin_phi);
R2 = UY*cos_phi/I2;        L2 = UY*sin_phi/(omega*I2);

P3 = 10000;                R3 = UY^2/P3;
C3 = 200e-6;
IR3 = P3/UY;               IC3 = UY*omega*C3;
I3 = sqrt(IR3^2 + IC3^2);           phi_3 = atan2(IC3, IR3);
% ------- Komplexe Impedanzen
Z1 = R1;         % Impedanz Strang 1
Z2 = R2 + j*omega*L2;         % Impedanz Strang 2
```

```
Z3 = R3*(1/(j*omega*C3))/(R3 + 1/(j*omega*C3));
                           % Impedanz Strang 3
UY = 230;                  % Sternspannung
U1k = UY;                  % Strangspannung 1 (Referenz)
U2k = UY*exp(-j*2*pi/3);   % Strangspannung 2
U3k = UY*exp(j*2*pi/3);    % Strangspannung 3
I1k = U1k/Z1;     I1 = abs(I1k)
I2k = U2k/Z2;     I2 = abs(I2k)
I3k = U3k/Z3;     I3 = abs(I3k)
INk = I1k + I2k + I3k; % Nullleitungstrom
IN = abs(INk)
phi_N = angle(INk)*180/pi


figure(1);    clf;
title('Spannungen und Stroeme der Sternschaltung')
compass(U1k);
hold on;
compass(U2k);              compass(U3k);
compass(I1k, 'r');         compass(I2k, 'r');
compass(I3k, 'r');         compass(INk, 'g');
hold off;
```

Im Skript werden die Zeiger in der komplexen Ebene mit Hilfe des MATLAB-Befehls **compass** dargestellt (Abb. 2.34). Man erkennt leicht die Spannungen und Ströme der Sternschaltung und den Strom der Nullleitung, der gestrichelt dargestellt ist.

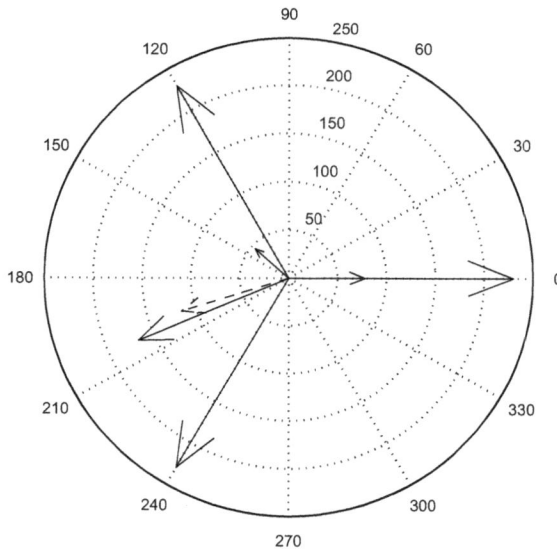

Abb. 2.34: Spannungen und Ströme in der Sternschaltung

Dieses Experiment kann mit folgender Frage erweitert werden: Wie ändern sich die Ströme, wenn die Nullleitung unterbrochen wird (Abb. 2.35) und welche Spannung bezogen auf die Nullleitung wird der Sternpunkt erhalten?

Man muss vier Gleichungen in den Unbekannten I_1, I_2, I_3 und U aufstellen:

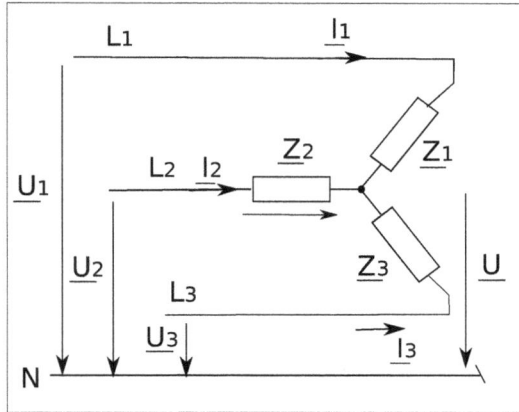

Abb. 2.35: Verschiedene Verbraucher am Dreiphasensystem mit unterbrochener Nullleitung

$$\underline{U}_1 - \underline{U} = \underline{I}_1\,\underline{Z}_1 \qquad \underline{U}_2 - \underline{U} = \underline{I}_2\,\underline{Z}_2 \qquad \underline{U}_3 - \underline{U} = \underline{I}_3\,\underline{Z}_3$$
$$\underline{I}_1 + \underline{I}_2 + \underline{I}_3 = 0 \tag{2.123}$$

Daraus resultiert für die Spannung des Sterns bezogen auf die Nullleitung folgender Ausdruck:

$$\underline{U} = \frac{\underline{U}_1/\underline{Z}_1 + \underline{U}_2/\underline{Z}_2 + \underline{U}_3/\underline{Z}_3}{1/\underline{Z}_1 + 1/\underline{Z}_2 + 1/\underline{Z}_3} \tag{2.124}$$

Danach können die einzelnen Ströme mit Hilfe der ersten drei Gleichungen aus (2.123) berechnet werden.

Die Lösung kann auch über ein Gleichungssystem in Matrixform gefunden werden:

$$\begin{bmatrix} \underline{U}_1 \\ \underline{U}_2 \\ \underline{U}_3 \\ 0 \end{bmatrix} = \begin{bmatrix} \underline{Z}_1 & 0 & 0 & 1 \\ 0 & \underline{Z}_2 & 0 & 1 \\ 0 & 0 & \underline{Z}_3 & 1 \\ 1 & 1 & 1 & 0 \end{bmatrix} \begin{bmatrix} \underline{I}_1 \\ \underline{I}_2 \\ \underline{I}_3 \\ \underline{U} \end{bmatrix} \tag{2.125}$$

Die Lösung dieses Gleichungssystems mit Hilfe der inversen Matrix ergibt die Ströme und die Spannung des Sternpunktes.

Im Skript `dreiphasen_1.m` werden die Ströme und die Spannung des Sternpunktes bezogen auf die Nullleitung mit der Matrixform berechnet. Es unterscheidet sich nur geringfügig vom vorherigen Skript:

```
........
Z1 = R1;                      % Impedanz Strang 1
Z2 = R2 + j*omega*L2;         % Impedanz Strang 2
Z3 = R3*(1/(j*omega*C3))/(R3 + 1/(j*omega*C3));
U1 = UY;                      % Strangspannung 1 (Referenz)
U2 = UY*exp(-j*2*pi/3);       % Strangspannung 2
U3 = UY*exp(j*2*pi/3);        % Strangspannung 3
Uv = [U1; U2; U3; 0];
Z = [Z1 0 0 1;  0 Z2 0 1;   0 0 Z3 1;  1  1  1 0];
% ------- Lösung der Matrixgleichung
y = inv(Z)*Uv;
I1k = y(1)    % Strangstrom 1
I2k = y(2)    % Strangstrom 2
I3k = y(3)    % Strangstrom 3
UNk = y(4)    % Spannung der Sternmitte
........
```

Taschenrechner, die komplexe Zahlen beherrschen, können für solche Aufgaben sehr nützlich sein. Die einfache Programmierung in MATLAB und die ausgezeichneten graphischen Möglichkeiten sind Eigenschaften, die diese Programmiersprache auch für solche Aufgaben an erste Stelle setzen.

2.4   Zusätzliche Beispiele und Experimente

Es werden einige einfache Aufgaben mit Themen aus diesem Kapitel als Beispiele und Experimente exemplarisch gelöst, so dass sie für ähnliche Aufgaben und Lösungen dienen können.

Experiment 2.4.1: Leistung im Wechselstromkreis

In der einfachen Schaltung aus Abb. 2.36a soll die Eingangsspannung U_1 so ermittelt werden, dass der Verbraucher zur Nennleistung von $P_2 = 1$ kW bei $U_2 = 220$ V und $\cos(\varphi_2) = 0,75$ gelangt. Gegeben sind $R_1 = 2$ Ω, $L_1 = 10$ mH und $f = 50$ Hz.

Aus

$$P_2 = I\, U_2 \cos(\varphi_2) \tag{2.126}$$

wird der Effektivwert des Stroms I berechnet:

$$I = \frac{P_2}{U_2 \cos(\varphi_2)} = 6,06 \ A \tag{2.127}$$

Mit Hilfe des Zeigerdiagramms aus Abb. 2.36b sieht man, wie zunächst der Reihenwi-

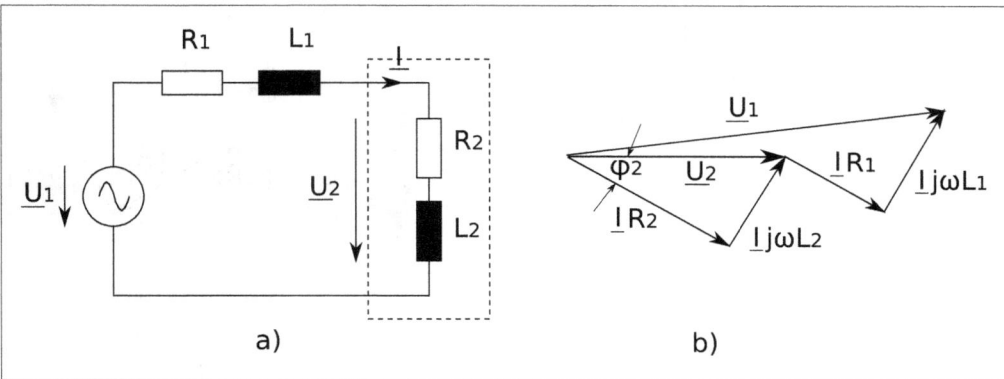

Abb. 2.36: Wechselstromkreis mit induktiven Verbraucher, bei dem die Leistungen zu ermitteln sind

derstand des Verbrauchers R_2 zu ermitteln ist:

$$U_2 \cos(\varphi_2) = I\,R_2 \quad \text{oder} \quad R_2 = \frac{U_2 \cos(\varphi_2)}{I} = \frac{(U_2 \cos(\varphi_2))^2}{P_2} \tag{2.128}$$

Ebenfalls mit Hilfe des Zeigerdiagramms sieht man, wie dann die Spannung U_1 und die Phasenverschiebung des Stroms I relativ zu dieser Spannung $\varphi_1 = \varphi_u - \varphi_i$ berechnet werden kann:

$$U_1 = \sqrt{(I(R_1 + R_2))^2 + (I\omega(L_1 + L_2))^2} = I\sqrt{(R_1 + R_2)^2 + (\omega(L_1 + L_2))^2}$$
$$\varphi_1 = \operatorname{atan}\left(\frac{\omega(L_1 + L_2)}{R_1 + R_2}\right) \tag{2.129}$$

Der Strom eilt der Spannung nach. Die Wirkleistung P_1, die Scheinleistung S_1 und die Blindleistung Q_1 sind weiter durch

$$P_1 = P_2 + I^2\,R_1, \qquad S_1 = U_1\,I, \qquad Q_1 = U_1\,I\,\sin(\varphi_1) \tag{2.130}$$

gegeben. Die Zahlenwerte sind einfach zu erhalten.

Abb. 2.37a zeigt den Fall, bei dem der Verbraucher durch einen Widerstand R_2 und einer Induktivität L_2, die parallel geschaltet sind, angenommen wird. Das Zeigerdiagramm aus Abb. 2.37b wird jetzt benutzt, um mit einem kleinen MATLAB-Skript die Lösung zu berechnen. Man berechnet die Effektivwerte der Ströme in einer ähnlichen Art, wie in dem vorherigen Beispiel:

$$I = \frac{P_2}{U_2 \cos(\varphi_2)} \qquad I_{R2} = I \cos(\varphi_2) \qquad I_{L2} = \sqrt{I^2 - I_{R2}^2} \tag{2.131}$$

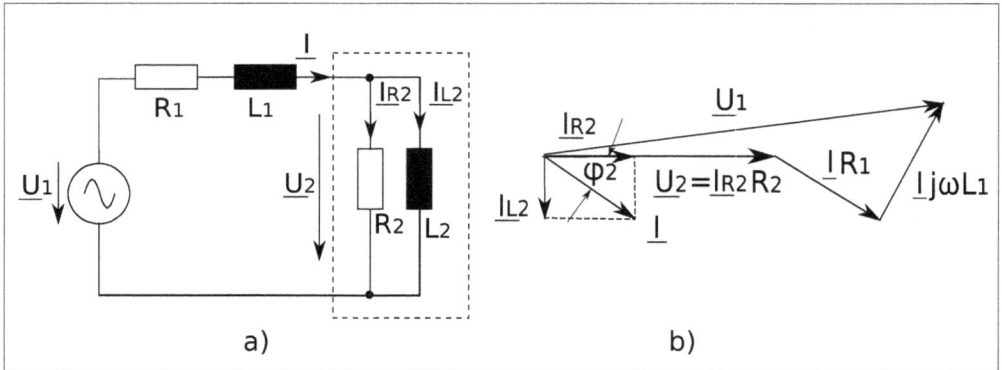

Abb. 2.37: Wechselstromkreis mit induktiven Verbraucher, bei dem die Leistungen zu ermitteln sind

Mit diesen Strömen können jetzt auch die Komponenten des Verbrauchers R_2, L_2 ermittelt werden:

$$R_2 = \frac{U_2}{I_{R2}} \qquad L_2 = \frac{U_2}{\omega I_{L2}} \tag{2.132}$$

Der Zeiger der Eingangspannung wird mit der Summe der Zeiger der einzelnen Spannungen berechnet:

$$\begin{aligned}
&\underline{U}_2 = U_2 \qquad\qquad \text{als Referenz} \\
&\underline{I}_{L2} = I_{L2}e^{-j\pi/2} \qquad\qquad\qquad \underline{I}_{R2} = I_{R2} \\
&\underline{I} = \underline{I}_{R2} + \underline{I}_{L2} \qquad \text{oder} \qquad \underline{I} = Ie^{-j\varphi_2} \\
&\underline{U}_1 = \underline{U}_2 + R_1\underline{I} + j\omega L_1\underline{I} = U_2 + \underline{I}(R_1 + j\omega L_1) \\
&U_1 = |\underline{U}_1| \qquad \text{und} \qquad \varphi_1 = \text{Winkel}(\underline{U}_1) - \text{Winkel}(\underline{I})
\end{aligned} \tag{2.133}$$

Diese Beziehungen werden einfach in dem MATLAB-Skript benutzt:

```
% Skript leistung_1.m, in´dem die Leistungen in einer Schaltung
% ermittelt werden
clear;
% ------- Parameter der Schaltung
P2 = 1000;              omega = 2*pi*50;
R1 = 2;                 L1 = 10e-3;              U2 = 220;
cos_phi = 0.75;
phi_2 = acos(cos_phi);
I = P2/(U2*cos_phi);         % Effektivwert des Zuleitungsstroms
IR2 = I*cos_phi;             % Effektivwert des Stroms IR2
R2 = U2/IR2;
IL2 = sqrt(I^2 - IR2^2);     % Effektivstrom der Induktivität L2
```

```
L2 = U2/(omega*IL2);
% ------- Komplexe Variablen
U2k = U2;              % Nullphase 0
IL2k = IL2*exp(-j*pi/2);
IR2k = IR2;
Ik = IR2k + IL2k;              % oder Ik = I*exp(-j*phi_2);
U1k = U2k + Ik*R1 + j*omega*L1*Ik;
phi_1 = angle(U1k) - angle(Ik);
% ------- Leistungen
P1 = P2 + R1*I^2
S1 = abs(U1k)*I
Q1 = abs(U1k)*I*sin(phi_1)
phi_1_grad = phi_1*180/pi
```

Die gelieferten Zahlenwerte sind:

```
P1 =   1.0735e+03;        S1 =   1.4652e+03;        Q1 =   997.3108
phi_1_grad =   42.8939
```

Eine gute weitere Übung besteht darin den Verbraucher kapazitiv anzunehmen z.B. in Form eines Widerstands R_2 parallel mit einer Kapazität C_2, wie in Abb. 2.38a gezeigt.

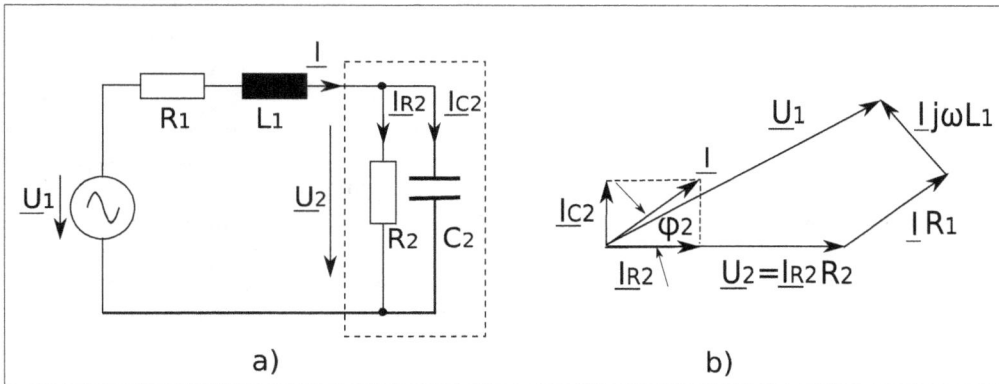

Abb. 2.38: *Wechselstromkreis mit kapazitiven Verbraucher, bei dem die Leistungen zu ermitteln sind*

Das vorherige MATLAB-Skript kann sehr einfach für diesen Fall geändert werden:

```
% Skript leistung_2.m, in dem die Leistungen in einer Schaltung
% ermittelt werden
clear;
% ------- Parameter der Schaltung
P2 = 1000;             omega = 2*pi*50;
R1 = 2;                L1 = 10e-3;            U2 = 220;
cos_phi = 0.75;
phi_2 = acos(cos_phi);
```

```
I = P2/(U2*cos_phi);          % Effektivwert des Zuleitungsstroms
IR2 = I*cos_phi;              % Effektivwert des Stroms IR2
R2 = U2/IR2;
IC2 = sqrt(I^2 - IR2^2);      % Effektivstrom der Kapazität C2
C2 = IC2/(U2*omega);
% ------- Komplexe Variablen
U2k = U2;                     % Nullphase 0
IC2k = IC2*exp(j*pi/2);
IR2k = IR2;
Ik = IR2k + IC2k;             % oder Ik = I*exp(-j*phi_2);
U1k = U2k + Ik*R1 + j*omega*L1*Ik;
phi_1 = angle(U1k) - angle(Ik);
% ------- Leistungen
P1 = P2 + R1*I^2
S1 = abs(U1k)*I
Q1 = abs(U1k)*I*sin(phi_1)
phi_1_grad = phi_1*180/pi
```

Die Leistungen in diesen Fall sind:

```
P1 =    1.0735e+03         S1 =    1.3190e+03        Q1 = -766.5234
phi_1_grad =   -35.5294
```

Wie man aus dem Winkel $\varphi_1 < 0$ (`phi_1_grad`) entnehmen kann, ist jetzt der Strom $\underline{I}$ der Spannung $\underline{U}_1$ voreilend und die Blindleistung wird negativ.

Experiment 2.4.2: Wirkleistungsanpassung

Die in Abb. 2.39a gezeigte Schaltung enthält die Widerstände $R_1 = 100\,\Omega$ und $R_2 = 80\,\Omega$ sowie einen Induktor der Induktivität $L = 30$ mH. Die Versorgungsspannung beträgt $U_g = 100$ V bei einer Frequenz von 1000 Hz [30].

Man soll den Wirkwiderstand R_3 und die Kapazität C bestimmen, so dass R_3 die maximal mögliche Wirkleistung aufnimmt.

Im ersten Schritt wird für die Anschlüsse a, b eine Thevenin Ersatzquelle der Spannung $\underline{U}_i$ und Ersatzimpedanz $\underline{Z}_i = R_i + j\omega L_i$ berechnet:

$$\underline{U}_i = \frac{\underline{U}_g(R_2 + j\omega\,L)}{R_1 + R_2 + j\omega L)} \tag{2.134}$$
$$\underline{Z}_i = R_1 \parallel (R_2 + j\omega L) = R_i + j\omega L_i$$

Der Real- und Imaginärteil der Ersatzimpedanz $\underline{Z}_i$ werden im MATLAB-Skript direkt, ohne einen Ausdruck zu ermitteln, berechnet. Die Ersatzschaltung ist in Abb. 2.39b dargestellt. Wie man sieht, stellt sie eine RLC-Reihenschaltung dar. Das entsprechende Zeigerdiagramm ist in Abb. 2.39c gezeigt. Wenn man die Kapazität so wählt, dass die Reihenschaltung in Resonanz mit

$$\underline{I}\frac{1}{j\omega\,C} = -\underline{I}\,j\omega\,L_i \qquad \text{oder} \qquad C = \frac{1}{\omega^2\,L_i} \tag{2.135}$$

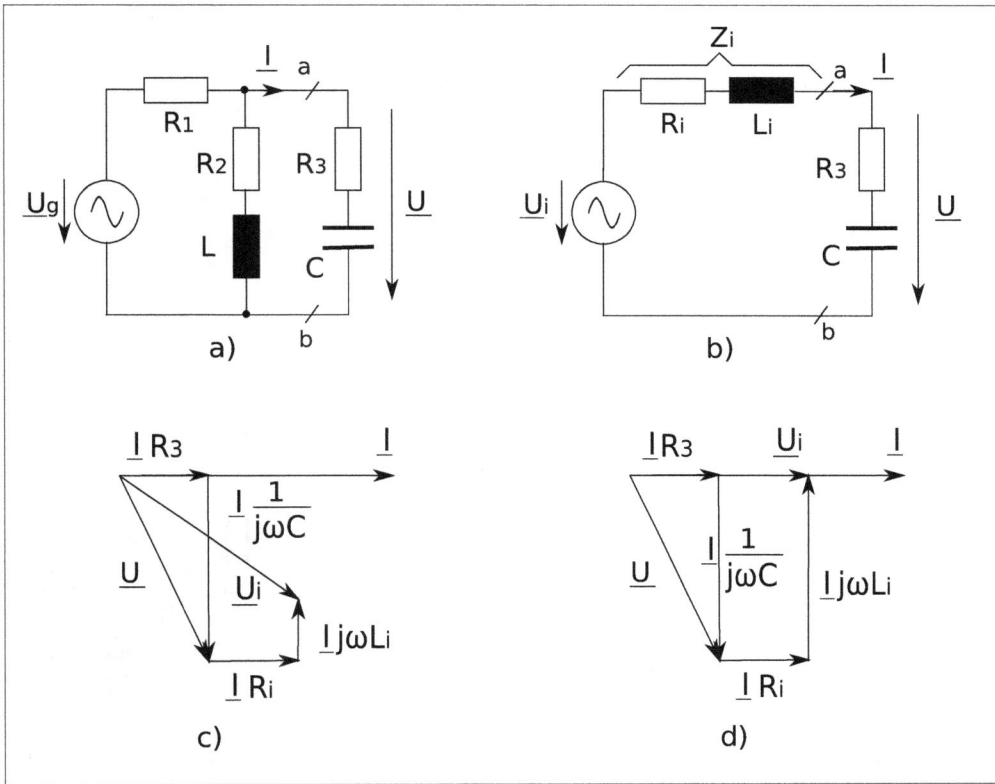

Abb. 2.39: Wirkleistungsanpassung bei induktiver Ersatzquelle

gelangt, dann ist die Ersatzeingangsspannung $\underline{U}_i$ und der Strom $\underline{I}$ phasengleich. Die Schaltung verhält sich, wie eine pur ohmsche Schaltung. Die Spannung an der Induktivität L_i und an der Kapazität C sind gleich und entgegen gesetzt, somit ist ihre Summe null.

Für die optimale Leistungsübertragung an den Widerstand R_3 kann man die bekannte Bedingung

$$R_3 = R_i \tag{2.136}$$

benutzen. Im folgenden kleinen Skript `leistung_3.m` wird die komplexe Ersatzspannung $\underline{U}_i$ und Ersatzimpedanz $\underline{Z}_i$ berechnet und danach der Widerstand R_i und Induktivität L_i ermittelt. Die restlichen Auswertungen sind leicht aus dem Skript zu verstehen und zu entnehmen:

```
% Skript leistung_3.m, in dem eine Leistunganpassung gelöst wird
clear;
% ------- Parameter der Schaltung
```

```
R1 = 100;        R2 = 80;          L = 30e-3;
f = 1000;           omega = 2*pi*f;
Ug = 100;                % Effektivwert der Quelle
% ------ Äquivalente Impedanz der Quelle
Zi = R1*(R2 + j*omega*L)/(R1 + R2 + j*omega*L)
% ------ Äquivalente Spannung der Quelle
Ui = Ug*(R2 + j*omega*L)/(R1 + R2 + j*omega*L)
Ri = real(Zi);
Li = imag(Zi)/omega;
C = 1/(omega^2*Li)    % Reihenresonanz
Xc  = 1/(omega*C)
R3 = Ri                % Leistungsanpassung
Z3 = R3 - j*Xc         % Optimaler Verbraucher
P3 = abs(Ui/(Zi + Z3))^2*R3
```

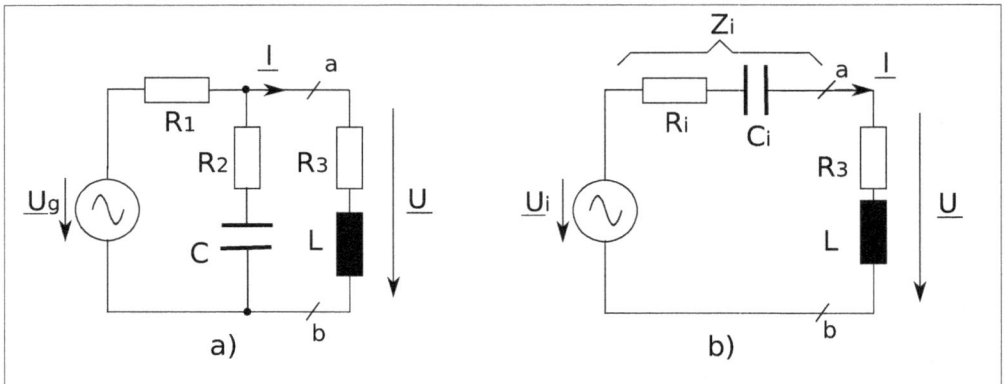

Abb. 2.40: Wirkleistungsanpassung bei kapazitiver Ersatzquelle

Ähnlich kann auch die Leistungsanpassung für die Schaltung aus Abb. 2.40a ermittelt werden. Im Skript leistung_4.m wird dieser Fall gelöst, in dem die Induktivität L und Widerstand R_3 für eine optimale Übertragung der Leistung an R_3 berechnet werden:

```
% Skript leistung_4.m, in dem eine Leistunganpassung gelöst wird
clear;
% ------- Parameter der Schaltung
R1 = 100;        R2 = 80;          C = 500e-9;
f = 800;            omega = 2*pi*f;
Ug = 60;          % Effektivwert der Quelle
% ------ Aequivalente Impedanz der Quelle
Zi = R1*(R2 + 1/(j*omega*C))/(R1 + R2 + 1/(j*omega*C))
% ------ Aequivalente Spannung der Quelle
Ui = Ug*(R2 + 1/(j*omega*C))/(R1 + R2 + 1/(j*omega*C))
Ri = real(Zi); Ci = -1/(imag(Zi)*omega);
L = 1/(omega^2*Ci)    % Reihenresonanz
```

```
XL  = omega*L
R3  = Ri              % Leistungsanpassung
Z3  = R3 + j*XL       % Optimaler Verbraucher
P3  = abs(Ui/(Zi + Z3))^2*R3
```

Eine gute Übung ist hier das Zeichnen des Zeigerdiagramms für den allgemeinen Fall und für den Reihenresonanzfall. Es gibt einen guten Einblick in die Zusammenhänge der verschiedenen komplexen Variablen.

Experiment 2.4.3: Zusammenschalten zweier Netzsysteme

In einem didaktischem Experiment wird die Problematik der Zusammenschaltung zweier Netzsysteme diskutiert. Zuerst wird eine einfache Wechselstromschaltung untersucht, die in Abb. 2.41a gezeigt wird. Die Spannungen der zwei Generatoren können beliebig sein, sowohl als Beträge (oder Effektivwerte) als auch was die relative Phasenlage anbelangt.

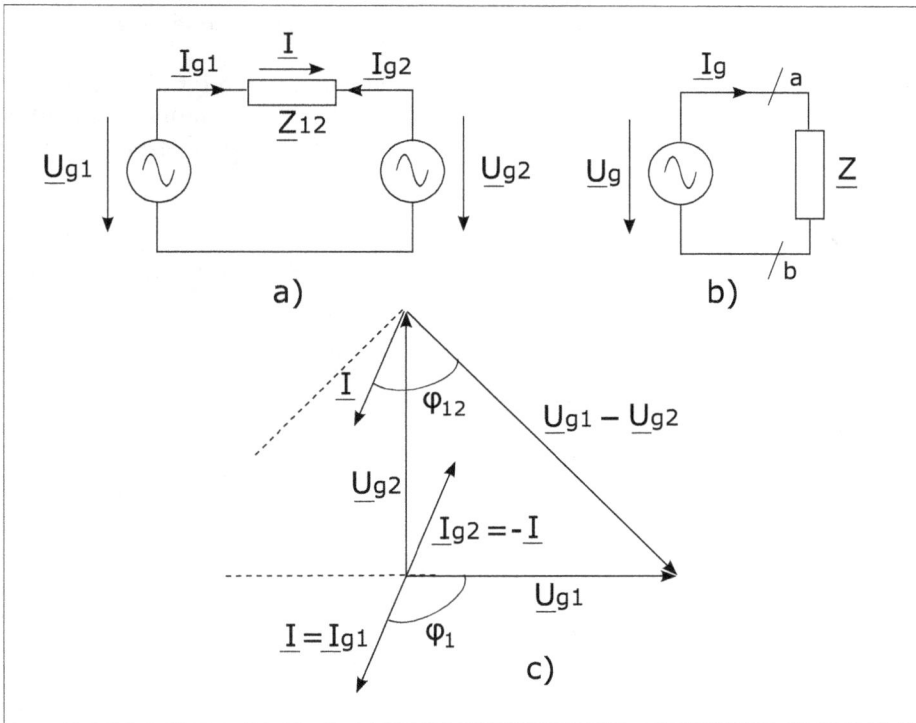

Abb. 2.41: a) Zwei Generatoren und Verbraucher c) Zeigerdiagramm b) Einfache Anordnung Generator und Verbraucher

Der Strom $\underline{I}$ ist durch

$$\underline{I} = \frac{\underline{U}_{g1} - \underline{U}_{g2}}{\underline{Z}_{12}} \tag{2.137}$$

gegeben. Wenn diese Spannungen gleich sind, dann fließt kein Strom über die Impedanz $\underline{Z}_{12}$.

Die komplexe Leistung eines Generators, wie in Abb. 2.41b dargestellt, berechnet sich mit:

$$\underline{S}_g = \underline{U}_g \, \underline{I}_g^* \tag{2.138}$$

Daraus resultiert für die komplexen Leistungen der zwei Generatoren der Anordnung aus Abb. 2.41b folgende Form:

$$\underline{S}_{g1} = \underline{U}_{g1} \, \underline{I}_{g1}^* = \underline{U}_{g1} \, \underline{I}^* \quad \text{und} \quad \underline{S}_{g2} = \underline{U}_{g2} \, \underline{I}_{g2}^* = \underline{U}_{g2} \, (-\underline{I}^*) \tag{2.139}$$

Es wird weiter nur die Wirkleistung der Generatoren ermittelt:

$$P_{g1} = U_{g1eff} I_{eff} \cos(\phi_{ug1} - \phi_i) \quad \text{und} \quad P_{g2} = U_{g2eff} I_{eff} \cos(\phi_{ug2} - \phi_i - \pi) \tag{2.140}$$

Unter bestimmten Bedingungen kann die Wirkleistung, die in dieser Form berechnet wird, bei einem der Generatoren negativ werden. Dieser Generator ist dann auch ein Verbraucher.

In Abb. 2.41c ist das Zeigerdiagramm für so einen Fall gezeigt. Die Spannung des zweiten Generators ist mit $\pi/2$ der Spannung des ersten Generators voreilend. Wenn die Impedanz $\underline{Z}_{12} = |\underline{Z}_{12}| e^{j\phi_{12}}$ einen Winkel $\phi_{12} > \pi/4$ hat, dann erhält man für den Strom $\underline{I}$ die Lage, die in Abb. 2.41c gezeigt ist.

Das ergibt für den Strom $\underline{I}_{g1} = \underline{I}$ einen Winkel ϕ_1 relativ zur Spannung $\underline{U}_{g1}$ größer als $\pi/2$ und führt dazu, dass die Wirkleistung dieses Generators negativ wird.

Mit Hilfe eines kleinen MATLAB-Skripts kann diese Schaltung untersucht werden:

```
% Skript zwei_generatoren2_1.m, in dem ein Netzwerk
% mit zwei Generatoren untersucht wird
clear;
% ------- Parameter des Netzwerkes
Z12 = 10*exp(j*pi/3);
%Z12 = 10*exp(j*pi/6);
%Z12 = 10*exp(j*0);

Ug1 = 200*exp(j*0);
phi2 = pi/2;
Ug2 = 200*exp(j*phi2);
% ------- Berechnung des Stroms
I = (Ug1 - Ug2)/Z12;
% ------- Wirkleistungen
Pg1 = abs(Ug1)*abs(I)*cos(angle(Ug1)-angle(I))
Pg2 = abs(Ug2)*abs(I)*cos(angle(Ug2)-angle(-I))
P12 = abs(Ug1-Ug2)*abs(I)*cos(angle(Ug1-Ug2)-angle(I))
```

Die Bilanz der Wirkleistungen muss stimmen:

```
Pg1 =    -1.4641e+03
Pg2 =     5.4641e+03
P12 =     4.0000e+03
```

Der zweite Generator liefert die Wirkleistung von 5464,1 Watt für den Verbraucher $\underline{Z}_{12}$ mit 4000 Watt und für die verbrauchte Wirkleitung im ersten Generator von - 1464,1 Watt.

Für eine Impedanz des Verbrauchers $\underline{Z}_{12} = |\underline{Z}_{12}|e^{j\phi_{12}}$ mit einem Winkel $\phi_{12} = \pi/6 < \pi/4$ und gleicher Spannungen der Generatoren sind die Wirkleistungen gleich:

```
Pg1  =    1.4641e+03
Pg2  =    5.4641e+03
P12  =    6.9282e+03
```

Wie man sieht, tragen beide Generatoren zur Wirkleistung des Verbrauchers bei. Eine gute Übung stellt das Zeichnen des Zeigerdiagramms für diesen Fall dar, das dieses Ergebnis anschaulich erklärt.

Eine Anordnung, die näher an die Problematik der Zusammenschaltung zweier Netzsysteme ist, wird in Abb. 2.42 dargestellt.

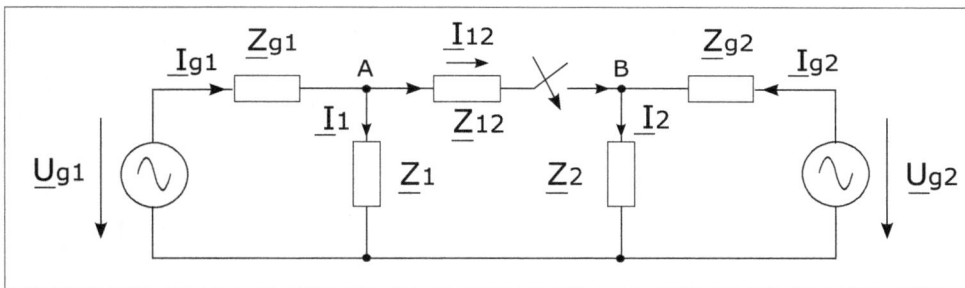

Abb. 2.42: Zusammenschalten zweier Netze

Wenn der Schalter geöffnet ist, sind die Verbraucher der zwei Systeme $\underline{Z}_1$ bzw. $\underline{Z}_2$ unabhängig durch ihre eigenen Generatoren gespeist. Nachdem der Schalter geschlossen wird und das Einschwingen vorbei ist, stellt sich ein stationärer Zustand ein, in dem auch über die Verbindung mit der Impedanz $\underline{Z}_{12}$ Strom fließt.

Die Leistung die zwischen den Systemen getauscht wird, ist über die Phasenlage der Spannungen (mit gleichen Effektivwerten) der Generatoren gesteuert. Wenn die Spannung des zweiten Generator relativ zur Spannung des ersten Generators voreilend ist, wird Leistung in dem ersten Netzwerksystem übertragen und ähnlich auch in umgekehrter Richtung wird Leistung übertragen, wenn die Spannung des ersten Generators relativ zur Spannung des zweiten Generators voreilend ist.

Für das gesamte System (mit geschlossenen Schalter) im stationären Zustand können folgende Gleichungen aufgestellt werden:

$$\underline{U}_{g1} = \underline{I}_{g1}\,\underline{Z}_{g1} + \underline{I}_1\,\underline{Z}_1 \quad \text{und} \quad \underline{U}_{g2} = \underline{I}_{g2}\,\underline{Z}_{g2} + \underline{I}_2\,\underline{Z}_2$$
$$\underline{I}_1\,\underline{Z}_1 = \underline{I}_{12}\,\underline{Z}_{12} + \underline{I}_2\,\underline{Z}_2 \tag{2.141}$$
$$\underline{I}_{12} = \underline{I}_{g1} - \underline{I}_1 \quad \text{und} \quad \underline{I}_{12} = \underline{I}_2 - \underline{I}_{g2}$$

Es sind fünf Gleichungen mit fünf unbekannten Strömen $\underline{I}_{g1}$, $\underline{I}_{g2}$, $\underline{I}_1$, $\underline{I}_2$, $\underline{I}_{12}$, die zu lösen sind. Aus

$$
\begin{bmatrix}
\underline{Z}_{g1} & 0 & \underline{Z}_1 & 0 & 0 \\
0 & \underline{Z}_{g2} & 0 & \underline{Z}_2 & 0 \\
0 & 0 & \underline{Z}_1 & -\underline{Z}_2 & -\underline{Z}_{12} \\
-1 & 0 & 1 & 0 & 1 \\
0 & 1 & 0 & -1 & 1
\end{bmatrix}
\begin{bmatrix}
\underline{I}_{g1} \\
\underline{I}_{g2} \\
\underline{I}_1 \\
\underline{I}_2 \\
\underline{I}_{12}
\end{bmatrix}
=
\begin{bmatrix}
1 & 0 \\
0 & 1 \\
0 & 0 \\
0 & 0 \\
0 & 0
\end{bmatrix}
\begin{bmatrix}
\underline{U}_{g1} \\
\underline{U}_{g2}
\end{bmatrix}
\tag{2.142}
$$

werden die unbekannten Ströme mit Hilfe der inversen ersten Matrix ermittelt. Im Skript zwei_generatoren1.m wird die Anordnung aus Abb. 2.42 im stationären Zustand untersucht. Die Phasenlage der Spannung $\underline{U}_{g2}$ relativ zur Spannung $\underline{U}_{g1}$ wird als Parameter gewählt und zwischen $-\pi/10$ bis $\pi/10$ variert.

```
% Skript zwei_generatoren1.m, in dem ein Netzwerk
% mit zwei Generatoren untersucht wird
clear;
% ------- Parameter des Netzwerkes
Zg1 = 1;                        Zg2 = 1;
Z1 = 10*exp(j*pi/3);            Z2 = 10*exp(j*pi/3);
Z12 = 1*exp(j*pi/10);
Ug1 = 200*exp(j*0);
% ------- Berechnung der Ströme
phi2 = -pi/10:pi/500:pi/10;     % Phasenlage Ug2 relativ zu Ug1
nphi = length(phi2);

A = [Zg1 0 Z1 0 0; 0 Zg2 0 Z2 0; 0 0 Z1 -Z2 -Z12;...
    -1 0 1 0 1; 0 1 0 -1 1];
Ai = inv(A);
B = [1 0; 0 1; 0 0; 0 0; 0 0 ];
AiB = Ai*B;
I = zeros(5, nphi);
% I(1,:) = Ig1; I(2,:) = Ig2
% I(3,:) = I1;  I(4,:) = I2;  I(5,:) = I12
Ug2 = zeros(1, nphi);           % Initialisierung
for k = 1:nphi
    Ug2(k) = 200*exp(j*phi2(k));
    I(:,k) = AiB*[Ug1; Ug2(k)];
end;
% ------- Wirkleistungen am Ausgang der Netze
P_A = abs(I(3,:).*Z1).*abs(I(5,:)).*cos(angle(I(3,:).*Z1)-angle(I(5,:)));
P_B = abs(I(4,:).*Z2).*abs(I(5,:)).*cos(angle(I(4,:).*Z2)-angle(-I(5,:)));
% ------- Wirkleistung an der Impedanz Z12
P12 = abs(I(3,:).*Z1 - I(4,:).*Z2).*abs(I(5,:)).*...
    cos(angle(I(3,:).*Z1 - I(4,:).*Z2) - angle(I(5,:)));
% ------- Darstellungen
phi2 = phi2*180/pi;
figure(1);      clf;
subplot(211), plot(phi2, P12);
```

```
title([′Wirkleistung auf Z12   (Z12 = ′, num2str(Z12),′  Ohm)′]);
xlabel(′Winkel der Spannung Ug2 (Grad)′);  grid on
ylabel(′Watt′);
subplot(223), plot(phi2, P_A);
title(′Wirkleistung am Ausgang Netz 1′);
xlabel(′Winkel der Spannung Ug2 (Grad)′);  grid on
ylabel(′Watt′);
subplot(224), plot(phi2, P_B);
title(′Wirkleistung am Ausgang Netz 2′);
xlabel(′Winkel der Spannung Ug2 (Grad)′);  grid on
ylabel(′Watt′);
. . . . . .
```

In diesem Abschnitt des Skripts werden die *exportierten/importierten* Wirkleistungen an Stelle A und B ermittelt und die Wirkleistung in der Verbindungsimpedanz $\underline{Z}_{12}$ ermittelt und dargestellt.

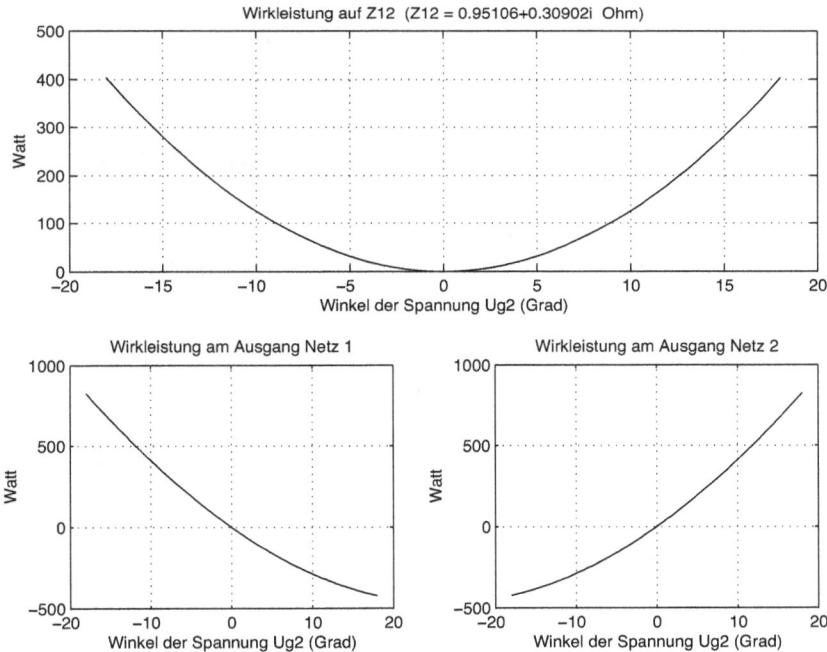

Abb. 2.43: Zusammenschalten zweier Netze (zwei_generatoren1.m)

Abb. 2.43 zeigt diese Wirkleistungen abhängig von der Phasenlage der Spannung des zweiten Generators relativ zum ersten Generator. Wegen der gleichen Impedanzen $\underline{Z}_{g1}$, $\underline{Z}_{g2}$ und $\underline{Z}_1$, $\underline{Z}_2$ sind die Spannungen am Ausgang der Netze an Stelle A und B gleich, wenn die Spannungen der Generatoren gleich sind (als Beträge und als Phasenlagen). Dann fließt kein Strom $\underline{I}_{12}$ und die erwähnte Wirkleistungen sind null.

Wenn die Phasenlage der Spannung $\underline{U}_{g2}$ positiv ist, z.B. 10 Grad, dann exportiert das Netz 2 eine Wirkleistung von ca. 413 Watt und importiert das Netz 1 eine Leistung von ca. -288 Watt. Die Differenz von 125 Watt ist die Wirkleistung in $\underline{Z}_{12}$.

Für eine Phasenlage der Spannung $\underline{U}_{g2}$ von -10 Grad, wird das Netz 1 dieselbe gezeigte Wirkleistung exportieren und Netz 2 wird dieselbe gezeigte Wirkleistung importieren.

In dem nicht gezeigten Teil des Skriptes werden weitere Variablen der Anordnung berechnet und dargestellt.

Man kann sich jetzt auch leicht vorstellen, wie man die Teilsysteme zusammenschalten muss, ohne das gefährliche Einschwingprozesse entstehen. Wenn die Zeiger der Spannungen der Teilsysteme als Betrag (Effektivwert) und als Phase gleich sind, kann noch kein Strom über die Verbindung fließen und man kann die Teilsysteme zusammen schließen.

In großen Verbundnetzen sind die Wirkleistungen, die ausgetauscht werden, im Bereich von hunderten MW. Die Vor- oder Nacheilung der Spannungen der Teilsysteme wird über die Frequenz erhalten mit Frequenzänderungen im Bereich von mHz. Wenn der vereinbarte Leistungstransfer erreicht wurde, wird die Frequenz im Verbundsystem auf den Sollwert von 50 Hz geregelt und die Spannungen der Teilsysteme drehen sich synchron, bleiben aber mit der Phasenverschiebung, die den Transfer sichert.

Experiment 2.4.4: Leistungsfaktorkompensation

Abb. 2.44 zeigt eine einfache Schaltung bestehend aus einer Wechselstromquelle und einem induktiven Verbraucher mit den Komponenten L und R. Der Leistungsfaktor $\lambda = \cos(\phi_u - \phi_i)$ sei zu klein und muss mit dem Kondensator C kompensiert werden.

Vor der Kompensation ist die Spannung $\underline{U}_s$ und der Strom $\underline{I}_s$ durch

$$\underline{U}_s = \underline{I}_s \, (R + j\omega L) \tag{2.143}$$

verbunden. Das führt zu einer Phasenverschiebung des Stroms relativ zur Spannung, die durch

$$\phi = \phi_u - \phi_i = \operatorname{atan}\left(\frac{\omega L}{R}\right) \tag{2.144}$$

gegeben ist. Mit Kompensationskondensator gilt dann:

$$\underline{U}_s = \underline{I}_s \frac{(R + j\omega L)/(j\omega C)}{1/(j\omega C) + R + j\omega L} = \underline{I}_s \frac{R + j\omega L}{(1 - \omega^2\, LC) + j\omega RC} \tag{2.145}$$

Das führt zu einer Phasenverschiebung des Stroms relativ zur Spannung der Form:

$$\phi = \phi_u - \phi_i = \operatorname{atan}\left(\frac{\omega L}{R}\right) - \operatorname{atan}\left(\frac{\omega RC}{1 - \omega^2 LC}\right) \tag{2.146}$$

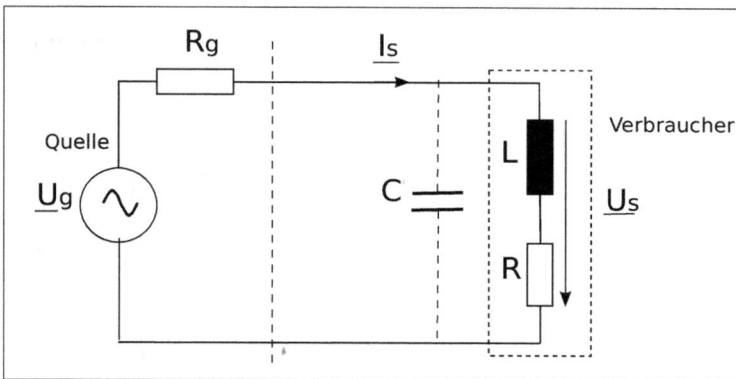

Abb. 2.44: Leistungsfaktor Kompensation eines induktiven Verbrauchers

Der Leistungsfaktor als $\cos(\varphi)$ ist jetzt von der Kapazität C abhängig. Aus dieser Abhängigkeit und einem idealen Leistungsfaktor (z.B. von 0,8) kann die Kapazität berechnet werden.

Im Skript `lambda_kom1.m` ist die Ermittlung der Kapazität programmiert:

```
% Skript lambda_kom1.m, in dem mit einem Kondensator
% der Leistungsfaktor eines Verbrauchers kompensiert wird
clear;
% ------- Parameter des Verbrauchers
f = 50;            % 50 Hz
omega = 2*pi*f;
R = 10;    L = 0.05;
% ------- Leistungsfaktor vor der Kompensation
phi_uis = atan2(omega*L, R);    % Anfangsphasenverschiebung phi_u-phi_i
lambda_1 = cos(phi_uis);        % Anfangsleistungsfaktor
% ------- Leistungsfaktor kompensiert mit C
lambda_id = 0.8;                % Idealer Leistungsfaktor
%C = (0.1:0.1:1000)*1.e-6;
C = logspace(-7, -3, 500);      % Bereich für C
nc = length(C);
phi_ui = atan2(omega*L,R) - atan2(omega*R*C, 1-omega^2*L*C);
         % Phasenverschiebung mit C zugeschaltet
lambda_C = cos(phi_ui);         % Leistungsfaktor abhängig von C
%#############################
figure(1);
   semilogx(C, lambda_C);
   title('Funktion \lambda(C)')
   xlabel('Kapazitaet in F')
   ylabel('Leistungsfaktor');    grid on;
   hold on
   La = axis;
   plot([La(1), La(2)], [lambda_id, lambda_id],'r');
```

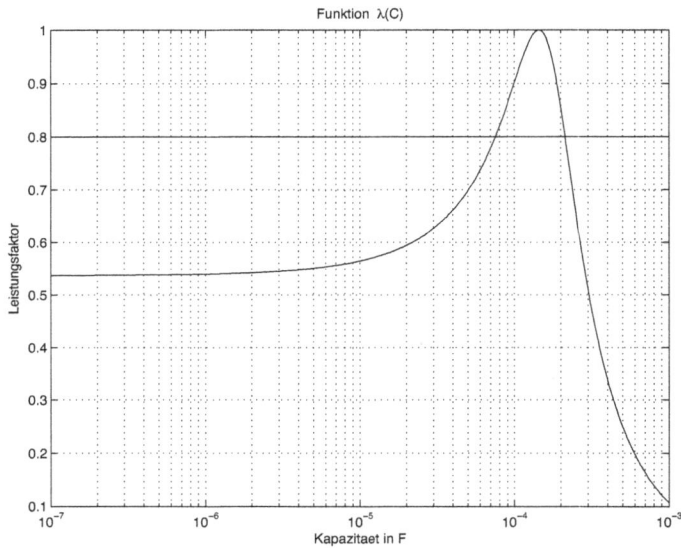

Abb. 2.45: Die Funktion $\lambda(C)$ (lambda_kom1.m)

```
figure(2);
    semilogx(C, phi_ui*180/pi);
    title([['Phasenverschiebung der Spannung relativ zum Strom als',...
                        'Funktion von C']);
    xlabel('Kapazitaet in F')
    ylabel('Grad');    grid on;
text(1e-5, 25, 'Induktiv');
text(2e-4, 25, 'Kapazitiv');
```

Abb. 2.45 zeigt oben die Abhängigkeit des Leistungsfaktors von der Kompensationskapazität zusammen mit der horizontalen Linie für den Wert 0,8 dieses Faktors. Es gibt zwei Werte für die Kompensationskapazität. Einer vor dem Wert, der zur Resonanz führt, von ca. $7,5 \times 10^{-5}$ Farad und einen Wert von ca. 2×10^{-4} Farad. Der erste Wert ändert den induktiven Charakter der Schaltung nicht. Mit dem zweiten Wert wird der kompensierte Verbraucher kapazitiv. Das ist leicht aus der Darstellung der Phasenverschiebung $\phi = \phi_u - \phi_i$ in Abhängigkeit von C aus Abb. 2.46 zu erkennen.

Die Schaltung hat am Anfang, wenn die Kapazität noch klein ist, einen induktiven Charakter. Bei höheren Kapazitäten über den Wert, der zur Nullphase führt, verhält sich die Schaltung kapazitiv. Für den ersten Wert der Kapazität bleibt die Phasenverschiebung positiv.

Einen Leistungsfaktor gleich eins erhält man für eine Kapazität, die die Phasenverschiebung ϕ gemäß Gl. (2.146) auf null bringt. Aus

$$\operatorname{atan}\left(\frac{\omega L}{R}\right) = \operatorname{atan}\left(\frac{\omega RC}{1 - \omega^2 LC}\right) \quad \text{oder} \quad \left(\frac{\omega L}{R}\right) = \left(\frac{\omega RC}{1 - \omega^2 LC}\right) \quad (2.147)$$

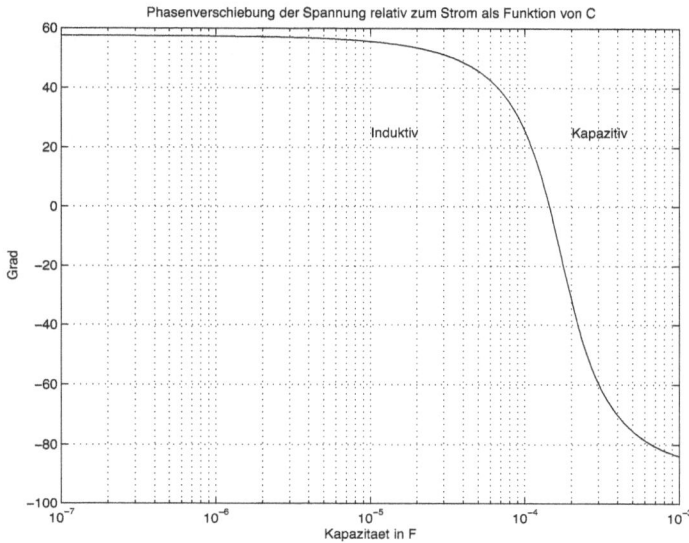

Abb. 2.46: Die Phasenverschiebung $\phi = \phi_u - \phi_i$ als Funktion von C (lambda_kom1.m)

erhält man für diese Kapazität den Wert:

$$C = \frac{1}{\omega^2 L + R^2/L} = \frac{L}{R^2 + (\omega L)^2} \qquad (2.148)$$

Für die Parameter der Schaltung, die aus dem MATLAB-Skript zu entnehmen sind, erhält man einen Wert $C = 1,442 \times 10^{-4}$ Farad, was man auch aus den Darstellungen sieht. Eine Nullphasenverschiebung zwischen Spannung $\underline{U}_s$ und Strom $\underline{I}_s$ bedeutet ein Verhalten wie von einem Widerstand, den man aus Gl. (2.145) erhält, wenn die Bedingung aus Gl. (2.147) eingesetzt wird. Der Wert dieses Widerstands wird mit

$$\underline{U}_s = \underline{I}_s \frac{R}{1 - \omega^2 LC} \quad \text{oder} \quad R_{ersatz} = \frac{\underline{U}_s}{\underline{I}_s} = \frac{R}{1 - \omega^2 LC} \qquad (2.149)$$

ermittelt. Für die gleichen Parameter der Schaltung die im Skript benutzt sind, erhält man für den Ersatzwiderstand einen Wert von $R_{ersatz} = 34,67\,\Omega$.

Abb. 2.47a zeigt das Zeigerdiagramm mit Kompensationskapazität, die aber noch nicht einen Leistungsfaktor gleich eins ergibt und in Abb. 2.47b ist das Zeigerdiagramm für den Fall mit $\lambda = 1$ dargestellt.

Im Skript lambda_kom2.m wird am Ende zusätzlich eine Bilanz der Leistungen in der Annahme, dass $U_{geff} = 100$ V und $R_g \cong 0$ sind, ermittelt:

. . . . .

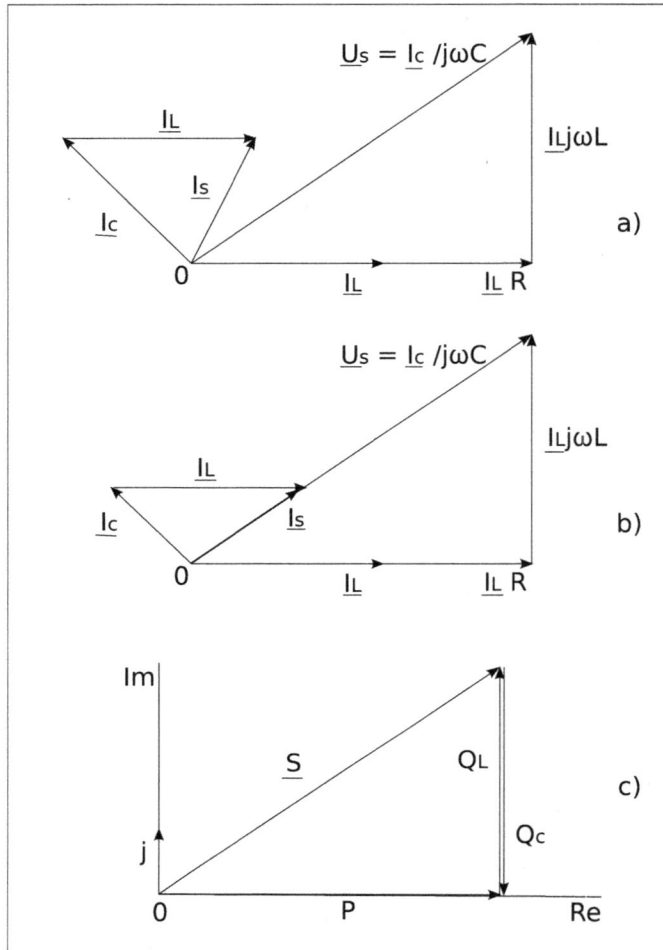

Abb. 2.47: a) Zeigerdiagramm für $\lambda \neq 1$ b) Zeigerdiagramm für $\lambda = 1$ c) Die Leistungen bei Kompensation

```
% -------- Bilanz der Leistungen
Rg = 0;
Ugeff = 100;
% Vor der Kompensation
P1 = Ugeff*Ugeff*cos(phi_uis)/sqrt(R^2 + (omega*L)^2)
Q1 = Ugeff*Ugeff*sin(phi_uis)/sqrt(R^2 + (omega*L)^2)
Iseff = Ugeff/sqrt(R^2 + (omega*L)^2)

% Nach der Kompensation
Rersatz = R/(1-omega^2*L*C);
```

```
P2 = Ugeff*Ugeff/Rersatz
Q2 = 0
Iseff = Ugeff/Rersatz
.....
```

Als Ergebnisse erhält man folgende Werte für die Wirkleistung P_1, Blindleistung Q_1 und Strom I_{seff} vor der Kompensation

```
P1 =    288.4004 Watt
Q1 =    453.0184 VA
Is =    5.3703 A
```

und entsprechend die Wirkleistung P_2, Blindleistung Q_2 und Strom I_{seff} nach der Kompensation

```
P2 =    288.4015 Watt
Q2 =    0 VA
Is =    2.8840 A
```

Die Kompensationskapazität für $\lambda = 1$ kann auch über die Blindleistung vor der Kompensation Q_L ermittelt werden. Die Blindleistung der Kapazität Q_c ist negativ, weil die Spannung des Kondensators mit $\phi_u - \phi_i = -\pi/2$ dem Strom nacheilend ist:

$$Q_c = I_{ceff}\, U_{seff} \sin(-\pi/2) = -I_{ceff}\, U_{seff} \tag{2.150}$$

Abb. 2.47c zeigt in einem Zeigerdiagramm die Leistungen für den Kompensationsfall. Die Blindleistung Q_L wird mit der Blindleistung der Kapazität Q_c kompensiert. Aus der Gleichheit der Beträge dieser Blindleistungen kann die Kapazität berechnet werden. Mit

$$
\begin{aligned}
Q_L =&\, I_{Leff}\, U_{seff} \sin(\phi) = I_{Leff}\, U_{seff} \frac{\tan(\phi)}{\sqrt{1+\tan(\phi)^2}} = \\
&\, I_{Leff}\, U_{seff} \frac{\omega L/R}{\sqrt{1+(\omega L/R)^2}} \quad \text{mit} \quad I_{Leff} = \frac{U_{seff}}{\sqrt{R^2+(\omega L)^2}} \\
Q_c =&\, I_{ceff}\, U_{seff} \sin(-\pi/2) \quad \text{mit} \quad I_{ceff} = U_{seff}\, \omega\, C
\end{aligned}
\tag{2.151}
$$

durch Gleichsetzen der Beträge dieser Blindleistungen erhält man für die Kompensationskapazität den gleichen Wert, wie der aus Gl. (2.148).

Experiment 2.4.5: Zuschalten des Kompensationskondensators

In diesem Experiment werden die Einschwingsvorgänge, die beim Schalten des Kompensationskondensators entstehen, untersucht. Abb. 2.48 zeigt nochmals die Schaltung zur Kompensation des Leistungsfaktors eines induktiven Verbrauchers.

Bevor der Kondensator zugeschaltet wird, gelten folgende Differentialgleichungen

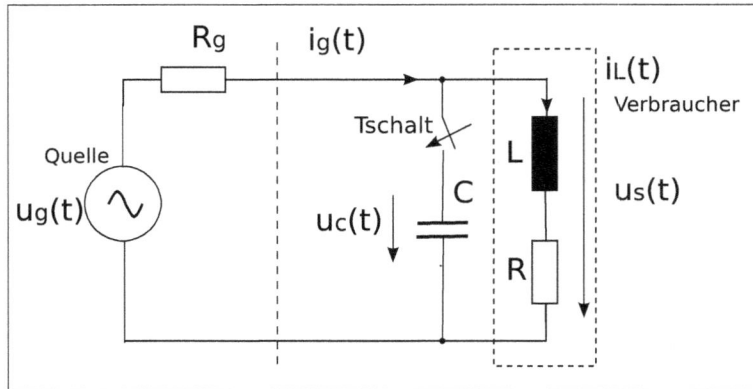

Abb. 2.48: Zuschalten des Kondensators für die Kompensation des Leistungsfaktors

erster Ordnung in den Zustandsvariablen $i_L(t), u_c(t)$:

$$\frac{di_L(t)}{dt} = \frac{1}{L}\left(-i_L(t)(R + R_g) + u_g(t)\right)$$
$$u_c(t) = u_c(0)$$

$$(2.152)$$

Nach dem Schließen des Schalters gelten die Differentialgleichungen:

$$\frac{di_L(t)}{dt} = \frac{1}{L}(-i_L(t)R + u_c(t))$$
$$\frac{du_c(t)}{dt} = \frac{1}{C}\left(-i_L(t) + \frac{u_g(t) - u_c(t)}{R_g}\right)$$

$$(2.153)$$

In der numerischen Integration wird mit zwei logischen Bedingungen für die Zeit von einem Satz Differentialgleichungen auf den anderen geschaltet:

```
% Skript schalt_kond3.m, in dem die Vorgänge beim
% Zuschalten des Kompensationskondensators
% untersucht werden
clear;
% -------- Parameter des Systems
f = 50;                    % 50 Hz
omega = 2*pi*f;            ug_ampl = 100;
phi = -pi/2;
R = 10;                    L = 0.05;
C = L/(R^2 + (omega*L)^2)  % Kompensationskapazität
Rg = 1;
% -------- Numerische Lösung
dt = 0.0001;
```

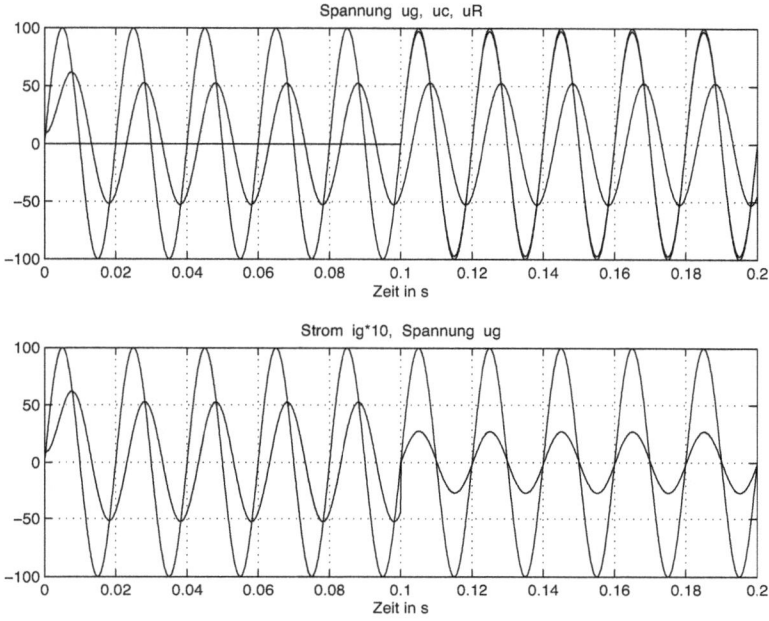

Abb. 2.49: Variablen für das Zuschalten am Nulldurchgang der Anregung (schalt_kond3.m)

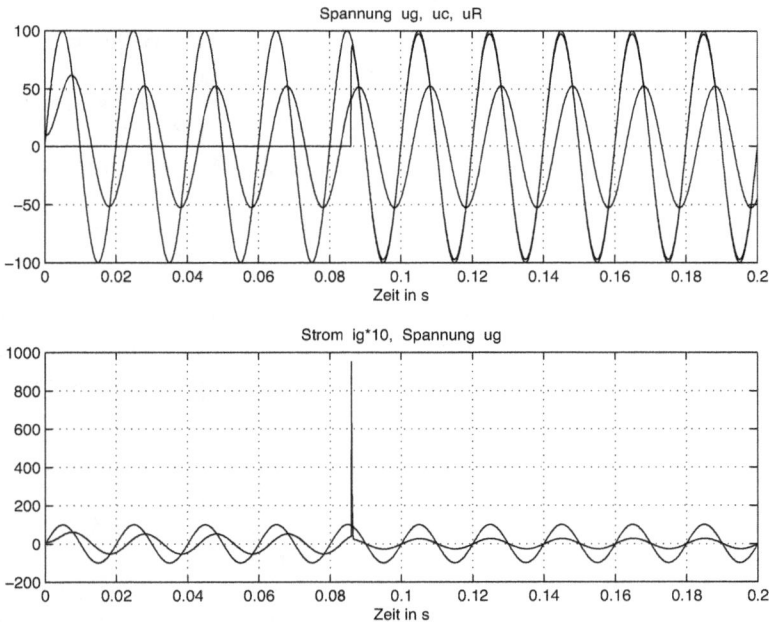

Abb. 2.50: Variablen für das Zuschalten am Scheitelpunkt der Anregung (schalt_kond3.m)

```
Tfinal = 0.2;
Tschalt = 0.086;        % Einschalten am Scheitelpunkt
%Tschalt = 0.1;         % Einschalten am Nulldurchgang
t = 0:dt:Tfinal;            nt = length(t);
ug = ug_ampl*cos(omega*t + phi);    % Anregung
uc = zeros(1,nt);           iL = zeros(1,nt);
ig = iL;
iL0 = 1;          uc0 = 0;
uc(1) = uc0;      iL(1) = iL0;
ig(1) = iL(1);
for k = 1:nt-1
    uc(k+1)=uc(k)+(dt*((-uc(k)+ug(k))/Rg-iL(k))/C)*(t(k) >= Tschalt);
    iL(k+1) = iL(k) + (dt*(uc(k) - R*iL(k))/L)*(t(k) >= Tschalt) + ...
        (dt*(-(R+Rg)*iL(k) + ug(k))/L)*(t(k) < Tschalt);
    ig(k+1)=((ug(k)-uc(k))/Rg)*(t(k)>=Tschalt)+iL(k)*(t(k)<Tschalt);
end;
uR = iL*R;

figure(1);
subplot(211), plot(t, ug, t, uc, t, uR);
    title('Spannung  ug,  uc,  uR')
    xlabel('Zeit in s');      grid on;
subplot(212), plot(t, ig*10, t, ug);
    title('Strom  ig*10,  Spannung  ug')
    xlabel('Zeit in s');      grid on;
```

Für t(k) < Tschalt, wobei Tschalt der Schaltzeitpunkt ist, werden der Strom $i_L(t)$ und die Spannung $u_c(t)$ gemäß Gl. (2.152) berechnet und für t(k) >= Tschalt werden die gleichen Variablen gemäß Gl. (2.153) aktualisiert. Der Wert der Bedingung ist eins, wenn die Bedingung erfüllt ist und null, wenn die Bedingung nicht erfüllt ist.

Abb. 2.49 zeigt die Spannung $u_g(t)$ der Amplitude 100 V zusammen mit den Spannungen $u_c(t)$ und $u_R(t)$ für den Fall, dass der Kondensator beim Nulldurchgang der Spannung $u_g(t)$ zugeschaltet wird. Bis zum Zeitpunkt des Schaltens bei 0,1 s ist die Spannung des Kondensators konstant gleich null. Nach dem Schalten ist diese Spannung gleich der Anregungsspannung $u_g(t)$.

Darunter ist der Strom der Quelle (Anregung) $i_g(t)$ mal 10 zusammen mit der Spannung $u_g(t)$ der Quelle dargestellt. Vor dem Schalten des Kondensators gibt es eine Phasenverschiebung zwischen Strom und Spannung (Strom ist nacheilend) und somit ein Leistungsfaktor verschieden von eins. Nach dem Schalten des Kompensationskondensators sind diese zwei Variablen phasengleich und der Leistungsfaktor ist eins.

Abb. 2.50 zeigt dieselben Variablen für den Fall, dass das Schalten des Kondensators ungefähr am Scheitelpunkt der Anregungsspannung stattgefunden hat. Beim Schalten entsteht eine sehr große Stromspitze, die in der Simulation ca. 100 mal größer als der Scheitelwert des Stroms im stationären Zustand ist.

Das ist der Grund, weshalb man mit Thyristoren die Kondensatoren für die Kompensation am Nulldurchgang der Spannung in der Praxis zuschaltet. Diese extrem hohe Stromspitze ist in der Praxis nur ca. 30 mal höher als der Scheitelwert des Stroms im stationären Zustand, z.B. wegen der Induktivität der Zuleitung. Die Simulation so einer erweiterten Schaltung mit $Lg = 0.001$ H stellt eine gute Übung dar.

Experiment 2.4.6: Blindleistungskompensation

In diesem Beispiel wird eine einfache Blindleistungskompensation erneut untersucht. Hier wird der Verbraucher durch einen Widerstand parallel zu einer Induktivität geschaltet angenommen.

Ein Wechselstrommotor mit dem induktiven Leistungsfaktor $\cos(\varphi) = 0,82$ nimmt bei der Spannung $U = 230$ V und Frequenz $f = 50$ Hz die Wirkleistung $P = 2$ kW auf. Durch Parallelschalten eines Kondensators der Kapazität C, wie in Abb. 2.51a gezeigt, soll eine Blindleistungskompensation realisiert werden, so dass der neue Leistungsfaktor $\cos(\varphi) = 1$ wird.

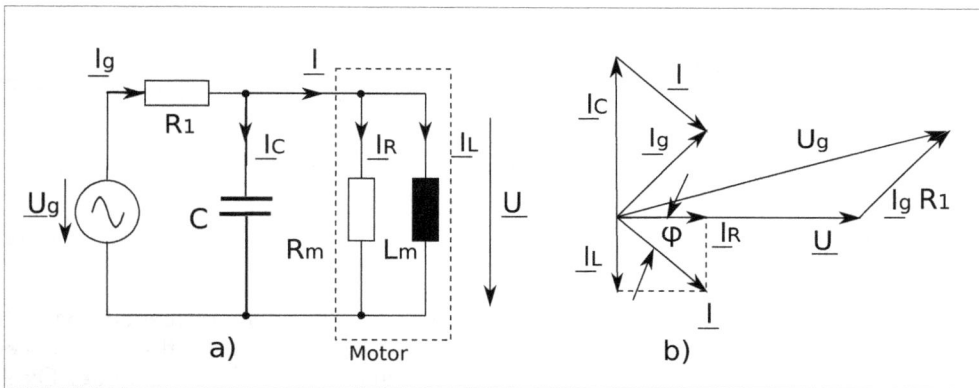

Abb. 2.51: Einfache Blindleistungkompensation

Der Motor wird durch einen Ersatzwiderstand und eine Ersatzinduktivität, die parallel geschaltet sind, dargestellt. In dieser Art ist die Kompensation leicht zu verstehen und zu berechnen. In dem Parallelresonanzkreis bestehend aus der Kapazität C und Induktivität L_m muss man die Kapazität so wählen, dass man die Resonanz bei der gegebenen Frequenz erhält:

$$C = \frac{1}{\omega^2 L_m} \tag{2.154}$$

In diesem Zustand ist der Strom $\underline{I}_C$ gleich und dem Strom $\underline{I}_L$ entgegengesetzt, so dass ihre Summe null wird. Abb. 2.51b zeigt das Zeigerdiagramm ohne Resonanz. Bei Resonanz wird $\underline{I}_g = \underline{I}_R$ und die Schaltung verhält sich wie ein ohmscher Teiler. Die

Ersatzparameter R_m und L_m des Motors ergeben sich aus:

$$P = \frac{U^2}{R_m} \qquad \text{oder} \qquad R_m = \frac{U^2}{P}$$

$$I = \frac{P}{U \cos(\varphi)} \qquad \text{und} \qquad I_L = I \sin(\varphi) \quad \text{bzw.} \quad L_m = \frac{U}{\omega\, I_L} \tag{2.155}$$

Eine andere Möglichkeit die Kapazität für die Blindleistungskompensation zu berechnen, besteht darin, die positive Blindleistung des Motors Q_m mit der negativen Blindleistung der Kapazität Q_C gleichzustellen, wobei diese Blindleistungen im Betrag durch

$$|Q_m| = U\, I \sin(\varphi), \qquad \varphi > 0$$

$$|Q_C| = U\, I_C = U^2\, \omega\, C \tag{2.156}$$

gegeben sind. Aus der Gleichstellung folgt:

$$C = \frac{I \sin(\varphi)}{\omega\, U} = \frac{I_L}{\omega\, U} = \frac{1}{\omega^2\, L_m} \tag{2.157}$$

Nachdem die Ersatzparameter des Motors (R_m, L_m) mit den gegebenen Spezifikationen (U, P und $\cos(\varphi)$) ermittelt wurden, kann man auch den Einfluss eines eventuellen Leitungswiderstands R_1 berechnen und den Spannungsabfall von der Quelle bis zum Motor einbeziehen. Im kompensierten Zustand entsteht ein Teiler mit den Widerständen R_1 und R_m, so dass die Spannung des Motors durch

$$U = U_g \frac{R_m}{R_1 + R_m} \tag{2.158}$$

gegeben ist.

Für einen anderen Endwert des Leistungsfaktors, wie z.B. 0,94, muss man die Impedanz der Ersatzschaltung des Motors und Kapazität als Funktion von C berechnen. Aus dem Winkel dieser Impedanz, der diesem Leistungsfaktor entspricht, muss man die Kapazität bestimmen. Analytisch sicher aufwendig, aber praktisch leicht durch eine Darstellung des Leistungsfaktors als Funktion der Kapazität zu ermitteln, um dann diese Kapazität daraus zu lesen.

Im Skript leistungsfaktor_1.m wird die Resonanzkapazität für den Leistungsfaktor 1 ermittelt und dann die genannte Darstellung der Abhängigkeit des Leistungsfaktors von der Kapazität in der Umgebung dieser Resonanzkapazität erzeugt (Abb. 2.52). Das Skript ist sehr einfach und leicht zu verstehen:

```
% Skript leistungsfaktor_1.m, in dem der
% Leistungsfaktor kompensiert wird
clear;
% ------- Parameter der Schaltung
```

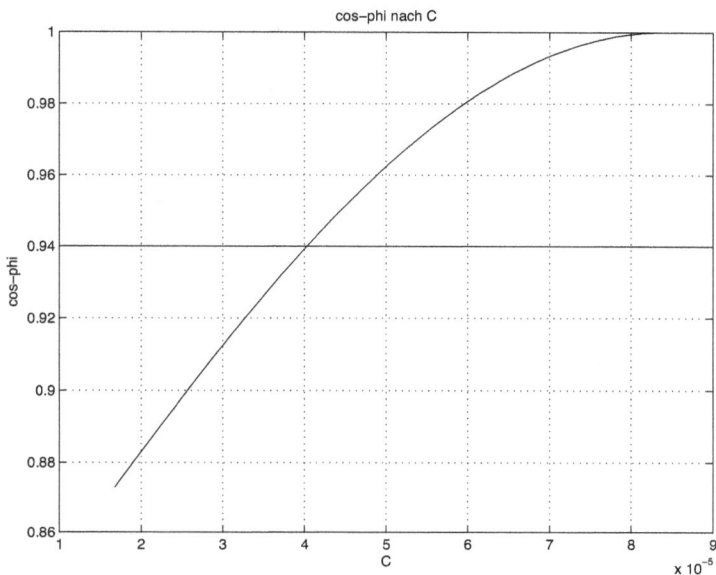

Abb. 2.52: Leistungsfaktor als Funktion der Kapazität C (leistungsfaktor_1.m)

```
R1 = 1;
f = 50;                    omega = 2*pi*f;
U = 230;          % Effektivwert der Spannung
                  % für die Spezifikation des Motors
P = 2000;                  cos_phi = 0.82;
phi = acos(cos_phi);       % Positiv weil induktiv
% ------- Ersatzschaltung des Motors
Rm = U^2/P;
I = P/(U*cos_phi);
IL = I*sin(phi);
Lm = U/(omega*IL);
% ------- Kompensationskapazität für phi = 0
C = 1/(omega^2*Lm)
Ug = U;
Ig = Ug/(R1 + Rm)
% ------- Kompensationskapazität für cos_phi = 0,94
Cv = (0.2:0.01:1)*C;       % Bereich für die Kapazität C
Z = 1./(j*omega*Cv + 1/Rm + 1/(j*omega*Lm)); % Impedanz
                  % als Funktion von C
cos_phi_neu = cos(angle(Z));
figure(1);    clf;
   plot(Cv, cos_phi_neu);
   title('cos-phi nach C');
   xlabel('C');     ylabel('cos-phi');
```

```
    hold on;
    La = axis;
    plot(La(1:2), [0.94, 0.94], 'r');
    hold off;
    grid on;
% Für cos_phi = 0,94 erhält man
C_neu = 4e-5
Z_neu = 1/(j*omega*C_neu + 1/Rm + 1/(j*omega*Lm));
Ig_neu = Ug/abs(R1 + Z_neu)
```

Aus der Darstellung kann die Kapazität für den gewünschten Leistungsfaktor von 0,94 gelesen werden, $C \cong 4.10^{-5}$ F oder $C \cong 40~\mu$F.

Auch in den Dreiphasensystemen wird die Kompensation des Leistungsfaktors ähnlich berechnet.

3 Beschreibung elektrischer Schaltungen im Frequenzbereich

3.1 Einführung

Die Beschreibung im Frequenzbereich durch den so genannten Frequenzgang besteht aus zwei Funktionen [13], [21], [26]. Die erste Funktion ist der *Amplitudengang*, der zeigt, wie sich die Amplitude des Ausgangs relativ zur Amplitude des Eingangs bei verschiedenen Frequenzen einer sinusförmigen Anregung im stationären Zustand verhält. Die zweite Funktion ist der so genannte *Phasengang*, der die Phasenlage des Ausgangs relativ zur Phasenlage der Anregung für verschiedene Frequenzen ebenfalls im stationären Zustand beschreibt.

Abb. 3.1 zeigt als Beispiel den typischen Frequenzgang einer Musikanlage. Aus dem Amplitudengang erkennt man gleich, dass stationäre Töne beginnend von einigen Hz bis zu 20 kHz sehr gut, was die Amplituden der Schwingungen anbelangt, wiedergegeben sind. Der Phasengang zeigt, dass die Anlage im mittleren Frequenzbereich keine Phasenverschiebung hinzufügt. Im niedrigen und im höheren Frequenzbereich bringt die zusätzliche Phasenverschiebung Verzerrungen beim Zusammensetzen der verschiedenen Töne. Wünschenswert wäre eine durchgehende lineare Phasenverschiebung, die nur eine Verspätung im Zeitbereich hervorbringt. Die Einzelheiten werden später erläutert.

Die Beschreibung im Frequenzbereich ist sehr wichtig auch wegen der relativ einfachen Art, in der man sie messen kann. Für jede Anregungsfrequenz wird die Amplitude und Phasenlage der Antwort relativ zur Anregung gemessen, um einen Punkt dieser Funktion zu erhalten. Der Frequenzbereich in dem diese Messung durchgeführt wird, ist so gewählt, dass er signifikant für die entsprechende Anwendung ist. So z.B. für die Musikanlage hat es keinen Sinn, tiefer oder viel höher mit den Frequenzen zu gehen. Der Bereich von 10 bis 100 kHz ist hier hinreichend.

Mit ein bisschen Erfahrung kann man aus dem Frequenzgang als Beschreibung des Systems wichtige Erkenntnisse über das Verhalten auch für andere Anregungen erhalten. So zeigt z.B. der Frequenzgang der Musikanlage, dass die Gleichstromkomponente der Anregung nicht durchgelassen wird und dass die Steilheit der Antwort bei sprungartigen Anregungen begrenzt ist, weil die Komponenten bei höheren Frequenzen ebenfalls unterdrückt werden.

In Abb. 3.2 ist diese Sprungantwort gezeigt. Wegen des kleinen Höckers im Frequenzgang in der Umgebung von 20 kHz ist die Sprungantwort am Anfang periodisch gedämpft. Danach klingt sie ab, weil die Frequenz null unterdrückt ist.

Amplitudengang

Phasengang

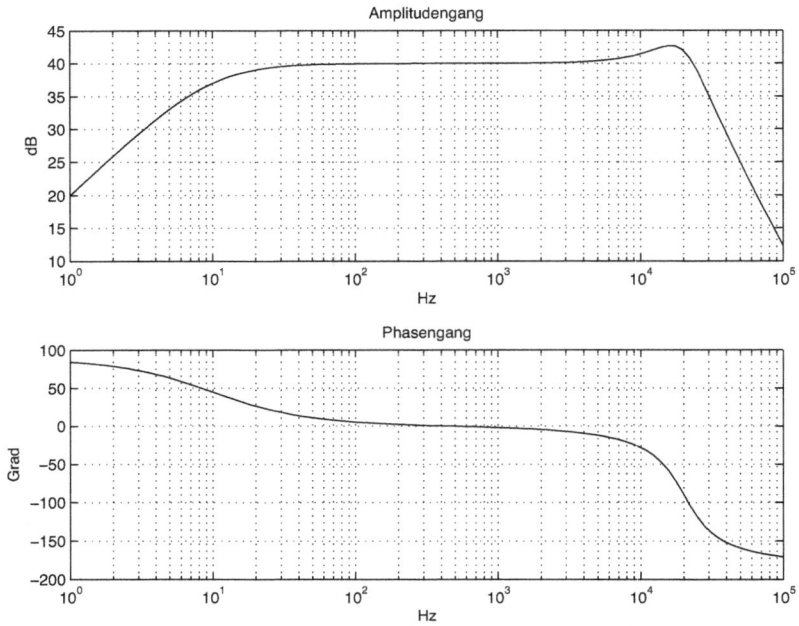

Abb. 3.1: Frequenzgang einer Musikanlage (musik_anlage1.m)

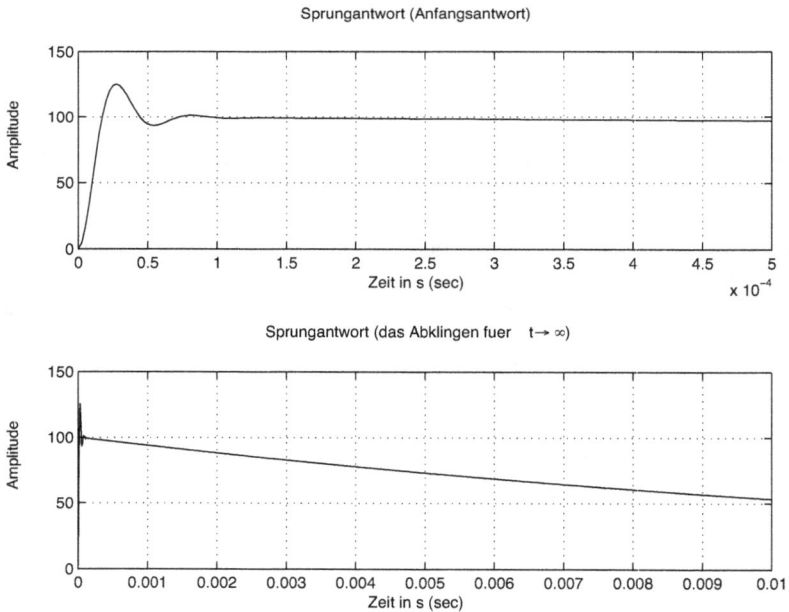

Sprungantwort (Anfangsantwort)

Sprungantwort (das Abklingen fuer   t→ ∞)

Abb. 3.2: Sprungantwort der Musikanlage (musik_anlage1.m)

3.2 Frequenzgang linearer elektrischer Schaltungen

Der Frequenzgang elektrischer Schaltungen wird mit Hilfe der komplexen Variablen ermittelt. Aus dem Verhältnis des komplexen Ausgangssignals $\underline{Y} = Y(j\omega)$ und des komplexen Eingangssignals $\underline{X} = X(j\omega)$, das den komplexen Frequenzgang $H(j\omega)$ ergibt, wird der Betrag als Amplitudengang $A(\omega)$ und der Winkel als Phasengang $\varphi(\omega)$ des komplexen Frequenzganges definiert:

$$H(j\omega) = \frac{\underline{Y}}{\underline{X}} = \frac{Y(j\omega)}{X(j\omega)} \qquad A(\omega) = |H(j\omega)| \qquad \varphi(\omega) = \text{Winkel}\{H(j\omega)\} \quad (3.1)$$

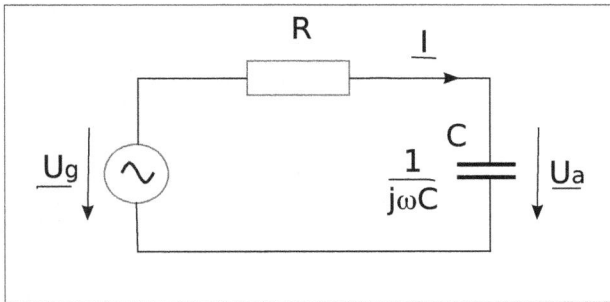

Abb. 3.3: Einfache RC-Schaltung

Als Beispiel wird der Frequenzgang der einfachen RC-Schaltung aus Abb. 3.3 ermittelt. Aus

$$I(j\omega) = \frac{U_g(j\omega)}{R + 1/(j\omega C)}$$

$$U_a(j\omega) = \frac{1}{j\omega C} I(j\omega) = \frac{1}{j\omega C} \cdot \frac{U_g(j\omega)}{R + 1/(j\omega C)} = \frac{U_g(j\omega)}{j\omega RC + 1}$$

$$(3.2)$$

erhält man direkt den komplexen Frequenzgang $H(j\omega)$:

$$H(j\omega) = \frac{U_a(j\omega)}{U_g(j\omega)} = \frac{1}{j\omega RC + 1} \qquad (3.3)$$

Daraus wird der Amplitudengang und Phasengang berechnet:

$$A(\omega) = |H(j\omega)| = \frac{\hat{u}_a}{\hat{u}_g} = \frac{1}{\sqrt{1 + (\omega RC)^2}}$$

$$\varphi(\omega) = \varphi_{ua} - \varphi_{ug} = \text{Winkel}\{H(j\omega)\} = \text{atan}\left(-\frac{\omega RC}{1}\right)$$

$$(3.4)$$

Im Skript `freq_RC1.m` ist der Amplitudengang und Phasengang berechnet und dargestellt. Die Zeitkonstante $T_c = RC$ und die Frequenz $f_c = 1/(2\pi T_c)$, die als charakteristische Frequenz bekannt ist, sind wichtige Parameter dieser Schaltung. Sie ist auch als „Eckfrequenz" (englisch *Cuttoff-Frequency*) oder „Durchlassfrequenz bei -3 dB" bekannt.

Bei dieser Frequenz ($\omega_c = 1/T_c$) ist der Wert des Amplitudengangs gleich $1/\sqrt{2} = 0,707...$ und der Wert des Phasengangs ist $-\pi/4 = -45^o$. In der ersten Darstellung, die in Abb. 3.4 gezeigt ist, werden lineare Skalierungen der Achsen benutzt.

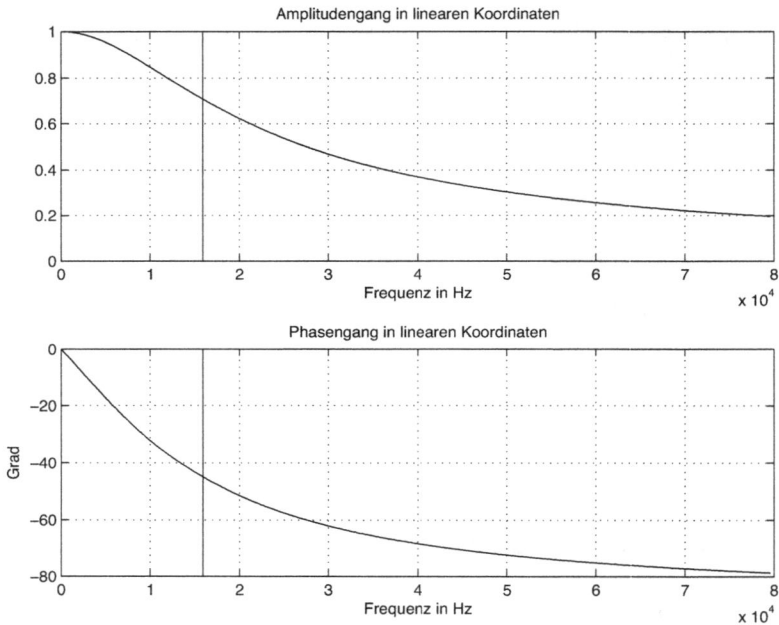

Abb. 3.4: Frequenzgang der RC-Schaltung mit linearen Koordinaten (freq_RC1.m)

```
% Skript freq_RC1.m, in dem der Frequenzgang eines
% einfachen RC-Glied berechnet und dargestellt
% wird
clear;
% ------- Parameter der Schaltung
R = 10000;        C = 1e-9;
Tc = R*C;        % Zeitkonstante
omega_c = 1/Tc
fc = omega_c/(2*pi);       % Eckfrequenz Frequenz
%###########################################
% ------- Komplexer Frequenzgang in linearen Koordinaten
f = linspace(0, 5*fc, 500);   % Lineare Frequenzschritte
% zwischen 0 und 5*fc
omega = 2*pi*f;
```

```
H = 1./(j*omega*R*C + 1);
A = abs(H);      phi = angle(H);
figure(1);      clf;
subplot(211), plot(f, A);
   title('Amplitudengang in linearen Koordinaten');
   xlabel('Frequenz in Hz');      grid on;
   hold on;      La = axis;
   plot([fc, fc],[La(3), La(4)],'r');
   hold off;
subplot(212), plot(f, phi*180/pi);
   title('Phasengang in linearen Koordinaten');
   xlabel('Frequenz in Hz');      grid on;      ylabel('Grad');
   hold on;      La = axis;
   plot([fc, fc],[La(3), La(4)],'r');
   hold off;
%###########################################
% ------- Komplexer Frequenzgang in logarithmischen Koordinaten
a1 = round(log10(fc/100));
a2 = round(log10(fc*100));
f = logspace(a1, a2, 500);      % Logarithmische Frequenzschritte
% zwischen 10^a1 und 10^a2
omega = 2*pi*f;
% ------- Komplexer Frequenzgang
H = 1./(j*omega*R*C + 1);
A = abs(H);      phi = angle(H);
figure(2);      clf;
subplot(211), semilogx(f, A);
   title('Amplitudengang mit logarithmischer Abszisse ');
   xlabel('Frequenz in Hz');      grid on;
   hold on;      La = axis;
   plot([fc, fc],[La(3), La(4)],'r');
   hold off;
subplot(212), semilogx(f, phi*180/pi);
   title('Phasengang mit logarithmischer Abszisse ');
   xlabel('Frequenz in Hz');      grid on;      ylabel('Grad');
   hold on;      La = axis;
   plot([fc, fc],[La(3), La(4)],'r');
   hold off;
figure(3);      clf;
subplot(211), semilogx(f, 20*log10(A));
   title('Amplitudengang mit logarithmischen Achsen ');
   xlabel('Frequenz in Hz');      grid on;
   La = axis;      ylabel('dB');
   hold on;
   plot([fc, fc],[La(3), La(4)],'r');
   hold off;
subplot(212), semilogx(f, phi*180/pi);
   title('Phasengang mit logarithmischer Abszisse ');
   xlabel('Frequenz in Hz');      grid on;      ylabel('Grad');
```

```
hold on;        La = axis;
plot([fc, fc],[La(3), La(4)],'r');
hold off;
```

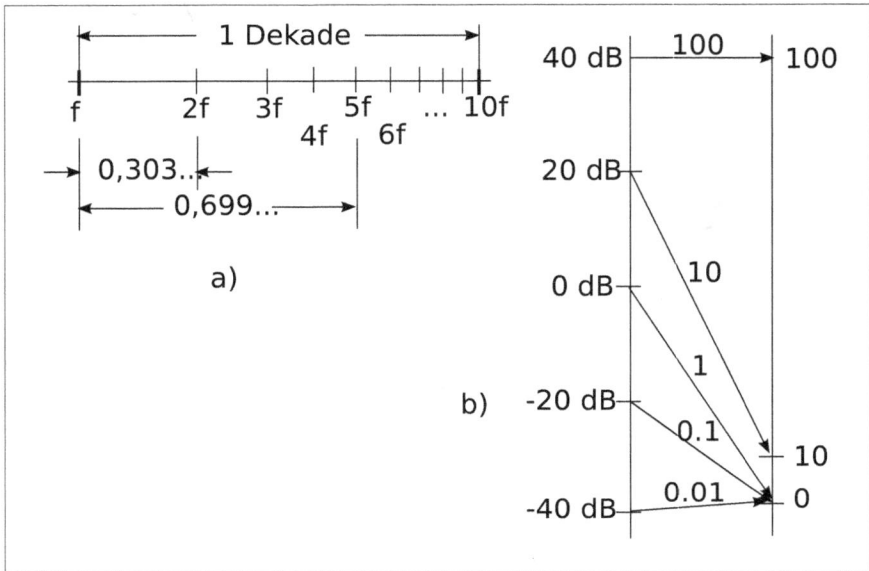

Abb. 3.5: a) Logarithmische Unterteilung einer Dekade b) Die dB logarithmische und lineare Funktionsachse

Die Auflösung im niedrigen Frequenzbereich ist sehr schlecht. Deshalb wird die Abszisse mit logarithmischer Skalierung in der nächsten Darstellung benutzt.

In Abb. 3.5a ist eine Skizze der logarithmischen Skalierung einer Dekade gezeigt. Eine Dekade ist der Frequenzbereich von einer Frequenz ω bis 10ω und ähnlich für Frequenzen in Hz von f bis $10f$. Die Dekade ist die Einheit der logarithmischen Skalierung. Die doppelte Frequenz $2f$ wird dann bei $log_{10}(2) = 0,303...$ in der Dekade platziert. In ähnlicher Art kann man alle andere Werte der Frequenzen in der Dekade platzieren. So z.B. wird die Frequenz $5f$ bei $log_{10}(5) = 0,699...$ in der logarithmischen Skalierung der Dekade erscheinen. Die nächste Dekade ist ähnlich unterteilt.

Zu bemerken sei, dass in der logarithmischen Skalierung der Frequenzachse die Frequenz null bei $-\infty$ liegt und nicht dargestellt werden kann. Man kann aber mit zusätzlichen Dekaden so weit gehen, bis man den ganzen sinnvollen Frequenzbereich erfasst hat. So z.B. für eine Musikanlage wäre der sinnvolle Frequenzbereich von 10 Hz bis 100 kHz, also 4 Dekaden (10 bis 100 Hz, 100 bis 1000 Hz, 1000 bis 10000 Hz und schließlich 10000 bis 100000 Hz).

Abb. 3.6 zeigt den gleichen Amplituden- und Phasengang mit logarithmisch skalierten Frequenzachsen. Die Auflösung der Frequenzen im unteren Bereich ist viel besser.

Schließlich zeigt Abb. 3.7 die Darstellung des Frequenzgangs in dem der Amplitu-

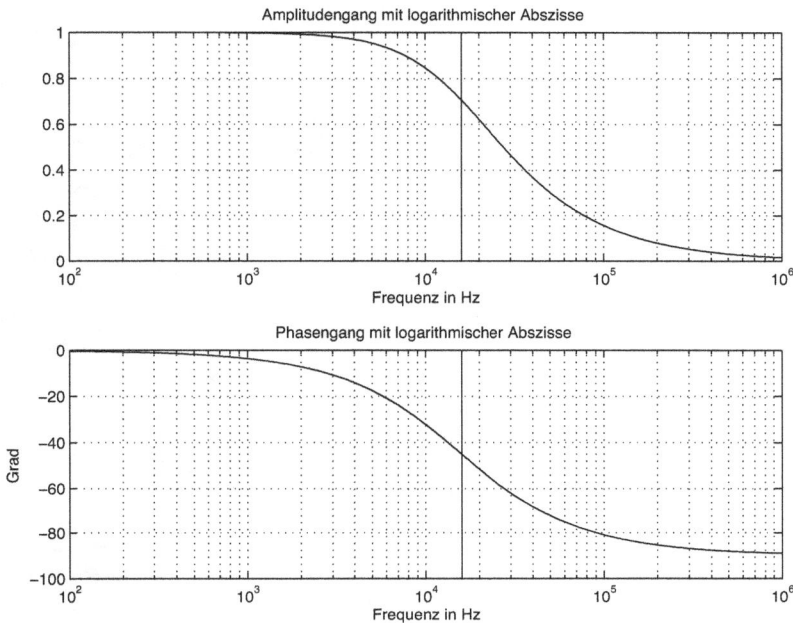

Abb. 3.6: Frequenzgang mit logarithmischer Skalierung der Frequenzachsen (freq_RC1.m)

dengang logarithmisch in dB skaliert ist. Die Skalierung in dB (Dezibel) ist durch

$$A^{dB} = 20 \log_{10}(A(\omega)) \tag{3.5}$$

gegeben. Es ist eine logarithmische Skalierung, die noch den Faktor 20 enthält [17].

Die Darstellung des Amplituden- und Phasengangs in der gezeigten Form ist als *Bode-Diagramm* bekannt. Sie ist nach Hendrik Wade Bode benannt, welcher diese Diagramme bei seinen Arbeiten an den Bell Laboratories in den 1930er Jahren benutzte.

In den Darstellungen ist mit einer vertikalen Linie die Eckfrequenz markiert. Wie schon gezeigt wurde, geht aus Gl. (3.4) hervor, dass bei einer Frequenz $\omega = 1/(RC)$ der Amplitudengang gleich $1/\sqrt{2} = 0,707$ ist, was ca. -3 dB in der logarithmischen Skalierung bedeutet ($20 log_{10}(1/\sqrt{2}) = -3,03...$ dB). Daher der andere Name dieser charakteristischen Frequenz.

Aus

$$20 \log_{10}A(\omega) = -20 \log_{10}\left(\sqrt{1 + (\omega RC)^2}\right) \tag{3.6}$$

erhält man für Frequenzen, für die $(\omega RC)^2 < 1$ oder $\omega < 1/(RC)$ gilt, einen logarithmischen Amplitudengang gleich 0 dB. Für Frequenzen oberhalb der charakteristischen

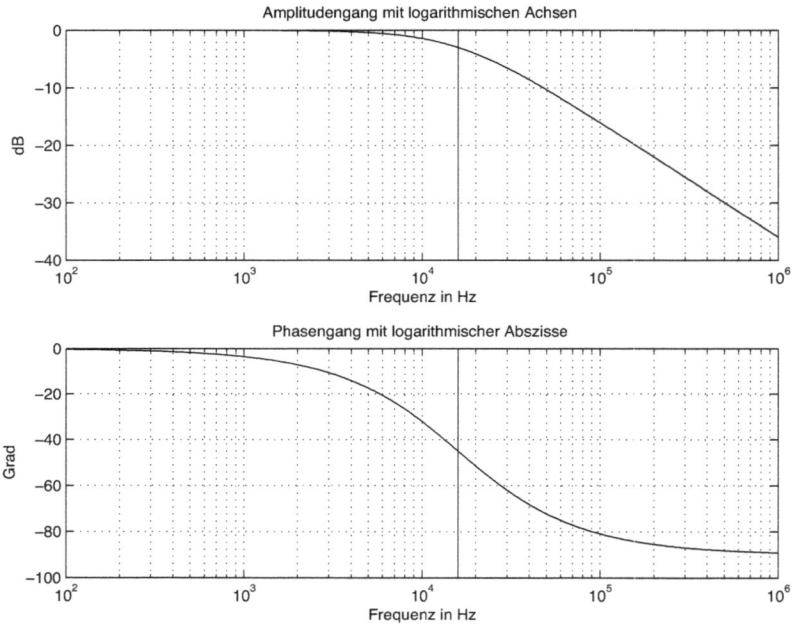

*Abb. 3.7: Frequenzgang mit logarithmischer Skalierung der Frequenzachsen und der Amplitu-
dengangachse* (freq_RC1.m)

oder Eckfrequenz $1/(RC)$, für die $(\omega RC)^2 > 1$ oder $\omega > 1/(RC)$ ist, ergibt sich:

$$20 \log_{10} A(\omega) \cong -20 \log_{10}(\omega RC) = -20 \log_{10}(\omega) - 20 \log_{10}(RC) \qquad (3.7)$$

In den Koordinaten $y = 20 \log_{10} A(\omega)$ und $x = \log_{10}(\omega)$ ist diese Gleichung, geschrieben als

$$y = -20\, x + b \qquad \text{wobei} \quad b = 20 \log_{10}(RC), \qquad (3.8)$$

eine Gerade die durch den Punkt $\omega = 1/(RC)$ läuft und eine Steilheit von $-20\,\text{dB/De-}$ kade hat. In der Darstellung aus Abb. 3.7 oben sind diese Annäherungen ersichtlich. Bei $\omega = 1/(RC)$ ist der Amplitudengang $\cong -3\,\text{dB}$.

Wenn man den logarithmischen Amplitudengang mit einer horizontalen Gerade bei 0 dB bis zur Eckfrequenz und danach mit einer Gerade der Steilheit $-20\,\text{dB/De-}$ kade annähert, wird ein maximaler Fehler von $-3\,\text{dB}$ bei der Eckfrequenz gemacht.

Der Frequenzgang dieses RC-Gliedes mit Ausgang am Kondensator stellt ein *Tiefpassfilter erster Ordnung* dar. Der Durchlassbereich wird durch Konvention von $\omega = 0$ bis zur Eckfrequenz $\omega = 1/(RC)$ angenommen.

Wenn man den Ausgang vom Widerstand nimmt, dann stellt dieselbe Schaltung ein *Hochpassfilter erster Ordnung* dar. Aus

$$I(j\omega) = \frac{U_g(j\omega}{R + 1/(j\omega C)}$$

$$U_a(j\omega) = RI(j\omega) = R \cdot \frac{U_g(j\omega)}{R + 1/(j\omega C)} = U_g(j\omega)\frac{j\omega RC}{j\omega RC + 1} \tag{3.9}$$

erhält man den komplexen Frequenzgang dieses Filters:

$$H(j\omega) = \frac{U_a(j\omega)}{U_g(j\omega)} = \frac{j\omega RC}{j\omega RC + 1} \tag{3.10}$$

Daraus wird der Amplituden- und Phasengang berechnet:

$$A(\omega) = |H(j\omega)| = \frac{\hat{u}_a}{\hat{u}_g} = \frac{\omega RC}{\sqrt{1 + (\omega RC)^2}}$$

$$\varphi(\omega) = \varphi_{ua} - \varphi_{ug} = \text{Winkel}\{H(j\omega)\} = \frac{\pi}{2} + \text{atan}\left(-\frac{\omega RC}{1}\right) \tag{3.11}$$

Bei tiefen Frequenzen ($\omega \ll 1/(RC)$) ist $A(\omega) \cong 0$ und $\varphi(\omega) = \pi/2$. Abb. 3.8 zeigt den logarithmischen Frequenzgang für diesen Fall. Er wurde im Skript freq_RC2.m berechnet und dargestellt. Das Skript ist mit kleinen Änderungen aus dem vorherigen erhalten und wird hier nicht mehr gezeigt. Darin werden auch die linearen und teilweise logarithmischen Darstellungen erzeugt.

Hier wird der Durchlassbereich durch Konvention von der charakteristischen Frequenz $f_c = 1/(2\pi RC)$ oder Eckfrequenz bis ∞ angenommen. Im Sperrbereich mit $\omega < 1/(RC)$ ist der Amplitudengang mit einer Geraden der Steilheit +20 dB/Dekade, die durch den Punkt $\omega = 1/(RC)$ läuft, anzunähern. Oberhalb dieser Frequenz im Durchlassbereich ist die Annäherung durch eine horizontale Gerade bei 0 dB gegeben. Der größte Fehler der Annäherung ist auch hier -3 dB bei der Eckfrequenz.

Die Ausgangsspannung ist bei diesem Filter im Frequenzbereich, in dem der Phasengang positive Werte besitzt, voreilend. Das ist möglich weil man mit dem Frequenzgang nur den stationären Zustand für sinusförmige Anregung beschreibt. Sicher erscheint am Anfang, beim Einschwingen, die Ausgangsspannung als Ergebnis nach der Ursache, die hier die Anregung ist.

Abb. 3.9a und b zeigt die zwei Annäherungen der Amplitudengänge des Tiefpass- und Hochpassfilters erster Ordnung. Darunter (in Abb. 3.9c und d) sind auch zwei einfache Annäherungen der Phasengänge dargestellt.

In Abb. 3.10 sind zwei Schaltungen gezeigt, die sich als Integrator bzw. Differenzierer in der Annahme idealer Operationsverstärker verhalten. Wenn man das Minusvorzeichen nicht berücksichtigt, besitzt der Integrator eine komplexe Übertragungsfunktion der Form:

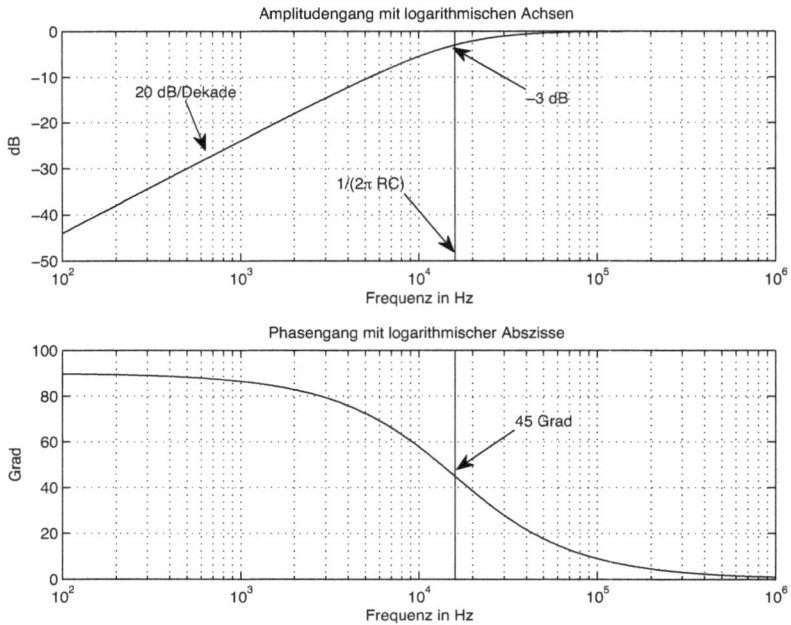

Abb. 3.8: Frequenzgang mit logarithmischer Skalierung der Frequenzachsen (freq_RC2.m)

$$H(j\omega) = \frac{\underline{U}_a}{\underline{U}_e} = \frac{\underline{Z}_2}{\underline{Z}_1} = \frac{1}{j\omega T} = \frac{1}{\omega T}\, e^{-j\pi/2} \quad \text{mit} \quad T = RC \tag{3.12}$$

Der logarithmische Frequenzgang ist in Abb. 3.11a und c dargestellt. Der Amplitudengang $A(\omega)$ in dB wird über

$$A(\omega)^{dB} = 20\log_{10}(A(\omega)) = -20\log_{10}(\omega) - 20\log_{10}(T) \tag{3.13}$$

ermittelt. Er stellt in logarithmischen Koordinaten die Gerade dar, die in Abb. 3.11a
gezeigt ist. Sie schneidet die Abszisse bei $\omega = 1/T$ weil $A(1/T)^{dB} = 0$ ist und besitzt
eine Steigung von -20 dB/Dekade:

$$\frac{dA(\omega)^{dB}}{d(\log_{10}(\omega))} = -20 \ dB/Dekade \tag{3.14}$$

Der Phasengang $\varphi(\omega)$ ist hier sehr einfach und gleich $-\pi/2$ (Abb. 3.11c).

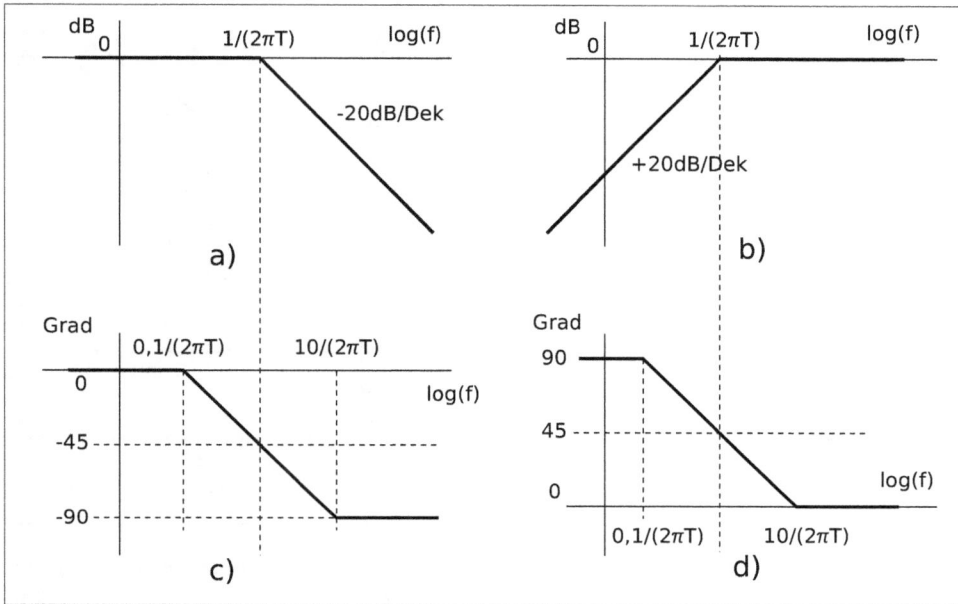

Abb. 3.9: Annäherungen der Frequenzgänge der Systeme erster Ordnung in der Darstellung mit logarithmischer Skalierung

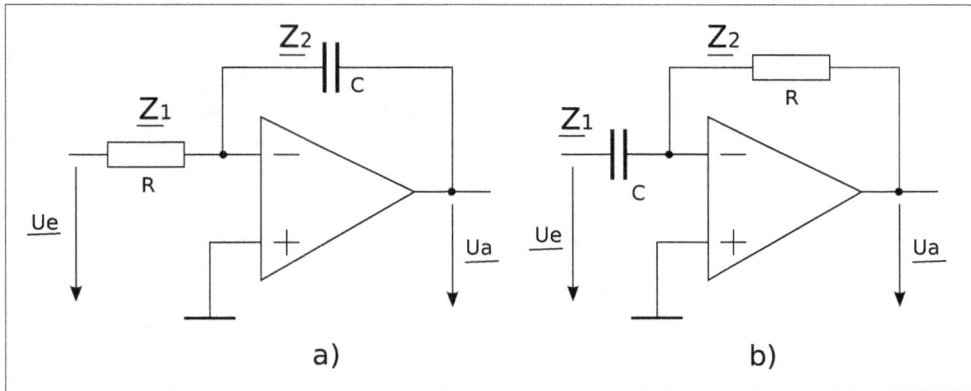

Abb. 3.10: Integrator und Differenzierer mit Operationsverstärkern

Die Übertragungsfunktion des idealen Differenzierers, bei dem ebenfalls das Minusvorzeichen nicht berücksichtigt wird, ist:

$$H(j\omega) = \frac{\underline{U}_a}{\underline{U}_e} = \frac{\underline{Z}_2}{\underline{Z}_1} = j\omega T = \omega T\, e^{j\pi/2} \quad \text{mit} \quad T = RC \tag{3.15}$$

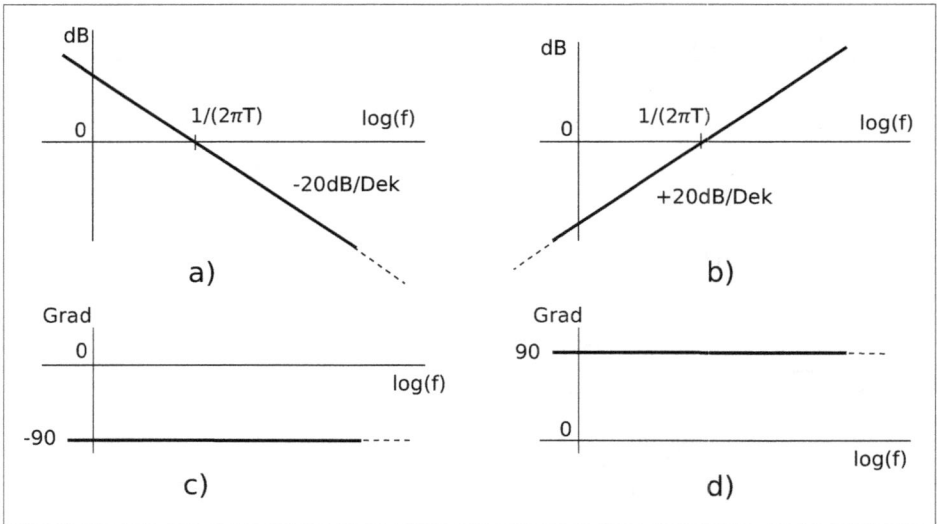

Abb. 3.11: Frequenzgang eines Integrators und eines Differenzierers in der Darstellung mit logarithmischer Skalierung

Der Amplitudengang in dB ist hier durch

$$A(\omega)^{dB} = 20\log_{10}(A(\omega)) = 20\log_{10}(\omega) + 20\log_{10}(T) \tag{3.16}$$

gegeben. Es ist eine Gerade, die bei $\omega = 1/T$ einen Amplitudengang gleich 0 dB als Schnittpunkt der Abszisse besitzt und eine Steilheit von 20 dB/Dekade aufweist, wie in Abb. 3.11b gezeigt ist:

$$\frac{dA(\omega)^{dB}}{d(\log_{10}(\omega))} = 20 \ dB/Dekade \tag{3.17}$$

Der Phasengang ist auch hier sehr einfach $\varphi(\omega) = \pi/2$. Die Übertragungsfunktion des Differenzierers ist nicht realisierbar und hat diese Form für die Schaltung aus 3.10b nur wegen der Annahme eines idealen Operationsverstärkers mit unendlich großer Verstärkung.

Wenn man das Minuszeichen auch berücksichtigen möchte, dann muss man dem Phasengang noch einen Winkel von π oder $-\pi$ hinzuaddieren.

3.2.1 Frequenzgang eines Produkts von Übertragungsfunktionen

Eine komplexe Übertragungsfunktion $H(j\omega)$, die in Form eines Produktes von Übertragungsfunktionen

$$\begin{aligned} H(j\omega) &= H_1(j\omega)\, H_2(j\omega) \ldots H_n(j\omega) = \\ &\quad A_1(\omega)\, e^{j\varphi_1(\omega)} A_2(\omega)\, e^{j\varphi_2(\omega)} \ldots A_n(\omega)\, e^{j\varphi_n(\omega)} \end{aligned} \tag{3.18}$$

ausgedrückt ist, hat einen Amplitudengang $A(j\omega)$, der durch das Produkt der Amplitudengänge der Faktoren gegeben ist und einen Phasengang $\varphi(\omega)$, der aus der Summe der einzelnen Phasengänge besteht:

$$\begin{aligned} A(j\omega) &= A_1(\omega)\, A_2(\omega) \ldots A_n(\omega) \\ \varphi(\omega) &= \varphi_1(\omega) + \varphi_2(\omega) + \cdots + \varphi_n(\omega) \end{aligned} \tag{3.19}$$

In logarithmischen Koordinaten für die Amplitudengänge in dB erhält man jetzt:

$$\begin{aligned} 20\log_{10}(A(j\omega)) &= 20\log_{10}(A_1(\omega)) + 20\log_{10}(A_2(\omega)) + \\ &\quad \cdots + 20\log_{10}(A_n(\omega)) \end{aligned} \tag{3.20}$$

Daraus resultiert eine sehr einfache Art den Frequenzgang in logarithmischen Koordinaten für ein Produkt von Übertragungsfunktionen darzustellen. So z.B. für das Hochpassfilter erster Ordnung, dessen Übertragungsfunktion in einem Produkt von zwei Übertragungsfunktionen

$$H(j\omega) = \frac{j\omega T}{j\omega T + 1} = j\omega T\, \frac{1}{j\omega T + 1} \tag{3.21}$$

zerlegt wird, kann man die logarithmischen Frequenzgänge des idealen Differenzierers mit Übertragungsfunktion gemäß Gl. (3.15) und des Tiefpassfilters erster Ordnung mit Übertragungsfunktion gemäß Gl. (3.3) benutzen.

In Abb. 3.12a ist die Zusammensetzung der angenäherten Amplitudengänge gezeigt und in Abb. 3.12b ist die Summe der angenäherten Phasengänge dargestellt. Es wurden die Annäherungen der Amplitudengänge und Phasengänge benutzt, um diese sehr schöne Eigenschaft der logarithmischen Koordinaten anschaulicher darzustellen.

Die Frequenzgänge der linearen elektrischen Schaltungen können immer als Verhältnis zweier Polynome in $j\omega$ geschrieben werden:

$$H(j\omega) = \frac{P(j\omega)}{Q(j\omega)} = k\,\frac{(s-z_1)(s-z_2)\ldots(s-z_m)}{(s-p_1)(s-p_2)\ldots(s-p_n)}\bigg|_{s=j\omega} \tag{3.22}$$

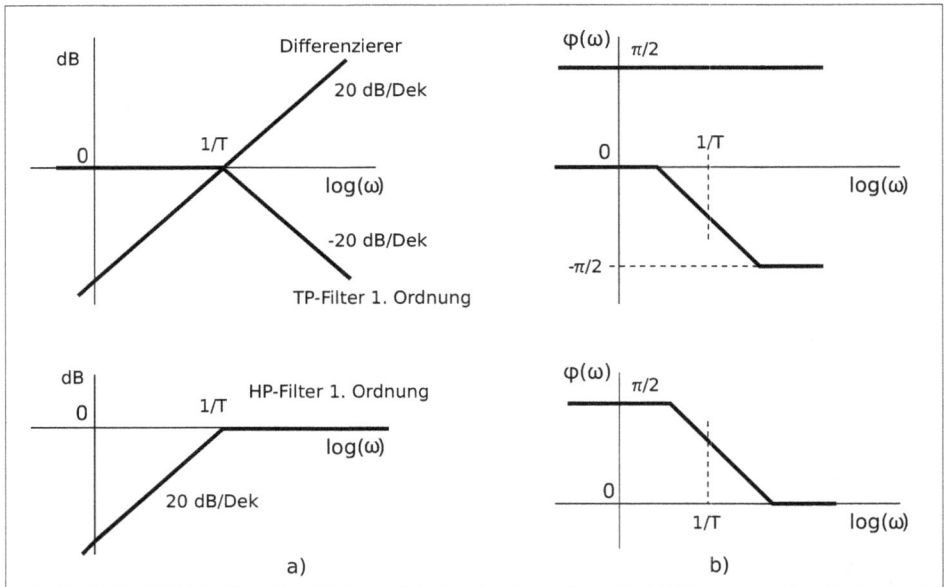

Abb. 3.12: a) Zusammensetzung der logarithmischen Amplitudengänge b) Summe der Phasengänge

Hier sind $z_1, z_2, \ldots, z_m$ die Nullstellen und $p_1, p_2, \ldots, p_n$ die Polstellen der *Übertragungsfunktion* $H(j\omega)$. Um eine realisierbare Schaltung darzustellen muss der Grad des Polynoms im Zähler m kleiner oder gleich dem Grad n des Polynoms im Nenner sein. Wenn eine Nullstelle oder Polstelle komplex ist, dann muss auch ihre konjugiert komplexe dabei sein. Mit anderen Worten, die komplexen Wurzeln des Zählers (als Nullstellen) oder des Nenners (als Polstellen) erscheinen immer als konjugiert komplexe Paare. Nur so besitzen die Polynome reelle Koeffizienten.

Die reellen Wurzeln führen im Zähler oder Nenner zu Gliedern folgender Form:

$$(j\omega T_i + 1) = (j\omega / \omega_i + 1), \qquad i = 1, 2, \ldots \tag{3.23}$$

Als Parameter sind hier die Zeitkonstanten T_i oder die charakteristischen Frequenzen (oder Eckfrequenzen) ω_i enthalten. Als Beispiele können der Tiefpass- und Hochpassfilter erster Ordnung dienen, die oben untersucht wurden.

Ein konjugiert komplexes Paar von Wurzeln des Zählers oder Nenners ergibt ein Glied der Form:

$$(j\omega T_i)^2 + j\omega \, d \, T_i + 1 = (j\omega / \omega_i)^2 + j\omega \, d_i / \omega_i + 1 \tag{3.24}$$

Es enthält zusätzlich zu dem Parameter T_i oder ω_i auch den Dämpfungsfaktor d, der oft in Form von $2\zeta_i$ ausgedrückt wird. Netzwerke mit Gliedern dieser Art werden in den Filterschaltungen der nächsten Kapitel auftreten.

Die Ordnung einer Schaltung ist immer durch den Grad des Polynoms im Nenner n gegeben. So ist z.B. die Übertragungsfunktion eines Tiefpassfilters dritter Ordnung ohne Nullstellen durch

$$H(j\omega) = \frac{1}{(j\omega/\omega_1 + 1)((j\omega/\omega_2)^2 + j\omega\, d_2/\omega_2 + 1)} \qquad (3.25)$$

gegeben. Sie besteht aus einem Abschnitt erster Ordnung mit charakteristischer Frequenz ω_1 und einem Abschnitt zweiter Ordnung mit zwei Parametern: die charakteristische Frequenz ω_2 und der Dämpfungsfaktor d_2. Die Algorithmen zur Entwicklung der Filter ermitteln diese Parameter für gewünschte Eigenschaften.

Die Wurzeln des Polynoms in $j\omega$ des Nenners, die so genannten Pole, sind auch die Wurzeln der charakteristischen Gleichung der entsprechenden Differentialgleichung der Schaltung. Die Bedingung, dass die homogene Lösung in Zeit auf null abklingt und ein stabiles Netzwerk ergibt, verlangt, dass alle Pole auf der linken Seite der komplexen Ebene liegen.

3.3 Filterschaltungen

In diesem Kapitel werden Filterschaltungen [3], [5], [22] näher untersucht. Abb. 3.13 zeigt die idealen Amplitudengänge der sogenannten Standardfilter: das Tiefpassfilter (TP), das Hochpassfilter (HP), das Bandpassfilter (BP) und das Bandsperrefilter (BS).

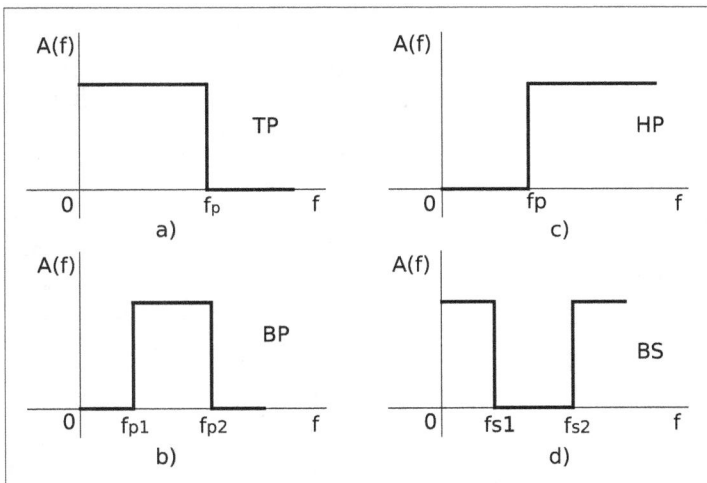

Abb. 3.13: Ideale Amplitudengänge der Standardfilter

Da die analogen Filterschaltungen immer auch eine Phasenverschiebung ergeben, stellt sich die Frage, wie der ideale Phasengang aussehen sollte. Es wurde schon gezeigt, wie man eine Phasenverschiebung eines sinusförmigen Signals in eine Zeitverspätung umwandelt:

$$u(t) = \hat{u}\,\sin(\omega t - \phi_u) = \hat{u}\,\sin(\omega(t - \phi_u/\omega)) = \hat{u}\,\sin(\omega(t - \tau(\omega))) \qquad (3.26)$$

Damit keine Verzerrungen wegen der Phasenverschiebung entstehen, muss $\tau(\omega) = \tau$ eine von ω unabhängige Konstante sein. Alle Komponenten eines Signals mit verschiedenen Frequenzen im stationären Zustand würden dann am Ausgang des Filters mit gleicher Zeitverzögerung τ erscheinen und setzen sich korrekt zusammen. In der Annahme, dass keine Verzerrungen wegen des Amplitudengangs vorhanden sind, ist die Zusammensetzung korrekt, die Komponenten des Signals am Ausgang sind bloß mit τ relativ zu den Eingangskomponenten verspätet.

Um eine konstante Verzögerung τ zu erhalten, muss der Phasengang linear in ω sein, mit einer Geraden die durch den Ursprung ($\omega = 0$) verläuft:

$$\phi_u = k\,\omega \quad \text{und} \quad \tau(\omega) = \frac{\phi_u}{\omega} = \tau \quad \text{eine Konstante} \qquad (3.27)$$

In der Nachrichtentechnik werden oft Bandpassfilter eingesetzt, um die Trägerfrequenz mit verschiedenen Modulationsarten zu filtern. Hier reicht es, wenn die Phase linear im Durchlassbereich ist, ohne dass die Verlängerung der Gerade durch den Ursprung verläuft.

Zu bemerken sei, dass diese Diskussion nur für stationäre sinusförmige Komponenten gültig ist. Die Verzerrungen für ein bestimmtes nichtstationäres Signal muss man vielmals durch Simulation untersuchen.

Die Entwicklung realer Filterschaltungen ist ein mathematisches Annäherungsproblem. Die idealen Amplitudengänge müssen mit realisierbaren Schaltungen angenähert werden. Diese Annäherungen haben zu verschiedenen Filtertypen geführt. Bekannt und verbreitet sind die *Besselfilter, die Butterworthfilter* und die *Tchebyschevfilter* [5], [22].

Die Besselfilter verschiedener Ordnung haben Phasengänge, die am besten den linearen Verlauf annähern. Nachteil dieser Filter ist ihr flacher Verlauf des Amplitudenganges vom Durchlassbereich in den Sperrbereich.

Die Butterworthfilter stellen die beste Wahl dar, wenn man nicht weiß, welches Filter für eine bestimmte Aufgabe geeignet ist. Es stellt einen Kompromiss zwischen einem flachen Amplitudengangverlauf vom Durchlassbereich in den Sperrbereich und einem angenäherten linearen Phasenverlauf dar.

Bei den Tchebyschevfiltern ist der Übergang vom Durchlass- in den Sperrbereich am steilsten, der Phasengang ist aber weit weg von einem linearen Verlauf. Hier muss man auch die Welligkeit im Durchlassbereich als Entwicklungsparameter angeben.

Abb. 3.14 zeigt als Beispiel die Spezifizierung der Tiefpass- und Hochpassfilter. Für den Tiefpassfilter (Abb. 3.14a) kann im Durchlassbereich eine Welligkeit δ_p stattfinden, die für viele Anwendungen sehr begrenzt sein muss. Der Übergang vom Durchlassbereich zum Sperrbereich sollte so steil wie möglich sein und wenn die Dämpfung δ_s erreicht wurde, soll der Amplitudengang diesen Bereich nicht mehr überschreiten.

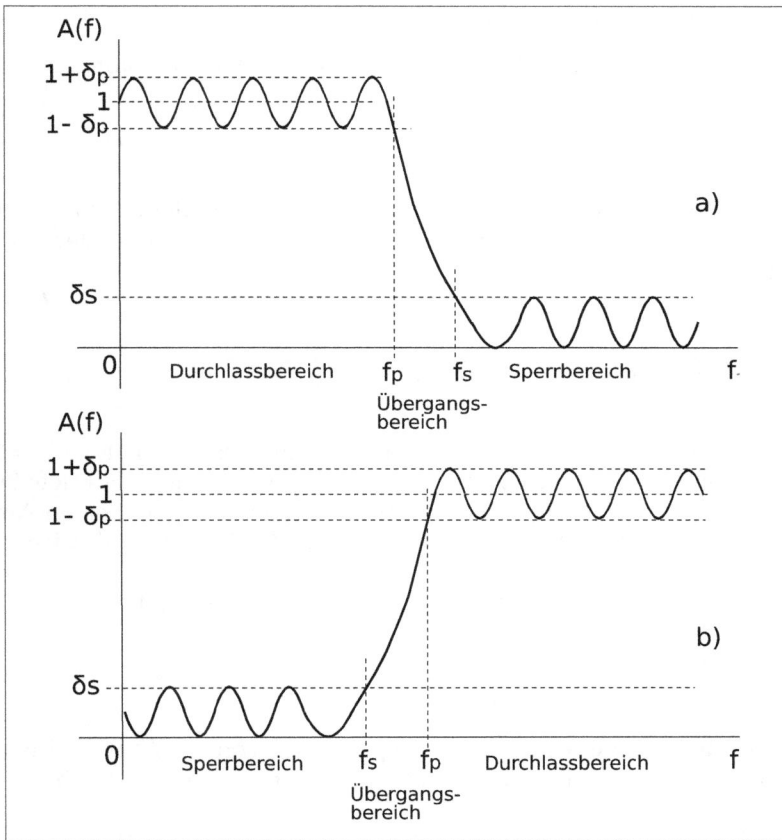

Abb. 3.14: Tiefpass- und Hochpassfilter Spezifikation

Die absoluten Werte für die Welligkeit im Durchlassbereich δ_p und für die Dämpfung im Sperrbereich werden oft in dB (Dezibel) angegeben:

$$A_p = 20\log_{10}\left(\frac{1+\delta_p}{1-\delta_p}\right) \cong 20\log_{10}(1+\delta_p)$$

$$A_s = -20\log_{10}(\delta_s)$$

(3.28)

Als Beispiel ist eine Dämpfung von $A_s = 60$ dB eine absolute Dämpfung von $\delta_s = 0,001$, und eine Welligkeit in Durchlassbereich von $0,1$ dB führt zu einer absoluten Welligkeit von:

$$\delta_p \cong 10^{A_p/20} - 1 = 0,0116$$

(3.29)

Ähnlich ist die Spezifikation für den Hochpassfilter (Abb. 3.14b) und den restlichen Standardfiltern zu interpretieren.

3.3.1   Einfache passive Filter

Abb. 3.15 zeigt einige einfache passive Filter, die im Weiteren kurz beschrieben und untersucht werden.

Schaltung a

Diese Schaltung stellt das Tiefpassfilter 1. Ordnung dar, das schon in einem vorherigen Unterkapitel untersucht wurde. Die Übertragungsfunktion oder der komplexe Frequenzgang ist durch

$$H_{TP1}(j\omega) = \frac{U_a(j\omega)}{U_e(j\omega)} = \frac{1}{j\omega RC + 1} = \frac{1}{j\omega/\omega_0 + 1} \qquad (3.30)$$

gegeben. Die Übertragungsfunktion besitzt einen einzigen Parameter $RC = 1/\omega_0$, wobei ω_0 die charakteristische Frequenz oder Eckfrequenz darstellt. Für tiefe Frequenzen $\omega << \omega_0$ ist die Übertragungsfunktion gleich eins. Das bedeutet einen Amplitudengang ebenfalls gleich eins und in dB sind das null dB. In diesem Bereich ist die Phasenverschiebung $\phi(\omega) = \phi_a - \phi_e = 0$.

Umgekehrt für $\omega >> \omega_0$ ist die Übertragungsfunktion durch

$$H_{TP1}(j\omega)\big|_{\omega \to \infty} \cong \frac{1}{j\omega/\omega_0} \qquad (3.31)$$

angenähert. Das bedeutet eine Phasenverschiebung von $-\pi/2$ und einen Amplitudengang $A(\omega) \cong 1/(\omega/\omega_0)$. In dB erhält man somit für diesen Bereich:

$$A(\omega)^{dB} = 20 \log_{10}(A(\omega)) = 0 - 20 \log_{10}(\omega) + 20 \log_{10}(\omega_0) \qquad (3.32)$$

In einer Darstellung, mit einer Variablen $\log_{10}(\omega)$ für die Abszisse, stellt diese Funktion eine Gerade mit Steigung -20 dB/Dekade dar, wie in Abb. 3.7 gezeigt ist.

Schaltung b

Die Schaltung aus Abb. 3.15b stellt das Hochpassfilter 1. Ordnung dar. Die Übertragungsfunktion ist leicht zu ermitteln:

$$H_{HP1}(j\omega) = \frac{U_a(j\omega)}{U_e(j\omega)} = \frac{j\omega RC}{j\omega RC + 1} = \frac{j\omega/\omega_0}{j\omega/\omega_0 + 1} \qquad (3.33)$$

Auch hier gibt es einen einzigen Parameter in Form der Zeitkonstanten RC oder in Form der charakteristischen Frequenz oder Eckfrequenz $\omega_0 = 1/(RC)$. Für Frequenzen ω, die viel höher als die charakteristische Frequenz sind, ist der Amplitudengang $A(\omega) \cong 1$ und in dB gleich null. Die Phasenverschiebung des Phasengangs ist in diesem Bereich null $\phi(\omega) = \phi_a - \phi_e = 0$.

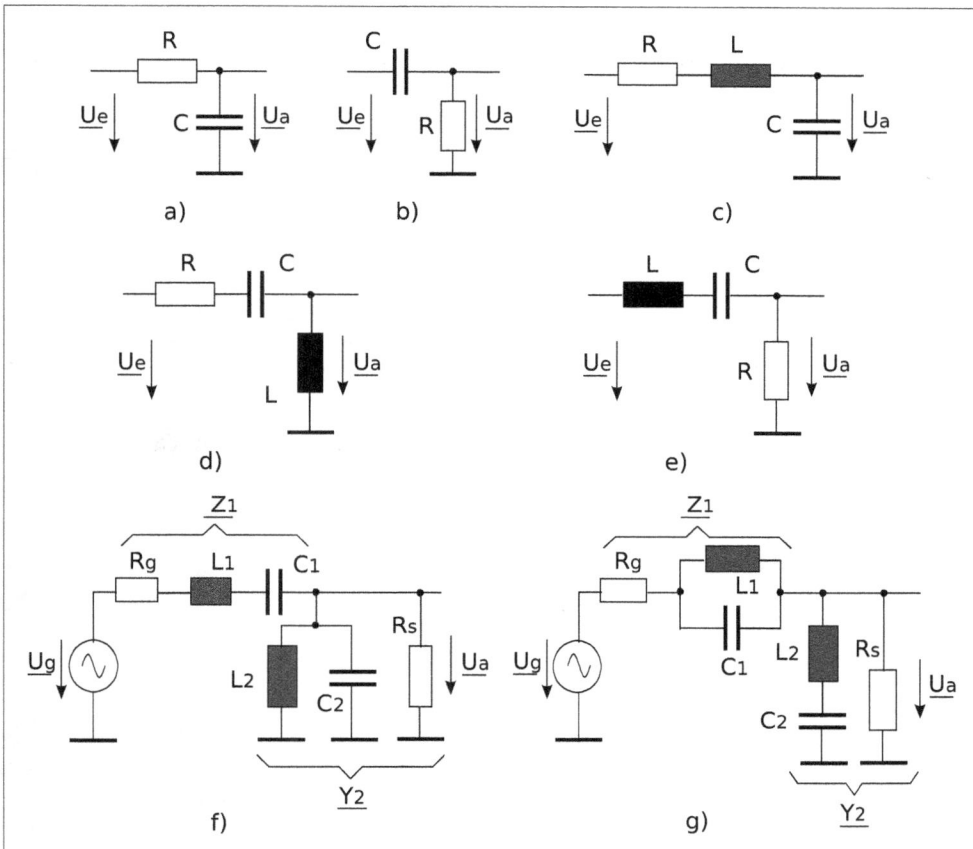

Abb. 3.15: Einfache passive Filter

Bei Frequenzen $\omega << \omega_0$ (oder $\omega/\omega_0 << 1$) ist die Übertragungsfunktion durch

$$H_{HP1}(j\omega)\big|_{\omega\to\infty} \cong j\omega/\omega_0 \tag{3.34}$$

gegeben. Das bedeutet eine Phasenverschiebung von $\phi(\omega) = \phi_a - \phi_e = \pi/2$ in diesem Bereich und einen Amplitudengang in dB gleich:

$$A(\omega)^{dB} = 20\log_{10}(A(\omega)) = 20\log_{10}(\omega) - 20\log_{10}(\omega_0) \tag{3.35}$$

In logarithmischen Koordinaten ist das eine Gerade mit Steigung von 20 dB/Dekade, wie auch die Darstellung aus Abb. 3.8 zeigt.

Schaltung c

Die Schaltung aus Abb. 3.15c stellt das passive Tiefpassfilter 2. Ordnung dar. Die Übertragungsfunktion ist einfach zu ermitteln. Aus

$$\cdot \frac{U_a(j\omega)}{1/(j\omega RC)}(j\omega L + R) + U_a(j\omega) = U_e(j\omega) \tag{3.36}$$

erhält man:

$$H_{TP2}(j\omega) = \frac{U_a(j\omega)}{U_e(j\omega)} = \frac{1}{(j\omega)^2 LC + j\omega RC + 1} = \frac{1}{(j\omega/\omega_0)^2 + j(\omega/\omega_0)d + 1} \tag{3.37}$$

Diese Übertragungsfunktion 2. Ordnung besitzt zwei Parameter: die charakteristische Frequenz $\omega_0 = 1/(\sqrt{LC})$ und den Dämpfungsfaktor $d = R\sqrt{C/L}$. Der Amplituden- und Phasengang sind:

$$A(\omega) = \frac{1}{\sqrt{\left(1 - (\omega/\omega_0)^2\right)^2 + (d\,\omega/\omega_0)^2}}$$

$$\phi(\omega) = -\text{atan}\frac{d\,\omega/\omega_0}{1 - (\omega/\omega_0)^2} \tag{3.38}$$

Für $\omega = \omega_0$ gibt es einen Maximalwert für den Amplitudengang $A(\omega_0) = 1/d$, wenn $d < 1$ ist und der entsprechende Phasenwert wird $\phi(\omega_0) = -\pi/2$. Diese Schaltung ist eigentlich die Reihenresonanzschaltung, die im vorherigen Kapitel untersucht wurde. Die hier als charakteristische Frequenz bezeichnete Frequenz ist die Reihenresonanzfrequenz.

Für Frequenzen, die viel kleiner als diese Frequenz sind $\omega << \omega_0$, ist der Amplitudengang annähernd eins und in dB gleich null. Auf der anderen Seite, wenn $\omega >> \omega_0$ wird, ist der Amplitudengang annähernd durch

$$A(\omega) \cong \frac{1}{(\omega/\omega_0)^2} \tag{3.39}$$

gegeben, und daraus resultiert ein logarithmischer Amplitudengang der Form:

$$A(\omega)^{dB} = 20\log_{10}(A(\omega)) = 0 - 40\log_{10}(\omega) + 40\log_{10}(\omega_0) \tag{3.40}$$

Es ist eine Gerade mit einer Steilheit von -40 dB/Dekade, die die Abszisse bei $\omega = \omega_0$ schneidet.

Im Skript TP_filter2.m ist der Frequenzgang für einige Werte für d berechnet und dargestellt:

```
% Skript TP_filter2.m, in dem ein TP-Filter zweiter
% Ordnung untersucht wird
clear;
```

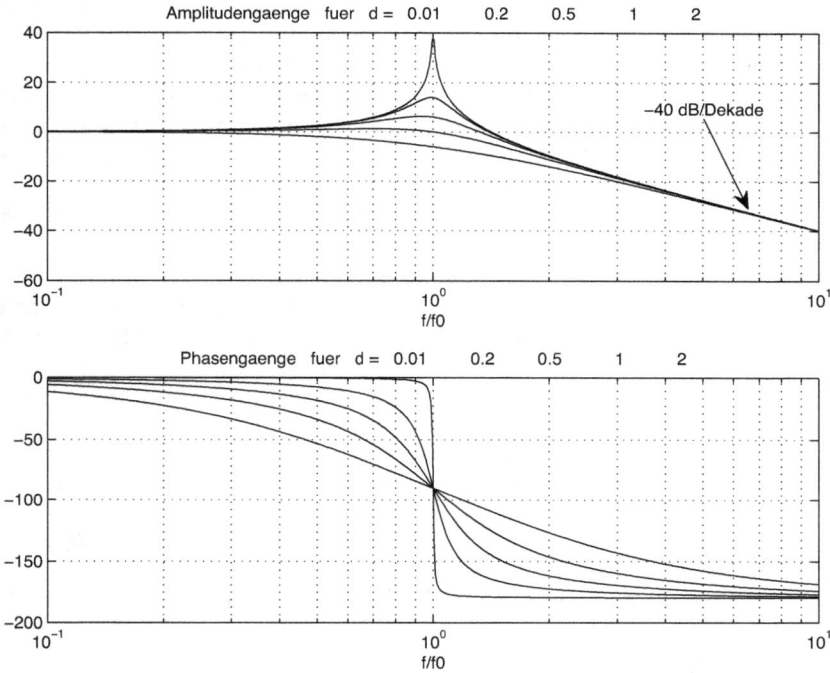

Abb. 3.16: Frequenzgänge des Tiefpassfilters 2. Ordnung für verschiedene Dämpfungsfaktoren
(TP_filter2.m)

```
% ------- Frequenzgang mit normierter Frequenz
omega_r = logspace(-1, 1,500);        % Relative Frequenz
f = omega_r;
d = [0.01, 0.2, 0.5, 1, 2];   % Dämpfungsfaktoren
nd = length(d);       nf = length(f);
% Frequenzgänge
H = zeros(nd, nf);   % In den Zeilen sind die Frequenzgänge
for k = 1:nd
    H(k,:) = 1./polyval([1, d(k), 1], j*omega_r);
end;
figure(1);      clf;
subplot(2,1,1), semilogx(f, 20*log10(abs(H)'));
    title(['Amplitudengaenge    fuer    d =    ', num2str(d)]);
    xlabel('f/f0');      grid on;
subplot(2,1,2), semilogx(f, angle(H)'*180/pi);
    title(['Phasengaenge    fuer    d =    ', num2str(d)]);
    xlabel('f/f0');      grid on;
```

Es wurde die relative Frequenz $\omega_r = \omega/\omega_0$ in einem Bereich von 0,1 bis 10 benutzt.
Abb. 3.16 zeigt die Frequenzgänge für $d = [0,01\ 0,2\ 0,5\ 1\ 2]$.

Der „Höcker" ist für kleine Dämpfungsfaktoren, wie z.B. für d = 0,01 , relativ groß (Faktor 100) und die Änderung der Phasenverschiebung von null auf -180 Grad ist sehr steil. Für eine Filterfunktion 2. Ordnung ergibt ein Dämpfungsfaktor von 0,7 praktisch keinen „Höcker". Ein größerer Wert führt dazu, dass der Amplitudengang relativ flach in dem Übergangsbereich verläuft. Unabhängig vom Dämpfungsfaktor ist der Verlauf des logarithmischen Amplitudengangs für $\omega/\omega_0 \gg 1$ eine Gerade mit einer Steilheit von -40 dB/Dekade, die durch den Punkt $\omega/\omega_0 = 1$ durchläuft.

Für Dämpfungsfaktoren um den Wert 0,7 kann man den Amplitudengang in logarithmischen Koordinaten mit zwei Geraden annähern: Bis zur charakteristischen Frequenz mit einer horizontalen Geraden bei null dB und danach mit einer Geraden, die die Abszisse bei der charakteristischen Frequenz schneidet und eine Steilheit von -40 dB/Dekade besitzt. Diese Annäherung begründet hier, dass die charakteristische Frequenz auch hier die Bezeichnung Eckfrequenz trägt.

Der Phasenverlauf kann für solche Werte des Dämpfungsfaktors im Bereich von einer Dekade links bis zu einer Dekade rechts der charakteristischen Frequenz mit einem linearen Verlauf von null Grad bis -180 Grad angenähert werden. Außerhalb dieses Bereichs wird eine Phase von null bzw. -180 Grad angenommen.

Schaltung d

Die Schaltung aus Abb. 3.15d stellt das Hochpassfilter 2. Ordnung dar. Aus

$$U_a(j\omega) = I(j\omega)\,j\omega L = \frac{U_e(j\omega)}{R + 1/(j\omega C) + j\omega L}\,j\omega L \tag{3.41}$$

erhält man direkt die Übertragungsfunktion:

$$H_{HP2}(j\omega) = \frac{U_a(j\omega)}{U_e(j\omega)} = \frac{(j\omega)^2 LC}{(j\omega)^2 LC + j\omega RC + 1} \tag{3.42}$$

Die allgemeine Form der Übertragungsfunktion eines Hochpassfilters 2. Ordnung ist:

$$H_{HP2}(j\omega) = \frac{(j\omega/\omega_0)^2}{(j\omega/\omega_0)^2 + j(\omega/\omega_0)d + 1} \tag{3.43}$$

Für die gezeigte Schaltung sind die Parameter ω_0 und d durch

$$\omega_0 = \frac{1}{\sqrt{LC}} \quad \text{und} \quad d = R\sqrt{C/L} \tag{3.44}$$

gegeben.

Sie besitzt ebenfalls zwei Parameter: ω_0 als charakteristische Frequenz (oder Resonanzfrequenz) und d als Dämpfungsfaktor. Der Amplituden- und Phasengang sind jetzt:

$$A(\omega) = \frac{(\omega/\omega_0)^2}{\sqrt{\left(1 - (\omega/\omega_0)^2\right)^2 + (d\,\omega/\omega_0)^2}}$$

$$\phi(\omega) = \pi - \text{atan}\frac{d\,\omega/\omega_0}{1 - (\omega/\omega_0)^2} \tag{3.45}$$

Für kleine Werte der Frequenz $\omega \ll \omega_0$ ist der Amplitudengang annähernd durch

$$A(\omega) \cong (\omega/\omega_0)^2 \tag{3.46}$$

gegeben und führt in logarithmischen Koordinaten zu einer Geraden mit Steilheit + 40 dB/Dekade, die durch den Punkt ω_0 durchläuft:

$$20\log_{10}(A(\omega)) = 40\log_{10}(\omega) - 40\log_{10}(\omega_0) \tag{3.47}$$

Bei Frequenzen $\omega \gg \omega_0$ ist der Amplitudengang annähernd gleich eins und in dB gleich null.

Im Skript HP_filter2.m ist der Frequenzgang des Filters ermittelt und dargestellt:

```
% Skript HP_filter2.m, in dem ein HP-Filter zweiter
% Ordnung untersucht wird
clear;
% ------- Frequenzgang mit normierter Frequenz
omega_r = logspace(-1, 1,500);        % Relative Frequenz
f = omega_r;
d = [0.01, 0.2, 0.5, 1, 2];    % Dämpfungsfaktoren
nd = length(d);      nf = length(f);
% Frequenzgänge
H = zeros(nd, nf);   % In den Zeilen sind die Frequenzgänge
for k = 1:nd
    H(k,:) = polyval([1,0,0],j*omega_r)./polyval([1,d(k),1],j*omega_r);
end;
figure(1);     clf;
subplot(2,1,1), semilogx(f, 20*log10(abs(H)'));
    title(['Amplitudengaenge    fuer    d =    ', num2str(d)]);
    xlabel('f/f0');      grid on;
subplot(2,1,2), semilogx(f, angle(H)'*180/pi);
    title(['Phasengaenge    fuer    d =    ', num2str(d)]);
    xlabel('f/f0');      grid on;
```

Die Koeffizienten des Polynoms in $j\omega$ im Zähler sind jetzt für die relative Frequenz ω/ω_0 in einem Vektor zusammen gefasst und durch [1, 0, 0] gegeben.

Abb. 3.17 zeigt den Frequenzgang für verschiedene Werte des Dämpfungsfaktors. Für eine Filterschaltung wird auch hier ein Dämpfungsfaktor $d \cong 0{,}7$ gewählt, so dass kein merkbarer „Höcker" entsteht und ein guter Verlauf vom Übergangsbereich

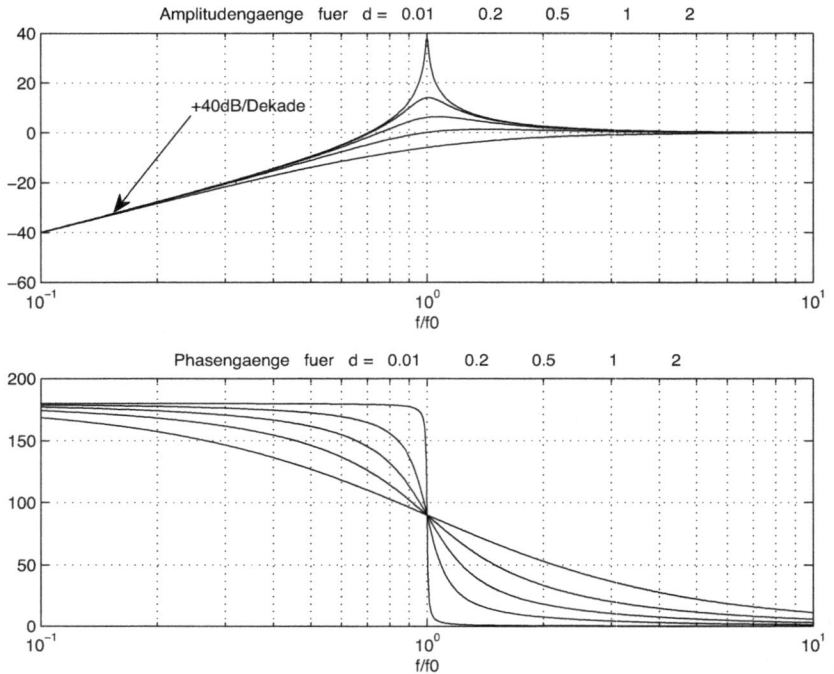

Abb. 3.17: Frequenzgänge des HP-Filters 2. Ordnung für verschiedene Dämpfungsfaktoren
(HP_filter2.m)

in den Durchlassbereich realisiert wird. Wie im vorherigen Fall kann man auch hier eine Annäherung mit zwei Geraden für diese Dämpfungsfaktoren sowohl für den Amplituden- als auch für den Phasengang annehmen.

Schaltung e

Die Schaltung aus Abb. 3.15e stellt das Bandpassfilter 2. Ordnung dar. Es ist die gleiche Schaltung, bei der der Ausgang jetzt vom Widerstand abgenommen wird. Die Übertragungsfunktion kann ähnlich ermittelt werden und man erhält folgende Form:

$$H_{BP2}(j\omega) = \frac{U_a(j\omega)}{U_e(j\omega)} = \frac{j\omega RC}{(j\omega)^2 LC + j\omega RC + 1} \tag{3.48}$$

Mit den gleichen zwei Parametern

$$\omega_0 = \frac{1}{\sqrt{LC}} \quad \text{und} \quad d = R\sqrt{C/L} \tag{3.49}$$

wird die allgemeine Form der Übertragungsfunktion eines Bandpassfilters 2. Ordnung geschrieben:

$$H_{HP2}(j\omega) = \frac{j(\omega/\omega_0)d}{(j\omega/\omega_0)^2 + j(\omega/\omega_0)d + 1} \tag{3.50}$$

Der Amplituden- und Phasengang sind jetzt:

$$A(\omega) = \frac{(\omega/\omega_0)d}{\sqrt{\left(1 - (\omega/\omega_0)^2\right)^2 + (d\,\omega/\omega_0)^2}}$$

$$\phi(\omega) = \pi/2 - \text{atan}\frac{d\,\omega/\omega_0}{1 - (\omega/\omega_0)^2} \tag{3.51}$$

Für kleine Werte der Frequenz $\omega \ll \omega_0$ ist der Amplitudengang annähernd durch

$$A(\omega) \cong (\omega/\omega_0)d \tag{3.52}$$

gegeben und führt in logarithmischen Koordinaten zu einer Gerade mit Steilheit + 20 dB/Dekade:

$$20\log_{10}(A(\omega)) = 20\log_{10}(\omega) - 20\log_{10}(\omega_0) + 20\log_{10}(d) \tag{3.53}$$

Bei Frequenzen $\omega \gg \omega_0$ ist der Amplitudengang durch

$$A(\omega) \cong \frac{d}{\omega/\omega_0} \tag{3.54}$$

angenähert und führt in logarithmischen Koordinaten zu einer Gerade mit Steilheit von - 20 dB/Dekade:

$$20\log_{10}(A(\omega)) = -20\log_{10}(\omega) + 20\log_{10}(\omega_0) + 20\log_{10}(d) \tag{3.55}$$

Abb. 3.18 zeigt die Frequenzgänge für verschiedene Werte des Dämpfungsfaktors, die im Skript `BP_filter2.m` ermittelt werden:

```
% Skript BP_filter2.m in dem ein BP-Filter zweiter
% Ordnung untersucht wird
clear;
% ------- Frequenzgang mit normierter Frequenz
omega_r = logspace(-2, 2,500);         % Relative Frequenz
f = omega_r;
d = [0.01, 0.05, 0.2, 1];    % Dämpfungsfaktoren
nd = length(d);        nf = length(f);
% Frequenzgänge
H = zeros(nd, nf);   % In den Zeilen sind die Frequenzgänge
for k = 1:nd
```

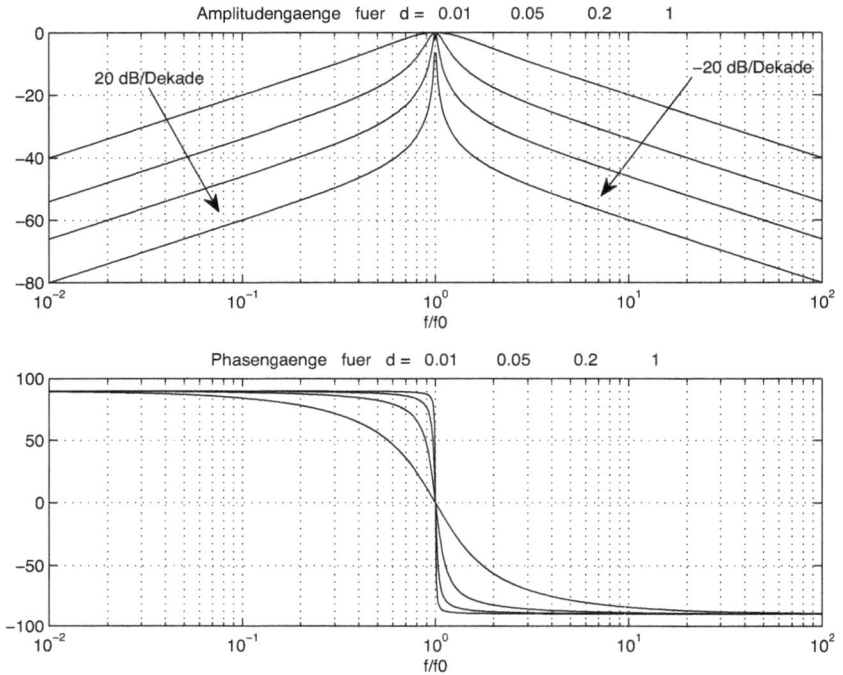

Abb. 3.18: Frequenzgänge des BP-Filters 2. Ordnung für verschiedene Dämpfungsfaktoren
(BP_filter2.m)

```
    H(k,:) = polyval([d(k),0], j*omega_r)...
        ./polyval([1, d(k), 1], j*omega_r);
end;
figure(1);      clf;
subplot(2,1,1), semilogx(f, 20*log10(abs(H)'));
    title(['Amplitudengaenge    fuer    d =    ', num2str(d)]);
    xlabel('f/f0');      grid on;
subplot(2,1,2), semilogx(f, angle(H)'*180/pi);
    title(['Phasengaenge    fuer    d =    ', num2str(d)]);
    xlabel('f/f0');      grid on;
```

Für ein Bandpassfilter sind kleinere Werte des Dämpfungsfaktors interessanter. Der Dämpfungsfaktor bestimmt die Bandbreite des Bandpassfilters. Sie ist durch Konvention bei -3dB definiert und durch

$$\Delta\omega \cong \omega_0 \times d \tag{3.56}$$

gegeben. Als Beispiel bei einer Mittenfrequenz f_0 von 1 MHz und d = 0,01 ist die Bandbreite $\Delta f = 10$ kHz.

Der Phasenverlauf geht von $\pi/2$ bei Frequenzen $\omega \ll \omega_0$ zu $-\pi/2$ bei Frequenzen $\omega \gg \omega_0$.

Schaltungen f, g

Die Schaltungen aus Abb. 3.15f und g sind passive Filter 4. Ordnung, wobei die erste Schaltung ein Bandpassfilter ist und die zweite ein Bandsperrefilter darstellt. Mit den Impedanzen $\underline{Z}_1$, und Admittanzen $\underline{Y}_1$ sind die Übertragungsfunktionen für beide Schaltungen sehr einfach zu berechnen. Aus

$$U_a(j\omega)\underline{Y}_2\,\underline{Z}_1 + U_a(j\omega) = U_e(j\omega) \tag{3.57}$$

erhält man:

$$H(j\omega) = \frac{U_a(j\omega)}{U_e(j\omega)} = \frac{1}{\underline{Y}_2\,\underline{Z}_1 + 1} \tag{3.58}$$

Die Reihen- und Parallelresonanzkreise werden als ideal, ohne Verluste, angenommen. Die Filter sind von Generatoren mit internen Widerständen R_g angeregt und mit den Widerständen R_s belastet. Im Skript BS_filter4.m wird der Frequenzgang des

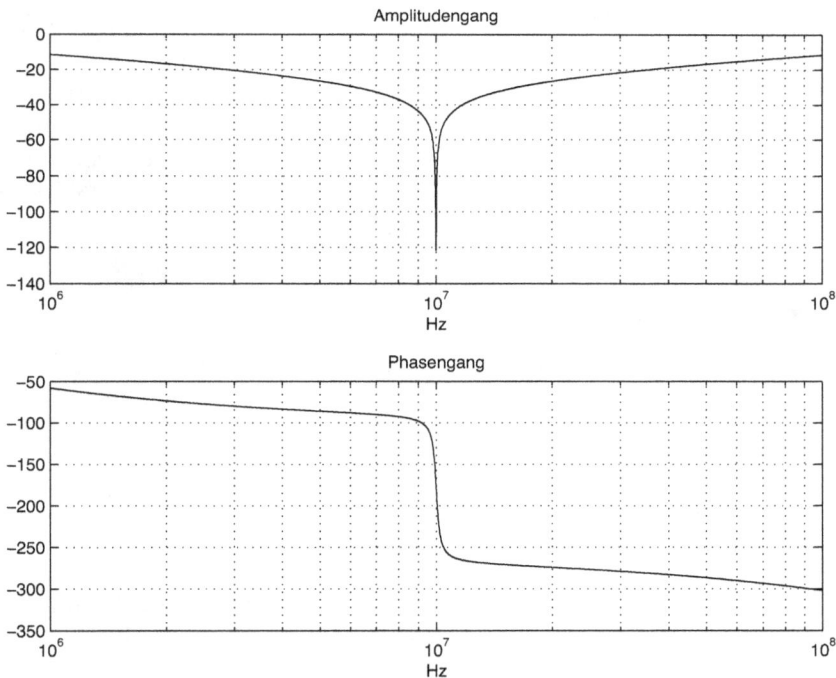

Abb. 3.19: Frequenzgang des BS-Filters 4. Ordnung (BS_filter4.m)

Sperrfilters für eine Mittenfrequenz von 10 MHz ermittelt und dargestellt:

```
% Skript BS_filter4.m in dem ein BS-Filter vierter
% Ordnung untersucht wird
clear;
% ------- Frequenzgang
f0 = 10e6;    % Mittenfrequenz
f = logspace(6,8,5000);
omega = 2*pi*f;
Rg = 1e4;         Rs = Rg;
C1 = 50e-12;      L1 = 1/((2*pi*f0)^2*C1);
C2 = C1;          L2 = L1;
Y2 = 1./(1./(j*omega*C2) + j*omega*L2) + 1/Rs;
Z1 = 1./(j*omega*C1 + 1./(j*omega*L1)) + Rg;
% Frequenzgang
H = 1./(Z1.*Y2 + 1);
figure(1);    clf;
subplot(211), semilogx(f, 20*log10(abs(H)));
    title('Amplitudengang');
    xlabel('Hz');    grid on;
subplot(212), semilogx(f, unwrap(angle(H))*180/pi);
    title('Phasengang');
    xlabel('Hz');    grid on;
```

Abb. 3.19 zeigt den Frequenzgang des Sperrfilters. Die sehr schmale Bandbreite wurde wegen der Annahme idealer Resonanzkreise erhalten. Das Skript kann einfach für den Frequenzgang des Bandpassfilters aus Abb. 3.15f geändert werden.

Wenn man passive Filter in Reihe schaltet, ändert sich die Übertragungsfunktion der einzelnen Abschnitte. Über Trennverstärker (Spannungsfolger), die einen großen Eingangswiderstand, einen kleinen Ausgangswiderstand und eine Verstärkung gleich eins besitzen, können die Abschnitte entkoppelt werden.

3.3.2   Beispiel für die Entwicklung eines passiven Tiefpassfilters

In der Zeit, in der die passiven Filter in der Technik wichtig waren, haben alle namhaften Elektronikfirmen (Siemens, Telefunken, Burr-Brown, etc.) Tabellen auf Großrechnern entwickelt, mit deren Hilfe diese Filter berechnet wurden. Die Parameter der Schaltungen sind in irgendeiner Art normiert, so dass sie allgemein zu benutzen sind. Diese Filter sind gegenwärtig wieder aktuell in Anwendungen, in denen das Rauschen der aktiven Filter ein Problem darstellt.

Die Analog-Digital-Wandler (kurz A/D-Wandler) haben ein so genanntes Antialiasing-Tiefpassfilter vorgeschaltet. Filter mit Operationsverstärkern haben immer mehr Rauschen als Filter mit passiven Komponenten. Bei einem Wandler mit 12 Bit und Bereich der Eingangsspannung 1 Volt ist das so genannte LSB (*Least-Significant-Bit*) 0,244 mV. Das LSB zeigt, welche Spannung am Eingang des Wandlers notwendig ist, um das kleinste signifikante Bit zu ändern.

Gegenwärtig werden oft Wandler mit 20 Bit in der Prozessmesstechnik eingesetzt. Hier ist das LSB nur ca. 1 μV, was sicher eine sehr kleine Spannung ist und wo das Rauschen der Operationverstärker ein Problem darstellt.

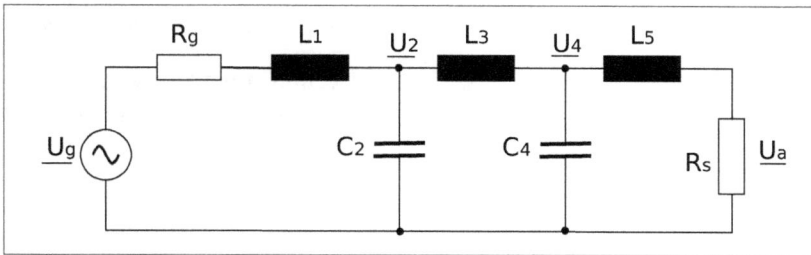

Abb. 3.20: Passives Tiefpassfilter 5. Ordnung mit T-Abschnitten

Es wird jetzt ein passives Tiefpassfilter nach der Zverev-Tabelle für Butterworthfilter berechnet [2]. Das Filter 5. Ordnung ist in Abb. 3.20 gezeigt. Es besteht aus zwei „T-Abschnitten". Die normierten Komponenten aus der Tabelle sind:

```
Rs = Rg =1; L1 = 0.6180; C2 = 1.6180; L3 = 2; C4 = 1.6180; L5 = 0.6180
```

Mit den konkreten Parametern der Schaltung in Form des Widerstands des Generators `Rg` und Durchlassfrequenz `omega_3dB` werden die Referenzinduktivität `Lr` und Referenzkapazität `Cr` ermittelt. Mit deren Hilfe werden dann die normierten Komponenten in absolute Werte umgewandelt. Für `Rg = 10000 Ohm` und `f_3dB = 10 MHz` erhält man:

```
Lr = Rg/omega_3dB;      Cr = 1/(Rg*omega_3dB);
```

Die absoluten Induktivitäten werden durch Multiplikation der relativen Induktivitäten mit `Lr` berechnet und die absoluten Kapazitäten werden ähnlich durch Multiplikation der relativen Kapazitäten mit `Cr` ermittelt.

Im Skript `butterw_passiv1.m` ist die Entwicklung dieses passiven Filters programmiert:

```
% Skript butterw_passiv1.m, in dem ein passives
% TP Butterworth-Filter nach den Tabellen von
% Zverev berechnet wird
clear;
% ------- Parameter des T-Filters
nord = 5;      % Ordnung des Filters
Rg = 1e3;          Rs = Rg;
f_3dB = 10e6;
omega_3dB = 2*pi*f_3dB;
% Normierte Komponenten
L1 = 0.6180;           C2 = 1.6180;
L3 = 2;
C4 = 1.6180;           L5 = 0.6180;
% Referenz Induktivität und Kapazität
Lr = Rg/omega_3dB;             Cr = 1/(Rg*omega_3dB);
% Absolute Werte der Komponenten
L1 = L1*Lr;      L3 = L3*Lr;      L5 = L5*Lr;
C2 = C2*Cr;      C4 = C4*Cr;
```

```
% ------- Komplexer Frequenzgang in logarithmischen Koordinaten
fc = f_3dB;
a1 = round(log10(fc/100));          a2 = round(log10(fc*100));
f = logspace(a1, a2, 500);          % Logarithmische Frequenzschritte
                                    % zwischen 10^a1 und 10^a2
omega = 2*pi*f;
% ------- Übertragungsfunktion
Ua = 1;          % Ausgangsspannung
U4 = Ua*j*omega*L5/Rg + Ua;
U2 = (U4.*(j*omega*C4)+(U4-Ua)./(j*omega*L5)).*(j*omega*L3) + U4;
Ug = (U2.*(j*omega*C2)+(U2-U4)./(j*omega*L3)).*(j*omega*L1 + Rg) + U2;
H = Ua./Ug;
A = abs(H)/abs(H(1));          phi = angle(H);
figure(1);          clf;
subplot(211), semilogx(f, 20*log10(A));
    title('Amplitudengang mit logarithmischen Achsen ');
    xlabel('Frequenz in Hz');          grid on;
    La = axis;          ylabel('dB');
    hold on;
    plot([fc, fc],[La(3), La(4)],'r');
    hold off;
subplot(212), semilogx(f, unwrap(phi)*180/pi);
    title('Phasengang mit logarithmischer Abszisse ');
    xlabel('Frequenz in Hz');          grid on;          ylabel('Grad');
    hold on;          La = axis;
    plot([fc, fc],[La(3), La(4)],'r');
    hold off;
```

Abb. 3.21 zeigt den Frequenzgang als Amplituden- und Phasengang in logarithmischen Koordinaten. Die Parameter der Tabellen sind für eine Durchlassfrequenz bei -3 dB berechnet worden. Der Übergang aus dem Durchlass- in den Sperrbereich findet hier mit einer Steilheit von -100 dB/Dekade statt, die aus der 5. Ordnung des Filters multipliziert mit der Steilheit von -20 dB/Dekade für jede Ordnung resultiert.

Der komplexe Frequenzgang wird ausgehend von der Ausgangsspannung berechnet:

$$
\begin{aligned}
\underline{U}_a &= 1 \\
\underline{U}_4 &= \underline{U}_a\, j\omega L_5/R_s + \underline{U}_a \\
\underline{U}_2 &= \left[\underline{U}_4\, j\omega C_4 + (\underline{U}_4 - \underline{U}_a)/(j\omega L_5)\right] j\omega L_3 + \underline{U}_4 \\
\underline{U}_g &= \left[\underline{U}_2\, j\omega C_2 + (\underline{U}_2 - \underline{U}_4)/(j\omega L_3)\right] (j\omega L_1 + R_g) + \underline{U}_2 \\
H(j\omega) &= \frac{\underline{U}_a}{\underline{U}_g}
\end{aligned}
\tag{3.59}
$$

Die entsprechenden Programmzeilen aus dem Skript sind leicht zu erkennen.

Für die anderen Standardfiltertypen gibt es oftmals keine Tabellen, und die Berechnung basiert auf der Transformation eines Tiefpassfilters in den gewünschten Filtertyp.

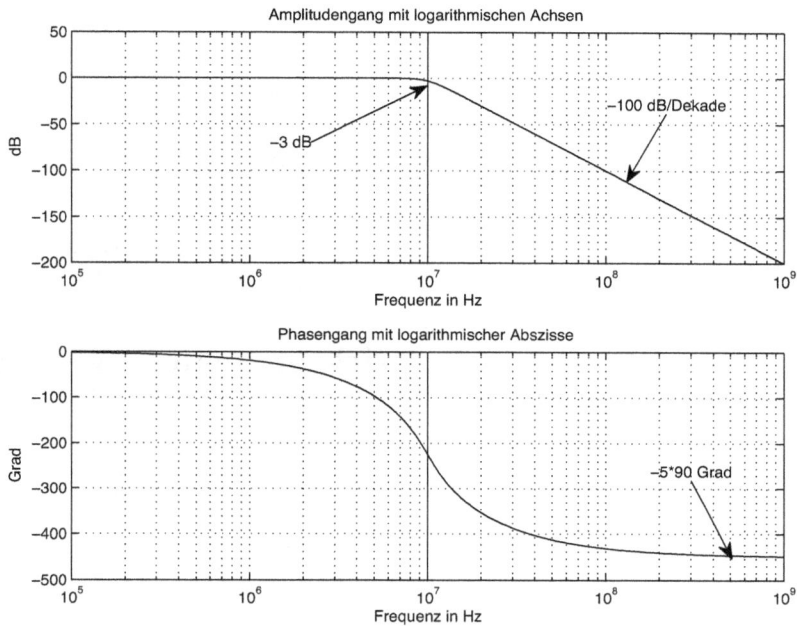

Abb. 3.21: Frequenzgang mit logarithmischen Koordinaten (butterw_passiv1.m)

Im Skript `butter_passiv2.m` ist die Transformation des oben entwickelten Tiefpassfilters in ein HP-Filter gezeigt. Die wichtigsten Programmzeilen dazu sind:

```
......
% Normierte Komponenten
C1 = 1/0.6180;          L2 = 1/1.6180;
C3 = 1/2;
L4 = 1/1.6180;          C5 = 1/0.6180;
% Referenz Induktivität und Kapazität
Lr = Rg/omega_3dB;
Cr = 1/(Rg*omega_3dB);
% Absolute Werte der Komponenten
C1 = C1*Cr;     C3 = C3*Cr;     C5 = C5*Cr;
L2 = L2*Lr;     L4 = L4*Lr;
% ------- Komplexer Frequenzgang in logarithmischen Koordinaten
fc = f_3dB;
a1 = round(log10(fc/1000));
a2 = round(log10(fc*10));
f = logspace(a1, a2, 500);   % Logarithmische Frequenzschritte
% zwischen 10^a1 und 10^a2
omega = 2*pi*f;
% ------- Übertragungsfunktion
```

```
Ua = 1;          % Ausgangsspannung
U4 = Ua./(j*omega*C5*Rg) + Ua;
U2 = (U4./(j*omega*L4)+(U4-Ua).*(j*omega*C5))./(j*omega*C3) + U4;
Ug = (U2./(j*omega*L2)+(U2-U4).*(j*omega*C3)).*(1./(j*omega*C1) + Rg) + U2

H = Ua./Ug;
A = abs(H)/abs(H(end));              phi = angle(H);
.......
```

In der Schaltung aus Abb. 3.20 müssen die Induktivitäten mit den Kapazitäten und die Kapazitäten mit den Induktivitäten getauscht werden, um den HP- aus dem Tiefpassfilter zu erhalten.

3.3.3   Beispiel für die Entwicklung eines passiven Bandpassfilters

Abb. 3.22 zeigt ein Bandpassfilter 10. Ordnung mit Ersatzimpedanzen $\underline{Z}_1, \underline{Z}_2, \underline{Z}_3$ und Ersatzadmittanzen (oder Leitwerten) $\underline{Y}_4, \underline{Y}_5, \underline{Y}_6$, die es erlauben, die Berechnung des Frequenzgangs solcher Strukturen zu verallgemeinern:

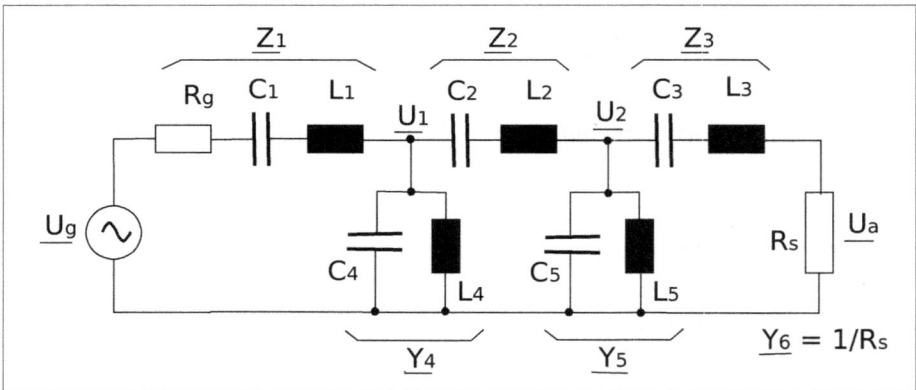

Abb. 3.22: Passives Bandpassfilter 10. Ordnung

$$\underline{U}_a = 1$$
$$\underline{U}_2 = \underline{U}_a \, \underline{Y}_6 \, \underline{Z}_3 + \underline{U}_a$$
$$\underline{U}_1 = [\underline{U}_2 \, \underline{Y}_5 + (\underline{U}_2 - \underline{U}_a)/\underline{Z}_3] \underline{Z}_2 + \underline{U}_2$$
$$\underline{U}_g = [\underline{U}_1 \, \underline{Y}_4 + (\underline{U}_1 - \underline{U}_2)/\underline{Z}_2] \underline{Z}_1 + \underline{U}_1$$
$$H(j\omega) = \frac{\underline{U}_a}{\underline{U}_g}$$

(3.60)

Im Skript `bandpass_passiv1.m` wird ein solches Bandpassfilter 10. Ordnung berechnet. Die Ordnung ist durch die Anzahl der Induktoren und Kondensatoren gegeben. Es ist eine ideale Schaltung, weil die Induktoren keine Widerstände in Reihe und die Kondensatoren keine parallelen Verlustwiderstände besitzen.

```
% Skript bandpass_passiv1.m, in dem ein
% passives Bandpassfilter 10. Ordnung
% berechnet wird
clear;
% ------- Parameter des T-Filters
nord = 5;      % Ordnung des Filters
Rg = 1e3;               Rs = Rg;
f_0 = 10e6;    % Mittefrequenz des Bandpassfilters
omega_0 = 2*pi*f_0;
% Normierte Komponenten
alpha = 10
C1 = alpha;    L1 = 1/alpha;    C3 = C1;       L3 = L1;
C4 = C1;       C5 = C4;    L4 = L1;       L5 = L1;
betha = 0.1;
C2 = betha;         L2 = 1/betha;
% Referenz Induktor und Kondensator
Lr = Rg/omega_0;
Cr = 1/(Rg*omega_0);
% Absolute Werte der Komponenten
L1 = L1*Lr;    C1 = C1*Cr;    L2 = L2*Lr;    C2 = C2*Cr;
L3 = L3*Lr;    C3 = C3*Cr;    L4 = L4*Lr;    C4 = C4*Cr;
L5 = L5*Lr;    C5 = C5*Cr;
% ------- Komplexer Frequenzgang in logarithmischen Koordinaten
fc = f_0;
a1 = round(log10(fc/10));    a2 = round(log10(fc*10));
f = logspace(a1, a2, 1000);    % Logarithmische Frequenzschritte
% zwischen 10^a1 und 10^a2
omega = 2*pi*f;
% ------ Impedanzen und Admittanzen
Z1 = Rg + 1./(j*omega*C1) + j*omega*L1;
Z2 = 1./(j*omega*C2) + j*omega*L2;
Z3 = 1./(j*omega*C3) + j*omega*L3;
Y4 = j*omega*C4 + 1./(j*omega*L4);
Y5 = j*omega*C5 + 1./(j*omega*L5);
Y6 = 1/Rs;

Ua = 1;        % Ausgangsspannung
U2 = Ua*Y6.*Z3 + Ua;
U1 = (U2.*Y5 + (U2-Ua)./Z3).*Z2 + Ua;
Ug = (U1.*Y4 + (U1-U2)./Z2).*Z1 + U1;
H = Ua./Ug;
A = abs(H);        phi = angle(H);
......
```

Abb. 3.23 zeigt den Frequenzgang des Filters für die zwei Parameter alpha= 10, betha = 0,1 mit deren Hilfe der Frequenzgang gesteuert werden kann. Alle Paare von Komponenten L_i, C_i ergeben die gleiche Resonanzfrequenz ω_0, $L_iC_i = 1/\omega_0^2$ als

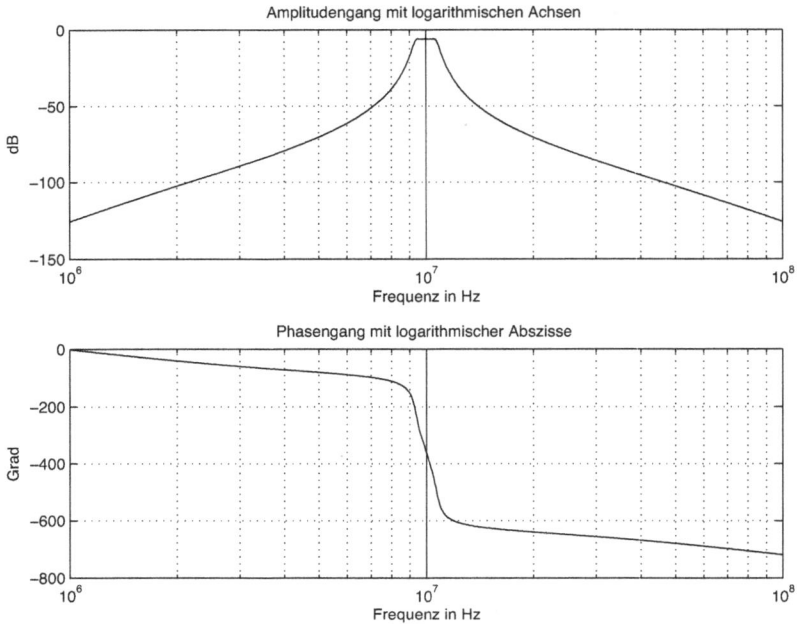

Abb. 3.23: Frequenzgang mit logarithmischen Koordinaten (bandpass_passiv1.m)

Mittenfrequenz des Bandpassfilters.

Bei einer Ordnung 10 des Bandpassfilters ist die Steilheit nach oben $5 \times 20 = 100$ dB/Dekade und nach unten -5×20 dB/Dekade, gesamt also $10 \times 20 = 200$ dB/Dekade.

3.3.4 Aktive Filter

Die aktiven Filter, die hier behandelt werden, sind Schaltungen mit Operationsverstärkern, bestehend aus Abschnitten, die in Reihe geschaltet werden. So zeigt z.B. Abb. 3.24 ein Tiefpassfilter 3. Ordnung, der aus zwei Abschnitten besteht. Der erste Abschnitt stellt ein Tiefpassfilter 1. Ordnung dar und der zweite ist ein Tiefpassfilter 2. Ordnung mit einer Schaltung, die in der Literatur als *Sallen-Key* bekannt ist [22]. Zusammen ergeben sie ein Tiefpassfilter 3. Ordnung.

Der komplexe Frequenzgang oder die Übertragungsfunktion kann durch Multiplikation der Frequenzgänge der Abschnitte berechnet werden, da die OPs als Spannungsfolger geschaltet sind und auch die Rolle der Trennverstärker übernehmen:

$$H(j\omega) = \frac{U_a(j\omega)}{U_e(j\omega)} = H_1(j\omega) \, H_2(j\omega) \tag{3.61}$$

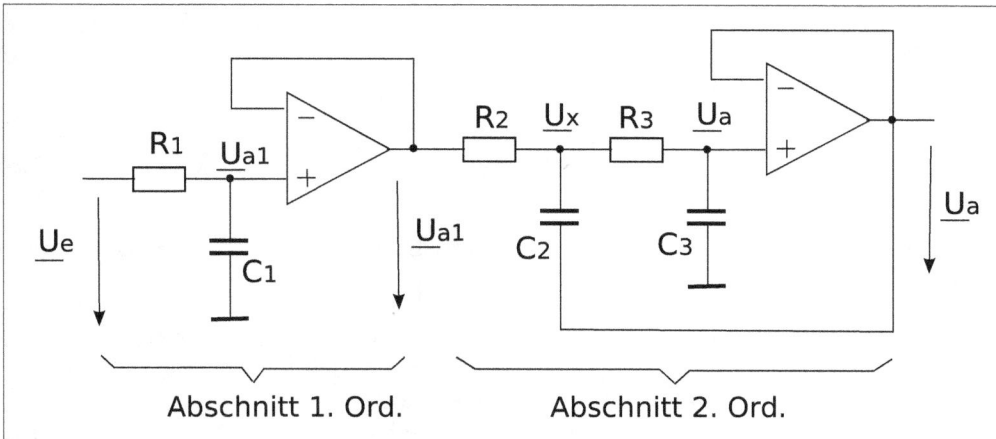

Abb. 3.24: Aktives Tiefpassfilter 3. Ordnung bestehend aus einem Abschnitt 1. Ordnung und aus einem Abschnitt 2. Ordnung

Die erste Übertragungsfunktion ist sehr einfach:

$$H_1(j\omega) = \frac{U_{a1}(j\omega)}{U_e(j\omega)} = \frac{1}{j\omega R_1 C_1 + 1} \tag{3.62}$$

Die zweite Übertragungsfunktion wird mit Hilfe einer Zwischenvariablen $U_x(j\omega)$ aus folgenden zwei Gleichungen ermittelt:

$$\frac{U_a(j\omega)}{1/(j\omega C_3)} R_3 + U_a(j\omega) = U_x(j\omega)$$

$$\left[\frac{U_x(j\omega) - U_a(j\omega)}{1/(j\omega C_2)} + \frac{U_a(j\omega)}{1/(j\omega C_3)} \right] R_2 + U_x(j\omega) = U_{a1}(j\omega) \tag{3.63}$$

Die Eliminierung der Zwischenspannung $U_x(j\omega)$ führt auf:

$$H_2(j\omega) = \frac{U_a(j\omega)}{U_{a1}(j\omega)} = \frac{1}{(j\omega)^2 C_2 R_2 C_3 R_3 + j\omega C_3 (R_3 + R_2) + 1} \tag{3.64}$$

Filter höherer Ordnung werden mit weiteren Abschnitten erzeugt. Für eine gerade Ordnung besteht dann das Filter aus Abschnitten zweiter Ordnung und bei ungerader Ordnung ist auch ein Abschnitt erster Ordnung dabei (wie im vorherigen Beispiel).

Die allgemeine Form der Übertragungsfunktion eines Tiefpassfilters erster Ordnung wird wie folgt geschrieben:

$$H_1(j\omega) = \frac{1}{j\omega/\omega_0 + 1} \tag{3.65}$$

Diese Übertragungsfunktion hat nur einen Parameter in Form der charakteristischen Frequenz oder Eckfrequenz ω_0. Ähnlich ist die allgemeine Übertragungsfunktion eines Tiefpassfilters zweiter Ordnung durch

$$H_2(j\omega) = \frac{1}{(j\omega/\omega_0)^2 + (j\omega/\omega_0)d + 1} \tag{3.66}$$

gegeben. Sie hat zwei Parameter: die charakteristische Frequenz oder Eckfrequenz ω_0 und den Dämpfungsfaktor d.

Für die Entwicklung solcher Filter kann man ebenfalls Tabellen benutzen, die für eine bestimmte Filterordnung die Parameter der Abschnitte liefern. Auch hier gibt es verschiedene Annäherungen der idealen Filter, die in den verschiedenen Typen, wie Bessel, Butterworth, Tschebyschev etc. realisiert sind.

Als Beispiel wird ein Tiefpassfilter 3. Ordnung vom Typ Tschebyschev mit 1 dB Welligkeit im Durchlassbereich berechnet und untersucht. Aus einer Tabelle [5] werden folgende Parameter der Abschnitte gelesen:

$$f_{01}/f_p = 0,4942; \qquad f_{02}/f_p = 0,9971; \qquad d = 0,4956 \tag{3.67}$$

Hier sind f_{01}, f_{02} die charakteristischen Frequenzen der Abschnitte $(\omega_{01}/(2\pi), \omega_{02}/(2\pi))$ und d ist der Dämpfungsfaktor. Die charakteristischen Frequenzen sind relativ zur konkreten Durchlassfrequenz f_p gegeben. So z.B. für ein Tiefpassfilter 3. Ordnung mit Durchlassfrequenz 10 kHz, sind dann die charakteristischen Frequenzen $f_{01} = 0,4942 \times 10^4$ $Hz = 4942$ Hz und $f_{02} = 0,9971 \times 10^4$ $Hz = 9971$ Hz.

Wenn die Schaltung des Filters gemäß Abb. 3.23 aufgebaut wird, muss man nur die Parameter $C_1, R_1, R_2, C_2, R_3, C_3$ der zwei Abschnitte bestimmen. Der Vergleich der Gl. (3.62) und der allgemeinen Gl. (3.65) führt zur Bestimmungsgleichung für die Parameter des ersten Abschnitts 1. Ordnung:

$$R_1 C_1 = \frac{1}{\omega_{01}} = \frac{1}{2\pi f_{01}} \tag{3.68}$$

Es wird eine Kapazität aus einem Datenblatt für verfügbare Kapazitäten gewählt und es wird der entsprechende Widerstand aus der Bestimmungsgleichung berechnet.

Ein ähnlicher Vergleich der Gl. (3.64) und Gl. (3.66) führt auf folgende Bestimmungsgleichungen:

$$\begin{aligned} C_2 R_2 C_3 R_3 &= \frac{1}{\omega_{02}^2} = \frac{1}{(2\pi f_{02})^2} \\ C_3(R_2 + R_3) &= \frac{d}{\omega_{02}} = \frac{d}{2\pi f_{02}} \end{aligned} \tag{3.69}$$

Hier gibt es nur zwei Bestimmungsgleichungen und vier unbekannte Parameter C_2, C_3, R_2, R_3. Man muss hier zwei Komponenten wählen und die anderen zwei aus diesen Bestimmungsgleichungen ermitteln.

Im Skript `aktiv_cheby1.m` ist das Filter mit Hilfe der MATLAB-Funktion **cheby1** berechnet und der Frequenzgang dargestellt:

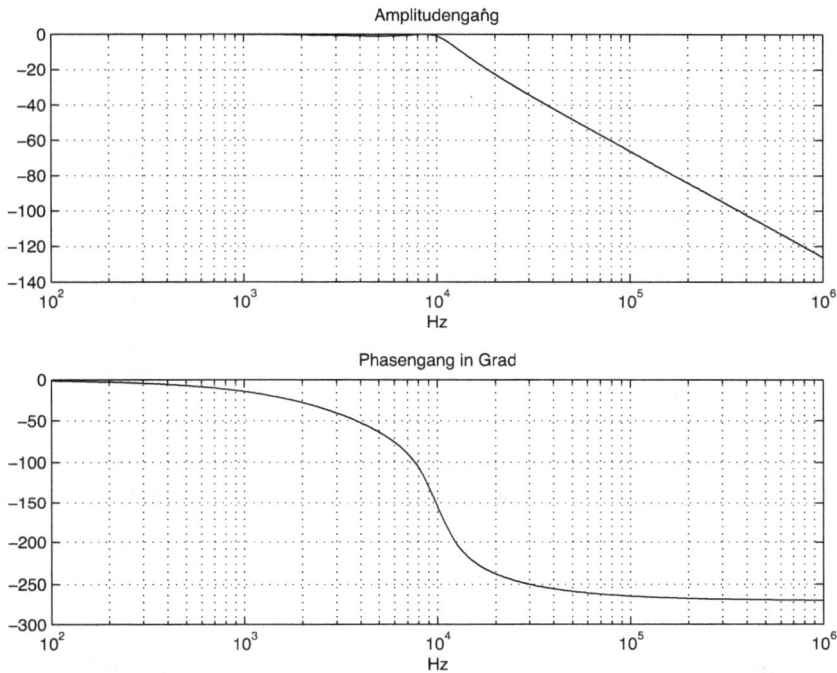

Abb. 3.25: Frequenzgang des Tiefpassfilters 3. Ordnung Typ Tschebyschev mit 1dB Welligkeit
(aktiv_cheby1.m)

```
% Skript aktiv_cheby1.m, in dem ein Tiefpassfilter vom
% Typ Tschebyschev ermittelt wird
clear;
% -------- Spezifikationen des Filters
fp = 10e3;       % Durchlassfrequenz
Rp = 1;          % Welligkeit im Durchlassbereich
nord = 3;        % Ordnung des Filters
% -------- Filter mit der Funktion cheby1 entwerfen
[b,a] = cheby1(nord, Rp, 2*pi*fp, 's');
% -------- Frequenzgang mit bode
a1 = round(log10(fp/100));     % fmin = 2 Dekade kleiner als fp
a2 = round(log10(fp*100));     % fmax = 2 Dekade größer als fp
f = logspace(a1, a2, 500);     % 500 Frequenzwerte

[A, phi] = bode(b,a, 2*pi*f);
figure(1);     clf;
subplot(211), semilogx(f, 20*log10(A));
   title('Amplitudengang');
   xlabel('Hz');     grid on;
subplot(212), semilogx(f, phi);
```

```
    title('Phasengang in Grad');
    xlabel('Hz');      grid on;
% -------- Frequenzgang direkt mit Hilfe der Polynome
zaehler = polyval(b, j*2*pi*f);   % Werte des Zählerpolynoms
nenner = polyval(a, j*2*pi*f);    % Werte des Nennerpolynoms
H = zaehler./nenner;              % Übertragungsfunktion
A1 = abs(H);                      % Betrag (Amplitudengang)
phi1 = unwrap(angle(H))*180/pi;   % Phasengang
figure(2);      clf;
subplot(211), semilogx(f, 20*log10(A1));
    title('Amplitudengang');
    xlabel('Hz');      grid on;
subplot(212), semilogx(f, phi1);
    title('Phasengang in Grad');
    xlabel('Hz');      grid on;
```

Die Funktion **cheby1** liefert die Koeffizienten des Polynoms in $j\omega$ des Zählers $Q(j\omega)$ und des Polynoms im Nenner $P(j\omega)$, die die Übertragungsfunktion des Filters definieren:

$$H(j\omega) = \frac{Q(j\omega)}{P(j\omega)} \qquad (3.70)$$

Der Frequenzbereich für die Darstellung des Frequenzgangs wird von einer Frequenz, die zwei Dekaden kleiner als die Durchlassfrequenz f_p ist, bis zu einer Frequenz die zwei Dekaden größer als dieselbe Durchlassfrequenz ist, gewählt. Der Frequenzgang ist einmal mit der Funktion **bode** und direkt durch die Werte der Polynome für die gewählten Frequenzen berechnet. Die Werte der Polynome werden mit der Funktion **polyval** berechnet. Bei Frequenzen, die viel größer als die Durchlassfrequenz sind, ist der Amplitudengang annähernd gleich mit

$$A(\omega) \cong \frac{1}{(\omega/\omega_0)^3} \qquad (3.71)$$

und dadurch erhält man im logarithmischen Amplitudengang für diesen Frequenzbereich eine Gerade mit Steilheit -60 dB/Dekade

$$A(\omega)^{dB} = 20\log_{10}(A(\omega)) \cong 0 - 60\log_{10}(\omega) + 60\log_{10}(\omega_0), \qquad (3.72)$$

die die Abszizze bei $\omega = \omega_0$ schneidet.

Abb. 3.26 zeigt ein aktives Hochpassfilter dritter Ordnung, das ähnlich dem Tiefpassfilter dritter Ordnung aus Abb. 3.24 ist. Die Widerstände und Kapazitäten sind vertauscht. Für ein Hochpassfilter vom Typ Tschebyschev mit 1 dB Welligkeit sind die relativen charakteristischen Frequenzen mit den Kehrwerten der Koeffizienten des Tiefpassfilters (aus Gl. (3.67)) zu ermitteln:

$$f_{01}/f_p = 1/0,4942 = 2,0235; \quad f_{02}/f_p = 1/0,9971 = 1,0029; \quad d = 0,4956 \quad (3.73)$$

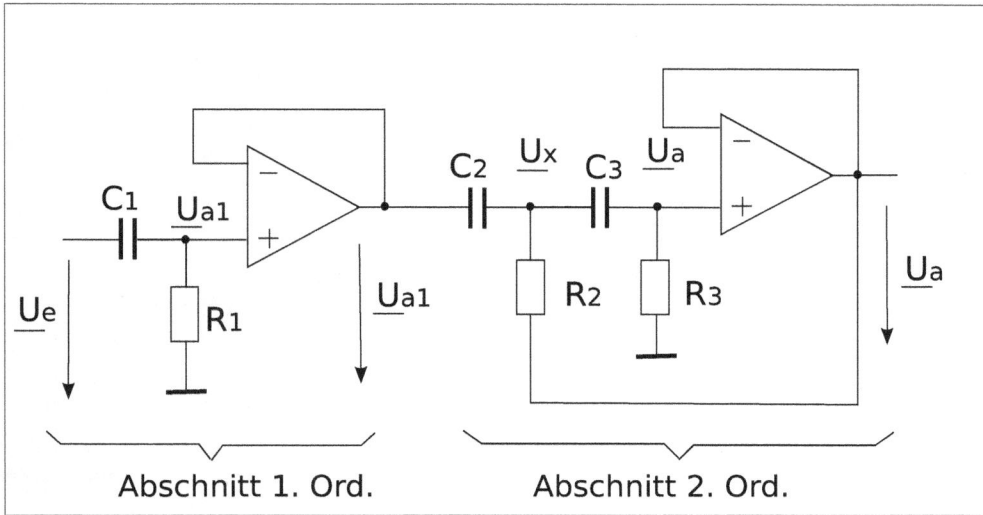

Abb. 3.26: Aktives Hochpassfilter 3. Ordnung

Für dieses Hochpassfilter 3. Ordnung und z.B. einer Durchlassfrequenz von $f_p = 10$ kHz sind die charakteristischen Frequenzen der Abschnitte $f_{01} = 20235$ kHz bzw. $f_{02} = 10029$ kHz. Der Dämpfungsfaktor d bleibt der gleiche wie beim Tiefpassfilter.

Im Skript `aktiv_chebyHP1.m` wird das Filter mit der gleichen MATLAB-Funktion **cheby1** ermittelt. Die entsprechende Zeile des Skripts ist:

```
. . . . . . . . .
% -------- Filter entwerfen mit der Funktion cheby1
[b,a] = cheby1(nord, Rp, 2*pi*fp,'high','s');
. . . . . . . .
```

Mit der Option `'high'` wird der Funktion mitgeteilt, dass es sich um ein Hochpassfilter handelt. Die Übertragungsfunktionen der zwei Abschnitte sind ähnlich wie beim Tiefpassfilter zu ermitteln, was auch eine gute Übung ist. Sie sind hier als Ergebnis gegeben:

$$H_1(j\omega) = \frac{U_{a1}(j\omega)}{U_e(j\omega)} = \frac{j\omega R_1 C_1}{j\omega R_1 C_1 + 1} = \frac{j\omega/\omega_{01}}{j\omega/\omega_{01} + 1} \tag{3.74}$$

$$H_2(j\omega) = \frac{U_a(j\omega)}{U_{a1}(j\omega)} = \frac{(j\omega)^2 C_2 R_2 C_3 R_3}{(j\omega)^2 C_2 R_2 C_3 R_3 + j\omega R_2 (C_3 + C_2) + 1} =$$
$$\frac{(j\omega/\omega_{02})^2}{(j\omega/\omega_{02})^2 + j(\omega/\omega_{02})d + 1} \tag{3.75}$$

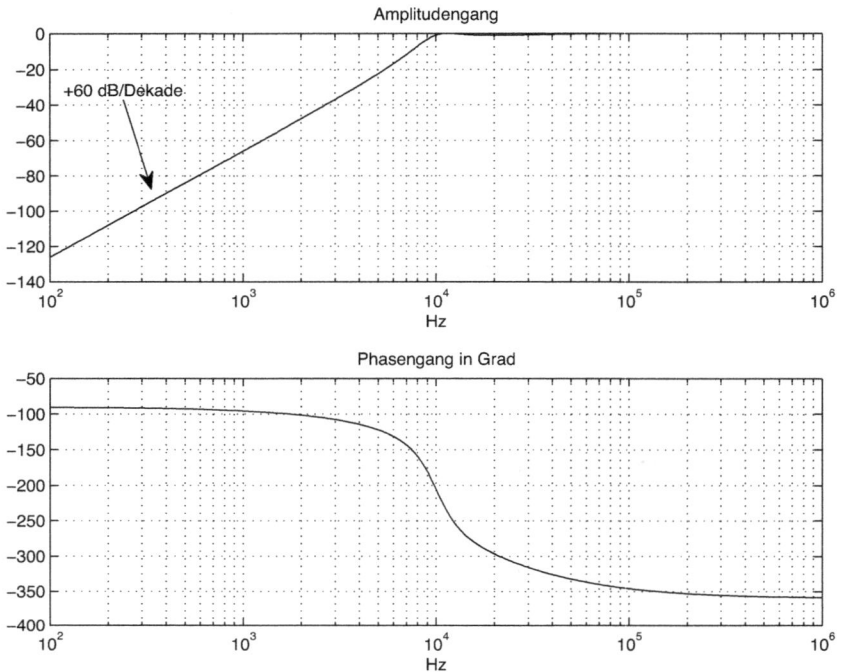

Abb. 3.27: Frequenzgang des Hochpassfilters 3. Ordnung Typ Tschebyschev mit 1dB Welligkeit
(`aktiv_chebyHP1.m`)

$$H(j\omega) = H_1(j\omega)\, H_2(j\omega) = \frac{j\omega/\omega_{01}}{(j\omega/\omega_{01}+1)} \cdot \frac{(j\omega/\omega_{02})^2}{((j\omega/\omega_{02})^2 + j(\omega/\omega_{02})d + 1)} \qquad (3.76)$$

Für Frequenzen $\omega \ll \omega_{01}$, ω_{02} ist der Frequenzgang annähernd durch

$$H(j\omega) \cong (j\omega/\omega_{01})(j\omega/\omega_{02})^3 = -\frac{(j\omega)^3}{\omega_{01}\omega_{02}^2} \qquad (3.77)$$

gegeben, was für den logarithmischen Amplitudengang in diesem Frequenzbereich eine Gerade mit Steigung von + 60 dB/Dekade bedeutet:

$$A(\omega)^{dB} = 20\log_{10}(A(\omega)) \cong 60\log_{10}(\omega) - 60\log_{10}(\omega_0) \qquad (3.78)$$

Die Phasenverschiebung ist wegen des Faktors $-j$ gleich $-\pi/2$. Bei hohen Frequenzen $\omega \gg \omega_{01}$, ω_{02} ist der Frequenzgang gleich eins:

$$H(j\omega) \cong 1 \qquad (3.79)$$

Das entspricht einem logarithmischen Amplitudengang gleich 0 dB und einer Phasenverschiebung gleich null (oder -2π). Durch ω_0 wurde die Durchlassfrequenz des Gesamtfilters bezeichnet, die von den Frequenzen ω_{01}, ω_{02} abhängig ist.

Für das entwickelte Hochpassfilter ist der Frequenzgang in Abb. 3.27 dargestellt. Mit der Zoom-Funktion der Darstellung kann man hier die Welligkeit im Durchlassbereich sichtbar machen.

Experiment 3.3.1: Zeitverhalten eines Hochpassfilters 3. Ordnung

In diesem Experiment wird das Hochpassfilter 3. Ordnung aus dem vorherigen Kapitel im Zeitbereich untersucht. Es wird eine neue Schaltung des Filters benutzt, die in Abb. 3.28 gezeigt ist. Die Verstärker sind ideale Spannungsfolger, mit praktisch unendlichem Eingangswiderstand und null Ausgangswiderstand.

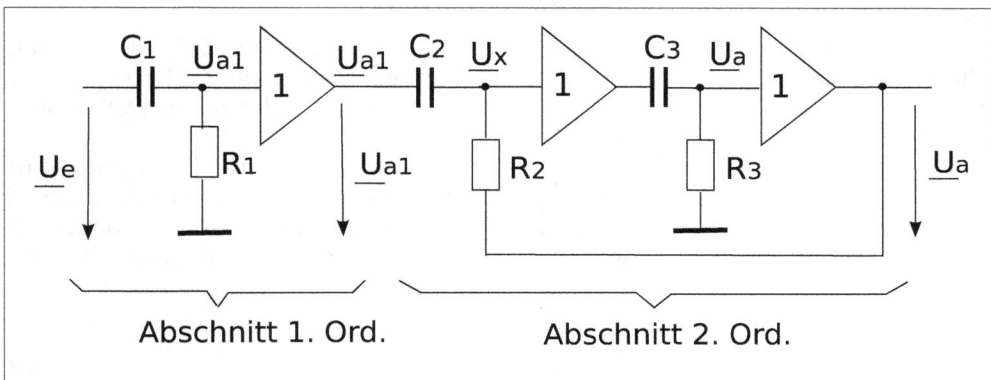

Abb. 3.28: Aktives Hochpassfilter 3. Ordnung mit drei Spannungsfolger

Die Übertragungsfunktion kann aus folgenden Gleichungen ermittelt werden:

$$\underline{U}_x = \frac{\underline{U}_a}{R_3} \cdot \frac{1}{j\omega C_3} + \underline{U}_a; \qquad \frac{\underline{U}_x - \underline{U}_a}{R_2} \cdot \frac{1}{j\omega C_2} + \underline{U}_x = \underline{U}_{a1}$$

$$\frac{\underline{U}_{a1}}{R_1} \cdot \frac{1}{j\omega C_1} + \underline{U}_{a1} = \underline{U}_e \tag{3.80}$$

Durch Eliminierung der Zwischenspannungen $\underline{U}_x, \underline{U}_{a1}$ erhält man die Übertragungsfunktion:

$$H(j\omega) = \frac{\underline{U}_a}{\underline{U}_e} = \frac{U_a(j\omega)}{U_e(j\omega)} = \frac{j\omega R_1 C_1}{j\omega R_1 C_1 + 1} \cdot \frac{(j\omega)^2 C_2 R_2 C_3 R_3}{(j\omega)^2 C_2 R_2 C_3 R_3 + j\omega R_2 C_2 + 1} =$$

$$\frac{j\omega/\omega_{01}}{(j\omega/\omega_{01} + 1)} \cdot \frac{(j\omega/\omega_{02})^2}{((j\omega/\omega_{02})^2 + j(\omega/\omega_{02})d + 1)} \tag{3.81}$$

Die Bestimmungsgleichungen für die Parameter der Schaltung sind:

$$R_1 C_1 = \frac{1}{\omega_{01}} \qquad R_2 C_2 = \frac{d}{\omega_{02}} \qquad R_2 C_2 R_3 C_3 = \frac{1}{\omega_{02}^2} \tag{3.82}$$

Aus einer Tabelle für das Tschebyschev-Hochpassfilter 3. Ordnung mit 1 dB Welligkeit im Durchlassbereich [5] werden die relativ zur Durchlassfrequenz charakteristischen Frequenzen gemäß Gl. (3.73) erhalten:

$$f_{01}/f_p = 2,0235 \cong 2; \quad f_{02}/f_p = 1,0029 \cong 1; \quad d = 0,4956 \cong 0,5$$

Für eine Durchlassfrequenz $f_p = 10e^3$ Hz sind die absoluten charakteristischen Frequenzen $f_{01} = 20e^3$ Hz, $f_{02} = 10e^3$ Hz und der Dämpfungsfaktor bleibt $d = 0,5$. Da nur drei Bestimmungsgleichungen (Gl. (3.82)) vorliegen und 6 Parameter zu bestimmen sind, müssen 3 Parameter gewählt werden. Man wählt die Kapazitäten mit Datenblattwerten und berechnet aus den Gleichungen die Widerstände, weil diese viel leichter einzustellen sind.

Es werden jetzt für die Spannungen der Kapazitäten, die hier die Zustandsvariablen sind, ein System von Differentialgleichungen erster Ordnung ermittelt. Aus diesen Spannungen wird dann auch die Ausgangsspannung durch eine algebraische Gleichung berechnet. Für die gezeigte Schaltung, in der jetzt Zeitvariablen angenommen werden, ist:

$$
\begin{aligned}
u_a(t) &= -u_{C3}(t) - u_{C2}(t) - u_{C1}(t) + u_e(t) \\
u_x(t) &= -u_{C2}(t) - u_{C1}(t) + u_e(t)
\end{aligned}
\tag{3.83}
$$

Die Ströme der Kapazitäten werden mit Hilfe der Spannungen ausgedrückt:

$$
\begin{aligned}
C_1 \frac{du_{C1}(t)}{dt} &= \frac{u_e(t) - u_{C1}(t)}{R_1} \\
C_2 \frac{du_{C2}(t)}{dt} &= \frac{u_x(t) - u_a(t)}{R_2} = \frac{u_{C3}(t)}{R_2} \\
C_3 \frac{du_{C3}(t)}{dt} &= \frac{-u_{C3}(t) - u_{C2}(t) - u_{C1}(t) + u_e(t)}{R_3}
\end{aligned}
\tag{3.84}
$$

Diese Differentialgleichungen können auch in einer Matrixform geschrieben werden. Zur Vereinfachung werden die Spannungen der Kapazitäten in einem Vektor $\mathbf{x}(t) = [u_{C1}(t), u_{C2}(t), u_{C3}(t)]'$ zusammengefasst. Die Matrixform wird dann:

$$\frac{d\mathbf{x}(t)}{dt} = \mathbf{A}\mathbf{x}(t) + \mathbf{B}u_e(t) \tag{3.85}$$

Im Skript `aktiv_chebyHP3.m` wird die Sprungantwort des Hochpassfilters über dieses System von Differentialgleichungen erster Ordnung ermittelt:

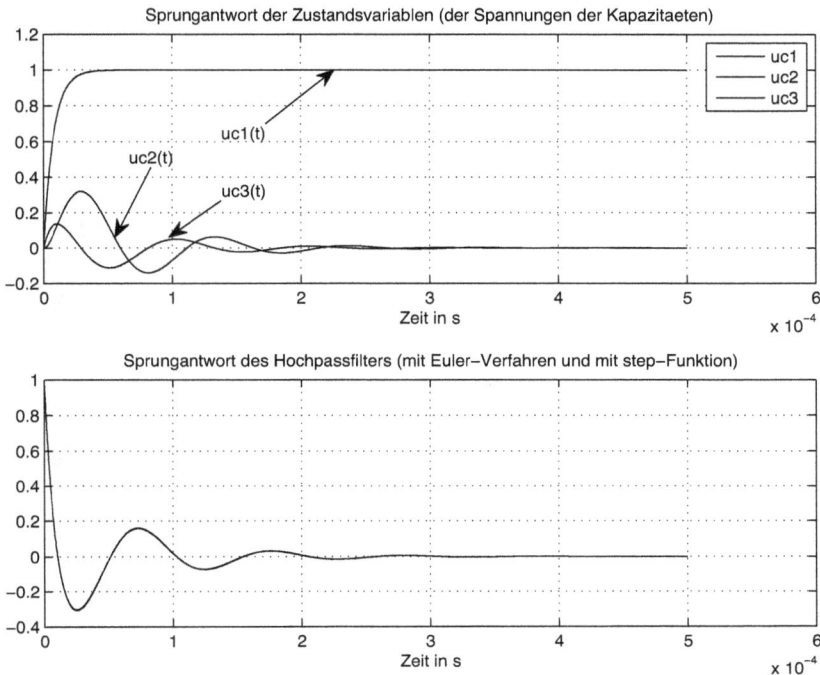

Abb. 3.29: Sprungantworten für die Spannungen der Kondensatoren und Ausgangspannung der Hochpassfilter 3. Ordnung (aktiv_chebyHP3.m)

```
% Skript aktiv_chebyHP3.m, in dem ein Hochpassfilter vom
% Typ Tschebyschev im Zeitbereich untersucht wird
% Es wird die Sprungantwort ermittelt und dargestellt
clear;
% -------- Spezifikationen des Filters
fp = 10e3;       % Durchlassfrequenz
Rp = 1;          % Welligkeit im Durchlassbereich
nord = 3;        % Ordnung des Filters
% -------- Filter entwerfen mit Koeffizienten aus Tabelle
f01_r = 2;  % Charakteristische Frequenz (Relativ zur Durchlassfrequenz)
f02_r = 1;  % Charakteristische Frequenz (Relativ zur Durchlassfrequenz)
d = 0.5;       % Dämpfungsfaktor
f01 = fp*f01_r;        f02 = fp*f02_r;      % Absolute charakt. Frequenzen
% -------- Parameter der Schaltung
C1 = 1e-9;             R1 = 1/(2*pi*f01*C1);
C2 = 0.1e-9;           C3 = C2;
R2 = d/(2*pi*f02*C2);          R3 = 1/((2*pi*f02)^2*R2*C2*C3);
% ------- Matrizen des Systems
A = [-1/(R1*C1), 0 0; 0 0 1/(R2*C2);
```

```
        [-1 -1 -1]/(R3*C3)];
B = [1/(R1*C1); 0; 1/(R3*C3)];
% ------- Numerische Integration mit Euler-Verfahren
dt = 1e-7;              Tfinal = 5e-4;
t = 0:dt:Tfinal;       nt = length(t);
x = zeros(3, nt);      % Zustandsvariablen (Spannungen der
                       % Kapazitäten
ue = ones(1, nt);      % Eingangssprung
x(:,1) = zeros(3,1);   % Anfangsspannungen der Kapazitäten
ua = zeros(1,nt);      % Initialisierung der Ausgangsspannung
ua(1) = -sum(x(:,1)) + ue(1);% Anfangswert der Ausgangsspannung
% ------- Euler-Verfahren
for k = 1:nt-1
    x(1,k+1) = x(1,k) + dt*(-x(1,k) + ue(k))/(R1*C1);
    x(2,k+1) = x(2,k) + dt*x(3,k)/(R2*C2);
    x(3,k+1) = x(3,k) + dt*(-x(1,k) - x(2,k) - x(3,k) + ue(k))/(R3*C3);
    ua(k+1) = -sum(x(:,k+1)) + ue(k+1);
end;
% Euler-Verfahren in Matrixform
%for k = 1:nt-1
%    x(:,k+1) = x(:,k) + dt*(A*x(:,k) + B*ue(k));
%    ua(k+1) = -sum(x(:,k+1)) + ue(k+1);
%end;
figure(1);    clf;
subplot(211), plot(t, x')
    title(['Sprungantwort der Zustandsvariablen ',...
          '(der Spannungen der Kapazitaeten)'])
    xlabel('Zeit in s'); grid on;
    legend('uc1', 'uc2', 'uc3');
subplot(212), plot(t, ua);
    title(['Sprungantwort des Hochpassfilters ',...
          '(mit Euler-Verfahren und mit step-Funktion)'])
    xlabel('Zeit in s'); grid on;
    hold on;
% -------- Sprungantwort mit step
% Filter entwerfen mit der Funktion cheby1
[b,a] = cheby1(nord, Rp, 2*pi*fp,'high','s');
my_sys = tf(b,a)
h = step(my_sys, t);
plot(t,h,'r');
hold off;
```

Zuerst werden die Komponenten der Schaltung ermittelt, indem man Werte für die Kapazitäten wählt und die Widerstände aus den Bestimmungsgleichungen berechnet. Danach werden die Matrizen **A** und **B** aufgestellt. Es folgen Initialisierungen der Variablen und schließlich wird das numerische Integrationsverfahren nach Euler direkt gemäß der Differentialgleichungen programmiert. Als Kommentar ist auch die Integration in der Matrixform dargestellt.

Abb. 3.29 zeigt oben die Sprungantworten für die Zustandsvariablen (Spannungen der Kapazitäten) und darunter die Sprungantwort für die Ausgangsspannung. Die Spannung der Kapazität C_1 zeigt das Laden dieser Kapazität mit der Zeitkonstanten $R_1 C_1$. Wenn sie aufgeladen ist, geht der Strom durch R_1 zu null und das führt dazu, dass die Spannungen der Kapazitäten C_2 und C_3 auch Endwerte gleich null haben.

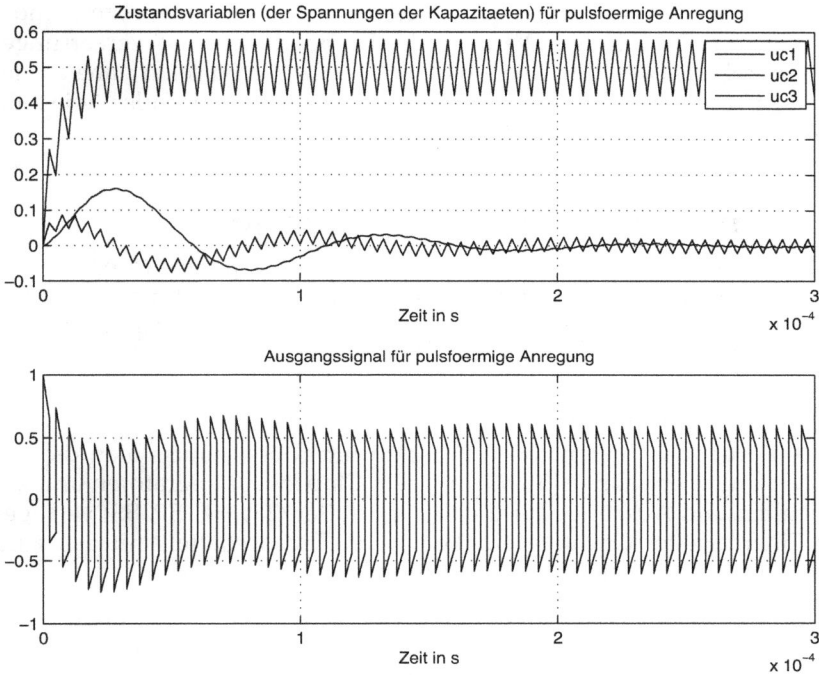

Abb. 3.30: *Spannungen der Kondensatoren und Ausgangspannung des Hochpassfilters 3. Ordnung angeregt mit einer Pulsfolge* (aktiv_chebyHP4.m)

Die Ausgangsspannung ist, wie erwartet, im ersten Moment gleich dem Eingangssprung und geht zu null für $t \to \infty$. Die Sprungantwort für die Ausgangsspannung ist auch mit der MATLAB-Funktion **step** berechnet und überlagert auf die mit Euler-Verfahren ermittelte Sprungantwort in Abb. 3.29 unten dargestellt. Wie man sieht, gibt es praktisch keinen Unterschied.

Mit dem numerischen Verfahren kann man ohne viel Aufwand die Antwort des Filters auf beliebige Eingangssignale ermitteln. Im Skript aktiv_chebyHP4.m ist die Antwort des Filters auf eine periodische Pulsfolge der Frequenz f_0 mit Werten von 1 und 0 mit Tastverhältnis 1:1 ermittelt. Es unterscheidet sich vom vorherigen Skript nur durch die Art, in der das Signal $u_e(t)$ generiert wird:

```
.....
f0 = 20e4;    % Frequenz der Eingangspulse
ue = (1+sign(sin(2*pi*f0*t)))/2;    % Eingangspannung in Form
% von Pulsen der Frequenz f0
......
```

Mit der `sign`-Funktion wird aus einem sinusförmigen Signal ein rechteckiges gebildet und dann auf Werte zwischen 0 und 1 gebracht. Durch das Hochpassfilter mit Durchlassfrequenz von 10 kHz wird der Mittelwert der Pulsfolge der Frequenz von 20 kHz entfernt.

Abb. 3.30 zeigt oben wiederum die Zustandsvariablen (Spannungen der Kapazitäten) und darunter das Ausgangssignal. Nach einem Einschwingprozess sind die Pulse ohne Mittelwert. Die schrägen Verläufe der Halbperioden sind Verzerrungen wegen des Phasenverlaufs, weil die Frequenz von 20 kHz der Pulse zu nahe an der Durchlassfrequenz von 10 kHz ist. Mit einer höheren Frequenz der Pulse (wie z.B. 50 kHz) ist die Wiedergabe der Pulse viel besser.

3.4   Integrierte Filterschaltungen

Die Filterschaltungen mit Operationsverstärkern, diskreten Widerständen und Kapazitäten belegen eine viel zu große Fläche auf den Leiterplatinen und werden praktisch nur in der Leistungselektronik in der gezeigten Form eingesetzt, weil hier die anderen Komponenten schon eine große Fläche benötigen.

3.4.1   Universal-Filter

In der Bestrebung die analogen Filter zu integrieren, muss man die so genannten Universalfilter erwähnen [3], die in einem Chip zwei Integratoren und zusätzliche OPs enthalten und Ausgänge für die Standardfilter (TP, HP, BP, BS) verfügen. Damit werden Filter zweiter Ordnung erhalten, deren Eigenschaften mit den zusätzlichen zugeschalteten Widerständen eingestellt werden.

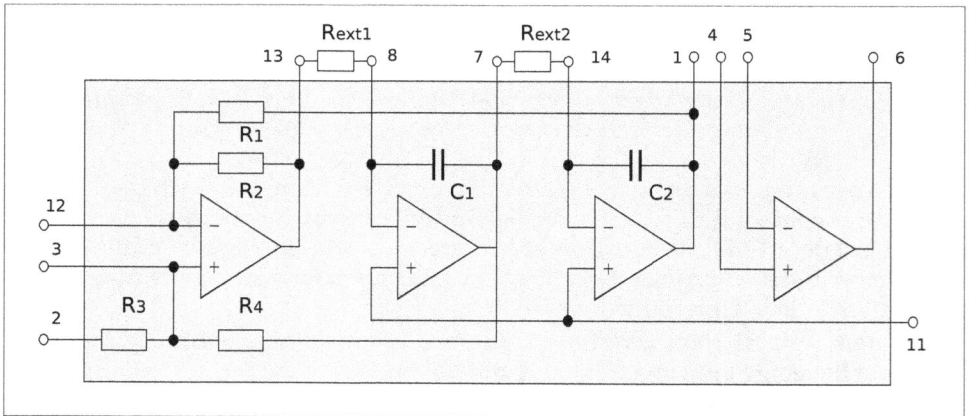

Abb. 3.31: Universal-Filter (UAF41)

Abb. 3.31 zeigt ein Universal-Filter, mit dem Eingang auf Pin 2, Ausgang für TP auf Pin 1, Ausgang für HP auf Pin 13 und für BP auf Pin 7. Mit dem zusätzlichen OP und mit einigen Widerständen kann auch ein Bandsperre-Filter realisiert werden.

Mit Hilfe der vereinfachten Darstellung des Universal-Filters aus Abb. 3.32 können

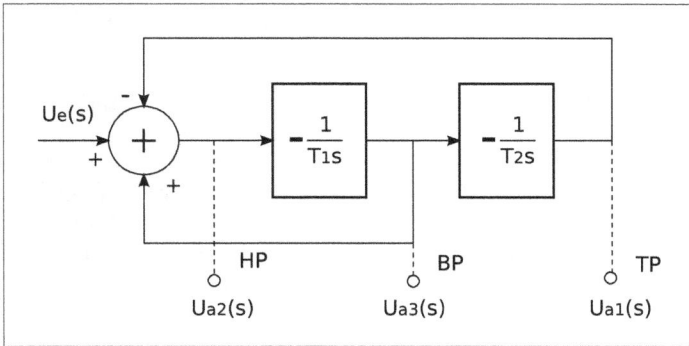

Abb. 3.32: Vereinfachte Darstellung des Universal-Filters

die Übertragungsfunktionen an den verschiedenen Ausgängen ermittelt werden.
Für den TP-Ausgang erhält man:

$$\frac{U_{a1}(s)}{U_e(s)} = \frac{1}{s^2 T_1 T_2 + s T_2 + 1} \quad \text{mit} \quad s = j\omega \tag{3.86}$$

Für den HP-Ausgang ergibt sich folgende Übertragungsfunktion:

$$\frac{U_{a2}(s)}{U_e(s)} = \frac{s^2 T_1 T_2}{s^2 T_1 T_2 + s T_2 + 1} \quad \text{mit} \quad s = j\omega \tag{3.87}$$

Schließlich erhält man für den BP-Ausgang die Form:

$$\frac{U_{a2}(s)}{U_e(s)} = -\frac{s T_2}{s^2 T_1 T_2 + s T_2 + 1} \quad \text{mit} \quad s = j\omega \tag{3.88}$$

Mit Hilfe der externen Widerstände werden die Zeitkonstanten T_1, T_2 gewählt, um die gewünschten Parameter (Durchlassfrequenz, Dämpfung etc.) einzustellen.

Diese integrierten Filter können in Reihe geschaltet werden, um höhere Ordnungen zu bilden. Sie beanspruchen aber noch immer eine relativ große Fläche.

Um die Schwierigkeiten bei einer weiteren Integration zu verstehen, wird von einer Höchstgröße von 30 pF für einen integrierten Kondensator ausgegangen. Bei einer charakteristischen Frequenz von 10 krad/s (1,59 kHz) und dieser Kapazität benötigt man z.B. für ein Tiefpassfilter erster Ordnung einen Widerstand von 5 MΩ. Diese Größenordnung ist wegen der benötigten Siliziumfläche nicht integrierbar. Hinzu kommt noch die Tatsache, dass man die notwendige Genauigkeit nicht realisieren kann.

3.4.2 Filter mit geschalteten Kapazitäten (*Switched Capacitor Filter*)

Um große Widerstände integriert zu realisieren wurde die Technik der geschalteten Kapazitäten entwickelt [22]. Legt man an einem ohmschen Widerstand eine konstante Spannung U an (Abb. 3.33a), ergibt sich ein Strom der Größe $I = U/R$. Legt man an einem Kondensator C_s die gleiche Spannung U an, nimmt er eine Ladung $Q = C_s U$ auf. Schaltet man den Kondensator jetzt nach Masse, wie in Abb. 3.33b gezeigt, wird diese Ladung wieder abgegeben. Im zeitlichen Mittel, wenn der Schalter mit einer Frequenz f_s gesteuert wird, bedeutet das einen Stromfluss von:

$$I = U\,C_s\,f_s \tag{3.89}$$

Hier ist C_s die geschaltete Kapazität. Das Verhältnis Spannung zu dem mittleren Strom stellt einen äquivalenten Widerstand dar:

$$R_{aeq} = \frac{U}{I} = \frac{1}{C_s f_s} \tag{3.90}$$

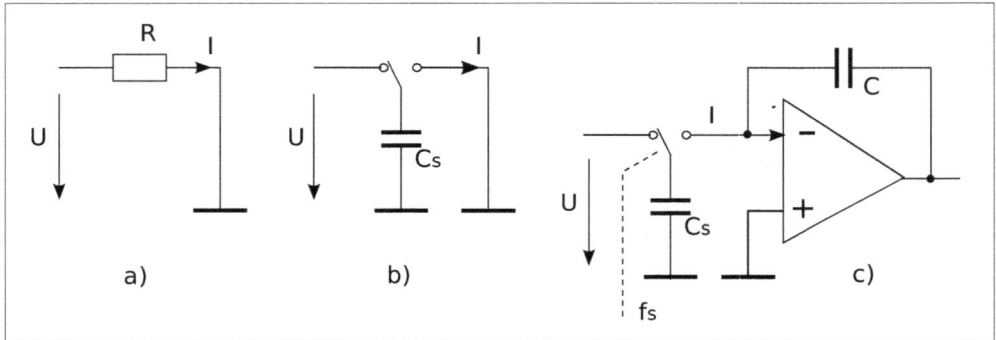

Abb. 3.33: *a) Einfacher Widerstand b) Geschaltete Kapazität c) Integrator mit geschalteter Kapazität*

Ein Widerstand von 5 MΩ bei einer Kapazität von 5 pF wird mit einer Schaltfrequenz von 40 kHz erhalten.

Ersetzt man jetzt beispielsweise den Widerstand im Eingangszweig eines Integrators durch eine solche geschaltete Kapazität, erhält man einen *Switched-Capacitor*-Integrator (kurz SC-Integrator), wie in Abb. 3.33c gezeigt.

Die charakteristische Frequenz dieses Integrators wird jetzt:

$$\omega_0 = \frac{1}{R_{aeq}C} = \frac{C_s f_s}{C} \tag{3.91}$$

Die charakteristische Frequenz, als wichtiger Parameter des Integrators, ist vom Verhältnis zweier Kapazitäten abhängig und dadurch kann sie genau in integrierten Schaltungen reproduziert werden. Die Kapazitäten sind proportional zur belegten Fläche, die sehr genau reproduziert werden kann und zu einem Faktor, der von den thermischen und chemischen Prozessen abhängig ist. Dieser ist nicht genau reproduzierbar aber im Verhältnis der zwei Kapazitäten kürzt sich deren Einfluss. Die Kapazitäten sind einige Picofarad groß und über die Schaltfrequenz kann die charakteristische Frequenz gesteuert werden.

Durch das Schalten der Kapazität kommt es zu einer Abtastung des Eingangssignals, was die Gefahr von *Aliasing* mit sich bringt. Es muss das Abtasttheorem erfüllt sein [21]. Für die Schaltfrequenz sollte gelten:

$$f_s >> f_{max} \tag{3.92}$$

Wobei f_{max} die höchste Frequenz des Signals ist. In der Praxis werden Schaltfrequenzen von 100 Hz bis in den unteren Megahertzbereich eingesetzt. Auch das Ausgangssignal ändert sich nur in den Schaltmomenten des Kondensators; es kommt also zu treppenförmigen Verläufen. Den bisher genannten eher negativen Eigenschaften steht eine gute Integrierbarkeit gegenüber, was zu geringen Preisen bei hohen Genauigkeiten führt. Die Filter sind durch Variieren der Schaltfrequenz f_s einstellbar. Diese Eigenschaften führen dazu, dass sich SC-Filter einer hohen Beliebtheit erfreuen.

3.4.3   OTA-Filter
(*Operational-Transconductance-Amplifier-Filters*)

Im Gegensatz zum klassischen Operationsverstärker mit niederohmigen Spannungsausgang besitzt der Transkonduktanzverstärker (kurz OTA) einen hochohmigen Stromausgang [22]. Er ist intern nur mit Transistoren ohne ohmsche Widerstände realisiert und dadurch relativ einfach zu integrieren. Die OTAs können wie alle andere OPs mit Bipolar- oder Feldeffekttransistoren aufgebaut werden.

Der OTA-Verstärker kann ohne externe Gegenkopplung mit offener Schleife linear betrieben werden. Das ist möglich, weil der am Ausgang zwingend notwendige Widerstand die Ausgangsspannung beeinflusst und durch Wahl eines entsprechenden externen Widerstandes eine Sättigung vermieden werden kann.

Eine Besonderheit, welche sich daraus ergibt, liegt darin, dass sich mit einem OTA-Verstärker analoge integrierte Schaltungen wie analoge Filter ohne ohmsche Widerstände aufbauen lassen. Ohmsche Widerstände mit entsprechender Genauigkeit sind fertigungstechnisch, wie schon erwähnt, nur schwer in integrierten Schaltungen zu realisieren. OTAs spielen daher als Basiselement bei frei programmierbaren analogen Schaltungen wie in den *Field Programmable Analog Array* (kurz FPAAs) eine große Rolle. Der erste Transkonduktanzverstärker CA3080 wurde 1969 von der Firma RCA hergestellt. Heute sind verbesserte Transkonduktanzverstärker von verschiedenen Herstellern wie der LM13700 von National Semiconductor oder der LT1228 von Linear Technology erhältlich. Als eigenständige Schaltung besitzt der OTA-Verstärker aber nicht die Bedeutung, die der Operationsverstärker mit Spannungsausgang hat.

Abb. 3.34 zeigt das Kleinsignalmodell für einen Transkonduktanzverstärker mit nicht symmetrischem und mit symmetrischem Ausgang und die entsprechenden

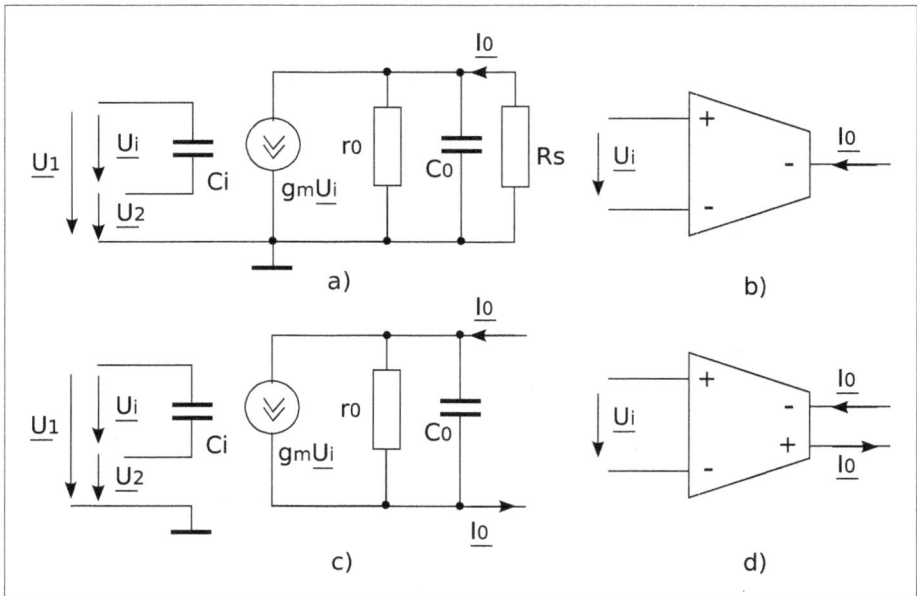

Abb. 3.34: a) OTA-Verstärker mit nichtsymmetrischem Ausgang b) Schaltsymbol c) OTA-Verstärker mit differential Ausgang d) Schaltsymbol

Schaltsymbole. Hier wird mit g_m die Transkonduktanz bezeichnet mit einem typischen Wert von 200 μA/V. Für die restlichen Parameter können folgende Werte angenommen werden: $C_i = 0,1$ pF, $C_0 = 0,25$ pF und $r_0 = 5$ MΩ.

Mit einem Widerstand von $R_s = 50$ Ω am Ausgang des nicht symmetrischen OTA-Verstärkers gemäß Abb. 3.34a erhält man eine Übertragungsfunktion $\underline{U}_s/\underline{U}_i$:

$$\frac{\underline{U}_s}{\underline{U}_i} = -g_m \frac{r_0 || R_s}{j\omega(r_0||R_s)C_0 + 1} \cong -g_m \frac{R_s}{j\omega R_s C_0 + 1} \tag{3.93}$$

Die charakteristische Frequenz oder Eckfrequenz ist $\omega_0 = 1/(R_s C_0) = 8 \cdot 10^{10}$ rad/s oder ca. $f_0 = 12,732$ GHz. Mit einem Netzwerkanalysator sieht man aber, dass bei ca. 600 MHz eine weitere charakteristische Frequenz $f_m << f_0$ auftritt, die man der Transkonduktanz g_m zuweist, die dadurch frequenzabhängig ist:

$$g_m(j\omega) = \frac{g_{m0}}{j\omega/\omega_m + 1} \tag{3.94}$$

Für Frequenzen, z.B. von Filtern mit OTAs, die viel kleiner als die Frequenz f_m sind, wird der OTA-Verstärker als frequenzunabhängig angenommen. Diese Annahme gilt für die einfachen Schaltungen, die im Weiteren präsentiert werden.

Ein Widerstand zur Masse geschaltet wird mit der Schaltung aus Abb. 3.35a erhalten. Ein *floating* Widerstand wird, wie in Abb. 3.35b realisiert und ein negativer Widerstand kann mit der Schaltung gemäß Abb. 3.35c erhalten werden.

In der Schaltung aus Abb. 3.35a ist der Eingangsstrom $\underline{I}_i$ gleich dem Strom $\underline{I}_0$ des OTAs, weil der Eingangstrom praktisch null für CMOS-Schaltungen ist. Aus

$$\underline{I}_i = \underline{I}_0 = g_m \underline{U}_i \tag{3.95}$$

erhält man

$$R = \frac{\underline{U}_i}{\underline{I}_i} = \frac{1}{g_m} \tag{3.96}$$

Ähnlich wird aus der zweiten Schaltung der Widerstand ermittelt:

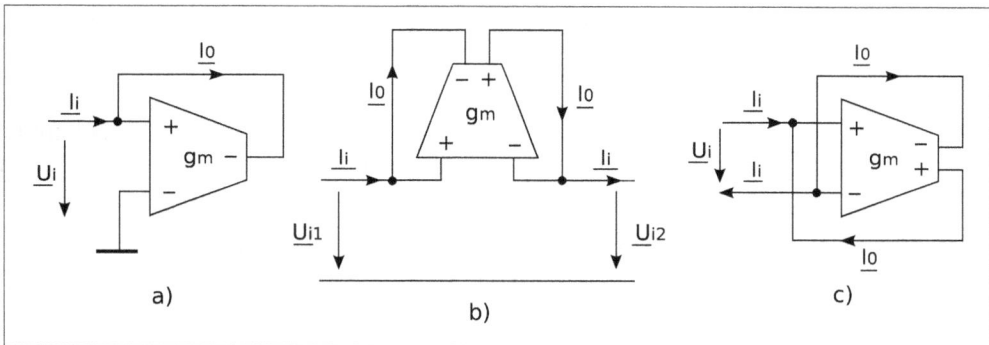

Abb. 3.35: a) Widerstand zur Masse b) Floating-Widerstand *c) Negativer Widerstand*

$$R = \frac{\underline{U}_{i1} - \underline{U}_{i2}}{\underline{I}_i} = \frac{\underline{U}_{i1} - \underline{U}_{i2}}{g_m(\underline{U}_{i1} - \underline{U}_{i2})} = \frac{1}{g_m} \tag{3.97}$$

Für die dritte Schaltung gilt:

$$\underline{I}_i + \underline{I}_0 = 0 \quad \text{und} \quad \underline{I}_0 = g_m \underline{U}_i \tag{3.98}$$

Daraus folgt:

$$R = \frac{\underline{U}_i}{\underline{I}_i} = -\frac{1}{g_m} \tag{3.99}$$

Abb. 3.36a zeigt, wie man einen OTA-Integrator realisiert. Aus

$$\underline{U}_a = \underline{I}_0 \frac{1}{(j\omega C)} \quad \text{mit} \quad \underline{I}_0 = g_m \underline{U}_i \tag{3.100}$$

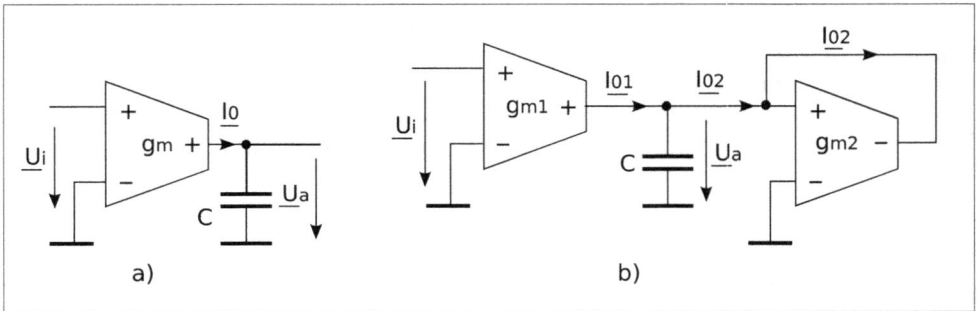

Abb. 3.36: a) Integrator b) Tiefpassfilter erster Ordnung

ergibt sich die Übertragungsfunktion des Integrators:

$$\frac{\underline{U}_a}{\underline{U}_i} = \frac{g_m}{(j\omega C)} \tag{3.101}$$

Eine Lösung für ein Tiefpassfilter erster Ordnung ist in Abb. 3.36b dargestellt. Die Spannung am Kondensator ist die Ausgangsspannung, die wie folgt ermittelt wird. Aus

$$\underline{U}_a = (\underline{I}_{01} - \underline{I}_{02}) \frac{1}{(j\omega C)} \quad \text{mit} \quad \underline{I}_{01} = g_{m1}\underline{U}_i \quad \text{und} \quad \underline{I}_{02} = g_{m2}\underline{U}_a \tag{3.102}$$

folgt:

$$\frac{\underline{U}_a}{\underline{U}_i} = \frac{g_{m1}/g_{m2}}{j\omega C/g_{m2}+1} \tag{3.103}$$

Abb. 3.37a zeigt die Schaltung eines „Gyrators", die am Eingang die inverse Impedanz der am Ausgang angeschlossenen Impedanz ergibt. In diesem Fall erhält man aus einer Kapazität eine Induktivität. Aus

$$\underline{I}_i = g_{m2}\underline{U}_a \quad \text{und} \quad \underline{U}_a = \underline{I}_0 \frac{1}{j\omega C} = g_{m1}\underline{U}_i \frac{1}{j\omega C} \tag{3.104}$$

ergibt sich:

$$\underline{Z}_i = \frac{\underline{U}_i}{\underline{I}_i} = \frac{j\omega C}{g_{m1}g_{m2}} = j\omega \left(\frac{C}{g_{m1}g_{m2}}\right) = j\omega L_i \tag{3.105}$$

Es wird dem Leser empfohlen als Aufgabe zu beweisen, dass die Schaltung aus 3.37b am Ausgang $\underline{U}_1$ sich wie ein Bandpassfilter und am Ausgang $\underline{U}_2$ wie ein Tiefpassfilter verhält. Man muss folgende Übertragungsfunktionen erhalten:

$$\frac{\underline{U}_1}{\underline{U}_i} = \frac{j\omega C_2 g_{m1}}{(j\omega)^2 C_1 C_2 + j\omega C_2 g_{m2} + g_{m3}g_{m4}} \quad \text{BP-Filter zweiter Ordnung} \tag{3.106}$$

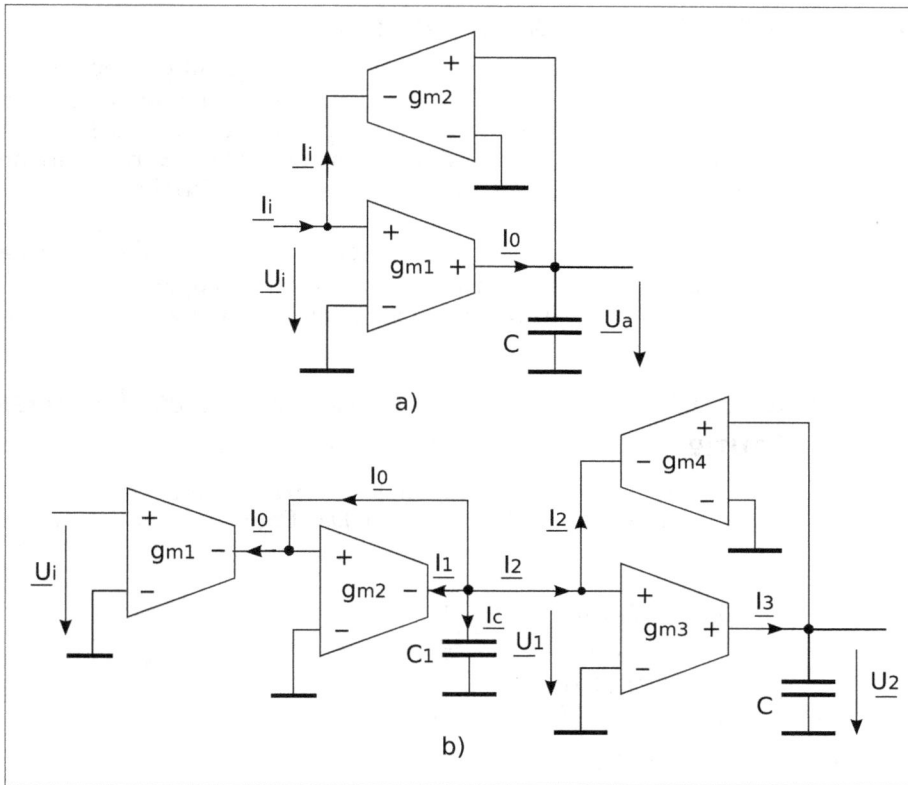

Abb. 3.37: a) Gyrator b) Tiefpass- oder Bandpassfilter zweiter Ordnung

$$\frac{\underline{U}_2}{\underline{U}_i} = -\frac{g_{m1}g_{m3}}{(j\omega)^2 C_1 C_2 + j\omega C_2 g_{m2} + g_{m3}g_{m4}} \quad \text{TP-Filter zweiter Ordnung} \quad (3.107)$$

Mit diesen wenigen Beispielen wurde aufgezeigt, wie man die OTA-Schaltungen für einfache Filterfunktionen einsetzen kann. Wenn die Schaltungen bei höheren Frequenzen benutzt werden, dann muss man auch die internen Kapazitäten C_i, C_0 und den internen Widerstand r_0 gemäß Modell aus Abb. 3.34 berücksichtigen.

Eine wichtige Eigenschaft der OTA-Verstärker besteht darin, dass die Transkonduktanz g_m mit Hilfe eines Gleichstroms gesteuert werden kann:

$$g_m = \frac{I_{str}}{2V_T} \quad (3.108)$$

Hier ist I_{str} der Steuerstrom und V_T ist eine universelle Konstante („thermische Spannung"), die temperaturabhängig ist und bei 25 ° ca. 25 mV beträgt.

Es wurden nur einige, grundsätzliche Schaltungen mit OTAs für Filterfunktionen dargestellt und untersucht, um diese Integrationsmöglichkeit zu zeigen.

3.5   Zusätzliche Experimente

In zwei Experimenten wird ein Tiefpassfilter 3. Ordnung mit drei Spannungsfolgern untersucht. Im ersten Experiment wird die Übertragungsfunktion des Butterworth-Filters ermittelt und dargestellt. Das MATLAB-Skript kann einfach auch für andere Typen von Filtern geändert werden. Im zweiten Beispiel wird die Sprungantwort des Filters durch numerische Integration mit dem einfachen Euler-Verfahren ermittelt und dargestellt.

Mit weiteren zwei Experimenten wird ein passives elliptisches Filter untersucht. Diese Filter besitzen im Zähler der Übertragungsfunktion konjugiert komplexe Wurzeln („Nullstellen"), mit deren Hilfe der Frequenzgang zusätzlich zu den Wurzeln des Nenners gesteuert werden kann.

Experiment 3.5.1: Übertragungsfunktion eines Tiefpassfilters 3. Ordnung mit drei Spannungsfolgern

Es soll als Übung die Übertragungsfunktion des Tiefpassfilters 3. Ordnung mit drei Spannungsfolgern aus Abb. 3.38 ermittelt werden. Das Ergebnis muss folgende Form haben:

$$
\begin{aligned}
H_1(j\omega) &= \frac{\underline{U}_{a1}}{\underline{U}_e} = \frac{U_{a1}(j\omega)}{U_e(j\omega)} = \frac{1}{j\omega C_1 R_1 + 1} \\
H_2(j\omega) &= \frac{\underline{U}_a}{\underline{U}_{a1}} = \frac{U_a(j\omega)}{U_{a1}(j\omega)} = \frac{1}{(j\omega)^2 R_2 C_2 R_3 C_3 + j\omega C_3 R_3 + 1} \\
H(j\omega) &= H_1(j\omega)\, H_2(j\omega)
\end{aligned}
\tag{3.109}
$$

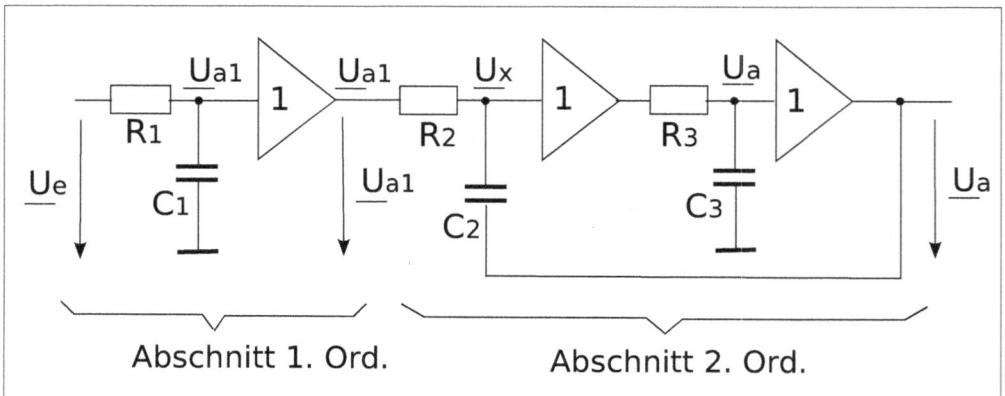

Abb. 3.38: Aktives Tiefpassfilter 3. Ordnung mit drei Spannungsfolgern

Die allgemeinen Darstellungen dieser Übertragungsfunktionen mit Hilfe der charakteristischen Frequenzen ω_{01}, ω_{02} und des Dämpfungsfaktors d wäre:

$$H_1(j\omega) = \frac{U_{a1}(j\omega)}{U_e(j\omega)} = \frac{1}{j\omega/\omega_{01} + 1}$$

$$H_2(j\omega) = \frac{U_a(j\omega)}{U_{a1}(j\omega)} = \frac{1}{(j\omega/\omega_{02})^2 + j(d\omega/\omega_{02}) + 1} \tag{3.110}$$

$$H(j\omega) = H_1(j\omega)\, H_2(j\omega)$$

Für ein Tiefpassfilter 3. Ordnung vom Typ Butterworth sind aus einer Tabelle [5] folgende relative Frequenzen und der Dämpfungsfaktor zu entnehmen:

$$f_{01}/f_p = 1; \quad f_{02}/f_p = 1; \quad d = 1$$

Mit Hilfe der Bestimmungsgleichungen, die sich aus dem Vergleich der allgemeinen Übertragungsfunktionen gemäß Gl. (3.110) und Übertragungsfunktionen aus Gl. (3.109) ergeben, sollen die Komponenten der Schaltung für eine Durchlassfrequenz von $f_p = 10$ kHz berechnet werden.

Wegen der gleichen charakteristischen Frequenzen der zwei Abschnitte des Filters erhält man folgende gesamte Übertragungsfunktion:

$$H(j\omega) = \frac{U_a(j\omega)}{U_e(j\omega)} = \frac{1}{(j\omega/\omega_0)^3 + 2(j\omega/\omega_0)^2 + 2(j\omega/\omega_0) + 1} \tag{3.111}$$

Der Frequenzgang kann einfach mit einem MATLAB-Skript ermittelt werden:

```
% Skript aktiv_butterTP2.m, in dem ein Tiefpassfilter vom
% Typ Butterworth 3. Ordnung ermittelt und untersucht wird
clear;
% -------- Spezifikationen des Filters
fp = 10e3;       % Durchlassfrequenz
nord = 3;        % Ordnung des Filters
% Butterworth Filter
f0 = fp;           omega_0 = 2*pi*f0;           d = 1;
% -------- Koeffizienten der Polynome im Zähler und Nenner
b = 1;
a = [1/((omega_0)^3), 2/((omega_0)^2), 2/(omega_0), 1];
% -------- Frequenzgang mit bode
a1 = round(log10(fp/100));    % fmin = 2 Dekade kleiner als fp
a2 = round(log10(fp*100));    % fmax = 2 Dekade größer als fp
f = logspace(a1, a2, 500);    % 500 Frequenzwerte
[A, phi] = bode(b,a, 2*pi*f);
figure(1);      clf;
subplot(211), semilogx(f, 20*log10(A));
   title('Amplitudengang');
   xlabel('Hz');       grid on;
```

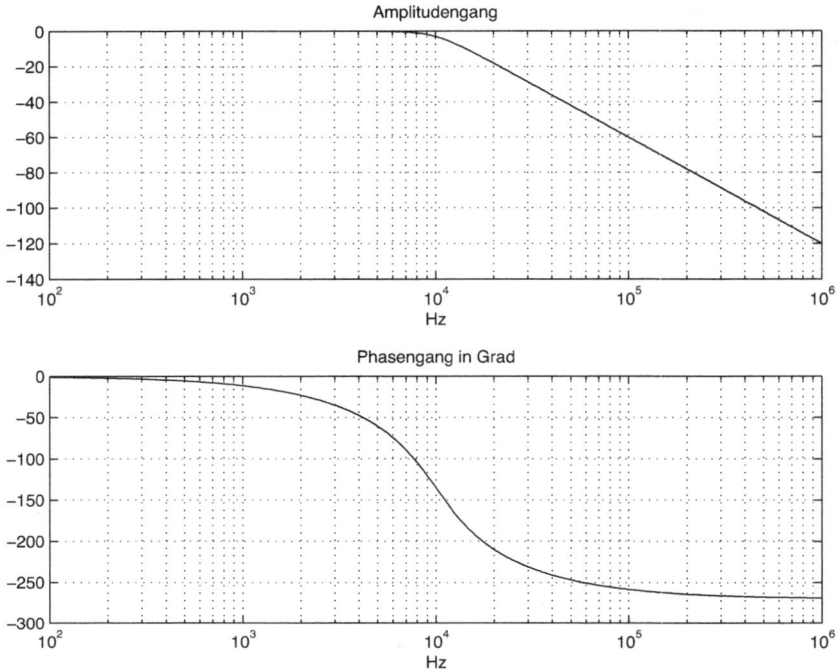

Abb. 3.39: Frequenzgang des Tiefpassfilters 3. Ordnung vom Typ Butterworth (aktiv_butterTP2.m)

```
subplot(212), semilogx(f, phi);
    title('Phasengang in Grad');
    xlabel('Hz');      grid on;
% -------- Frequenzgang direkt mit Hilfe der Polynome
zaehler = polyval(b, j*2*pi*f);   % Werte des Zählerpolynoms
nenner = polyval(a, j*2*pi*f);    % Werte des Nennerpolynoms
H = zaehler./nenner;              % Übertragungsfunktion
A1 = abs(H);                      % Betrag (Amplitudengang)
phi1 = unwrap(angle(H))*180/pi;   % Phasengang
figure(2);      clf;
subplot(211), semilogx(f, 20*log10(A1));
    title('Amplitudengang');
    xlabel('Hz');      grid on;
subplot(212), semilogx(f, phi1);
    title('Phasengang in Grad');
    xlabel('Hz');      grid on;
```

Man sollte das Skript verstehen und für andere Durchlassfrequenzen anwenden. Der resultierende Frequenzgang ist für $f_p = 10$ kHz in Abb. 3.39 dargestellt. Man erkennt die Steilheit von -60 dB/Dekade des logarithmischen Amplitudengangs für

Frequenzen $f >> f_p$.

Experiment 3.5.2: Numerische Ermittlung der Sprungantwort des Tiefpassfilters 3. Ordnung

Für das vorherige Filter soll jetzt als Übung das System von Differentialgleichungen erster Ordnung in den Zustandsvariablen (Spannungen der Kondesatoren) ermittelt werden, um dann die Sprungantwort mit numerischer Integration über Euler-Verfahren zu berechnen und darzustellen.

Man gelangt zu folgendem Ergebnis:

$$
\begin{aligned}
C_1 \frac{du_{c1}(t)}{dt} &= \frac{-u_{c1}(t) + u_e(t)}{R_1} \\
C_2 \frac{du_{c2}(t)}{dt} &= \frac{u_{c1}(t) - u_{c2}(t) - u_{c3}(t)}{R_2} \\
C_3 \frac{du_{c3}(t)}{dt} &= \frac{u_{c2}(t)}{R_3}
\end{aligned}
\tag{3.112}
$$

Bei dieser Schaltung ist die Ausgangsspannung die Spannung am dritten Kondensator und somit eine Zustandsvariable. Im Skript `aktiv_butterTP3.m` sind die Sprungantworten für die Zustandsvariablen ermittelt und dargestellt:

```
% Skript aktiv_butterTP3.m, in dem ein Tiefpassfilter vom
% Typ Butterworth im Zeitbereich untersucht wird
% Es wird die Sprungantwort ermittelt
clear;
% -------- Spezifikationen des Filters
fp = 10e3;        % Durchlassfrequenz
nord = 3;         % Ordnung des Filters
% -------- Filter entwerfen mit Koeffizienten aus Tabelle
f01_r = 1; % Charakteristische Frequenz (Relativ zur Durchlassfrequenz)
f02_r = 1; % Charakteristische Frequenz (Relativ zur Durchlassfrequenz)
d = 1;         % Dämpfungsfaktor
f01 = fp*f01_r;      f02 = fp*f02_r;     % Absolute charakt. Frequenzen
% -------- Parameter der Schaltung
C1 = 1e-9;               R1 = 1/(2*pi*f01*C1);
C2 = 0.1e-9;             C3 = C2;
R3 = d/(2*pi*f02*C3);             R2 = 1/(((2*pi*f02)^2)*R3*C2*C3);
% ------- Matrizen des Systems
A = [[-1, 0, 0]/(R1*C1); [1, -1, -1]/(R2*C2);
    [0 1 0]/(R3*C3)];
B = [1/(R1*C1); 0; 0];
% ------- Numerische Integration mit Euler-Verfahren
dt = 1e-8;
Tfinal = 3e-4;          t = 0:dt:Tfinal;
nt = length(t);
ue = ones(1, nt);    % Eingangssprung
```

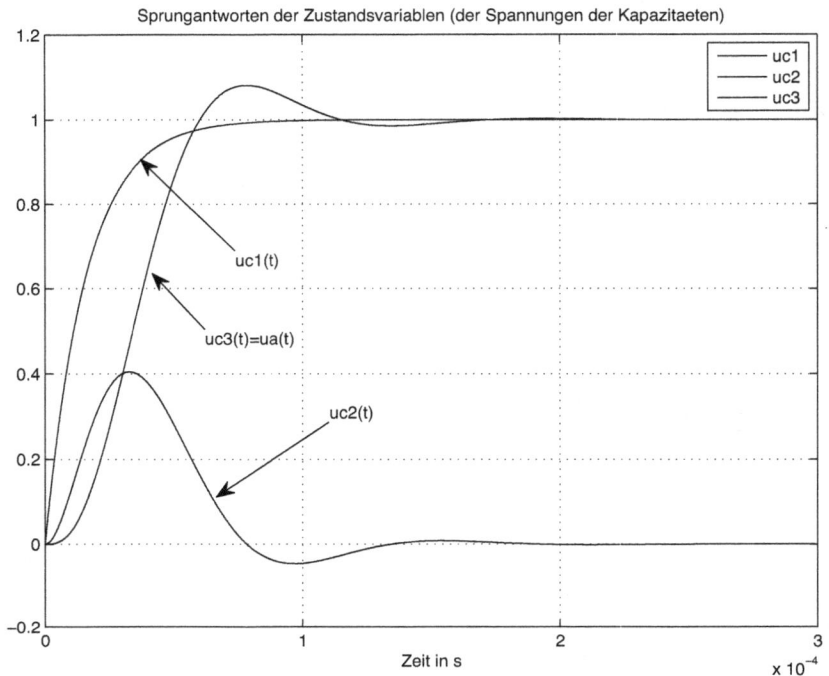

Abb. 3.40: Sprungantworten der Zustandsvariablen des Butterwort Tiefpassfilters 3. Ordnung (aktiv_butterTP3.m)

```
x = zeros(3, nt);    % Zustandsvariablen (Spannungen der
                     % Kapazitäten
x(:,1) = zeros(3,1); % Anfangsspannungen der Kapazitäten
% Euler-Verfahren in Matrixform
for k = 1:nt-1
    x(:,k+1) = x(:,k) + dt*(A*x(:,k) + B*ue(k));
end;
ua = x(3,:);
figure(1);    clf;
plot(t, x')
    title(['Sprungantworten der Zustandsvariablen',...
            ' (der Spannungen der Kapazitaeten)']);
    xlabel('Zeit in s');   grid on;
    legend('uc1', 'uc2', 'uc3');
```

Auch hier sollten alle Anweisungen des Skripts verstanden werden und mit den Komponenten bzw. der Durchlassfrequenz experimentiert werden. Für die im Skript verwendeten Parameter ist die Sprungantwort in Abb. 3.40 gezeigt.

Das Skript kann einfach geändert werden, z.B. um die Antwort auf eine Pulsfolge mit einer bestimmten Frequenz zu ermitteln. Interessant sind zwei Fälle: Für eine

Frequenz der Pulsfolge, die viel kleiner als die Durchlassfrequenz ist, müsste man am Ausgang die etwas verzerrte Pulse sehen.

Wenn die Frequenz der Pulsfolge viel größer als die Durchlassfrequenz ist, dann extrahiert das Filter den Mittelwert der Pulsfolge.

Experiment 3.5.3: Numerische Identifikation der Übertragungsfunktion aus dem Frequenzgang

In diesem Experiment wird für ein passives, elliptisches Tiefpassfilter der komplexe Frequenzgang in MATLAB berechnet, um daraus numerisch mit Hilfe einer MATLAB-Funktion die Parameter der Übertragungsfunktion zu bestimmen. Die Ermittlung des Zustandsmodells direkt aus den Differentialgleichungen ist mühsamer und wird im nächsten Experiment dargestellt. Der komplexe Frequenzgang kann sehr einfach in MATLAB berechnet werden, ohne dass es notwendig ist, einen Ausdruck zu bestimmen.

Die Vorgehensweise aus diesem Experiment ist praktisch auch einzusetzen, wenn man den Frequenzgang durch Messung ermittelt und danach das Zeitverhalten für bestimmte Signale untersuchen möchte.

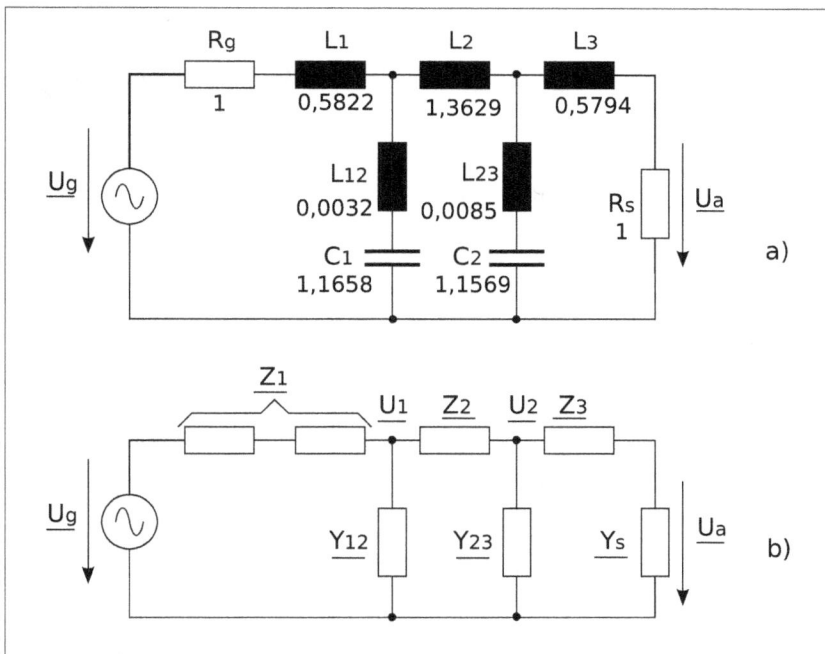

Abb. 3.41: Elliptisches Tiefpassfilter 7. Ordnung

Abb. 3.41a zeigt die Schaltung des passiven elliptischen Tiefpassfilters mit normierten Komponenten, die aus einer Tabelle entnommen sind [22]. Für die Ermittlung des komplexen Frequenzgangs wird die allgemeinere Schaltung gemäß

Abb. 3.41b benutzt. Im ersten Teil des Skripts `ellip_3.m` werden die normierten Komponenten der Schaltung in absolute Werte, abhängig von der gewünschten Durchlassfrequenz `f3dB = 1e6` Hz, umgewandelt. Dafür werden die Induktivitäten mit dem Faktor `Lr = Rg/omega_3dB` und die Kapazitäten mit dem Faktor `Cr = 1/(Rg*omega_3dB)` multipliziert:

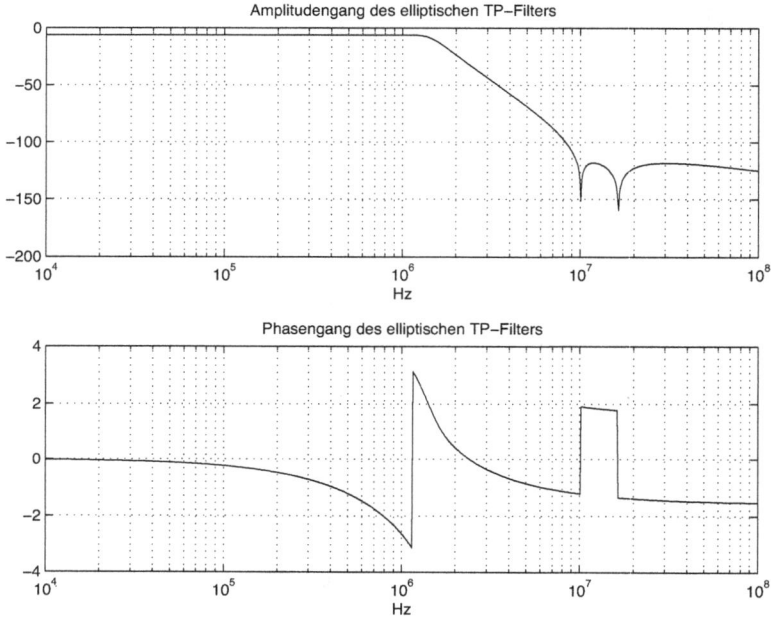

Abb. 3.42: Frequenzgang des elliptischen Tiefpassfilters 7. Ordnung (ellip_3.m)

```
% Skript ellipt_3.m, in dem ein passives elliptisches TP-Filter
% aus ''Design of Analog Filters'' Rolf Schauman, Mac E. Van
% Valkenburg, Seite 340 untersucht wird.
clear;
% ------- Parameter der Schaltung
% Normierte Parameter
Rg = 1;              Rs = 1;
L1 = 0.5822;         L2 = 1.3629;
L3 = 0.5794;
L12 = 0.0032;        L23 = 0.0085;
C1 = 1.1658;         C2 = 1.1569;
f3dB = 1e6;          % gewünschte Durchlassfrequenz
omega_3dB = 2*pi*f3dB;
Rg = 100;            Rs = Rg;
Lr = Rg/omega_3dB;       % Faktoren für die absoluten
Cr = 1/(Rg*omega_3dB);   % Komponenten
% ------- Absolute Werte der Komponenten
```

```
L1 = L1*Lr;       L2 = L2*Lr;       L3 = L3*Lr;
C1 = C1*Cr;       C2 = C2*Cr;
L12 = L12*Lr;     L23 = L23*Lr;
.......
```

Danach wird ein Frequenzbereich mit zwei Dekaden links und rechts der Durch-lassfrequenz gewählt und auf ganze Potenzen von 10 gerundet. Für den komplexen Frequenzgang, der mit Hilfe der Schaltung aus Abb. 3.41b ermittelt wird, werden die entsprechenden Impedanzen und Admittanzen berechnet:

```
% Frequenzbereich
fc = f3dB;
a1 = round(log10(fc/100));
a2 = round(log10(fc*100));
f = logspace(a1, a2, 1000);   % Logarithmische Frequenzschritte
omega = 2*pi*f;
% -------- Komplexer Frequenzgang
Ys = 1/Rs;       Z3 = j*omega*L3;
Y23 = 1./(j*omega*L23 + 1./(j*omega*C2));
Z2 = j*omega*L2;
Y12 = 1./(j*omega*L12 + 1./(j*omega*C1));
Z1 = j*omega*L1 + Rg;
.......
```

Der komplexe Frequenzgang wird vom Ausgang beginnend ermittelt. Dadurch sind die Beziehungen einfacher zu schreiben. Ausgehend von einer komplexen Ausgangs-spannung Ua = 1 werden der Reihe nach die komplexe Spannung U2, U1 und zu-letzt die Eingangsspannung Ug, die notwendig ist, um die vorausgesetzte Ausgangs-spannung zu erhalten, berechnet. Das Verhältnis dieser Spannungen für jede Frequenz ergibt den gesuchten komplexen Frequenzgang:

```
Ua = 1;
U2 = Ua*(Ys.*Z3) + Ua;
U1 = (U2.*Y23 + (U2-Ua)./Z3).*Z2 + U2;
Ug = (U1.*Y12 + (U1-U2)./Z2).*Z1 + U1;
H = Ua./Ug;
.......
```

Der Frequenzgang wird weiter dargestellt und ist in Abb. 3.42 gezeigt. Im Durchlass-bereich ist die Verstärkung gleich -6 dB (Faktor 0,5) wegen der Widerstände Rs = Rg, die einen Teiler bei der Nullfrequenz bilden.

Aus dem komplexen Frequenzgang H werden mit der MATLAB-Funktion **invfreqs** die Koeffizienten des Zählers b und Nenners a der Übertragungsfunktion ermittelt. Es ist eine Identifikation des Systems aus dem Frequenzgang:

```
% ------- Bestimmung der Übertragungsfunktion
[b,a] = invfreqs(H, omega, 6, 7, [], 30);   % Identifikation aus dem
.......
```

Im Skript wird auch der Frequenzgang für dieses System mit der MATLAB-Funktion **freqs** ermittelt und dargestellt, um ihn mit dem ursprünglichen zu ver-

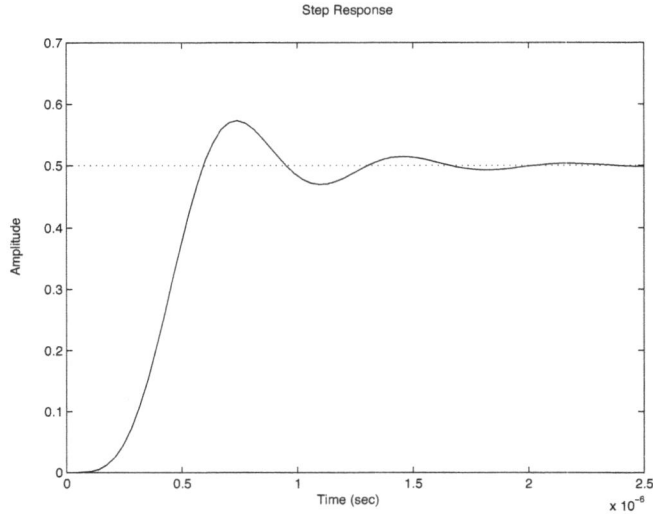

Abb. 3.43: Sprungantwort des elliptischen Tiefpassfilters 7. Ordnung (ellip_3.m)

gleichen und so die Identifikation zu überprüfen. Die zwei Darstellungen sind absolut identisch.

Mit den identifizierten Koeffizienten kann man jetzt das System im Zeitbereich untersuchen. Als Beispiel zeigt Abb. 3.43 die Sprungantwort des Filters, die wie folgt erhalten wird:

```
figure(3);      clf;
my_sys = tf(b,a);
step(my_sys);
```

Die Funktion **invfreqs** ermittelt die Koeffizienten **b, a** der Übertragungsfunktion durch Minimierung des quadratischen Fehlers:

$$\min_{b,a} \sum_{k=1}^{N} \left| H(j\omega_k) - \frac{B(j\omega_k)}{A(j\omega_k)} \right|^2 \tag{3.113}$$

Hier wurden durch $B(j\omega_k)$, $A(j\omega_k)$ die Polynome des Zählers und Nenners mit den Koeffizienten der Übertragungsfunktion für die Frequenz ω_k bezeichnet:

$$B(j\omega_k) = b_0 \, (j\omega_k)^m + b_1 \, (j\omega_k)^{m-1} + \cdots + b_m$$
$$A(j\omega_k) = a_0 \, (j\omega_k)^n + a_1 \, (j\omega_k)^{n-1} + \cdots + a_n \tag{3.114}$$
$$\text{mit} \quad n \geq m$$

In dem Aufruf der Funktion **invfreqs** aus dem Skript wird gewährleistet, dass die reellen Wurzeln der charakteristischen Gleichung $A(s) = 0$ negativ sind und für die konjugiert komplexen Wurzeln die Realteile negativ sind, so dass das System stabil ist. Das sichert, dass die homogene Lösung der Differentialgleichung, die der Übertragungsfunktion entspricht, in endlicher Zeit zu null abklingt.

Für $m = 6$ und $n = 7$ wurden folgende Werte erhalten:

```
b =   3.6129e+02   7.2349e+13   6.9072e+22   1.0561e+30   1.0082e+39
      3.0737e+45   2.9343e+54
a =   1.0000e+00   2.0027e+11   1.9545e+20   4.1510e+27   5.3812e+34
      4.4021e+41   2.2698e+48   5.8685e+54
```

Die entsprechenden Wurzeln der charakteristischen Gleichung $A(s) = 0$ sind:

```
>> roots(a)
  -1.9929e+11
  -9.5922e+08
  -2.0222e+06 + 8.6819e+06i
  -2.0222e+06 - 8.6819e+06i
  -6.6668e+06
  -5.3553e+06 + 5.4099e+06i
  -5.3553e+06 - 5.4099e+06i
```

Die Ordnung des Filters ist sieben, weil es sieben energiespeichernde Komponenten (Induktoren und Kondensatoren) enthält. Das ist der Grund, weshalb die Ordnung des zu identifizierenden Systems sieben ($n = 7$) gewählt wurde. Das führt zu acht Koeffizienten für den Vektor a. Mit $m = 7$ erhält man den ersten Koeffizienten aus dem Vektor b viel kleiner als die restlichen und somit wurde für m der Wert sechs angesetzt.

Die Gleichung $B(s) = 0$, wobei $B(s)$ das Polynom in $s = j\omega$ des Zählers mit den Koeffizienten aus dem Vektor b ist, liefert die „Nullstellen" der Übertragungsfunktion. Bei elliptischen Filtern gibt es paarweise konjugiert komplexe Wurzeln, deren Effekte im Frequenzgang leicht zu erkennen sind. Bei den Frequenzen, die gleich dem Imaginärteil der Wurzeln sind, ist der Amplitudengang null. Die Nullstellen für dieses Filter sind:

```
>> roots(b)
ans =   1.0e+08 *
  -0.0000 + 1.0287i
  -0.0000 - 1.0287i
   0.0000 + 0.6336i
   0.0000 - 0.6336i
```

Die Frequenzen $0,6336e^8$ rad/s und $1,0287e^8$ rad/s in Hz umgewandelt führen auf $f_1 = 10,084$ MHz bzw. $f_2 = 16,372$ MHz. Sie entsprechen den Frequenzen der „Kerben" im Amplitudengang aus Abb. 3.42. Mit solchen Nullstellen kann man sehr steile Übergänge aus dem Durchlass- in den Sperrbereich erhalten.

Experiment 3.5.4: Bestimmung der Zustands- und Ausgangsgleichung für das Filter aus dem vorherigen Experiment

Mit etwas mehr Mühe kann man für das vorherige Filter auch die Zustands- und Ausgangsgleichung bestimmen, um dann das Zeitverhalten zu untersuchen. Die Zustandsgrößen sind die drei Ströme der Induktivitäten L_1, L_2, L_3, die man mit $i_1(t), i_2(t), i_3(t)$ bezeichnet. Hinzu kommen noch die Ströme der Induktivitäten L_{12}, L_{23}, die man mit $i_{12}(t), i_{23}(t)$ bezeichnet und die zwei Spannungen der Kapazitäten $u_{c1}(t), u_{c2}(t)$.

Für die Schaltung mit den Zeitvariablen aus Abb. 3.44 werden folgende Differentialgleichungen für die sieben Zustandsvariablen gebildet:

$$i_{12}(t) = i_1(t) - i_2(t); \qquad i_{23}(t) = i_2(t) - i_2(t)$$
$$C_1 \frac{du_{c1}(t)}{dt} = i_{12}(t); \qquad C_2 \frac{du_{c2}(t)}{dt} = i_{23}(t) \tag{3.115}$$

$$L_{23} \frac{di_{23}(t)}{dt} + u_{c2}(t) = L_3 \frac{di_3(t)}{dt} + i_3(t)\,R_s$$
$$L_{12} \frac{di_{12}(t)}{dt} + u_{c1}(t) = L_2 \frac{di_2(t)}{dt} + L_3 \frac{di_3(t)}{dt} + i_3(t)\,R_s \tag{3.116}$$
$$u_g(t) = i_1(t)\,Rg + L_1 \frac{di_1(t)}{dt} + L_2 \frac{di_2(t)}{dt} + L_3 \frac{di_3(t)}{dt} + i_3(t)\,R_s$$

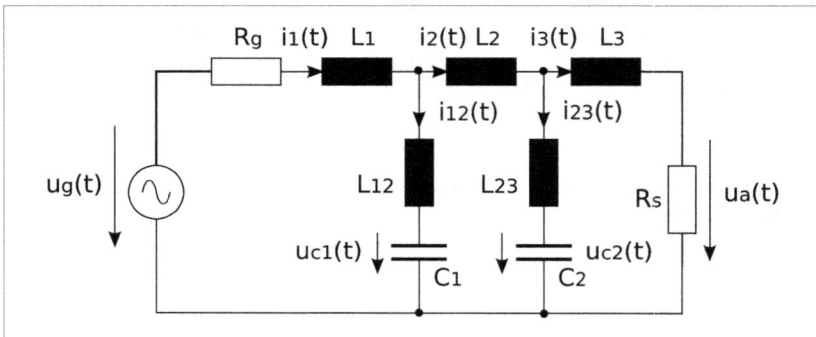

Abb. 3.44: Zeitvariablen des Tiefpassfilters 7. Ordnung

Wenn man die Ströme $i_{12}(t), i_{23}(t)$ mit Hilfe der ersten zwei Gleichungen eliminiert, bleiben folgende Gleichungen für die Ableitungen der restlichen Zustandsvariablen:

$$C_1 \frac{du_{c1}(t)}{dt} = i_1(t) - i_2(t) \quad \text{und} \quad C_2 \frac{du_{c2}(t)}{dt} = i_2(t) - i_3(t)$$
$$L_{23} \frac{di_2(t)}{dt} - (L_{23} + L_3) \frac{di_3(t)}{dt} = -u_{c2}(t) + i_3(t)\,R_s$$
$$L_{12} \frac{di_1(t)}{dt} - (L_{12} + L_2) \frac{di_2(t)}{dt} + \frac{di_3(t)}{dt} = -u_{c1}(t) + i_3(t)\,R_s \tag{3.117}$$
$$L_1 \frac{di_1(t)}{dt} + L_2 \frac{di_2(t)}{dt} + L_3 \frac{di_3(t)}{dt} = u_g(t) - i_1(t)Rg - i_3(t)\,R_s$$

Aus diesen Gleichungen wird ein Gleichungssystem aufgebaut (3.120), bei dem die Ableitungen der Zustandsvariablen als Unbekannte abhängig von den Zustandsvariablen und Anregung ausgedrückt werden. Die Lösung dieses Gleichungssystems führt zu der gewünschten Zustandsgleichung. Wenn man in der Gl. (3.120) mit $\mathbf{A_1}$ die erste Matrix bezeichnet und die restlichen mit $\mathbf{B_1}$ bzw. $\mathbf{B_2}$, erhält man die Matrizen der Zustandsgleichung durch:

$$\mathbf{A} = \text{inv}(\mathbf{A_1}) \cdot \mathbf{B_1} \quad \text{und} \quad \mathbf{B} = \text{inv}(\mathbf{A_1}) \cdot \mathbf{B_2} \tag{3.118}$$

In der Annahme, dass als Ausgangsvariable die Spannung am Widerstand R_s gewählt wurde und weil $u_a(t) = i_3(t)R_s$ ist, sind die Ausgangsmatrizen sehr einfach:

$$\mathbf{C} = [0, 0, Rs, 0, 0]' \quad \text{und} \quad \mathbf{D} = 0 \tag{3.119}$$

$$\begin{bmatrix} 0 & 0 & 0 & C_1 & 0 \\ 0 & 0 & 0 & 0 & C_2 \\ 0 & L_{23} & -(L_{23}+L_3) & 0 & 0 \\ L_{12} & -(L_{12}+L_2) & 0 & 0 & 0 \\ L_1 & L_2 & L_3 & 0 & 0 \end{bmatrix} \cdot \begin{bmatrix} di_1(t)/dt \\ di_2(t)/dt \\ di_3(t)/dt \\ du_{c1}(t)/dt \\ du_{c2}(t)/dt \end{bmatrix} =$$

$$\begin{bmatrix} 1 & -1 & 0 & 0 & 0 \\ 0 & 1 & -1 & 0 & 0 \\ 0 & 0 & R_s & 0 & -1 \\ 0 & 0 & R_s & -1 & 0 \\ -R_g & 0 & R_s & 0 & 0 \end{bmatrix} \cdot \begin{bmatrix} i_1(t) \\ i_2(t) \\ i_3(t) \\ u_{c1}(t) \\ u_{c2}(t) \end{bmatrix} + \begin{bmatrix} 0 \\ 0 \\ 0 \\ 0 \\ 1 \end{bmatrix} u_g(t) \tag{3.120}$$

Im Skript `ellipt_4.m` sind diese Matrizen in folgenden Zeilen ermittelt:

```
. . . . . . . .
% ------- Bestimmung der Zustandsgleichung in Matrixform
A1 = [0 0 0 C1 0; 0 0 0 0 C2; 0 L23 -(L23+L3) 0 0;...
                    L12 -(L12+L2) -L3 0 0; L1 L2 L3 0 0];
B1 = [1 -1 0 0 0; 0 1 -1 0 0; 0 0 Rs 0 -1; 0 0 Rs -1 0;...
                    -Rg 0 -Rs 0 0];
B2 = [0 0 0 0 1]';
iA = inv(A1);
% ------- Matrizen der Zustands- und Ausgangsvariablen
A = iA*B1;      B = iA*B2;
C = [0 0 Rs 0 0];   D = 0;

my_sys = ss(A,B,C,D);
[b,a] = ss2tf(A,B,C,D,1);
. . . . . . . .
```

Die Eigenwerte der Matrix $\mathbf{A}$ sind die Wurzeln der charakteristischen Gleichung, hier fünf an der Zahl, weil zwei Zustandsvariablen $i_{12}(t), i_{23}(t)$ eliminiert wurden. Diese wurden einfach mit Hilfe der Ströme $i_1(t), i_2(t)$ und $i_3(t)$ ausgedrückt. Man erhält folgende Eigenwerte:

```
>> eig(A)
ans = 1.0e+06 *
  -2.0222 + 8.6819i
  -2.0222 - 8.6819i
  -6.6668
  -5.3553 + 5.4099i
  -5.3553 - 5.4099i
```

Sie sind gleich den Wurzeln des Nennerpolynoms $A(s) = 0$ der Übertragungsfunktion aus dem vorherigen Experiment (**roots**(a)).

4   Nichtsinusförmige Ströme und Spannungen

4.1   Einführung

Im vorherigen Kapitel wurde angenommen, dass die betrachteten Wechselgrößen sinusförmig verlaufen. Reine sinusförmige Spannungen und Ströme spielen im stationären Zustand in Energiesystemen eine große Rolle, treten aber sonst nur selten auf. In der Energietechnik sind Abweichungen von der Sinusform allgemein nicht erwünscht. Auch wenn die Spannungen sinusförmig sind, können die Verbraucher dazu führen, dass die Ströme verzerrt und nicht mehr sinusförmig werden. Die Stromrichter verursachen häufig nichtsinusförmige Ströme und Spannungen.

Die Einschwingvorgänge und nichtsinusförmigen periodischen Schwingungen bilden in vielen technischen Bereichen den normalen Betrieb. Die Untersuchung der Einschwingvorgänge in linearen Systemen wurde in den vorherigen Kapiteln dargestellt. In diesem Kapitel werden einige grundlegende Verfahren zur Untersuchung des Verhaltens linearer und nichtlinearer Systeme mit periodischen, nichtsinusförmigen Anregungen untersucht [9], [28]. Diese Art Variablen kann man in einer unendlichen Summe von sinusförmigen und cosinusförmigen Harmonischen über die Fourier-Reihe zerlegen. Für den stationären Zustand und für lineare Systeme werden diese einzeln als Anregung genommen und zuletzt durch Überlagerung wird das Ergebnis ermittelt.

Es wird anfänglich eine kurze Einführung in die Fourier-Zerlegung periodischer Zeitfunktionen dargestellt und der Effekt der Begrenzung der Anzahl der Harmonischen auf das Ergebnis besprochen [21]. Weiter wird die Annäherung der Fourier-Reihe mit Hilfe der FFT (*Fast-Fourier-Transform*) als numerische Methode für Signale, deren analytischer Ausdruck (wie z.B. von Messungen) nicht bekannt ist, gezeigt [4].

4.2   Fourier-Zerlegung periodischer Zeitfunktionen

Eine beliebige periodische Funktion $x(t) = x(t + nT)$, mit n eine beliebige ganze Zahl, kann in folgender Form zerlegt werden:

$$x(t) = a_0 + \sum_{n=1}^{\infty} a_n \cos(n\omega_1 t) + \sum_{n=1}^{\infty} b_n \sin(n\omega_1 t) \tag{4.1}$$

Hier stellt a_0 den Gleichanteil dar und die anderen Koeffizienten, die positiv oder negativ sein können, ergeben die sinus- und cosinusförmigen Anteile. Mit T wird die Periode bezeichnet, die der Grundfrequenz $\omega_1 = 2\pi/T$ entspricht. Diese wird auch als erste Teilschwingung oder erste Harmonische bezeichnet, was auch der Index 1 symbolisieren soll. Der Anteil der Frequenzen $n\omega_1$ bilden die n-ten Harmonischen.

Die Koeffizienten, die die Anteile bestimmen, werden über folgende Integrale ermittelt:

$$a_0 = \frac{1}{T} \int_0^T x(t)\, dt$$

$$a_n = \frac{2}{T} \int_0^T x(t) \cos(n\omega_1 t)\, dt \qquad b_n = \frac{2}{T} \int_0^T x(t) \sin(n\omega_1 t)\, dt \tag{4.2}$$

Hier wurde die Periode von $t = 0$ bis T gewählt. Wenn die Periode z.B. von $-T/2$ bis $T/2$ gewählt wird, dann erhält man andere Koeffizienten $a_n, b_n, n > 0$. Nur der Gleichanteil bleibt der gleiche.

Durch Zusammenfassen des Sinus- und Cosinusglieds der gleichen Frequenz in Gl. (4.1)

$$a_n \cos(n\omega_1 t) + b_n \sin(n\omega_1 t) = A_n \cos(n\omega_1 t + \phi_n), \tag{4.3}$$

erhält man eine weitere Form dieser Fourier-Zerlegung (oder Fourier-Reihe):

$$x(t) = A_0 + \sum_{n=1}^{\infty} A_n \cos(n\omega_1 t + \phi_n) \tag{4.4}$$

Die Koeffizienten A_n sind jetzt Amplituden $A_n = \sqrt{a_n^2 + b_n^2}$, $n > 0$ und somit ist $A_n \geq 0$ für $n > 0$. Der Gleichanteil $A_0 = a_0$ kann sowohl positiv als auch negativ sein. Die Phasenverschiebung ϕ_n ist:

$$\phi_n = \mathrm{atan}(-b_n/a_n), \qquad n > 0 \tag{4.5}$$

Mit der Euler-Gleichung $e^{j\phi} = \cos(\phi) + j\sin(\phi)$ lässt sich zeigen, dass

$$\cos(\phi) = \frac{1}{2}(e^{j\phi} + e^{-j\phi}) \qquad \sin(\phi) = \frac{1}{2j}(e^{j\phi} - e^{-j\phi}) \tag{4.6}$$

Die Fourier-Reihe gemäß Gl. (4.1) oder die Form gemäß Gl. (4.4) kann man in eine „komplexe Fourier-Reihe" umwandeln, in der statt Sinus- oder Cosinusfunktionen die Exponentialfunktionen auftreten, die viel leichter zu behandeln sind.

Mit Hilfe der Euler-Gleichung wird die zweite Form (gemäß Gl. (4.4)) ins Komplexe umgewandelt, und man erhält:

$$x(t) = \sum_{n=-\infty}^{\infty} c_n\, e^{jn\omega_1 t} \tag{4.7}$$

Die Koeffizienten c_n sind ebenfalls komplexe Größen $c_n = (a_n + jb_n)/2$ für $n > 0$, und für reelle Variablen ist $c_n = (a_n - jb_n)/2$ für $n < 0$. Die Beziehung zwischen den komplexen Koeffizienten c_n, $-\infty \leq n \leq \infty$, und den reellen Amplituden A_n und Phasenlagen ϕ_n ist:

$$
\begin{aligned}
& |c_n|\big|_{n>0} = \frac{A_n}{2} && |c_n|\big|_{n<0} = |c_n|\big|_{n>0} \\
& c_0 = A_0 && \text{reell nicht komplex} \\
& \text{Winkel}(c_n)\big|_{n>0} = \phi_n && \text{Winkel}(c_n)\big|_{n<0} = -\phi_n
\end{aligned}
\tag{4.8}
$$

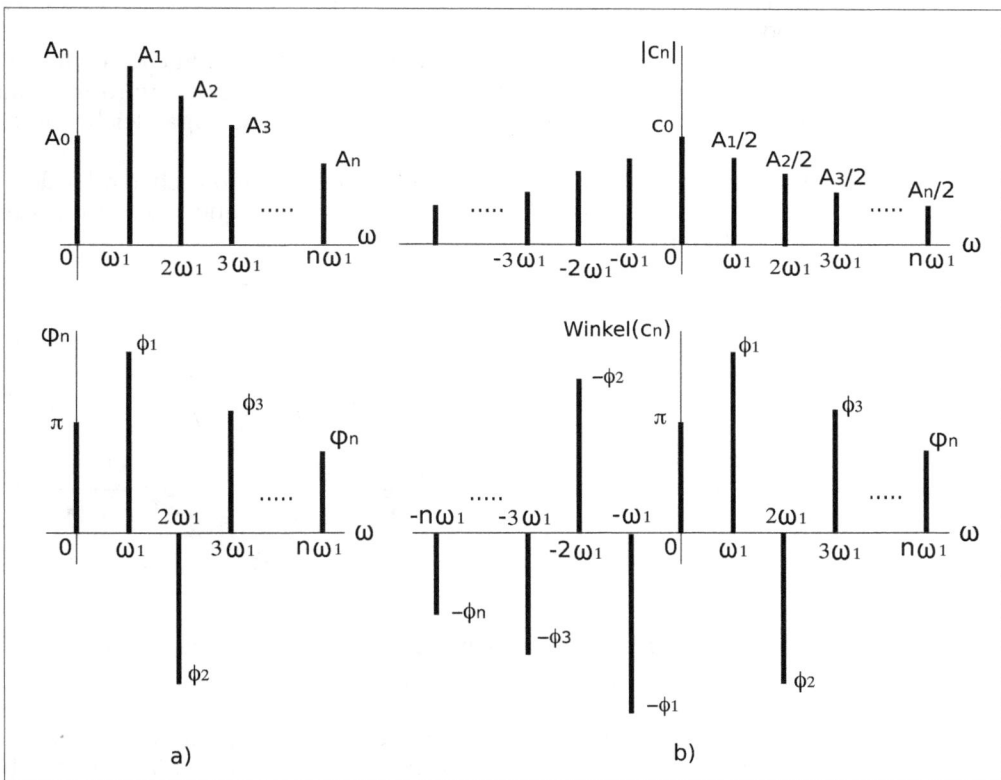

Abb. 4.1: *Einseitiges und zweiseitiges Amplituden- und Phasenspektrum*

Die komplexen Koeffizienten c_n, $-\infty \leq n \leq \infty$, sind viel einfacher zu berechnen:

$$
c_n = \frac{1}{T} \int_0^T x(t)\, e^{-jn\omega_1 t} dt
\tag{4.9}
$$

Mit Hilfe der oben gezeigten Beziehungen kann man aus den komplexen Koeffizienten die physikalisch interpretierbaren Parameter der Harmonischen in Form der Amplituden A_n und Phasenlagen ϕ_n einfach ermitteln.

Die gewählte Periode in der Gl. (4.9) kann auch zwischen $-T/2$ bis $T/2$ sein. In diesem Fall bleiben die Beträge der Koeffizienten die gleichen und nur die Winkel, die die Nullphasen der reellwertigen Harmonischen in der Periode darstellen, ändern sich.

Abb. 4.1a zeigt das einseitige Amplituden- und Phasenspektrum der reellwertigen Harmonischen und in Abb. 4.1b ist das zweiseitige komplexe Spektrum dargestellt, aus dem das erste Spektrum leicht zu berechnen ist. Die Beträge des komplexen Spektrums $|c_n|$ für $n > 0$ werden mit zwei multipliziert und ergeben die Amplituden A_n für $n > 0$ und die Winkel der komplexen Koeffizienten c_n sind dann die Phasenlagen der reellen Harmonischen.

Der Gleichanteil A_0 ist gleich dem Koeffizienten c_0. Man kann den Gleichanteil als eine Komponente der Frequenz null ansehen und wenn er negativ ist, wird ihm eine Amplitude gleich mit dem Betrag dieses Anteils und eine Phasenlage gleich π (oder $-\pi$) assoziiert.

In der Abszisse dieser Spektren können die Indizes der Harmonischen oder deren Frequenzen (wie in Abb. 4.1 gezeigt), als Vielfache der Grundfrequenz ω_1 (0, ω_1, $2\omega_1$, $3\omega_1, \ldots, n\omega_1, \ldots$), auftreten.

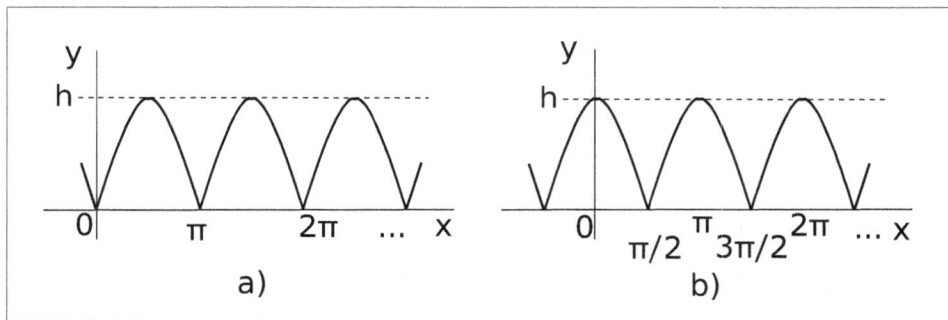

Abb. 4.2: a) Gleichgerichtete Sinuskurve b) Gleichgerichtete Cosinuskurve (Zweiweggleichrichtung)

In Büchern mit mathematischen Formeln werden für viele periodische Funktionen $y(x) = y(x + 2\pi)$ die Fourier-Zerlegung gezeigt. Als Beispiel ist in Abb. 4.2 die Zweiweggleichrichtungsfunktion mit zwei Ursprüngen, einmal als „Sinuskurve" und danach als „Cosinuskurve" dargestellt. Für den ersten Fall ist die Fourier-Zerlegung durch

$$y(x) = \frac{4h}{\pi}\left(\frac{1}{2} - \frac{1}{1\cdot 3}\cos(2x) - \frac{1}{3\cdot 5}\cos(4x) - \frac{1}{5\cdot 7}\cos(6x) - \ldots\right) \qquad (4.10)$$

gegeben, wobei h die Amplitude der gleichgerichteten Schwingung ist.

Für die Cosinuskurve gibt es eine ähnliche Zerlegung:

$$y(x) = \frac{4h}{\pi}\left(\frac{1}{2} + \frac{1}{1\cdot3}\cos(2x) - \frac{1}{3\cdot5}\cos(4x) + \frac{1}{5\cdot7}\cos(6x) - \dots\right) \qquad (4.11)$$

Für eine Schwingung als Zeitfunktion der Kreisfrequenz ω_1 muss man in den oben gezeigten Zerlegungen x mit $x = \omega_1 t = 2\pi\, t/T$ ersetzen. In der Darstellung als Summe von Cosinusfunktionen der Amplituden A_n gemäß Gl. (4.4) sind diese zusammen mit deren Nullphasenlagen für den ersten Ursprung (Sinuskurve) durch

$$A_0 = \frac{2h}{\pi}$$
$$A_n = \frac{4h}{\pi}\frac{1}{(n-1)(n+1)} \qquad n = 2,4,6,\dots,\infty \qquad (4.12)$$
$$\phi_0 = 0$$
$$\phi_n = \pi \qquad n = 2,4,6,\dots,\infty$$

ausgedrückt. Es gibt hier nur gerade Harmonische, deren Amplituden sehr rasch abklingen. Abb. 4.3 zeigt oben den Mittelwert und fünf Harmonische und darunter deren

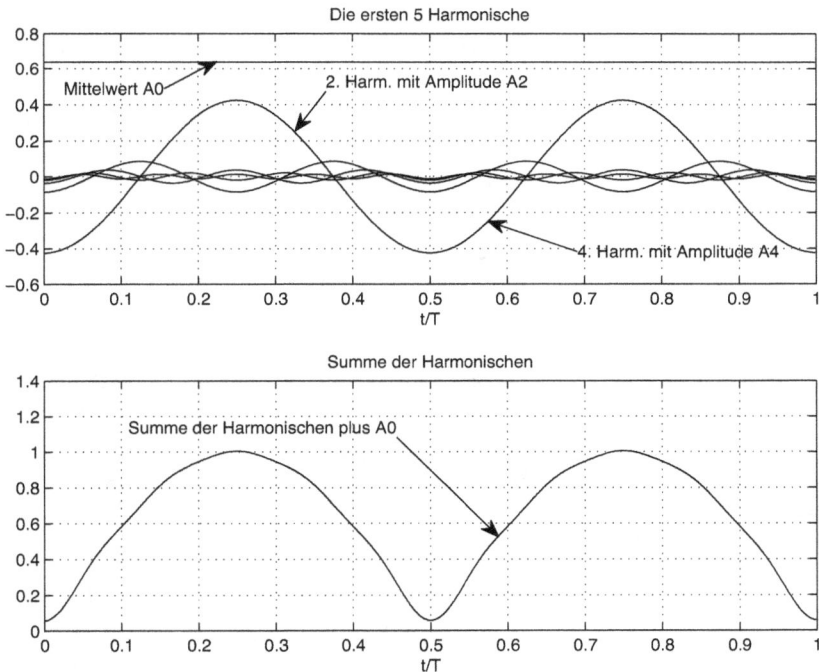

Abb. 4.3: a) Mittelwert und einige Harmonischen b) Deren Summe (fourier_2weggleich1.m)

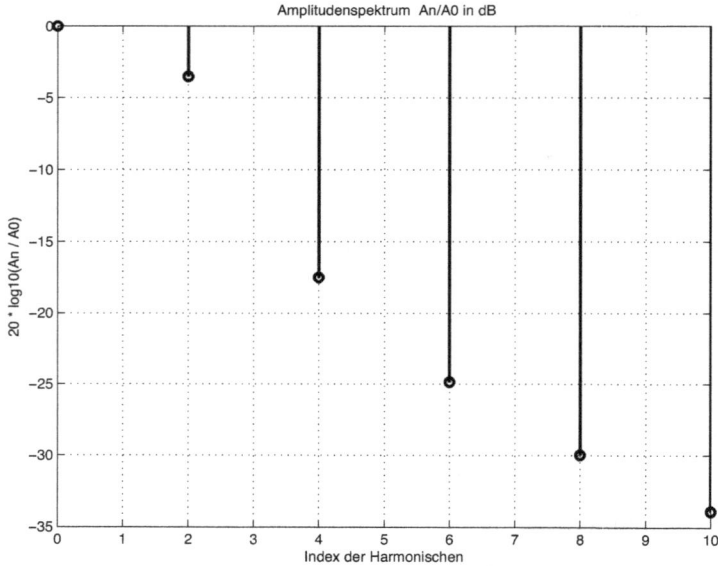

Abb. 4.4: *Amplitudenspektrum* $20 \, log_{10}(A_n/A_0)$ (fourier_2weggleich1.m)

Summe, die die periodische Funktion bereits gut annähert. Es wurde eine Amplitude von $h = 1$ angenommen.

In linearen Koordinaten kann man das Amplitudenspektrum wegen des raschen Abklingens nur für wenige Harmonische darstellen. Das ist der Grund, weshalb ein auf den Mittelwert oder die Amplitude der ersten Harmonischen, die verschieden von null ist, normiertes Amplitudenspektrum in dB

$$A_n^{dB} = 20log_{10}(A_n/A_0) \qquad A_n^{dB} = 20log_{10}(A_n/A_i)$$
$$\text{mit} \quad A_0 \neq 0 \quad \text{oder} \quad A_i \neq 0 \tag{4.13}$$

dargestellt wird.

In Abb. 4.4 ist die Darstellung mit Normierung auf A_0 gezeigt. Die Darstellungen sind mit Hilfe des Skripts fourier_2weggleich1.m erzeugt worden:

```
% Skript fourier_2weggleich1.m, in dem die Fourier-Reihe
% für eine gleichgerichtete Sinuskurve (Zweiweggleichrichtung)
clear;
% ------- Parameter
f = 1;          T = 1/f;        omega = 2*pi*f;
dt = T/1000;                    t = 0:dt:T-dt;
nt = length(t);
h = 1;                          % Amplitude
nh = 5;                         % Anzahl der Harmonischen
% ------- Amplituden der Harmonischen
n = 2:2:nh*2;
```

```
A_0 = 2*h/pi;                    % Mittelwert
A_n = zeros(nh,1);               % Initialisierungen
for k = 1:nh
    A_n(k) = 4*h/(pi*(n(k)-1)*(n(k)+1));
end;
% ------- Nullphasenlagen
phi_0 = 0;                       % Wegen positiven Mittelwert
phi_n = ones(nh,1)*pi;
% ------- Die Harmonischen
y(1,:) = ones(1, nt)*A_0;
for k = 1:nh
    y(k+1,:) = A_n(k)*cos(omega*n(k)*t + phi_n(k));
end;
figure(1);      clf;
subplot(211), plot(t, y');
    xlabel('t/T');      grid on;
    title(['Die ersten ',num2str(nh),...
    ' Harmonische An plus Mittelwert A0']);
subplot(212), plot(t, sum(y)')
    xlabel('t/T');      grid on;
    title('Summe der Harmonischen');
figure(2);      clf;
stem([0,n], 20*log10([A_0, A_n']/A_0), 'Linewidth',2);
    title(' Amplitudenspektrum  An/A0 in dB');
    ylabel('20 * log10(An / A0)')
    xlabel('Index der Harmonischen');  grid on
```

Für die gleichgerichtete Cosinuskurve (Abb. 4.2) bleiben die Amplituden der Harmonischen und der Mittelwert dieselben, nur ihre Nullphasen sind alternierende Werte von π und $-\pi$. Abb. 4.5a zeigt ähnlich die einweggleichgerichtete Schwingung als Sinusimpuls und in Abb. 4.5b ist das gleiche Signal mit einem anderen Zeitursprung für die betrachtete Periode (Cosinusimpuls) zu sehen.

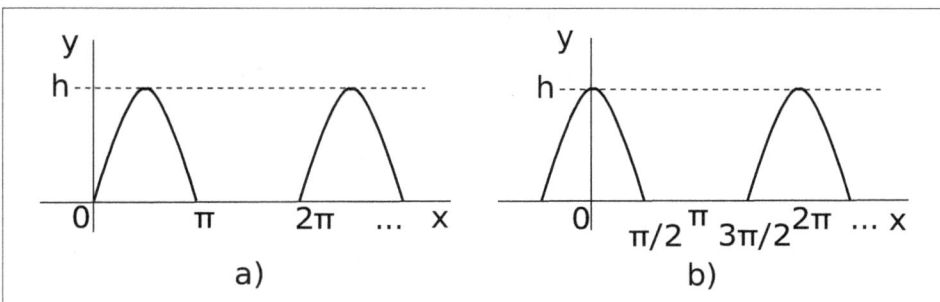

Abb. 4.5: a) Gleichgerichtete Sinusimpulse b) Gleichgerichtete Cosinusimpulse (Einweggleichrichtung)

Für den ersten Fall ist die Fourier-Zerlegung durch

$$y(x) = \frac{h}{\pi} + \frac{h}{2}\sin(x) - \frac{2h}{\pi}\left(\frac{1}{1\cdot 3}\cos(2x) + \frac{1}{3\cdot 5}\cos(4x) + \frac{1}{5\cdot 7}\cos(6x) + \dots\right) \quad (4.14)$$

gegeben, wobei h die Amplitude der gleichgerichteten Schwingung ist. Für den Cosinusimpuls gibt es eine ähnliche Zerlegung:

$$y(x) = \frac{h}{\pi} + \frac{h}{2}\cos(x) + \frac{2h}{\pi}\left(\frac{1}{1\cdot 3}\cos(2x) - \frac{1}{3\cdot 5}\cos(4x) + \frac{1}{5\cdot 7}\cos(6x) - \dots\right) \quad (4.15)$$

4.2.1 Fourier-Reihe eines rechteckigen, periodischen Signals

In diesem Abschnitt wird die Fourier-Zerlegung für ein rechteckiges, periodisches Signal mit Hilfe der komplexen Form gemäß Gl. (4.9) ermittelt. Abb. 4.6a zeigt das periodische Signal und die gewählte Periode.

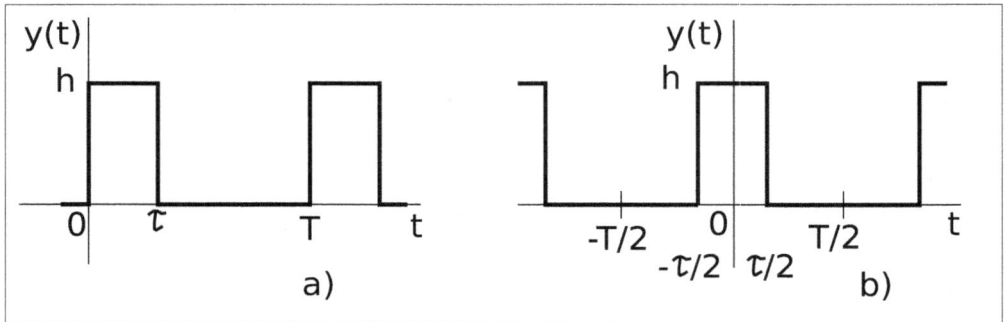

Abb. 4.6: a) Periodisches Signal mit Periode zwischen 0 und T b) Das gleiche Signal mit Periode zwischen -T/2 und T/2

Die komplexen Koeffizienten c_n werden jetzt wie folgt berechnet:

$$c_n = \frac{1}{T}\int_0^T y(t)\, e^{-jn\omega_1 t}\, dt = \frac{h}{T}\int_0^\tau e^{-jn\omega_1 t}\, dt =$$
$$\frac{h}{T}\left.\frac{e^{-jn\omega_1 t} - 1}{-jn\omega_1}\right|_0^\tau = h\frac{\tau}{T}e^{-jn\pi\tau/T}\,\frac{\sin(n\pi\tau/T)}{n\pi\tau/T} \quad (4.16)$$

Die Beträge und Winkel dieser Koeffizienten sind:

$$|c_n| = h\frac{\tau}{T}\left|\frac{\sin(n\pi\tau/T)}{n\pi\tau/T}\right| \quad (4.17)$$

$$\text{Winkel}(c_n) = -n\,\pi\,\tau/T + \frac{\pi}{2}\left(1 - \text{sign}(\frac{\sin(n\pi\tau/T)}{n\pi\tau/T})\right) \tag{4.18}$$

Die Funktion $\text{sign}(x)$ ist 1 für $x \geq 0$ und -1 für $x < 0$.

Daraus resultieren die Amplituden und Nullphasen der Harmonischen (inklusive Harmonische null als Mittelwert):

$$A_n = 2|c_n|_{n>0} \quad \text{und} \quad A_0 = c_0$$

$$\phi_n = \text{Winkel}(c_n)\Big|_{n\geq0} \tag{4.19}$$

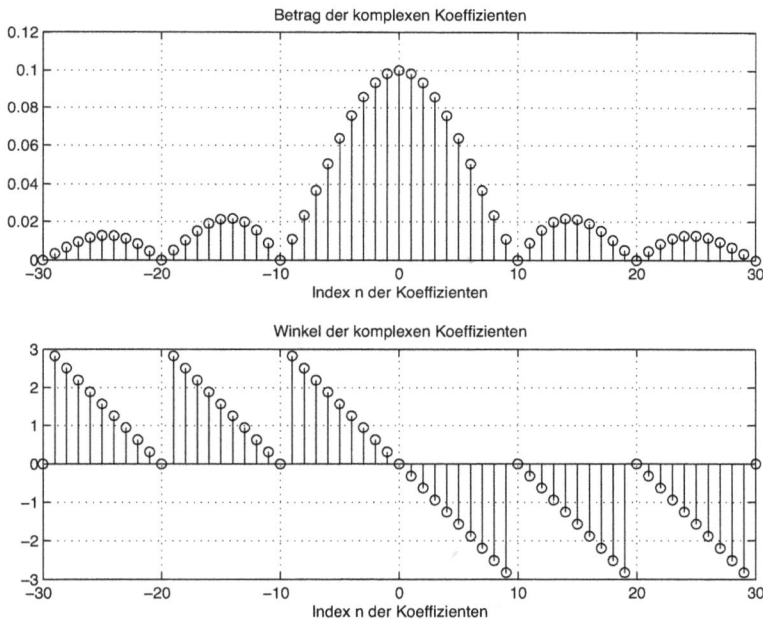

Abb. 4.7: Beträge und Winkel der komplexen Koeffizienten (fourier_pulsfolge1.m)

Im Skript `fourier_pulsfolge1.m` sind die komplexen Koeffizienten und die Amplituden bzw. Nullphasen der reellwertigen Harmonischen ermittelt und dargestellt:

```
% Skript fourier_pulsfolge1.m, in dem die Fourier-Zerlegung
% einer Pulsfolge der periode T und Pulsdauer tau
% ausgehend von der komplexen Form ermittelt wird
clear;
% ------- Parameter der Pulsfolge
h = 1;          % Puslhöhe
```

Amplituden der Harmonischen

Index der Harmonischen

Nullphasen der Harmonischen

Index der Harmonischen

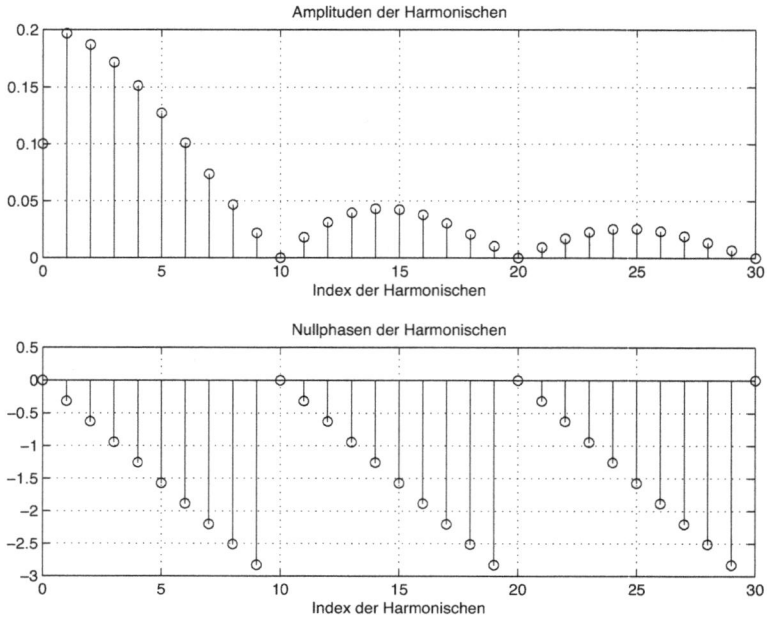

Abb. 4.8: Amplituden und Nullphasen der Harmonischen (fourier_pulsfolge1.m)

```
T = 0.1;           % Periode
tast = 0.1;        % Relative Dauer
tau = tast*T;      % Dauer der Pulse
% ------- Komplexe Koeffizienten der Fourier-Reihe
nk = 30;           % bereich der komplexen Koeffizienten
n = -nk:nk;
% Komplexe Koeffizienten
cn = ((h*tau)/T)*exp(-j*n*pi*tau/T).*sinc(n*tau/T);
%################################
figure(1);    clf;
subplot(211), stem(n, abs(cn));
   title('Betrag der komplexen Koeffizienten');
   xlabel('Index n der Koeffizienten');
   grid on;
subplot(212), stem(n, angle(cn));
   title('Winkel der komplexen Koeffizienten');
   xlabel('Index n der Koeffizienten');
   grid on;
% ------- Amplituden und Nullphasen der Harmonischen
An = [cn(nk+1), 2*abs(cn(nk+2:end))];   % Ampl. der Harmonischen
phin = angle(cn(nk+1:end));             % Nullphasen
figure(2);    clf;
subplot(211), stem(0:nk, An);
```

```
title('Amplituden der Harmonischen');
   xlabel('Index der Harmonischen');     grid on;
subplot(212), stem(0:nk, phin);
   title('Nullphasen der Harmonischen');
   xlabel('Index der Harmonischen');     grid on;
```

Abb. 4.7 zeigt die Beträge und Winkel der komplexen Koeffizienten für ein Verhältnis $\tau/T = 0,1$ und Höhe der Pulse $h = 1$. Daraus resultieren die Amplituden und Nullphasen der Harmonischen, die in Abb. 4.8 dargestellt sind.

Der erste Nulldurchgang der Hülle der Funktion $sin(x)/x$ ist bei einem Index $n = T/\tau$ und in diesem Fall bei $n = 1/0,1 = 10$ und zeigt, dass schmale Pulse einen hohen signifikanten Anteil von Harmonischen ergeben. Das Skript kann mit einem noch kleineren Wert für τ wie z.B. $\tau/T = 0,01$ gestartet werden, um diesen Sachverhalt zu sichten und zu verstehen. Die Sprünge von π finden jedes mal statt, wenn die Funktion $sin(x)/x$ ihr Vorzeichen ändert.

Eine gute Übung besteht darin, die gleiche Untersuchung mit der Pulsfolge aus Abb. 4.6b durchzuführen und zu zeigen, dass nur die Nullphasen sich ändern.

4.2.2 Gibbs-Phänomen

Ein periodisches Signal wird über die Fourier-Reihe in eine unendliche Anzahl von Harmonischen zerlegt. In praktischen Anwendungen muss die Summe auf eine endliche Anzahl von Harmonischen begrenzt werden. Dadurch stellt sich die Frage, wie das rekonstruierte Signal im Vergleich zum Originalsignal aussieht, wenn eine begrenzte Anzahl von Harmonischen bei der Rekonstruktion verwendet wird.

Es ist zu erwarten, dass Abweichungen bei Signalen, die Diskontinuitäten enthalten, größer sein werden. Als Beispiel wird das rechteckige, periodische Signal aus Abb. 4.6a mit Hilfe einer begrenzten Anzahl von Harmonischen rekonstruiert und dargestellt.

Im Skript rekonstruktion_harm1.m wird die Rekonstruktion der Pulsfolge mit Hilfe der komplexen Koeffizienten gemäß Gl. (4.7) für zwei Anzahlen von Harmonischen programmiert:

```
% Skript rekonstruktion_harm1.m, in dem eine Pulsfolge
% mit begrenzter Anzahl von Harmonischen rekonstruiert wird
clear;
% ------- Parameter der Pulsfolge
h = 1;          % Pulshöhe
T = 1;          % Periode
tast = 0.5;     % Relative Dauer
tau = tast*T;   % Dauer der Pulse
% ------- Komplexe Koeffizienten der Fourier-Reihe
nk = 5;              % Bereich der komplexen Koeffizienten
       % und Anzahl der Harmonischen
n = -nk:nk;
% Komplexe Koeffizienten
cn = ((h*tau)/T)*exp(-j*n*pi*tau/T).*sinc(n*tau/T);
% ------- Rekonstruiertes Signal
dt = 0.001;
```

```
t = 0:dt:2*T;
nt = length(t);
y = zeros(1, nt);
for m = 0:2*nk
    y = y + cn(m+1).*exp(j*(m-nk)*2*pi*t/T);
end;
y = real(y);      % Die kleinen Imaginärteile = 0
%#############################
figure(1);     clf;
subplot(211); plot(t, y);
    title(['Rekonstruiertes Signal mit nh = ',num2str(nk),...
        ' Harmonischen']);
    xlabel('t/T');    grid on;
% ------- Komplexe Koeffizienten der Fourier-Reihe
nk = 20;            % Bereich der komplexen Koeffizienten
        % und Anzahl der Harmonischen
n = -nk:nk;
% Komplexe Koeffizienten
cn = ((h*tau)/T)*exp(-j*n*pi*tau/T).*sinc(n*tau/T);
% ------- Rekonstruiertes Signal
dt = 0.001;
t = 0:dt:2*T;
nt = length(t);
y = zeros(1, nt);
for m = 0:2*nk
    y = y + cn(m+1).*exp(j*(m-nk)*2*pi*t/T);
end;
y = real(y);      % Die kleinen Imaginärteile = 0
subplot(212); plot(t, y);
    title(['Rekonstruiertes Signal mit nh = ',num2str(nk),...
        ' Harmonischen']);
    xlabel('t/T');    grid on;
```

Das Programm ist sehr einfach gestaltet, so dass es leicht zu verstehen ist. Wegen der numerischen Fehler enthält das rekonstruierte Signal $y(t)$ noch sehr kleine Imaginärteile, die zuletzt entfernt werden. Abb. 4.9 zeigt oben das Signal, das mit nur fünf Harmonischen (plus Mittelwert) rekonstruiert wurde und darunter das mit 20 Harmonischen rekonstruierte Signal.

Aus diesen Darstellungen geht hervor, dass mit steigender Anzahl von Harmonischen die Rekonstruktion immer besser wird. An Stellen der Diskontinuitäten (oder Sprüngen) ist das rekonstruierte Signal gleich dem Mittelwert der Werte vor und nach dem Sprung (in diesem Fall 0,5). Die Überschwingung von ungefähr 9 % in der Nähe der Sprünge ist beiden Fällen vorhanden, und bleibt auch dann, wenn die Anzahl der Harmonischen sehr groß (gegen unendlich) wird. Diese Eigenschaft wurde von Josiah Willard Gibbs (1839-1903) entdeckt und wird als *Gibbs*-Phänomen bezeichnet [13], [21].

Für ein Signal, bei dem die Amplituden der Harmonischen rascher mit der Ordnung der Harmonischen abklingen, wie z.B. bei einem dreieckigen Signal, ist die Rekonstruktion mit begrenzter Anzahl von Harmonischen mit kleineren Fehlern mög-

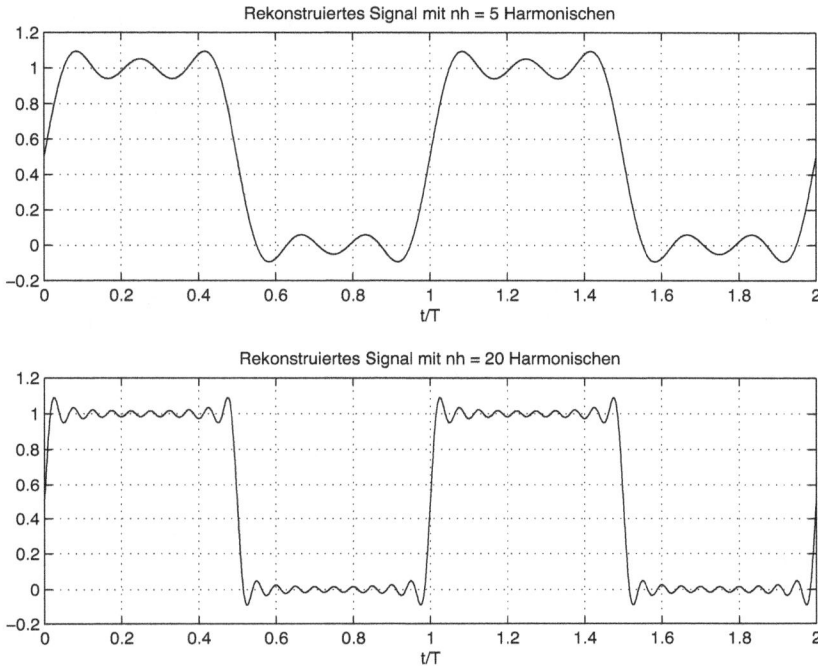

Abb. 4.9: Rekonstruktion einer periodischen Pulsfolge (rekonstruktion_harm1.m)

lich.

4.2.3   Annäherung der Fourier-Reihe mit Hilfe der FFT

Um die Koeffizienten der komplexen Fourier-Zerlegung gemäß Gl. (4.9) für beliebige, z.B. gemessene periodische Signale, zu erhalten, könnte man die gemessenen Abtastwerte mit bekannten Funktionen interpolieren, und danach die Definitionsintegrale der Koeffizienten analytisch auswerten.

Ein anderer Weg besteht darin, das Definitionsintegral numerisch anzunähern. Es wird angenommen, dass ein Untersuchungsintervall der Dauer T die Periode des Signals darstellt. In diesem Intervall verfügt man über N Abtastwerte mit gleichmäßigen Abständen $T_s = T/N$. Der Abstand T_s bildet die Abtastperiode und ihr Kehrwert ist die Abtastfrequenz $f_s = 1/T_s$ der nun zeitdiskreten Sequenz $x[kT_s], k = 0, 1, 2, \ldots, N-1$.

Das Definitionsintegral gemäß Gl. (4.9) wird durch folgende Summe angenähert:

$$c_n = \frac{1}{T} \int_0^T x(t)\, e^{-jn\omega_1 t}\, dt \cong \frac{1}{T} \sum_{k=0}^{N-1} x[kT_s]\, e^{-j2\pi nkT_s/T}\, T_s =$$
$$\frac{1}{N} \sum_{k=0}^{N-1} x[kT_s]\, e^{-j2\pi nk/N} \qquad n = -\infty, \ldots, -2, -1, 0, 1, 2, \ldots, \infty \tag{4.20}$$

Wenn man z.B. mit einem MATLAB-Programm diese Koeffizienten berechnet, dann wird man feststellen, dass sich die Koeffizienten periodisch mit der Periode N wiederholen, und es genügt, sie nur für n = 0,1,2,...,N-1 zu berechnen. Sicher kann man diese Eigenschaft auch mathematisch beweisen, ausgehend von der Periodizität der Exponentialfunktion:

$$e^{-j2\pi(n+mN)k/N} = e^{-j2\pi nk/N}\, e^{-j2\pi mk} \tag{4.21}$$

Mit m und n ganze Zahlen ist die letzte Exponentialfunktion immer gleich eins. Für $n = 0, 1, 2, \ldots, N-1$ bildet die Summe

$$X_n = \sum_{k=0}^{N-1} x[kT_s]\, e^{-j2\pi nk/N} \qquad \text{mit} \qquad n = 0, 1, 2, \ldots, N-1 \tag{4.22}$$

die DFT, *Discrete-Fourier-Transformation*, die für N als ganze Potenz von 2 schneller auszuwerten ist und als FFT, *Fast-Fourier-Transformation*, bekannt ist.

Die Koeffizienten der komplexen Fourier-Reihe c_n gemäß Gl. (4.9) werden somit durch

$$c_n \cong \frac{1}{N} X_n \qquad n = 0, 1, 2, \ldots, N-1 \tag{4.23}$$

geschätzt.

In MATLAB wird die FFT-Transformation mit der Funktion **fft** berechnet. Es ist zu bemerken, dass der explizite Zeitbezug in den letzten Beziehungen durch Kürzen der Abtastperiode T_s verloren gegangen ist. Das bedeutet, dass man aus einer reellen Sequenz von N Werten des zeitdiskreten Signals $x[kT_s] = x[k], k = 0, 1, 2, \ldots, N-1$ eine Sequenz von N komplexen Werten $X_n, n = 0, 1, 2, \ldots, N-1$ erhält.

Wegen

$$e^{-j2\pi(N-n)k/N} = e^{-j2\pi nk/N} \tag{4.24}$$

ist z.B. für N gerade

$$X_n = X_{N-n}^* \qquad n = 0, 1, 2, \ldots, (N/2-1) \qquad \text{und} \qquad X_{N/2} = \text{reell} \tag{4.25}$$

und für N ungerade

$$X_n = X_{N-n}^* \qquad n = 0, 1, 2, \dots, ((N-1)/2), \tag{4.26}$$

wobei $()^*$ die konjugiert komplexe Größe darstellt.

Daraus folgt, dass für reelle Sequenzen $x[kT_s], k = 0, 1, 2, \dots, N-1$ nur die Hälfte der Werte der Transformierten X_n (für $n = 0, 1, 2, \dots, N/2 - 1$ bei N gerade und $n = 0, 1, 2, \dots, (N-1)/2$ für N ungerade) unabhängig sind. Die zweite Hälfte als konjugiert komplexe Werte der ersten Hälfte kann aus dieser berechnet werden.

Die DFT (oder FFT) gemäß Gl. (4.22) ist umkehrbar und aus der komplexen Sequenz der Transformierten $X_n, n = 0, 1, 2, \dots, N-1$ wird die ursprüngliche reelle Signalsequenz $x[k], k = 0, 1, 2, \dots, N-1$ durch

$$x[k] = \frac{1}{N} \sum_{n=0}^{N-1} X_n\, e^{j2\pi nk/N} \tag{4.27}$$

erhalten. Diese Summe kann für N gerade in folgender Form zerlegt werden:

$$\begin{aligned} x[k] = {} & \frac{X_0}{N} + \frac{1}{N} \sum_{n=1}^{N/2-1} X_n\, e^{j2\pi nk/N} + \\ & \frac{1}{N} \sum_{n=1}^{N/2-1} X_{N-n}\, e^{j2\pi(N-n)k/N} + X_{N/2} \end{aligned} \tag{4.28}$$

Das erste und letzte Glied sind reelle Größen und in den gebliebenen Termen der Summen muss je ein konjugiert komplexes Paar X_n, X_{N-n} zu je einem reellen Wert führen. Für die inverse DFT gemäß Gl. (4.27) kann in MATLAB die Funktion `ifft` eingesetzt werden.

Zurückkehrend zur Berechnung der Koeffizienten der komplexen Form der Fourier-Reihe eines periodischen Signals über die numerische Annäherung gemäß Gl. (4.23), stellt man Folgendes fest: Wegen der gezeigten Eigenschaften der Werte X_n der DFT kann man die Koeffizienten c_n nur für Harmonische bis $N/2$ ($N/2$ für N gerade und $(N-1)/2$ für N ungerade) annähern.

Um mehr Harmonische mit dieser Annäherung zu erfassen, muss man N erhöhen, was eigentlich eine dichtere Abtastung bedeutet. Wenn das Signal Harmonische bis zur Ordnung M besitzt, dann ergibt die gezeigte Annäherung all diese Harmonischen, wenn $N/2 > M$ oder $N > 2M$ ist. Nach Division durch T erhält man:

$$\frac{N}{T} > \frac{2M}{T} \qquad \text{oder} \qquad f_s > 2\frac{M}{T} = 2f_{max} \tag{4.29}$$

Das bedeutet, dass die Abtastfrequenz größer als die doppelte höchste Frequenz der harmonischen Komponenten sein muss. Es ist die Bedingung des bekannten Abtasttheorems, das bei der Diskretisierung eines kontinuierlichen Signals eingehalten werden muss [21], [27].

Um den Sachverhalt besser zu verstehen, wird im Intervall T, das als Periode des periodischen Signals angesehen wird, eine beliebige Harmonische der Ordnung m der Frequenz m/T Hz angenommen:

$$x(t) = \hat{x}\cos(2\pi\frac{m}{T}t + \varphi_m) \tag{4.30}$$

Durch Diskretisierung mit N Abtastwerten im Intervall $T = NT_s$ erhält man die diskrete Sequenz:

$$x[kT_s] = x[k] = \hat{x}\cos(2\pi\frac{m}{NT_s}kT_s + \varphi_m) = \hat{x}\cos(\frac{2\pi m}{N}k + \varphi_m) =$$
$$\frac{\hat{x}}{2}\left[e^{j(2\pi mk/N+\varphi_m)} + e^{-j(2\pi mk/N+\varphi_m)}\right] \tag{4.31}$$

Sie wurde als Summe von zwei Exponentialfunktionen mit Hilfe der Euler-Formel ausgedrückt. Die DFT dieser Sequenz wird:

$$X_n = \sum_{n=0}^{N-1} x[k]\, e^{-j2\pi nk/N} =$$
$$\frac{\hat{x}}{2}e^{j\varphi_m}\sum_{k=0}^{N-1} e^{j2\pi(m-n)k/N+\varphi_m} + \frac{\hat{x}}{2}e^{j-\varphi_m}\sum_{k=0}^{N-1} e^{-j2\pi(m+n)k/N+\varphi_m} \tag{4.32}$$

Weil

$$\sum_{k=0}^{N-1} e^{\pm j2\pi nk/N} = \begin{cases} 0 & \text{für } n \neq 0 \\ N & \text{für } n = 0 \end{cases} \tag{4.33}$$

erhält man für die obige DFT:

$$X_n = \begin{cases} 0 & \text{für } n \neq m \text{ und } n \neq N-m \\ (N\hat{x}/2)\, e^{j\varphi_m} & \text{für } n = m \\ (N\hat{x}/2)\, e^{-j\varphi_m} & \text{für } n = N-m \end{cases} \tag{4.34}$$

Dieses Ergebnis ist in Abb. 4.10 dargestellt und zeigt, dass man mit der DFT die Harmonische der Ordnung m sehr gut ermitteln kann. Der Betrag der DFT geteilt durch N ergibt bei $n = m$ und bei $n = N-m$ zwei Linien der Größe gleich der halben Amplitude dieser Harmonischen und der Winkel der DFT bei $n = m$ ergibt die Nullphase dieser Harmonischen φ_m. Bei $n = N-m$ ist der Winkel der DFT gleich $-\varphi_m$ und zeigt dadurch, dass die erste und zweite Hälfte der DFT konjugiert komplex sind.

Wenn $m > N/2$ und $m < N$, dann erscheinen die zwei „Spektrallinien" vertauscht, und die Linie bei $n = N - m$ verschiebt sich im Bereich 0 bis $N/2$. Es entsteht der

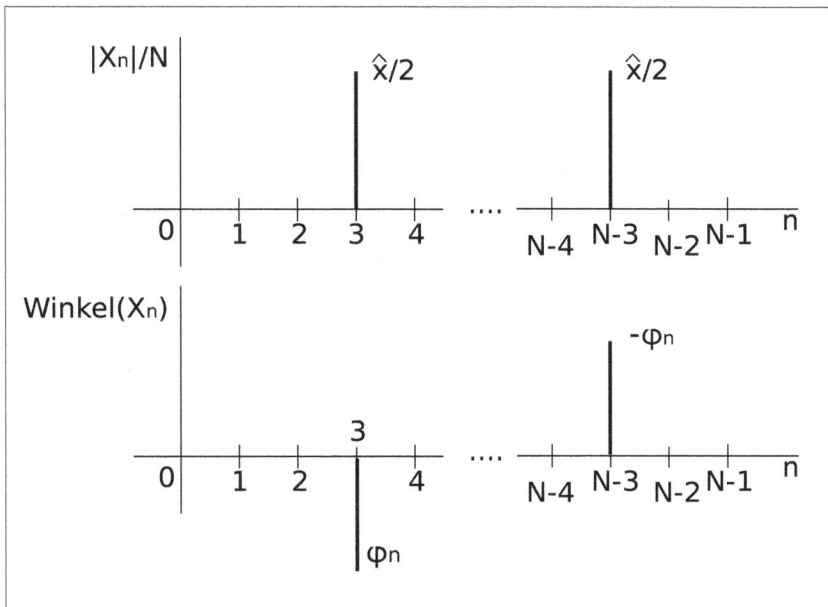

Abb. 4.10: Die DFT der dritten Harmonische (m = 3)

so genannte *Aliasing*-Effekt, weil die Bedingung des Abtasttheorems, die hier durch $m < N/2$ gegeben ist, verletzt wurde.

Über die Dauer des Untersuchungsintervalls, das als Periode angenommen wird, zusammen mit der Anzahl der Abtastwerte N, kann die Abszisse der Darstellung auch in Frequenzen angegeben werden. Die Frequenz der Grundwelle (1. Harmonische) bei $n = 1$ ist $1/T$ und für die Harmonische m entspricht dann der Frequenz m/T. Man kann diese Frequenz auch über die Abtastfrequenz bestimmen:

$$f_m = m/T = m/(NT_s) = (m/N)f_s \qquad m = 0, 1, 2, \ldots, N-1 \qquad (4.35)$$

Praktisch wird über die Abtastperiode T_s der Bezug der DFT (oder FFT) zur Zeit oder Frequenz wieder hergestellt.

Was geschieht, wenn $m > N$ ist, oder in Frequenzen ausgedrückt, wenn $f_m > f_s$ ist? In diesem Fall stellen die diskreten Werte des Signals wegen der Mehrdeutigkeit der diskreten Signale [12] auch die Signale dar, deren Frequenzen durch

$$f = f_m + kf_s \qquad k \in \mathbb{Z} \qquad (4.36)$$

gegeben sind. Ein bestimmter Wert für k ergibt falsche Linien, die als Harmonische im Frequenzbereich zwischen 0 und $f_s/2$ interpretiert werden. Als Beispiel sei $f_s = 1000$ Hz und $f_m = 1300$ Hz angenommen. Mit $k = -1$ stellen die Abtastwerte auch ein Signal der Frequenz 300 Hz dar und das führt zu einer falschen Spektrallinie im Bereich 0 bis $f_s/2$ bzw. einer gespiegelten Linie im Bereich $f_s/2$ bis f_s. Diese zwei falsche Linien erhält man auch durch die DFT oder FFT.

Experiment 4.2.1: Das DFT-Spektrum für zwei periodische Signale

Mit Hilfe des Skripts `dft_1.m` können zwei Signale erzeugt und dargestellt werden bzw. das DFT-Spektrum der Summe der zwei diskretisierten Signale ermittelt werden. Mit diesem Skript kann man durch Ändern der Parameter der Signale sehr viele Experimente durchführen.

Es werden jetzt die Teile des Skripts erläutert. Diese können dann in MATLAB zusammengesetzt werden, um das Skript zu bilden. Am Anfang werden die Parameter der zwei Signale gewählt:

```
% Skript dft_1.m, in dem die DFT für zwei periodische
% Signale eingesetzt wird
clear;
% ------- Parameter der Signale
f1 = 100;       f2 = 1300;   % Frequenzen in Hz
fs = 1000;      % Abtastfrequenz
T1 = 1/f1;      % Periode des Signals 1
Ts = 1/fs;      % Abtastperiode
t = 0:T1/1000:5*T1-T1/1000;     % Untersuchungsintervall
td = 0:Ts:5*T1-Ts;              % bestehend aus 5 Perioden T1
N = length(td);                 % Anzahl Abtastwerte
m1 = mod(f1*N/fs,N)             % Index Signal 1
m2 = mod(f2*N/fs,N)             % Index Signal 2
ampl1 = 5;      ampl2 = 10;   % Amplituden
phi1 = pi/3;    phi2 = pi/4;  % Nullphasenlagen
```

Es können die Frequenzen, Amplituden, Nullphasenlagen und die Größe des Untersuchungsintervalls, hier gleich mit fünf Perioden des Signals der kleinsten Frequenz festgelegt werden. Die Indizes der zwei Signale werden in `m1` und `m2` gespeichert und die Frequenzen wurden so gewählt, dass beide ganze Zahlen sind. Für Signale, deren Frequenzen größer als die Abtastfrequenz sind ($f > f_s$) oder deren Index m größer als N ist, wird der Index der *Aliased*-Komponente im Bereich 0 bis N durch Modulo-Rechnung ermittelt. Die zwei verschiedenen Amplituden helfen bei der Identifizierung der Signale im DFT-Spektrum.

Danach werden die entsprechenden, kontinuierlichen Signale mit einer sehr kleinen Schrittweite (`T1/1000`) und die mit der Abtastperiode T_s diskretisierten Signale erzeugt und dargestellt:

```
% ------ Die Signale
x1 = ampl1*cos(2*pi*f1*t + phi1);   % Kontinuierliche Signals
x2 = ampl2*cos(2*pi*f2*t + phi2);
x1d = ampl1*cos(2*pi*f1*td + phi1); % Zeitdiskrete Signale
x2d = ampl2*cos(2*pi*f2*td + phi2);
figure(1);      clf;
subplot(2,1,1), plot(t, x1);
    hold on;        stem(td, x1d);
    hold off;
    title(['Kontinuierliches und diskretisiertes Signal 1, f1 = ',...
        num2str(f1),' Hz']);
```

```
    xlabel('Zeit in s');    grid on;
subplot(2,1,2), plot(t, x2);
    hold on;        stem(td, x2d);
    hold off;
    title(['Kontinuierliches und diskretisiertes Signal 2, f2 = ',...
        num2str(f2),' Hz']);
    xlabel('Zeit in s');    grid on;
```

Weiter wird die DFT des ersten Signals, bei dem das Abtasttheorem erfüllt ist, berechnet und als Betrag geteilt durch N bzw. Winkel dargestellt. Bei der Ermittlung des Winkels aus den Real- und Imaginärteilen der DFT durch die Arcustangensfunktion entstehen in der MATLAB-Funktion **angle** numerische Fehler, wenn beide Teile sehr klein sind. Die eventuellen Fehler werden in der **for**-Schleife abgefangen:

```
% ------- DFT des ersten Signals
X1 = fft(x1d);
phi1 = angle(X1);
for k = 1:N        % Eliminieren der numerischen Fehler
    if abs(real(X1(k))) < 1e-8 & abs(imag(X1(k))) < 1e-8
        phi1(k) = 0;
    end;
end;
figure(2);    clf;
subplot(2,2,1), stem(0:N-1, abs(X1)/N);
    title(['Betrag der DFT (Signal 1, f1 = ',num2str(f1),'  Hz)']);
    xlabel('Index DFT');    grid on;
    ylabel('Betrag(DFT)/N');
subplot(2,2,3), stem(0:N-1, phi1);
    title('Winkel der DFT (Signal 1)');
    xlabel('Index DFT');    grid on;
    ylabel('Winkel der DFT in Rad');
```

Ähnlich wird das DFT-Spektrum des zweiten Signals, bei dem das Abtasttheorem verletzt ist, ermittelt:

```
% ------- DFT des zweiten Signals
X2 = fft(x2d);
phi2 = angle(X2);
for k = 1:N        % Eliminieren der numerischen Fehler
    if abs(real(X2(k))) < 1e-8 & abs(imag(X2(k))) < 1e-8
        phi2(k) = 0;
    end;
end;
subplot(2,2,2), stem(0:N-1, abs(X2)/N);
    title(['Betrag der DFT (Signal 2, f2 = ',num2str(f2),'  Hz)']);
    xlabel('Index DFT');    grid on;
    ylabel('Betrag(DFT)/N');
subplot(2,2,4), stem(0:N-1, phi2);
    title('Winkel der DFT (Signal 2)');
    xlabel('Index DFT');    grid on;
```

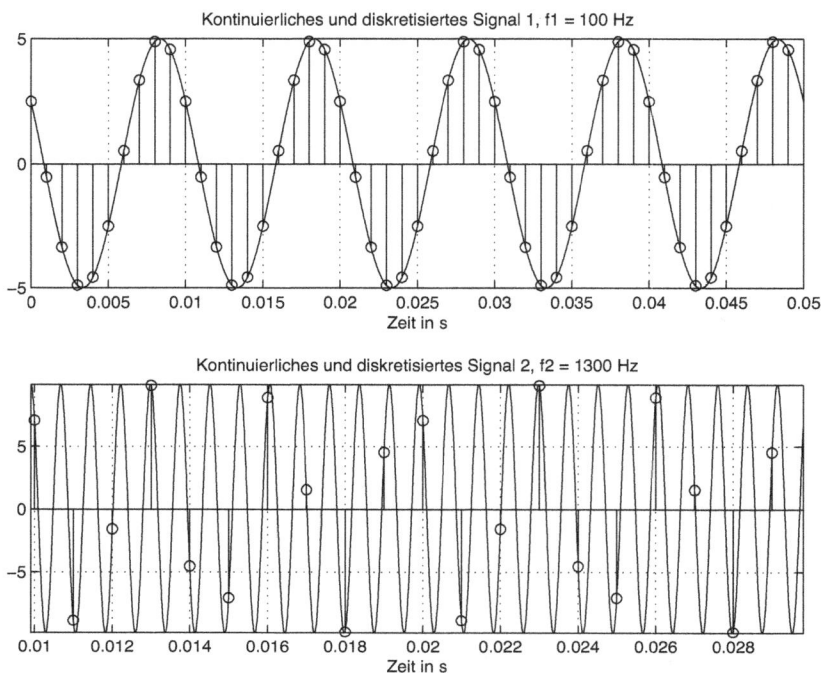

Abb. 4.11: Die kontinuierlichen und zeitdiskreten Signale (dft_1.m)

```
ylabel('Winkel der DFT in Rad');
```

Abb. 4.11 zeigt die kontinuierlichen Signale und die Abtastwerte der diskretisierten Signale. Für das zweite Signal der Frequenz $f_2 = 1300$ Hz ist ein Ausschnitt dargestellt. Für das erste diskrete Signal ist das Abtasttheorem erfüllt und die diskreten Werte entsprechen dem kontinuierlichen Signal. Mit anderen Worten erhält man aus diesen diskreten Werten das korrekte, ursprüngliche kontinuierliche Signal.

Beim zweiten Signal ist das Abtasttheorem nicht erfüllt. Die Frequenz dieses Signals $f_2 = 1300$ Hz ist größer als $f_s/2 = 1000/2 = 500$ Hz. Aus der Darstellung sieht man schon, dass die Abtastwerte das kontinuierliche Signal nicht darstellen und die Rekonstruktion eines kontinuierlichen Signals aus diesen Abtastwerten nicht zu dem ursprünglichen Signal führen kann. Die Rekonstruktion wird ein kontinuierliches Signal der Frequenz 300 Hz im Bereich $f = 0$ bis $f_s/2 = 500$ Hz ergeben. Das ist die *Aliased*-Komponente dieses Signals. Wegen der Symmetrieeigenschaft des DFT-Spektrums wird auch eine Linie bei $f = f_s - 300 = 700$ Hz im Bereich $f_s/2 = 500$ Hz bis $f = f_s$ erscheinen.

Abb. 4.12 zeigt links das DFT-Spektrum des ersten Signals der Frequenz $f_1 = 100$ Hz und rechts das gleiche Spektrum des zweiten Signals der Frequenz $f_2 = 1300$ Hz. Der Index 5 für das erste Signal berechnet sich für $N = 50$ aus $m_1 = f_1/(f_s/N) = f_1 N/f_s = 100 \times 50/1000 = 5$. Die Spiegelung erscheint dann bei $N - m1 = 50 -$

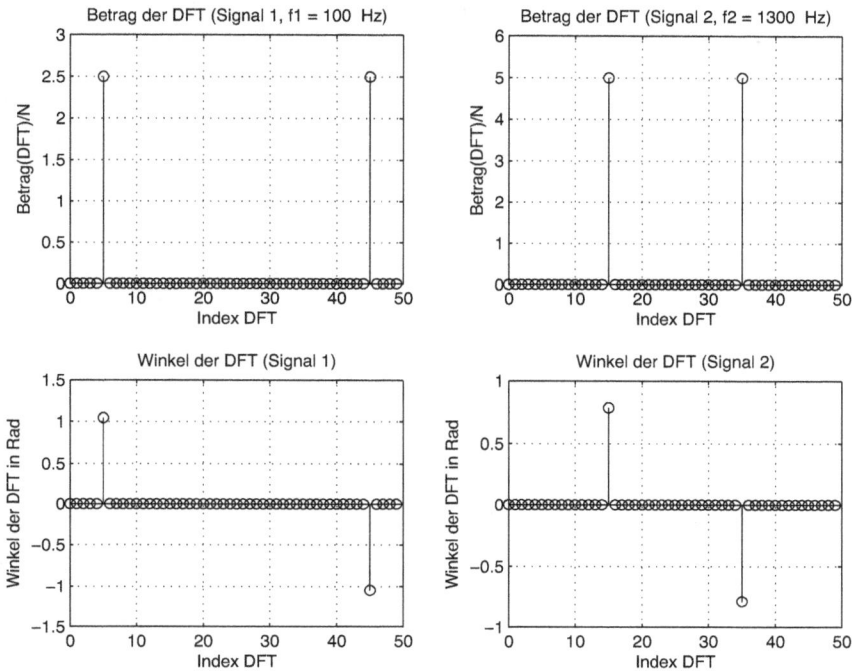

Abb. 4.12: Die DFT-Spektren der zeitdiskreten Signale (dft_1.m)

$5 = 45$. Die Nullphase im Untersuchungsintervall ist korrekt gleich $\pi/3$ im Intervall $0 \leq f \leq f_s/2$ und $-\pi/3$ im Intervall $f_s/2 \leq f \leq f_s$, das die zweite Hälfte des DFT-Bereichs darstellt.

Das DFT-Spektrum des zweiten Signals ist rechts in Abb. 4.12 gezeigt. Der Index $m_2 = f_2/(f_s/N) = f_2 N/f_s = 1300\ Hz \times 50\ Hz/1000 = 65$ muss noch Modulo(N) im DFT-Bereich umgerechnet werden, $\mathrm{mod}(65, N) = 15$ für $N = 50$. Dieser Wert entspricht jetzt einer Frequenz von 300 Hz und stellt die *Aliased*-Komponente dar, die eine Verschiebung (*Aliasing*) von 1300 Hz auf 300 Hz darstellt. Wegen der Symmetrieeigenschaft der DFT erscheint auch die Linie bei 700 Hz. Die Höhe der Linien zeigt die Hälfte der Amplituden der Signale (2,5 für die Amplitude von 5 und 5 für die Amplitude von 10).

Im Skript wird weiter das DFT-Spektrum für die Summe der zwei Signale ähnlich berechnet und dargestellt:

```
% ------- DFT der Summe der zwei Signale
xd = x1d + x2d;
X = fft(xd);
phi = angle(X);
for k = 1:N          % Eliminieren der numerischen Fehler
    if abs(real(X(k))) < 1e-8 & abs(imag(X(k))) < 1e-8
        phi(k) = 0;
```

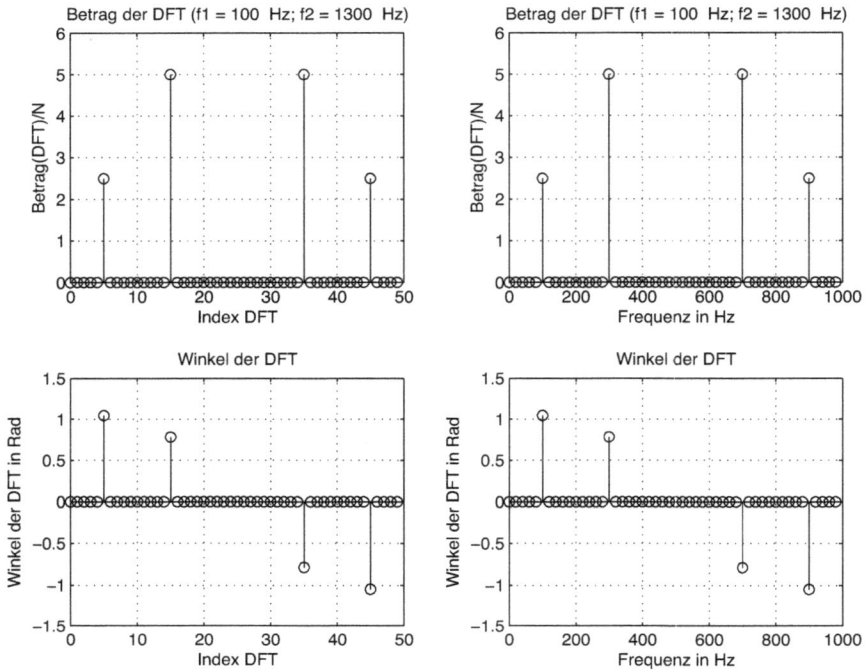

Abb. 4.13: Das DFT-Spektrum der Summe der zeitdiskreten Signale (dft_1.m)

```
    end;
end;
figure(3);      clf;
subplot(2,2,1), stem(0:N-1, abs(X)/N);
   title(['Betrag der DFT (f1 = ',num2str(f1),...
     '  Hz; f2 = ',num2str(f2),'  Hz)']);
   xlabel('Index DFT');     grid on;
   ylabel('Betrag(DFT)/N');
subplot(2,2,3), stem(0:N-1, phi);
   title('Winkel der DFT');
   xlabel('Index DFT');     grid on;
   ylabel('Winkel der DFT in Rad');
% -------- DFT der Summe mit Frequenzen in der Abszisse
%figure(4);      clf;
subplot(2,2,2), stem((0:N-1)*fs/N, abs(X)/N);
   title(['Betrag der DFT (f1 = ',num2str(f1),...
     '  Hz; f2 = ',num2str(f2),'  Hz)']);
   xlabel('Frequenz in Hz');     grid on;
   ylabel('Betrag(DFT)/N');
subplot(2,2,4), stem((0:N-1)*fs/N, phi);
   title('Winkel der DFT');
```

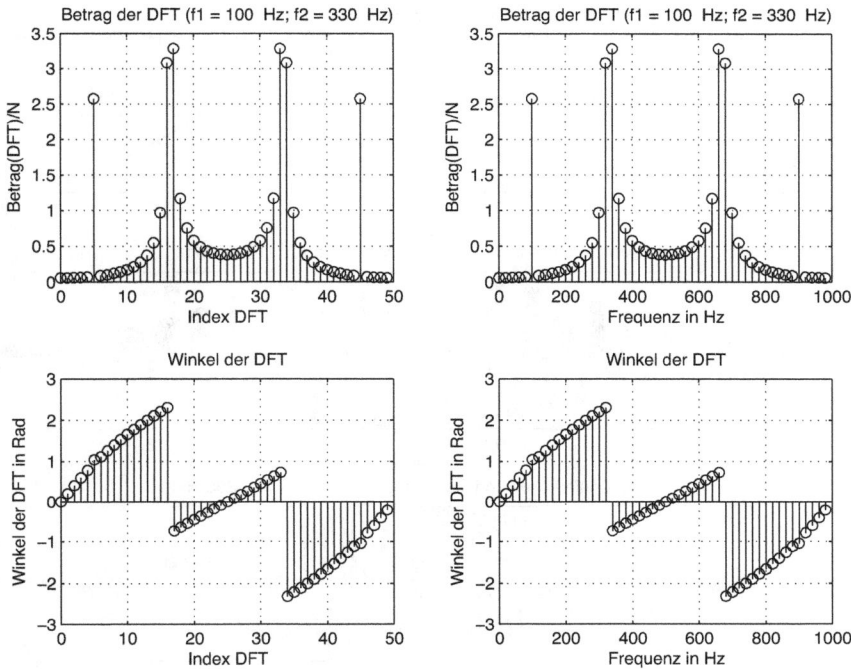

Abb. 4.14: Das DFT-Spektrum der zeitdiskreten Signale, wobei das zweite Signal Leakage ergibt (dft_1.m)

```
xlabel('Frequenz in Hz');   grid on;
ylabel('Winkel der DFT in Rad');
```

Abb. 4.13 zeigt links das DFT-Spektrum der zwei Signale mit Indizes der DFT in den Abszissen. Rechts ist das gleiche Spektrum mit Frequenzen in den Abszissen dargestellt.

Die Frequenzauflösung der DFT berechnet sich aus

$$\Delta f = \frac{f_s}{N}. \tag{4.37}$$

Für die Parameter $N = 50$ und $f_s = 1000\,Hz$ ist die Auflösung $\Delta f = 1000\,Hz/50 = 20$ Hz/Bin. Mit Bin werden die Indizes der DFT bezeichnet. Für jedes Signal mit einer Frequenz, die zu einer ganzen Zahl für den Index m der DFT $m = f/\Delta f$ führt, wird eine klare Linie in der DFT erscheinen.

Wenn die Frequenz zu einem Index führt, der keine ganze Zahl m ist, erhält man den so genannten *Leakage*-Effekt („Schmiereffekt"). Das gleiche Skript kann diesen Effekt zeigen, wenn man z.B. für die Frequenzen der zwei Signale die Werte $f_1 = 100$ Hz und $f_2 = 330$ Hz wählt. Beide erfüllen das Abtasttheorem und ergeben als Indizes

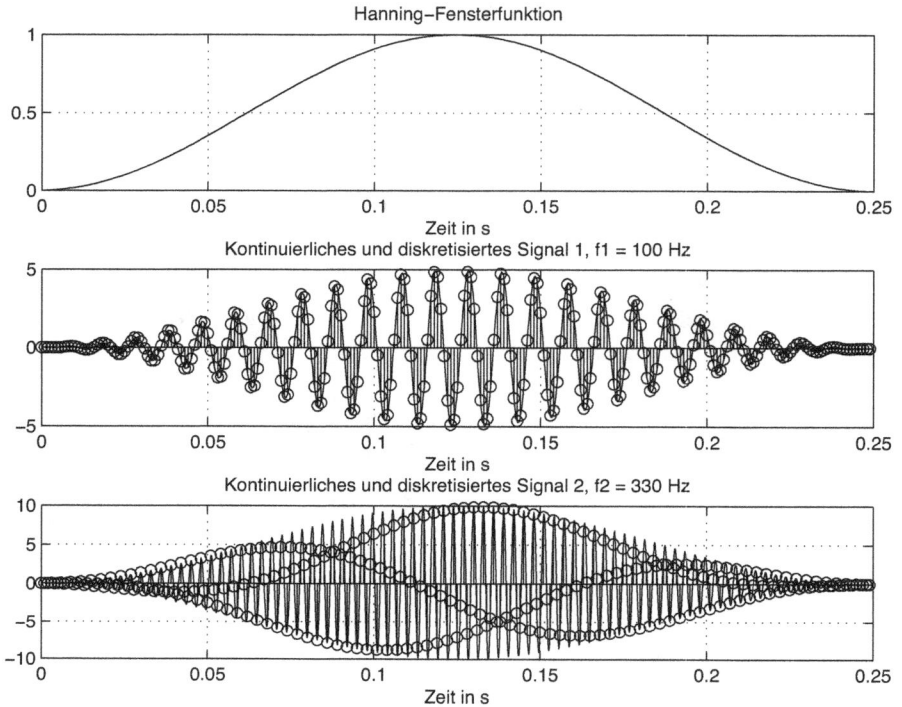

Abb. 4.15: Die Hanning-Fensterfunktion und die gewichteten Signale (dft_2.m)

(Bins) für die DFT folgende Werte: $m_1 = 100/20 = 5$ und $m_2 = 330/20 = 16,5$. Das zweite Signal führt zu *Leakage*, weil kein Bin für seine Frequenz in der DFT vorhanden ist. Abb. 4.14 zeigt das DFT-Spektrum für diese Wahl der Frequenzen.

Die übliche praktische Anzahl von Bins für die DFT oder FFT wird viel größer als $N = 50$ gewählt, wie z.B. 256, 512, 1024, etc. Mit solchen Werten ist die Auflösung der DFT viel größer und der *Leakage*-Effekt erscheint seltener. Eine Methode zur Dämpfung der zusätzlichen Linien im Spektrum besteht darin, die Werte des Signals im Untersuchungsintervall mit einer Fensterfunktion zu gewichten. Die Gewichtung führt dazu, dass der Anfang und das Ende des Signals annähernd gleich und eventuell null oder sehr klein sind. Bekannte Fensterfunktionen sind unter anderen das Hanning-, das Hamming-, das Kaiser-Fenster etc. [21], [27].

Im Skript dft_2.m, das aus dem vorherigen Skript abgeleitet ist, werden mehrere Abtastwerte ($N = 250$) durch Vergrößerung des Untersuchungsintervalls eingesetzt und die Signale werden mit dem Hanning-Fenster gewichtet. Abb. 4.15 zeigt oben das Fenster und darunter sind die gewichteten Signale dargestellt.

In Abb. 4.16 ist die DFT der gewichteten Signale gezeigt. Der Betrag wird jetzt nicht durch N geteilt, sondern durch die Summe der Koeffizienten der Fenster-Funktion. Bei $N = 250$ und $f_s = 1000\,\text{Hz}$ ist die Auflösung der DFT gleich $\Delta f = f_s/N = 1000/250 =$

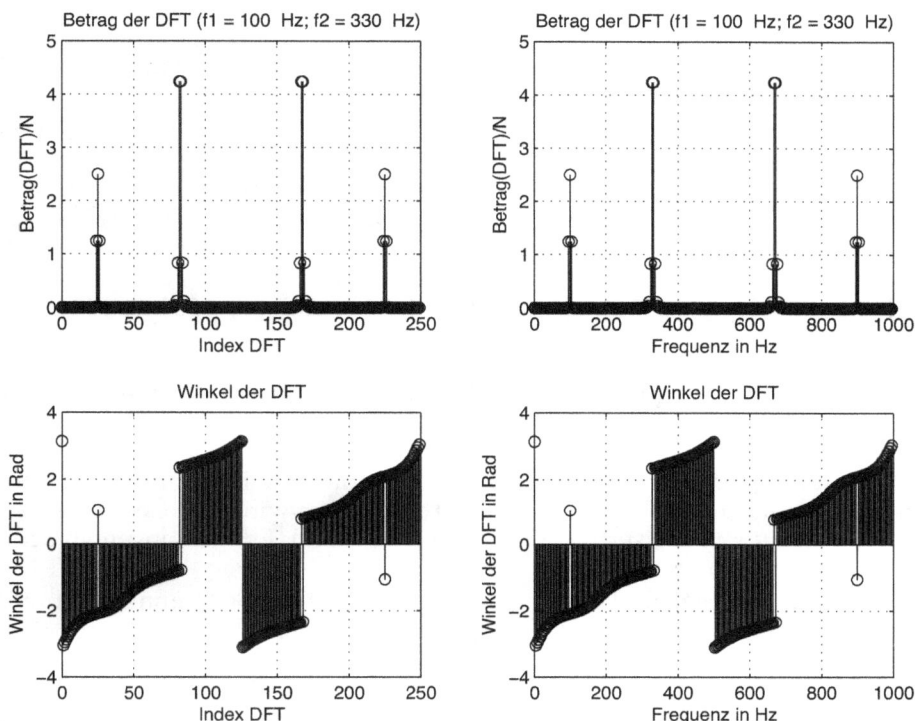

Abb. 4.16: DFT der gewichteten Signale (dft_2.m)

4 Hz/Bin. Das Signal der Frequenz $f_1 = 100$ ergibt kein *Leakage*, weil $m_1 = f_1/\Delta f = 25$ eine ganze Zahl ist. Das zweite Signal der Frequenz $f_2 = 330$ Hz führt zu *Leakage*, weil $m_2 = f_2/\Delta f = 82,5$ keine ganze Zahl ist.

Im Skript dft_2.m kann man die Signale mit der Fensterfunktion gewichten, wenn man flag auf 1 setzt. Dann wird auch ein anderer Wert Nnd (statt N) für die Teilung des Betrags der DFT berechnet:

```
......
%flag = 0;      % Ohne Fensterfunktion
flag = 1;       % Mit Fensterfunktion
Nnd = N;
if flag == 1
    x1 = x1.*hanning(length(x1))';
    x2 = x2.*hanning(length(x2))';

    x1d = x1d.*hanning(length(x1d))';
    x2d = x2d.*hanning(length(x2d))';
    Nnd = sum(hanning(length(x1d)));
end;
```

. . . . .

Das Untersuchungsintervall wird um den Faktor 5 auf `25*T1` verlängert, so dass jetzt 250 Abtastwerte vorhanden sind. Auch das Signal mit $f_1 = 100$ Hz das ursprünglich kein *Leakage* erzeugt, erhält durch die Multiplikation mit der Fensterfunktion zwei zusätzliche Linien, die man sehr gut in Abb. 4.16 sieht.

Mit den zwei Programmen (oder Skripts) durch Ändern der Parameter können viele Aspekte des Einsatzes der DFT untersucht werden. Als Beispiel ist interessant zu sehen, was geschieht, wenn das *Aliased* Signal genau auf ein „korrektes" Signal fällt, bei dem das Abtasttheorem erfüllt ist. Das kann hier sehr einfach untersucht werden, wenn bei $f_s = 1000$ Hz die Frequenzen $f_1 = 300$ Hz und $f_2 = 1300$ Hz (oder 1700 Hz oder 2300 Hz, etc.) gewählt werden.

4.2.4 Fehler bei der Schätzung der Fourier-Reihe über die DFT

Aus dem vorherigen Experiment geht hervor, dass die Harmonischen eines periodischen Signals, das diskretisiert und DFT-untersucht wird, korrekt wiedergegeben werden, wenn deren Indizes nicht größer als $N/2$ sind. Es wird angenommen, dass kein *Leakage* vorkommt.

Wenn aber das Signal Harmonische besitzt, die diese Bedingung nicht erfüllen, dann entstehen Fehler durch die Überlagerung der Harmonischen mit Indizes bis $N/2$ mit den *Aliased*-Harmonischen der Indizes $m > N/2$.

In Abb. 4.17 sind die Fehler gezeigt, die bei periodischen Signalen mit einer großen Anzahl von Harmonischen entstehen können, wenn man die Koeffizienten der komplexen Form der Fourier-Reihe c_n über die DFT X_n annähert. Die DFT X_n ist periodisch in n mit Periode N und diese Tatsache führt in der Umgebung des Indexes $N/2$ zu größeren Fehlern. Zum Glück haben auch die Extremsignale mit vielen Harmonischen wie die Folge rechteckiger Pulse aus Abb. 4.7 die Eigenschaft, dass die Amplituden der Harmonischen mit steigendem Index abklingen. Bei einer korrekten Wahl der Anzahl der Abtastwerte N im Untersuchungsintervall kann man diese Fehler in Grenzen halten.

Im Skript `dft_3.m` werden die Koeffizienten der komplexen Form der Fourier-Reihe für ein periodisches Signal bestehend aus Pulsen, gemäß Gl. (4.16) bzw. Gl. (4.17) und Gl. (4.18), mit den Werten der Annäherung über die DFT verglichen:

```
% Skript dft_3.m, in dem die Koeffizienten der komplexen Form
% der Fourier-Reihe eines periodischen, pulsförmigen Signals
% mit den Werten der Annäherung über die DFT verglichen werden
clear;
% ------- Parameter des Signals
h = 10;      % Höhe der Pulse
T = 1;       % Periode 1 Sekunde
tau = 0.1;   % Pulsdauer
% ------- Koeffizienten der komplexen Form
n = 0:1:10*T/tau;      % Bereich der Indizes der Harmonischen
cn = (h*tau/T)*exp(-j*n*pi*tau/T).*sinc(n*tau/T);  % Komplexe Koeffizienten
% ------- Die Annäherung über die DFT
```

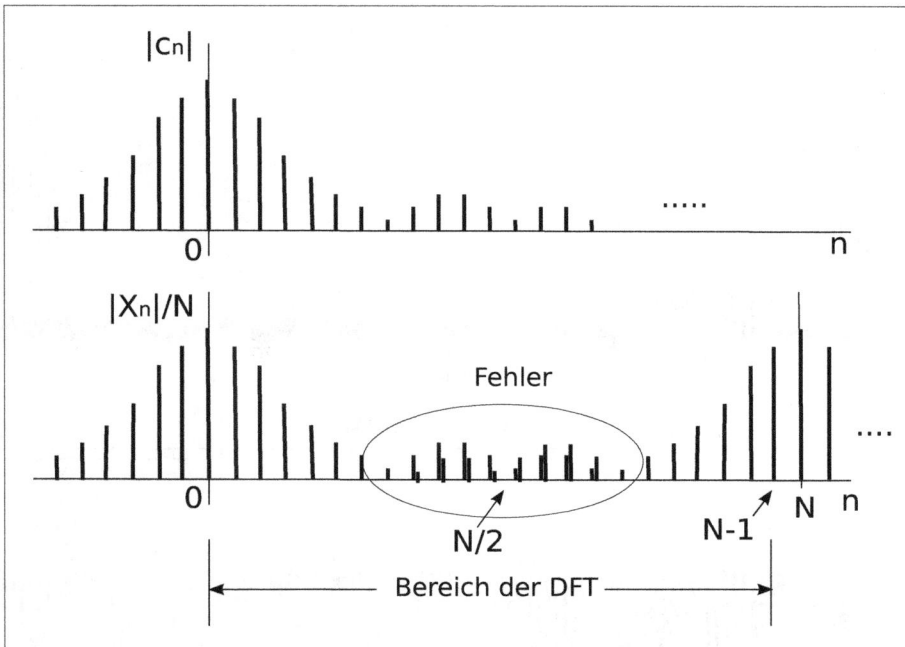

Abb. 4.17: Fehler der DFT bei der Annäherung der komplexen Fourier-Reihe

```
N = max(n);        % Anzahl der Bins der DFT
Ts = T/N;              % Abtastperiode
np = round(tau/Ts);   % Anzahl Werte gleich h
x = h*[ones(1, np), zeros(1, N-np)];% Diskretisiertes Signal einer Periode
Xn = fft(x);       % DFT der Periode
%--------------------------------------------
figure(1);    clf;
subplot(211), stem(n, abs(cn), 'LineWidth', 2);
   hold on;
   stem(0:length(Xn)-1, abs(Xn)/N,'r');
   title('Betraege von cn und Xn/N');
   xlabel('Index n');      grid on;
   legend('|cn|', '|Xn|')
subplot(212), stem(n, unwrap(angle(cn)), 'LineWidth', 2);
   hold on;
   stem(0:length(Xn)-1, unwrap(angle(Xn)),'r');
   title('Winkeln von cn und Xn');
   xlabel('Index n');      grid on;
   legend('Winkeln cn', 'Winkeln Xn')
```

Abb. 4.18 zeigt das Ergebnis für die Parameter, die im Skript initialisiert sind. In Fettdruck sind die korrekten Werte der Koeffizienten der Fourier-Reihe dargestellt.

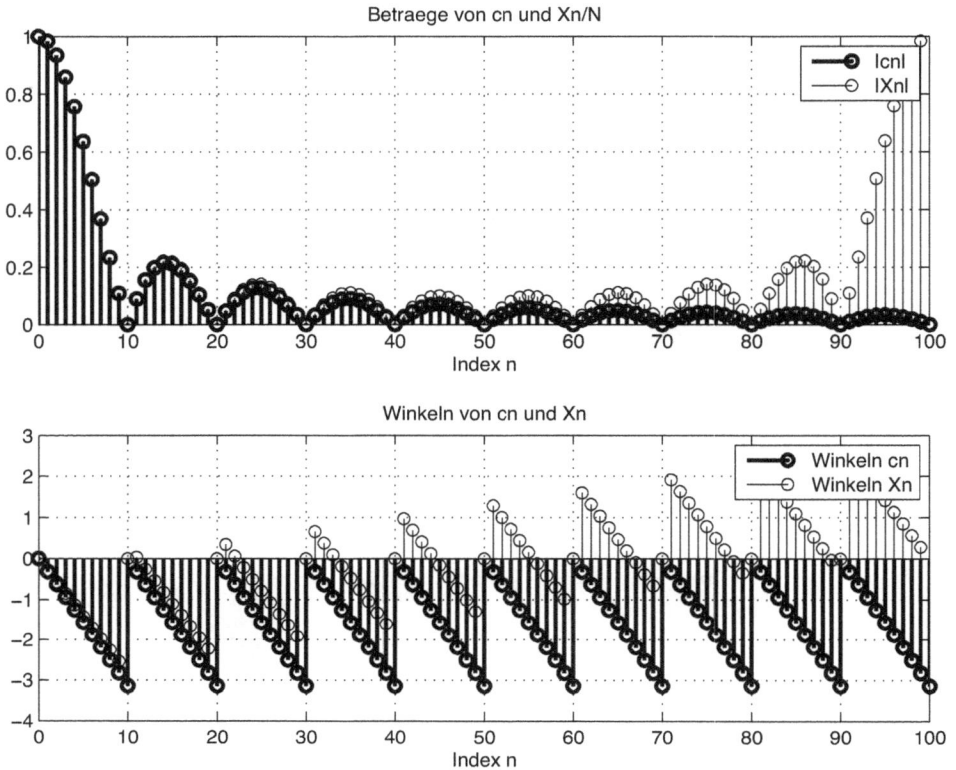

Abb. 4.18: *Korrekte Koeffizienten der komplexen Form der Fourier-Reihe und die Werte der Annäherung über die DFT* (dft_3.m)

Die Übereinstimmung der Beträge ist für $n < N/2$ sehr gut und verschlechtert sich, wie erwartet, in der Umgebung von $n = N/2 = 50$. Die Phasenverschiebungen der Annäherung der Harmonischen ist ebenfalls am Anfang gut und ist mit größeren Fehlern versehen, wenn der Index n gegen $N/2$ und darüber geht.

Um auch die relativ kleinen Amplituden der Harmonischen zu erfassen werden oft logarithmische Koordinaten für die Funktionsachse der Beträge eingesetzt. Bei Messungen, wie z.B. der Klirrfaktormessung, muss man das *Leakage* vermeiden. Man nimmt verschiedene Längen des Untersuchungsintervalls, bis die Nebenlinien verschwinden oder stellt die Abtastperiode so ein, dass in den erfassten N Werten eine ganze Anzahl von Perioden des Signals enthalten ist.

Die gezeigten Sachverhalte in Verbindung mit der DFT oder FFT müssen auch bei Messungen mit Instrumenten, die auch die FFT-Implementiert haben, berücksichtigt werden. Immer mehr digitale Oszilloskope besitzen auch die FFT-Funktion, so wie das sehr verbreitete Tektronix TDS 220 Oszilloskop. Es kann Signale bis zu einer Bandbreite von 100 MHz mit einer Abtastfrequenz bis 1 GHz erfassen, darstellen und mit der

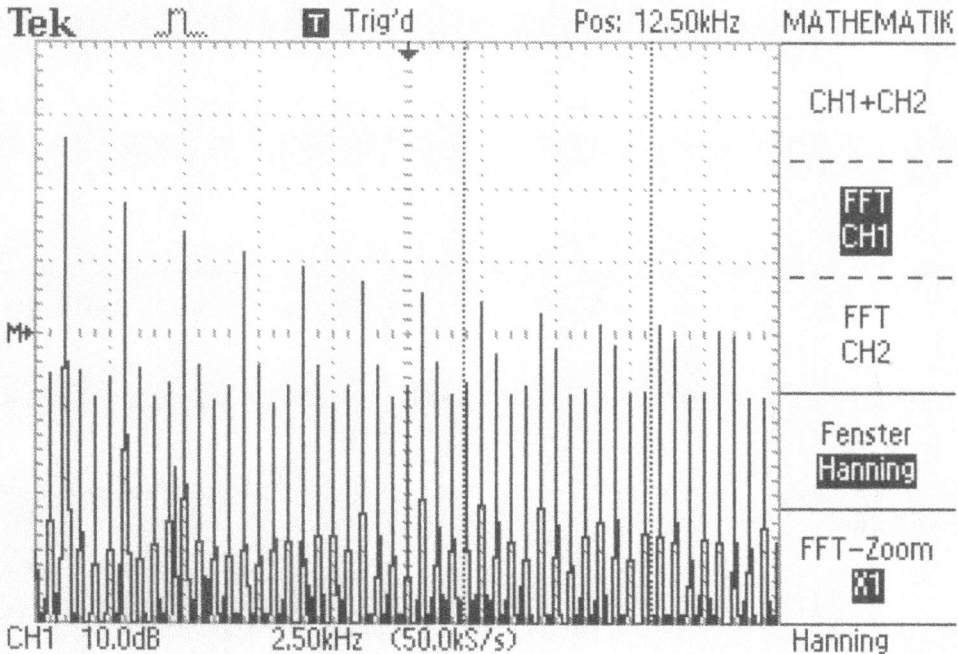

Abb. 4.19: FFT-Untersuchung eines rechteckigen Signals der Frequenz 1 kHz mit dem Oszilloskop Tektronix TDS 220

FFT untersuchen.

Für die FFT-Funktion wird ein Speicher (*Buffer*) mit 2048 Plätzen FFT-transformiert. Das interne rechteckige Signal der Frequenz 1 kHz, das zur Eichung des Tastkopfes dient, kann als Quelle für eine FFT-Untersuchung dienen. Durch Änderung der Abtastfrequenz erhält man Amplitudenspektren, die die gezeigten Aspekte wiederspiegeln.

In Abb. 4.19 ist die FFT-Darstellung des Oszilloskops in logarithmischen Koordinaten für das 1kHz rechteckige Signal bei einer Abtastfrequenz von 50 kS/s (Kilo-Sample/s) mit Hanning-Fenster gezeigt. Die Auflösung des Oszilloskops ist 2,5 kHz/-Div, wobei „Div" die Division des Oszilloskops ist. Der Bildschirm zeigt immer 10 Divisionen. Die höheren Spektrallinien entsprechen den Amplituden der Harmonischen bis Index $N/2$. Dazwischen sieht man die *Aliased*-Harmonischen der Frequenzen, die größer als $f_s/2 = 25$ kHz sind.

4.3 Lineare Schaltungen mit harmonischen Anregungen

Für ein stabiles lineares System mit Übertragungsfunktion $H(j\omega) = Y_s(j\omega)/X(j\omega)$, ist die stationäre Antwort $y_s(t)$ (oder partikuläre Lösung) auf eine cosinusförmige Anregung der Form $x(t) = \hat{x}\cos(\omega t + \varphi)$ durch

$$y_s(t) = \hat{x} |H(j\omega)| \cos(\omega t + \varphi + Winkel(H(j\omega)) \tag{4.38}$$

gegeben. Für ein periodisches Signal, das mit der komplexen Form der Fourier-Reihe

$$x(t) = \sum_{n=-\infty}^{\infty} c_n e^{jn\omega_1 t} \tag{4.39}$$

beschrieben ist, erhält man für die Antwort im stationären Zustand folgende komplexe Fourier-Reihe Darstellung:

$$y_s(t) = \sum_{n=-\infty}^{\infty} c_{yn} e^{jn\omega_1 t} \quad \text{wobei} \quad c_{yn} = c_n H(jn\,\omega_1) \tag{4.40}$$

Mit ω_1 wird die Frequenz der Grundwelle (1. Harmonische) bezeichnet. Aus der komplexen Form der Fourier-Reihe kann jetzt die Zeitantwort geschrieben werden:

$$y_s(t) = c_0 H(j0) + \sum_{n=1}^{\infty} 2|c_n| \cdot |H(jn\omega_1)| \cdot \\ \cos(n\omega_1 t + \varphi + Winkel(H(jn\omega_1)) \tag{4.41}$$

Die Werte $H(jn\omega_1)$ sind die Werte der Übertragungsfunktion $H(j\omega)$ für $\omega = n\omega_1$ und $H(j0)$ ist der Wert der Übertragungsfunktion für $\omega = 0$.

4.3.1 Diskrete Fourier-Reihe

Wenn man eine oder mehrere Perioden eines periodischen Signals diskretisiert und die DFT ermittelt, ohne zunächst eine Annäherung der kontinuierlichen Fourier-Reihe anzustreben, bilden die DFT-Werte $X_n/N, n = 0, 1, 2, \ldots, N-1$ die Koeffizienten einer so genannten „Diskreten Fourier-Reihe". Die ursprünglichen Abtastwerte können mit Hilfe der inversen DFT aus X_n ermittelt werden, ohne dass ein eventuelles *Leakage* die inverse DFT beeinflusst. Die DFT ist umkehrbar.

Um mit den DFT-Werten $X_n/N, n = 0, 1, 2, \ldots, N-1$ eine Annäherung der kontinuierlichen Fourier-Reihe zu erhalten, müssen die vorher gezeigten Aspekte, wie z.B. der *Leakage*-Effekt, berücksichtigt werden. Hauptsächlich muss dicht abgetastet werden, was einen genügend hohen Wert für die Anzahl der Abtastwerte N bedeutet.

Wenn die Abtastwerte des Untersuchungsintervalls mit $x[kT_s]$ oder vereinfacht mit $x[k]$ bezeichnet werden, dann ist:

$$X_n = \sum_{k=0}^{N-1} x[k]\, e^{-j2\pi nk/N} \qquad n = 0, 1, 2, \ldots, N-1$$

$$x[k] = \frac{1}{N} \sum_{n=0}^{N-1} X_n\, e^{j2\pi nk/N} \qquad k = 0, 1, 2, \ldots, N-1 \tag{4.42}$$

Das sind jetzt nichts anderes als die direkte und inverse DFT der zeitdiskreten Werte $x[k]$ aus dem Untersuchungsintervall.

Wenn das kontinuierliche, periodische Signal $x(t)$ über die kontinuierliche Übertragungsfunktion $H(j\omega)$ übertragen wird, dann ist der Ausgang im stationären Zustand $y_s(t)$ durch die oben gezeigte Gl. (4.41) gegeben und besteht aus Harmonischen derselben Frequenzen mit bestimmten Amplituden und bestimmten Phasenlagen.

Es stellt sich jetzt die Frage, ob man die Annäherung der Koeffizienten der komplexen Fourier-Reihe des Ausgangs über die DFT ermitteln kann. Die DFT des Ausgangs $Y_n, n = 0, 1, 2, \ldots, N-1$ kann aus der DFT des Eingangs $X_n, n = 0, 1, 2, \ldots, N-1$ mit folgender Multiplikation erhalten werden:

$$Y_n = X_n\, H_n \qquad k = 0, 1, 2, \ldots, N-1 \tag{4.43}$$

Hier stellt H_n eine diskrete Form der kontinuierlichen Übertragungsfunktion $H(j\omega)$ dar, die auch die Eigenschaften einer DFT haben muss. Das bedeutet, dass die erste Hälfte und die zweite Hälfte von H_n konjugiert komplex sein müssen. Eine Möglichkeit die diskrete Übertragungsfunktion H_n aus der kontinuierliche Übertragungsfunktion $H(j\omega)$ zu bilden, besteht darin, dass man die kontinuierliche in folgender Form abtastet:

$$\begin{aligned} H_n &= H(j\omega) &&\text{für} &\omega &= 2\pi n f_s/N & n &= 0, 1, 2, \ldots, N/2 \\ H_n &= H_{N-n}^* &&\text{für} &\omega &= 2\pi n f_s/N & n &= N/2+1, \ldots, N-1 \end{aligned} \tag{4.44}$$

Eine andere Möglichkeit diese Form der diskreten Übertragungsfunktion zu erhalten, geht von der Impulsantwort des Systems aus. Diese wird mit der Abtastperiode T_s und N Abtastwerten diskretisiert und danach DFT-transformiert.

Im Skript `kont2disk_2.m` ist ein einfaches Experiment programmiert, in dem zwei Harmonische über ein Tiefpassfilter zweiter Ordnung übertragen werden. Die Antwort wird einmal gemäß Gl. (4.41) berechnet und danach mit Hilfe der DFT des Eingangs und der diskreten Übertragungsfunktion ermittelt:

```
% Skript kont2disk_2.m, in dem die kontinuierliche
% und zeitdiskrete Fourier-Reihe untersucht wird
clear;
% ------ Kontinuierliche Übertragungsfunktion
% zweiter Ordnung
fp = 100;    % Durchlassfrequenz
omega_p = 2*pi*fp;
% ------ Frequenzgang für Frequenzen der Diskretisierung
```

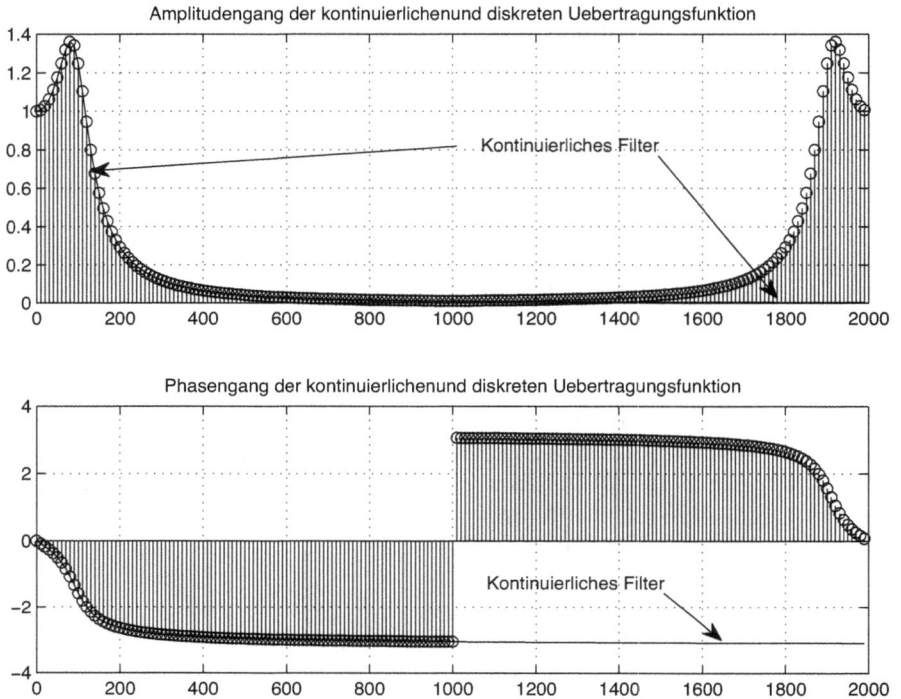

Abb. 4.20: Kontinuierlicher und diskretisierter Frequenzgang des Tiefpassfilters 2. Ordnung
(kont2disk_2.m)

```
fs = 2000;    % Abtastfrequenz
Ts = 1/fs;
N = 200;      % Anzahl der Abtastwerte
f = 0:fs/N:fs*(N-1)/N;   % Frequenzbereich
omega = 2*pi*f;
d = 0.8;                  % Dämpfungsfaktor
Hk = 1./((j*omega/omega_p).^2 + j*omega*d/omega_p + 1);
      % Kontinuierliche Übertragungsfunktion
% ------ Diskretisierung der Übertragungsfunktion
               % mit der typischen DFT Symmetrie
Hn = [Hk(1:N/2+1), conj(Hk(N/2:-1:2))];
% ------ Darstellung Hk, Hn
figure(1);    clf;
subplot(211), plot(f, abs(Hk));
   hold on;
   stem((0:N-1)*fs/N, abs(Hn));
   hold off;
   grid on;
   title(['Amplitudengang der kontinuierlichen',...
```

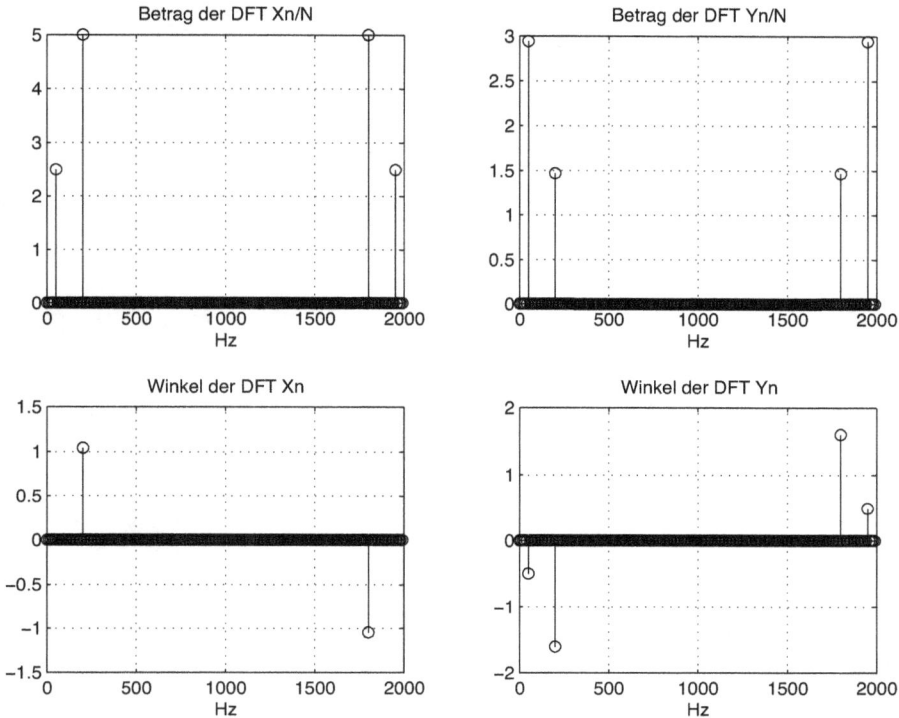

Abb. 4.21: DFTs der Eingangs und Ausgangssignale (kont2disk_2.m)

```
                        'und diskreten Uebertragungsfunktion']);
subplot(212), plot(f, angle(Hk));
   hold on;
   stem((0:N-1)*fs/N, angle(Hn));
   hold off;
   grid on;
   title(['Phasengang der kontinuierlichen',...
      'und diskreten Uebertragungsfunktion']);
% -------- Übertragung zweier Harmonischen
% die das Abtasttheorem erfüllen
f1 = 50;      T1 = 1/f1;       % Ohne Leakage
%f1 = 55;      T1 = 1/f1;        % mit Leakage
f2 = 200;     T2 = 1/f2;
ampl1 = 5;    ampl2 = 10;
% Frequenzgang für diese Frequenzen
Hkf1 = 1/((j*2*pi*f1/omega_p)^2 + j*2*pi*f1*d/omega_p + 1);
Hkf2 = 1/((j*2*pi*f2/omega_p)^2 + j*2*pi*f2*d/omega_p + 1);
% Berechnung des kontinuierlichen Ausgangs
t = 0:Ts/10:(N-1)*Ts;
```

```
x = ampl1*cos(2*pi*f1*t) + ampl2*cos(2*pi*f2*t + pi/3);
y = ampl1*abs(Hkf1)*cos(2*pi*f1*t + ...
    angle(Hkf1))+...
    ampl2*abs(Hkf2)*cos(2*pi*f2*t + pi/3 + ...
    angle(Hkf2));

% Berechnung über die diskreten Werte
td = 0:Ts:(N-1)*Ts;        % N Abtastwerte (gerade Zahl)
xd = ampl1*cos(2*pi*f1*td) + ampl2*cos(2*pi*f2*td + pi/3);
Xn = fft(xd);     % DFT Eingang
Yn = Xn.*Hn;      % DFT Ausgang
yd = real(ifft(Yn));     % inverse DFT
phix = angle(Xn);     phiy = angle(Yn);
for k = 1:N       % Entfernung der Phasenfehler
    if abs(real(Xn(k))) < 1e-8 & abs(imag(Xn(k))) < 1e-8
        phix(k) = 0;
    end;
    if abs(real(Yn(k))) < 1e-8 & abs(imag(Yn(k))) < 1e-8
        phiy(k) = 0;
    end;
end;
% Darstellung der DFTs
figure(2);     clf;
subplot(221), stem((0:N-1)*fs/N, abs(Xn)/N);
    title('Betrag der DFT Xn/N');
    xlabel('Hz');     grid on;
subplot(223), stem((0:N-1)*fs/N, phix);
    title('Winkel der DFT Xn');
    xlabel('Hz');     grid on;
subplot(222), stem((0:N-1)*fs/N, abs(Yn)/N);
    title('Betrag der DFT Yn/N');
    xlabel('Hz');     grid on;
subplot(224), stem((0:N-1)*fs/N, phiy);
    title('Winkel der DFT Yn');
    xlabel('Hz');     grid on;
% Darstellung der Zeitvariablen
figure(3);     clf;
subplot(211), plot(t, x, t, y);
    title('Kontinuierlicher Eingang und Ausgang');
    xlabel('Zeit in s');     grid on;
subplot(212), plot(td, xd, td, yd);
    %subplot(212), plot(td, xd, td(1:N-1), yd(2:N));
    title('Diskreter Eingang und Ausgang als kontinuierliche Funktionen');
    xlabel('Zeit in s');     grid on;
```

Zuerst wird der kontinuierliche Frequenzgang für die Frequenzen, die später für den Einsatz der DFT signifikant sind, berechnet. Das Tiefpassfilter 2. Ordnung wurde

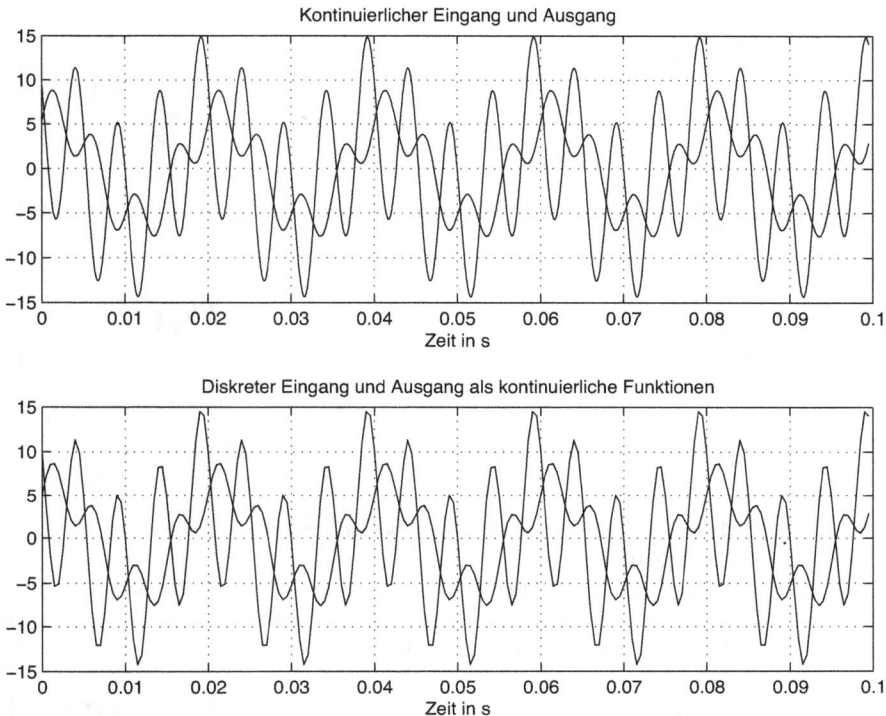

Abb. 4.22: Kontinuierliche und zeitdiskrete Signale (kont2disk_2.m)

mit folgendem Frequenzgang angenommen:

$$H_k(j\omega) = \frac{1}{(j\omega/\omega_p)^2 + (j\omega\, d/\omega_p) + 1} \tag{4.45}$$

Hier ist ω_p die Durchlassfrequenz (oder Eckfrequenz) und d der Dämpfungsfaktor des Filters.

Danach wird die diskrete Form des Frequenzgangs mit der typischen Symmetrie für ein reelles Filter erzeugt. Abb. 4.20 zeigt den kontinuierlichen und diskretisierten Frequenzgang.

Weiter wird das Ausgangssignal im stationären Zustand gemäß Gl. (4.41) ermittelt. Dafür wird der Frequenzgang für die zwei Frequenzen der Harmonischen berechnet und danach der stationäre Ausgang.

Für den zeitdiskretisierten Eingang xd wird zuerst die DFT Xn ermittelt und danach elementweise mit dem diskreten Frequenzgang Hn multipliziert. Die inverse DFT von Xn.*Hn ergibt den zeitdiskreten Ausgang yd, der als Annäherung des kontinuierlichen Ausgangs angesehen werden kann.

Abb. 4.21 zeigt die DFT-Transformierten der Eingangs- und Ausgangssignale, in diesem Fall ohne *Leakage*. In Abb. 4.22 ist oben das kontinuierliche Eingangs- und Aus-

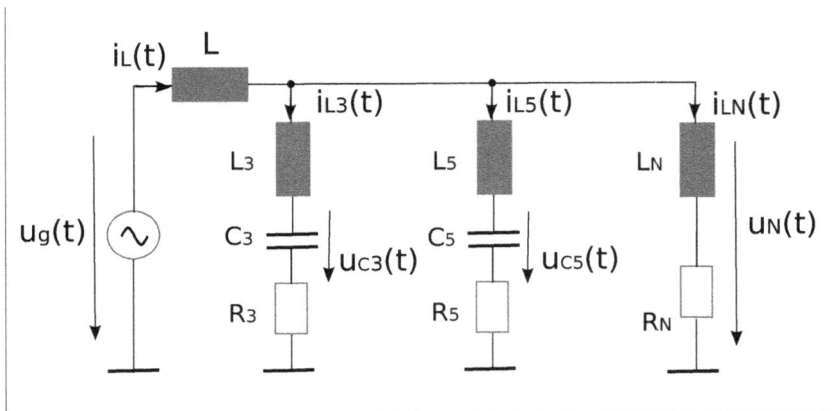

Abb. 4.23: Filtern der Oberwellen eines Umrichters

gangssignal und darunter die gleichen zeitdiskreten Signale dargestellt. Die Übereinstimmung ist klar ersichtlich.

Mit $f_s = 2000$ Hz und $N = 200$ ist die Auflösung der DFTs $\Delta f = f_s/N = 10$ Hz/Bin. Für eine Frequenz $f_1 = 55$ Hz entsteht *Leakage* bei der ersten Harmonischen, was aber weiterhin zu korrektem Ausgang führt.

Experiment 4.3.1: Filtern der Oberwellen eines Umrichters mit Saugkreisen

In diesem Experiment wird mit der diskreten Fourier-Reihe das Filtern der 3. und 5. Oberwelle eines Umrichters untersucht. Abb. 4.23 zeigt die Schaltung. Die Spannung der Quelle ist rechteckig mit einer Frequenz von 50 Hz. Mit den zwei Filtern, bestehend aus zwei Reihenresonanzkreisen, soll die 3. und 5. Oberwelle gedämpft werden. Im Skript `saugkr_1.m` ist das Experiment programmiert:

```
% Skript saugkr_1.m, in dem Saugkreise für die
% Oberwellen eines Umrichters untersucht werden
clear;
% ------- Rechteckige Spannung des Umrichters
f = 50;       % 50 Hz
T = 1/f;
N = 2000;       Ts = 5*T/N;         fs = 1/Ts;
ampl = 200;
% Spannung der Quelle
t = 0:Ts:5*T-Ts;
ug = ampl*sign(sin(2*pi*f*t));
% ------- DFT der Spannung
Ug = fft(ug);
% ------- Übertragungsstrecke
LN = 0.01;       RN = 20;
L = 0.05;        L3= L;          L5 = L;
```

```
C3 = 1/(((2*pi*3*f)^2)*L3);
C5 = 1/(((2*pi*5*f)^2)*L5);
R3 = 1;          R5 = 1;
% ------- Übertragungsfunktion
omega = 2*pi*(0:N/2)*fs/N;
YN = 1./(RN + j*omega*LN);
Y5 = 1./(R5 + 1./(j*omega*C5) + j*omega*L5);
Y3 = 1./(R3 + 1./(j*omega*C3) + j*omega*L3);
H = 1./(1+(YN + Y5 + Y3).*(j*omega*L));   % Kontinuierlicher
                          % Frequenzgang
Hd = [H, conj(H(N/2:-1:2))];   % Symmetrie der DFT für reelle Systeme
UN = Hd.*Ug;   % DFT des Ausgangs
uN = real(ifft(UN));   % Ausgang berechnet aus der DFT
figure(1);   clf;
subplot(211), plot(t, ug);
   title('Eingangssignal')
   xlabel('Zeit in s'); grid on;
   La = axis;   axis([La(1:2), 1.2*La(3:4)]);
subplot(212), plot(t, uN);
   title('Ausgangssignal (mit DFT berechnet)');
   xlabel('Zeit in s');     grid on;
figure(2);   clf;
   plot((0:N/20-1)*fs/N, 20 * log10(abs(Hd(1:N/20))));
   title('Amplitudengang UN/Ug');
   xlabel('Hz');            grid on;
% --------- Numerische Integration mit Euler-Verfahren
dt = Ts/20;
t = 0:dt:10*T-Ts;
ug = ampl*sign(sin(2*pi*f*t));
nt = length(t);
% Initialisierungen
iL  = zeros(1,nt);     iL3 = zeros(1,nt);
iL5 = zeros(1,nt);     iLN = zeros(1,nt);
uC3 = zeros(1,nt);     uC5 = zeros(1,nt);
uN = zeros(1,nt);
for k = 1:nt-1;
    uN(k) = (ug(k)+L*RN*iLN(k)/LN+L*R5*iL5(k)/L5+L*R3*iL3(k)/L3...
        +L*uC5(k)/L5+L*uC3(k)/L3)/(1+L/LN+L/L5+L/L3);
    iLN(k+1) = iLN(k) + dt*(uN(k) - iLN(k)*RN)/LN;
    iL5(k+1) = iL5(k) + dt*(uN(k) - iL5(k)*R5 - uC5(k))/L5;
    iL3(k+1) = iL3(k) + dt*(uN(k) - iL3(k)*R3 - uC3(k))/L3;
    uC3(k+1) = uC3(k) + dt*iL3(k)/C3;
    uC5(k+1) = uC5(k) + dt*iL5(k)/C5;
    iL(k+1) = iL3(k+1) + iL5(k+1) + iLN(k+1);
end;
figure(3);   clf;
subplot(211), plot(t, uN);
   title('Ausgangsspannung uN(t) (numerisch integriert)');
   xlabel('Zeit in s');     grid on;
```

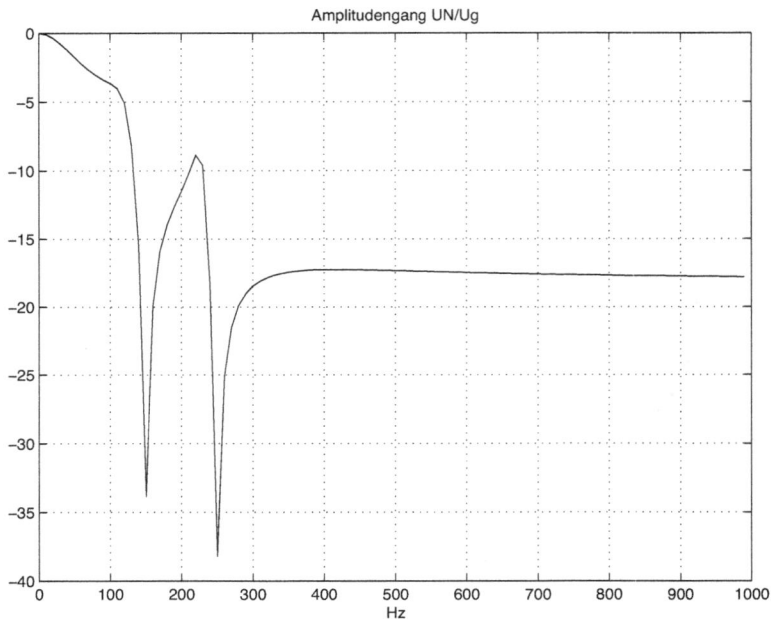

Abb. 4.24: Amplitudengang von der Quelle bis zum Verbraucher (saugkr_1.m)

```
subplot(212), plot(t, iL, t, iLN);
    title('Strom iL(t) und iLN(t) (numerisch integriert)');
    xlabel('Zeit in s');      grid on;
```

Es wird anfänglich die DFT des Eingangssignals im Untersuchungsintervall, der aus fünf Perioden dieses Signals besteht, berechnet. Danach wird die Übertragungsfunktion von der Spannung der Quelle $U_g(j\omega)$ bis zur Spannung des Verbrauchers $U_N(j\omega)$ für Frequenzen, die später bei der Diskretisierung relevant sind, berechnet.

Weiter wird die Diskretisierung dieses Frequenzgangs realisiert, so dass die typische Symmetrie einer DFT für reellwertige Systeme entsteht. Die elementweise Multiplikation der DFT Ug des Eingangssignals und der diskreten Übertragungsfunktion Hd führt zur DFT UN der Ausgangsspannung. Deren inverse DFT ergibt schließlich das stationäre Ausgangssignal.

Abb. 4.24 zeigt den Amplitudengang von der Quelle bis zum Verbraucher, aus dem der Einfluss der Saugkreise als Sperrfilter bei 150 Hz und 250 Hz ersichtlich ist. Die Dämpfung der Grundwelle der Frequenz 50 Hz beträgt nur ca. 3 dB, was akzeptabel ist. In Abb. 4.25 ist oben die Spannung der Quelle gezeigt und unten ist die Ausgangsspannung dargestellt, die über die DFT ermittelt wurde.

Um das Ergebnis zu überprüfen, wird die Ausgangsspannung auch über numerische Integration mit dem Euler-Verfahren ermittelt. Dafür werden folgende Differen-

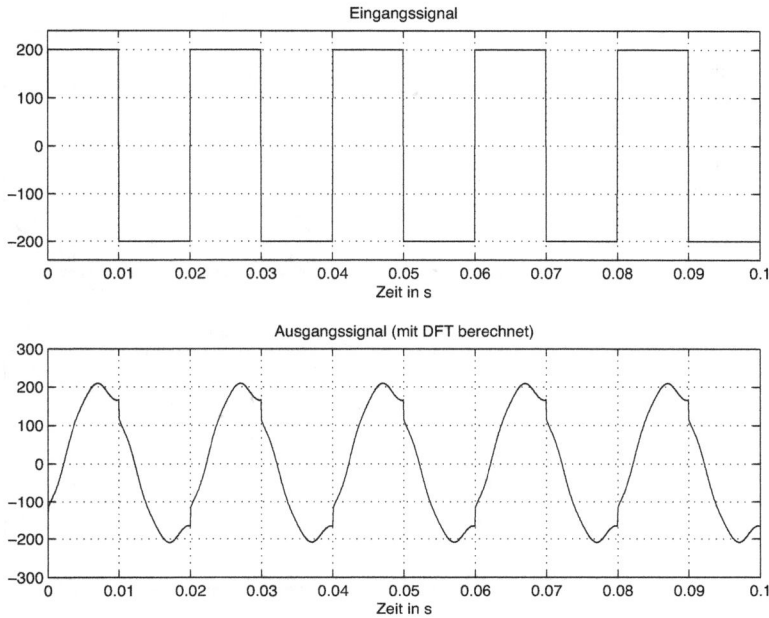

Abb. 4.25: Eingangsspannung und Ausgangsspannung über DFT berechnet (saugkr_1.m)

tialgleichungen erster Ordnung in den Zustandsvariablen geschrieben:

$$L_N \frac{di_{LN}(t)}{dt} = u_N(t) - R_N\, i_{LN}(t) \tag{4.46}$$

$$L_5 \frac{di_{L5}(t)}{dt} = u_N(t) - R_5\, i_{L5}(t) - u_{c5}(t) \tag{4.47}$$

$$L_3 \frac{di_{L3}(t)}{dt} = u_N(t) - R_3\, i_{L5}(t) - u_{c3}(t) \tag{4.48}$$

$$u_N(t) = u_g(t) - L \frac{i_L(t)}{dt} \tag{4.49}$$

$$C_5 \frac{du_{c5}(t)}{dt} = i_{L5}(t) \tag{4.50}$$

$$C_3 \frac{du_{c3}(t)}{dt} = i_{L3}(t) \tag{4.51}$$

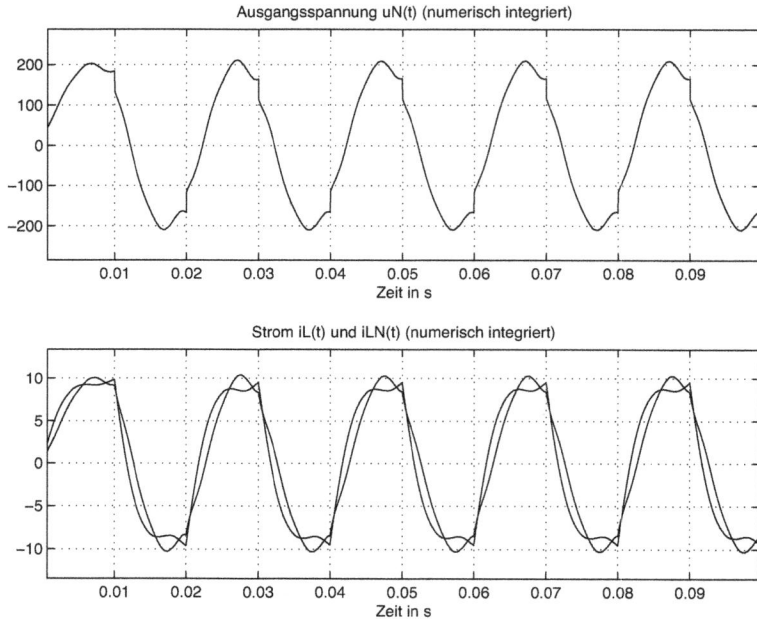

Abb. 4.26: *Ausgangspannung $u_N(t)$ und Ströme $i_L(t), i_{LN}(t)$ durch numerische Integration ermittelt* (saugkr_1.m)

$$i_L(t) = i_{L3}(t) + i_{L5}(t) + i_{LN}(t) \tag{4.52}$$

Die Zwischenvariable $u_N(t)$, die keine Zustandsvariable ist, kann man leicht mit Hilfe der Zustandsvariablen ausdrücken:

$$u_N(t) = u_g(t) - L\left(\frac{di_{LN}(t)}{dt} + \frac{di_{L5}(t)}{dt} + \frac{di_{L3}(t)}{dt}\right) =$$

$$u_g(t) - L\left[\frac{1}{L_N}(u_N(t) - R_N\,i_{LN}(t)) + \frac{1}{L_5}(u_N(t) - R_5\,i_{L5}(t) - u_{c5}(t)) + \right. \tag{4.53}$$

$$\left. \frac{1}{L_3}(u_N(t) - R_3\,i_{L3}(t) - u_{c3}(t))\right]$$

Damit wird die Zwischenvariable $u_N(t)$ als Funktion der Zustandsvariablen ausgedrückt:

$$u_N(t)\left(1 + \frac{L}{L_N} + \frac{L}{L_5} + \frac{L}{L_3}\right) = u_g(t) + R_N\frac{L}{L_N}i_{LN}(t) +$$

$$R_5\frac{L}{L_5}i_{L5}(t) + R_3\frac{L}{L_3}i_{L3}(t) + \frac{L}{L_5}u_{c5}(t) + \frac{L}{L_3}u_{c3}(t) \tag{4.54}$$

Im letzten Teil des Skripts werden diese Differentialgleichungen mit dem Euler-Verfahren integriert. Abb. 4.26 zeigt oben die resultierende Ausgangsspannung, die nahezu gleich der Spannung ist, die über die DFT ermittelt wurde (Abb. 4.25 unten). Zusätzlich ist es leicht auch andere Variablen zu bestimmen, wie z.B. die Ströme $i_L(t)$ und $i_{LN}(t)$, die in Abb. 4.26 unten dargestellt sind.

4.4 Kenngrößen

Es werden der Effektivwert und der Klirrfaktor der nichtsinusförmigen Variablen (wie z.B. Ströme oder Spannungen), die über die Fourier-Reihe in Harmonische zerlegt wurden, definiert [9].

4.4.1 Effektivwert

Die Effektivwerte der Harmonischen der Ordnung n mit den Amplituden $\hat{i}_n$ bzw. $\hat{u}_n$ sind:

$$I_n = \frac{\hat{i}_n}{\sqrt{2}} \quad \text{und} \quad U_n = \frac{\hat{u}_n}{\sqrt{2}} \tag{4.55}$$

Der Effektivwert der Gesamtstromvariablen ist dann:

$$I = \sqrt{\frac{1}{T_1} \int_{t_0}^{t_0+T_1} i(t)^2 \, dt} = \sqrt{\frac{1}{T_1} \int_{t_0}^{t_0+T_1} \left[I_0 + \sum_{n=1}^{\infty} \hat{i}_n \cos(n\omega_1 t + \varphi_n) \right]^2 dt} \tag{4.56}$$

Hier ist I_0 der Gleichanteil über eine Periode oder anders ausgedrückt die Amplitude der Harmonischen der Frequenz null. Beim Quadrieren des Klammerausdrucks treten außer I_0^2 und den Termen $\hat{i}_n^2 \cos^2(n\omega_1 t + \varphi_n)$ auch solche des Typs $2\hat{i}_p \hat{i}_q \cos(p\omega_1 t + \varphi_n) \cos(q\omega_1 t + \varphi_q)$ mit $p \neq q$ auf. Wenn man das Produkt der Cosinusfunktionen als Summe und Differenz von Cosinusfunktionen umformt, ist ihr Integral über eine Periode gleich null. Man erhält daher

$$I = \sqrt{\frac{1}{T_1} \int_{t_0}^{t_0+T_1} I_0^2 \, dt + \sum_{n=1}^{\infty} \frac{1}{T_1} \int_{t_0}^{t_0+T_1} \hat{i}_n^2 \cos^2(n\omega_1 t + \varphi_n) \, dt} \tag{4.57}$$

und findet unter dem Wurzelzeichen die Summe der Quadrate des Gleichanteils I_0 sowie der Effektivwerte I_n der einzelnen Harmonischen. Man kann das Ergebnis auch auf die Spannung übertragen und erhält schließlich:

$$I = \sqrt{I_0^2 + \sum_{n=1}^{\infty} I_n^2} \quad \text{bzw.} \quad U = \sqrt{U_0^2 + \sum_{n=1}^{\infty} U_n^2} \tag{4.58}$$

Der Anteil der Harmonischen (ohne Gleichanteil) im Effektivwert wird mit I_h, U_h bezeichnet:

$$I_h = \sqrt{\sum_{n=1}^{\infty} I_n^2} \quad \text{bzw.} \quad U_h = \sqrt{\sum_{n=1}^{\infty} U_n^2} \tag{4.59}$$

4.4.2 Schwingungsgehalt und Klirrfaktor

Für Mischgrößen wird der Schwingungsgehalt durch

$$s_i = \frac{I_n}{I} \quad \text{bzw.} \quad s_u = \frac{U_n}{U} \tag{4.60}$$

definiert. Es stellt den Quotient der Effektivwerte der Wechselanteile durch den zugehörigen Gesamteffektivwert dar. Für Wechselgrößen, also für periodische Variablen mit Gleichanteil gleich null, wird der Grundschwingungsgehalt definiert:

$$g_i = \frac{I_1}{I} \quad \text{bzw.} \quad g_u = \frac{U_1}{U} \tag{4.61}$$

Mit „Klirrfaktor" oder „Oberschwingungsgehalt" einer Wechselgröße bezeichnet man den Quotienten:

$$k_i = \frac{\sqrt{\sum_{n=2}^{\infty} I_n^2}}{I} = \frac{\sqrt{I^2 - I_1^2}}{I} = \sqrt{1 - g_i^2}$$

und

$$k_u = \frac{\sqrt{\sum_{n=2}^{\infty} U_n^2}}{U} = \frac{\sqrt{U^2 - U_1^2}}{I} = \sqrt{1 - g_u^2} \tag{4.62}$$

Der Klirrfaktor darf in einigen Anwendungen nicht einen bestimmten Wert überschreiten, und es ist wichtig, aus Messungen diesen Parameter zu ermitteln.

Experiment 4.4.1: Kenngrößen über die DFT ermitteln

In diesem einfachen Experiment werden einige der gezeigten Kenngrößen über die DFT ermittelt und mit den idealen Werten aus Tabellen verglichen. Es wird ein periodisches Sägezahnsignal untersucht, das wegen der einen steilen Flanke sehr viele Harmonische beinhaltet. Im Skript kenngr_1.m ist das Experiment programmiert:

```
% Skript kenngr_1.m, in dem einige Kenngrößen
% eines Sägezahnsignals ermittelt und mit den
% idealen Werten verglichen
clear;
```

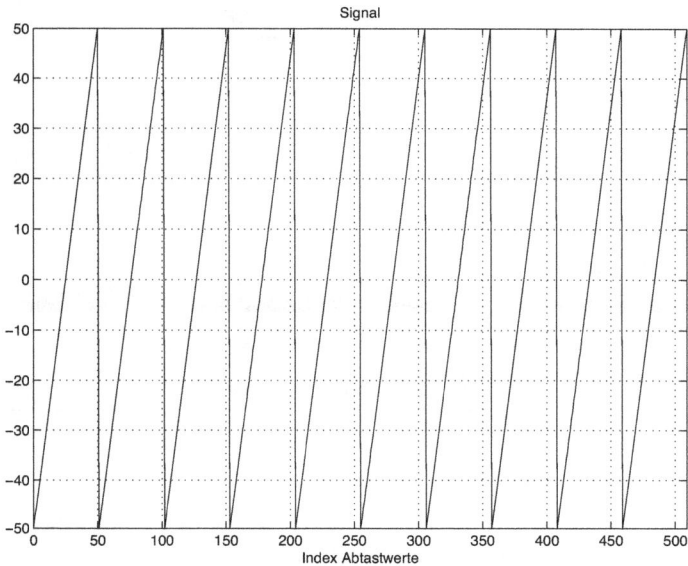

Abb. 4.27: Sägezahnsignal im Untersuchungsintervall (kenngr_1.m)

```
% -------- Sägezahnerzeugung
np = 10;        % Anzahl Perioden (ganze Zahl)
na = 100;       % Abstand Spitze zu Spitze
Ts = 2;         % Abtastperiode
x = mod(0:Ts:np*(na+Ts)-Ts, na+Ts);  % Unipolares Signal
x = x - na/2; % Bipolares Signal ohne Gleichanteil
N = length(x);   % Länge des Signals


figure(1);      clf;
plot(0:N-1, x);
   title('Signal');
   xlabel('Index Abtastwerte');    grid on;
   axis tight
% -------- DFT des Signals
X = fft(x)/N;
figure(2);      clf;
subplot(211), stem((0:N-1)/N, 2*abs(X));
   title('Amplitudenspektrum (2.abs(DFT)/N)');
   xlabel('Relative Frequenz f/fs');   grid on;
subplot(212), stem((0:N/2-1)/N, 2*abs(X(1:N/2)));
   title('Amplitudenspektrum (2.abs(DFT)/N)');
   xlabel('Relative Frequenz f/fs');   grid on;
% -------- Effektivwerte
xeff_dft = 0.5*sqrt(sum((2*abs(X)).^2)) % Effektivwert aus der DFT
```

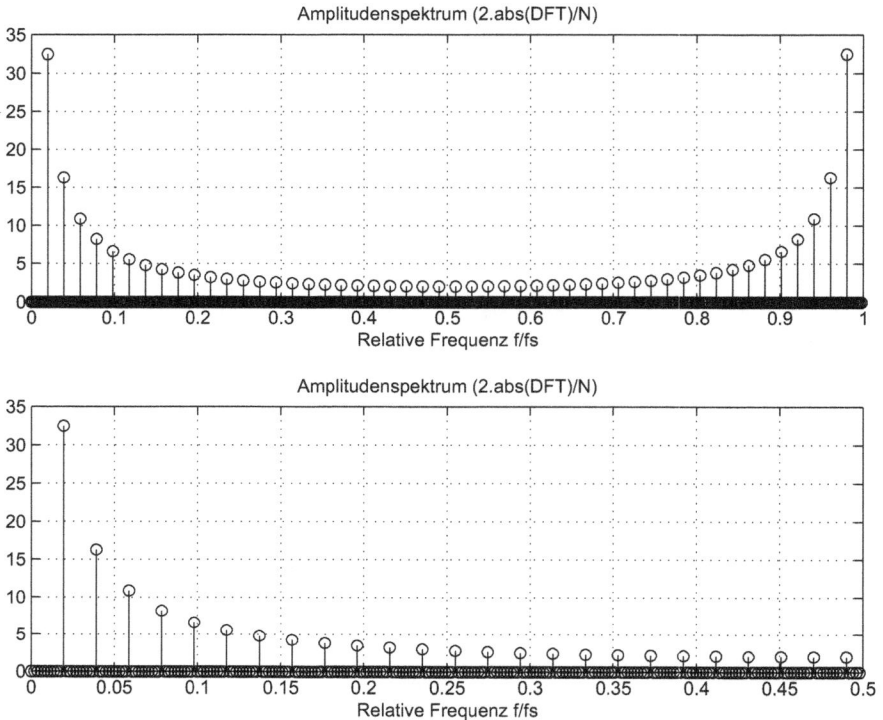

Abb. 4.28: Amplitudenspektrum des Sägezahnsignals (kenngr_1.m)

```
xeff_time = sqrt(mean(x.^2))              % Effektivwert aus Zeitsignal
xeff_ideal = (na/2)/sqrt(3)          % Idealer Effektivwert (aus Tabelle)
% -------- Effektivwerte der Grundschwingung
X1_dft = sqrt(2)*abs(X(np+1))        % Aus der DFT
X1_ideal = sqrt(2)*(na/2)/pi         % Aus Tabelle
% Klirrfaktor aus der DFT
kl_dft = 0.5*sqrt(sum((2*abs(X(np+2:N-(np+2)))).^2))/xeff_dft
% Idealer Klirrfaktor
kl_ideal = 0.6262
```

Zuerst wird das Signal so erzeugt, dass kein *Leakage* für die DFT entsteht. Es ist in Abb. 4.27 gezeigt. Mit der Funktion **mod** wird ein unipolares Sägezahnsignal gebildet, das weiter in ein Signal ohne Gleichanteil umgewandelt wird. Die Variable np initialisiert die Anzahl der Perioden des Signals im Untersuchungsintervall. Mit np = 10 sind es 10 Perioden und somit ist der Index der Grundwelle $m_1 = 10$. Wegen der Indizierung laut MATLAB-Konvention, bei der die Indizess mit eins beginnen, ist der MATLAB-Index der Grundwelle gleich elf. Die Abtastperiode des Signals bestimmt auch die Anzahl N der Werte im Untersuchungsintervall.

Abb. 4.28 zeigt das Amplitudenspektrum, das über die DFT ermittelt wurde. Da in der Umgebung von $N/2$ oder der relativen Frequenz $f/f_s = 0,5$ noch signifikante Werte vorkommen, stellt diese DFT-Schätzung eine relativ fehlerbehaftete Schätzung dar, die die Ursache der Fehler ist, die man bei der Schätzung der Kenngrößen erhält.

Zuerst werden die Effektivwerte ermittelt, einmal aus der DFT, dann aus dem Zeitsignal und schließlich der ideale analytisch berechnete Wert:

```
xeff_dft   =   29.4392
xeff_time  =   29.4392
xeff_ideal = 28.8675
```

Die ersten zwei Werte müssen gemäß des Satzes von Parseval [27], [21] gleich sein. Die Abweichung vom idealen Wert ist relativ groß und verbessert sich mit größerem Wert für N, den man mit kleinerem Wert für die Abtastperiode Ts erhalten kann. Die Abbildungen entsprechen einem Wert Ts = 2 und N = 510. Mit Ts = 0.1 erhält man N = 10010 und die Effektivwerte sind:

```
xeff_dft   =   28.8964
xeff_time  =   28.8964
xeff_ideal = 28.8675
```

Die Abweichungen sind jetzt minimal, aber die Abtastfrequenz ist praktisch viel zu hoch.

In ähnlicher Form verbessern sich auch die restlichen Kenngrößen mit steigendem N. Zurückkehrend zu dem ursprünglichen Wert Ts = 2 (N = 510), erhält man für den Effektivwert der Grundschwingung aus der DFT folgende Schätzung im Vergleich zum analytischen Wert:

```
X1_dft   =   22.9726
X1_ideal =   22.5079
```

Entsprechend ist auch die Abweichung des Klirrfaktors, mit Wert $k_{dft} = 0,6254$ statt $k_{ideal} = 0,6262$.

Bei einem Dreiecksignal, wie in Abb. 4.29 gezeigt, ist die Anzahl der signifikanten Harmonischen viel kleiner und somit ist die Annäherung des Amplitudenspektrums über die DFT viel besser und entsprechend sind auch die geschätzten Kenngrößen genauer. Im Skript kenngr_2.m wird das Amplitudenspektrum des Signals aus Abb. 4.29 (das auch in diesem Skript erzeugt ist) ermittelt und dargestellt. Abb. 4.30 zeigt dieses Spektrum, oben für alle Bins der DFT und unten ein Ausschnitt, der klar zeigt wie rasch die Amplituden der Harmonischen abklingen. Es sind nur ungerade Harmonische vorhanden.

```
% Skript kenngr_2.m, in dem das Amplitudenspektrum
% eines symmetrischen Sägezahns ermittelt wird
clear;
% -------- Sägezahnerzeugung
np = 10;        % Anzahl Perioden (Ganze Zahl)
N = 500;        % Anzahl Abtastwerte
T = N/np;       % Periode des Signals
f = 1/T;        % Frequenz des Signals
```

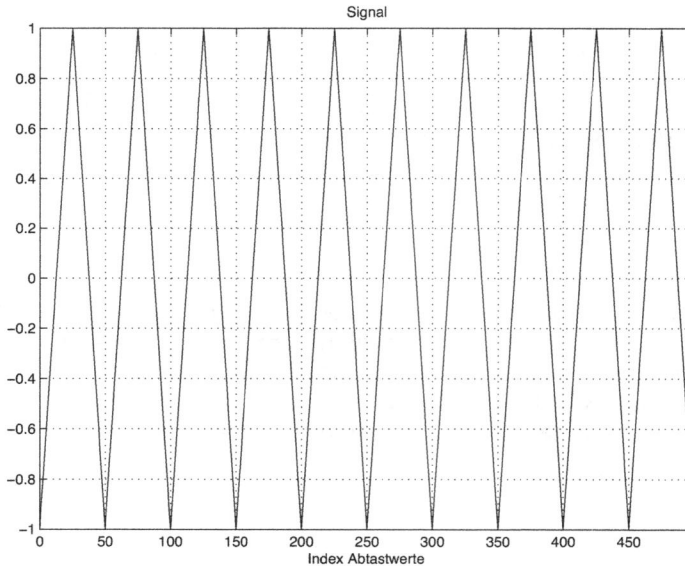

Abb. 4.29: Dreiecksignal im Untersuchungsintervall (kenngr_2.m)

```
x = cos(2*pi*(0:N-1)*np/N);   % Cosinusförmiges Signal
x = (acos(x)/(2*pi)-0.25)*4;  % Sägezahn
N = length(x);   % Länge des Signals
figure(1);       clf;
plot(0:N-1, x);
   title('Signal');
   xlabel('Index Abtastwerte');     grid on;
   axis tight
% -------- DFT des Signals
X = fft(x)/N;
figure(2);       clf;
subplot(211), stem((0:N-1)/N, 2*abs(X));
   title('Amplitudenspektrum (2.abs(DFT)/N)');
   xlabel('Relative Frequenz f/fs');   grid on;
subplot(212), stem((0:N/2-1)/N, 2*abs(X(1:N/2)));
   title('Amplitudenspektrum (2.abs(DFT)/N)');
   xlabel('Relative Frequenz f/fs');   grid on;
```

Mit einigen Vorkenntnissen über das Signal kann man die Parameter der DFT so wählen, dass die Koeffizienten der komplexen Fourier-Reihe mit sehr kleinen Fehlern geschätzt werden können. Das gezeigte Experiment ohne *Leakage* und ohne Messrauschen stellt einen idealen Fall dar. Für Signale die durch Messung vorliegen, könnte *Leakage* vorkommen, was dann die Gewichtung des Untersuchungsintervalls mit Fensterfunktion voraussetzt.

Amplitudenspektrum (2.abs(DFT)/N)

Amplitudenspektrum (2.abs(DFT)/N)

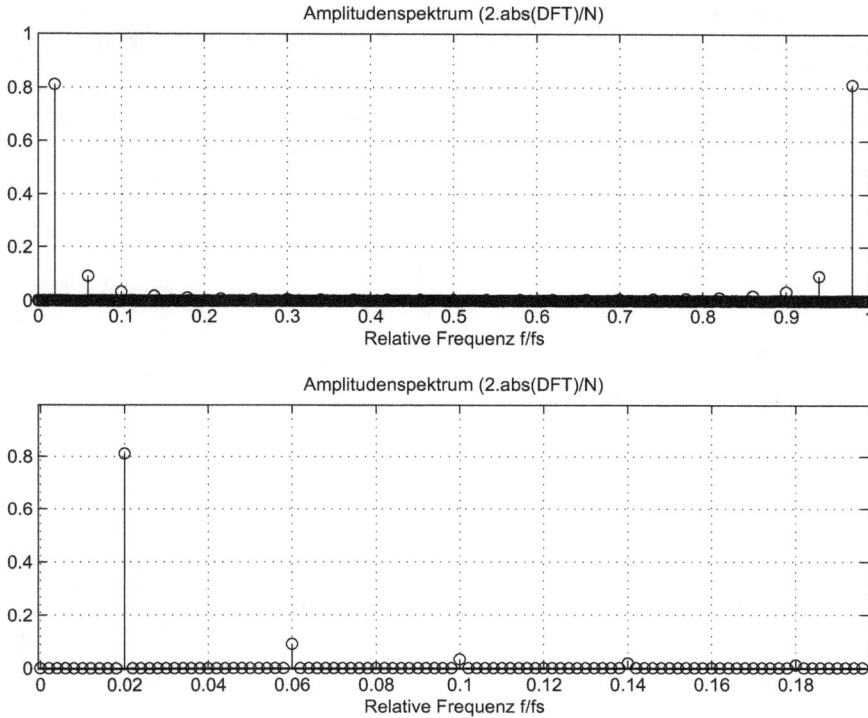

Abb. 4.30: Amplitudenspektrum des Dreiecksignals (kenngr_2.m)

4.5 Zusätzliche Experimente

In zwei Experimenten wird gezeigt, wie man relativ einfach für praktische Anwendungen relevante Erkenntnisse durch Simulation ermitteln kann. Aus den Spektren der Variablen, die man durch die FFT berechnet, kann man wichtige Kenngrößen ableiten, die sonst theoretisch sehr schwierig zu ermitteln sind.

Die Skripte der Simulation dieser Experimente sind einfach gestaltet, so dass sie als Grundbausteine für weitere Experimente dienen können.

Experiment 4.5.1: Simulation einer Dimmer-Schaltung

Es wird hier die Dimmer-Schaltung untersucht, die der Steuerung der Leistung eines Verbrauchers dient. Der ideale Verbraucher dafür ist eine ohmsche oder ohmsch-induktive Last. Über einen Schalter wird die Wechselspannung (z.B. 230 V) bei jedem Nulldurchgang mit Verspätung eingeschaltet. Der resistive Verbraucher erhält von jeder Halbperiode nur einen Teil, den man steuern kann, wie in Abb. 4.31d gezeigt. Als Schalter dienen elektronische Komponenten, wie der so genannte „Triac" oder der „Thyristor" bzw. der MOS-Leistungstransistor [29].

Abb. 4.31b zeigt das Symbol eines Triacs, aus dem ersichtlich ist, dass er in beiden

Richtungen leiten kann. „Gezündet" wird er über einen dritten Elektroden. Nach der
Zündung blockiert der Triac wieder, wenn der Strom zu null wird. Er besteht aus zwei
Thyristoren (Abb. 4.31c), die entgegengesetzt geschaltet sind.

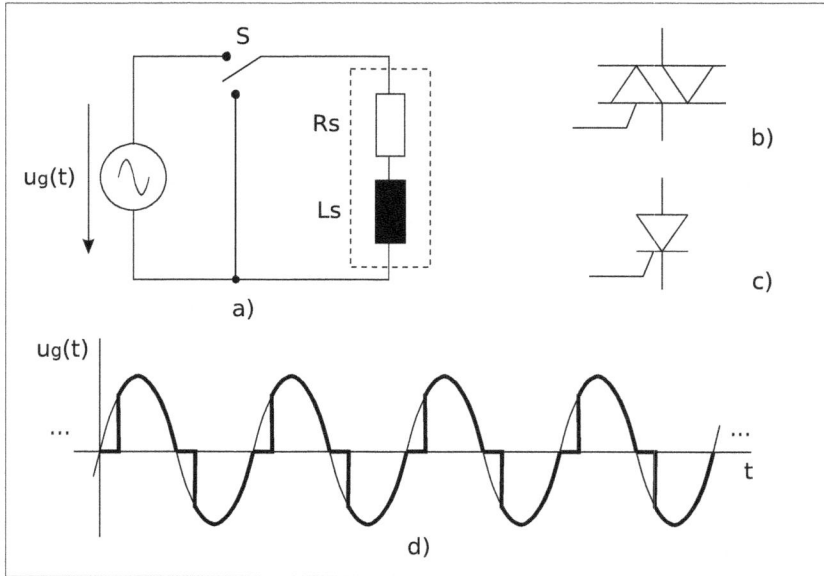

Abb. 4.31: a) Prinzipielle Schaltung für einen Dimmer b) Triac-Symbol und c) Thyristor-
Symbol d) Dimmer Spannung für ohmschen Verbraucher

Der Triac wird in Reihe mit der Last geschaltet und die Zündpulse werden zeitver-
setzt zum Spannungsnulldurchgang erzeugt. Am Ende jeder Halbperiode des Stroms
blockiert der Triac ohne eine zusäztliche Steuerung. In dieser Form kann man die Leistung, die dem Verbraucher zukommt, steuern.

Bei einer rein induktiven Last funktioniert das nicht. Wegen der gespeicherten magnetischen Energie fließt Strom weiter auch wenn die Spannung negativ wird. Nur
wenn man mit Leistungstransistoren den Schalter aus Abb. 4.31a nachbildet, kann
man auch bei induktiver Last die Leistung steuern. Der nach unten gelegte Schalter
führt dazu, dass der Strom zu null abklingt, bis wieder die Wechselspannung angelegt
wird.

Es gibt viele andere Möglichkeiten mit Schaltern die Leistung beim Verbraucher
zu steuern. Hier werden nur die beiden Fälle mit resistivem und hauptsächlich in-
duktivem Verbraucher nach der prinzipiellen Schaltung aus 4.31a durch Simulation
untersucht.

Im Skript `dimmer_2.m` wird zuerst ein Dimmer mit resistivem Verbraucher simuliert und danach wird ein Verbraucher mit gleichem Widerstand und einer Induktivität untersucht. Es wird angenommen, dass die Versorgungsspannung $u_g(t)$ von einem
Generator mit vernachlässigtem internen Widerstand stammt. Das Skript wird stückweise erläutert.

Am Anfang wird die Steuerspannung `ust` aus zwei rechteckigen, versetzten Signalen generiert:

```
% Skript dimmer_2.m, in dem ein Dimmer mit resistivem
% und mit induktivem Verbraucher untersucht wird
clear;
% -------- Parameter der Schaltung für resistive Belastung
f = 50;              % Frequenz
Rs = 100;            % Resistiver Verbraucher
Ug = 230;            % Effektivwert der Spannung
% -------- Erzeugung der Steuerspannung
Tfinal = 10/f;
dt = 0.5e-2/f;
t = 0:dt:Tfinal;        nt = length(t);
phi = pi/3;             % Phasenanschnittwert (Verzögerungswinkel)
ug0 = cos(2*pi*f*t);    % Netzspannung (Muster)
ug1 = sign(cos(2*pi*f*t));
ug2 = sign(cos(2*pi*f*t - phi));
ust = (ug1 + ug2)/2;    % Steuerspannung
figure(1);      clf;
subplot(211), plot(t, ug0, t, ust);
    title('Muster der Netzspannung und Steuerspannung');
    xlabel('Zeit in s');     grid on;
    La = axis;     axis([La(1:2), 1.1*La(3:4)]);
% ------- Strom des resistiven Verbrauchers
us = ug0*Ug*sqrt(2).*abs(ust);
is = us/Rs;
subplot(212), plot(t, is);
    title('Strom des resistiven Verbrauchers');
    xlabel('Zeit in s');     grid on;
..........
```

Daraus wird dann die Spannung `us` und der Strom `is` des Widerstands des Verbrauchers ermittelt. Das Ergebnis sieht dann wie in Abb. 4.31d aus. Die im Skript generierte **figure**(1) wird nicht mehr gezeigt. Der Phasenversatz bis zum Zünden des Triacs, mit `phi` bezeichnet, kann frei gewählt werden.

Weiter wird im Skript das Amplitudenspektrum des Stroms ermittelt und dargestellt:

```
..........
% --------- Amplitudenspektrum des Stroms
Ts = dt;
is = is.*hamming(nt)';
Is = fft(is)/sum(hamming(nt));    % FFT
fmax = 1000;
nf = fix(fmax*nt*dt);
figure(2);    clf;
plot((0:nf-1)/(nt*Ts), 20*log10(abs(Is(1:nf))));
    title('Amplitudenspektrum des Stroms (resistive Belastung)');
    xlabel('Hz'),    grid on;
```

```
% -------- Wirkleistung
Pw = mean((is.^2)*Rs)
.........
```

Der Strom `is` wird mit der Hamming-Fensterfunktion gewichtet, um einen eventuellen *Leakage*-Effekt zu mindern, und dann wird die DFT berechnet. Der Betrag der DFT geteilt durch die Summe der Werte der Fensterfunktion ergibt die halben Amplituden der Harmonischen. Abb. 4.32 zeigt das Spektrum bis zu einer Frequenz `fmax` gleich mit 1000 Hz. Mit `nf` wird der Index dieser Grenzfrequenz bezeichnet. Die DFT hat `nt`= 2001 Bins (Punkte) für einen Frequenzbereich bis `1/dt` = 10000 Hz. Im Spektrum erkennt man die Harmonischen des Stroms bei ungeraden Vielfachen der Grundfrequenz von 50 Hz. Zuletzt in diesem Teil wird die Wirkleistung im Widerstand `Pw` berechnet.

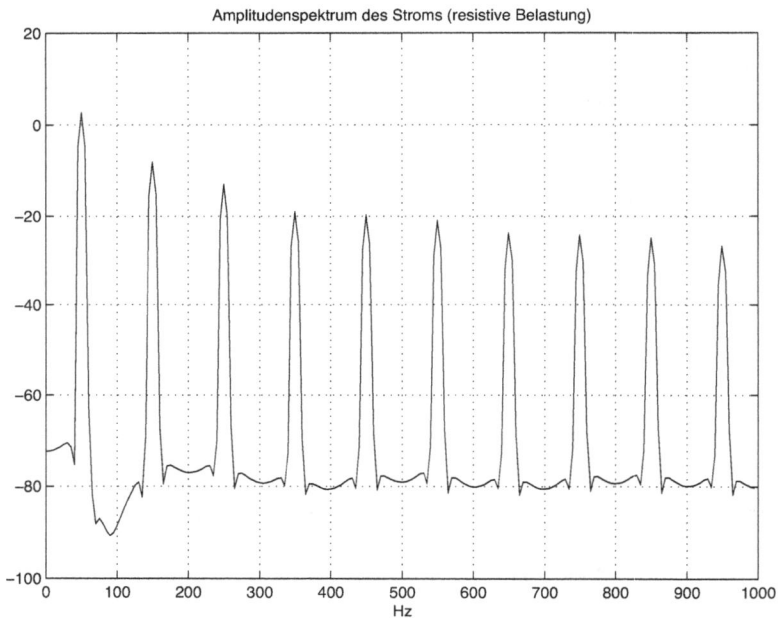

Abb. 4.32: Amplitudenspektrum des Stroms bei resistivem Verbraucher (dimmer_2.m)

Im zweiten Teil des Skripts wird die Schaltung mit einem Verbraucher mit gleichem Widerstand plus einer Induktivität simuliert. Der Schalter S aus Abb. 4.31a muss jetzt am Anfang jeder Halbperiode für den Phasenversatz nach unten geschaltet sein. Der Strom wird über eine einfache Differentialgleichung berechnet

$$u_s(t) = R_s\, i_L(t) + L_s \frac{di_L(t)}{dt}, \tag{4.63}$$

die numerisch mit dem Euler-Verfahren gelöst wird:

$$i_s(t + \Delta t) = i_s(t) + \Delta t \left(u_s(t) - R_s i_L(t)\right)/L \tag{4.64}$$

Die Spannung ist $u_s(t) = 0$ für den Phasenversatz am Anfang jeder Halbperiode und $u_s(t) = u_g(t)$ danach. Im numerischen Verfahren werden `ni` interne Rekursionen mit einer sehr kleinen Schrittweite, die nicht gespeichert werden, benutzt. In dieser Form sichert man die Konvergenz des Verfahrens und begrenzt die Anzahl der abgespeicherten Schritte:

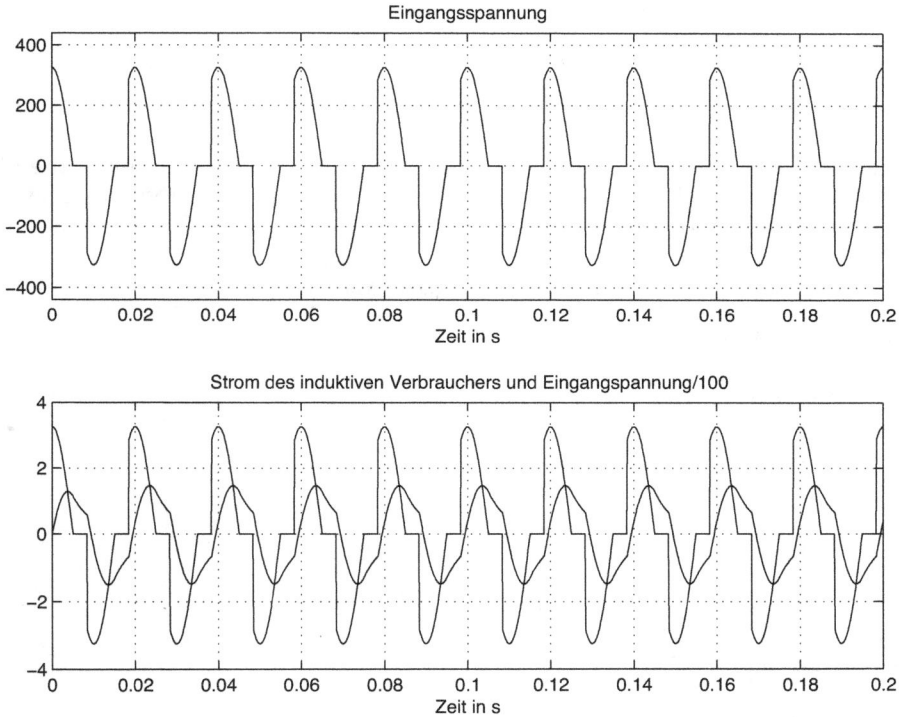

Abb. 4.33: Eingangsspannung und Strom der Induktivität (dimmer_2.m)

```
%###############################################
% ------- Strom bei induktiven Verbraucher
Ls = 500e-3;      % Induktivitaet des Verbrauchers
Rs = 100;         % Widerstand des verbrauchers
% ------- Integration mit Euler-Verfahren
iL = zeros(1, nt);
iL_temp = iL(1,1);
ni = 10;          % Interne Iterationen, die nicht
dti = dt/ni;      % gespeichert werden
for k = 1:nt-1
    for p = 1:ni
        iL_temp = iL_temp + dti*(us(k) - iL_temp*Rs)/Ls;
    end;
```

```
      iL(k+1) = iL_temp;
end;
figure(3);       clf;
subplot(211), plot(t, us);
   title('Eingangsspannung');
   xlabel('Zeit in s');       grid on;
   La = axis;       axis([La(1:2), 1.1*La(3:4)]);
subplot(212), plot(t, iL, t, us/100);
   title('Strom des induktiven Verbrauchers und Eingangsspannung/100');
   xlabel('Zeit in s');       grid on;
........
```

Abb. 4.33 oben zeigt die geschaltete Spannung $u_s(t)$ und darunter ist die gleiche Spannung geteilt durch 100 als Referenz und der Strom der Induktivität dargestellt. Es wurde ein Widerstand von Rs=100 Ω und eine Induktivität Ls=0,5 H angenommen.

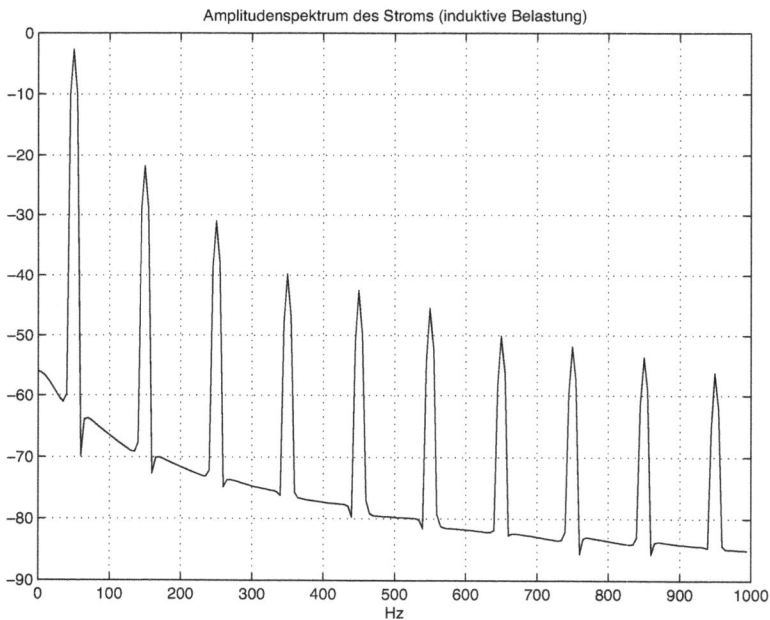

Abb. 4.34: Amplitudenspektrum des Stroms mit induktiven Verbraucher (dimmer_2.m)

Der Strom fließt in der Last auch, wenn die Eingangsspannung null ist (Schalter S nach unten geschaltet). Auch hier wird ähnlich das Amplitudenspektrum des Stroms ermittelt und in dB (logarithmisch) dargestellt:

```
% --------- Amplitudenspektrum des Stroms
iLf = iL.*hamming(nt)';
IL = fft(iLf)/sum(hamming(nt));       % FFT
figure(4);       clf;
```

```
plot((0:nf-1)/(nt*Ts), 20*log10(abs(IL(1:nf))));
title('Amplitudenspektrum des Stroms (induktive Belastung)');
xlabel('Hz'),   grid on;
% -------- Wirkleistung
PwL = Rs*mean(iL.^2)
% -------- Amplitude der Grundwelle des Stroms
fmax = 100;
nf = fix(fmax*nt*dt);
IL1 = max(abs(IL(1:nf)));
iL1_ampl = 2*IL1;             % Amplitude der Grundwelle
IL_effek = iL1_ampl/sqrt(2)   % Effektivwert
% -------- Wirkleistung der Grundwelle
Pw1L = Rs*(IL_effek^2)
% -------- Blindleistung für die sinusförmige Grundwelle
Qw1L = 2*pi*f*Ls*(IL_effek^2)
```

Wegen der Induktivität, die einen Glättungseffekt ergibt, sind die Harmonischen gedämpft, wie in Abb. 4.34 zu sehen ist.

Schließlich wird hier auch die Wirkleistung des nichtsinusförmigen Stroms in `PwL` berechnet und in `Pw1L` wird die Wirkleistung der Grundwelle von 50 Hz des Stroms ermittelt. Die Amplitude der Grundwelle wird aus dem Betrag der FFT für den Bin `nf`, der der Frequenz von 50 Hz entspricht, ermittelt. Mit den gezeigten Parametern der Schaltung erhält man folgende Werte für diese Leistungen in W:

```
Pw  =  168.5222
PwL =  107.2668
Pw1L = 106.8703
```

Die Blindleistung bei dem induktiven Verbraucher für die sinusförmige Grundwelle ist:

```
Qw1L =  167.8715
```

Dimmer werden z.B. für die Steuerung der Helligkeit von Glühbirnen eingesetzt. Die aktuellen Sparleuchten können nur bedingt mit Dimmern betrieben werden; dafür sind sie speziell gekennzeichnet. Die Art der Steuerung, in der bei der Dimmerschaltung durch Phasenverzögerung der Zündung die Leistung geregelt wird, hat zur Bezeichnung *Phasenanschnittsteuerung* geführt.

Für die Werkzeuge mit Universalmotoren oder mit den so genannten Reihenschlussmaschinen, wie z.B. Handbohrmaschinen, die eine zusätzliche induktive Belastung erbringen, muss man die zweite Lösung der Steuerung benutzen.

Experiment 4.5.2: Simulation eines Wechselrichters

Der Wechselrichter erzeugt aus einer Gleichspannung eine Wechselspannung. Abb. 4.35 zeigt eine prinzipielle Schaltung für einen Wechselrichter mit Transformator, der bei 50 Hz arbeitet. Da der Transformator eine teure Komponente darstellt, wurden viele andere Schaltungen ohne Transformator entwickelt. Diese Schaltung soll eine Möglichkeit zeigen und die Idee der Wechselrichter anschaulich erläutern.

Der Transformator mit einem Übertragungsverhältnis $n : 1$ spiegelt die resistive Belastung R'_s auf der Primärseite in Form eines Widerstandes der Größe $R_s = R'_s n^2$

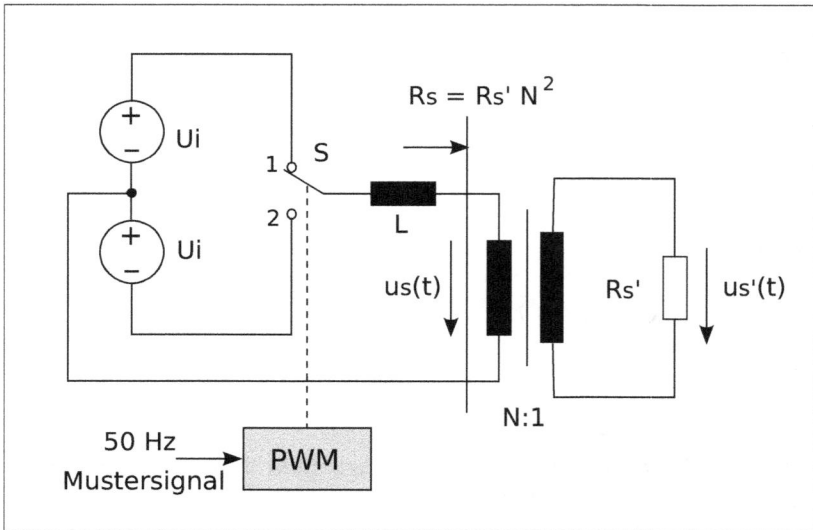

Abb. 4.35: Wechselrichter mit Transformator bei 50 Hz

wieder. Mit Hilfe der Induktivität L wird die Spannung nach dem Schalter S geglättet. Über die Puls-Weiten-Modulation (kurz PWM) der konstanten Spannungen U_i erhält man eine pulsartige Spannung, die durch Glättung eine annähernd sinusförmige Spannung an der gespiegelten Belastung mit Widerstand R_s ergibt.

Das PWM-Signal für die Steuerung des Schalters erhält man durch Vergleich eines sinusförmigen 50 Hz-Sollsignal mit einem hochfrequenten Sägezahnsignal. Abb. 4.36 zeigt oben das Sägezahn- und Sollsignal, aus denen durch Vergleich das PWM-Signal ermittelt wird, was unten gezeigt wird. Dessen positive Werte bringen den Schalter in Position 1 und dessen negative Werte in Position 2 (Abb. 4.35).

Im Skript wechselrichter_2.m wird der Wechselrichter simuliert. Der Verbraucher wird als resistiv mit einem Widerstand R_s angenommen. Am Anfang wird das PWM-Steuersignal um erzeugt. Danach wird das modulierte Eingangssignal generiert und mit dem Euler-Verfahren wird der Strom der Induktivität als Zustandsvariable der Schaltung ermittelt.

```
% Skrip wechselrichter_2.m, in dem ein Wechselrichter
% simuliert wird

clear;
% -------- Prameter der Schaltung
fm = 500;       % Modulationsfrequenz für das PWM-Signal
f = 50;         % Ausgangsfrequenz
L = 20e-3;      % Glaettungsinduktivität
Rs = 10;        % Verbraucher Widerstand
Ui = 200;       % Gleichspannung
% -------- Erzeugung des PWM-Signals aus Saegezahn
```

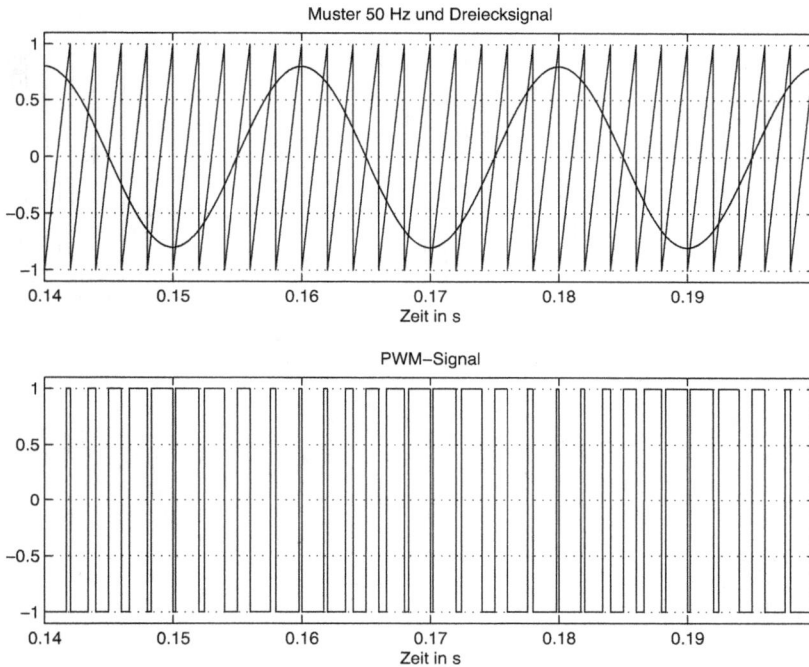

Abb. 4.36: a) Mustersignal der Frequenz 50 Hz und Sägezahnsignal b) PWM-Steuersignal
(wechselrichter_2.m)

```
% Saegezahnsignal
Tfinal = 10/f;          dt = 1e-2/fm;
t = 0:dt:Tfinal-dt;
nt = length(t);
uz = (fm*t - floor(fm*t) - 0.5)*2;      %Sägezahnsignal
us = 0.8*cos(2*pi*t*f);           % Muster Signal 50 Hz
um = sign(uz-us);                 % PWM-Signal
nd = nt-fix((3/f)/dt):nt;         % Indizes für einen Ausschnitt
figure(1);      clf;
subplot(211), plot(t(nd),uz(nd), t(nd), us(nd));
   La = axis;    axis([min(t(nd)), max(t(nd)), La(3:4)*1.1]);
   title('Muster 50 Hz und Dreiecksignal');
   xlabel('Zeit in s');      grid on;
subplot(212), plot(t(nd), um(nd));
   title('PWM-Signal');
   xlabel('Zeit in s');      grid on;
   La = axis;    axis([min(t(nd)), max(t(nd)), La(3:4)*1.1]);
% ------- Ermittlung des PWM modulierten Signals (Euler-Verfahren)
ui = Ui*um;
ua = zeros(1,nt);
```

PWM-Eingangsspannung

Ausgangsspannung mit L-Glaettung

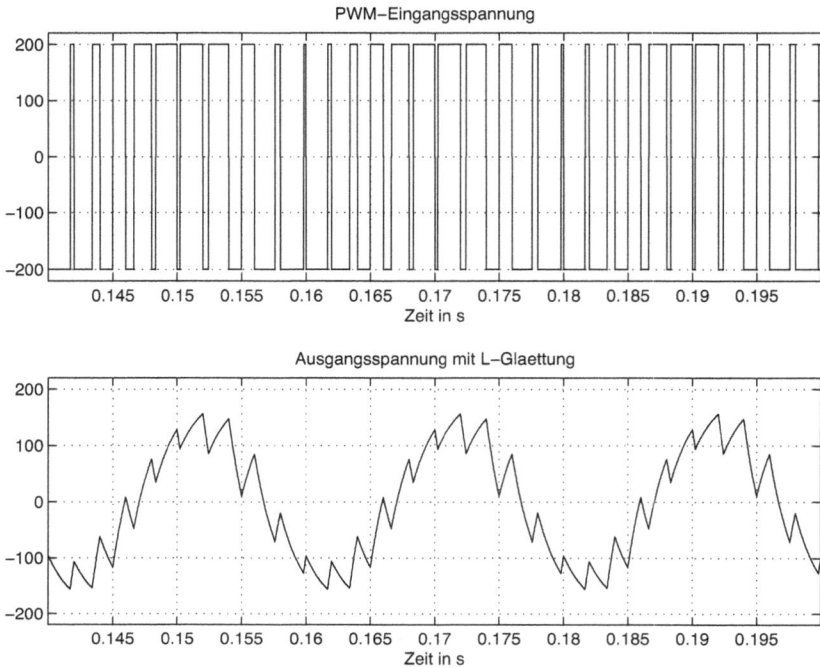

Abb. 4.37: a) PWM modulierte Eingangsspannung b) Ausgangsspannung (wechselrichter_2.m)

```
iL = zeros(1,nt);      % Strom der Induktivität (als Zustandsvariable)
iL_temp = iL(1,1);
ni = 10;    dti = dt/ni;    % Interne Iterationen
for k = 1:nt-1
    for p = 1:ni
        iL_temp = iL_temp + dti*(ui(k) - Rs*iL_temp)/L;
    end;
    iL(1,k+1) = iL_temp;
end;
us = iL*Rs;              % Ausgangssignal
figure(2);    clf;
subplot(211), plot(t(nd), ui(nd));
    title('PWM-Eingangsspannung');
    xlabel('Zeit in s');    grid on;
    La = axis;    axis([min(t(nd)), max(t(nd)), La(3:4)*1.1]);
subplot(212), plot(t(nd), us(nd));
    title('Ausgangsspannung mit L-Glaettung');
    xlabel('Zeit in s');    grid on;
    La = axis;    axis([min(t(nd)), max(t(nd)), La(3:4)*1.1]);
% --------- Amplitudenspektrum der PWM-Eingangsspannung
```

Amplitudenspektrum der PWM–Eingangsspannung in dB

Amplitudenspektrum der Ausgangsspannung in dB

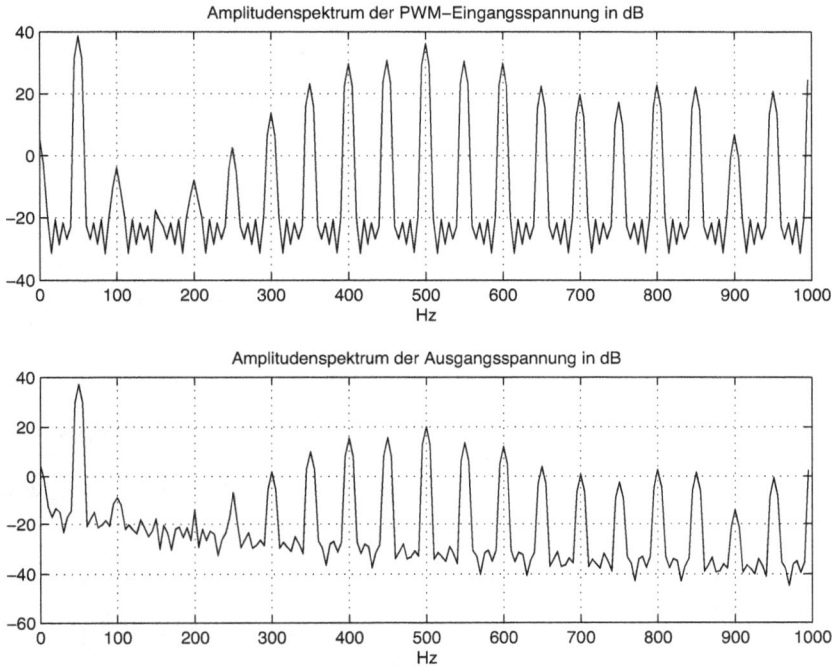

Abb. 4.38: Amplitudenspektren der PWM-Eingangsspannung und der Ausgangsspannung
(wechselrichter_2.m)

```
Ts = dt;
ui_neu = ui.*hamming(nt)';
Upwm = fft(ui_neu)/sum(hamming(nt));     % FFT
fmax = 1000;         % Bereich für die Darstellung des Spektrums
nf = fix(fmax*nt*dt);
figure(3);    clf;
   plot((0:nf-1)/(nt*Ts), 20*log10(abs(Upwm(1:nf))));
   title('Amplitudenspektrum der PWM-Eingangsspannung in dB');
   xlabel('Hz'),    grid on;
% --------- Amplitudenspektrum der Ausgangsspannung
us_neu = us.*hamming(nt)';
Us = fft(us_neu)/sum(hamming(nt));     % FFT
figure(4);    clf;
   plot((0:nf-1)/(nt*Ts), 20*log10(abs(Us(1:nf))));
   title('Amplitudenspektrum der Ausgangsspannung in dB');
   xlabel('Hz'),    grid on;
% -------- Berechnung des Klirrfaktors der Spannungen
% PWM-Spannung
fmax = 100;        % Bereich für die Suche der Grundwelle
nf = fix(fmax*nt*dt);
```

```
upwm1_ampl = 2*max(abs(Upwm(1:nf)));   % Amplitude der Grundwelle
Upwm1 = upwm1_ampl/sqrt(2)             % Effektivwert der Grundwelle
Upwm_total = sqrt(mean(ui.^2))         % Effektivwert der Gesamtspannung
gu_pwm = Upwm1/Upwm_total
klirr_pwm = sqrt(1-gu_pwm^2)           % Klirrfaktor PWM-Spannung

% Ausgangsspannung (mit Glättung durch L)
fmax = 100;         % Bereich für die Suche der Grundwelle
nf = fix(fmax*nt*dt);
us1_ampl = 2*max(abs(Us(1:nf)));       % Amplitude der Grundwelle
Us1 = us1_ampl/sqrt(2)                 % Effektivwert der Grundwelle
Us_total = sqrt(mean(us.^2))           % Effektivwert der Gesamtspannung
gu_s = Us1/Us_total
klirr_s = sqrt(1-gu_s^2)               % Klirrfaktor des Ausgangssignals
```

Weiter wird im Skript das Amplitudenspektrum der PWM-Eingangsspannung und der mit der Induktivität geglätteten Ausgangsspannung ermittelt und dargestellt. Abb. 4.37 zeigt die PWM-Eingangsspannung und die Ausgangsspannung und in Abb. 4.38 sind deren Amplitudenspektren dargestellt.

Das Amplitudenspektrum zeigt die Grundwelle bei 50 Hz und die harmonischen Komponenten, die sich um die „Trägerfrequenz" von 500 Hz des Sägezahnsignals und dessen vielfachen Frequenzen (1000 Hz, 2000 Hz etc.) bilden. Um diese Harmonischen im Spektrum auch oberhalb von 1000 Hz zu sehen, muss man die maximale Frequenz fmax im Skript erhöhen. Theoretisch ist es relativ schwierig für das Spektrum des PWM- und des modulierten Signals einen Ausdruck zu finden. Für praktische Entscheidungen ist somit die Simulation sehr wichtig.

Zuletzt wird aus der FFT der Spannungen der Klirrfaktor ermittelt. Dafür wird die Amplitude und der Effektivwert der Grundwelle bzw. der Effektivwert der Gesamtspannung ermittelt. Daraus wird der Klirrfaktor gemäß Gl. (4.62) berechnet. Man erhält für diese Simulation folgende Werte:

```
klirr_pwm =   0.8274      (PWM-Spannung)
klirr_s =     0.1818      (Ausgangsspannung)
```

Nach der Glättung sind die Harmonischen stark gedämpft und der Klirrfaktor ist entsprechend viel kleiner.

Wechselrichter werden in der Antriebstechnik eingesetzt, um Wechselspannungen mit verschiedenen Frequenzen für Drehfeldmotoren zu erzeugen. Aus der Spannung mit 50 Hz wird zunächst eine Gleichspannung erzeugt, um danach die Wechselspannung mit gewünschter, veränderlicher Frequenz über den Wechselrichter zu erhalten.

Ein anderes Beispiel sind Photovoltaikwechselrichter. Die Photovoltaikanlagen (kurz PV-Anlagen) erzeugen Gleichspannungen, die dann mit Hilfe von Wechselrichtern in Wechselspannungen umgewandelt werden und in das Versorgungsnetz eingespeist werden.

5 Nichtlineare Schaltungen im Wechselbetrieb

5.1 Einführung

Es werden hier Schaltungen, die Bauelemente mit nichtlinearen Kennlinien zwischen Strom und Spannung enthalten, wie z.B. Dioden, spannungsabhängige Widerstände oder stromabhängige Induktivitäten, untersucht. Angeregt durch sinusförmige Größen (Strom oder Spannung) werden Verzerrungen und dadurch auch Oberschwingungen erzeugt. Es wird keine allgemeine Theorie angestrebt, sondern es werden typische Beispiele mit praktischem Hintergrund beschrieben und mit Simulationen in MATLAB begleitet. Man muss auch bemerken, dass es für viele Beispiele aus der Praxis keine hinreichende Theorie gibt und die Simulation die einzige Möglichkeit ist, diese Anwendungen zu lösen. Eine ausführliche Darstellung der Thematik der nichtlinearen dynamischen Systeme der Elektrotechnik ist in [18] enthalten. Leider werden nur analytische Lösungen beschrieben, die vielmals auf vereinfachenden Annahmen basieren und keine Simulationen mit Programmen beinhalten.

5.2 Nichtlineare Widerstände

Als Beispiel für nichtlineare Widerstände werden die Varistoren hier behandelt [28]. Varistoren oder VDR-Widerstände (*Voltage Dependent Resistor*) sind spannungsabhängige Widerstände, die eine stark nichtlineare, symmetrische Strom-Spannungskennlinie aufweisen (Abb. 5.1a). Sie werden hauptsächlich als Überspannungsschutzelemente verwendet. Die $I(U)$-Kennlinie wird durch die Funktion

$$I(U) = I_v \left(\frac{U}{U_v} \right)^{\gamma} \tag{5.1}$$

beschrieben. Die Parameter I_v, U_v und γ bestimmen die Kennlinie. U_v stellt die Spannung dar, für die der Strom gleich I_v ist und γ ergibt die Steilheit im „Durchbruchbereich". Der γ-Parameter kann Werte zwischen 10 und 100 annehmen.

Abb. 5.1b zeigt oben eine einfache Schaltung, in der ein VDR-Widerstand R_a in Reihe mit einem linearen Widerstand R an einer Spannung U_e angeschlossen ist. Wenn man den Strom I_a und Spannung U_a bestimmen möchte, muss man folgende Gleichungen lösen:

$$U_e = I_a R + U_a \qquad \text{und} \qquad I_a = I_v \left(\frac{U_a}{U_v} \right)^{\gamma} \tag{5.2}$$

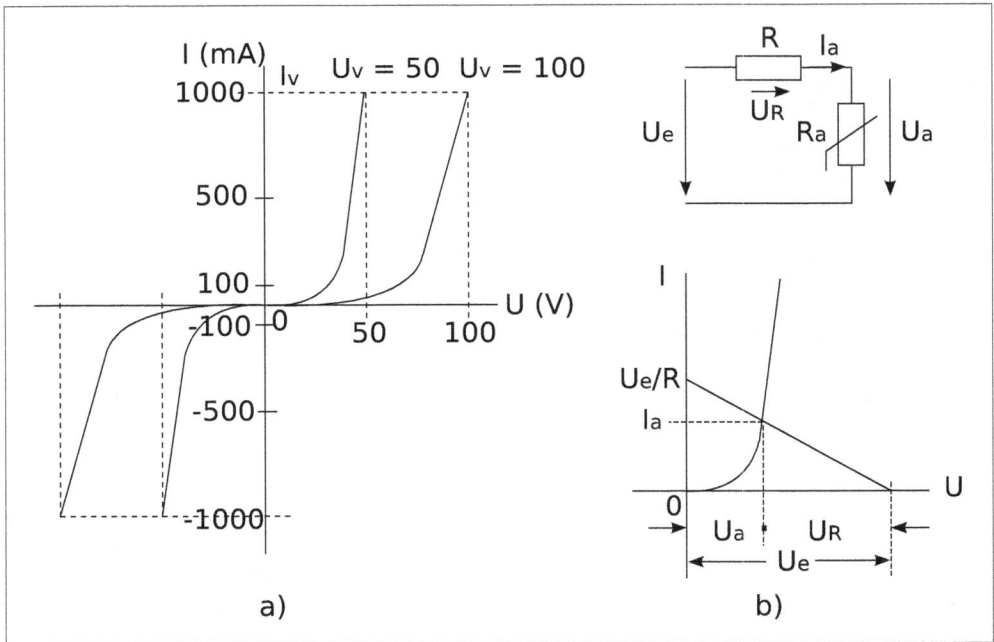

Abb. 5.1: a) Kennlinie eines VDR-Widerstands b) Bestimmung des Arbeitspunktes in einer einfachen Schaltung

Die erste lineare Gleichung in den Unbekannten I_a, U_a stellt die so genannte „Belastungsgerade" dar. Sie hat als Schnittpunkte für $I_a = 0$ die Spannung $U_a = U_e$ und für $U_a = 0$ den Strom $I_a = U_e/R$. Die zweite Gleichung ist die Kennlinie des VDR-Widerstandes, die ebenfalls von diesen Unbekannten erfüllt sein muss. Der Schnittpunkt dieser Gleichungen ist der „Arbeitspunkt" und ergibt die Unbekannten I_a, U_a.

Der Strom I_a aus der ersten Gleichung eingesetzt in die zweite Gleichung führt zu folgender Gleichung für U_a:

$$\frac{U_e - U_a}{R} = I_v \left(\frac{U_a}{U_v}\right)^\gamma \tag{5.3}$$

Die Gleichung kann mit verschiedenen Algorithmen numerisch gelöst werden, um U_a zu bestimmen. Vielmals konvergieren auch sehr einfache Iterationen. Im Skript vdr_0.m ist der Arbeitspunkt für die Schaltung aus Abb. 5.1b über die MATLAB-Funktion **fsolve** aus der *Optimization Toolbox* ermittelt und zusätzlich auch mit Hilfe einfacher Iterationen:

```
function [ua1, ua2, k] = vdr_0
% Funktion vdr_0.m, in der eine einfache Schaltung mit
% spannungsabhängigen Widerstand untersucht wird
```

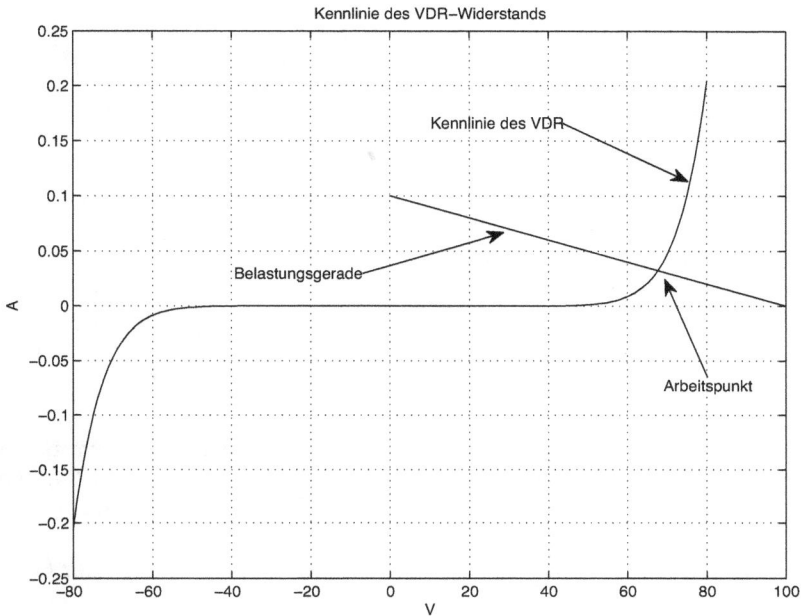

Abb. 5.2: Kennlinie des VDR-Widerstands und grafische Bestimmung des Arbeitspunktes
(vdr_0.m)

```
global Ug Uv Iv R gamma
% ------ Parameter der Schaltung
Uv = 40;        Iv = 0.1e-3;
gamma = 11;
% ------ Kennlinie des VDR-Widerstands
u = -80:1:80;
i = Iv*(u/Uv).^gamma;
figure(1);      clf;
plot(u,i);
    title('Kennlinie des VDR-Widerstands');
    xlabel('V');      grid on;
    ylabel('A');
% ------ Parameter der Schaltung
Ug = 100;       R = 1e3;
hold on;
plot([Ug 0], [0, Ug/R]);    % Belastungsgerade
hold off;
% ------ Arbeitspunkt-Berechnung mit fsolve
ua1 = fsolve(@fa, 0);
% ------ Arbeitspunkt-Berechnung mit einfacher Iteration
ua2 = 0;
```

```
k = 1;
while k < 10
    ua2_neu = Uv*((Ug - ua2)/(R*Iv))^(1/gamma);
    if abs(ua2_neu - ua2) < 0.001
        break
    end;
    ua2 = ua2_neu;
    k = k+1;
end;
%############################################
function y = fa(x);
% (Ug-x)/R -Iv*(x/Uv)^gama = 0; Funktion deren Nullwert
% zu ermitteln ist
global Ug Uv Iv R gamma
y = (Ug - x)/R - Iv*((x./Uv).^gamma);
```

Im Skript wird zuerst die Kennlinie eines VDR-Widerstands ermittelt und darge-stellt. Auch die Belastungsgerade, die der linearen Gleichung aus (5.2) entspricht, wird hinzugefügt. Der Schnittpunkt ergibt die grafische Lösung für den Strom und Span-nung des VDR-Widerstands.

Die MATLAB-Funktion **fsolve** löst nichtlineare Gleichungen der Form $F(x) = 0$. Um diese Funktion einzusetzen, wird die Gl. (5.3) als

$$f_a(U_a) = \frac{U_e - U_a}{R} - I_v \left(\frac{U_a}{U_v}\right)^{\gamma} = 0 \tag{5.4}$$

geschrieben. Das Ergebnis des Einsatzes dieser MATLAB-Funktion ist in der Span-nung `ua1` hinterlegt.

Die Lösung mit einfachen Iterationen startet mit einer Spannung U_a z.B. $U_a = 0$. Aus der Gleichung der Belastungsgerade wird der entsprechende Strom ermittelt. Mit diesem Strom wird aus der Kennlinie des VDR-Widerstandes eine neue Spannung U_a berechnet. Diese Spannung ergibt einen neuen Strom über die Gleichung der Belas-tungsgeraden und der Zyklus wiederholt sich bis von einem Schritt zum nächsten keine große Abweichung der Spannung (oder des Stroms) mehr vorkommt.

In Gleichungen ausgedrückt, sind diese Schritte für die Berechnung von I_a, U_a durch

$$
\begin{aligned}
I_a &= \frac{U_e - U_{aalt}}{R} & U_{aneu} &= I_a^{1/\gamma} \left(\frac{U_v}{I_v^{1/\gamma}}\right) \\
|U_{aneu} - U_{aalt}| &< \delta \begin{cases} \text{nein} \\ \text{ja} \end{cases} & \begin{matrix} U_{aalt} = U_{aneu} & \text{Wiederholung} \\ \text{fertig} \end{matrix}
\end{aligned}
\tag{5.5}
$$

gegeben. Im Skript sind die Iterationen nur für die Spannung programmiert, die der

Gleichung

$$U_{aneu} = U_v \left(\frac{U_e - U_{aalt}}{R I_v} \right)^{1/\gamma}$$ (5.6)

entsprechen, einer Gleichung die man durch Einsetzen des Stroms aus der ersten in die zweite obige Gleichung erhält. Abb. 5.3 zeigt in einer Skizze die Iterationen ausgehend

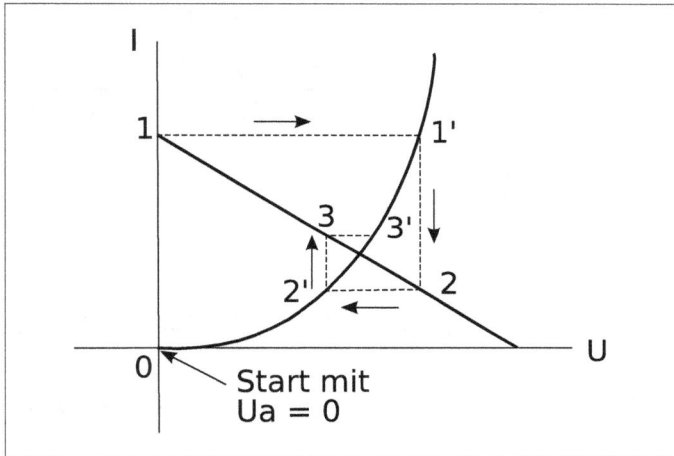

Abb. 5.3: Skizze der Iterationen ausgehend von $U_a = 0$

von $U_a = 0$. Der erste Stromwert entspricht dem Punkt 1. Mit diesem Strom wird aus der Gleichung der Kennlinie des VDR-Widerstands die neue Spannung (Punkt 1') berechnet. Die Spannung ergibt über die Belastungsgerade den Strom des Punkts 2 und der Zyklus wiederholt sich.

Nach nur 8 Iterationen ist die Spannung erhalten und man kann dann den Strom einfach über die Belastungsgerade berechnen. Der Wert der Spannung mit der MATLAB-Funktion **fsolve** ist ua1 = 67,6452 V und mit den gezeigten Iterationen erhält man ua2 = 67,6455 V.

Zu bemerken sei, dass die Iterationen, die mit dem Strom aus der Kennlinie starten, nicht konvergieren.

Wenn die Anregung nicht konstant ist, sondern eine sinusförmige Spannung ist, muss man in der Simulation für jeden Zeitschritt die nichtlineare Gleichung lösen, um die Spannung oder den Strom zu berechnen. Im Skript vdr_2.m ist die gleiche einfache Schaltung mit einer sinusförmigen Anregung simuliert:

```
% Skript vdr_2.m, in dem eine Schaltung mit
% spannungsabhängigen Widerstand untersucht wird.
% Die Schaltung ist mit sinusförmiger Quelle angeregt.
function [ua, ia] = vdr_2
global Ug R Uv Iv gamma
```

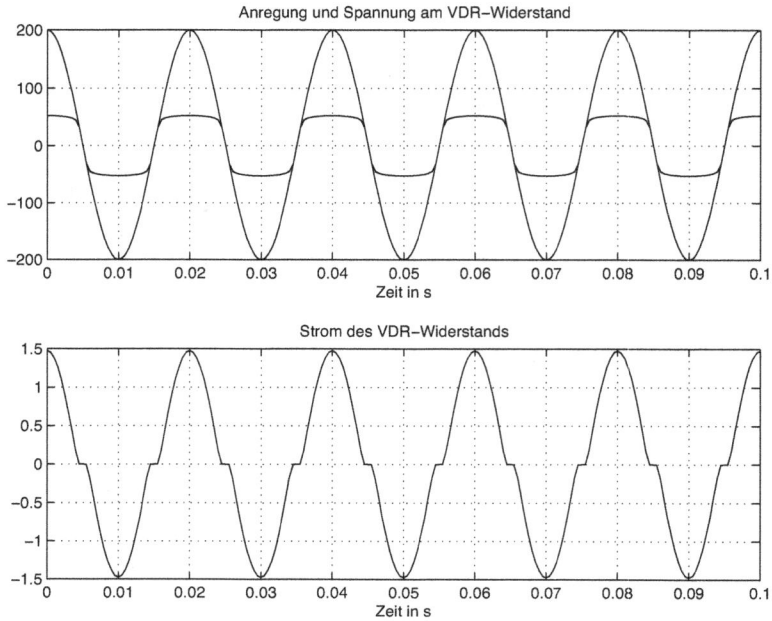

Abb. 5.4: Spannungen und Strom für sinusförmige Anregung (vdr_2.m)

```
% ------ Parameter der Schaltung
Uv = 30;     Iv = 1e-3;    gamma = 13;
% ------ Kennlinie des VDR-Widerstands
u = -60:1:60;
i = Iv*(u/Uv).^gamma;
figure(1);    clf;
plot(u,i);
    title('Kennlinie des VDR-Widerstands');
    xlabel('V');    grid on;
    ylabel('A');
% ------ Arbeitspunkte-Berechnung mit fsolve
R = 0.1e3;
f = 50;     T = 1/f;
t = 0:0.5e-3:5*T;
nt = length(t);
ampl = 200;
ug = ampl*cos(2*pi*f*t);
ua = zeros(1,nt);
for k = 1:nt
    Ug = ug(k);
    ua(k) = fsolve(@fa,0,optimset('Display','off'));
%    ua(k) = fsolve(@fa,0);    % Die Angaben über die Lösung
                    % bei jedem Schritt werden gezeigt
```

```
end;
ia = Iv*(ua/Uv).^(gamma);
figure(2);
subplot(211), plot(t, ua, t, ug);
   title('Anregung und Spannung am VDR-Widerstand');
   xlabel('Zeit in s');        grid on;
subplot(212), plot(t,ia);
   title('Strom des VDR-Widerstands');
   xlabel('Zeit in s');        grid on;
%###########################################
function y = fa(x);
% (Ug-x)/R -Iv*(x/Uv)^gama = 0; Funktion deren Nullwert
% zu ermitteln ist
global Ug R Uv Iv gamma
y = (Ug - x)/R - Iv*(x./Uv).^gamma;
```

In der **for**-Schleife wird für jeden Schritt die Funktion **fsolve** aufgerufen und die entsprechende Spannung am VDR-Widerstand berechnet. Die Simulation dauert dadurch etwas länger. Abb. 5.4 zeigt oben die Anregung und die in der Größe begrenzte Spannung des VDR-Widerstands. Darunter ist der Strom in der Reihenschaltung (VDR-Strom) dargestellt.

Der Strom ist normalerweise wegen des relativ hohen Wertes des VDR-Widerstands bei kleinen Spannungen klein. Wenn die Spannung steigt und der VDR-Widerstand in den Durchbruchbereich gelangt, steigt der Strom sehr stark und die Spannung am VDR-Widerstand wird begrenzt. Das ist auch die Hauptanwendung der VDR-Widerstände und zwar die Begrenzung der Spannung. Dem Leser wird empfohlen das Skript so zu ändern, dass eine Schaltung bestehend aus einer Anregungsquelle, einem Reihenwiderstand und einem Widerstand parallel mit einem VDR-Widerstand simuliert wird. Hier hat der VDR-Widerstand die Funktion die Spannung auf dem zweiten Widerstand zu begrenzen. Hinweis: Die Schaltung wird in einer Reihenschaltung umgewandelt und die gezeigten Schritte angewandt (Abb. 5.5).

5.2.1   Die Newton-Raphsonsche Methode

Das Newtonsche Näherungsverfahren, auch Newton-Raphsonsche Methode, (benannt nach Sir Isaac Newton 1669 und Joseph Raphson 1690) ist in der Mathematik ein Standardverfahren zur numerischen Lösung von nichtlinearen Gleichungen und Gleichungssystemen [6], [7]. Im Falle einer Gleichung mit einer Variablen lassen sich zu einer gegebenen stetig differenzierbaren Funktion Näherungswerte der Gleichung F(x) = 0 finden. Es werden somit Näherungen der Nullstellen dieser Funktion gefunden.

Die grundlegende Idee dieses Verfahrens ist, die Funktion in einem Ausgangspunkt zu linearisieren, d. h. ihre Tangente zu bestimmen, und die Nullstelle der Tangente als verbesserte Näherung der Nullstelle der Funktion $F(x) = 0$ zu verwenden. Die erhaltene Näherung dient als Ausgangspunkt für einen weiteren Verbesserungsschritt. Diese Iteration erfolgt, bis die Änderung in der Näherungslösung eine festgesetzte Schranke unterschritten hat.

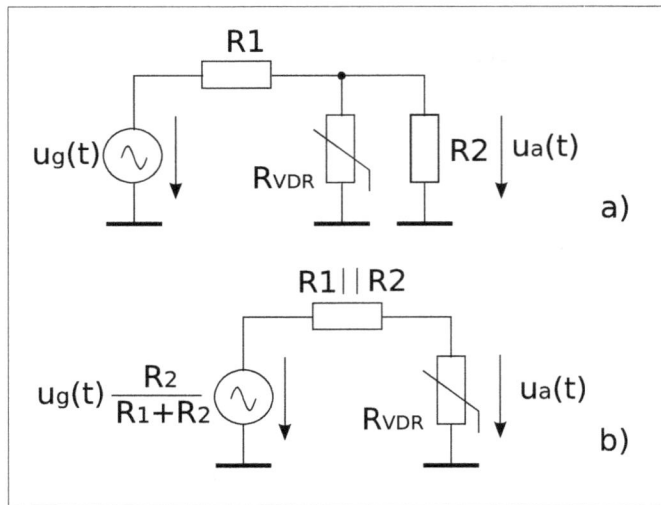

Abb. 5.5: Der VDR-Widerstand als Spannungsbegrenzer

Die Iterationen werden nach folgendem Schema durchgeführt:

$$x_{n+1} = x_n - \frac{F(x_n)}{F'(x_n)} \tag{5.7}$$

Wobei $F'(x_n)$ die Ableitung der Funktion $F(x) = 0$ an den Stellen x_n ist. Dieses Verfahren wird später (Kapitel 5.4) für die Bestimmung des Arbeitspunktes einer Si-Diode verwendet, die mit der idealen Kennlinie

$$I_D = I_s \left(e^{\frac{U_D}{nV_T}} - 1 \right) \tag{5.8}$$

beschrieben wird und deren Ableitung einfach zu berechnen ist. Hier ist I_s der Sättigungsstrom, n ist der Emissionskoeffizient mit Werten zwischen 1 und 2 und V_T stellt die Temperaturspannung (eine universelle Konstante) dar [29].

Experiment 5.2.1: Spannungsbegrenzung mit VDR-Widerstand

In diesem Experiment wird eine Begrenzung der Spannung mit Hilfe eines VDR-Widerstands für eine Schaltung, die in Abb. 5.6 dargestellt ist, untersucht. Der Schalter, der normalerweise als Transistor realisiert ist, wird mit Hilfe der Spannung $u_s(t)$ gesteuert.

Wenn der Schalter geschlossen ist, fließt ein sehr kleiner Strom durch den VDR-Widerstand und es wird keine Leistung verbraucht. Wenn der Schalter sich öffnet, ist

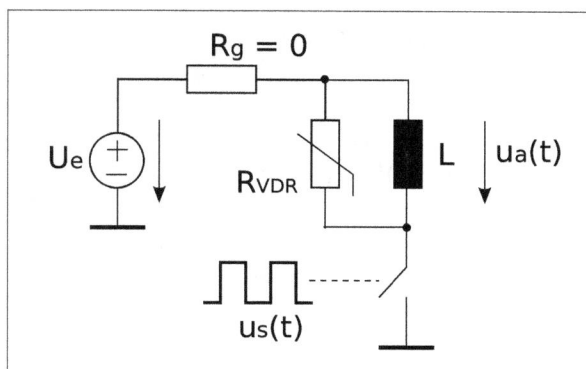

Abb. 5.6: Der VDR-Widerstand als Spannungsbegrenzer

die induzierte Spannung relativ groß und wird durch den VDR-Widerstand begrenzt. Im Falle, dass an Stelle des VDR-Widerstands ein linearer Widerstand benutzt wird, um die magnetische Energie beim Öffnen des Schalters zu dissipieren und die induzierte Spannung zu begrenzen, ergäbe ein hoher Wert des Widerstands eine kleine Energieaufnahme in der aktiven Phase (Schalter geschlossen), aber eine große induzierte Spannung beim Öffnen des Schalters.

Im Skript `vdr_3.m` wird diese Schaltung für den Fall eines linearen und eines VDR-Widerstands parallel zum Induktor der Induktivität L untersucht.

Bei linearem Widerstand gelten folgende Differentialgleichungen für den Strom der Induktivität:

$$\text{für} \quad u_s(t) > 0 \quad \text{(Schalter geschlossen)}$$
$$L\frac{di(t)}{dt} = U_e \quad \rightarrow \quad i(t + \Delta t) = i(t) + \Delta t \frac{U_e}{L} \tag{5.9}$$

$$\text{für} \quad u_s(t) \leq 0 \quad \text{(Schalter geöffnet)}$$
$$L\frac{di(t)}{dt} = -i(t)\,R \quad \rightarrow \quad i(t + \Delta t) = i(t) - \Delta t \frac{i(t)R}{L} \tag{5.10}$$

Es werden auch die Annäherungen für die numerische Integration mit Euler-Verfahren gezeigt. Für den Fall des VDR-Widerstandes parallel zur Induktivität gelten folgende Beziehungen:

$$\text{für} \quad u_s(t) > 0 \quad \text{(Schalter geschlossen)}$$
$$L\frac{di(t)}{dt} = U_e \quad \rightarrow \quad i(t + \Delta t) = i(t) + \Delta t \frac{Ue}{L} \tag{5.11}$$

für $u_s(t) \leq 0$ (Schalter geöffnet)

$$L\frac{di(t)}{dt} = -U_{VDR}(t) = -U_v\left(\frac{i(t)}{I_v}\right)^{1/\gamma} \qquad \rightarrow$$

$$i(t + \Delta t) = i(t) - \Delta t\frac{U_v}{L}\left(\frac{i(t)}{I_v}\right)^{1/\gamma}$$

(5.12)

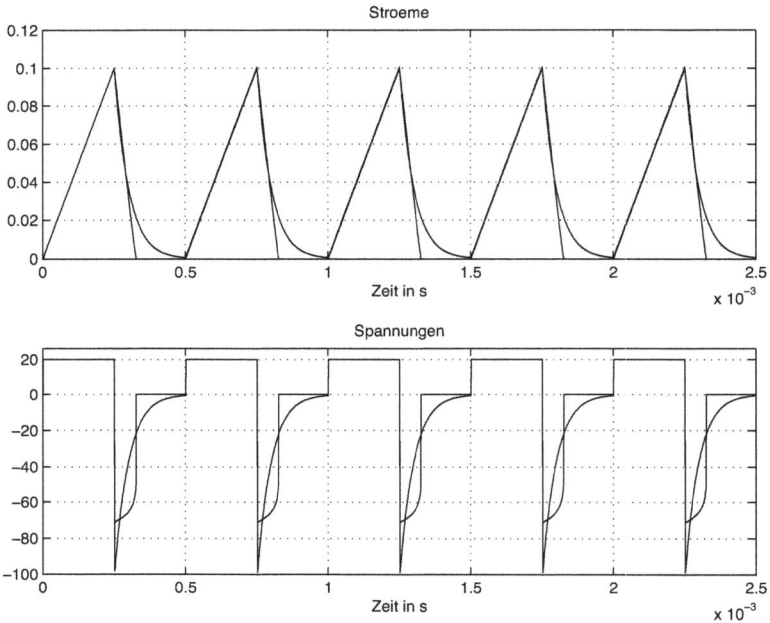

Abb. 5.7: *Ströme und Spannungen bei der Spannungsbegrenzung mit linearem und VDR-Widerstand* (vdr_3.m)

Im Skript ist der Strom für den linearen Widerstand mit `i1` und für den VDR-Widerstand mit `i2` bezeichnet. Gemäß den oben gezeigten Gleichungen erkennt man leicht die Aktualisierungen der Ströme in der numerischen Integration:

```
% Skript vdr_3.m, in dem eine Schaltung mit
% spannungsabhängigen Widerstand untersucht wird.
% Es wird ein linearer- und VDR-Widerstand parallel zu
% einer geschalteten Induktivität simuliert
clear
% ------ Parameter der Schaltung
Uv = 50;          Iv = 1e-3;
gamma = 13;
% ------ Kennlinie des VDR-Widerstands
u = -100:1:100;
```

```
i = Iv*(u/Uv).^gamma;
figure(1);     clf;
plot(u,i);
   title('Kennlinie des VDR-Widerstands');
   xlabel('V');    grid on;
   ylabel('A');
% ------- Numerisches Integrationsverfahren
% Initialisierungen
f = 2e3;    T = 1/f;
L = 0.05;         R = 1e3;    Ue = 20;
dt = 0.000001;
t = 0:dt:5*T-dt;
nt = length(t);
i1  = zeros(1,nt);    i2 = i1;
ua1 = i1;               ua2 = ua1;
us = sign(sin(2*pi*f*t));
% Numerische Integration
for k = 1:nt-1;
    if us(k) > 0
        i1(k+1) = i1(k) + dt*Ue/L;
        i2(k+1) = i2(k) + dt*Ue/L;
         if i1(k+1) <= 0,    i1(k+1) = 0;
         end;
         if i2(k+1) <= 0,    i2(k+1) = 0;
         end;
        ua1(k+1) = Ue;        ua2(k+1) = Ue;
    else
        i1(k+1) = i1(k) - dt*i1(k)*R/L;
        i2(k+1) = i2(k) - dt*(Uv*((i2(k)/Iv)^(1/gamma)))/L;
         if i1(k+1) <= 0,    i1(k+1) = 0;
         end;
         if i2(k+1) <= 0,    i2(k+1) = 0;
         end;
        ua1(k+1) = -i1(k+1)*R;
        ua2(k+1) = -Uv*(i2(k+1)/Iv).^(1/gamma);
    end;
end;
figure(2);
subplot(211), plot(t, i1, t, i2);
   title('Stroeme');
   xlabel('Zeit in s');    grid on;
subplot(212), plot(t, ua1, t, ua2);
   title('Spannungen');
   xlabel('Zeit in s');    grid on;
```

Mit den Stromwerten werden auch die Spannungen bei geöffnetem Schalter ermittelt. Abb. 5.7 zeigt oben die Ströme für die zwei Arten von Widerständen und darunter die entsprechenden Spannungen. Die typischen Exponentialverläufe entsprechen dem linearen Widerstand R, hier von 1 kΩ. In der Aktivzeit (Schalter geschlossen) wird bei

$U_e = 20$ V ein Strom von 20 mA von diesem Widerstand aufgenommen. Der VDR-Widerstand mit dem Parameter aus dem Skript nimmt dagegen nur ca. 7 nA bei 20 V auf und begrenzt die Spannung auf ca. -70 V statt ca. -100 V wie beim linearen Widerstand. Um auch auf -70 V zu gelangen, muss man den linearen Widerstand verkleinern und dann steigt die Leistungsaufnahme für den aktiven Zustand.

5.3   Nichtlineare Induktivitäten

Die Induktivitäten von Induktoren mit Kern sind wegen der nichtlinearen Magnetisierungskennlinie auch nichtlinear [14], [15], [18]. Die induzierte Spannung in so einem Induktor ist:

$$u(t) = \frac{d\psi(i)}{dt} = NA\frac{dB(i)}{dt} = NA\frac{dB(i)}{di}\frac{di(t)}{dt} = L(i)\frac{di(t)}{dt} \tag{5.13}$$

Hier sind: $\psi(i)$ der magnetische Fluss, $B(i)$ die Flussdichte, A der Querschnitt des Kerns, N die Anzahl der Windungen des Induktors und $L(i) = NA\,dB(i)/di$ stellt die vom Strom abhängige Induktivität dar.

Die Magnetisierungskennlinie, vereinfacht ohne Hysterese, kann über eine Arcustanfunktion $f(x) = \mathrm{atan}(x)$ angenähert werden. Die Induktivität ist dann proportional zur Ableitung dieser Funktion, die durch $df(x)/dx = 1/(1 + x^2)$ gegeben ist.

Im Skript `induktiv_1.m` wird für die Induktivität folgende Form

$$L(i) = \frac{L_0}{(1 + a_L i^2)} \tag{5.14}$$

angenommen, die dann einer Magnetisierungskennlinie für $N\,A\,B(i)$ mit folgendem Ausdruck entspricht:

$$NA\,B(i) = \frac{L_0}{\sqrt{a_L}}\mathrm{atan}(\sqrt{a_L}i) \tag{5.15}$$

Mit den zwei Parametern a_L und L_0 kann man die Abhängigkeit der Induktivität vom Strom steuern. In Abb. 5.8 sind die Verläufe der Magnetisierungskennlinie und der Induktivität für $a_L = 10$ und $L_0 = 0,02$ H gezeigt.

```
% Skript induktiv_1.m, in dem die Magnetisierungskennlinie
% eines Induktors mit Kern durch die atan-Funktion
% angenähert wird und die entsprechende Induktivität
% ermittelt wird

clear;
% ------- Parameter der Induktivität
L0 =0.02;        aL = 10;
di = 0.01;      i = -2:di:2;
L = L0./(1 + aL*i.^2);      % Induktivität nach Strom
BNA = L0*atan2(sqrt(aL)*i,1)/sqrt(aL); % Magnetisierungskennlinie
```

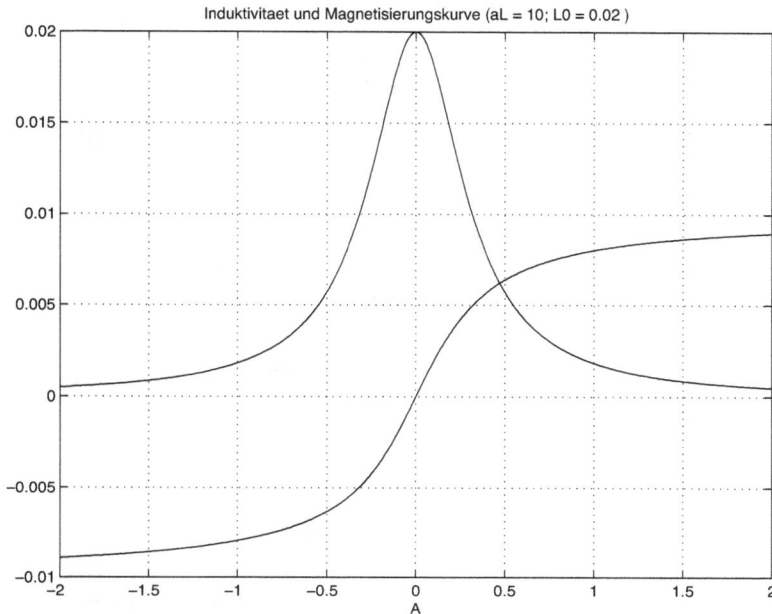

Abb. 5.8: Induktivität und Magnetisierungskennlinie für $NA\,B(i)$ (induktiv_1.m)

```
figure(1);
plot(i, L, i, BNA);
title(['Induktivitaet und Magnetisierungskennlinie (aL = ',...
    num2str(aL),'; L0 = ',num2str(L0),' )']);
xlabel('A');    grid on;
```

Mit kleinen Werten für a_L (wie z.B. $a_L = 0.1$) ist die Abhängigkeit der Induktivität $L(i)$ nach i flach und simuliert einen Betrieb im linearen Bereich der Magnetisierungskennlinie.

Experiment 5.3.1: DC-DC Abwärtswandler mit nichtlinearer Induktivität

Es wird zuerst ein DC-DC Abwärtswandler [29] untersucht (Abb. 5.9a), bei dem nur eine Induktivität ohne die typische Glättungskapazität benutzt wird. In dieser Form sieht man besser, was die nichtlineare Induktivität bewirken kann. Danach wird die Schaltung mit Induktivität und Kapazität simuliert.

Für die Simulation wird die äquivalente Schaltung gemäß Abb. 5.9b benutzt. Die

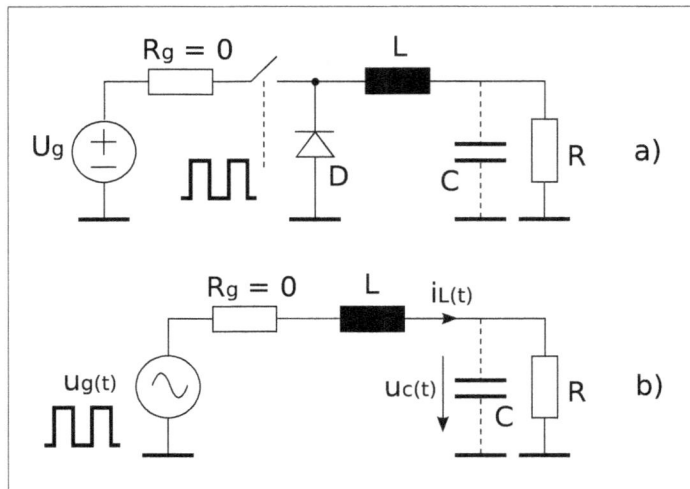

Abb. 5.9: DC-DC Abwärtswandler

Differentialgleichung in der Zustandsvariablen $i_L(t)$ ist sehr einfach:

$$L(i)\frac{di_L(t)}{dt} = u_g(t) - i_L(t)\,R$$

$$L(i) = \frac{L_0}{(1 + a_L i_L(t)^2)} \tag{5.16}$$

$$i_L(t + \Delta t) = i_L(t) + \Delta t\,(u_g(t) - i_L(t)R)\,/\,L(i)$$

Im Skript `gleich_li1.m` wird diese Schaltung simuliert. Mit $a_L = 10$ erhält man eine steile Magnetisierungskennlinie und entsprechend eine starke Abhängigkeit der Induktivität von ihrem Strom.

Abb. 5.10 zeigt oben die Anregungsspannung $u_g(t)$ und darunter den Strom der Induktivität, der große Stromspitzen aufweist. Mit einem Wert $a_L = 0.1$ ist der Verlauf der Funktion $L(i)$ flacher, die Induktivität ist praktisch konstant für den Bereich des Stroms. Die zugehörigen Ergebnisse sind in Abb. 5.11 gezeigt.

```
% Skript gleich_li1.m, in dem ein DC-DC Wandler
% mit nichtlinearer Induktivität und ohne Kapazität
% simuliert wird

clear;
% ----- Parameter der Schaltung
Rg = 0;     R = 10;
L0 = 0.002;    % Induktivität bei i = 0
aL = 10;       % Parameter der Induktivität
%aL = 0.1;       % Parameter der Induktivität
% ------- Numerisches Integrationsverfahren
```

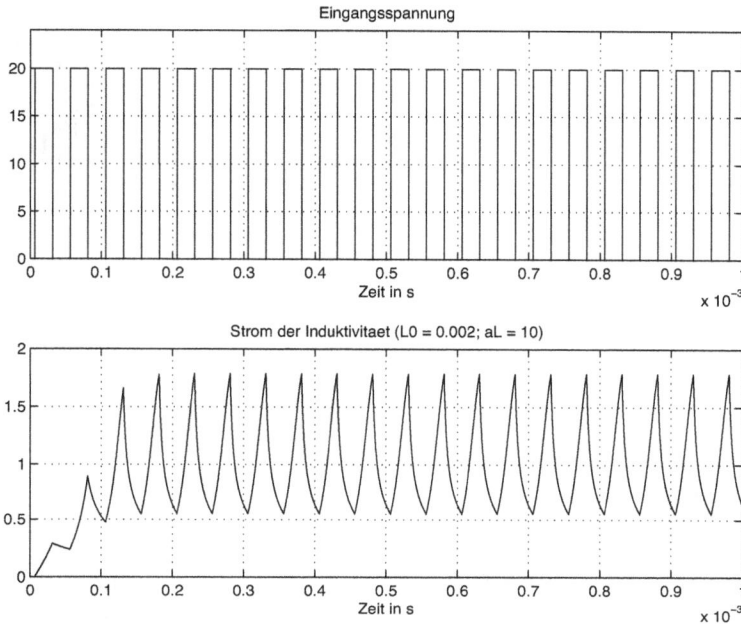

Abb. 5.10: Anregungsspannung und Strom der Induktivität für $a_L = 10$ (gleich_li1.m)

```
f = 20000;    T = 1/f;
dt = T/2000;
t = 0:dt:20*T-dt;
% Anregung
ampl = 10;
ue = ampl*sign(sin(2*pi*f*t-pi/4)) + ampl; % Rechteckige Pulse
nt = length(t);
% Initialisierungen
iL = zeros(1,nt);
for k = 1:nt-1;
    iL(k+1) = iL(k) + dt*(ue(k)-(Rg + R)*iL(k))/(L0/(1+aL*iL(k)^2));
    if iL(k+1) < 0,        iL(k+1) = 0;
    end;
end;
L = L0./(1+aL*iL.^2); % Induktivität
figure(1);    clf;
subplot(211), plot(t, ue);
    title('Eingangsspannung');
    xlabel('Zeit in s');    grid on;
    La = axis;    axis([La(1:3), La(4)*1.2]);
subplot(212), plot(t, iL);
    title(['Strom der Induktivitaet (L0 = ',...
        num2str(L0),'; aL = ',num2str(aL),')']);
```

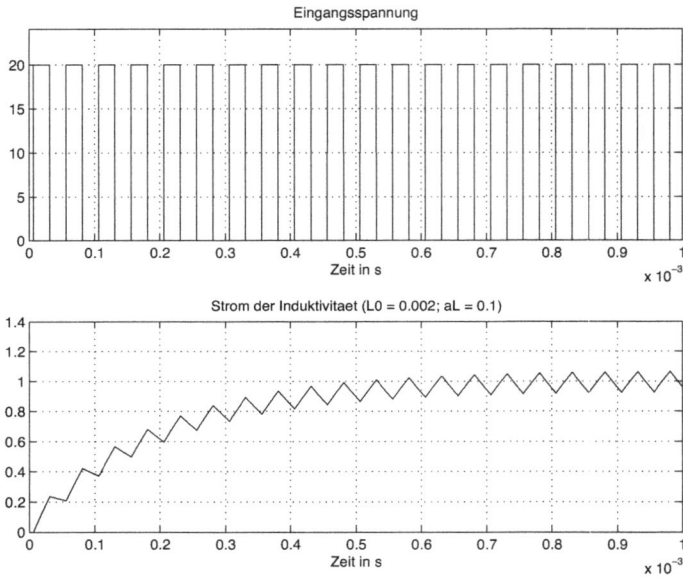

Abb. 5.11: Anregungsspannung und Strom der Induktivität für $a_L = 0.1$ (gleich_li1.m)

```
xlabel('Zeit in s');    grid on;
```

Wenn man jetzt auch die Glättungskapazität C hinzufügt, muss man folgende Differentialgleichungen in den Zustandsvariablen $i_L(t)$ und $u_c(t)$ benutzen:

$$L(i)\frac{di_L(t)}{dt} = u_g(t) - i_L(t)\,R - u_c(t) \qquad C\frac{du_c(t)}{dt} = i_L(t) - \frac{u_c(t)}{R}$$

$$L(i) = \frac{L_0}{(1 + a_L i_L(t)^2)} \tag{5.17}$$

Daraus ergeben sich folgende Iterationsgleichungen gemäß Euler-Verfahren:

$$i_L(t + \Delta t) = i_L(t) + \Delta t \left[u_g(t) - i_L(t)R - u_c(t)\right]/L(i)$$

$$u_c(t + \Delta t) = u_c(t) + \Delta t \left[i_L(t) - \frac{u_c(t)}{R}\right]/C \tag{5.18}$$

Im Skript gleich_li2.m wird dieser Fall simuliert:

```
% Skript gleich_li2.m, in dem ein DC-DC Wandler
% mit nichtlinearer Induktivität und Glättungskapazität
% simuliert wird
clear;
% ----- Parameter der Schaltung
```

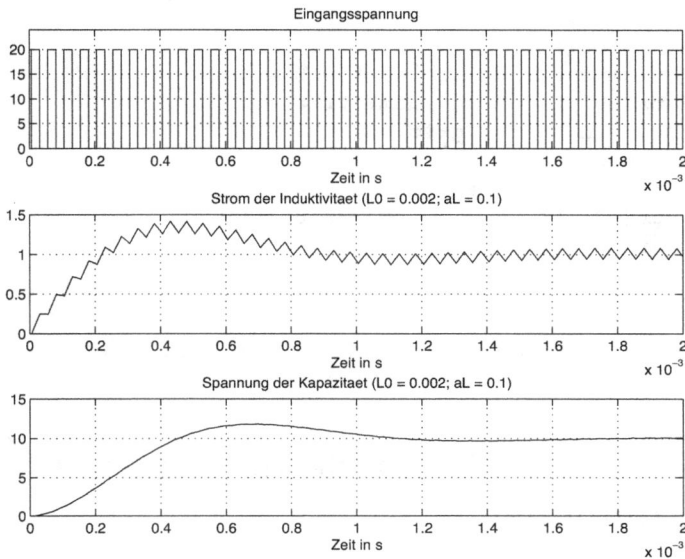

Abb. 5.12: Anregungsspannung, Strom der Induktivität und Spannung der Kapazität (gleich_li2.m)

```
Rg = 0;      R = 10;
L0 = 0.002;   C = 20e-6;
aL = 0.1;      % Parameter der Induktivität
% ------- Numerisches Integrationsverfahren
f = 20000;            T = 1/f;
dt = T/2000;          t = 0:dt:40*T-dt;
% Anregung
ampl = 10;
ug = ampl*sign(sin(2*pi*f*t-pi/4)) + ampl;
nt = length(t);
% Initialisierungen
iL  = zeros(1,nt);
uc = iL;
for k = 1:nt-1;
    iL(k+1) = iL(k) + dt*(ug(k)-Rg*iL(k)-uc(k))/(L0/(1+aL*iL(k)^2));
    if iL(k+1) < 0,           iL(k+1) = 0;
    end;
    uc(k+1) = uc(k) + dt*(iL(k+1) - uc(k)/R)/C;
end;
L = L0./(1+aL*iL.^2); % Induktivität
figure(1);      clf;
subplot(311), plot(t, ug);
    title('Eingangsspannung');
    xlabel('Zeit in s');    grid on;
```

```
    La = axis;    axis([La(1:3), La(4)*1.2]);
subplot(312), plot(t, iL);
    title(['Strom der Induktivitaet (L0 = ',...
        num2str(L0),'; aL = ',num2str(aL),')']);
    xlabel('Zeit in s');    grid on;
subplot(313), plot(t, uc);
    title(['Spannung der Kapazitaet (L0 = ',...
        num2str(L0),'; aL = ',num2str(aL),')']);
    xlabel('Zeit in s');    grid on;
```

In Abb. 5.12 ist ganz oben die Anregungsspannung gezeigt und darunter der Strom der Induktivität und die Spannung der Kapazität für einen flachen Verlauf der Funktion $L(i)$ (wegen $a_L = 0.1$) dargestellt. Dem Leser wird empfohlen, mit anderen Werten für a_L, z.B. $a_L = 2$, oder größer zu experimentieren.

5.4   Die Halbleiterdiode als nichtlineare Komponente

Die ideale Kennlinie $I_D = f(U_D)$ einer Halbleiterdiode (Abb. 5.13a), welche die physikalischen Zusmmenhänge in einer pn-Sperrschicht beschreibt [1], [29] ist:

$$I_D = I_s\left(e^{\frac{U_D}{nV_T}} - 1\right) \qquad (5.19)$$

Hier sind: I_s der Sättigungsstrom mit Werten von 10^{-6} bis 10^{-9} A, n der Emissionskoeffizient mit Werten zwischen 1 und 2 und V_T die Temperaturspannung mit einem Wert von 25 mV bei 20 ° C. Ab einer Spannung von etwa 0,4 V beginnt bei Si-Dioden der Strom merklich anzusteigen. Wenn man eine negative Spannung an eine Si-Diode anlegt, dann ist anfänglich der Strom sehr klein und gleich I_s. Über eine bestimmte Spannung („Durchbruchspannung") die zwischen -50 V bis -1000 V liegen kann, befindet sich die Diode in einem Durchbruchbereich und der Strom steigt erneut.

Wegen des großen Unterschiedes im Wertebereich muss man für den ersten und vierten Quadranten der Darstellung dieser Kennlinie verschiedene Maßstäbe benutzen. In Abb. 5.13b ist eine Skizze der Kennlinie dargestellt.

Abb. 5.14a zeigt eine einfache Schaltung mit Diode und Widerstand, für die der Arbeitspunkt (ähnlich wie im Falle des VDR-Widerstands) durch den Schnittpunkt der Belastungsgeraden

$$U_g = I_D R + U_D \qquad (5.20)$$

mit der Kennlinie der Diode

$$I_D = I_s\left(e^{\frac{U_D}{nV_T}} - 1\right) \qquad (5.21)$$

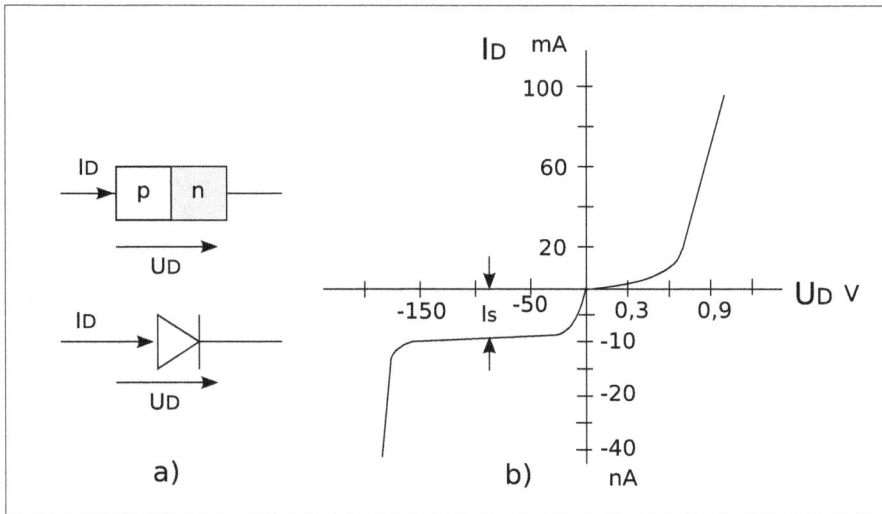

Abb. 5.13: a) Symbol für eine Halbleiterdiode b) Kennlinie einer Si-Diode

gegeben ist (Abb. 5.14b).

Numerisch kann man diesen Schnittpunkt, wie bei dem VDR-Widerstand gezeigt, ermitteln. In MATLAB wird die Gleichung

$$\frac{U_g - U_D}{R} - I_s\left(e^{\frac{U_D}{nV_T}} - 1\right) = 0 \tag{5.22}$$

mit der Funktion **fsolve** gelöst, oder es werden einfache Iterationen benutzt, die vom Strom über die Belastungsgerade beginnen:

$$I_D = \frac{U_g - U_D}{R}$$
$$U_D = nV_T \ln\left(\frac{I_D}{I_s} + 1\right) \tag{5.23}$$

Man startet z.B. mit $U_D = 0$, berechnet dann den Strom I_D gemäß der Gleichung der Belastungsgeraden und danach wird die neue Spannung U_D aus der Kennlinie der Diode ermittelt. Diesen Zyklus wiederholt man, bis von einem Schritt zum nächsten die Abweichungen der Spannung unter einer bestimmten Grenze liegen.

Im Skript diode_1.m wird der Arbeitspunkt für die einfache Schaltung gemäß Abb. 5.14a mit diesen Iterationen ermittelt:

```
% Skript diode_1.m, in dem der Arbeitspunkt einer
% einfachen Schaltung mit Diode durch Iterationen
```

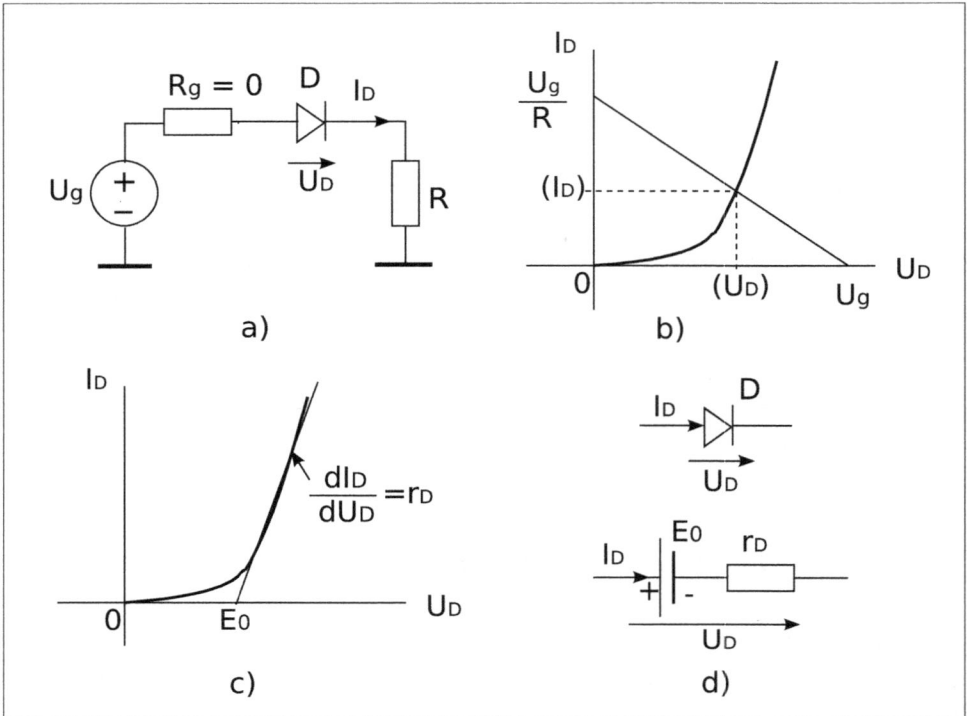

*Abb. 5.14: a) Einfache Schaltung mit Diode b) Bestimmung des Arbeitspunktes c) Linearisie-
rung der Kennlinie d) Ersatzschaltung der linearisierten Diode für $U_D > 0$*

```
% ermittelt wird
clear;
% ------- Parameter der Diode
VT = 25.e-3;       n = 1.3;
Is = 1e-9;
% ------- Kennlinie der Diode im
% ersten Quadranten
UD = 0:0.01:0.75;
ID = Is*(exp(UD./(n*VT)) - 1);
figure(1);     clf;
plot(UD, ID);
% ------- Parameter der Schaltung
R = 10;        Ug = 20;
IDb = (Ug - UD)./R; % Strom über die Belastungsgerade
hold on;
plot(UD, IDb);
hold off
title('Kennlinie der Diode und Belastungsgerade')
```

```
xlabel('V');    grid on;
ylabel('A');
% ------- Arbeitspunkt Berechnung über Iterationen
UD = 0;
k = 1;
while k < 10
    ID = (Ug - UD)/R;
    UD_neu = n*VT*log(ID/Is+1);
    if abs(UD_neu - UD) < 0.001
        UD = UD_neu;    break
    end;
    UD = UD_neu;
    k = k+1;
end;
disp('Spannung UD'), UD
```

Abb. 5.15 zeigt die Kennlinie der Diode zusammen mit der Belastungsgeraden, die anfänglich im Skript ermittelt und dargestellt werden. Die Spannung der Diode ermittelt mit Iterationen ist $U_D = 0,6949$. Es waren nur 3 Iterationen für eine Toleranz von 0,001 nötig.

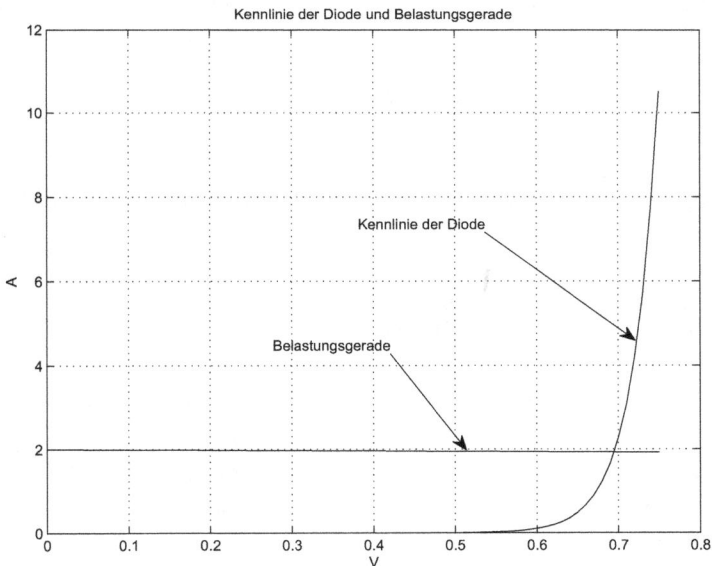

Abb. 5.15: Kennlinie der Diode und Belastungsgerade (diode_1.m)

Der Arbeitspunkt dieser einfachen Schaltung kann auch über die vorher gezeigte Newton-Raphsonsche Methode ermittelt werden. Der Strom der Diode, der der Belastungsgerade (Gl. (5.20)) entspricht

$$I_D = \frac{U_g - U_D}{R},$$ (5.24)

muss im Arbeitspunkt dem Strom gemäß der Kennlinie der Diode (Gl. (5.21))

$$I_D = I_s\left(e^{\frac{U_D}{nV_T}} - 1\right)$$ (5.25)

gleich sein. Aus diesen zwei Gleichungen wird durch Differenz die Funktion $f(U_D) = 0$ für die Newton-Raphsonsche Methode gebildet:

$$f(U_D) = \frac{U_g - U_D}{R} - I_s\left(e^{\frac{U_D}{nV_T}} - 1\right) = 0$$ (5.26)

Die notwendige Ableitung $f'(U_D)$ ist leicht zu berechnen:

$$f'(U_D) = \frac{df(U_D)}{dU_D} = -\frac{1}{R} - \frac{I_s}{nV_T}e^{\frac{U_D}{nV_T}}$$ (5.27)

Die Aktualisierung der Lösung für die Spannung im Arbeitspunkt ist gemäß dieser Methode:

$$U_D(n+1) = U_D(n) - \frac{f(U_D(n))}{f'(U_D(n))}$$ (5.28)

Im Skript `diode_2.m` ist diese Methode für die gleiche einfache Schaltung angewandt:

```
% Skript diode_2.m, in dem der Arbeitspunkt einer
% einfachen Schaltung mit Diode mit der Newton-
% Raphsche-Methode ermittelt wird
clear;
% ------- Parameter der Diode
VT = 25.e-3;      n = 1.3;
Is = 1e-9;
% ------- Kennlinie der Diode im
% ersten Quadranten
UD = 0:0.01:0.75;
ID = Is*(exp(UD./(n*VT)) - 1);
figure(1);   clf;
```

```
plot(UD, ID);
% ------- Parameter der Schaltung
R = 10;      Ug = 20;
IDb = (Ug - UD)./R; % Strom über die Belastungsgerade
hold on;
plot(UD, IDb);
hold off
title('Kennlinie der Diode und Belastungsgerade')
xlabel('V');    grid on;
ylabel('A');
% ------- Arbeitspunktberechnung mit Newton-Raphson-Methode
UD_alt = 0;
UD_neu = UD_alt - ((Ug-UD_alt)/R - ...
    Is*(exp(UD_alt/(n*VT)) - 1))/(-1/R - Is*exp(UD_alt/(n*VT))/(n*VT));
    % Erste Iteration
while abs(UD_neu - UD_alt) > 0.01
    UD_alt = UD_neu;
    UD_neu = UD_alt - ((Ug-UD_alt)/R - ...
        Is*(exp(UD_alt/(n*VT)) - 1))/(-1/R - Is*exp(UD_alt/(n*VT))/(n*VT));
end;
Udiode = UD_neu;            Idiode = (Ug - Udiode)/R;
disp('Spannung UD'), Udiode
disp('Strom ID'), Idiode
```

Wie erwartet erhält man annähernd die gleiche Lösung, hier $U_D = 0,6951$ V, statt zuvor $U_D = 0,6949$ V.

Für viele Anwendungen, wie z.B. in Gleichrichtungsschaltungen mit relativ großen Stromwerten, kann man die Diode mit einer linearisierten Kennlinie annehmen. Für signifikante Werte des Stroms im ersten Quadranten wird die Kennlinie mit einer Geraden angenähert. Dadurch werden zwei Parameter definiert: die Schleusen- oder Flussspannung E_0 in V und die Steilheit $dI_D/dU_D = 1/r_D$ in $1/\Omega$.

Für Si-Dioden wird oft $E_0 = 0,7$ V angenommen und ein Bild über die Größenordnung des Differentialwiderstandes $dU_d/dI_D = r_D$ erhält man folgendermaßen. Für $U_D \gg V_T$, was dem Bereich entspricht, der linearisiert wird, kann die ideale Kennlinie gemäß Gl. (5.19) durch

$$I_D = I_s\left(e^{\frac{U_D}{nV_T}} - 1\right) \cong I_s\left(e^{\frac{U_D}{nV_T}}\right) \quad \text{für} \quad U_D \gg V_T \tag{5.29}$$

angenähert werden. Daraus lässt sich sehr leicht der Differentialwiderstand r_D ermitteln:

$$r_D = \frac{dU_D}{dI_D} = 1\left/\frac{dI_D}{dU_D}\right. \cong 1\left/\left(\frac{I_s\left(e^{\frac{U_D}{nV_T}}\right)}{nV_T}\right)\right. = \frac{nV_T}{I_D} \tag{5.30}$$

Wie man sieht und zu erwarten war, ist der Differentialwiderstand r_D abhängig vom Wert I_D des Arbeitspunktes. Zum Beispiel ist bei einem Arbeitspunkt mit $I_D = 10$ mA für $nV_T = 25$ mV der Differentialwiderstand $r_D = 2,5\ \Omega$ und bei $I_D = 100$ mA nur noch $0,25\ \Omega$. Bei größeren Stromwerten ist der Widerstand des Halbleiters größer als die Differentialwerte, die in dieser Art berechnet sind und prädominiert mit Werten, die in den Datenblättern angegeben werden.

Die Linearisierung, die die zwei Parameter E_0 und r_D definiert, führt zu einer Ersatzschaltung für die Diode im ersten Quadranten (oder im Durchlassbereich), die in Abb. 5.14d gezeigt ist. Für $U_D \leq E_0$ wird der Strom vernachlässigt und gleich null angenommen. Bei inverser Polarisierung, die der Kennlinie im vierten Quadranten entspricht, wird der Strom ebenfalls vernachlässigt und die Diode ist somit blockiert.

Wenn in einer Schaltung mit Dioden sowohl die in Reihe geschalteten Widerstände größer als r_D sind als auch die Spannungen größer als E_0 sind, können diese Parameter vernachlässigt werden und die Diode wird durch einen Schalter ersetzt. Der Schalter ist geschlossen, wenn die Spannung U_D positiv ist, und der Schalter ist geöffnet, wenn U_D negativ ist. Die Diode entspricht dann einer idealen Diode.

5.5   Gleichrichterschaltungen

Es werden hier einige grundlegende Gleichrichterschaltungen beginnend mit der Einweggleichrichtung untersucht. Dort wo es möglich ist, unter Einbeziehung von Idealisierungen, wird auch eine analytische Lösung ermittelt. Sie gibt einen Einblick in den Sachverhalt und zeigt den Einfluss der Parameter der Schaltung. Die numerischen Lösungen können unter realistischen Voraussetzungen mit den theoretischen Erkenntnissen effizienter gesteuert werden, um die Idealisierungen zu bestätigen oder zu verwerfen.

5.5.1   Einweggleichrichtung mit Glättung über Induktivität

Abb. 5.16 zeigt eine Einweggleichrichtung, in der eine ideale Diode angenommen wird. Die Diode öffnet, wenn die Eingangsspannung positiv wird (positive Halbperiode). Wegen der Induktivität fließt der Strom über die positive Halbperiode der Eingangsspannung hinaus. Einen lehrreichen Einblick erhält man hier über die analytische Lösung.

Die partikuläre Lösung für eine sinusförmige Anregung in der Annahme, dass die ideale Diode beginnend mit $t = 0$ leitend ist, wird über die komplexe Lösung durch

$$i_{Lp}(t) = \frac{\hat{u}_g}{\sqrt{(R_g + R)^2 + (\omega L)^2}} \sin\left(\omega t - \operatorname{atan}\left(\frac{\omega L}{R_g + R}\right)\right) \qquad (5.31)$$

gegeben. Die homogene Lösung, die die Anfangsbedingung für den Gesamtstrom $i_L(0) = 0$ erfüllt, lautet:

$$i_{Lh}(t) = -i_{Lp}(0)\, e^{-t/(L/(R_g+R))} \qquad (5.32)$$

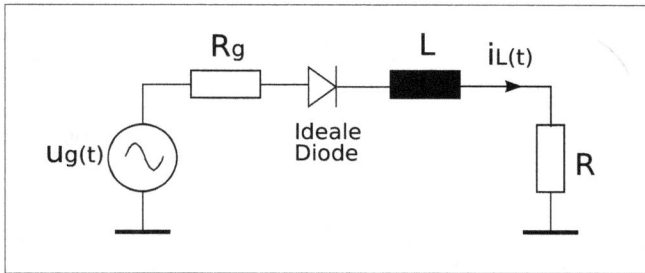

Abb. 5.16: Einweggleichrichtung mit idealer Diode und Glättung mit Induktivität

Die Summe der partikulären und homogenen Lösungen ist der Gesamtstrom der Induktivität, allerdings nur solange er positiv ist. Negativen Strom kann man nicht haben wegen der Diode, die den Strom in umgekehrter Richtung sperrt. Somit ist der Gesamtstrom:

$$i_L(t) = i_{Lp}(t) + i_{Lh}(t), \quad \text{so lange} \quad i_L(t) > 0 \tag{5.33}$$

Im Skript `einweg_gleich1.m` wird diese analytische Lösung ermittelt und dargestellt. Abb. 5.17 zeigt die Eingangsspannung $u_g(t)$ (geteilt durch 20), die partikuläre und homogene Lösung bzw. deren Summe, die nur so lange gültig ist, so lange der Gesamtstrom positiv ist.

```
% Skript einweg_gleich1.m, in dem eine
% Einweggleichrichtung mit Glättung durch
% Induktivität untersucht wird
clear;
% ------ Parameter der Schaltung
Rg = 1;      R = 10;        L = 0.2;
f = 50;      T = 1/f;       omega = 2*pi*f;
ampl = 100;
% ------ Analytische Lösung
dt = T/500;
t = 0:dt:T-dt;
ug = ampl*sin(2*pi*f*t);
iLp = (ampl/(sqrt((R+Rg)^2+(omega*L)^2)))*...
        sin(2*pi*f*t - atan2(omega*L,(Rg + R)));
iLh = -iLp(1)*exp(-t*(Rg+R)/L);
iL = iLp + iLh;
k = find(iL < 0);
iL(k) = 0;
figure(1);    clf;
plot(t, ug/20, t,iLp, t,iLh, t,iL);
    title('ug/20,    iLp,    iLh,    iL');
    xlabel('Zeit in s');   grid on;
% ------- Die Spannung der Induktivität
```

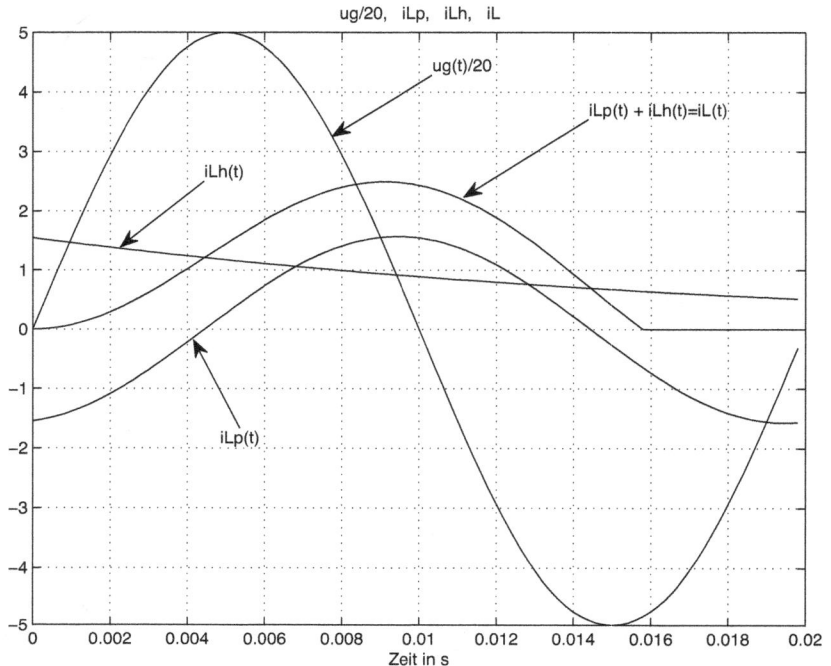

Abb. 5.17: Eingangsspannung (geteilt durch 20), partikuläre und homogene Lösung für den Strom bzw. deren Summe (einweg_gleich1.m)

```
uL = -iL*(Rg + R) + ug;
k = find(iL == 0);
uL(k) = 0;
figure(2);      clf;
plot(t, ug/20, t, uL/20, t, iL);
    title('ug/20, uL/20, iL');
    xlabel('Zeit ins');    grid on;
```

Im Skript wird auch die Spannung der Induktivität ermittelt und dargestellt (hier nicht mehr gezeigt). Sie ist für die Zeit, in der der Strom $i_L(t) > 0$ ist, immer kleiner als die Eingangsspannung. Zum Zeitpunkt, für den der Strom null wird, sind diese zwei Spannungen gleich. Danach blockiert sich die Diode und der Strom und die Spannung der Induktivität bleiben null bis zur nächsten positiven Halbperiode der Eingangsspannung.

Das Skript einweg_gleich2.m enthält die numerische Lösung dieses Gleichrichters mit Hilfe des Euler-Verfahrens. Die Diode wird mit einem linearisierten Modell angenähert, wobei $E_0 = 0,7$ V und $r_D = 0,5\,\Omega$ gewählt wurden. Die Differentialgleichung für den Strom $i_L(t)$ der Induktivität und die Iterationen des Euler-Verfahrens sind jetzt:

$$L\frac{di_L(t)}{dt} = u_g(t) - E_0 - i_L(t)\,(r_D + R_g + R) \quad \text{für} \quad i_L(t) > 0$$
$$i_L(t + \Delta t) = i_L(t) + \Delta t(u_g(t) - E_0 - i_L(t)\,(r_D + R_g + R))/L \qquad (5.34)$$
$$\text{für} \quad i_L(t) > 0$$

Nachdem der Strom (als Zustandsvariable) ermittelt wurde, wird die Spannung der Induktivität berechnet:

$$u_L(t) = u_g(t) - E_0 - i_L(t)\,(r_D + R_g + R) \qquad (5.35)$$

Aus diesen Gleichungen kann man sehen, weshalb man hier auch eine ideale Diode annehmen kann, weil $E_0 \ll u_g(t)$ und $r_D \ll R_g + R$ sind.

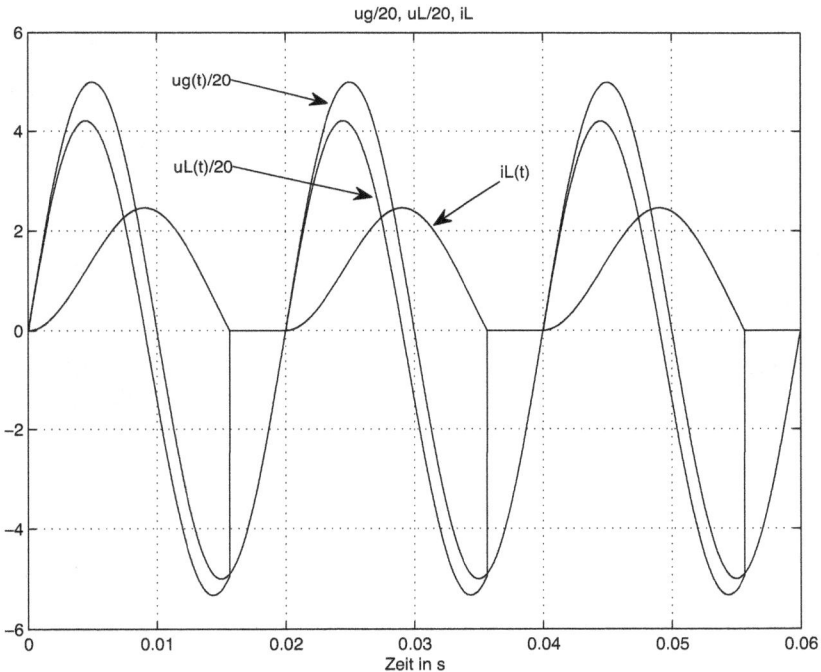

Abb. 5.18: Eingangsspannung und Induktivitätsspannung (geteilt durch 20) und Strom der Induktivität numerisch ermittelt (einweg_gleich2.m)

```
% Skript einweg_gleich2.m, in dem eine
% Einweggleichrichtung mit Glättung durch
```

```
% Induktivität untersucht wird
clear;
% ------ Parameter der Schaltung
Rg = 1;      R = 10;
E0 = 0.7;   rD = 0.5;   % Parameter der Diode
L = 0.2;
f = 50;        T = 1/f;
ampl = 100;
omega = 2*pi*f;
% ------ Numerische Lösung
dt = T/1000;
t = 0:dt:3*T-dt;
ug = ampl*sin(2*pi*f*t);
nt = length(t);
iL = zeros(1,nt);        uL = iL;
for k = 1:nt-1;
    iL(k+1) = iL(k) + dt*(ug(k) - E0 - iL(k)*(rD + Rg + R))/L;
    if iL(k+1) < 0,        iL(k+1) = 0;
    end;
end;
uL = ug - E0 - iL*(rD + Rg + R);
k = find(iL == 0);
uL(k) = 0;
figure(1);        clf;
plot(t,ug/20, t,uL/20, t,iL);
    title('ug/20, uL/20, iL');
    xlabel('Zeit in s');    grid on;
```

Abb. 5.18 zeigt die Eingangsspannung und Induktivitätsspannung (geteilt durch 20) zusammen mit dem Strom der Induktivität.

Es wird weiter gezeigt, wie man die Diode mit einer Kennlinie gemäß Gl. (5.21) für die Simulation dieser Gleichrichterschaltung (Abb. 5.16) einsetzen kann. Es wird ein Simulink-Modell benutzt, ausgehend von folgenden Gleichungen:

$$u_D(t) = u_g(t) - i_D(t)(R_g + R) - L\frac{di_D(t)}{dt}, \qquad i_D(t) = i_L(t)$$

$$i_D(t) = I_s\left(e^{\frac{u_D(t)}{nV_T}} - 1\right) \tag{5.36}$$

Das Simulink-Modell wird in Abb. 5.19 gezeigt. Die Spannung der Diode $u_D(t)$ wird als bekannt angenommen. Sie wird weiter für die Bildung des Stroms $i_D(t)$ gemäß der Kennlinie der Diode (zweite Gl. aus (5.36)) benutzt. Die Ableitung dieses Stroms dient dann zur Bildung der Spannung der Induktivität $u_L(t) = Ldi_D(t)/dt$. Jetzt sind alle Variablen vorhanden, mit deren Hilfe über den Block *Subtract* die vorher als bekannt angenommene Spannung der Diode gebildet werden kann.

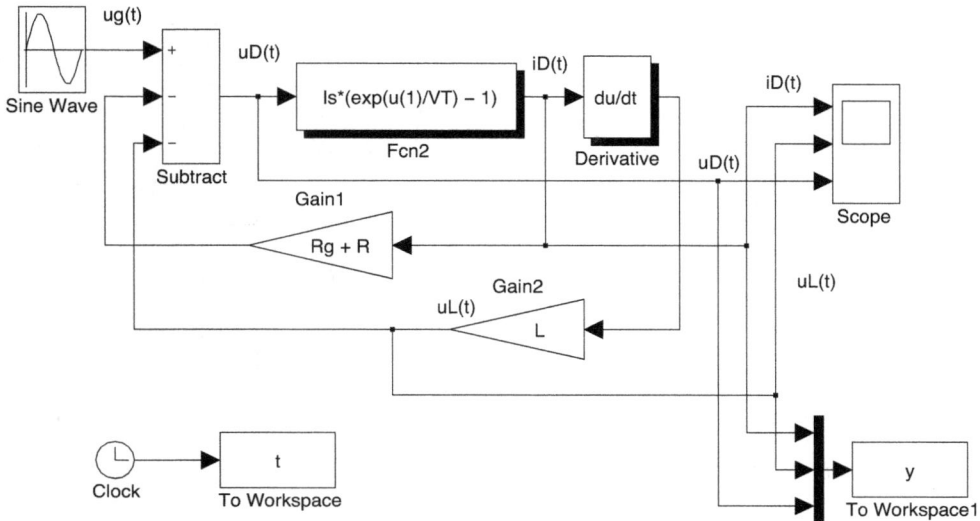

Abb. 5.19: Simulink-Modell des Einweggleichrichters mit Dioden-Modell (ein-weg_gleich2_1.m, einweg_gleich21.mdl)

Einige Variablenwerte werden dann in der Senke *To Workspace* als Matrix y gespeichert. In der ersten Spalte ist der Strom der Diode hinterlegt. Die zweite Spalte enthält die Spannung der Diode und schließlich ist die Spannung der Induktivität in der dritten Spalte enthalten. Zusammen mit den Zeitschritten, die in einer ähnlichen Senke gespeichert werden, kann man jetzt in MATLAB diese Variablen darstellen.

Im Skript `einweg_gleich2_1.m` wird das Modell initialisiert und aufgerufen bzw. die Variablen nach der Simulation dargestellt:

```
% Skript einweg_gleich2_1.m, in dem die Simulation mit
% dem Simulink-Modell einweg_gleich21.mdl initialisiert
% und aufgerufen wird
clear;
% -------- Parameter der Schaltung
Rg = 10;          R = 1000;     L = 0.05;
C = 1e-6;
% Parameter der Diode
Is = 20e-9;       VT = 20e-3;   n = 1;
% Anregung
f = 20000;        T = 1/f;
ampl = 10;
% -------- Aufruf der Simulation
sim('einweg_gleich21', [0, 10*T]);
% t = Zeitschritte der Simulation
% y(:,1) = iD(t),        y(:,2) = uL(t),        y(:,3) = uD(t)
figure(1);  clf;
```

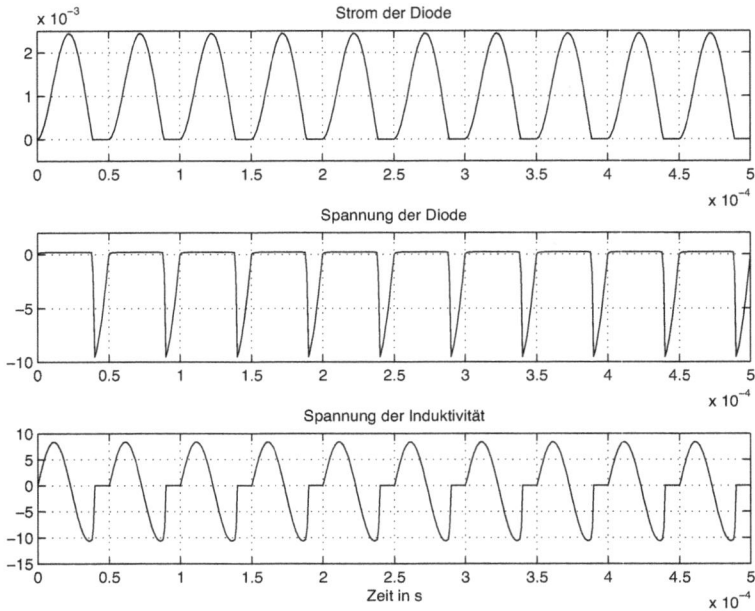

Abb. 5.20: Strom und Spannung der Diode bzw. Spannung der Induktivität (ein-
weg_gleich2_1.m, einweg_gleich21.mdl)

```
subplot(311), plot(t, y(:,1));
    title('Strom der Diode');
    La = axis;    axis([La(1), t(end), La(3:4)]);
    grid on;
subplot(312), plot(t, y(:,3));
    title('Spannung der Diode');
    La = axis;    axis([La(1), t(end), La(3:4)]);
    grid on;
subplot(313), plot(t, y(:,2));
    title('Spannung der Induktivität');
    La = axis;    axis([La(1), t(end), La(3:4)]);
    xlabel('Zeit in s');    grid on;
```

Dieselben Variablen können auch auf dem „Osziloskop" (Block *Scope*) mit drei Eingängen während der Simulation verfolgt werden.

Abb. 5.20 zeigt diese Variablen. Sie sind den Variablen, die mit dem Euler-Verfahren erhalten wurden, gleich.

Der Versuch, den Strom der Diode $i_D(t)$ zuerst als bekannt anzunehmen und danach die Spannung der Diode mit

$$u_D(t) = V_T \ln\left(\frac{i_D(t)}{I_s} + 1\right) \tag{5.37}$$

zu berechnen, scheitert. Wenn in der Simulation ein negativer Strom $i_D(t)$ im Betrag größer als der sehr kleine Strom I_s auftritt, dann erhält man einen natürlichen Logarithmus von einer negativen Zahl und als Ergebnis eine komplexe Spannung $u_D(t)$, die weiter nicht benutzt werden kann.

5.5.2 Einweggleichrichtung mit Glättung über Induktivität und Kapazität

Wenn in der Schaltung gemäß Abb. 5.16 eine Kapazität parallel zum Verbraucherwiderstand geschaltet ist, gibt es zwei Zustandsvariablen $i_L(t)$ und $u_c(t)$ (Abb. 5.21).

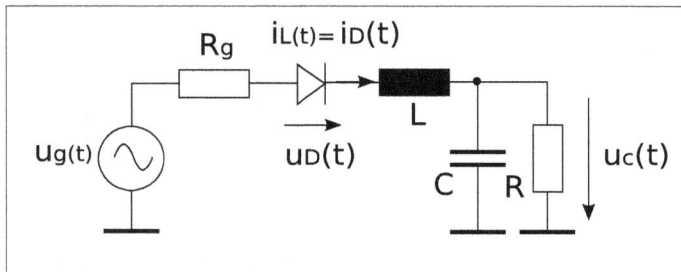

Abb. 5.21: Einweggleichrichtung und Glättung mit Induktivität und Kapazität

Auch für eine ideale Diode ist es nicht einfach, hier eine analytische Lösung zu erhalten. Die numerische Integration dagegen ist sehr einfach. Die Differentialgleichungen erster Ordnung für die Zustandsvariablen sind:

$$L\frac{di_L(t)}{dt} = u_g(t) - E_0 - i_L(t)\,(r_D + R_g) - u_c(t) \quad \text{für} \quad i_L(t) > 0$$
$$C\frac{du_c(t)}{dt} = i_L(t) - \frac{u_c(t)}{R} \tag{5.38}$$

Daraus resultieren die Iterationen des Euler-Verfahrens:

$$i_L(t + \Delta t) = i_L(t) + \Delta t\,(u_g(t) - E_0 - i_L(t)\,(r_D + R_g) - u_c(t))/L$$
$$\text{für} \quad i_L(t) > 0 \tag{5.39}$$

$$u_c(t + \Delta t) = u_c(t) + \Delta t\left(i_L(t) - \frac{u_c(t)}{R}\right)/C \tag{5.40}$$

Im Skript `einweg_gleich3.m` wird diese Schaltung mit numerischer Lösung simuliert. Die Ergebnisse in Form der Spannungen $u_g(t)/20, u_L(t)/20, u_c(t)/20$ und des Stroms $i_L(t)$ sind in Abb. 5.22 dargestellt.

ug/20, uL/20, iL, uc/20

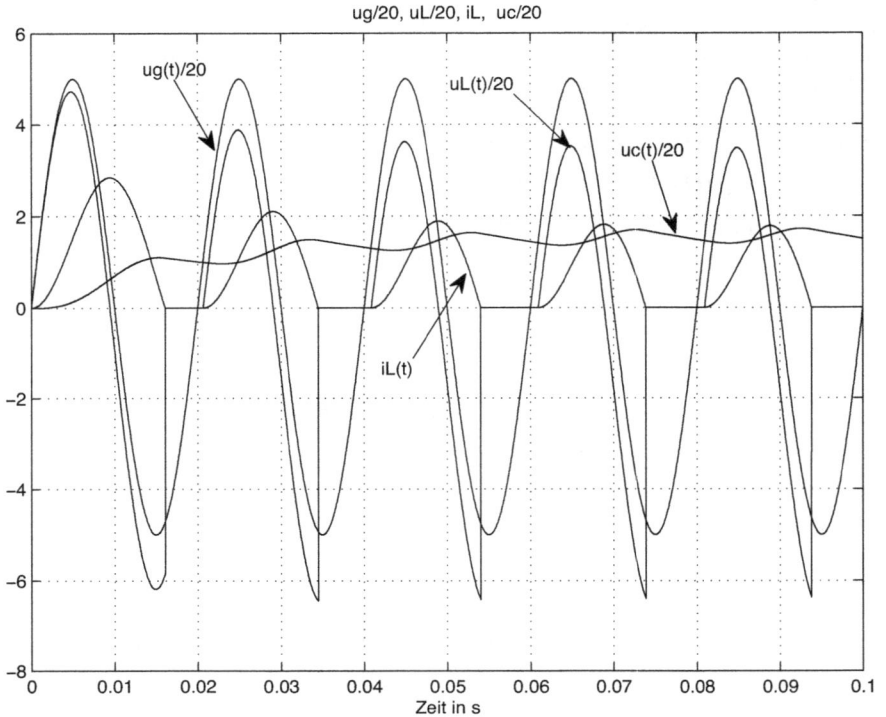

Abb. 5.22: Eingangsspannung, Spannung der Induktivität und Kapazität geteilt durch 20 und Strom der Induktivität numerisch ermittelt (einweg_gleich3.m)

```
% Skript einweg_gleich3.m, in dem eine Einweggleichrichtung mit
% Glättung durch Induktivität und Kapazität untersucht wird
clear;
% ------ Parameter der Schaltung
Rg = 1;    R = 50;
E0 = 0.7;   rD = 0.5;   % Parameter der Diode
L = 0.2;   C = 1000e-6
f = 50;    T = 1/f;
ampl = 100;
omega = 2*pi*f;
% ------ Numerische Lösung
dt = T/1000;
t = 0:dt:5*T-dt;
ug = ampl*sin(2*pi*f*t);
nt = length(t);
iL = zeros(1,nt);    uL = iL;
uc = iL;
for k = 1:nt-1;
```

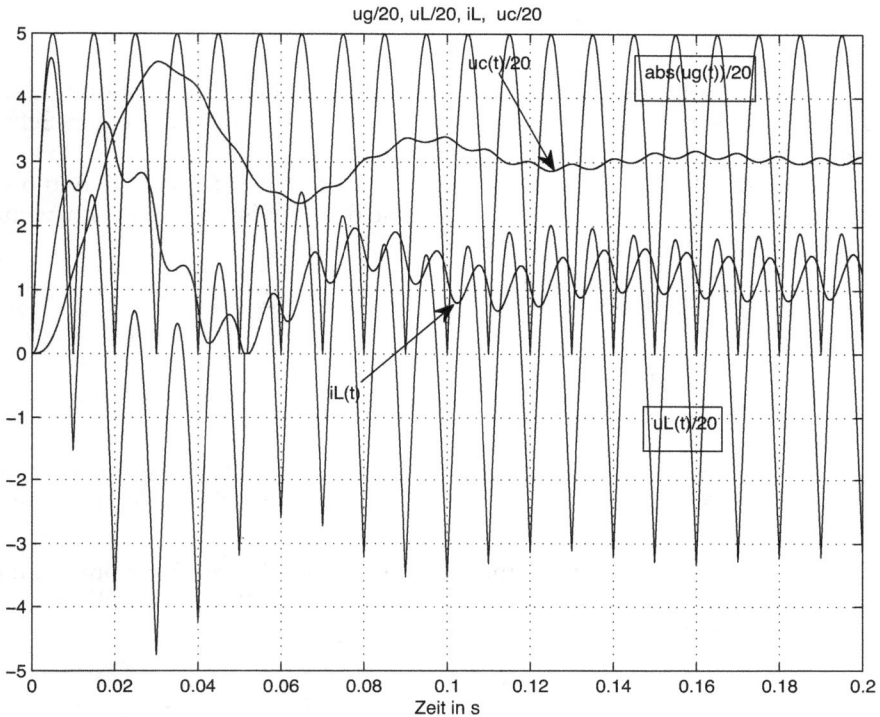

Abb. 5.23: Eingangsspannung, Spannung der Induktivität und Kapazität geteilt durch 20 und Strom der Induktivität numerisch ermittelt (zweiweg_gleich4.m)

```
     iL(k+1) = iL(k) + dt*(ug(k) - E0 - iL(k)*(rD + Rg) - uc(k))/L;
     if iL(k+1) < 0,        iL(k+1) = 0;
     end;
     uc(k+1) = uc(k) + dt*(iL(k+1) - uc(k)/R)/C;
end;
uL = ug - E0 - iL*(rD + Rg) - uc;
k = find(iL == 0);
uL(k) = 0;
figure(1);     clf;
plot(t,ug/20, t,uL/20, t,iL, t,uc/20);
    title('ug/20, uL/20, iL,  uc/20');
    xlabel('Zeit in s');  grid on;
```

Die Zweiweggleichrichtung, z.B. über eine Diodenbrücke realisiert, kann relativ leicht ähnlich simuliert werden (zweiweg_gleich4.m). In dem vorherigen Skript muss man nur r_D und E_0 verdoppeln, weil zwei Dioden in jeder Halbperiode leitend sind, und die Eingangsspannung als Betrag nehmen:

```
......
ug = abs(ampl*sin(2*pi*f*t));
......
```

Abb. 5.23 zeigt dieselben Variablen in diesem Fall. Die Spannung der Kapazität, die auch die Spannung des Verbrauchers R ist, weist jetzt viel kleinere Schwankungen auf.

Der Strom der Induktivität ist immer größer als null ($i_L(t) > 0$) und die Spannung der Induktivität wechselt ihr Vorzeichen, so dass der Strom $i_L(t)$ auch, wenn $u_g(t) = 0$ ist, weiterhin positiv und relativ groß ist. Aus

$$i_L(t)\,(2r_D + R_g) = u_g(t) - u_c(t) - u_L(t) - 2E_0$$

oder

$$i_L(t) = \frac{u_g(t) - u_c(t) - u_L(t) - 2E_0}{2r_D + R_g} \tag{5.41}$$

geht hervor, dass wenn $u_g(t)$ klein oder sogar null ist, die Spannung $u_L(t)$ negativ und im Betrag größer als $u_c(t) + 2E_0$ werden muss, um den Strom $i_L(t) > 0$ zu sichern.

Auch für diese Schaltung kann man die Diode mit einer Kennlinie gemäß Gl. (5.21) einsetzen. Das Simulink-Modell ist in Abb. 5.24 gezeigt. Das Modell basiert auf folgenden Gleichungen:

$$u_D(t) = u_g(t) - i_D(t)R_g - u_c(t) - L\frac{di_D(t)}{dt}, \qquad i_D(t) = i_L(t)$$

$$C\frac{du_c(t)}{dt} = i_D(t) - \frac{u_c(t)}{R}$$

$$i_D(t) = I_s\left(e^{\frac{u_D(t)}{nV_T}} - 1\right) \tag{5.42}$$

Es ist ähnlich aufgebaut wie das Modell aus Abb. 5.19 mit dem zusätzlichem Teil für die Simulation der Spannung der Kapazitätsspannung.

Ohne Schwierigkeiten kann man auch andere Variablen, wie z.B. die Spannung der Induktivität $u_L(t)$, ähnlich in Blöcken *To Workspace* abspeichern und dann darstellen. Die Parameter der Schaltungen, die simuliert werden, sind so gewählt, dass die Darstellungen verständlich zu interpretieren sind. Es wird empfohlen mit anderen Parametern und Anregungen, wie z.B. rechteckigen Anregungen, zu experimentieren.

Das Skript `einweg_gleich3_1.m`, aus dem heraus das Simulink-Modell initialisiert und aufgerufen wird, ist aus dem vorherigen Modell mit kleinen Änderungen erzeugt:

```
% Skript einweg_gleich3_1.m, in dem die Simulation mit dem Simulink-
% Modell einweg_gleich31.mdl initialisiert und aufgerufen wird
```

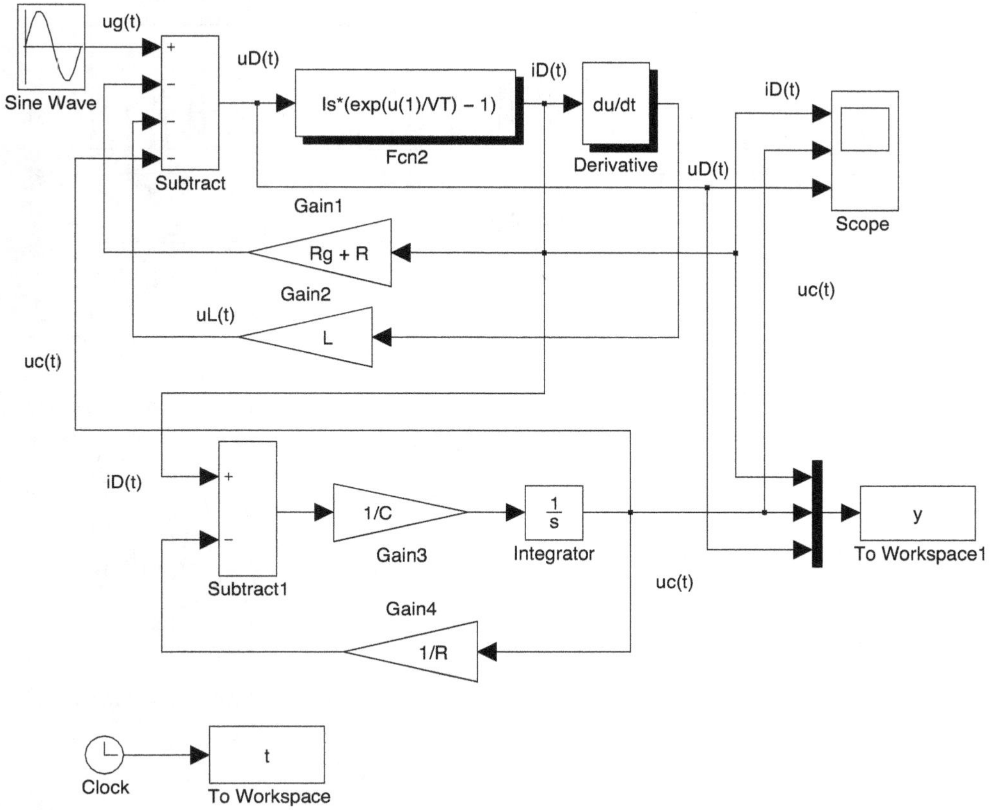

Abb. 5.24: Simulink-Modell des Einweggleichrichters mit Dioden-Modell (ein-weg_gleich3_1.m, einweg_gleich31.mdl)

```
clear;
% -------- Parameter der Schaltung
Rg = 10;          R = 1000;     L = 0.01;
C = 1e-6;
% Parameter der Diode
Is = 20e-9;       VT = 20e-3;   n = 1;
% Anregung
f = 2000;         T = 1/f;
ampl = 10;
% -------- Aufruf der Simulation
sim('einweg_gleich31', [0, 20*T]);
% t = Zeitschritte der Simulation
% y(:,1) = iD(t)
% y(:,2) = uc(t)
% y(:,3) = uD(t)
```

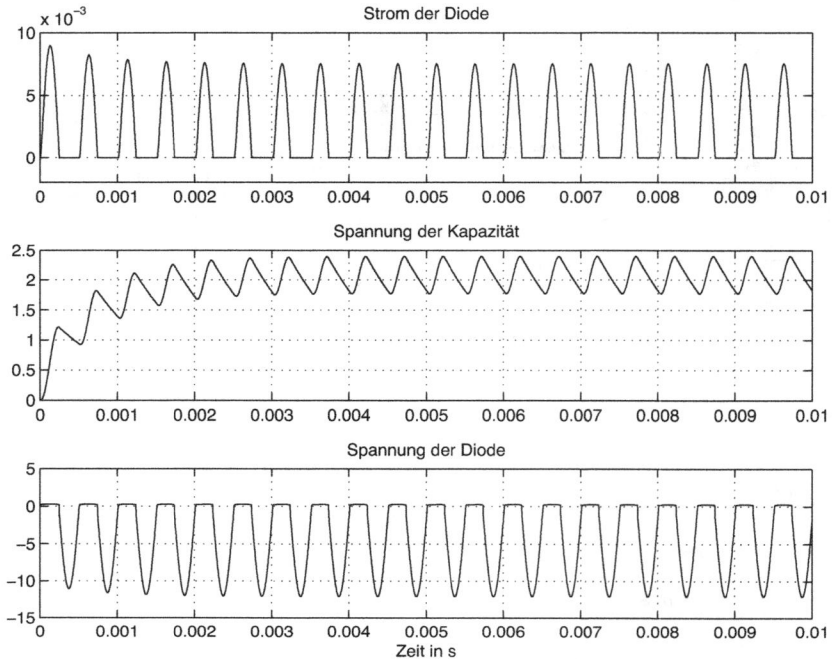

Abb. 5.25: Strom der Diode, Spannung der Kapazität und Spannung der Diode
(einweg_gleich3_1.m, einweg_gleich31.mdl)

```
figure(1);  clf;
subplot(311), plot(t, y(:,1));
   title('Strom der Diode');
   La = axis;   axis([La(1), t(end), La(3:4)]);
   grid on;
subplot(312), plot(t, y(:,2));
   title('Spannung der Kapazität');
   La = axis;   axis([La(1), t(end), La(3:4)]);
   grid on;
subplot(313), plot(t, y(:,3));
   title('Spannung der Diode');
   La = axis;   axis([La(1), t(end), La(3:4)]);
   xlabel('Zeit in s');   grid on;
```

Es sind drei Variablen für die Darstellung gewählt worden, darunter auch die Spannung der Diode, deren Form den sehr kleinen Wert in Flussrichtung und den relativ großen Betragswert in Sperrrichtung zeigt.

5.6 Mischer mit einer Diode

Ein Mischer erzeugt eine Frequenzumsetzung durch Multiplikation zweier cosinusförmiger Signale. Angenommen, die zwei Signale sind:

$$u_1(t) = \hat{u}_1 \cos(2\pi f_1 t + \varphi_1), \qquad u_2(t) = \hat{u}_2 \cos(2\pi f_2 t + \varphi_2) \tag{5.43}$$

Dann führt die Multiplikation auf:

$$
\begin{aligned}
u_a(t) &= k_m\, u_1(t)\, u_2(t) = \\
&\frac{\hat{u}_1 \hat{u}_2}{2} \left[\cos(2\pi(f_1 - f_2)t + \varphi_1 - \varphi_2) + \cos(2\pi(f_1 + f_2)t + \varphi_1 + \varphi_2) \right]
\end{aligned}
\tag{5.44}
$$

Die erste Komponente des Signals $u_a(t)$ der Frequenz $f_1 - f_2$ bildet das untere „Mischprodukt" und die zweite Komponente der Frequenz $f_1 + f_2$ stellt das obere „Mischprodukt" dar. Der Faktor k_m der Einheit $1/V$ stellt den Übertragungsfaktor des Multiplizierers dar und wird weiter als eins angenommen.

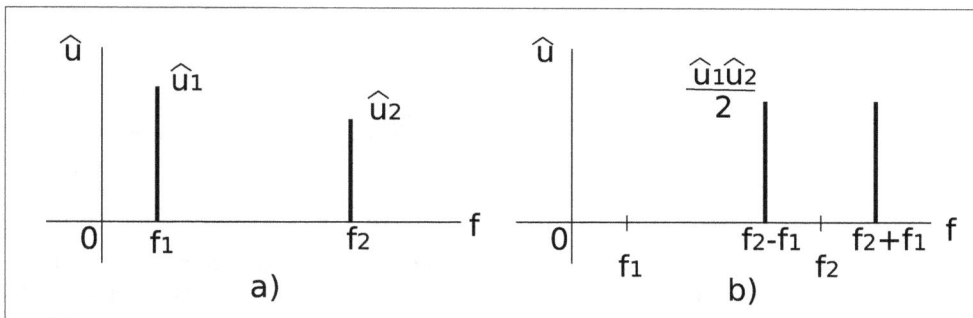

Abb. 5.26: *Amplitudenspektrum der zwei Eingangssignale und des Ausgangs des Mischers*

In Abb. 5.26 ist das Amplitudenspektrum der zwei Eingangssignale und des resultierenden Ausgangssignals dargestellt. Das Ausgangssignal enthält nur die zwei Seitenbänder.

Jede Komponente (Diode, bipolarer Transistor, MOS-Transistor, etc.) mit einer nichtlinearen Kennlinie, die auch den quadratischen Term enthält, kann zur Realisierung eines Mischers benutzt werden. Abb. 5.27 zeigt die prinzipielle Schaltung des Mischers. Wegen der nichtlinearen Kennlinie der Diode wird der Strom in der Schaltung abhängig von den Anregungsspannungen eine nichtlineare Funktion sein, die man mit Hilfe eines Annäherungspolynoms ausdrücken kann:

$$
\begin{aligned}
i(t) &= a_0 + a_1\, u_g(t) + a_2\, u_g^2(t) + a_3\, u_g^3(t) + \dots \\
&\text{mit} \\
u_g(t) &= u_{g1}(t) + u_{g2}(t) + U_{g0}
\end{aligned}
\tag{5.45}
$$

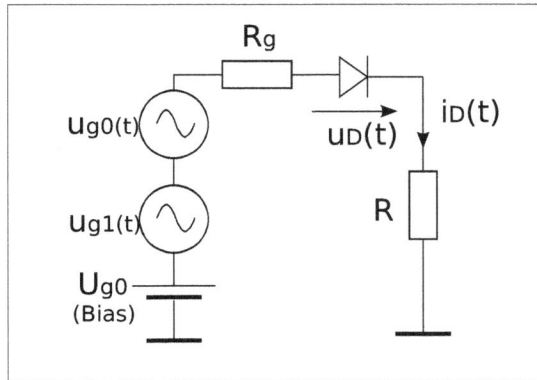

Abb. 5.27: Mischer mit Diode

Der quadratische Term enthält unter anderem auch das Produkt der zwei cosinusförmigen Signale $u_{g1}(t), u_{g2}(t)$:

$$
\begin{aligned}
i(t) = \cdots &+ a_2 \left[u_{g1}(t) + u_{g2}(t) \right]^2 + \cdots = \\
a_2 &\left[\hat{u}_1^2 \cos^2(2\pi f_1 t + \varphi_1) + \right. \\
&\left. 2\hat{u}_1\,\hat{u}_2 \cos(2\pi f_1 t + \varphi_1) \cos(2\pi f_2 t + \varphi_2) + \right. \\
&\left. \hat{u}_2^2 \cos^2(2\pi f_2 t + \varphi_2) \right] + \cdots
\end{aligned}
\tag{5.46}
$$

Die Gleichspannung U_{g0} stellt nur eine Verschiebung (*Bias*) dar, mit deren Hilfe man den Arbeitspunkt der Diode festlegen kann. Das Produkt ergibt die zwei Mischsignale und die anderen Terme fügen zusätzliche cosinusförmige Komponenten hinzu, so dass zuletzt im Strom (oder Spannung der Diode) Komponenten der Frequenzen $f_{mn} = |\pm m f 1 \pm n f_2|; m, n = 0, 1, 2, 3, \ldots$ mit verschiedenen Amplituden enthalten sind.

Im Skript `mischer_diode1.m` wird dieser einfache Mischer simuliert:

```
% Skript mischer_diode1.m, in dem ein Mischer mit
% Diode in Reihe mit einem Widerstand
% untersucht wird
clear;
% ------ Kennlinie der Diode
Is = 1e-9;      VT = 25e-3;      n = 1.2;
UD = -1:0.01:0.65;
ID = Is*(exp(UD/(n*VT))-1);
figure(1);    clf;
   plot(UD,ID);
   title('Kennlinie der Diode');
   xlabel('V');    grid on;
   ylabel('A');
% Reihenwiderstand
```

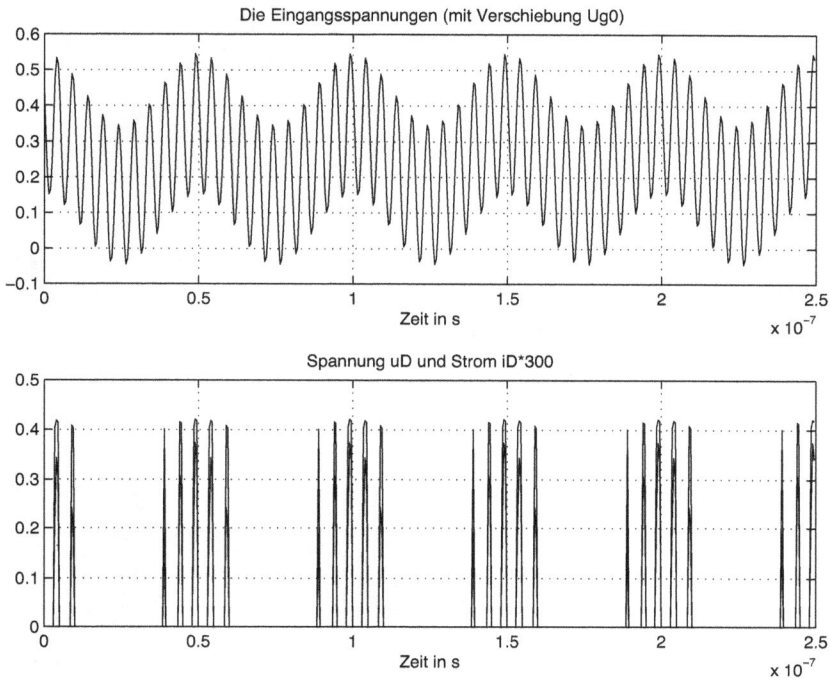

Abb. 5.28: Eingangsspannungen und Spannung der Diode $u_D(t)$ bzw. Strom $i_D(t)300$ (mischer_diode1.m)

```
R = 0.1e3;      % Rg = 0;
% Eingangssignale des Mischers
f1 = 20e6;           f2 = 200e6;
ampl1 = 0.1;         ampl2 = 0.2;
% ------ Numerische Bestimmung von uD(t) und iD(t)
T = 1/f2;       dt = T/10;
t = 0:dt:50*T-dt;
nt = length(t);
uD = zeros(1,nt);    iD = uD; % Initialisierungen
ug1 = ampl1*cos(2*pi*f1*t);     ug2 = ampl2*cos(2*pi*f2*t + pi/3);
Ug0 = 0.25;     % ampl0 + ampl1;   % Verschiebung des Arbeitspunktes
for k = 1:nt
    uD_temp = 0;    % Initialisierung
    for p = 1:10    % Arbeitspunkt Bestimmung (Iterationen)
        iD_temp = (Ug0 + ug1(k) + ug2(k)-uD_temp)/R;
        uD_neu = VT*n*log(iD_temp/Is + 1);
        if abs(uD_neu-uD_temp) < 0.001
            uD(k) = uD_neu;
            iD(k) = iD_temp;
            break;
```

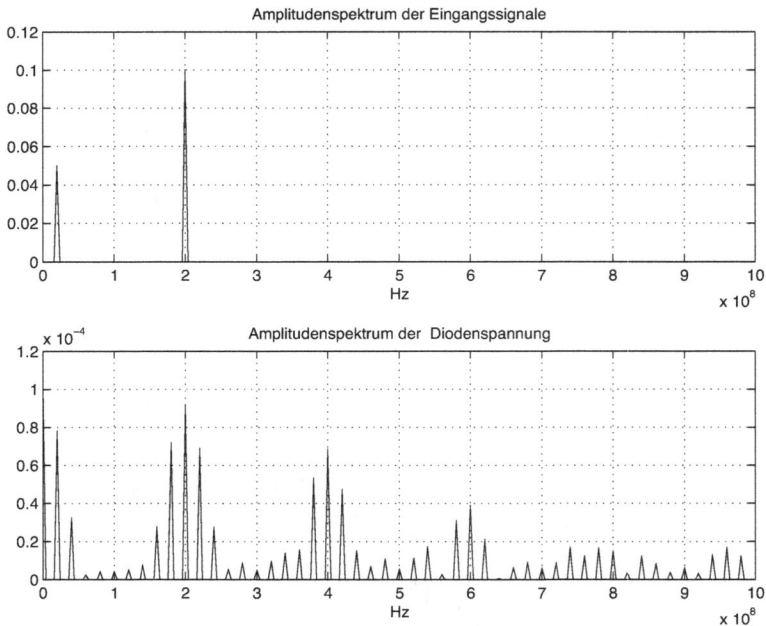

Abb. 5.29: Lineares Amplitudenspektrum der Eingangssignale und der Spannung der Diode
(mischer_diode1.m)

```
        end;
            uD_temp = uD_neu;
      end;
end;
figure(2);    clf;
subplot(211), plot(t, ug1 + ug2 + Ug0);
    title('Die Eingangsspannungen (mit Verschiebung Ug0)');
    xlabel('Zeit in s');    grid on;
subplot(212), plot(t, uD, t, iD*300);
    title('Spannung uD und Strom iD*300');
    xlabel('Zeit in s');    grid on;
N = nt;
U01 = fft(iD)/N;                Ug01 = fft(ug1 + ug2)/N;
figure(3);    clf;
subplot(211), plot((0:N/2-1)/(N*dt), abs(Ug01(1:N/2)));
    title('Amplitudenspektrum der Eingangssignale');
    xlabel('Hz');    grid on;
subplot(212), plot((0:N/2-1)/(N*dt), abs(U01(1:N/2)));
    title('Amplitudenspektrum der  Diodenspannung');
    xlabel('Hz');    grid on;
figure(4);    clf;
subplot(211), plot((0:N/2-1)/(N*dt), 20*log10(abs(Ug01(1:N/2))));
```

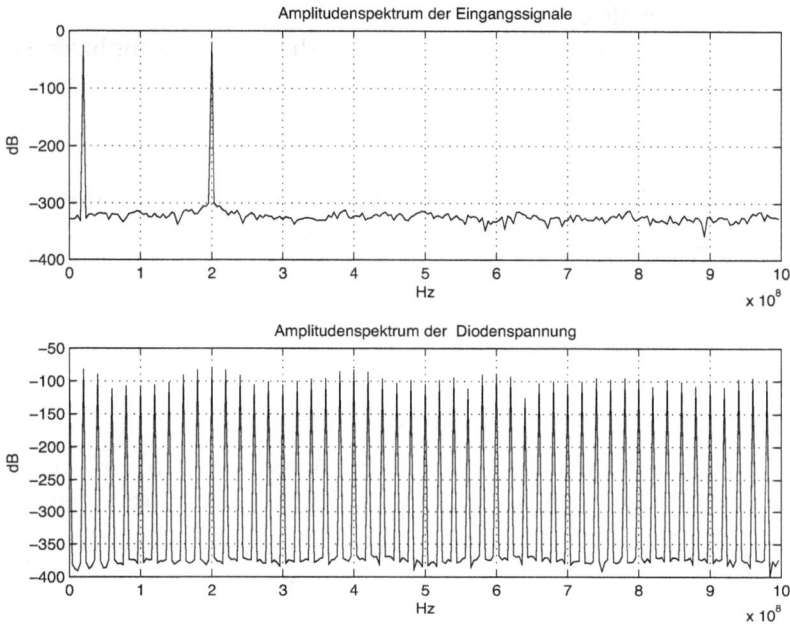

Abb. 5.30: Logarithmisches Amplitudenspektrum der Eingangssignale und der Diodenspannung (mischer_diode1.m)

```
title('Amplitudenspektrum der Eingangssignale');
   xlabel('Hz');      grid on;      ylabel('dB');
subplot(212), plot((0:N/2-1)/(N*dt), 20*log10(abs(U01(1:N/2))));
   title('Amplitudenspektrum der  Diodenspannung');
   xlabel('Hz');      grid on;      ylabel('dB');
```

Es werden zwei Signale der Frequenzen $f_1 = 20$ MHz und $f_2 = 200$ MHz und Amplituden $\hat{u}_1 = 0,1$ und $\hat{u}_2 = 0,2$ V angenommen. Fünfzig Perioden des Signals mit der höheren Frequenz werden untersucht. Für jeden Zeitschritt muss man den Arbeitspunkt der Diode ermitteln. Es wurde das numerische Verfahren basierend auf einfachen Iterationen eingesetzt, wie in einem vorherigen Kapitel gezeigt wurde.

Abb. 5.28 stellt oben die zwei cosinusförmigen Signale dar, die mit U_{D0} im positiven Bereich verschoben werden. Darunter ist die Spannung der Diode dargestellt. Die Amplitudenspektren werden mit Hilfe der FFT-Transformation über die MATLAB-Funktion **fft** ermittelt. In Abb. 5.29 sind die Amplitudenspektren der zwei cosinusförmigen Eingangssignale $u_{g1}(t), u_{g2}(t)$ und der Diodenspannung mit linearer Skalierung dargestellt. Man sieht die Menge der Mischprodukte, die erhalten wurden. Mit logarithmischer Skalierung, wie in Abb. 5.30 gezeigt, sind auch die Mischprodukte mit kleineren Amplituden sichtbar.

Dem Leser wird empfohlen, mit einigen Parametern der Simulation zu experimentieren. So sollte man z.B. den Einfluss der Verschiebung U_{D0} und der Amplituden der cosinusförmigen Signale untersuchen.

Es gibt viele andere Schaltungen für Mischer, die nicht so kompliziert sein müssen, um die gewünschten Signale zu erzeugen. Unter diesem Aspekt ist der Mischer mit Diode eher ein didaktisches Beispiel.

5.7   Mischer mit geschalteter Spannung

Als Beispiel zeigt Abb. 5.31 den prinzipiellen Aufbau eines Mischers mit getakteter (zerhackter) Spannung. Die Spannung der höheren Frequenz ($f_2 \gg f_1$) steuert den Schalter und führt dazu, dass die Spannung am Widerstand R folgende Form hat:

$$u_R(t) = \frac{R}{R_g + R}\, u_{g1}(t)\, \text{sign}\big(u_{g2}(t)\big) \tag{5.47}$$

Dabei ist $\text{sign}(x)$ die Signum-Funktion mit Werten von 1 für $x \geq 0$ und -1 für $x < 0$. Der rechteckige Term $\text{sign}(u_{g2}(t))$, zerlegt mit der Fourier-Reihe, besitzt kei-

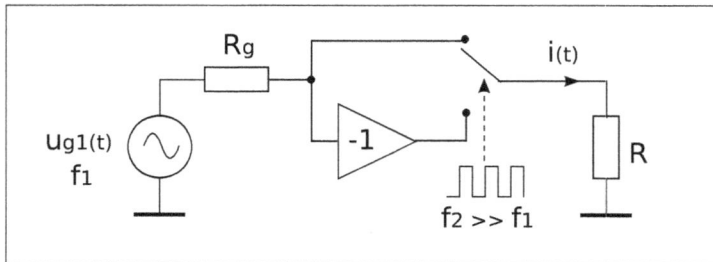

Abb. 5.31: Prinzipieller Aufbau eines Mischers mit getakteter Spannung

nen Mittelwert und nur die ungeraden Harmonischen, die mit steigender Ordnung abklingen. Diese führen zu Mischprodukten mit der Eingangsspannung der niedrigen Frequenz und ergeben immer ein unteres und oberes Mischsignal. Im Skript `mischer_getakt1.m` wird dieser Mischer simuliert:

```
% Skript mischer_getakt1.m, in dem ein Mischer mit
% getakter Spannung untersucht wird
clear;
% Reihenwiderstände
R = 1e3;        Rg = 0.1;
% Eingangssignale des Mischers
f1 = 20e6;           f2 = 200e6;
ampl1 = 0.5;         ampl2 = 0.2;
% ------ Numerische Bestimmung von uR(t)
T = 1/f2;       dt = T/20;
t = 0:dt:50*T-dt;
nt = length(t);
% Eingangsspannungen
```

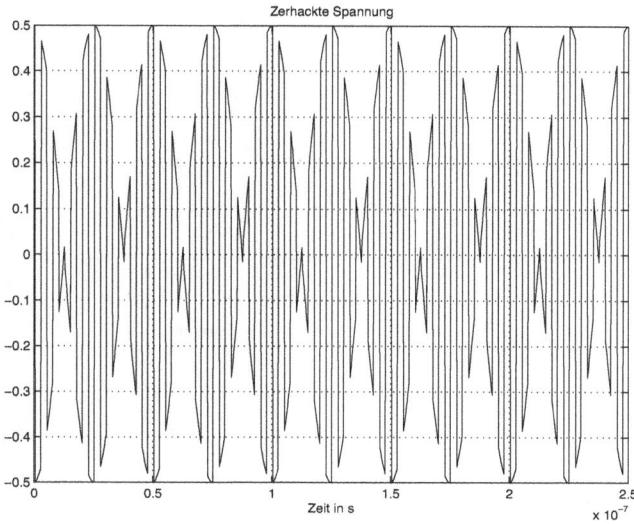

Abb. 5.32: Zerhackte Eingangsspannung (mischer_getakt1.m)

```
ug1 = ampl1*cos(2*pi*f1*t);
%ug2 = sign(ampl2*cos(2*pi*f2*t + pi/3));   % Bipolare Sequenz +1, -1
ug2 = (sign(ampl2*cos(2*pi*f2*t + pi/3))+1)/2;% Unipolare Sequenz +1, 0
% Spannung am R
uR = ug1.*ug2*R/(Rg + R);
figure(1);   clf;
plot(t, uR);
   title('Getaktete Spannung')
   xlabel('Zeit in s');   grid on;
N = nt;
% ------- Amplitudenspektrum über die FFT
UR = fft(uR)/N;          Ug = fft(ug1 + ug2)/N;
figure(2);   clf;
subplot(211), plot((0:N/2-1)/(N*dt), abs(Ug(1:N/2)));
   title('Amplitudenspektrum der Eingangssignale');
   xlabel('Hz');   grid on;
subplot(212), plot((0:N/2-1)/(N*dt), abs(UR(1:N/2)));
   title('Amplitudenspektrum der  Ausgangspannung');
   xlabel('Hz');   grid on;
figure(3);   clf;
subplot(211), plot((0:N/2-1)/(N*dt), 20*log10(abs(Ug(1:N/2))));
   title('Amplitudenspektrum der Eingangssignale');
   xlabel('Hz');   grid on;   ylabel('dB');
subplot(212), plot((0:N/2-1)/(N*dt), 20*log10(abs(UR(1:N/2))));
   title('Amplitudenspektrum der  Ausgangspannung');
   xlabel('Hz');   grid on;   ylabel('dB');
```

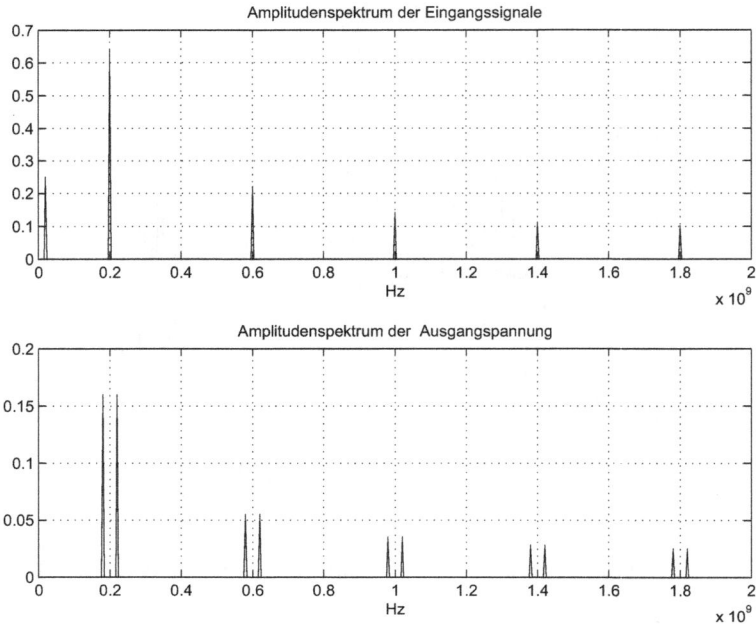

Abb. 5.33: Lineares Amplitudenspektrum der Eingangssignale und der Ausgangsspannung (mischer_getakt1.m)

Abb. 5.32 zeigt die zerhackte Eingangsspannung. Sie entspricht einer Multiplikation der Eingangsspannung mit einer bipolaren Spannung mit Werten von ± 1. In Abb. 5.33 oben ist das Amplitudenspektrum des Eingangssignals und der bipolaren Spannung dargestellt. Man erkennt die ungeraden Harmonischen beginnend mit der Grundwelle bei 200 MHz. Darunter ist das Amplitudenspektrum der Ausgangsspannung gezeigt, mit den Mischprodukten bei jeder dieser Harmonischen.

Die gleichen Spektren mit logarithmischer Skalierung sind in Abb. 5.35 dargestellt. Weil mit den gewählten Parametern der Simulation kein *Leakage* für die FFT entsteht, zeigen die Spektren ideale Spektrallinien. Mit einer Frequenz von 20,025 MHz für das Eingangssignal, entsteht in der FFT für dieses Signal *Leakage* und das logarithmische Amplitudenspektrum (Abb. 5.34) zeigt dieses.

Wenn das rechteckige Signal $u_{g2}(t)$ unipolar mit Werten zwischen 0 und 1 ist, dann gibt es in der Fourier-Reihe dieses Signals auch einen Mittelwert, der dazu führt, dass das Signal $u_{g1}(t)$ auch im Ausgangssignal auftritt und im Spektrum eine Linie bei der Frequenz f_1 hervorbringt (Abb. 5.36).

Im Skript muss man nur die Generierung der Spannung $u_{g2}(t)$ wie folgt ändern:

```
.......
%ug2 = sign(ampl2*cos(2*pi*f2*t+pi/3));   % Bipolare Sequenz +1, -1
ug2 = (sign(ampl2*cos(2*pi*f2*t+pi/3))+1)/2;% Unipolare Sequenz +1, 0
.......
```

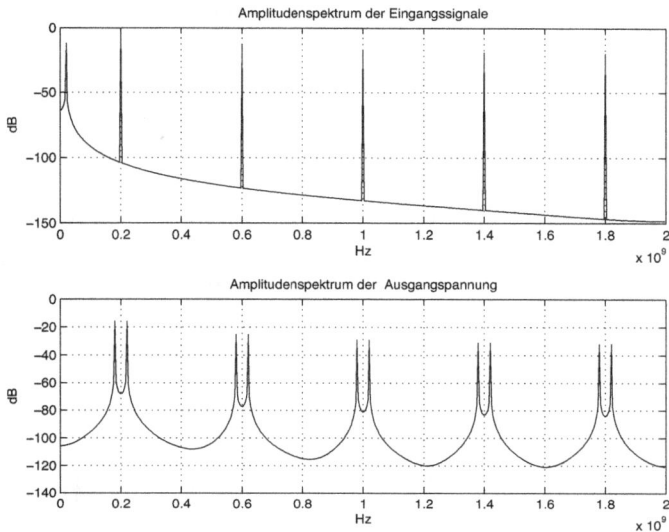

Abb. 5.34: *Logarithmisches Amplitudenspektrum der Eingangssignale und der Ausgangsspannung, wenn für die eine Eingangsspannung* Leakage *entsteht* (mischer_getakt1.m)

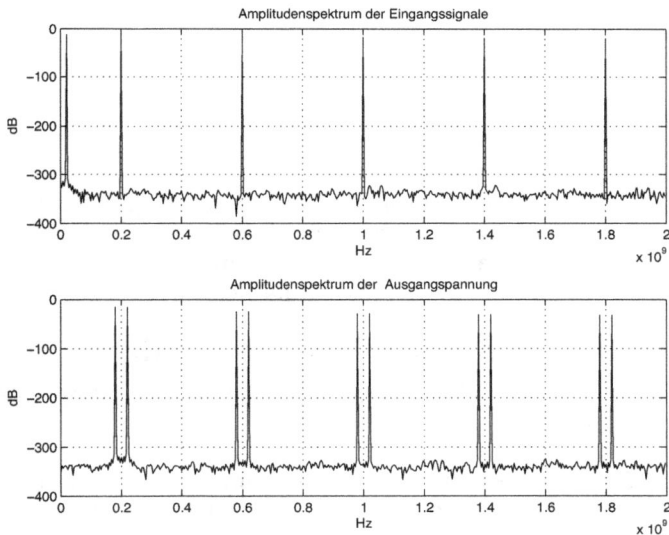

Abb. 5.35: *Logarithmisches Amplitudenspektrum der Eingangssignale und der Ausgangsspannung* (mischer_getakt1.m)

In der Schaltung aus Abb. 5.31 wird zwischen der Spannung $u_{g1}(t)$ (oben) und Spannung null (unten) geschaltet. Dem Leser wird empfohlen, mit verschiedenen Pa-

Amplitudenspektrum der Eingangssignale

Hz

x 10^9

Amplitudenspektrum der Ausgangsspannung

Hz

x 10^9

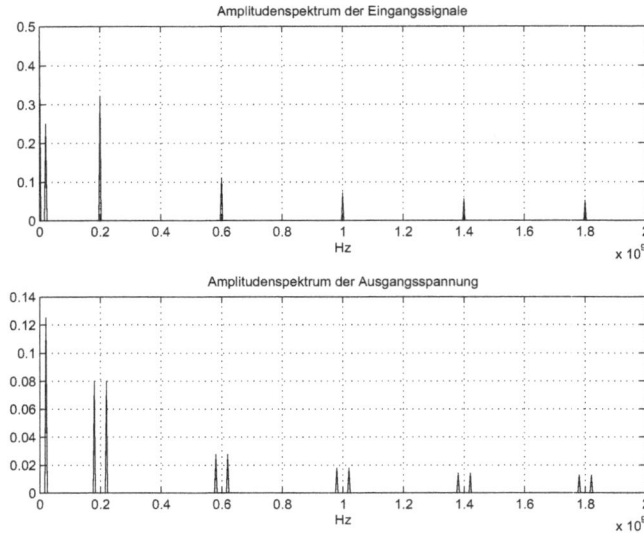

Abb. 5.36: Logarithmisches Amplitudenspektrum der Eingangssignale und der Ausgangsspannung bei unipolarer Zerhackung (mischer_getakt1.m)

rametern die Simulation zu wiederholen.

5.8   Zusätzliche Experimente

In zwei Experimenten werden Schaltungen mit Induktoren untersucht, die nichtlineare Magnetisierungskennlinien besitzen. Die Differentialgleichungen werden direkt über den Fluss dieser Kennlinie aufgebaut. So wird die Einführung einer nichtlinearen Induktivität umgangen. Danach wird ein Transformator mit einer Gleichrichtung auf der Sekundärseite untersucht. Es wird ein ohmscher Verbraucher angenommen.

Experiment 5.8.1: Einfache Reihenschaltung eines Widerstands und eines Induktors mit nichtlinearer Magnetisierungskennlinie

Im Kapitel 5.3 wurden Schaltungen mit nichtlinearer Induktivität untersucht. Dafür wurde eine ideale Magnetisierungskennlinie angenommen, die zu einer analytischen Funktion der Abhängigkeit der Induktivität vom Strom geführt hat.

Gewöhnlich wird die Magnetisierungskennlinie eines Kerns gemessen. Die Messung wird mit Hilfe einer Schaltung durchgeführt, bei der eine geöffnete Sekundärwicklung über die Integration der induzierte Spannung den Fluss im Kern ergibt und mit Hilfe eines kleinen Widerstands im Primärkreis der Strom gemessen wird. Daraus lässt sich die Magnetisierungskennlinie als Funktion des Flusses nach dem Strom ermitteln. In diesem Experiment werden Schaltungen mit Induktoren untersucht, deren gemessene Magnetisierungskennlinie in der Lösung direkt einbezogen wird

Im Skript `nichtlinear_L1.m` wird eine einfache Reihenschaltung bestehend aus einem linearen Widerstand R und einem Induktor mit nichtlinearer Magnetisierungskennlinie untersucht. Die Anregung ist eine sinusförmige Spannung der Frequenz 50 Hz.

Das Skript beginnt mit der Annäherung der Magnetisierungskennlinie, die mit einigen Paarwerten gegeben ist, mit einem Polynom fünften Grades. Die Flusswerte sind im Vektor `fluss_m` in Wb und die Stromwerte sind im Vektor `i_m` in A gegeben. Mit der Funktion **polyfit** werden die Koeffizienten des Annäherungspolynoms im Vektor a ermittelt. Die Funktion ermittelt die Koeffizienten des Polynoms über ein Verfahren, in dem der mittlere quadratische Fehler minimiert wird. Danach wird die angenäherte Kennlinie dargestellt und daraus die nichtlineare Induktivität mit

$$L(i) = \frac{d\psi(i)}{di} \tag{5.48}$$

ermittelt und dargestellt. Mit $\psi(i)$ wird der Fluss des Induktors abhängig vom Strom i bezeichnet. Die gezeigte Beziehung ergibt sich aus:

$$u_L(t) = \frac{d\psi(i,t)}{dt} = \frac{d\psi(i)}{di}\frac{di(t)}{dt} = L(i)\frac{di(t)}{dt} \tag{5.49}$$

Abb. 5.37 zeigt die angenommene Magnetisierungskennlinie, und in Abb. 5.38 ist die entsprechende Induktivität dargestellt. Wegen den zwei „Höckern" ist diese Induktivität von der nichtlinearen Induktivität, die im Kapitel 5.3 eingeführt wurde, verschieden.

```
% Skript nichtlinear_L1.m, in dem ein Widerstand und ein
% Induktor mit nichtlinearer Magnetisierungskennlinie simuliert wird
clear;
% -------- Nichtlineare Kennlinie
fluss_m = [-0.8 -0.7 -0.5 -0.2 0 0.2 0.5 0.7 0.8];
i_m = [-17 -10 -3.75 -1.2 0 1.2 3.75 10 17];
a = polyfit(fluss_m,i_m, 5); % Annäherung mit Polynom 5 Grades
fluss = -0.8:0.01:0.8;          % Bereich fuer die Darstellung
i = polyval(a, fluss);          % Nichtlineare Kennlinie
figure(1);   clf;
plot(i,fluss);
    title('Magnetisierungskennlinie');
    xlabel('i in A');       grid on;       ylabel('Fluss in Wb');
% Die entsprechende nichtlineare Induktivität
Li = diff(fluss)./diff(i);
figure(2);   clf;
    plot(i(1:end-1), Li)
    title('Nichtlineare Induktivitaet');
    xlabel('Strom in A');       grid on;
% -------- Anregungsspannung
R = 10;                         % Reihenwiderstand
```

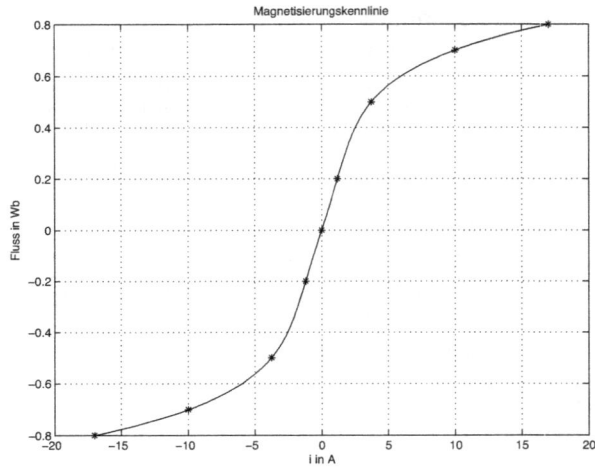

Abb. 5.37: Magnetisierungskennlinie des Induktors (nichlinear_L1.m)

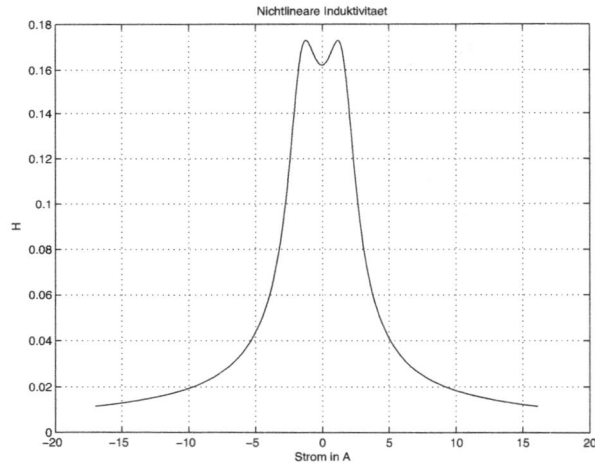

Abb. 5.38: Nichlineare Induktivität (nichlinear_L1.m)

```
u_ampl = 230*sqrt(2);        % Amplitude der Anregung
%u_ampl = 100*sqrt(2);
f = 50;                  phi0 = 0;
Tfinal = 10/f;           dt = 0.5e-2/f;
t = 0:dt:Tfinal;         nt = length(t);
ug = u_ampl*cos(2*pi*f*t + phi0);
% -------- Numerische Lösung mit Euler-Verfahren
fluss = zeros(1,nt);
fluss(1) = 0.8;    % Anfangsfluss
```

```
%fluss(1) = 0;    % Anfangsfluss
fluss_temp = fluss(1);
ni = 10;          % Anzahl der internen Rekursionen
dti = dt/ni;
for k =1:nt-1
    for p = 1:ni
      fluss_temp = fluss_temp + dti*(ug(k) - polyval(a, fluss_temp)*R);
    end;
    fluss(k+1) = fluss_temp;
end;
iL = polyval(a, fluss);    % Strom aus Fluss
figure(3);       clf;
subplot(311), plot(t, ug);
    title('Anregungsspannung');
    xlabel('Zeit in s');    grid on;
subplot(312), plot(t, fluss);
    title('Magnetischer Fluss');
    xlabel('Zeit in s');    grid on;
subplot(313), plot(t, iL);
    title('Strom');
    xlabel('Zeit in s');    grid on;
% -------- Amplitudenspektrum des Stroms
iL_neu = iL.*hamming(nt)';
Ifft = abs(fft(iL_neu))/sum(hamming(nt));
fmax = 1000;
nf = fix(nt*fmax*dt);
figure(4);       clf;
plot((0:nf-1)/(nt*dt), 20*log10(Ifft(1:nf)));
    title('Amplitudenspektrum (FFT/N)');
    xlabel('Hz');    grid on;
% Amplitude der Grundwelle
fmax = 100;
nf = fix(nt*fmax*dt);
i_ampl = 2*max(Ifft(1:nf))
```

Im Skript wird mit dem Euler-Verfahren der Fluss ermittelt und danach aus der nichtlinearen Kennlinie der Strom berechnet. Die Differentialgleichung für diese Schaltung ist:

$$u_g(t) = R\, i_L(t) + \frac{d\psi(i,t)}{dt} \tag{5.50}$$

Als Zustandsvariable ist jetzt der Fluss $\psi(i)$ zu betrachten. In der numerischen Lösung wird somit folgende Differentialgleichung integriert:

$$\frac{d\psi(i,t)}{dt} = u_g(t) - R\, i_L(t) = u_g(t) - R(a_1\,\psi(i,t)^5 + a_2\,\psi(i,t)^4 + \cdots + a_6) \tag{5.51}$$

428   5 Nichtlineare Schaltungen im Wechselbetrieb

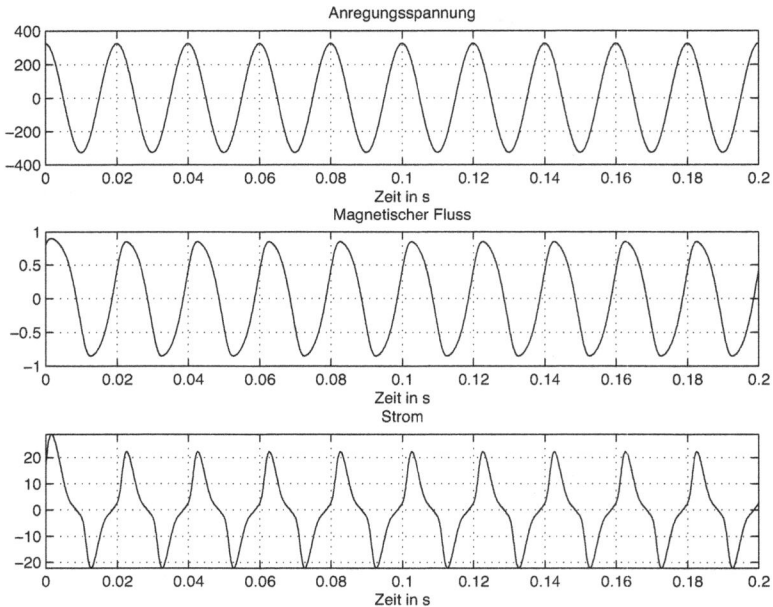

Abb. 5.39: Variablen der Schaltung mit nichlinearem Induktor (nichlinear_L1.m)

Mit $a_1, a_2, \ldots, a_6$ sind die Koeffizienten des Polynoms bezeichnet, das die Funktion $i_L = F(\psi(i))$ annähert. Bei jedem Zeitschritt t wird mit der Funktion **polyval** der Strom $i_L(t)$ aus dem Fluss $\psi(i)$ mit Hilfe des Polynoms berechnet.

Abb. 5.39 zeigt die Variablen dieser Simulation. Ganz oben ist die Anregungsspannung dargestellt. Darunter ist der Fluss des Induktors und der entsprechende Strom zu sehen. Wie man sieht führt diese Anregungsspannung den Kern des Induktors in den Sättigungsbereich und dadurch zu der Verzerrung des Stroms.

Im Skript werden im letzten Teil die harmonischen Komponenten des Stroms über die FFT ermittelt und dargestellt. Abb. 5.40 zeigt das Amplitudenspektrum des verzerrten Stroms. Für die Grundwelle mit Frequenz 50 Hz wird auch die Amplitude berechnet. Wenn die Anregungsspannung herabgesetzt wird, z.B. auf 100 V Effektivwert, dann wird die Magnetisierungskennlinie im linearen Bereich betrieben und man sieht in der Darstellung keine Verzerrungen.

Die aus der FFT ermittelte Amplitude der Grundwelle kann mit der Amplitude aus der Darstellung verglichen werden, um die Art, in der diese Amplitude berechnet wurde, zu überprüfen. Mit Hilfe der FFT, die in logarithmischen Koordinaten dargestellt wird, kann man jetzt die viel kleineren Harmonischen mit niedrigeren Amplituden beobachten.

Zu bemerken sei, dass bei dem Kern des Induktors die Hysterese vernachlässigt wurde. Diese ist nicht so einfach zu simulieren und wird auch in dem nächsten Experiment vernachlässigt.

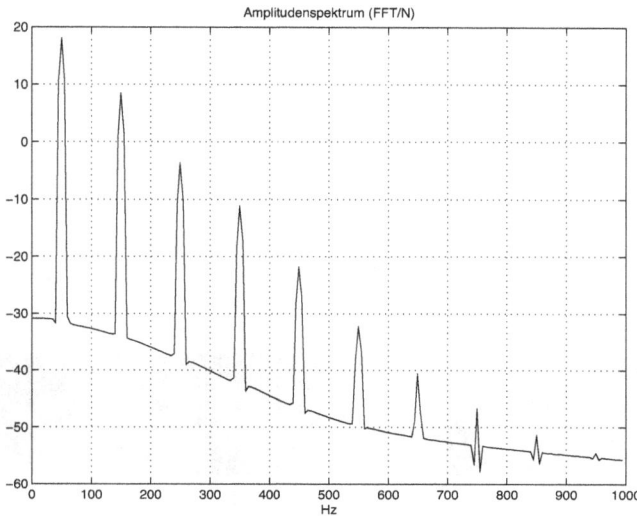

Abb. 5.40: Amplitudenspektrum des verzerrten Stroms (FFT/N) (nichlinear_L1.m)

Experiment 5.8.2: DC-DC Abwärtswandler mit nichtlinearer Magnetisierungskennlinie des Induktors

Im Experiment 5.3 wurde ein DC-DC Abwärtswandler mit einer nichtlinearen Induktivität simuliert. In diesem Experiment wird die gleiche Schaltung ausgehend von der Magnetisierungskennlinie des Induktors untersucht. Es wird angenommen, dass hier ebenfalls die äquivalente Schaltung aus Abb. 5.9b gültig ist.

Dadurch sind die Differentialgleichungen für die numerische Integration durch

$$u_g(t) = \frac{d\psi(i,t)}{dt} + R_L\, i_L(t) + u_c(t)$$

$$C\frac{du_c(t)}{dt} = i_L(t) - u_c(t)/R \qquad\qquad (5.52)$$

$$i_L(t) = a_1\, \psi(i,t)^5 + a_2\, \psi(i,t)^4 + \cdots + a_6 \quad \text{(Magnetisierungskennlinie)}$$

gegeben. Wie in dem vorherigen Experiment ist hier $\psi(i,t)$ der magnetische Fluss des Induktors und $a_1, a_2, \ldots a_6$ sind die Koeffizienten des Annäherungspolynoms (5. Grades) für die Magnetisierungskennlinie. Mit R_L wird der Widerstand des Induktors bezeichnet.

Aus den Differentialgleichungen resultieren folgende Rekursionsgleichungen für die numerische Integration:

$$\psi(i, t + \Delta t) = \psi(i, t) + \Delta t \left(u_g(t) - i_L(t) R_L - u_c(t) \right)$$
$$u_c(t + \Delta t) = u_c(t) + \Delta t \left(i_L(t) - u_c(t)/R \right)/C \qquad (5.53)$$
$$i_L(t) = a_1 \, \psi(i, t)^5 + a_2 \, \psi(i, t)^4 + \cdots + a_6$$

Im Skript `nichtlinear_L2.m` ist dieses Experiment programmiert:

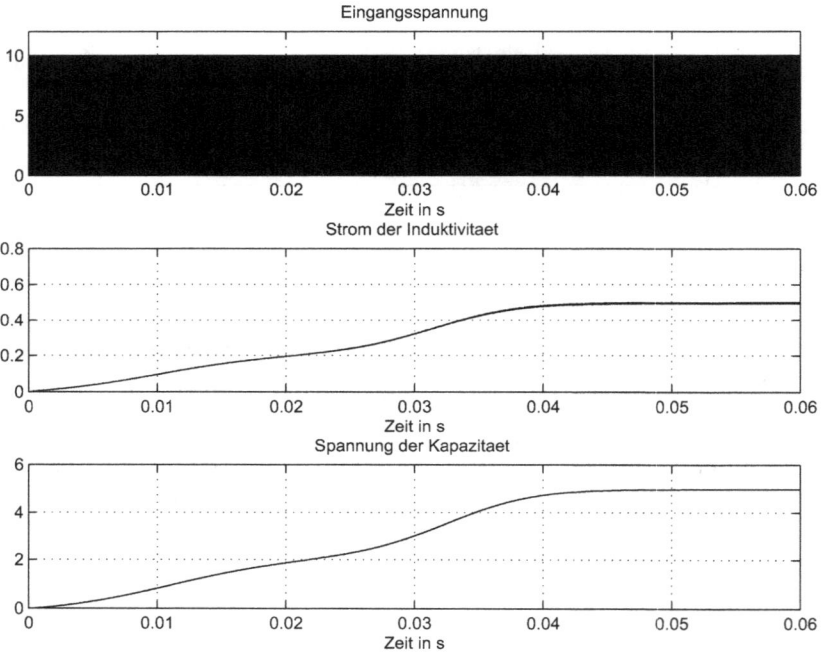

Abb. 5.41: Eingangsspannung, Strom des Induktors und Spannung des Kondensators (nichlinear_L2.m)

```
% Skript nichtlinear_L3.m, in dem ein DC-DC Wandler mit nichtlinearer
% Induktivität und Glättungskapazität simuliert wird
clear;
% -------- Nichtlineare Magnetisierungskennlinie
fluss_m = [-0.65 -0.6 -0.5 -0.2 0 0.2 0.5 0.6 0.65]/5;
i_m = [-17 -10 -5 -1.5 0 1.5 5 10 17]/20;
a = polyfit(fluss_m, i_m, 7);        % Nichtlineare Kennlinie
fluss = (-0.15:0.01:0.15);           % Bereich fuer die Darstellung
i = polyval(a, fluss);
figure(1);    clf;
plot(i,fluss);
```

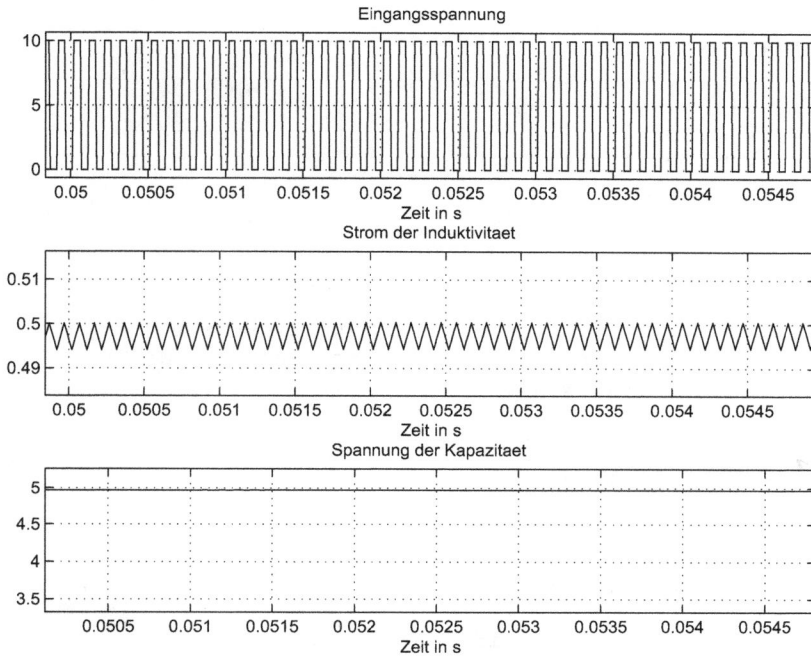

Abb. 5.42: Eingangsspannung, Strom des Induktors und Spannung des Kondensators (Ausschnitt) (nichlinear_L2.m)

```
title('Magnetisierungskennlinie');
xlabel('i in A');      grid on;
ylabel('Fluss in Wb');
hold on;
plot(i_m, fluss_m, '*');
hold off
% ----- Parameter der Schaltung
RL = 0.05;        R = 10;
C = 100e-6;
% ------- Numerisches Integrationsverfahren
f = 10000;     T = 1/f;
dt = 1e-1/f;
t = 0:dt:600*T;
% Anregung
ampl = 10;
ug = (ampl*sign(sin(2*pi*f*t-pi/4)) + ampl)/2;
nt = length(t);
% Initialisierungen
fluss = zeros(1,nt);
fluss(1) = 0;    % Anfangsfluss
```

```
fluss_temp = fluss(1);
uc = zeros(1,nt);
uc(1) = 0;
uc_temp = uc(1);
iL = zeros(1,nt);
iL(1) = polyval(a, fluss_temp);
iL_temp = iL(1);
ni = 2;          % Anzahl der internen Rekursionen
dti = dt/ni;
for k = 1:nt-1;
    for p = 1:ni
        fluss_temp = fluss_temp + dti*(ug(k) - RL*iL_temp - uc_temp);
        uc_temp = uc_temp + dti*(iL_temp - uc_temp/R)/C;
        iL_temp = polyval(a, fluss_temp);
    end;
    fluss(k+1) = fluss_temp;
    uc(k+1) = uc_temp;
    iL(k+1) = iL_temp;
end;
figure(2);      clf;
subplot(311), plot(t, ug);
    title('Eingangsspannung');
    xlabel('Zeit in s');     grid on;
    La = axis;    axis([La(1:3), La(4)*1.2]);
subplot(312), plot(t, iL);
    title(['Strom der Induktivitaet ']);
    xlabel('Zeit in s');     grid on;
subplot(313), plot(t, uc);
    title(['Spannung der Kapazitaet ']);
    xlabel('Zeit in s');     grid on;
```

Es werden zuerst die Koeffizienten des Annäherungspolynoms im Vektor a über die MATLAB-Funktion **polyfit**, ausgehend von einigen Paarwerten der Magnetisierungskennlinie ermittelt. Danach werden die Kennlinie und die Paarwerte dargestellt (hier nicht gezeigt). Im Weiteren wird das Euler-Verfahren eingesetzt, um den Fluss bzw. den dazugehörigen Strom und die Spannung der Kapazität zu erhalten.

Abb. 5.41 zeigt oben die rechteckige Eingangsspannung, darunter den Strom der Induktivität und ganz unten die Spannung der Kapazität. Die hohe Frequenz der Eingangsspannung führt zu dieser dunklen Darstellung, die man mit der Zoomfunktion auflösen kann (Abb. 5.42).

Bei einer Eingangsspannung von 10 V und einem Tastverhältnis 1:1 sinkt die Ausgangsspannung auf 5 V. Mit einem Belastungswiderstand von R = 10 Ω ist der mittlere Strom im Verbraucher gleich 5 V /10 Ω = 0,5 A. Da der mittlere Strom des Kondensators null ist, ist der mittlere Strom des Induktors ebenfalls 0,5 A. Wegen des Widerstands $R_L = 0,05\ \Omega$ des Induktors gibt es kleine Abweichungen von der 5 V Spannung und dem 0,5 A Strom.

Experiment 5.8.3: Transformator mit Einweggleichrichtung im Sekundär

In diesem Experiment wird ein Transformator mit Einweggleichrichtung und resistivem Verbraucher auf der Sekundärseite untersucht. Abb. 5.43 zeigt die Ersatzschaltung die jetzt verwendet wird. Es wird eine ideale Diode angenommen. Um die

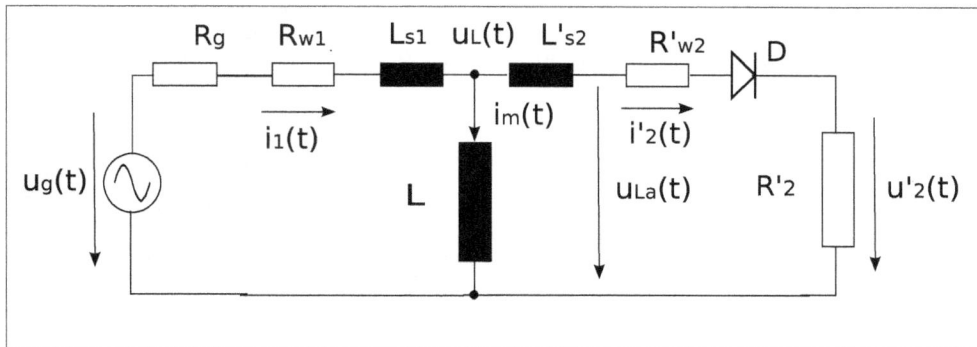

Abb. 5.43: Ersatzschaltung des Transformators mit Einweggleichrichtung im Sekundär

Bezeichnungen im MATLAB-Programm zu vereinfachen, werden die Sekundärgrößen, die auf die Primärseite bezogen sind, wie folgt notiert: $R'_{w2} = R_{w21}$, $L'_{s2} = L_{s21}$, $R'_2 = R_{21}$, und $u'_2(t) = u_{21}(t)$, $i'_2(t) = i_{21}(t)$.

Das Zeitverhalten für beliebige Eingangsspannungen wird über ein Zustandsmodell untersucht. Die Zustandsvariablen sind hier die Ströme $i_1(t)$ und $i_{21}(t)$. Der Magnetisierungstrom wird direkt aus diesen berechnet und muss nicht über eine Differentialgleichung ausgedrückt werden. Hier muss man ferner zwischen den zwei Zuständen der Diode unterscheiden und das System mit zwei Zustandsmodellen beschreiben.

Diode leitend

Wenn die ideale Diode leitend ist, können aus der Ersatzschaltung gemäß Abb. 5.43 folgende Gleichungen geschrieben werden:

$$
\begin{aligned}
u_g(t) &= i_1(t)(R_g + R_{w1}) + L_{s1}\frac{di_1(t)}{dt} + L\frac{di_m(t)}{dt} \\
L\frac{di_m(t)}{dt} &= i_{21}(t)(R_{w21} + R_{21}) + L_{s21}\frac{di_{21}(t)}{dt} \\
i_m(t) &= i_1(t) - i_{21}(t)
\end{aligned}
\tag{5.54}
$$

Hier werden schon die vorher erwähnten Bezeichnungen, die im MATLAB-Programm später eingesetzt werden, benutzt. Der Strom $i_m(t)$ aus der dritten Gleichung, in die oberen zwei Gleichungen eingesetzt, ergibt:

$$u_g(t) = i_1(t)(R_g + R_{w1}) + L_{s1}\frac{di_1(t)}{dt} + L\frac{di_1(t)}{dt} - L_{s21}\frac{di_{21}(t)}{dt}$$
$$L\frac{di_1(t)}{dt} - L\frac{di_{21}(t)}{dt} = i_{21}(t)(R_{w21} + R_{21}) + L_{s21}\frac{di_{21}(t)}{dt} \tag{5.55}$$

Aus diesen Gleichungen wird ein Gleichungssystem aufgebaut, mit dessen Hilfe die Ableitungen der zwei Zustandsvariablen $di_1(t)/dt$, $di_{21}(t)/dt$ als Unbekannte berechnet werden können:

$$\begin{bmatrix} L_{s1} + L & -L \\ L & -(L + L_{s21}) \end{bmatrix} \begin{bmatrix} di_1(t)/dt \\ di_{21}(t)/dt \end{bmatrix} =$$
$$\begin{bmatrix} -(R_g + R_{w1}) & 0 \\ 0 & (R_{w21} + R_{21}) \end{bmatrix} \begin{bmatrix} i_1(t) \\ i_{21}(t) \end{bmatrix} + \begin{bmatrix} 1 \\ 0 \end{bmatrix} u_g(t) \tag{5.56}$$

Die Lösung über die Inverse der ersten Matrix führt zur Zustandsgleichung in Matrixform:

$$\begin{bmatrix} \dfrac{di_1(t)}{dt} \\[2ex] \dfrac{di_{21}(t)}{dt} \end{bmatrix} = \mathbf{A}_1 \begin{bmatrix} i_1(t) \\[1ex] i_{21}(t) \end{bmatrix} + \mathbf{B}_1 \, u_g(t) \tag{5.57}$$

In der Annahme, dass als Ausgangsvariablen die Zustandsvariablen dienen, sind die anderen zwei Matrizen des Zustandsmodells sehr einfach:

$$\mathbf{C}_1 = \begin{bmatrix} 1 & 0 \\ 0 & 1 \end{bmatrix} \qquad \mathbf{D}_1 = [0 \ 0]' \tag{5.58}$$

Die letzteren werden weiter in dem Euler-Verfahren nicht gebraucht.

Diode blockiert

In diesem Zustand sind folgende Differentialgleichungen erster Ordnung gültig:

$$u_g(t) = i_1(t)(Rg + R_{w1}) + (L_{s1} + L)\frac{di_1(t)}{dt} \ ; \qquad \frac{di_{21}(t)}{dt} = 0 \tag{5.59}$$

Daraus resultiert ein Zustandsmodell in denselben Zustandsvariablen $i_1(t)$, $i_{21}(t)$ der Form:

$$\begin{bmatrix} \dfrac{di_1(t)}{dt} \\[2ex] \dfrac{di_{21}(t)}{dt} \end{bmatrix} = \begin{bmatrix} -(R_g + R_{w1})/(L_{s1} + L) & 0 \\ 0 & 0 \end{bmatrix} \begin{bmatrix} i_1(t) \\[1ex] i_{21}(t) \end{bmatrix} + \begin{bmatrix} 1/(L_{s1} + L) \\ 0 \end{bmatrix} u_g(t) \tag{5.60}$$

In kompakter Matrixform erhält man:

$$
\begin{bmatrix} \dfrac{di_1(t)}{dt} \\[2ex] \dfrac{di_{21}(t)}{dt} \end{bmatrix} = \mathbf{A}_2 \begin{bmatrix} i_1(t) \\[2ex] i_{21}(t) \end{bmatrix} + \mathbf{B}_2\, u_g(t)
\tag{5.61}
$$

Auch hier wird angenommen, dass als Ausgangsvariablen die Zustandsvariablen dienen. Somit sind die zwei anderen Matrizen des Zustandsmodells (die eigentlich nicht gebraucht werden) sehr einfach:

$$
\mathbf{C}_2 = \begin{bmatrix} 1 & 0 \\ 0 & 1 \end{bmatrix} \qquad \mathbf{D}_2 = [0 \ \ 0]'
\tag{5.62}
$$

Im Skript `trafo_3.m` wird diese Schaltung mit dem Euler-Verfahren simuliert. Wegen der sehr kleinen Schrittweite, die benötigt wird, werden Iterationsschritte eingefügt, die nicht gespeichert werden. So sichert man die Konvergenz dieses sehr einfachen Integrationsverfahrens.

Um festzustellen, im welchem Zustand die Diode ist, wird die Spannung $u_{La}(t)$ (siehe Abb. 5.43) berechnet; zuerst in der Annahme, dass die Diode leitend ist:

$$
u_{La}(t) = u_g(t) - i_1(t)(R_g + R_{w1}) - L_{s1}\frac{di_1(t)}{dt} - L_{w21}\frac{di_{21}(t)}{dt}
\tag{5.63}
$$

Die Ableitungen der Zustandsvariablen werden mit dem Zustandsmodell berechnet, das für diese Annahme gültig ist (Gl. (5.57)):

$$
\begin{aligned}
u_{La}(t) =\ & u_g(t) - i_1(t)(R_g + R_{w1}) - \\
& L_{s1}\big(A_1(1,1)i_1(t) + A_1(1,2)i_{21}(t) + B_1(1)u_g(t)\big) - \\
& L_{s21}\big(A_1(2,1)i_1(t) + A_1(2,2)i_{21}(t) + B_1(2)u_g(t)\big)
\end{aligned}
\tag{5.64}
$$

Dieselbe Spannung $u_{La}(t)$ wird weiter in der Annahme, dass die Diode blockiert ist, ermittelt ($u_{La}(t) = u_L(t)$):

$$
u_{La}(t) = u_g(t) - i_1(t)(R_g + R_{w1}) - L_{s1}\frac{di_1(t)}{dt}
\tag{5.65}
$$

Die Ableitungen der Zustandsvariablen werden jetzt mit dem Zustandsmodell berechnet, das für diese Annahme gültig ist (Gl. (5.61)):

$$
\begin{aligned}
u_{La}(t) =\ & u_g(t) - i_1(t)(R_g + R_{w1}) - \\
& L_{s1}\big(A_2(1,1)i_1(t) + A_2(1,2)i_{21}(t) + B_2(1)u_g(t)\big)
\end{aligned}
\tag{5.66}
$$

Wenn die Spannung $u_{La}(t) < 0$ ist, dann blockiert die Diode und die Iterationen gemäß Euler-Verfahren werden ausgehend vom Zustandsmodell gemäß Gl. (5.61) durchgeführt und der Strom $i_{21}(t)$ wird auf null gesetzt.

Für eine Spannung $u_{La}(t) \geq 0$ ist die Diode leitend und die Iterationen gemäß Euler-Verfahren werden ausgehend vom Zustandsmodell gemäß Gl. (5.57) durchgeführt. Der Magnetisierungsstrom wird zuletzt aus den zwei Strömen ermittelt:

$$i_m(t) = i_1(t) - i_{21}(t)$$

Diese Form der Abfrage des Diodenzustandes hat den Vorteil, dass der blockierte Zustand korrekt verlassen wird, sobald $u_{La}(t) \geq 0$ ist.

Im Skript `trafo_3.m` wird diese Schaltung mit dem Euler-Verfahren simuliert. Wegen der sehr kleinen Schrittweite, die benötigt wird, werden Iterationsschritte eingefügt, die nicht gespeichert werden. So sichert man auch in diesem Fall die Konvergenz dieses sehr einfachen Integrationsverfahrens.

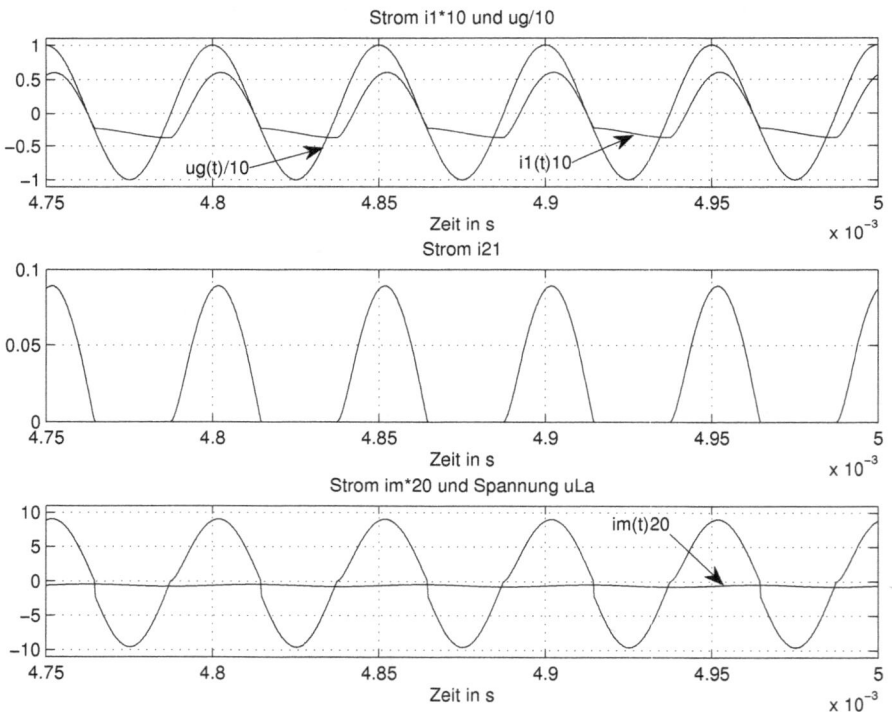

Abb. 5.44: Variablen des Transformators für sinusförmige Anregung (trafo_3.m)

```
% Programm trafo_3.m, in dem ein Transformator mit Einweggleichrichtung
% und resistivem Verbraucher simuliert wird
clear;
```

```
% ------- Parameter der Schaltung
Rw1 = 1;          Ls1 = 0.0001;
Rw21 = 1;         Ls21 = 0.0001;
L = 0.01;         R21 = 100;
Rg = 10;
% ------- Matrizen des Systems, wenn die Dode leitend ist
Ai = [Ls1+L, -L; L, -(L+Ls21)];
Bi = [-(Rw1+Rg), 0; 0, (Rw21+R21)];
Ci = [1, 0]';
% ------- Zustandsmatrizen A, B, C, D
E = inv(Ai);
A1 = E*Bi;              B1 = E*Ci;
C1 = eye(2);            D1 = [0, 0]';
% ------- Zustandsmatrizen des Systems,
%                 wenn die Dode blockiert ist
A2 = [-(Rw1+Rg)/(L+Ls1), 0; 0, 0];
B2 = [1/(L+Ls1), 0]';
C2 = C1;   D2 = D1;
% ------- Simulation mit Euler-Verfahren
f = 20000;
T = 1/f;                dt = T/200;
t = 0:dt:100*T;         nt = length(t);
ampl = 10;

ug = ampl*cos(2*pi*f*t);     % Sinus-Anregung
ug = ampl*sign(cos(2*pi*f*t)); % Bipolare rechteckige Anregung
%ug = ampl*(sign(cos(2*pi*f*t))+1)/2; % Unipolare rechteckige
% Initialisierungen
i = zeros(2,nt);        % i(1,:) = i1;           % i(2,:) = i21;
ni = 10;
% ni = 100;         % bessere Genauigkeit (dauert länger)
dti = dt/ni;
u_La = zeros(1,nt);
i_temp = i(:,1);
uLa = u_La(1);
% Euler-Verfahren
for k = 1:nt-1
    for p = 1:ni
        if i_temp(2) > 0;      % Diode leitend
            uLa = ug(k) - i_temp(1)*(Rg +Rw1) ...
                - Ls1*(A1(1,1)*i_temp(1)+A1(1,2)*i_temp(2)+B1(1)*ug(k)) ...
                - Ls21*(A1(2,1)*i_temp(1)+A1(2,2)*i_temp(2)+B1(2)*ug(k));
        else
            uLa = ug(k)-i_temp(1)*(Rg+Rw1)-Ls1*(A2(1,1)*i_temp(1)+ ...
                A2(1,2)*i_temp(2) + B2(1)*ug(k));  % Diode blockiert
        end
        if uLa < 0;            % Diode blockiert
            i_temp(2) = 0;
            i_temp = dti*(A2*i_temp + B2*ug(k)) + i_temp;
```

```
      else                  % Diode leitend
        i_temp = dti*(A1*i_temp + B1*ug(k)) + i_temp;
      end;
    end;
    i(:,k+1) = i_temp;
    u_La(k+1) = uLa;
end;
im = i(1,:) - i(2,:);       % Magnetisierungsstrom
figure(1);
nd = nt-1000:nt;
subplot(311), plot(t(nd), i(1,nd)*10, t(nd), ug(nd)/10);
  title('Strom i1*10 und ug/10');
  xlabel('Zeit in s');   grid on;
  La = axis;    axis([t(nd(1)), t(nd(end)), 1.1*La(3:4)]);
subplot(312), plot(t(nd), i(2,nd));
  title('Strom i21');
  xlabel('Zeit in s');          grid on;
  La = axis;    axis([t(nd(1)), t(nd(end)), La(3:4)]);
subplot(313), plot(t(nd), 20*im(nd),t(nd),u_La(nd));
  title('Strom im*20 und Spannung uLa');
  xlabel('Zeit in s');   grid on;
  La = axis;    axis([t(nd(1)), t(nd(end)), 1.1*La(3:4)]);
% -------- Mittlere Leistungen
Pg = mean(i(1,:).*ug)         % Mittlere Leistung von der Quelle
Pv = mean((i(2,:).^2)*R21)    % Mittlere Leistung beim Verbraucher
```

Als Ergebnis der Simulation wird die Matrixvariable i geliefert, die in zwei Spalten die Ströme $i_1(t)$ und $i_{21}(t)$ enthält. Die Differenz dieser Ströme ergibt den Magnetisierungsstrom $i_m(t)$. Die Multiplikation des Stroms i_{21} mit dem Widerstand R_{21} führt zur Ausgangsspannung.

Abb. 5.44 zeigt ganz oben die Anregungsspannung (geteilt durch 10) zusammen mit dem Strom $i_1(t)$ (mal 10) für eine sinusförmige Anregung im stationären Zustand. Darunter ist der Sekundärstrom $i_{21}(t)$ dargestellt. Es ist eigentlich der Sekundärstrom auf die Primärseite bezogen.

Ganz unten ist die Spannung $u_{La}(t)$ und der Magnetisierungsstrom $i_m(t)$ (multipliziert mit 20) gezeigt. Dieser hat eine Gleichstromkomponente von ca. -0,03 A, die die Gleichstromkomponente des Stroms $i_{21}(t)$ von 0,0294 A und die Gleichstromkomponente des Eingangsstroms $i_1(t)$ von -0,0011 A ergibt. Bei einem Transformator darf kein Gleichstrom im Primär vorkommen. Der kleine Wert von -0,0011 A entsteht wegen der Fehler des Euler-Verfahrens. Wenn man die internen Iterationen auf ni = 100 erhöht, ist dieser Strom viel kleiner. Allerdings dauert die Simulation in diesem Fall viel länger. Die Mittelwerte der Gleichströme wurden wie folgt ermittelt (ni = 100):

```
>> mean(i(1,nd))
   -7.6080e-04
>> mean(i(2,nd))
    0.0442
>> mean(im(nd))
   -0.0450
```

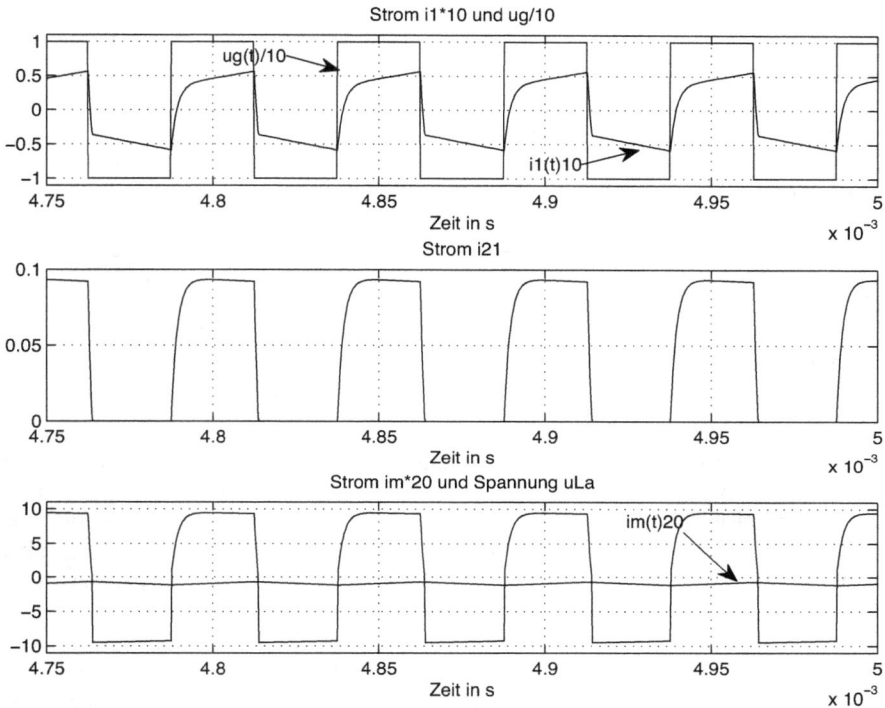

Abb. 5.45: Variablen des Transformators für bipolare rechteckige Anregung (trafo_3.m)

Es gibt hier viele Möglichkeiten für weitere Experimente. So sollte man z.B. die Induktivität L kleiner setzen und die gleichen Variablen verfolgen. Durch Freistellung einer anderen Anregung im Skript

```
. . . . . . .
% Anregung
%ug = ampl*cos(2*pi*f*t);    % Sinus-Anregung
ug = ampl*sign(cos(2*pi*f*t)); % Bipolare rechteckige Anregung
%ug = ampl*(sign(cos(2*pi*f*t))+1)/2; % Unipolare rechteckige Anreg.
. . . . . .
```

kann man das Verhalten des Transformators auch für bipolare oder unipolare rechteckige Signale untersuchen.

Abb. 5.45 zeigt dieselben Variablen für eine bipolare rechteckige Anregung. Die Interpretation der Ergebnisse ist ähnlich wie für die sinusförmige Anregung.

Mit diesem Skript kann man auch das Einschwingen untersuchen, indem man den Anfang darstellt und eventuell beliebige Anfangsbedingungen wählt. Mit einem zusätzlichem Bild (**figure**) kann das Einschwingen einfach für Anfangsbedingungen gleich null gezeigt werden:

```
. . . . . . .
figure(2);
nd = 1:1000;    % Der Anfang der Simulation
subplot(311), plot(t(nd), i(1,nd), t(nd), ug(nd)/20);
  title('Strom i1 und ug/20');
  xlabel('Zeit in s');   grid on;
  La = axis;    axis([t(nd(1)), t(nd(end)), 1.1*La(3:4)]);
subplot(312), plot(t(nd), i(2,nd));
  title('Strom i21');
  xlabel('Zeit in s');        grid on;
  La = axis;    axis([t(nd(1)), t(nd(end)), La(3:4)]);
subplot(313), plot(t(nd), 20*im(nd),t(nd),u_La(nd));
  title('Strom im*20 und Spannung uL');
  xlabel('Zeit in s');   grid on;
  La = axis;    axis([t(nd(1)), t(nd(end)), 1.1*La(3:4)]);
. . . . . .
```

Zu bemerken sei, dass der Magnetisierungsstrom bei einem Transformator physikalisch nicht messbar ist. Er stellt ein Ersatzstrom dar, dem der gemeinsame Fluss im Kern proportional ist (gemäß Gl. (1.51)). Die Ströme auf der Primär- und Sekundärseite kann man messen und daraus kann man den Magnetisierungsstrom ableiten. Der Primärstrom mit dem Sekundär im Leerlauf (geöffnet) stellt eine gute Annäherung des Magnetisierungsstroms dar.

In die Simulation dieser Schaltung kann man auch die analytische Kennlinie der Diode, wie in den Kapiteln 5.5.1, 5.5.2 gezeigt, einbeziehen. Es wird ebenfalls ein Simulink-Modell benutzt, das auf folgenden Gleichungen bzw. Differentialgleichungen basiert:

$$
\begin{aligned}
u_D(t) &= -(R_{w21} + R_{21})i_{21} - L_{s21}\frac{di_{21}(t)}{dt} + L\frac{di_m(t)}{dt} \\
u_g(t) &= i_1(t)(R_g + R_{w1}) + L_{s1}\frac{di_1(t)}{dt} + L\frac{di_m(t)}{dt}
\end{aligned}
\tag{5.67}
$$

$$
\begin{aligned}
i_{21}(t) &= I_s\left(e^{\frac{u_D(t)}{nV_T}} - 1\right) \quad \text{mit} \quad i_{21}(t) = i_D(t) \\
i_m(t) &= i_1(t) - i_{21}(t)
\end{aligned}
\tag{5.68}
$$

Der Magnetisierungsstrom $i_m(t)$ wird in den zwei ersten Gleichungen mit Hilfe der letzten Gleichung eliminiert:

$$u_D(t) = -(R_{w21} + R_{21})i_{21} - (L_{s21} + L)\frac{di_{21}(t)}{dt} + L\frac{di_1(t)}{dt}$$

$$u_g(t) = i_1(t)(R_g + R_{w1}) + (L_{s1} + L)\frac{di_1(t)}{dt} - L\frac{di_{21}(t)}{dt} \qquad (5.69)$$

$$i_{21}(t) = I_s\left(e^{\frac{u_D(t)}{nV_T}} - 1\right) \quad \text{mit} \quad i_{21}(t) = i_D(t)$$

Das Simulink-Modell `trafo_3_4.mdl` ist in Abb. 5.46 dargestellt. Ganz oben ist gezeigt, wie man eine sinusförmige oder rechteckige Anregung erzeugen kann und mit dem *Manual Switch* zuschalten kann.

Die Flanken der rechteckigen Anregung sind über einen *Rate Limiter*-Block „entschärft". Das geschieht in Hinblick auf den Einsatz eines Differenzierers. Der Rest des Modells bildet die vorher gezeigten Gleichungen und Differentialgleichungen nach. Statt des Differentialblocks der Übertragungsfunktion $H(j\omega) = j\omega$ ist hier ein realer Differenzierer mit dem Block *Transfer Fcn*-Block eingesetzt. Er besitzt eine Übertragungsfunktion der Form:

$$H(j\omega) = \frac{j\omega}{1e^{-7}j\omega + 1} = j\omega\frac{1}{1e^{-7}j\omega + 1} \qquad (5.70)$$

Sie stellt einen idealen Differenzierer und ein Tiefpassfilter erster Ordnung mit Durchlassfrequenz $f = 1e^7/(2\pi)$ Hz dar. Mit diesem Differenzierer können die zwei „Algebraischen Schleifen" [10], die hier entstehen, leichter vom MATLAB-*Solver* gelöst werden. Die korrekte Funktionsweise dieses Differenzierers kann über die Signale verfolgt werden, die am Block *Scope 1* gezeigt werden. Es wird empfohlen, nur diesen *Scope*-Block zu öffnen, um das Fortschreiten der Simulation zu sehen (Abb. 5.48).

Abb. 5.47 zeigt den Primärstrom $i_1(t)$, den Sekundärstrom $i_{21}(t)$ und den Magnetisierungsstrom $i_m(t)$ für eine rechteckige Anregung. Der linear steigende Verlauf des Magnetisierungsstroms ergibt die induzierte Spannung für die Halbperiode, in der die Diode leitet. An der Diode liegt eine negative Spannung an, falls der Magnetisierungsstrom sinkt. Die Diode blockiert.

Der Mittelwert des Primärstroms $i_1(t)$ muss null sein, weil die Induktivität L (Abb. 5.43) jeden Mittelwert auf der Sekundärseite kurzschließt.

Man kann den *Manual Switch* umstellen und die Simulation mit sinusförmiger Anregung durchführen. Das Modell wird im Skript `trafo_34.m` initialisiert und aufgerufen:

```
% Programm trafo_34.m, in dem ein Transformator mit
% Einweggleichrichtung und resistivem Verbraucher mit
% Simulink-Modell trafo_3_4.mdl simuliert wird
clear;
% ------- Parameter der Schaltung
Rw1 = 1;        Ls1  = 0.00001;
```

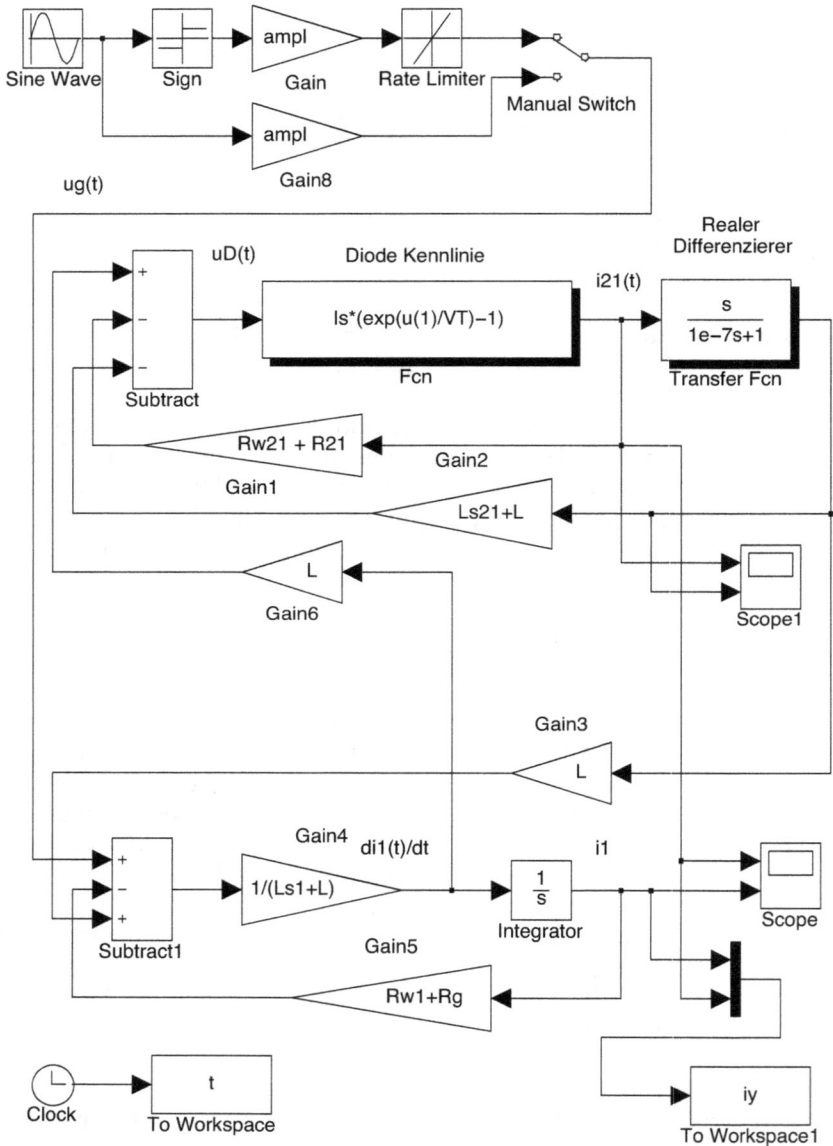

Abb. 5.46: Simulink-Modell des Transformators mit Einweggleichrichtung (trafo_34.m), tra-fo_3_4.mdl)

```
Rw21 = 1;        Ls21 = 0.00001;
L = 0.005;       R21 = 100;
% L = 0.001;
```

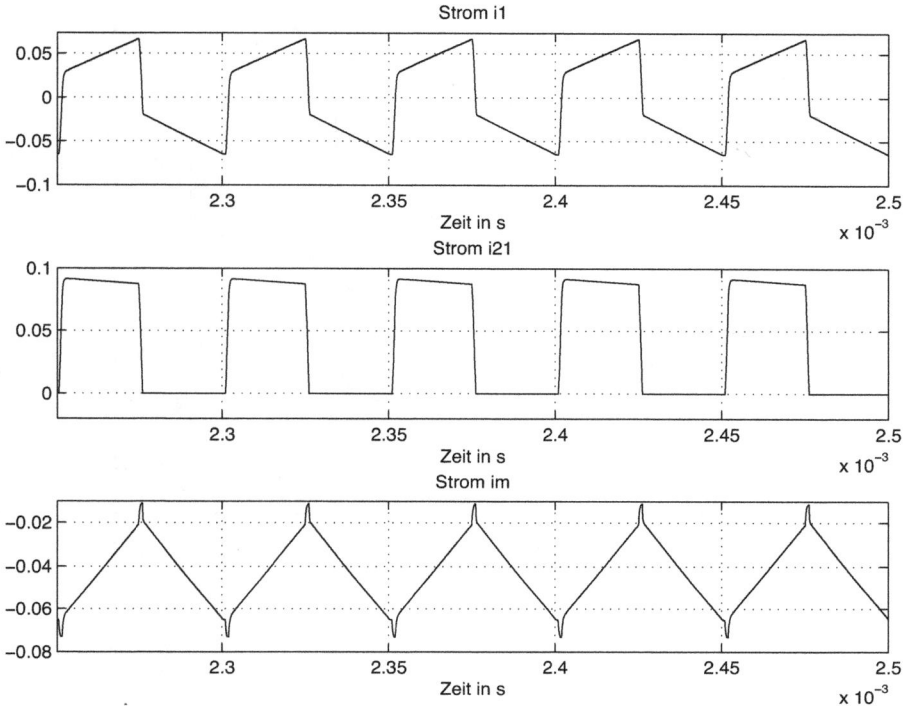

Abb. 5.47: Strom auf der Primär- und Sekundärseite bzw. der Magnetisierungsstrom (tra-fo_34.m, trafo_3_4.mdl)

```
Rg = 10;
Is = 10e-9;       VT = 25e-3;
% ------- Simulation mit Simulink-Modell
f = 20000;
T = 1/f;          dt = T/1000; % Für Rechteckanregung
ampl = 10;
my_options = simset('Solver','ode45','Maxstep', dt);
sim('trafo_3_4',[0,50*T], my_options);    % Variable Schrittweite
i1 =  iy(:,1);     i21 = iy(:,2);
im = i1 - i21;
figure(1);
nt = length(t);       nd = nt-5000:nt;
%nd = 1:nt;
subplot(311), plot(t(nd), i1(nd));
  title('Strom i1');
  xlabel('Zeit in s');  grid on;
  La = axis;    axis([t(nd(1)), t(nd(end)), La(3),...
      1.1*max(i1(nd))]);
subplot(312), plot(t(nd), i21(nd));
```

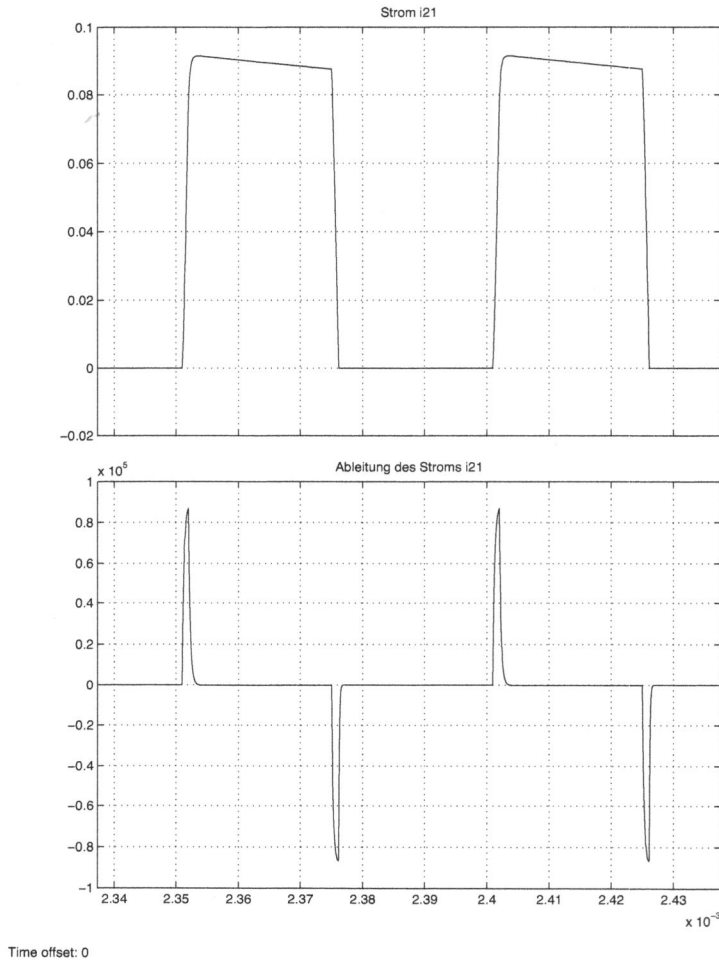

Abb. 5.48: Strom auf der Sekundärseite und dessen Ableitung vom Scope 1 (trafo_34.m, tra-
fo_3_4.mdl)

```
  title('Strom i21');
  xlabel('Zeit in s');     grid on;
  La = axis;     axis([t(nd(1)), t(nd(end)), La(3:4)]);
subplot(313), plot(t(nd), im(nd));
  title('Strom im');
```

Wegen den algebraischen Schleifen ist die Simulation relativ langsam. Hinzu
kommt noch die lange Einschwingzeit bis man in den stationären Zustand gelangt,

der eigentlich dargestellt ist.

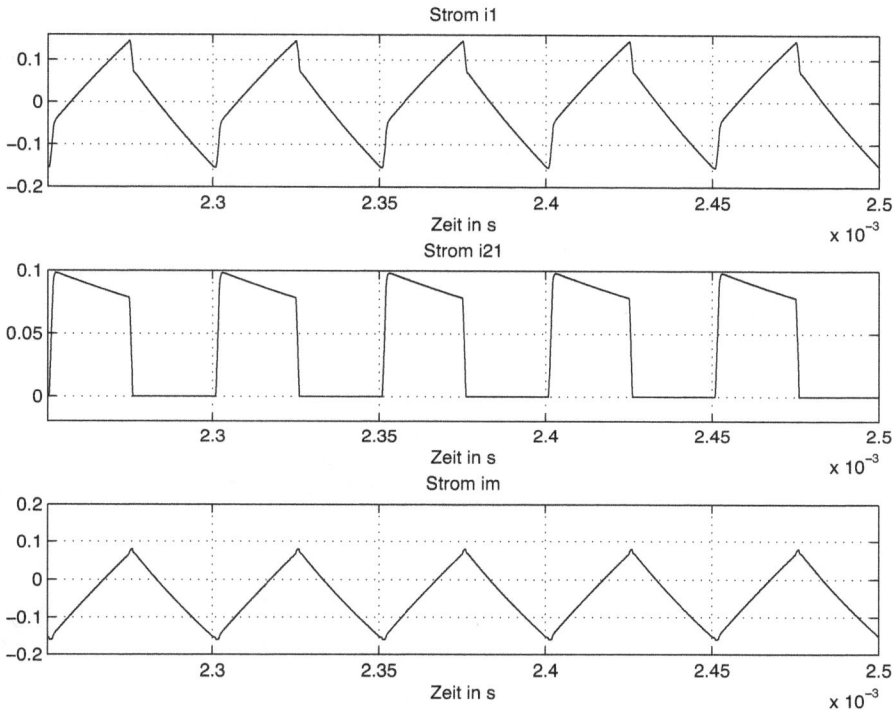

*Abb. 5.49: Strom auf der Primär- und Sekundärseite bzw. der Magnetisierungsstrom für L =
0,001 H (trafo_34.m, trafo_3_4.mdl)*

Die rechteckige Anregung hat den Vorteil, dass man den Einfluss der Streuinduktivitäten L_{s1}, L_{s21} und der Hauptinduktivität L einfach feststellen kann. Wenn die Hauptinduktivität bei gegebener Anregungsfrequenz zu klein ist, dann sieht man eine starke „Dachschräge" der Pulse des Stroms $i_{21}(t)$ auf der Sekundärseite. Zu große Streuinduktivitäten ergeben eine schlechte Anstiegszeit dieser Pulse. Für die Dachschräge ist die Zeitkonstante der Ersatzschaltung mit leitender Diode verantwortlich, die durch

$$T_L \cong \frac{L}{R_g||R_{21}} \tag{5.71}$$

gegeben ist. Die steigende Flanke wird durch die Zeitkonstante der Ersatzschaltung mit leitender Diode beeinflusst:

$$T_{Ls} \cong \frac{L_{s1} + L_{s21}}{R_g + R_{21}} \tag{5.72}$$

Für die Parameter aus dem Skript ist $T_L \cong 5e^{-4}$ s und $T_l \cong 2e^{-7}$ s. Diese Werte ergeben eine Dachschräge von ca. 5 % und eine Anstiegszeit von ca. 3 $T_l \cong 2e^{-7}$ s.

Abb. 5.49 zeigt dieselben Variablen wie in Abb. 5.47 für eine Hauptinduktivität $L = 0,001$ H, die viel kleiner als $L = 0,005$ H ist. Hier ist $T_L = 1e^{-4}$ s, was zu einer Dachschräge von ca. 25 % führt, wie man in der Abbildung sieht.

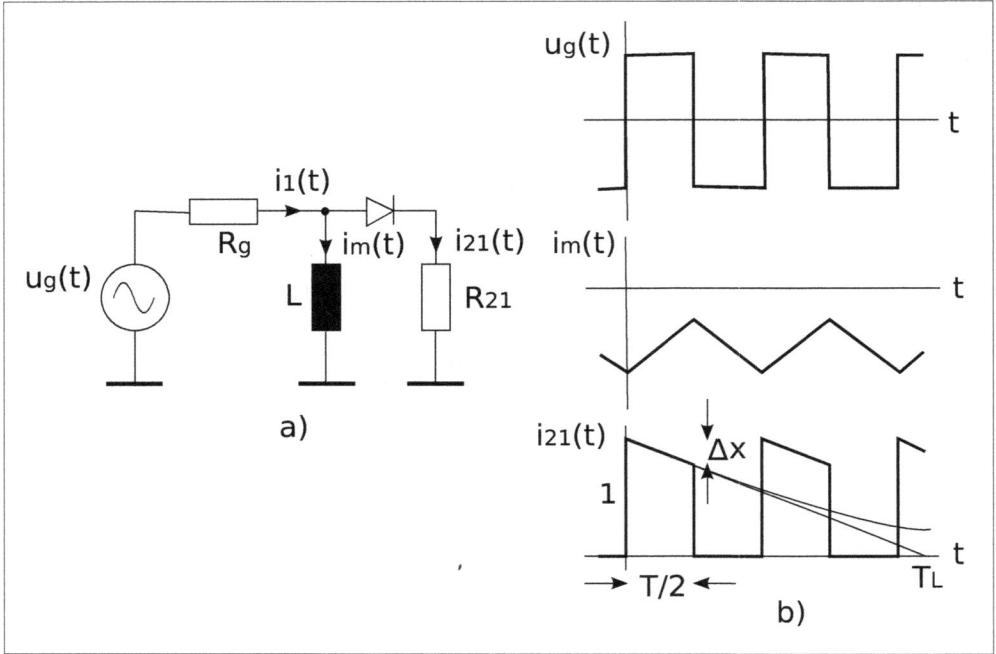

Abb. 5.50: a) Äquivalente Schaltung mit leitender Diode b) Ströme der Schaltung

Abb. 5.50a zeigt die äquivalente Schaltung, wenn die Diode leitend ist. Es wurden die Streuinduktivitäten und die kleinen Widerstände der Wicklungen des Transformators vernachlässigt. Der Magnetisierungsstrom in der Hauptinduktivität $i_m(t)$ in der Halbperiode mit positiver Eingangsspannung steigt von einem Anfangswert annähernd linear an (Abb. 5.50b). Das führt dazu, dass über den Widerstand R_g der Quelle ein größerer Spannungsabfall entsteht und der Strom $i_{21}(t)$ annähernd linear abfällt, was wiederum zur „Dachschräge" führt. Die Zeitkonstante dieses Vorgangs, der auf einer Differentialgleichung erster Ordnung basiert, ist $T_L >> T/2$. Dadurch ist der Verlauf in der Halbperiode praktisch linear. Daraus folgt:

$$\frac{\Delta x}{T/2} = \frac{1}{T_L} \quad \text{oder} \quad \Delta x = \frac{T}{2T_L} 100\% \tag{5.73}$$

In der Halbperiode mit leitender Diode während der Flanken bleibt der Magnetisierungsstrom konstant. Entgegen die Änderung des Stroms $i_{21}(t)$ wirken hauptsächlich nur die Streuinduktivitäten. Der Vorgang entspricht ebenfalls einer Differentialgleichung erster Ordnung, wobei die Steigung des Stroms $i_{21}(t)$ mit einer Exponentialfunktion der Zeitkonstanten T_l verläuft.

6 Vierpolschaltungen

6.1 Einführung

Die Darstellung eines linearen Netzwerkes mit einer Ersatzschaltung an zwei Klemmen ist bekannt und wurde schon mehrmals in den vorherigen Kapiteln benutzt. Die Ersatzschaltung mit Spannungsquelle ist auch als *Thevenin*-Ersatzschaltung bekannt und die mit Stromquelle ist als *Norton*-Ersatzschaltung bezeichnet [17], [26]. Der Vorteil einer Ersatzschaltung besteht darin, dass eine relativ komplexe Schaltung mit mehreren abhängigen und unabhängigen Quellen, mit vielen passiven Komponenten über eine einfache, leichter zu lösende Ersatzschaltung dargestellt wird.

Die *Thevenin*- und *Norton*-Zweipolersatzschaltungen beschreiben sehr gut eine Schaltung, was den Ausgang anbelangt. Die Beschreibung in Form von Vierpolen, mit zwei Polen für den Eingang und zwei Polen für den Ausgang, erweitert die Möglichkeiten der Berechnung von zusammengesetzten Schaltungen [24], [28].

In diesem Kapitel werden die Grundlagen der Vierpolersatzschaltungen beschrieben, die dann in den spezifischen Fächern wie Elektronik, Hochfrequenztechnik, etc. erweitert werden.

6.1.1 Zweipolersatzschaltung für Verstärker mit JFET-Transistor

Ein einfaches Beispiel einer Verstärkerschaltung mit einem JFET-Transistor soll nochmals die Bildung der Ersatzschaltungen für eine Zweipolschaltung verdeutlichen. Der Transistor ist für kleine Signale mit einer vereinfachten Schaltung zwischen den drei Elektroden *Drain, Source, Gate*, wie in Abb. 6.1a gezeigt [1], dargestellt.

Für den Ausgang, zwischen den Klemmen a, b, soll eine Ersatzschaltung mit Spannungsquelle, wie in Abb. 6.1b dargestellt, ermittelt werden. Für diese Ersatzschaltung ist:

$$\underline{U}_{ers} = \underline{I}\,\underline{Z}_{ers} + \underline{U}_{ab} \tag{6.1}$$

Daraus wird die Spannung der Ersatzquelle $\underline{U}_{ers}$ durch

$$\underline{U}_{ers} = \underline{U}_{ab}\big|_{\underline{I}=0} \tag{6.2}$$

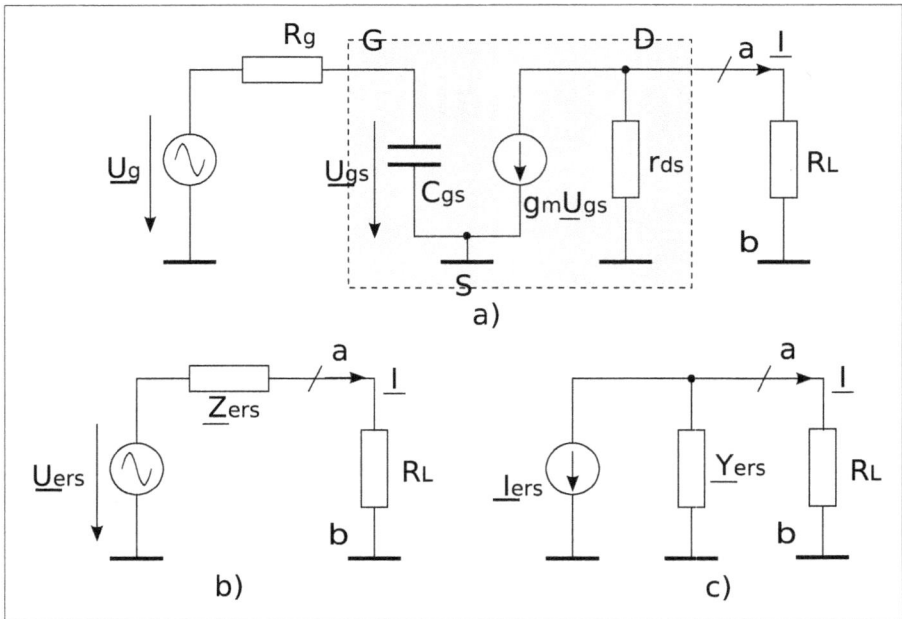

Abb. 6.1: a) Verstärkerschaltung mit JFET-Transistor b) Thevenin-Ersatschaltung c) Norton-Ersatzschaltung

ermittelt. Dieselbe Vorgehensweise in der ursprünglichen, äquivalenten Schaltung (Abb. 6.1a) führt auf:

$$\underline{U}_{ers} = \underline{U}_{ab}\big|_{\underline{I}=0} = -g_m \underline{U}_{gs} r_{ds} = -g_m \frac{\underline{U}_g}{R_g + 1/(j\omega C_{gs})} \cdot \frac{1}{j\omega C_{gs}} r_{ds} =$$
$$-g_m \frac{\underline{U}_g}{j\omega R_g C_{gs} + 1} r_{ds} \tag{6.3}$$

Aus Gl. (6.1) kann man jetzt die komplexe Impedanz $\underline{Z}_{ers}$ der Ersatzquelle bestimmen:

$$\underline{Z}_{ers} = \frac{\underline{U}_{ers}}{\underline{I}}\big|_{\underline{U}_{ab}=0} \tag{6.4}$$

Die Bedingung $\underline{U}_{ab} = 0$ bedeutet in der ursprünglichen Schaltung das Kurzschließen der Klemmen a, b. Somit ist der Strom („Kurzschluss-Strom") gleich $-g_m \underline{U}_{gs}$ oder

$$\underline{I}\big|_{\underline{U}_{ab}=0} = -g_m \frac{\underline{U}_g}{j\omega R_g C_{gs} + 1} \tag{6.5}$$

und die gesuchte Impedanz wird:

$$\underline{Z}_{ers} = r_{ds} \tag{6.6}$$

Weil der Transistor aus der Schaltung gemäß Abb. 6.1a am Ausgang mit einem Stromgenerator $g_m\underline{U}_{gs}$ dargestellt wird, ist hier eine Norton-Stromersatzschaltung (siehe Abb. 6.1c) besser geeignet. Aus

$$\underline{I} = \underline{I}_{ers} - \frac{\underline{U}_{ab}}{\underline{Z}_{ab}} = \underline{I}_{ers} - \underline{U}_{ab}\underline{Y}_{ab} \tag{6.7}$$

erhält man:

$$\underline{I}_{ers} = \underline{I}\big|_{\underline{U}_{ab}=0} = -g_m\underline{U}_{gs} = -g_m\frac{\underline{U}_g}{R_g + 1/(j\omega C_{gs})} \cdot \frac{1}{j\omega C_{gs}} =$$
$$-g_m\frac{\underline{U}_g}{j\omega R_g C_{gs} + 1} \tag{6.8}$$

Mit Hilfe der Gl. (6.7) kann jetzt auch der Leitwert $\underline{Y}_{ers}$ berechnet werden:

$$\underline{Y}_{ers} = \frac{\underline{I}_{ers}}{\underline{U}_{ab}}\bigg|_{\underline{I}=0} = \frac{-g_m\underline{U}_{gs}}{-g_m\underline{U}_{gs}r_{ds}} = \frac{1}{r_{ds}} \tag{6.9}$$

Für typische Werte der Parameter des JFET-Transistors mit $C_{gs} = 3$ pF, $g_m = 10$ mA/V und $r_{ds} = 10e^6$ Ω bzw. $R_g = 100e^3$ Ω erhält man folgende Variablen der Ersatzschaltungen. Für die Thevenin-Spannungsersatzschaltung:

$$\underline{U}_{ers} = -g_m\frac{\underline{U}_g}{j\omega R_g C_{gs} + 1}r_{ds} = -\underline{U}_g\frac{-g_m r_{ds}}{j\omega R_g C_{gs} + 1}r_{ds} = -\underline{U}_g\frac{10^5}{j\omega 3e^{-7} + 1} \ V$$
$$\underline{Z}_{ers} = r_{ds} = 10e^6 \ \Omega \tag{6.10}$$

Die hohe Verstärkung bei $\omega = 0$ von 10^5 und der große innere Widerstand der Quelle von $\underline{Z}_{ers} = r_{ds} = 10e^6$ Ω zeigen, dass sich die Schaltung am Ausgang wie eine Stromquelle verhält.

Die Norton-Stromersatzschaltung enthält folgende Parameter:

$$\underline{I}_{ers} = -g_m\frac{\underline{U}_g}{j\omega R_g C_{gs} + 1} = -\underline{U}_g\frac{10e^{-3}}{j\omega 3e^{-7} + 1} \ A$$
$$\underline{Y}_{ers} = \frac{1}{r_{ds}} = 10e^{-8} \ 1/\Omega \tag{6.11}$$

Der Verstärker ist invertierend und verhält sich, wegen der Kapazität C_{gs}, wie ein Tiefpassfilter erster Ordnung mit einer Durchlassfrequenz bei -3 dB von $f_0 =$

$1/(2\pi 3e^{-7}) = 0,53$ MHz. In der Ersatzschaltung des JFET-Transistors wurde zur Vereinfachung die Kapazität C_{dg} zwischen den *Drain*- und *Gate*-Elektroden vernachlässigt. Diese führt über den Miller-Effekt [1] zu einer erhöhten Eingangskapazität und somit zu einer viel kleineren Durchlassfrequenz bei - 3 dB. In den nächsten Kapiteln wird dieser Sachverhalt näher betrachtet.

6.2 Vierpolersatzschaltungen

Die Beschreibung mit Vierpolersatzschaltungen wird für die Variablen im stationären Zustand mit sinusförmiger Anregung benutzt und somit werden hier als Werkzeug die komplexen Variablen eingesetzt. Abb. 6.2 zeigt eine Vierpolschaltung (oder Zweitorschaltung) mit dem üblichen symmetrischen Pfeilsystem der Spannungen und Ströme. Der Vierpol kann, wie bei den Zweipolen, beliebige Anordnungen von aktiven und passiven Elementen enthalten.

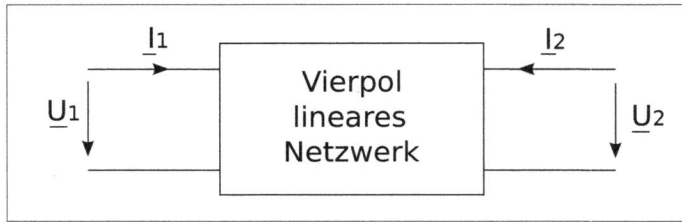

Abb. 6.2: Vierpolschaltung (kurz Vierpol)

Wie man sieht, gibt es hier vier Variablen in Form der zwei Ströme $\underline{I}_1$, $\underline{I}_2$ und der zwei Spannungen $\underline{U}_1$, $\underline{U}_2$. Zwei von diesen müssen bekannt sein und die anderen zwei kann man mit Hilfe zweier Gleichungen, eine für den Eingangskreis und eine für den Ausgangskreis, berechnen. Es gibt verschiedene Möglichkeiten, diese in bekannte- und unbekannte Variablen zu gruppieren.

6.2.1 Vierpol mit Leitwertparametern

Hier werden die Spannungen als bekannt angenommen und die Ströme werden abhängig von diesen Spannungen ausgedrückt:

$$\underline{I}_1 = \underline{Y}_{11}\,\underline{U}_1 + \underline{Y}_{12}\,\underline{U}_2$$
$$\underline{I}_2 = \underline{Y}_{21}\,\underline{U}_1 + \underline{Y}_{22}\,\underline{U}_2 \tag{6.12}$$

In Matrixform erhält man:

$$\mathbf{\underline{I}} = \mathbf{\underline{Y}}\,\mathbf{\underline{U}} \tag{6.13}$$

Die Leitwertparameter können wie folgt definiert und bestimmt werden:

$$\underline{Y}_{11} = \frac{\underline{I}_1}{\underline{U}_1}\bigg|_{\underline{U}_2=0} \qquad \text{primärer Kurzschlusswert}$$

$$\underline{Y}_{12} = \frac{\underline{I}_1}{\underline{U}_2}\bigg|_{\underline{U}_1=0} \qquad \text{sekundärseitiger Kurzschlusskernleitwert}$$

(6.14)

$$\underline{Y}_{21} = \frac{\underline{I}_2}{\underline{U}_1}\bigg|_{\underline{U}_2=0} \qquad \text{primärseitiger Kurzschlusskernleitwert}$$

$$\underline{Y}_{22} = \frac{\underline{I}_2}{\underline{U}_2}\bigg|_{\underline{U}_1=0} \qquad \text{sekundärer Kurzschlussleitwert}$$

(6.15)

Als Beispiel für die Ermittlung der Leitwertparameter wird die Ersatzschaltung für kleine Signale eines JFET-Transistors, die in Abb. 6.3 gezeigt ist, benutzt [1]. Hier wurde die Schaltung des Transistors in Vergleich zur Schaltung aus Abb. 6.1 mit der Kapazität C_{dg} zwischen *Drain*- und *Gate*-Elektrode erweitert. Dadurch entsteht auch eine Rückkopplung vom Ausgang zum Eingang.

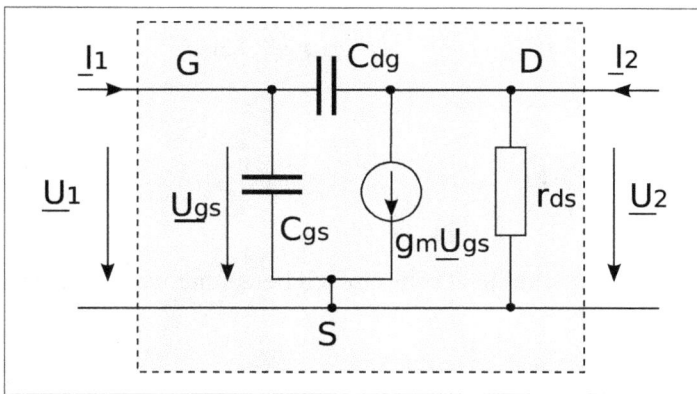

Abb. 6.3: Ersatzschaltung eines JFET-Transistors, für die die Leitwertparameter ermittelt werden

Mit Hilfe der gezeigten Definitionsformeln erhält man folgende Werte der Leitwertparameter:

$$\underline{Y}_{11} = \frac{\underline{I}_1}{\underline{U}_1}\bigg|_{\underline{U}_2=0} = j\omega(C_{gs} + C_{dg}), \qquad \underline{Y}_{12} = \frac{\underline{I}_1}{\underline{U}_2}\bigg|_{\underline{U}_1=0} = -j\omega C_{dg}$$

$$\underline{Y}_{21} = \frac{\underline{I}_2}{\underline{U}_1}\bigg|_{\underline{U}_2=0} = g_m - j\omega C_{dg}, \qquad \underline{Y}_{22} = \frac{\underline{I}_2}{\underline{U}_2}\bigg|_{\underline{U}_1=0} = \frac{1}{r_{ds}} + j\omega C_{dg}$$

(6.16)

Abb. 6.4 zeigt die allgemeine Ersatzschaltung mit Leitwertparametern. Für diese Ersatzschaltung kann man Formeln für alle Kenngrößen ableiten. Als Beispiel wird

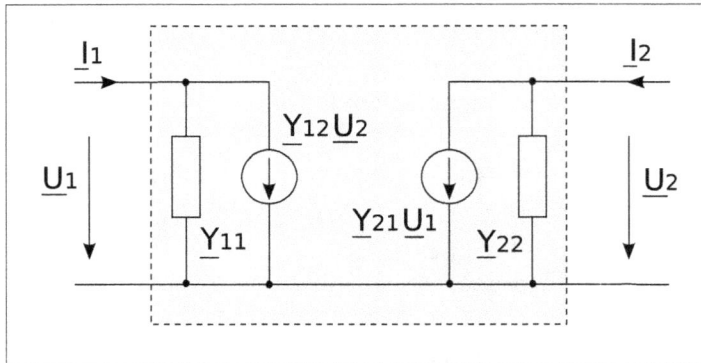

Abb. 6.4: Allgemeine Vierpolersatzschaltung mit Leitwertparametern

die Verstärkung $\underline{G} = G(j\omega)$ (Übertragungsfunktion) vom Eingang bis zum Ausgang ermittelt, in der Annahme, dass der Ausgang mit einem Widerstand R_L belastet ist.

Aus

$$\underline{U}_2 = -\underline{I}_2 R_L \quad \text{mit} \quad \underline{I}_2 = \underline{U}_2 \underline{Y}_{22} + \underline{U}_1 \underline{Y}_{21} \tag{6.17}$$

erhält man:

$$\underline{G} = \frac{\underline{U}_2}{\underline{U}_1} = \frac{-\underline{Y}_{21} R_L}{1 + \underline{Y}_{22} R_L} \tag{6.18}$$

Die Eingangsimpedanz kann jetzt sehr einfach berechnet werden. Der Eingangsstrom ist:

$$\underline{I}_1 = \underline{U}_1 \underline{Y}_{11} + \underline{U}_2 \underline{Y}_{12} \tag{6.19}$$

Die Spannung $\underline{U}_2$ wird mit Hilfe der zuvor berechneten Verstärkung als Funktion von $\underline{U}_1$ ausgedrückt und ergibt schließlich:

$$\underline{Z}_i = \frac{\underline{U}_1}{\underline{I}_1} = \frac{1}{\underline{Y}_{11} - \underline{Y}_{12}\dfrac{\underline{Y}_{21} R_L}{1 + \underline{Y}_{22} R_L}} \tag{6.20}$$

Die Eingangsimpedanz ist vom Belastungswiderstand am Ausgang R_L abhängig. Bei niedrigen Frequenzen kann man folgende Annäherungen annehmen:

$$\underline{Y}_{21} \cong g_m, \quad \underline{Y}_{22} \cong \frac{1}{r_{ds}} \tag{6.21}$$

Im Frequenzbereich, in dem diese Annäherungen gültig sind, erhält man folgende Eingangsimpedanz:

$$\underline{Z}_i \cong \cfrac{1}{j\omega(C_{gs}+C_{ds})+j\omega C_{dg}\cfrac{g_m R_L}{1+R_L/r_{ds}}} \cong$$
$$\cfrac{1}{j\omega(C_{gs}+C_{dg}(1+g_m R_L))} \quad \text{für} \quad R_L \ll r_{ds} \tag{6.22}$$

Das Ergebnis zeigt, dass die Eingangsimpedanz durch eine Kapazität der Größe

$$C_i = C_{gs} + C_{dg}(1+g_m R_L) \tag{6.23}$$

gegeben ist. Für $R_L = 10e^3$ Ω, $g_m = 10e^{-3}$ A/V, $C_{gs} = 3e^{-12}$ F und $C_{dg} = 1e^{-12}$ F erhält man eine Eingangskapazität

$$C_i = 3 + 1(1 + 10e3 \cdot 10e^{-3}) = 104 \text{ pF}, \tag{6.24}$$

die viel größer als die Eingangskapazität C_{gs} und Rückkopplungkapazität C_{dg} ist. Der zweite Term aus (6.23) stellt die Miller-Kapazität dar [1].

Die Verstärkung (Übertragungsfunktion) von der Spannung eines Generators mit Ausgangswiderstand R_g bis zur Ausgangsspannung $\underline{U}_2$ kann jetzt leicht mit Hilfe der Übertragungsfunktion $\underline{G} = \underline{U}_2/\underline{U}_1$ und der Eingangsimpedanz $\underline{Z}_i$ berechnet werden:

$$\underline{G}_1 = \frac{\underline{U}_2}{\underline{U}_g} = \frac{\underline{U}_2}{\underline{U}_1}\cdot\frac{\underline{U}_1}{\underline{U}_g} = \underline{G}\frac{\underline{Z}_i}{R_g+\underline{Z}_i} \tag{6.25}$$

Wegen der relativ großen Eingangskapazität C_i wird jetzt der Durchlassbereich bei -3 dB (Eckfrequenz) viel kleiner sein. In der Darstellung dieses Frequenzgangs muss somit ein anderer Frequenzbereich gewählt werden.

Auch andere wichtige Kenngrößen eines Verstärkers können mit einem Vierpolmodell, z.B. mit Leitwertparametern, ermittelt werden. Die Ausgangsimpedanz ist durch

$$\underline{Z}_{out} = \frac{\underline{U}_2}{\underline{I}_2}\bigg|_{\underline{U}_g=0} \tag{6.26}$$

definiert. Sie ist von dem Ausgangswiderstand R_g der Anregungsquelle abhängig. Aus

$$\underline{I}_2 = \underline{U}_2\underline{Y}_{22} + \underline{U}_1\underline{Y}_{21}$$
$$\underline{U}_1 = \underline{Y}_{12}\underline{U}_2\left(R_g||\frac{1}{\underline{Y}_{11}}\right) \tag{6.27}$$

erhält man direkt:

$$\underline{Y}_{out} = \frac{\underline{I_2}}{\underline{U_2}}\Big|_{U_g=0} = \underline{Y}_{22} + \underline{Y}_{12}\frac{R_g}{1+R_g\underline{Y}_{11}} \tag{6.28}$$

Wenn die Quelle eine Ausgangsimpedanz $\underline{Z}_g$ (statt Ausgangswiderstand) besitzt, muss man nur statt R_g diese Impedanz in der obigen Beziehung einsetzen.

Die Wirkleistungsverstärkung wird mit Hilfe der komplexen Leistungen der Quelle und des Ausgangs ermittelt:

$$\underline{S}_i = \underline{U}_1\underline{I}_1^* = \underline{U}_g\frac{\underline{U}_g^*}{(R_g+\underline{Z}_i)^*}$$
$$\underline{S}_o = \underline{U}_2\underline{I}_2^* = \underline{U}_2\frac{\underline{U}_2^*}{R_L} \tag{6.29}$$

Die Wirkleistungen der Quelle und des Ausgangs erhält man als Realteile der komplexen Leistungen:

$$P_i = R_e\{\underline{S}_i\} = U_g^2\mathcal{R}_e\Big\{\frac{1}{(R_g+\underline{Z}_i)^*}\Big\}$$
$$P_o = R_e\{\underline{S}_o\} = U_2^2\frac{1}{R_L} \tag{6.30}$$

Wobei durch U_g, U_2 die Effektivwerte der entsprechenden Spannungen bezeichnet werden und $\mathcal{R}_e\{\}$ den Realteil darstellt. Das Verhältnis dieser Leistungen führt auf:

$$\frac{P_o}{P_i} = \frac{U_2^2}{U_g^2}\frac{1}{R_L\,\mathcal{R}_e\{1/(R_g+\underline{Z}_i)^*\}} = |\underline{G}_1|^2\frac{1}{R_L\,\mathcal{R}_e\{1/(R_g+\underline{Z}_i)^*\}} \tag{6.31}$$

Die Übertragungsfunktion $\underline{G}_1$ ist bekannt und kann hier eingesetzt werden.

Ähnliche Abhandlungen gibt es auch für die anderen Vierpolmodelle, die in den nächsten Kapiteln beschrieben werden.

Experiment 6.2.1: Vierpol mit Leitwertparametern für JFET-Verstärker

Mit einem kleinen MATLAB-Skript (`vierpol_leit1.m`) können die oben gezeigten Annahmen überprüft werden und die wichtigsten Kenngrößen, wie Übertragungsfunktion und Eingangsimpedanz eines JFET-Verstärkers ermittelt werden:

```
% Skript vierpol_leit1.m, in dem das Vierpolmodell
% eines JFET-Transistors untersucht wird
clear;
% ------- Parameter der Schaltung
Cgs = 3e-12;    Cdg = 1e-12;
rds = 10e6;     gm = 10e-3;     RL = 10e3;
```

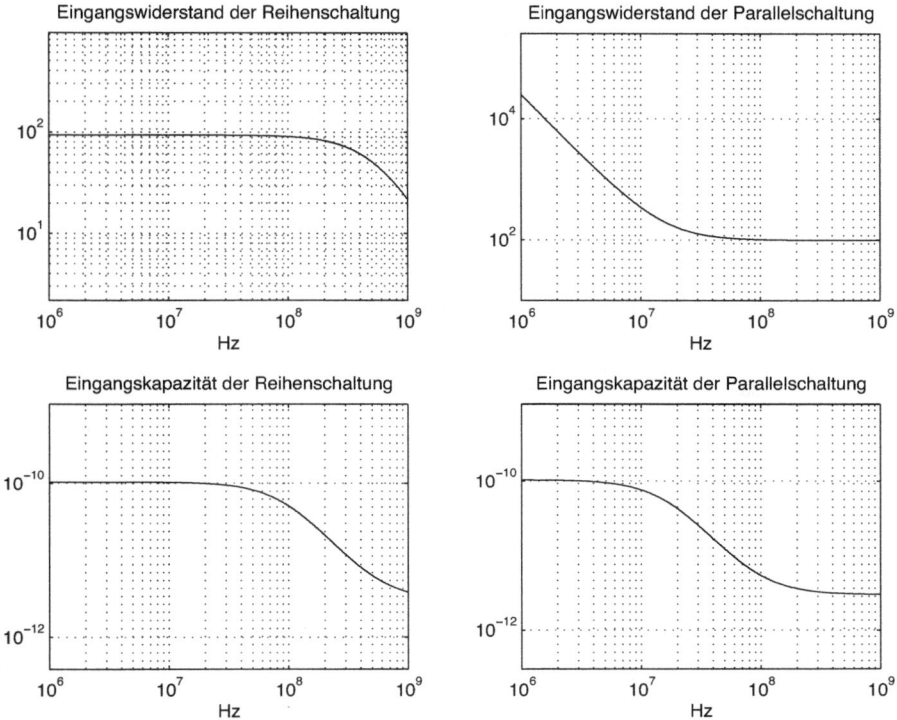

Abb. 6.5: Eingangswiderstand und Eingangskapazität (vierpol_leit1.m)

```
% ------- Frequenzbereich
fmin = 100e3;                    fmax = 1000e6;
a1 = floor(log10(fmin));    a2 = ceil(log10(fmax));
f = logspace(a1, a2, 1000);
omega = 2*pi*f;
% ------- Leitwertmodell
Y11 = j*omega*(Cgs + Cdg);       Y12 = -j*omega*Cdg;
Y21 = gm - j*omega*Cdg;          Y22 = 1/rds + j*omega*Cdg;
% ------- Eingangsimpedanz als Ri + 1/j*omega*Ci
Zi = 1./(Y11-Y12.*Y21.*RL./(1+Y22*RL));
Ri = real(Zi);        Ci = -1./(omega.*imag(Zi));

figure(1);    clf;
subplot(221), loglog(f, Ri);
   title('Eingangswiderstand der Reihenschaltung');
   xlabel('Hz');       grid on;
   La = axis;    axis([min(f),max(f),min(Ri)/10, 10*max(Ri)]);
subplot(223), loglog(f, Ci);
   title('Eingangskapazität der Reihenschaltung');
```

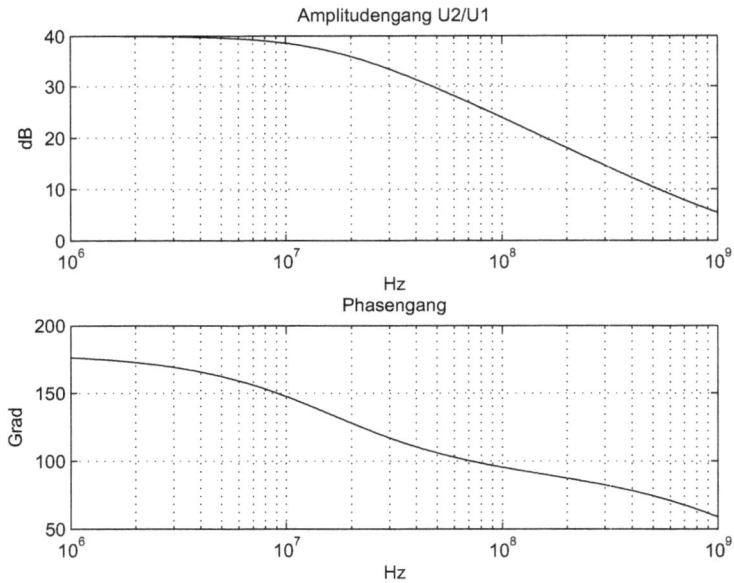

Abb. 6.6: Amplitudengang und Phasengang des Vierpolmodells $\underline{U}_2/\underline{U}_1$ (vierpol_leit1.m)

```
  xlabel('Hz');      grid on;
  La = axis;    axis([min(f),max(f),min(Ci)/10, 10*max(Ci)]);
% ------- Eingangsleitwert als 1/Ri + j*omega*Ci
Yi = 1./Zi;
Ri = 1./real(Yi);    Ci = imag(Yi)./omega;

subplot(222), loglog(f, Ri);
  title('Eingangswiderstand der Parallelschaltung');
  xlabel('Hz');      grid on;
  La = axis;    axis([min(f),max(f),min(Ri)/10, 10*max(Ri)]);
subplot(224), loglog(f, Ci);
  title('Eingangskapazität der Parallelschaltung');
  xlabel('Hz');      grid on;
  La = axis;    axis([min(f),max(f),min(Ci)/10, 10*max(Ci)]);
% ------- Verstärkung U2/U1 (Frequenzgang)
G = -Y21*RL./(1 + Y22*RL);
figure(2);     clf;
subplot(211), semilogx(f, 20*log10(abs(H)));
  title('Amplitudengang');   ylabel('dB')
  xlabel('Hz');      grid on;
subplot(212), semilogx(f, angle(H)*180/pi);
  title('Phasengang');       ylabel('Grad')
  xlabel('Hz');      grid on;
% ------ Verstärkung U2/Ug mit einem neuen Frequenzbereich
```

```
% ------ Frequenzbereich
fmin = 1e4;               fmax = 10e6;
a1 = floor(log10(fmin));              a2 = ceil(log10(fmax));
f = logspace(a1, a2, 1000);
omega = 2*pi*f;
% ------- Leitwertmodell für den neuen Frequenzbereich
Y11 = j*omega*(Cgs + Cdg);        Y12 = -j*omega*Cdg;
Y21 = gm - j*omega*Cdg;           Y22 = 1/rds + j*omega*Cdg;
% ------- Eingangsimpedanz für den neuen Frequenzbereich
Zi = 1./(Y11-Y12.*Y21.*RL./(1+Y22*RL));
% ------- Frequenzgang für den neuen Frequenzbereich
G = -Y21*RL./(1 + Y22*RL);
Rg = 10e3;
G1 = G.*Zi./(Rg + Zi);
figure(3);       clf;
subplot(211), semilogx(f, 20*log10(abs(G1)));
   title(['Amplitudengang U2/Ug (Rg = ',num2str(Rg),' Ohm)']);
   xlabel('Hz');     ylabel('dB');       grid on;
subplot(212), semilogx(f, angle(G1)*180/pi);
   title('Phasengang');            ylabel('Grad')
   xlabel('Hz');     grid on;
```

Es wird die Eingangsimpedanz $\underline{Z}_i$ und die Übertragungsfunktion $\underline{U}_2/\underline{U}_1$ bzw. $\underline{U}_2/\underline{U}_g$ ohne die vereinfachenden Annahmen ermittelt und dargestellt. Für die Eingangsimpedanz wird sowohl eine Reihenschaltung als auch eine Parallelschaltung eines Widerstands und einer Kapazität berechnet.

Abb. 6.5 zeigt links den Ersatzwiderstand und die Ersatzkapazität für die Reihenschaltung und rechts dieselben Parameter für die Parallelschaltung.

Die Eingangskapazität für die Reihenschaltung ist konstant und gleich 100 pF bis zu 20 MHz und der Reihenwiderstand ist ca. 100 Ω. Bei der Parallelschaltung ist die Kapazität ebenfalls 100 pF bis zu einer etwas kleineren Frequenz von 5 MHz. Bis zu dieser Frequenz ist der Parallelwiderstand stark frequenzabhängig und bleibt konstant, ca. 100 Ω, oberhalb von 100 MHz.

Die gezeigten Annäherungen haben keinen Eingangswiderstand ergeben und die berechnete konstante Kapazität ist nur bis zu den erwähnten Frequenzen gültig.

Abb. 6.6 zeigt den Amplituden- und Phasengang vom Eingang $\underline{U}_1$ bis zum Ausgang $\underline{U}_2$ für eine resistive Belastung R_L am Ausgang. Der Frequenzgang $\underline{U}_2/\underline{U}_g$, der hier nicht mehr gezeigt ist, bestätigt die viel kleinere Durchlassfrequenz bei -3 dB (Eckfrequenz) von ca. 100 kHz im Vergleich zur selben Durchlassfrequenz von 10 MHz für die Übertragungsfunktion $\underline{U}_2/\underline{U}_1$.

Die 180 Grad Phasenverschiebung zeigt die Invertierung des Verstärkers, der sich als Tiefpassfilter verhält.

6.2.2   Vierpol mit Impedanzwertparametern

Hier werden die Ströme als bekannt angenommen und die Spannungen werden
abhängig von diesen Strömen ausgedrückt:

$$\underline{U}_1 = \underline{Z}_{11}\, \underline{I}_1 + \underline{Z}_{12}\, \underline{I}_2$$
$$\underline{U}_2 = \underline{Z}_{21}\, \underline{I}_1 + \underline{Z}_{22}\, \underline{I}_2 \tag{6.32}$$

$$\mathbf{\underline{U}} = \mathbf{Z}\,\mathbf{I} \tag{6.33}$$

Abb. 6.7 zeigt die allgemeine Vierpolersatzschaltung mit Impedanzwertparametern.
Die Impedanzwertparameter können wie folgt definiert und bestimmt werden:

$$\underline{Z}_{11} = \left.\frac{\underline{U}_1}{\underline{I}_1}\right|_{\underline{I}_2=0} \qquad \text{primäre Leerlaufimpedanz}$$

$$\underline{Z}_{12} = \left.\frac{\underline{U}_1}{\underline{I}_2}\right|_{\underline{I}_1=0} \qquad \text{sekundärseitige Leerlaufkernimpedanz} \tag{6.34}$$

$$\underline{Z}_{21} = \left.\frac{\underline{U}_2}{\underline{I}_1}\right|_{\underline{I}_2=0} \qquad \text{primärseitige Leerlaufkernimpedanz}$$

$$\underline{Z}_{22} = \left.\frac{\underline{U}_2}{\underline{I}_2}\right|_{\underline{I}_1=0} \qquad \text{sekundäre Leerlaufimpedanz} \tag{6.35}$$

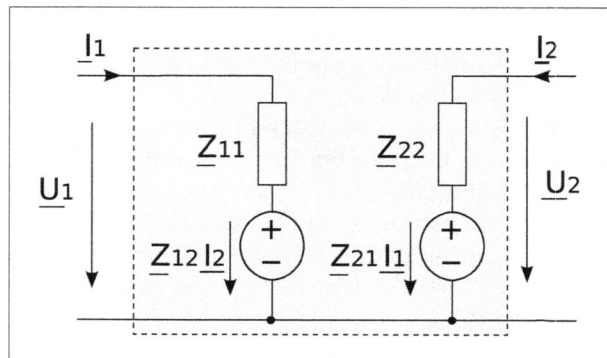

Abb. 6.7: Vierpolersatzschaltung mit Impedanzwertparametern

Zwischen den Impedanz- und Leitwertparametern gibt es folgende Beziehungen:

$$\underline{Z} = \underline{Y}^{-1}$$

$$\underline{Z}_{11} = \frac{Y_{22}}{Y_{11}Y_{22} - Y_{12}Y_{21}} \qquad \underline{Z}_{12} = \frac{-Y_{12}}{Y_{11}Y_{22} - Y_{12}Y_{21}}$$

$$\underline{Z}_{21} = \frac{-Y_{21}}{Y_{11}Y_{22} - Y_{12}Y_{21}} \qquad \underline{Z}_{22} = \frac{-Y_{11}}{Y_{11}Y_{22} - Y_{12}Y_{21}} \tag{6.36}$$

Der Umgang mit diesen Parametern eines Vierpols ist ähnlich wie mit den Leitwertparametern des vorherigen Abschnittes. Als Beispiel wird hier die Übertragungsfunktion vom Eingang $\underline{U}_1$ bis zum Ausgang $\underline{U}_2$, in der Annahme, dass dieser mit einem Widerstand R_L belastet ist, ermittelt. Aus

$$\underline{U}_2 = -\underline{I}_2 R_L$$
$$\underline{Z}_{21}\underline{I}_1 = -\underline{I}_2(\underline{Z}_{22} + R_L) \tag{6.37}$$

erhält man:

$$\underline{U}_2 = \underline{Z}_{21}\underline{I}_1 \frac{R_L}{R_L + \underline{Z}_{22}} \tag{6.38}$$

Die Eingangsspannung ist:

$$\underline{U}_1 = \underline{I}_1\underline{Z}_{11} + \underline{I}_2\underline{Z}_{12} = \underline{I}_1\left(\underline{Z}_{11} - \underline{Z}_{12}\underline{Z}_{21}\frac{1}{R_L + \underline{Z}_{22}}\right) \tag{6.39}$$

Daraus ergibt sich für die Übertragungsfunktion folgende Form:

$$\underline{G} = \frac{\underline{U}_2}{\underline{U}_1} = \frac{\underline{Z}_{21}R_L}{\underline{Z}_{11}(R_L + \underline{Z}_{22}) - \underline{Z}_{12}\underline{Z}_{21}} \tag{6.40}$$

Die Eingangsimpedanz wird:

$$\underline{Z}_i = \frac{\underline{U}_1}{\underline{I}_1} = \underline{Z}_{11} - \underline{Z}_{12}\underline{Z}_{21}\frac{1}{R_L + \underline{Z}_{22}} \tag{6.41}$$

Es kann jetzt auch die Verstärkung von einer Anregungsquelle mit Ausgangsimpedanz $\underline{Z}_g$ bis zum Ausgang mit Belastungswiderstand R_L ermittelt werden:

$$\underline{G}_1 = \frac{\underline{U}_2}{\underline{U}_g} = \underline{G}\frac{\underline{Z}_i}{\underline{Z}_g + \underline{Z}_i} \tag{6.42}$$

6.2.3 Vierpol mit Hybrid-Parametern

Die Hybridform wird häufig in der Elektronik verwendet, um Transistormodelle zu verallgemeinern. Hier sind der Strom am Eingang $\underline{I}_1$ und die Spannung $\underline{U}_2$ am

Ausgang als bekannt angenommen.

$$\underline{U}_1 = \underline{H}_{11}\,\underline{I}_1 + \underline{H}_{12}\,\underline{U}_2$$
$$\underline{I}_2 = \underline{H}_{21}\,\underline{I}_1 + \underline{H}_{22}\,\underline{U}_2 \tag{6.43}$$

Es kann, wie bei den vorherigen Modellen, auch eine Matrixform geschrieben werden. Die einzelnen Parameter werden wie folgt definiert:

$$\underline{H}_{11} = \left.\frac{\underline{U}_1}{\underline{I}_1}\right|_{\underline{U}_2=0} \quad \text{primärseitige Kurzschlusseingangsimpedanz}$$

$$\underline{H}_{12} = \left.\frac{\underline{U}_1}{\underline{U}_2}\right|_{\underline{I}_1=0} \quad \text{Leerlaufspannungsübertragung} \tag{6.44}$$

$$\underline{H}_{21} = \left.\frac{\underline{I}_2}{\underline{I}_1}\right|_{\underline{U}_2=0} \quad \text{Kurzschlussstromübertragung}$$

$$\underline{H}_{22} = \left.\frac{\underline{I}_2}{\underline{U}_2}\right|_{\underline{I}_1=0} \quad \text{sekundärseitiger Leerlauf-Ausgangsleitwert} \tag{6.45}$$

Wie man sieht, ist $\underline{H}_{11}$ eine Impedanz und $\underline{H}_{22}$ ein Leitwert. Die anderen zwei Parameter sind einheitslos. Abb. 6.8 zeigt die allgemeine Vierpolschaltung mit Hybrid-Parametern. Mit Hilfe dieser Schaltung können die Kenngrößen eines Verstärkers ermittelt werden, der die Spannung $\underline{U}_1$ von einem Generator mit Spannungsquelle $\underline{U}_g$ und inneren Widerstand R_g erhält und am Ausgang einen Widerstand R_L angeschlossen hat.

Die Übertragungsfunktion von $\underline{U}_1$ bis $\underline{U}_2$ wird mit Hilfe folgender Beziehungen

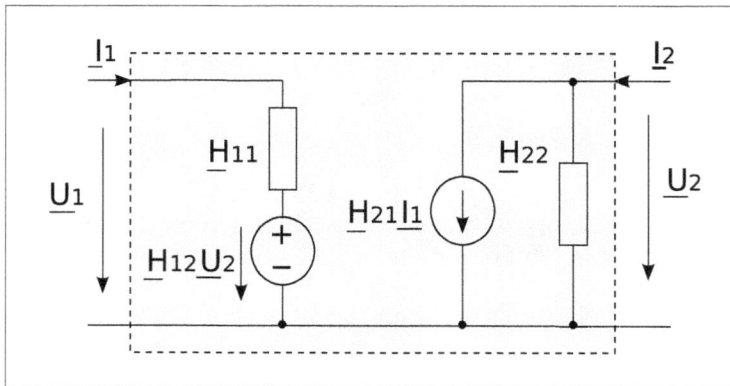

Abb. 6.8: Vierpolersatzschaltung mit Hybrid-Parametern

berechnet:

$$\underline{U}_2 = -\underline{H}_{21} \cdot \underline{I}_1 \frac{R_L/\underline{H}_{22}}{R_L + \underline{H}_{22}}$$

$$\underline{U}_1 = \underline{I}_1 \underline{H}_{11} + \underline{H}_{12}\underline{U}_2 \qquad \text{oder} \qquad \underline{I}_1 = (\underline{U}_1 - \underline{H}_{12}\underline{U}_2)\frac{1}{\underline{H}_{11}}$$

(6.46)

Der Strom $\underline{I}_1$ wird aus der zweiten in die erste Gleichung eingesetzt und daraus die gesuchte Übertragungsfunktion ermittelt:

$$\underline{G} = \frac{\underline{U}_2}{\underline{U}_1} = \frac{-\dfrac{\underline{H}_{21}}{\underline{H}_{11}}\dfrac{R_L}{(1 + R_L\underline{H}_{22})}}{1 - \underline{H}_{21}\underline{H}_{12}\dfrac{R_L}{(1 + R_L\underline{H}_{22})}}$$

(6.47)

Wenn man die Spannung $\underline{U}_2$ aus der ersten Gl. (6.46) in die zweite einsetzt, erhält man eine Beziehung, aus der man die Eingangsimpedanz des Vierpolmodells berechnen kann:

$$\underline{Z}_i = \underline{H}_{11} - \underline{H}_{12}\underline{H}_{21}\frac{R_L}{(1 + R_L\underline{H}_{22})}$$

(6.48)

Es kann jetzt die Übertragungsfunktion bis zur Spannung $\underline{U}_g$ des Generators ermittelt werden:

$$\underline{G}_1 = \frac{\underline{U}_2}{\underline{U}_g} = \underline{G}\frac{\underline{Z}_i}{\underline{Z}_i + R_g}$$

(6.49)

Diese Formeln sind allgemein gültig. Im nächsten Experiment werden diese Kenngrößen für einen Verstärker mit Bipolartransistor eingesetzt.

Experiment 6.2.2: Vierpol mit Hybrid-Parametern für Verstärker mit Bipolartransistor

Abb. 6.9 zeigt die Ersatzschaltung des Verstärkers mit Pi-Modell für den Bipolartransistor [1], die mit Hilfe der Hybrid-Parameter untersucht wird. Durch C, B, E werden der Kollektor, die Basis und der Emitter des Transistors bezeichnet.

Zuerst werden die Parameter des Hybrid-Vierpols für das Pi-Modell des Transistors ermittelt. Laut Definition ist $\underline{H}_{11}$ durch

$$\underline{H}_{11} = \frac{\underline{U}_1}{\underline{I}_1}\bigg|_{\underline{U}_2=0}$$

(6.50)

gegeben. Der Strom $\underline{I}_1$ für $\underline{U}_2 = 0$ wird:

$$\underline{I}_1 = \frac{\underline{U}_1}{r_\pi} + \underline{U}_1\, j\omega C_{cb} = \underline{U}_1\Big(\frac{1}{r_\pi} + j\omega C_{cb}\Big)$$

(6.51)

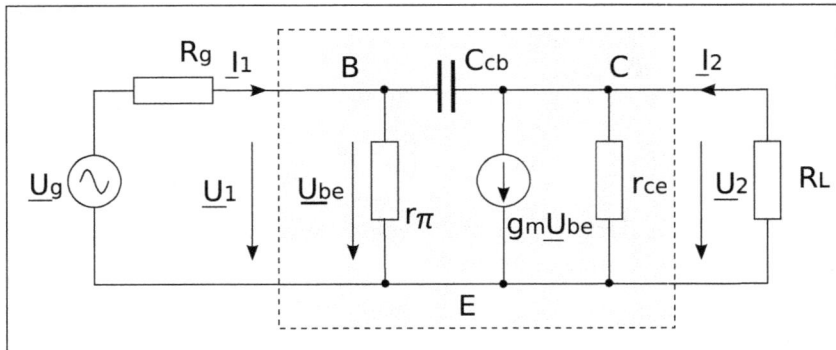

Abb. 6.9: Verstärker mit Bipolaretransistor

Daraus erhält man:

$$\underline{H}_{11} = \frac{r_\pi}{j\omega r_\pi C_{cb} + 1} \tag{6.52}$$

Für $\underline{H}_{12}$ laut Definition

$$\underline{H}_{12} = \frac{\underline{U}_1}{\underline{U}_2}\bigg|_{\underline{I}_1 = 0} \tag{6.53}$$

muss man die Schaltung des Bipolartransistors für $\underline{I}_1 = 0$ untersuchen. Aus

$$\underline{U}_1 = \underline{U}_2 \frac{r_\pi}{r_\pi + 1/(j\omega C_{cb})} = \underline{U}_2 \frac{j\omega r_\pi C_{cb}}{j\omega r_\pi C_{cb} + 1} \tag{6.54}$$

wird dann:

$$\underline{H}_{12} = \frac{\underline{U}_1}{\underline{U}_2}\bigg|_{\underline{I}_1 = 0} = \frac{j\omega r_\pi C_{cb}}{j\omega r_\pi C_{cb} + 1} \tag{6.55}$$

Für die Berechnung der Hybrid-Parameter ist es sinnvoll, für jeden Parameter die Ersatzschaltung mit der entsprechenden Bedingung neu zu zeichnen. Als Beispiel ist in Abb. 6.10 die Ersatzschaltung für die Berechnung von $\underline{H}_{21}$ mit $\underline{U}_2 = 0$ gezeigt. Laut Definition ist:

$$\underline{H}_{21} = \frac{\underline{I}_2}{\underline{I}_1}\bigg|_{\underline{U}_2 = 0} \tag{6.56}$$

Aus der Ersatzschaltung gemäß Abb. 6.10 kann man die zwei Ströme wie folgt ausdrücken:

$$\underline{I}_1 = \frac{\underline{U}_1}{r_\pi} + \frac{\underline{U}_1}{1/(j\omega C_{cb})} = \underline{U}_1\left(\frac{1}{r_\pi} + j\omega C_{cb}\right)$$

$$\underline{I}_2 = g_m\underline{U}_1 - \frac{\underline{U}_1}{1/(j\omega C_{cb})} = \underline{U}_1(g_m - j\omega C_{cb}) \tag{6.57}$$

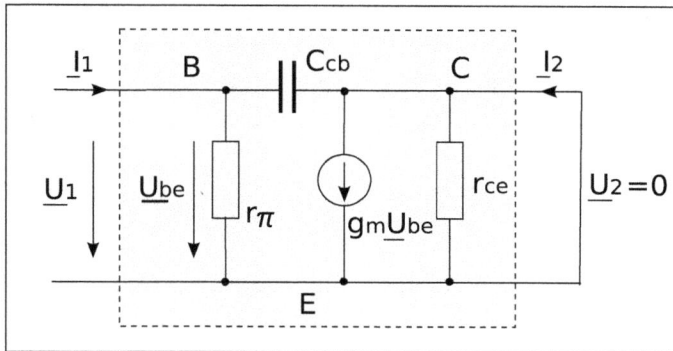

Abb. 6.10: Ersatzschaltung für die Berechnung des $\underline{H}_{21}$-Parameters

Das Verhältnis dieser Ströme führt auf:

$$\underline{H}_{21} = \frac{\underline{I}_2}{\underline{I}_1}\bigg|_{\underline{U}_2=0} = r_\pi \frac{(g_m - j\omega C_{cb})}{j\omega r_\pi C_{cb} + 1} \tag{6.58}$$

Schließlich wird der letzte Parameter $\underline{H}_{22}$ laut Definition

$$\underline{H}_{22} = \frac{\underline{I}_2}{\underline{U}_2}\bigg|_{\underline{I}_1=0} \tag{6.59}$$

mit Hilfe folgender Beziehungen berechnet:

$$\underline{I}_2 = \frac{\underline{U}_2}{r_{ce}} + g_m \underline{U}_1 + \frac{\underline{U}_2}{r_\pi + 1/(j\omega C_{cb})}$$
$$\underline{U}_1 = r_\pi \frac{\underline{U}_2}{r_\pi + 1/(j\omega C_{cb})} \tag{6.60}$$

Die Spannung $\underline{U}_1$ aus der zweiten Gleichung in die erste eingesetzt ergibt:

$$\underline{H}_{22} = \frac{\underline{I}_2}{\underline{U}_2}\bigg|_{\underline{I}_1=0} = \frac{1}{r_{ce}} + \frac{j\omega C_{cb}(g_m r_\pi + 1)}{j\omega r_\pi C_{cb} + 1} \tag{6.61}$$

Im Skript `vierpol_hybrid1.m` werden die Kenngrößen des Verstärkers mit Bipolartransistor über die Vierpol-Hybrid-Parameter ermittelt:

```
% Skript vierpol_hybrid1.m, in dem ein Verstärker mit
% Bipolartransistor mit Hilfe der Hybrid-Parameter
% des Vierpols untersucht wird
clear;
% ------- Parameter der Schaltung
C_cb = 1e-12;      r_ce = 100e3;
```

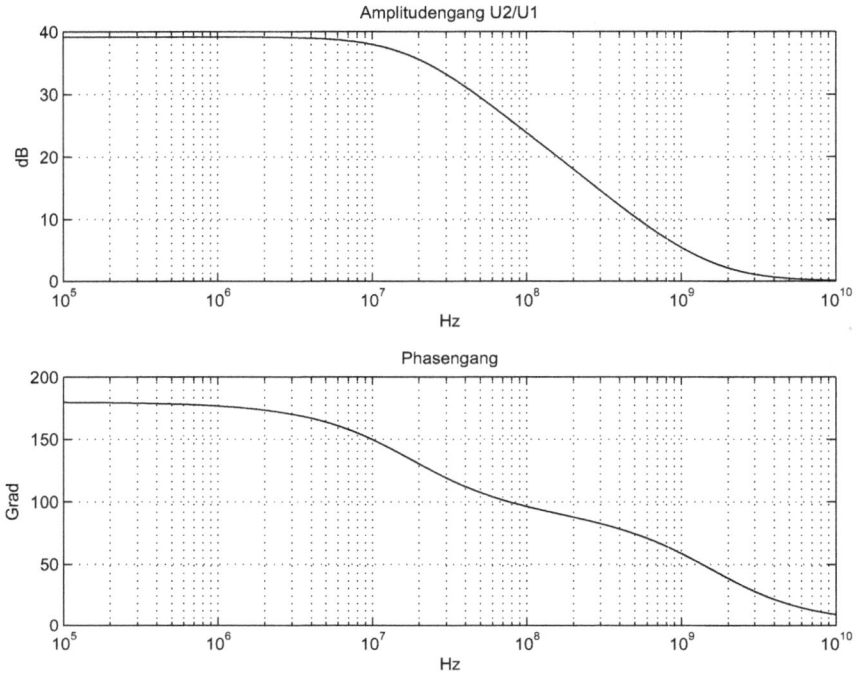

Abb. 6.11: Amplitudengang und Phasengang des Vierpolmodells $\underline{U}_2/\underline{U}_1$ (vierpol_hybrid1.m)

```
r_pi = 100;         gm = 10e-3;
RL = 10e3;
% ------- Frequenzbereich
fmin = 100e3;         fmax = 10000e6;
a1 = floor(log10(fmin));         a2 = ceil(log10(fmax));
f = logspace(a1, a2, 5000);
omega = 2*pi*f;
% ------- Hybridmodell des Bipolartransistors
H11 = r_pi./(j*omega*r_pi*C_cb + 1);
H12 = j*omega*r_pi*C_cb./(j*omega*r_pi*C_cb + 1);
H21 = r_pi*(gm - j*omega*C_cb)./(j*omega*r_pi*C_cb + 1);
H22 = 1/r_ce + j*omega*C_cb*(gm*r_pi+1)./(j*omega*r_pi*C_cb + 1);
% ------- Eingangsimpedanz
Zi = H11 - H12.*H21.*(RL./(1 + RL*H22));
betrag_Zi = abs(Zi);     winkel_Zi = angle(Zi)*180/pi;
% ------- Übertragungsfunktion U2/U1
G = -(H21*RL./(H11.*(1+RL*H22)))./(1-H21.*H12*RL./(H11.*(1+RL*H22)));
figure(1);     clf;
subplot(211), semilogx(f, 20*log10(abs(G)));
   title('Amplitudengang U2/U1');     ylabel('dB')
   xlabel('Hz');         grid on;
```

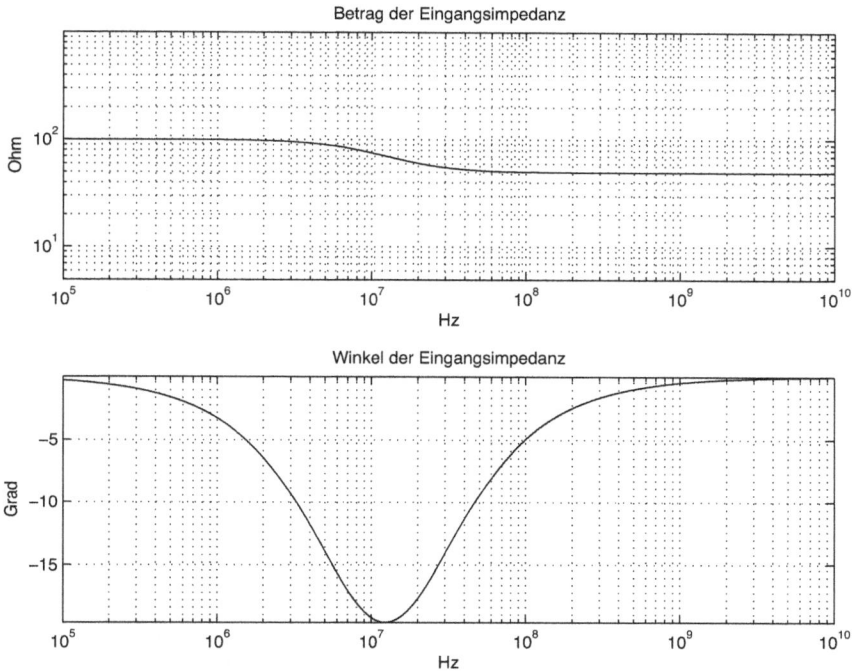

Abb. 6.12: Betrag und Winkel der Eingangsimpedanz $\underline{Z}_i$ (vierpol_hybrid1.m)

```
subplot(212), semilogx(f, angle(G)*180/pi);
   title('Phasengang');          ylabel('Grad')
   xlabel('Hz');      grid on;
figure(2);   clf;
subplot(211), loglog(f, betrag_Zi);
   title('Betrag der Eingangsimpedanz');
   xlabel('Hz');      ylabel('Ohm');      grid on;
   La = axis;
   axis([min(f),max(f),min(betrag_Zi)/10, 10*max(betrag_Zi)]);
subplot(212), semilogx(f, angle(Zi)*180/pi);
   title('Winkel der Eingangsimpedanz');
   xlabel('Hz');      ylabel('Grad');      grid on;
   La = axis;
   axis([min(f),max(f), min(winkel_Zi), max(winkel_Zi)]);

% ------- Übertragungsfunktion U2/Ug
Rg = 1e3;
G1 = G.*Zi./(Zi + Rg);
figure(3);      clf;
subplot(211), semilogx(f, 20*log10(abs(G1)));
   title(['Amplitudengang U2/Ug (Rg = ',num2str(Rg),' Ohm)']);
```

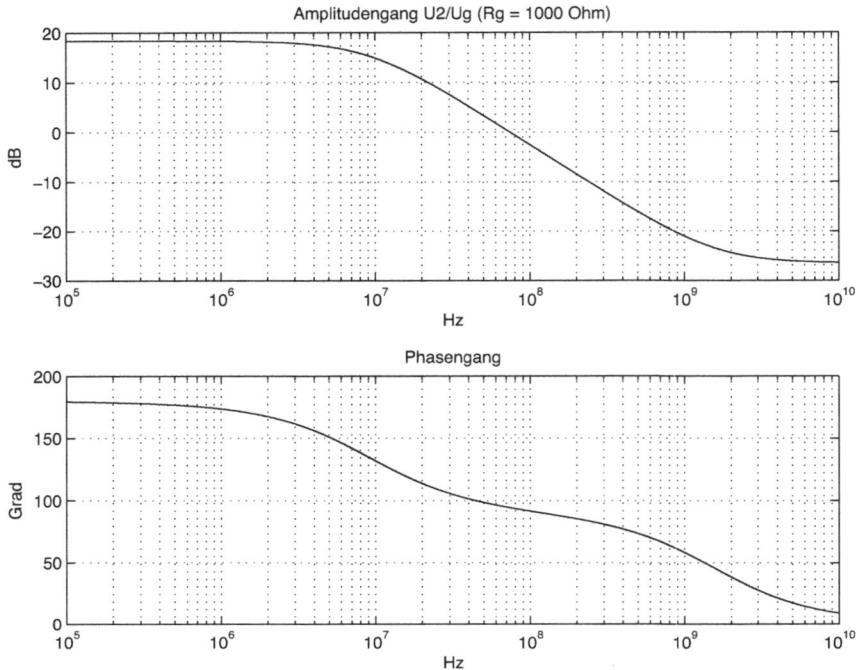

Abb. 6.13: Amplitudengang und Phasengang des Verstärkers $\underline{U}_2/\underline{U}_g$ (vierpol_hybrid1.m)

```
   xlabel('Hz');      grid on;      ylabel('dB')
subplot(212), semilogx(f, angle(G1)*180/pi);
   title('Phasengang');          ylabel('Grad')
   xlabel('Hz');      grid on;
% -------- Frequenzgang H direkt (Übertragungsfunktion U2/U1)
RL_ce = RL*r_ce/(RL + r_ce);
G = -RL_ce*(gm-j*omega*C_cb)./(j*omega*C_cb*RL_ce + 1);
figure(4);      clf;
subplot(211), semilogx(f, 20*log10(abs(G)));
   title('Amplitudengang U2/U1 (direkt berechnet)');   ylabel('dB')
   xlabel('Hz');      grid on;
subplot(212), semilogx(f, angle(G)*180/pi);
   title('Phasengang');          ylabel('Grad')
   xlabel('Hz');      grid on;
```

Im Skript werden zuerst die Hybrid-Parameter für das Modell des Bipolartransistors in einem bestimmten Frequenzbereich berechnet. Danach wird die Übertragungsfunktion $\underline{U}_2/\underline{U}_1$ und die Eingangsimpedanz des Vierpols $\underline{Z}_i$ ermittelt, um schließlich die Übertragungsfunktion $\underline{U}_2/\underline{U}_g$ bis zur Spannung des Generators zu berechnen.

Abb. 6.11 zeigt die Übertragungsfunktion $\underline{U}_2/\underline{U}_1$, und in Abb. 6.12 sind der Betrag und der Winkel der Eingangsimpedanz dargestellt. Wegen des relativ kleinen Wertes des Widerstands $r_\pi = 100\ \Omega$ spielt hier die Rückkopplungskapazität C_{cb} keine so große Rolle wie beim JFET-Transistor. Auch hier ergibt diese Kapazität wegen des Miller-Effektes eine viel größere Eingangskapazität, die parallel zum Widerstand r_π erscheint.

In Abb. 6.13 ist die Übertragungsfunktion $\underline{U}_2/\underline{U}_g$ dargestellt. Die Durchlassfrequenz ist praktisch dieselbe (ca. 10 MHz) wie bei der Übertragungsfunktion $\underline{U}_2/\underline{U}_1$, was die vorherige Bemerkung über den Einfluss der Kapazität C_{cb} bestätigt.

Im letzten Teil des Skriptes wird die Übertragungsfunktion $\underline{G} = \underline{U}_2/\underline{U}_1$ auch direkt ohne Hybrid-Parameter ermittelt. Aus Abb. 6.9 kann man folgende Beziehungen ableiten:

$$\underline{U}_2 = -\underline{I}_2\, R_L$$
$$\underline{I}_2 = \frac{\underline{U}_2}{r_{ce}} + g_m \underline{U}_1 + \frac{\underline{U}_2 - \underline{U}_1}{1/(j\omega C_{cb})} \tag{6.62}$$

Daraus erhält man durch Eliminierung des Stroms $\underline{I}_2$ die gesuchte Übertragungsfunktion:

$$\underline{G} = G(j\omega) = \frac{\underline{U}_2}{\underline{U}_1} = -(R_L\|r_{ce})\frac{g_m - j\omega C_{cb}}{j\omega C_{cb}(R_L\|r_{ce}) + 1} \tag{6.63}$$

Die Darstellung dieser Übertragungsfunktion ist, wie erwartet, gleich mit der Darstellung der Übertragungsfunktion, die mit den Hybrid-Parametern berechnet wurde.

Die Eingangsimpedanz ist ebenfalls sehr einfach direkt zu berechnen. Der Eingangsstrom $\underline{I}_1$ wird durch

$$\underline{I}_1 = \frac{\underline{U}_1}{r_\pi} + \frac{\underline{U}_1 - \underline{U}_2}{1/(j\omega Ccb)} \tag{6.64}$$

ausgedrückt. Hier kann jetzt die zuvor ermittelte Übertragungsfunktion benutzt werden, um die Spannung $\underline{U}_2$ als Funktion der Spannung $\underline{U}_1$ in dem Ausdruck des Stroms einzusetzen. Wie erwartet erhält man für diese Impedanz dieselbe Form wie die, die über die Hybrid-Parameter des Vierpols ermittelt wurde.

Wie man sieht, ist der direkte Weg viel einfacher; er erlaubt aber nicht eine allgemeine Analyse. Das ist der Hauptgrund für den Einsatz von Vierpolmodellen, die zu einer Vierpoltheorie geführt haben [28].

6.2.4 Weitere Vierpolmodelle

Mit der Spannung $\underline{U}_1$ und dem Strom $\underline{I}_1$ als Unbekannte erhält man die Vierpolgleichung in Kettenform:

$$\underline{U}_1 = \underline{A}_{11}\underline{U}_2 + \underline{A}_{12}\underline{I}_2$$
$$\underline{I}_1 = \underline{A}_{21}\underline{U}_2 + \underline{A}_{22}\underline{I}_2 \tag{6.65}$$

Die Definition der Vierpolparameter kann aus den Gleichungen leicht abgeleitet werden.

Die Wahl des Stroms $\underline{I}_1$ und der Spannung $\underline{U}_2$ als Unbekannte führt zu den Vierpolparametern in Parallel-Reihenform:

$$\underline{I}_1 = \underline{C}_{11}\underline{U}_1 + \underline{C}_{12}\underline{I}_2$$
$$\underline{U}_2 = \underline{C}_{21}\underline{U}_1 + \underline{C}_{22}\underline{I}_2 \tag{6.66}$$

Auch für diese Parameter sind die Definitionsgleichungen einfach abzuleiten.

Schließlich führt die Wahl der Spannung $\underline{U}_2$ und Strom $\underline{I}_2$ als Unbekannte zu der inversen Kettenform der Vierpolparameter:

$$\underline{U}_2 = \underline{B}_{11}\underline{U}_1 + \underline{B}_{12}\underline{I}_1$$
$$\underline{I}_2 = \underline{B}_{21}\underline{U}_1 + \underline{B}_{22}\underline{I}_1 \tag{6.67}$$

Besonders einfache Zusammenhänge bestehen zwischen folgenden Vierpolparametern:

$$\mathbf{Z} = \mathbf{Y}^{-1} \qquad \mathbf{Y} = \mathbf{Z}^{-1} \qquad\qquad \mathbf{A} = \mathbf{B}^{-1} \qquad \mathbf{B} = \mathbf{A}^{-1}$$
$$\mathbf{C} = \mathbf{H}^{-1} \qquad \mathbf{H} = \mathbf{C}^{-1} \tag{6.68}$$

Wenn man Vierpole zusammen schaltet, wird das Vierpolmodell gewählt, das am besten geeignet ist. So ist z.B. das Kettenmodell am besten geeignet für die Serienschaltung (Kettenschaltung) von Vierpolen. Für die Parallelschaltung von zwei oder mehreren Vierpolen ist das Leitwertvierpolmodell besser geeignet.

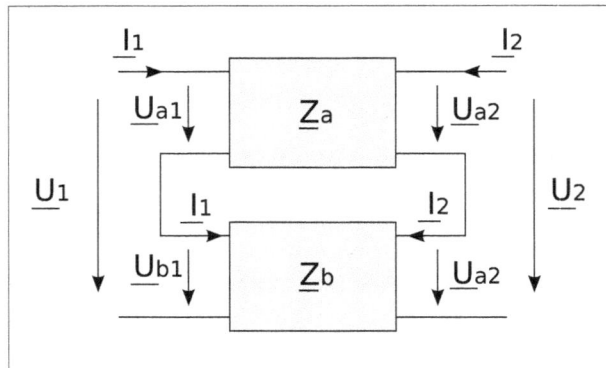

Abb. 6.14: Reihenschaltung zweier Vierpole mit Impedanzparametern

Für die Reihenschaltung zweier Vierpole ist der Einsatz des Impedanzvierpols vorteilhaft. Abb. 6.14 zeigt diese Reihenschaltung. Aus

$$\underline{I}_{a1} = \underline{I}_{b1} = \underline{I}_1 \qquad \underline{U}_1 = \underline{U}_{a1} + \underline{U}_{b1}$$
$$\underline{I}_{a2} = \underline{I}_{b2} = \underline{I}_2 \quad \text{und} \quad \underline{U}_2 = \underline{U}_{a2} + \underline{U}_{b2} \tag{6.69}$$

mit

$$\underline{U}_{a1} = \underline{Z}_{a11}\underline{I}_{a1} + \underline{Z}_{a12}\underline{I}_{a2}$$
$$\underline{U}_{a2} = \underline{Z}_{a21}\underline{I}_{a1} + \underline{Z}_{a22}\underline{I}_{a2}$$

(6.70)

bzw.

$$\underline{U}_{b1} = \underline{Z}_{b11}\underline{I}_{b1} + \underline{Z}_{b12}\underline{I}_{b2}$$
$$\underline{U}_{b2} = \underline{Z}_{b21}\underline{I}_{b1} + \underline{Z}_{b22}\underline{I}_{b2}$$

(6.71)

erhält man einfach:

$$\underline{U}_1 = (\underline{Z}_{a11} + \underline{Z}_{b11})\underline{I}_1 + (\underline{Z}_{a12} + \underline{Z}_{b12})\underline{I}_2$$
$$\underline{U}_2 = (\underline{Z}_{a21} + \underline{Z}_{b21})\underline{I}_1 + (\underline{Z}_{a22} + \underline{Z}_{b22})\underline{I}_2$$

(6.72)

Die entsprechenden Matrizen der einzelnen Vierpole werden addiert:

$$\mathbf{Z} = \mathbf{Z}_a + \mathbf{Z}_b$$

(6.73)

Die „S"-Parameter (*Scattering Parameters*) für Vierpolschaltungen werden in der Hochfrequenztechnik eingesetzt. Für die Messung dieser Parameter gibt es Vektor-Netzwerkanalysatoren.

In dem Mikrowellenbereich sind Spannungen und Ströme sehr schwer direkt zu messen. Die Messung der „Z"-Matrix (Impedanzparameter) verlangt die Öffnung der Pole und ist praktisch schwierig wegen der parasitären Kapazitäten und der Abstrahlung zu realisieren. Ähnlich für die Messung der „Y"-Matrix (Leitwertparameter) muss man die Pole kurzschließen. Das führt in der Praxis zu Schwierigkeiten wegen der parasitären Induktivitäten, die keinen idealen Kurzschluss ermöglichen.

Bei hohen Frequenzen werden deswegen die „S"-Parameter gemessen. Die Messung ist direkt und erfordert nur relative Größen, wie z.B. das Verhältnis der stehenden Wellen. Die Theorie dieses Vierpolmodells wird in der Hochfrequenztechnik-Vorlesung eingeführt und eingesetzt.

Experiment 6.2.3: FET-Transistor mit Rückkopplung über *Source*-Widerstand

Anhand eines Feldeffekttransistors sollen die oben gezeigten Ersatzschaltungen an einem praktischen Beispiel demonstriert werden. Es wird von der Ersatzschaltung des Transistors aus Abb. 6.3 ausgegangen, für die die Leitwertparameter gemäß Gleichungen (6.16) ermittelt wurden. Die Transistorschaltung enthält jetzt zusätzlich einen Widerstand R_S zwischen dem *Source*-Anschluss und Masse, der zu einer zusätzlichen Rückkopplung vom Ausgang zum Eingang führt. Die Blockschaltung der Anordnung ist in Abb. 6.15 dargestellt.

Wie in dem vorherigen Abschnitt gezeigt wurde ist für diese Reihenschaltung der zwei Vierpole das Modell mit Impedanzparametern am besten geeignet. Somit muss man aus dem Leitwertparametermodell zuerst das Modell mit Impedanzparametern

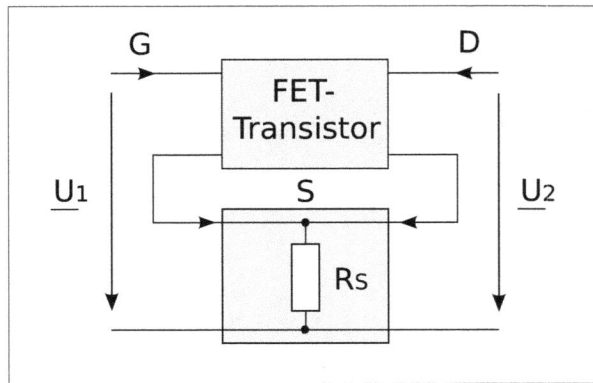

Abb. 6.15: FET-Transistor mit Widerstand zwischen Source-Anschluss und Masse

bestimmen:

$$\underline{Z}_a = \underline{Y}_a^{-1} = \begin{bmatrix} j\omega(C_{gs} + C_{dg}) & -j\omega C_{dg} \\ g_m - j\omega C_{dg} & \dfrac{1}{r_{ds}} + j\omega C_{dg} \end{bmatrix}^{-1} \tag{6.74}$$

Das Impedanzvierpolmodell für den Widerstand R_S ist sehr einfach aufgebaut:

$$\underline{Z}_b = \begin{bmatrix} R_S & R_S \\ R_S & R_S \end{bmatrix} \tag{6.75}$$

Das Gesamtmodell mit Impedanzparametern ist somit durch

$$\underline{Z} = \begin{bmatrix} j\omega(C_{gs} + C_{dg}) & -j\omega C_{dg} \\ g_m - j\omega C_{dg} & \dfrac{1}{r_{ds}} + j\omega C_{dg} \end{bmatrix}^{-1} + \begin{bmatrix} R_S & R_S \\ R_S & R_S \end{bmatrix} \tag{6.76}$$

gegeben. Wenn man die Determinante von $\underline{Y}_a$ mit $det(\underline{Y}_a)$ bezeichnet, dann ist $\underline{Z}$ durch

$$\underline{Z} = \frac{1}{det(\underline{Y}_a)} \begin{bmatrix} \dfrac{1}{r_{ds}} + j\omega C_{dg} & j\omega C_{dg} \\ -(g_m - j\omega C_{dg}) & j\omega(C_{gs} + C_{dg}) \end{bmatrix} + \begin{bmatrix} R_S & R_S \\ R_S & R_S \end{bmatrix} \tag{6.77}$$

gegeben. Der Impedanzparameter $\underline{Z}_{12}$, der die Rückkopplung vom Ausgang zum Eingang bewirkt, erhält jetzt einen zusätzlichen Term wegen R_S:

$$\underline{Z}_{12} = \frac{j\omega C_{dg}}{det(\underline{\mathbf{Y}}_a)} + R_S \tag{6.78}$$

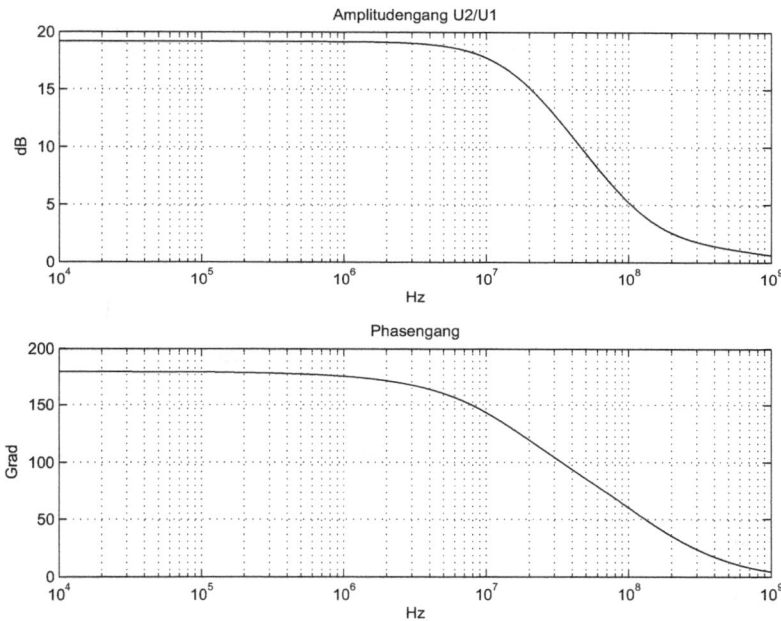

Abb. 6.16: Amplitudengang und Phasengang des Vierpolmodells $\underline{U}_2 / \underline{U}_1$ (vierpol_fet1.m)

Im Skript `vierpol_fet1.m` werden die wichtigsten Kenngrößen des Verstärkers mit FET- Transistor und Widerstand zwischen *Source*-Anschluss und Masse ermittelt und dargestellt:

```
% Skript vierpol_fet1.m, in dem ein Verstärker mit FET-Transistor mit
% Hilfe der Impedanzparameter des Vierpols untersucht wird
clear;
% ------- Parameter der Schaltung
C_dg = 1e-12;      C_gs = 2e-12;
r_ds = 10e6;
gm = 10e-3;
RL = 10e3;         Rg = 10e3;
RS = 1e3;
% ------- Frequenzbereich
fmin = 10e3;       fmax = 1000e6;
a1 = floor(log10(fmin));    a2 = ceil(log10(fmax));
```

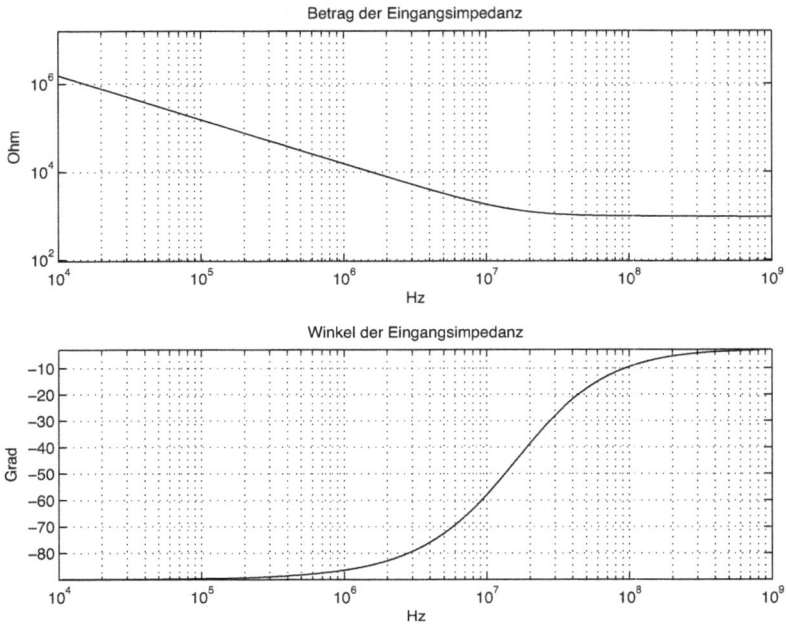

Abb. 6.17: Betrag und Winkel der Eingangsimpedanz $\underline{Z}_i$ (vierpol_fet1.m)

```
f = logspace(a1, a2, 5000);
omega = 2*pi*f;
no = length(omega);
% ------ Initialisierungen
Y = zeros(2,2,no);       Z = Y;
G  = zeros(1,no);
G1 = zeros(1,no);        Zi = zeros(1,no);
% ------ Kennwerte des FET-Verstärkers
for k = 1:no
  Y(:,:,k) = [j*omega(k)*(C_gs + C_dg),  -j*omega(k)*C_dg;
              gm - j*omega(k)*C_dg, 1/r_ds+j*omega(k)*C_dg];
  Z(:,:,k) = inv(Y(:,:,k)) + ones(2,2)*RS;
  G(k)  = Z(2,1,k)*RL/(Z(1,1,k)*(Z(2,2,k)+RL)-Z(1,2,k)*Z(2,1,k));
  Zi(k) = Z(1,1,k)-Z(1,2,k)*Z(2,1,k)./(Z(2,2,k)+RL);
  G1(k) = G(k).*Zi(k)./(Rg + Zi(k));
end;
% ------ Frequenzgang U2/U1
figure(1);       clf;
subplot(211), semilogx(f, 20*log10(abs(G)));
  title('Amplitudengang U2/U1');   ylabel('dB')
  xlabel('Hz');      grid on;
subplot(212), semilogx(f, angle(G)*180/pi);
```

```
    title('Phasengang');            ylabel('Grad')
    xlabel('Hz');       grid on;
% ------ Eingangsimpedanz
betrag_Zi = abs(Zi);     winkel_Zi = angle(Zi)*180/pi;
figure(2);    clf;
subplot(211), loglog(f, betrag_Zi);
    title('Betrag der Eingangsimpedanz');
    xlabel('Hz');       ylabel('Ohm');       grid on;
    La = axis;
    axis([min(f),max(f),min(betrag_Zi)/10, 10*max(betrag_Zi)]);
subplot(212), semilogx(f, winkel_Zi);
    title('Winkel der Eingangsimpedanz');
    xlabel('Hz');       ylabel('Grad');       grid on;
    La = axis;
    axis([min(f),max(f), min(winkel_Zi), max(winkel_Zi)]);
% ------ Frequenzgang U2/Ug
figure(3);       clf;
subplot(211), semilogx(f, 20*log10(abs(G1)));
    title(['Amplitudengang U2/Ug (Rg = ',num2str(Rg),' Ohm)']);
    xlabel('Hz');       grid on;       ylabel('dB')
subplot(212), semilogx(f, angle(G1)*180/pi);
    title('Phasengang');            ylabel('Grad')
    xlabel('Hz');       grid on;
```

Abb. 6.16 zeigt den Frequenzgang vom Eingang $\underline{U}_1$ bis zum Ausgang $\underline{U}_2$. Die Durchlassfrequenz bei -3 dB ist ca. 10 MHz. Wegen des Miller-Effekts führt die Rückkopplungskapazität C_{dg} zu einer erhöhten Eingangskapazität, die sich beim Frequenzgang $\underline{U}_2/\underline{U}_g$ mit einer Durchlassfrequenz bei - 3 dB von ca. 1 MHz viel kleiner als 10 MHz (Abb. 6.18) bemerkbar macht.

Zusätzlich wird im Skript die Eingangsimpedanz ermittelt und in Abb. 6.17 als Betrag und Winkel dargestellt. Man sieht, dass bis ca. 1 MHz der Winkel der Eingangsimpedanz $-90°$ beträgt und somit aus einer Kapazität hervorgeht. Die Kapazität kann man leicht aus der Darstellung schätzen. Bei 1 MHz ist der Betrag der Impedanz ca. $1,5 10^4$ Ω und führt dadurch zu einer Eingangskapazität von ca. 10 pF, die viel größer als die Kapazitäten C_{gs}, C_{dg} ist.

Im Skript werden für die Speicherung der Leitwert- und Impedanzwertparameter dreidimensionale Felder benutzt. Als Beispiel wird das Feld Y für die Leitwertparameter beschrieben. Das Feld besteht aus 2×2-Matrizen mit den Vierpolparametern für jede Frequenz (Abb. 6.19). In der for-Schleife werden dann die 2×2-Matrizen der Impedanzparameter des Feldes Z durch die Inversen der 2×2-Matrizen der Leitwertparameter für jede Frequenz erzeugt.

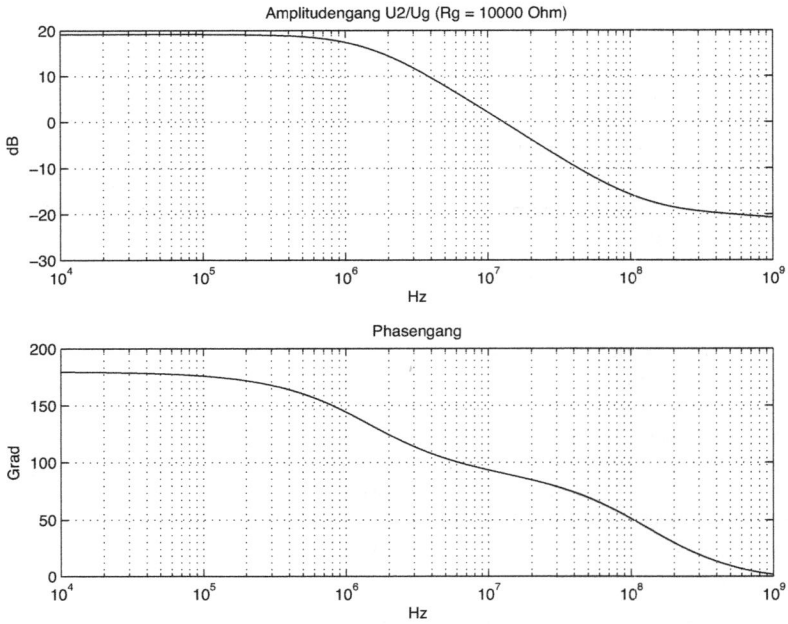

Abb. 6.18: Amplitudengang und Phasengang des Vierpolmodells $\underline{U}_2/\underline{U}_g$ (vierpol_fet1.m)

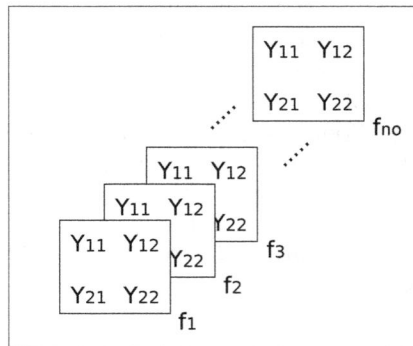

Abb. 6.19: Dreidimensionales Feld für die Speicherung der Vierpolleitwerte für n_o Frequenzen
(vierpol_fet1.m)

7   Ausblick

Zur Simulation elektrischer oder elektronischer Schaltungen gibt es viele Software-lösungen, die von der Beschreibung der Schaltung als Schaltbild ausgehen, ohne dass man die Differentialgleichungen schreiben muss. Die meisten Produkte basieren auf dem Simulationspaket SPICE (*Simulation Program with Integrated Circuit Emphasis*), das an der Berkley-Universität entwickelt wurde.

Da man hier keine Gleichungen oder Differentialgleichungen aufstellen muss, werden sich viele Leser fragen, weshalb man sich mit diesen beschäftigen muss. Die Antwort ist einfach: Die Eigenschaften vieler Komponenten und Schaltungen kann man nur begreifen und erlernen über diese Gleichungen oder Differentialgleichungen. Die so vermittelten Kenntnisse und Erfahrungen sind sehr wichtig bei der Interpretation der Ergebnisse der Simulationen, die nur vom Schaltbild der Schaltung ausgehen. Bei diesen Simulationen können auch Probleme auftreten, die man aus der Simulation mit eigenen Programmen, wie z.B. MATLAB-Programmen, kennt. Die Konvergenz des mathematischen Integrationsverfahrens ist mit verschiedenen zusätzlichen Annahmen erzwungen und kann dadurch zu unerwarteten Ergebnissen führen.

Auch die *Stiff*-Systeme erschweren die Simulation. Das sind Systeme, in denen eine sehr kleine Zeitkonstante oder ein rascher Vorgang zusammen mit einer sehr großen Zeitkonstanten oder mit einem langsamen Vorgang vorkommen. Als Beispiel kann man die Schaltnetzteilschaltungen annehmen. Hier wird mit einer relativ hohen Schaltfrequenz gearbeitet und die Glättung geschieht mit großen Kapazitäten und Induktivitäten, die relativ langsame Vorgänge ergeben.

Von der Firma *Linear Technology*, die integrierte analoge und gemischt analog/digitale Schaltungen entwickelt und produziert, wird die Simulationssoftware LTSPICE frei zur Verfügung gestellt. Sie hat keine Einschränkungen, wie z.B. die PSPICE Studenten-Version und ist sehr verbreitet in der Lehre an Hochschulen.

In diesem Kapitel werden die wichtigsten Schritte für die Simulation mit dem LTSPICE-Werkzeug der Schaltung aus dem Abschnitt 5.8 gezeigt. Man erhält so einen Einblick in die Möglichkeiten solcher Simulationswerkzeuge, die in der Praxis sehr verbreitet sind.

7.1   Beispiel einer Simulation mit LTSPICE

Einige Komponenten wie Widerstände, Induktivitäten, Kapazitäten, Dioden etc. können direkt in das Editierfenster *New Schematic* eingebracht werden und der Rest wird aus einer Elementebibliothek gewählt. Die Symbole der Elemente können platziert, gedreht und gespiegelt werden, so dass man das Schaltbild erzeugen kann. Eine Masse muss immer vorhanden sein.

Den Bauelementen können individuelle Namen und Werte zugeordnet werden. Es werden auch Knoten als Ein- und Ausgänge mit Namen versehen. Das ist sinnvoll zur Kennzeichnung der Stellen, deren Spannungsverläufe man später ansehen möchte. Die gewählten Spannungs- oder Stromquellen können mit vielen Details, die die Praxis verlangt, parametriert werden. So kann man z.b. bei rechteckigen Spannungen auch die Anstiegszeit einstellen.

Es folgt die Wahl des Simulationsmodus, wie z.B. *Transient, AC analysis, DC sweep, Noise* etc. Auch die Berechnung des Arbeitspunktes für nichtlineare Schaltungen ist im Simulationsmodus *DC op pnt* vorgesehen. Wie der Name schon suggeriert, wird mit *Transient* die Simulation von Einschwingvorgängen durchgeführt und mit *DC sweep* werden die Arbeitspunkte z.B. für die Ermittlung nichtlinearer Kennlinien einer Schaltung berechnet.

Die *AC analysis* dient der Simulation des stationären Verhaltens bei sinusförmiger Anregung. Es wird eine Kleinsignal-Simulation für die linearisierte Schaltung in der Umgebung eines Arbeitspunktes durchgeführt. Hier wird der Frequenzgang als Bode-Diagramm ermittelt.

Nach der Simulation kann man Spannungsverläufe darstellen, indem man im *Schematic* (Schaltbild) mit dem Cursor auf einen Knoten zeigt. Zeigt man auf ein Bauelement, wird der Stromverlauf dargestellt.

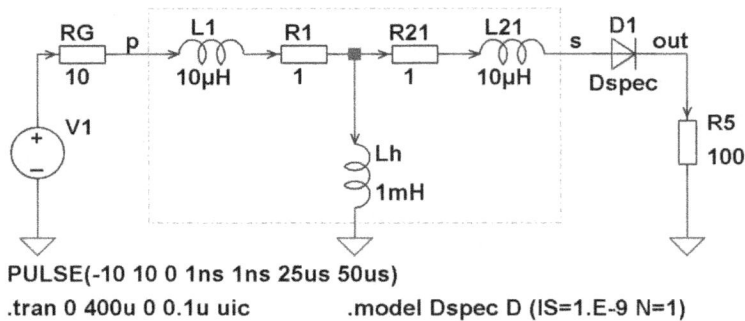

Abb. 7.1: Schaltbild einer Tranfoschaltung mit Einweggleichrichtung auf der Sekundärseite

Abb. 7.1 zeigt das erstellte Schaltbild der Schaltung des Transformators mit Einweggleichrichtung auf der Sekundärseite. In der Darstellung können die Parameter der Komponenten und hier auch die Eigenschaften des Pulsgenerators und der Diode angegeben werden.

In Abb. 7.2 ist der stationäre Zustand für den Strom $i_1(t)$ auf der Primärseite (sägezahnartig) und für den Strom auf der Sekundärseite $i_{21}(t)$ für bipolare rechteckige Anregung dargestellt. Diese Ergebnisse sind mit den Ergebnissen aus der Simulation der gleichen Schaltung, wie mit MATLAB-Werkzeugen aus Kapitel 5 und in Abb. 5.49 dargestellt, identisch.

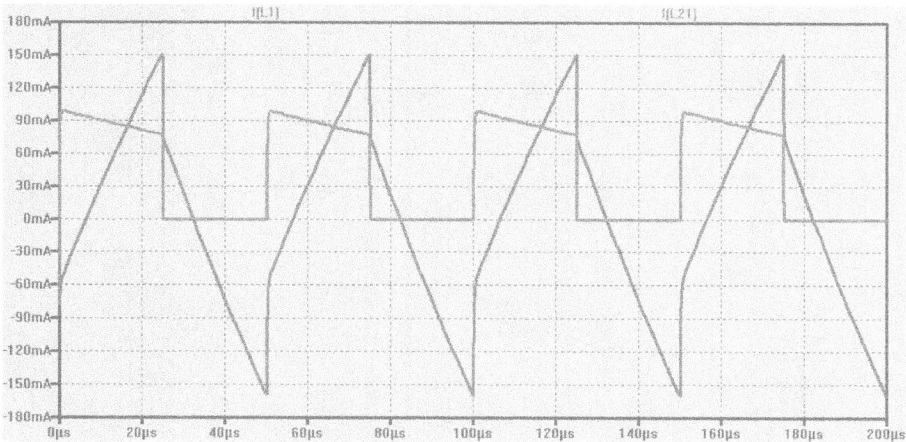

Abb. 7.2: Strom $i_1(t)$ und $i_{21}(t)$

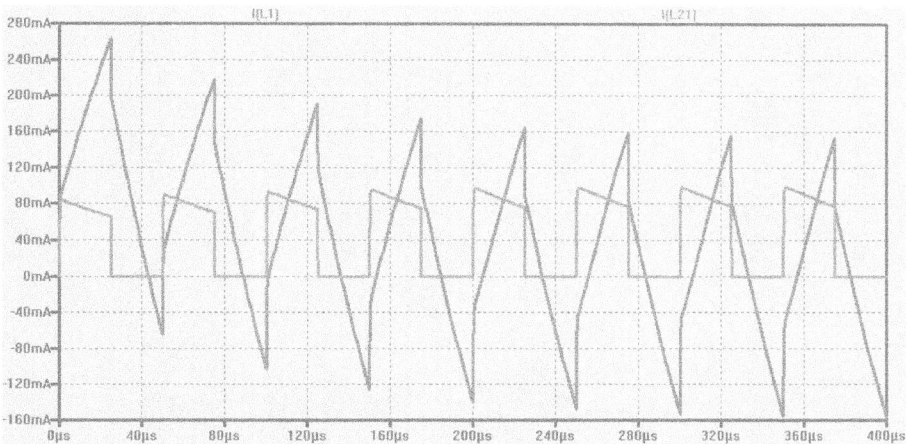

Abb. 7.3: Strom $i_1(t)$ und $i_{21}(t)$ mit Einschwingungsteil

Abb. 7.3 zeigt auch den Anfang der Simulation beim Einschwingen ausgehend von Nullanfangsbedingungen. Man kann aber beliebige Anfangswerte für die Ströme wählen und mit verschiedenen Anfangswerten der Anregungspulse beginnen.

Mit LTSPICE können viel komplexere Schaltungen simuliert werden, insbesondere Verstärker mit verschiedenen Transistoren und integrierten Schaltungen, deren Modelle in der Bibliothek dieser Software vorhanden sind. Die Hersteller der Komponenten und Schaltungen haben großes Interesse daran, diese Modelle zu erstellen und zur Verfügung zu stellen.

Literaturverzeichnis

[1] ADEL S. SEDRA, KENNETH C. SMITH: *Microelectronic Circuits*. Oxford University Press, Third Edition Auflage, 1982.

[2] ANATOL I. ZVEREV: *Handbook of Filter Synthesis*. John Wiley, 1967.

[3] BERNSTEIN, HERBERT: *Analoge und digitale Filterschaltungen. Grundlagen und praktische Beispiele*. VDE-Verlag, 1995.

[4] BRIGHAM, E. ORAN: *FFT Schnelle Fourier-Transformation*. Oldenbourg Verlag, 1982.

[5] DON LANCASTER: *Das Aktiv Filter Kochbuch*. ITW-Verlag, 1996.

[6] DR JOHN PENNY, GEORGE LINFIELD: *Numerical Methods using MATLAB*. Ellis Horwood, 1995.

[7] ERWIN KREYSZIG: *Advanced Engineering Mathematics*. John Wiley , 1993.

[8] FRÖBERG, CARL-ERIK: *Numerical Mathematics, Theory and Computer Applications*. Addison-Wesley, 1985.

[9] HEINRICH FROHNE, KARL-HEINZ LÖCHERER, HANS MÜLLER: *Moeller, Grundlagen der Elektrotechnik*. Teubner, 19. Auflage, 2002.

[10] JAMES B. DABNEY, THOMAS L. HARMAN: *Mastering Simulink 2*. Prentice Hall; The MATLAB Curriculum Series, 1998.

[11] JAMES W. NILSSON, SUSAN A. RIEDEL: *Electric Circuits*. Prentice Hall, 6. Auflage, 2001.

[12] JOSEF HOFFMANN: *MATLAB und Simulink in Signalverarbeitung und Kommunikationstechnik. Beispielorientierte Einführung*. Addison-Wesley, 1999.

[13] LINDNER, DOUGLAS K.: *Introduction to Signals and Systems*. McGraw-Hill Book Company, 1999.

[14] LUNZE, K.: *Einführung in die Elektrotechnik, Lehrbuch für Elektrotechnik als Hauptfach*. VEB Verlag Technik Berlin, 1971.

[15] LUNZE K., WAGNER E.: *Einführung in die Elektrotechnik, Arbeitsbuch.* Verlag Technik Berlin, 7. Auflage Auflage, 1991.

[16] M., HONDA: *The Impedance Measurement Handbook. A Guide to Measurement Technology and Techniques.* Hewlett Packard, 1986.

[17] PAUL, CLAYTON R.: *Analysis of Linear Circuits.* McGraw-Hill Book Company, 1989.

[18] PHILIPPOW E., BÜTIG W.: *Analyse nichtlinearer dynamischer Systeme der Elektrotechnik.* Carl Hanser, 1992.

[19] R. KOBLITZ, A. KLÖNNE: *Wechselstromtechnik.* Hochschule Karlsruhe: Skript der Vorlesung Grundlagen der Elektrotechnik 2 , 2008.

[20] REINER DUSSEL: *Höhere Mathematik 2.* Hochschule Karlsruhe: Skript der Vorlesung Höhere Mathematik 2, 2007.

[21] ROBERT D. STRUM, DONALD E. KIRK: *Contemporary Linear Systems.* PWS Publishing Company, 1994.

[22] ROLF SCHAUMANN, MAC E. VAN VALKENBURG: *Design of Analog Filters.* Oxford University Press, 2001.

[23] RUDOLF MÄUSL: *Digitale Modulationsverfahren.* Hüthig, 1991.

[24] SCHÜSSLER, HANS WILHELM: *Netzwerke, Signale und Systeme, Band I, Systemtheorie linearer elektrischer Netzwerke.* Springer-Verlag, 1988.

[25] SCHWEIZER, WOLFGANG: *MATLAB kompakt.* Oldenbourg Verlag, 4. Auflage, 2009.

[26] SCOTT, DONALD E.: *An Introduction to Circuit Analysis. A Systems Approach.* McGraw-Hill Book Company, 1987.

[27] S.D. STEARNS, D.R. HUSH: *Digitale Verarbeitung analoger Signale.* Oldenbourg Verlag, 7. Auflage, 1999.

[28] SIEGFRIED ALTMANN, DETLEF SCHLAYER: *Lehr- und Übungsbuch Elektrotechnik.* Fachbuchverlag Leipzig, 3. Auflage, 2003.

[29] SPECOVIUS, JOACHIM: *Grundkurs Leistungselektronik. Bauelemente, Schaltungen und Systeme.* Vieweg + Teubner, 4. Auflage, 2010.

[30] WEINRICH, NORBERT: *http://www.nweinrich.de/dateien/Elektrotechnik 2 Aufgaben PDF.*

Index

www.ingramcontent.com/pod-product-compliance
Lightning Source LLC
Chambersburg PA
CBHW081220220326
41598CB00037B/6844